生物科学领域
本科教育教学改革试点
工作计划（"101 计划"）
研究成果

高等学校生物科学类专业人才培养战略研究报告暨核心课程体系

生物科学领域本科教育教学改革试点
工作计划工作组　组编

施一公　赵进东　陈晔光　金　力　主编

中国教育出版传媒集团
高等教育出版社·北京

图书在版编目（CIP）数据

高等学校生物科学类专业人才培养战略研究报告暨核心课程体系 / 生物科学领域本科教育教学改革试点工作计划工作组组编；施一公等主编 . -- 北京：高等教育出版社，2025. 6. -- ISBN 978-7-04-063139-5

Ⅰ . Q81

中国国家版本馆 CIP 数据核字第 2024JH5651 号

Gaodeng Xuexiao Shengwukexuelei Zhuanye Rencai Peiyang Zhanlüe Yanjiu Baogao ji Hexin Kecheng Tixi

| 策划编辑 李光跃 | 责任编辑 赵君怡 | 封面设计 李小璐 | 责任印制 张益豪 |

出版发行　高等教育出版社	网　　址　http://www.hep.edu.cn
社　　址　北京市西城区德外大街 4 号	http://www.hep.com.cn
邮政编码　100120	网上订购　http://www.hepmall.com.cn
印　　刷　北京利丰雅高长城印刷有限公司	http://www.hepmall.com
开　　本　787mm×1092mm　1/16	http://www.hepmall.cn
印　　张　41.5	
字　　数　1060 千字	版　　次　2025 年 6 月第 1 版
购书热线　010-58581118	印　　次　2025 年 6 月第 1 次印刷
咨询电话　400-810-0598	定　　价　168.00 元

本书如有缺页、倒页、脱页等质量问题，请到所购图书销售部门联系调换

版权所有　侵权必究

物 料 号　63139-00

本书编委会

主　编　施一公　赵进东　陈晔光　金　力

编　委　赵进东　金　力　昌增益　施一公
　　　　陈晔光　陈建国　许　田　王世强
　　　　梅岩艾　朱景宁　邓子新　陈　峰
　　　　陈向东　饶　毅　梅　林　段树民
　　　　汤　超　王宏伟　陈　铭　吕　晖
　　　　方精云　董　晨　姚　蒙　李　森
　　　　吴燕华　张　研　陈柱成　唐志尧
　　　　王　颖　吴雪梅　陈　镖　黄　召
　　　　窦　非　董　路　刘　晟　张　莹
　　　　张　萍　郝晓冉　尹佩佩

2023 年 4 月，教育部启动基础学科本科教育教学改革试点工作计划（基础学科系列"101 计划"）。"101 计划"以提高人才培养质量为核心，以培养基础学科拔尖创新人才为目标。

生物科学"101 计划"是基础学科系列"101 计划"之一，由西湖大学牵头，施一公、金力、赵进东、陈晔光、Brian Kobilka、王小凡组成专家委员会，汇聚了全国 32 所生物科学拔尖学生培养基地所在高校的专家共同参与此项改革。经过专家委员会多次讨论，确定了 11 门核心课程，以核心课程教材建设为切入口，推进课程、教材、教师、实践、教法等全要素改革，着力以"小切口"带动解决基础学科人才培养模式"大问题"，进而全面提升生物科学领域人才自主培养质量，形成可复制、可借鉴的改革举措，提升原始创新能力，为发展新质生产力集聚动能。

本书是在教育部高等教育司的指导下，在高等教育出版社的支持下，由 33 所高校 11 门核心课程建设团队共同完成的，综合展示了生物科学"101 计划"两年来取得的积极进展。全书共分为四个部分。

第一部分"高等学校生物科学类专业人才培养战略研究报告"：对我国生物科学专业的发展进行历史溯源和历程梳理，对国内外高校生物科学专业课程体系的现状进行较为系统的整理，对生命科学领域科学研究和产业发展趋势进行研究，由此提出了我国生物科学专业拔尖创新人才培养的特色、需求和挑战。本部分由北京师范大学生命科学学院窦非、董路牵头调研和撰写，先后访谈了赵进东、施一公、陈晔光、许田及耶鲁大学钟伟民、芝加哥大学龙漫远等知名学者，北京大学王世强、上海交通大学陈峰、高等教育出版社吴雪梅给予了宝贵意见。

第二部分"高等学校生物科学类专业核心课程体系"：全面介绍了生物科学"101 计划"11 门核心课程的知识体系，对每门课程的定位、教学目标和教学设计进行了简要介绍，详细列出了每门课程包含的核心知识点，针对每个核心知识点都明确了主要内容、能力目标和参考学时，并构建了课程知识模块关系。本部分由 11 门核心课程建设团队提供。

第三部分"高等学校生物科学类专业拔尖创新人才培养典型案例"：收集整理了各高校在生物科学专业人才培养模式、专业建设、课程建设、教材建设、实践环节等拔尖创新人才培养方面的典型案例，总结生物科学专业人才培养的优秀经验，辐射带动生物科学领域整体人才培养质量的提升。本部分由生物科学"101 计划"参与院校供稿。

第四部分"高等学校生物科学类专业人才培养方案"：介绍了 33 所高校生物科学专业人才培养方案，供高校之间进行信息交流，也为相关院系制订培养方案提供参考。本部分由生物科学"101 计划"参与院校提供。

本书第三部分"高等学校生物科学类专业拔尖创新人才培养典型案例"和第四部分"高等学校生物科学类专业人才培养方案"由 33 所高校提供，生命科学"101 计划"秘书处黄召、徐寒生、杜丹妮进行了整理。

感谢教育部高等教育司领导对生物科学"101 计划"的悉心指导。感谢西湖大学、清华大学、复旦大学多次提供会议场地、人力等支持。感谢 33 所参与高校生命科学学院负责人，为生物科学"101 计划"具体工作在各个学校的组织落实提供支持。感谢高等教育出版社领导和各位编辑老师在本书的构思、内容、编辑、出版等方面给予的大力支持。

由于内容较多，时间也比较紧，难免会有疏漏，敬请各位读者批评指正。

本书编写组
2025 年 4 月

目 录
CONTENTS

高等学校生物科学类专业人才培养战略研究报告

1. 我国生物科学类专业的发展历史

1.1　历史溯源

基于对历史脉络的梳理，生物科学"101计划"33所参与高校生物科学专业可以溯源为三类（表1–1），分别是博物类、农林类和生物科学类（以下简称生科类）。博物类院系建立的时间最早，集中在20世纪初叶，始于依据生物门类划分的动物、植物、微生物等学科方向，例如北京大学、北京师范大学、中山大学等；农林类院系建立的时间也较早，主要是围绕农业和林业需求，开展生命科学领域的课程教学与科学研究，例如中国农业大学、北京林业大学等；生命科学类院系的建立时间集中于20世纪30—50年代和21世纪初叶两个时间段，自建立起即纳入遗传学、发育生物学、生理学及分子生物学等聚焦生命活动机理的学科，且与医学、工学之间有比较紧密的联系，学科交叉特色明显，例如上海交通大学、中国科学技术大学等。

1.2　发展历程

我国生物科学类专业的发展经历了和而不同的过程。各学校依据自身历史渊源、学科特色和地缘优势等，形成了各具特色的生物科学类专业建设模式。例如，农林类院校在发展过程中主要是围绕生物科学应用于农业和林业的需求来建立课程体系，而综合类院校（博物类和生科类）则在持续建设传统学科的基础上，加入了生物信息学、生物物理学等新的专业方向。虽然各院校的发展历程不同，但整体上具有与时代特征相匹配的共同发展趋势，经过长期建设，形成了注重整体性和系统性、注重微观与宏观相结合的共同特征。例如：①伴随生物学科的发展，由早期以博物类和农林类为主，普遍建立起微生物学、遗传学、细胞生物学、生理学等专业方向；②20世纪90年代专业划分逐渐细化，于2000年前后，根据高等学校生物科学类专业目录的调整，各院校普遍整合为以生物科学和生物技术两个专业为主，生物信息学、生物工程、生物制药等专业为特色的"2+X"模式；③2010年以来，伴随生命科学、人工智能、基因编辑等领域新技术、新工具的发展，学科交叉融合不断加强，生物材料、合成生物学等新型专业启动建设，生物科学与人工智能、生物科学与大数据科学等学科交叉方向也开始形成新的联合培养模式。例如，南京大学生命科学学院成立了生理与人工智能生物学系；华中农业大学采取由生命科学技术学院主建、7个学院共同支撑建设的方式，推动建立具有学科交叉特点的课程体系。

表 1-1　生物科学"101 计划"参与高校生物科学专业的历史溯源

历史溯源*	单位（按首字笔画排序）	数量	拔尖计划 1.0（2009）	（2019）	拔尖计划 2.0（2020）	（2021）	生物科学"101 计划"（2023）
博物类	云南大学生命科学学院	15			√		√
	中山大学生命科学学院		√				√
	中国海洋大学海洋生命学院					√	√
	内蒙古大学生命科学学院					√	√
	东北师范大学生命科学学院					√	√
	北京大学生命科学学院		√			√（生态学）	√
	北京大学城市与环境学院		√（环境科学）			√（生态学）	√
	北京师范大学生命科学学院		√		√		√
	四川大学生命科学学院		√	√			√
	兰州大学生命科学学院		√	√			√
	武汉大学生命科学学院		√	√			√
	南开大学生命科学学院		√	√			√
	南京大学生命科学学院		√		√		√
	南京师范大学生命科学学院					√	√
	复旦大学生命科学学院		√	√			√
	厦门大学生命科学学院		√	√			√
农林类	中国农业大学生物学院	5		√			√
	北京林业大学生物科学与技术学院					√	√
	西北农林科技大学生命科学学院				√		√
	华中农业大学生命科学技术学院			√			√
	南京农业大学生命科学学院					√	√

续表

历史溯源*	单位（按首字笔画排序）	数量	拔尖计划 1.0 (2009)	拔尖计划 2.0			生物科学"101计划" (2023)
				(2019)	(2020)	(2021)	
生科类	上海交通大学生命科学技术学院	13	√				√
	山东大学生命科学学院		√		√		√
	天津大学生命科学学院					√	√
	中国科学技术大学生命科学学院		√	√			√
	中国科学院大学生命科学学院				√		√
	中南大学生命科学学院					√	√
	吉林大学生命科学学院		√		√		√
	西湖大学生命科学学院						√
	同济大学生命科学与技术学院				√		√
	华中科技大学生命科学与技术学院				√		√
	华东师范大学生命科学学院					√	√
	浙江大学生命科学学院		√	√			√
	清华大学生命科学学院		√	√			√

* 以主要对承担该校生物科学拔尖人才培养基地建设的学院进行历史溯源。

2. 生物科学类专业课程体系

2.1 国内高校生物科学类专业的课程体系

2.1.1 课程体系概况

对 32 个生物科学拔尖学生培养计划 2.0 基地的培养方案进行统计,总学分多为 150～170 学分($n=28$),高于 170 学分和低于 150 学分的各 2 所(图 1-1)。从学分构成来看,各高校的通识类(非专业)课程所占学分比例相似,都在 30% 左右,而数理基础类课程与生物科学类专业课程的学分比例差别较大,基于聚类分析结果可以归为三类(表 1-2):第一类是数理基础型($n=4$),数理基础类课程的学分在总学分中占比超过 30%,与生物科学类专业课程的学分占比相似或更高;第二类是基础均衡型($n=15$),数理基础类课程的学分占比为 20%～30%,与生物科学类专业课程的学分占比差距为 15%～20%;第三类是生物科学特色型($n=13$),数理基础类课程在总学分中的占比低于 20%,生物科学类专业课程的学分占比普遍较高,为 50%～60%。

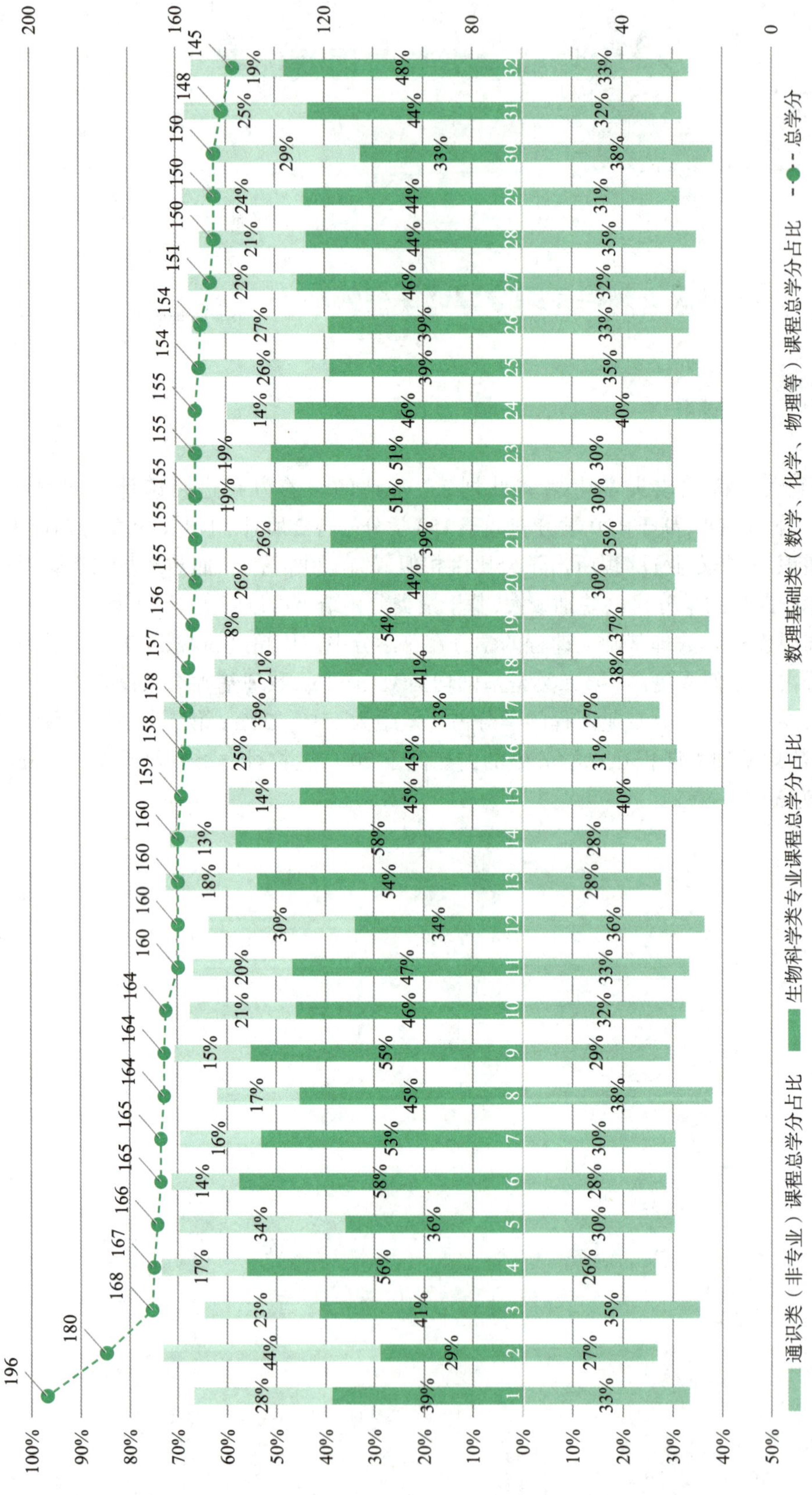

图 1-1 生物科学类专业培养方案学分构成的基本情况（依据总学分排序）

柱状图代表各类课程课程学分在总学分中所占百分比（左侧纵坐标），折线图代表各培养方案总学分（右侧纵坐标），四舍五入原因造成各培养方案的课程学分占比之和可能不为100%。

表 1–2　本科生培养方案学分构成 K 均值聚类结果

不同类别课程学分占比	聚类		
	1	2	3
通识类（非专业）课程总学分平均占比 /%	28.02	33.80	32.28
数理基础类课程总学分平均占比 /%	39.10	24.98	16.01
生物科学类专业课程总学分平均占比 /%	32.88	41.22	51.71

2.1.2　生物科学类专业课的课程体系

　　各高校生物科学类专业课程的学分构成方式具有较大的多样性（图 1–2）。共同特征是生物科学理论类（BioS– 理论类）课程的比例在 45% ~ 60%，实验 / 实习类与科研经历类学分占比普遍超过 30%，最高可达 58%（培养方案 26），表明入选拔尖计划基地的各高校经过前两轮的建设，实验实践类课程的学分都已超过《普通高等学校本科生物科学类教学质量国家标准》中实验实践类学分不低于 25% 的最低要求，为拔尖人才培养提供了充足的实验实践平台，为学生发展解决实际问题的能力提供了保障。

　　基于课程学分构成的聚类分析结果（表 1–3），各培养方案可以归为四类：第一类和第二类的生物科学理论类课程平均学分占比都达到 50%，均较为均衡地设置实验 / 实习类与科研经历类课程，其中第一类培养方案中专业交叉型课程的比例较高，平均学分达到 16%；第三类和第四类的培养方案都注重生物科学理论类课程，学分占比超过 40%，其中第三类方案更突出科研经历类课程，平均学分占比达到 27%，而第四类方案更突出实验 / 实习类课程，平均学分占比达到 33%。专业课程学分构成的多样性是各高校在生命科学类专业长期建设过程中形成的宝贵经验，为塑造不同类型的拔尖创新人才提供了多样化的培养模式。

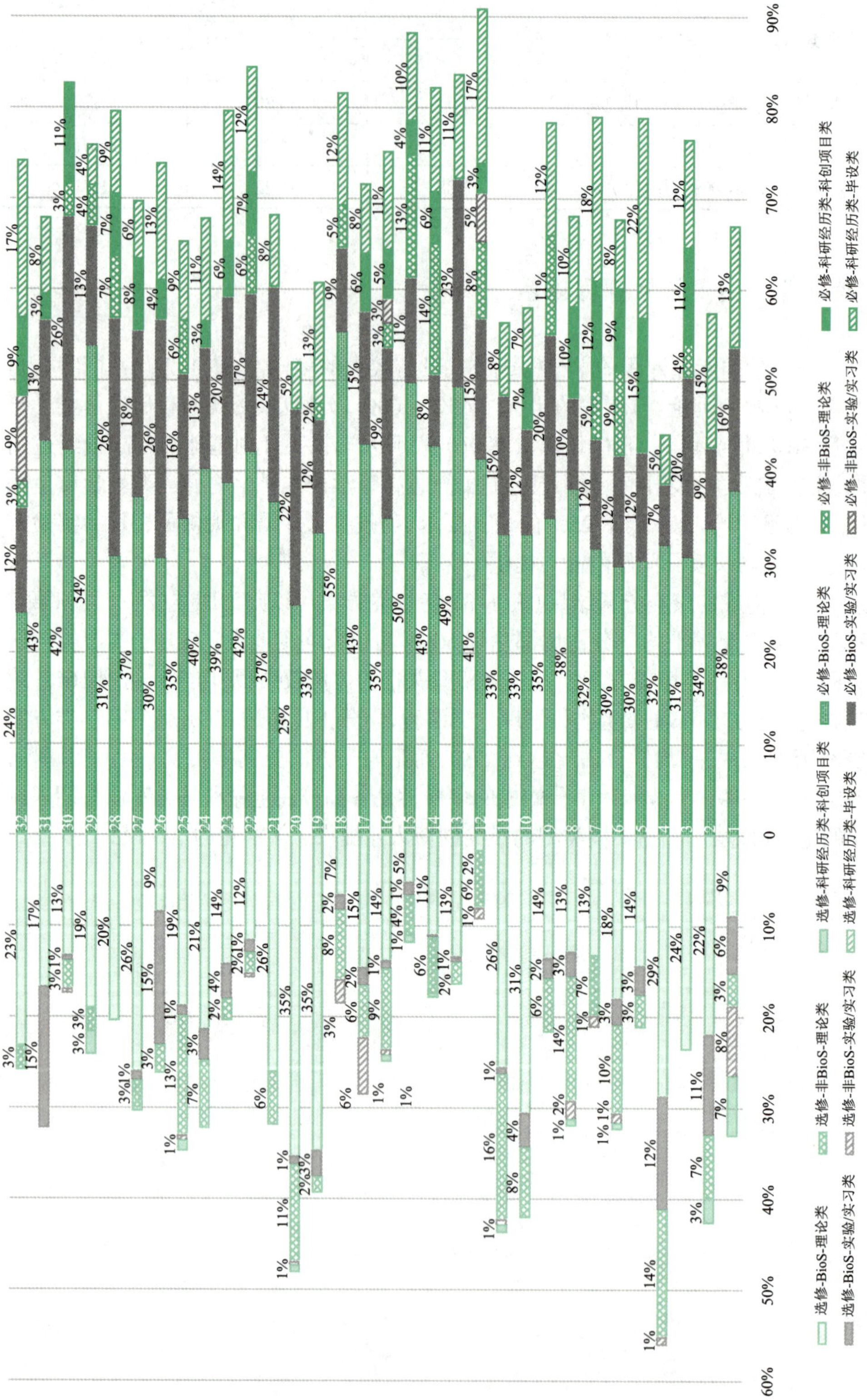

图 1-2　生物科学类课程的学分情况

横坐标为各类课程在生物科学类课程总学分中的占比，纵轴右侧为必修课，纵轴左侧为选修课；不足 1% 未标注，四舍五入原因造成各培养方案的课程学分占比之和不为 100%；白色数字为培养方案序号

表 1-3　生物科学类课程学分构成 K 均值各类别特征

不同类别课程学分占比	聚类			
	1	2	3	4
生物科学理论类课程学分占比 /%	50.04	61.80	49.22	45.07
实验 / 实习类课程学分占比 /%	15.99	19.12	17.81	33.52
科研经历类课程学分占比 /%	17.20	11.15	27.40	16.51
交叉专业课程学分占比 /%	16.78	7.93	5.58	4.91

2.1.3　生物科学类理论课的课程体系

对各高校生物科学类专业必修理论课在培养方案中出现的频次进行统计(表 1-4),结果表明各基地具有高度一致的核心课程,基本达到了《普通高等学校本科生物科学类教学质量国家标准》的要求,主要包括普通生物学(或动物生物学、植物生物学、生命科学导论类课程)、生物化学、分子生物学、微生物学、遗传学、细胞生物学。此外,生理学、生态学、生物信息学 / 生物统计、发育生物学等课程作为专业必修课开设的比例也较高,体现了在课程体系上对理解生命活动整体性与系统性的高度重视,以及让学生掌握生物数据分析能力的培养需求。

表 1-4　生物科学类专业必修理论课在培养方案中出现的频次

序号	课程名称	出现频次	序号	课程名称	出现频次
1	遗传学	33	15	免疫学	3
2	细胞生物学	33	16	细胞生物学研讨	3
3	生物化学	32	17	生物化学讨论课	3
4	分子生物学	28	18	遗传学讨论课	2
5	微生物学	26	19	分子生物学研讨	2
6	普通生物学 / 生命科学导论	23	20	解剖生理学	2
7	植物学 / 植物生物学	14	21	生物学概念与途径	1
8	动物学 / 动物生物学	14	22	生物化学和分子生物学	1
9	生理学	12	23	生物物理学	1
10	生态学	11	24	神经科学导论	1
11	生物信息学 / 生物统计	11	25	微生物学讨论课	1
12	发育生物学	7	26	生命科学前沿讲座	1
13	植物生理学	6	27	普通生物学讨论课	1
14	进化生物学	4	28	生物学综合设计	1

续表

序号	课程名称	出现频次	序号	课程名称	出现频次
29	表观遗传学	1	34	森林生态学	1
30	人类与医学遗传学	1	35	海洋生物学	1
31	干细胞生物学	1	36	现代生物学前沿	1
32	细胞分子生物学	1	37	基础学科前沿	1
33	细胞遗传学	1			

值得关注的是,生物物理学、神经科学导论及与医学交叉的课程(如人类与医学遗传学)也作为必修课列入了少数高校的培养方案,结合核心课程的研讨课/讨论课也在2~3所高校中得到了重视,这些课程纳入必修课体现了"多领域、宽口径"培养拔尖创新人才的新举措,是提升拔尖创新人才质量与多样性的有益尝试。

2.2 国外高校生物科学类专业课程体系

国外一流大学的生物科学类专业主要有三类课程体系:分布型课程体系、核心课程体系和开放课程体系。

2.2.1 分布型课程体系(distribution requirement)

代表高校:普林斯顿大学、耶鲁大学。

课程体系有基于学科核心概念与方法的专业类课程和跨越学科领域的选修课。专业类课程由先修课/导论课(prerequisite)、理科通识课(general requirement)和专业必修课(department core course)组成,另外须根据申请学位的专业方向修读一定数量的选修课,其余学分可以根据学生的兴趣和学位申请要求进行选择。体现了强调学科核心知识与跨学科学习相融合的理念。

以普林斯顿大学分子生物学专业方向的课程体系为例,先修课包括细胞与分子生物学导论和2门化学类课程。理科通识课包括2门有机化学、2门物理类课程和2门数学/计算机类课程。专业必修课共4门:遗传学、生物化学、细胞和发育生物学、分子生物学实验。另外须完成的专业类课程还包括1门批判性思维研讨课和至少4门列入专业课程目录(department approved course)的选修课。

耶鲁大学的分子、细胞与发育生物学专业的先修课程包括4门生物学基础课(生物化学与生物物理,细胞生物学原理,遗传与发育,生态与演化)、高等数学或统计学、两学期的化学类课程,以及两学期的物理学课程。理科通识课包括有机化学、统计学和基础生物学实验(核酸生物学实验、细胞生物学实验)等,至少修读2门。专业必修课采取6选3的模式(包括:功能基因的分子生物学与生物化学原理,遗传学,细胞生物学,发育生物学,微生物学,生物化学)。限定选修课1门(从神经生物学、生物技术和定量生物学中选择),生物类实验课2

门,还有两个学期的科学研究类课程。

2.2.2 核心课程体系(core curriculum)

代表高校:哈佛大学、芝加哥大学、牛津大学。

课程体系包括校级通识课程、能力拓展课程和专业核心课程,三类课程的比例较均衡,各占三分之一。核心课程体系与分布型课程体系的主要区别在于对通识课的定位不同,基于学校层面建设了大量高水准通识类课程,涵盖了人文、科学、社会、技术、美育等全学科领域,而不是分布型课程体系中为了专业学习而开设的数理基础类课程。加上以拓展眼界和提升交流沟通能力为目标的能力拓展课程,形成了人格塑造与专业发展兼备的人才培养模式。其专业核心课程主要包括1~2门必修的导论类课程,以及分层、分模块开设的专业选修课程。

以哈佛大学分子与细胞生物学系的课程体系为例,其专业核心课程的必修导论课是细胞生物学与分子医学,专业选修课有4个模块,分别是生物分子的结构与功能、从微生物到神经元、疾病、科学概念与方法,每个模块包含多门课程(表1-5),学生可参照学位授予要求,根据自己的兴趣和精力进行选修。

表 1-5 哈佛大学分子与细胞生物学系的专业核心课程模块

模块名称	课程名称
生物分子的结构与功能(Structure and Function of Molecules)	生物化学与分子医学(Biochemistry and Molecular Medicine)
	物理生物化学:理解生物分子机器(Physical Biochemistry: Understanding Macromolecular Machines)
	膜生物化学(Biochemistry of Membranes)
	蛋白质生物化学(Biochemistry of Protein Complexes)
	染色体(Chromosomes)
从微生物到神经元(From Microbe to Neuron)	细胞生物学与人类(The Cell Biology of Human Life)
	显微镜下的细胞生物学(Cell Biology Through the Microscope)
	行为与神经生物学(Neurobiology of Behavior)
	系统神经生物学(Systems Neuroscience)
	神经元功能的细胞基础(Cellular Basis of Neuronal Function)
	微生物学(The Microbes)
	大脑:发育可塑性与衰退(The Brain: Development Plasticity and Decline)
	感觉系统的分子细胞生物学(Molecular and Cellular Biology of the Senses and Their Disorders)
	节律生物学:从细胞振荡到睡眠调节(Circadian Biology: from Cellular Oscillators to Sleep Regulation)

续表

模块名称	课程名称
疾病 （Disease）	生物化学与分子医学（Biochemistry and Molecular Medicine）
	细胞生物学与人类（The Cell Biology of Human Life）
	全球健康挑战（Global Health Threats）
	分子细胞免疫学（Molecular and Cellular Immunology）
	细胞周期与癌症（Cell Cycle and Cancer）
	病毒及宿主互作（Viruses and Their Interactions with Hosts）
科学概念与方法 （Logic and Approaches of Science）	显微镜下的细胞生物学（Cell Biology Through the Microscope）
	生物中的数学（Mathematics in Biology）
	经典与分子遗传学进展（Major Advances in Classical and Molecular Genetics）
	遗传学思维途径的得与失（The Power and Pitfalls of Genetical Thinking）
	从基因型到表型：基因组视角（From the Gene to the Phenotype: A Genomics Perspective）
	遗传与演化生物学进展（Major Advances in Understanding Heredity and Evolution）
	系统生物学与生物工程基础（Foundations of Systems Biology and Biological Engineering）
	现代生物学的数学方法进展（Advanced Mathematical Techniques for Modern Biology）
	热力统计学与定量生物学（Statistical Thermodynamics and Quantitative Biology）

芝加哥大学生物科学类专业的必修课是两门生物学导论类课程、2 门数学类课程和 2 门化学类课程。专业方向课有 7 个模块，分别是癌症生物学、细胞与分子生物学、发育生物学、内分泌学、遗传学、免疫学和微生物学，每个模块的修读方式多样，有些模块包含必修课和多门选修课，有些模块允许学生根据兴趣选修，不设置必修课程（表 1-6）。学生根据兴趣选择其中一个方向，按学位授予要求修读相应的课程。

表 1-6 芝加哥大学生物科学类专业的核心课程模块

模块名称	课程名称
癌症生物学 Cancer Biology 2 门必修 +1 门选修	（必修）癌症生物学 Cancer Biology
	（必修）人类癌症的异质性：病因与治疗 Heterogeneity in Human Cancer: Etiology and Treatment
	肿瘤微环境与转移 Tumor Microenvironment and Metastasis
	乳腺癌的不均衡性 Health Disparities in Breast Cancer
	从诊断到治疗：转化研究在癌症中的应用 From Diagnostics to Therapy: The Application of Translational Research in Cancer
	组织免疫与癌症 Tissue Immunity and Cancer

续表

模块名称	课程名称
细胞与分子生物学 Cellular and Molecular Biology 至少选修 3 门	模式生物遗传学 Genetics of Model Organisms
	发育机制 Developmental Mechanisms
	细胞生物学 Ⅱ Cell Biology Ⅱ
	高级分子生物学 Advanced Molecular Biology
	干细胞与再生 Stem Cells and Regeneration
	染色质与表观遗传学 Chromatin & Epigenetics
	植物发育与分子遗传 Plant Development and Molecular Genetics
	内分泌 Ⅰ：细胞信号 Endocrinology Ⅰ：Cell Signaling
	分子免疫学 Molecular Immunology
	干细胞与再生：从水生动物到哺乳动物 Stem Cells and Regeneration：from aquatic research organisms to mammals
发育生物学 Developmental Biology 至少选修 5 门	模式生物遗传学 Genetics of Model Organisms
	发育机制 Developmental Mechanisms
	脊椎动物发育生物学 Vertebrate Development
	发育与疾病中的干细胞 Stem Cells in Development and Diseases
	干细胞与再生 Stem Cells and Regeneration
	干细胞生物学、再生和疾病模型 Stem Cell Biology，Regeneration，and Disease Modeling
	染色质与表观遗传学 Chromatin & Epigenetics
	演化与发育 Evolution and Development
	植物发育与分子遗传学 Plant Development and Molecular Genetics
	生物影像学导论 Introduction to Imaging for Biological Research
	干细胞与再生：从水生动物到哺乳动物 Stem Cells and Regeneration：from aquatic research organisms to mammals
	神经系统发育的分子机制 Molecular Principles of Nervous System Development
内分泌学 Endocrinology 3 门必修 +2 门选修	（必修）内分泌 Ⅰ：细胞信号 Endocrinology Ⅰ：Cell Signaling
	（必修）内分泌 Ⅱ：系统与生理 Endocrinology Ⅱ：Systems and Physiology
	（必修）内分泌 Ⅲ：人类疾病 Endocrinology Ⅲ：Human Disease
	灵长类的繁殖生物学 Reproductive Biology of Primates
	毒理学 Principles of Toxicology
	生物钟与行为 Biological Clocks and Behavior
	癌症与生殖 Topics in Reproduction and Cancer
	人类疾病的动物模型 Animal Models of Human Disease
	生物心理学 Biological Psychology
	压力心理与神经生物学 The Psychology and Neurobiology of Stress

续表

模块名称	课程名称
遗传学 Genetics 至少选修 4 门,且每 模块至少 1 门	模块 1:人类遗传与演化 Human Genetics and Evolution
	模块 1:统计遗传学导论 Introduction to Statistical Genetics
	模块 1:演化与发育 Evolution and Development
	模块 1:癌症遗传学与基因组学 Cancer Genetics and Genomics
	模块 2:基因组信息学:从细胞到基因组 Genome Informatics:How Cells Reorganize Genomes
	模块 2:发育机制 Developmental Mechanisms
	模块 2:高级分子生物学 Advanced Molecular Biology
	模块 2:演化与发育 Evolution and Development
	模块 2:染色质与表观遗传学 Chromatin & Epigenetics
	模块 2:植物发育与分子遗传学 Plant Development and Molecular Genetics
	模块 2:细菌性疾病的分子基础 Molecular Basis of Bacterial Disease
	模块 2:病毒学导论 Introduction to Virology
	模块 2:基因组学与系统发育生物学 Genomics and Systems Biology
免疫学 Immunology 2 门必修 +1 门限选 +2 门选修	(必修)免疫学 Immunobiology
	(必修)免疫病原学 Immunopathology
	(限选)宿主 – 病原体互作 Host Pathogen Interactions
	(限选)分子免疫学 Molecular Immunology
	(限选)组织免疫学与癌症 Tissue Immunity and Cancer
	(限选)定量免疫学 Quantitative Immunobiology
	(选修)干细胞生物学、再生和疾病模型 Stem Cell Biology,Regeneration,and Disease Modeling
	(选修)染色质与表观遗传学 Chromatin & Epigenetics
	(选修)传染病生态学与演化 The Ecology and Evolution of Infectious Diseases
	(选修)复杂的互作:共演化、寄生、共生和欺骗 Complex Interactions:Coevolution,Parasites,Mutualists,and Cheaters
	(选修)定量微生物生态学 Quantitative Microbial Ecology
	(选修)人类疾病的动物模型 Animal Models of Human Disease
	(选修)细菌生物学基础 Fundamentals of Bacteria
	(选修)人类微生物:理论与应用 Fundamentals and Applications of the Human Microbiota
	(选修)细菌性疾病的分子基础 Molecular Basis of Bacterial Disease
	(选修)病毒学导论 Introduction to Virology
	(选修)生物信息学和蛋白质组学导论 An Introduction to Bioinformatics and Proteomics

续表

模块名称	课程名称
免疫学 Immunology 2 门必修 +1 门限选 +2 门选修	(选修)转录组学导论 Introduction to Transcriptomics
	(选修)生物数据分析基础 Fundamentals of Biological Data Analysis
	(选修)微生物生态学研究方法:海洋生物学实验 Methods in Microbial Ecology–Marine Biological Laboratory
	(选修)环境中的微生物 Microbiomes Across Environments
	(选修)生物影像学导论 Introduction to Imaging for Biological Research
	(选修)流行病学与公众健康 Epidemiology and Population Health
	(选修)传染病学 Infectious Diseases
	(选修)基因组学与系统发育生物学 Genomics and Systems Biology
微生物学 Microbiology 3 门必修 +2 门选修	(必修)细菌生物学基础 Fundamentals of Bacteria
	(必修)细菌性疾病的分子基础 Molecular Basis of Bacterial Disease
	(必修)病毒学导论 Introduction to Virology
	传染病生态学与演化 The Ecology and Evolution of Infectious Diseases
	人类微生物:理论与应用 Fundamentals and Applications of the Human Microbiota
	免疫学 Immunobiology
	宿主 – 病原体互作 Host Pathogen Interactions
	环境微生物学 Environmental Microbiology
	环境中的微生物 Microbiomes Across Environments
	有机化学Ⅲ Organic Chemistry Ⅲ

2.2.3　开放课程体系（open curriculum）

代表高校:布朗大学。

开放课程体系最早由布朗大学于 1969 年建立,近年来在美国逐渐兴起。此体系不设置固定的必修和选修课程,也没有主修和辅修专业,学校提供覆盖所有学科的多种课程,学生需要选择适合自己的课程,达到毕业学分要求。以布朗大学为例,目前为学生提供超过 40个领域的 2 000 余门课程,由学生从自己的个性和需求出发,进行自由探索。

2.3　生物科学专业本科生培养案例

案例 1:香港大学

香港大学生物专业本科生的培养具有以下特点:学生至少修满 240 学分才可毕业(一门课程 6 学分)。在课程安排上给学生保留较大的自由选择权,让学生可以根据自己的想法、兴趣和时间来安排自己的大学学习。各门课程相互关联和支撑,为不同职业规划的学生培养相应的必备技能,并提供深入学习和发展的机会。教师授课并非局限于教材,教师会简略分享与授课内容有关的最新论文并指出教科书上的过时之处,培养学生自主寻找与阅读论文的习惯和批判性思考的能力。每门生物学课程在讲授的同时,也会配有专门的实验室实践环节,培养学生的基本实验室技能,并要求学生书写正规的实验报告。课程很少设置分数占比很高的考试,平时成绩(实验课表现和实验报告、关于特定论文的分析汇报或特定主题的分享会等)在课程的最终成绩中占比很高,且对平时成绩的打分很严格,尤其会注重从语言、逻辑和数据分析与表达清晰度等方面贴近真正科研论文的要求。

案例2:约翰斯·霍普金斯大学

约翰斯·霍普金斯大学生物专业本科生的培养具有以下特点:毕业所需学分总数不高,为120学分。这为学生选择辅修和双专业,从而实现学科交叉(比如,神经科学与数学)提供了可能。在必修课方面,分为低年级课程和高年级课程,通常是在前两年完成低年级课程,学习专业基础知识和研究方法,后两年根据兴趣和未来就业方向选修高年级课程。在选修课方面,学校的要求较为灵活,相对容易满足。另外,还专门设有6学分(对应240小时)的校内研究要求,该部分学习主要是依托于课上内容、习题和教师布置的补充阅读材料。低年级课程的补充阅读材料是教材,高年级的补充阅读材料是文献。教材中的解释非常详尽,许多概念用类比和讲故事的方式讲述,非常合适作为补充阅读材料。专业课的授课方式以学生为中心,课上讨论、项目实操、小组作业和报告比较多,同时课下的阅读时间投入很重要。低年级课程侧重教师讲授知识点,通常每周有习题课作为小组讨论的场合。高年级课程侧重课上学生的发言和参与,对文献提出批评和质疑,以及注重学生实际操作能力的培养。

3. 生命科学领域发展前沿

当前生物学基础研究新技术、新方法飞速发展,推动了生物科学与生物技术的长足进步,加速了人类对生命本质的认知,在面向世界科技前沿、面向经济主战场、面向国家重大需求、面向人民生命健康的实践中发挥关键作用。生命科学是农业及粮食安全、新型药物研发、生物多样性保护与生态文明建设等的重大保障,为人类应对日益严峻的人口问题、气候危机、能源危机等提供有效解决方案。各种组学大数据的快速增长、人工智能理论与方法的飞跃式发展,以及多学科领域的交叉汇聚,极大促进了生物学学科的快速发展,为生物学前沿探索和创新变革提供了更多可能性,生命科学领域正迎来前所未有的发展机遇。

3.1 生命科学领域科学研究的发展趋势

《中国生物学 2035 发展战略》指出,我国的生物学研究已处于从量的积累向质的飞跃、从点的突破向系统能力提升的重要时期,但与主要发达国家相比,仍然存在一些差距和不足。

立足于生物学学科发展现状和国家战略需求,未来生物学的重要前沿领域包括生物重要性状的演化机制,生物表型可塑性与环境适应机制,生态系统结构复杂性、功能多样性和系统稳定性的多尺度多过程整合研究,基于单细胞及单分子分析技术的生物学研究,病原微生物的致病、耐药及传播机制,细胞命运可塑性与器官再生,细胞精细结构与可视化,遗传与表观遗传信息的建立与继承,个体发育与衰老机制,免疫应答及调控机制,行为与心理的认知过程与神经机制,生物大分子的结构功能与动态相互作用,营养代谢及其调控网络,基因编辑、基因递送与分子操控技术,基于智能生物材料的工程化组织构建、力学调控与医学应用等。

同时,多学科领域的交叉汇聚极大促进了生物学的快速发展,为生物学前沿探索和创新变革提供了更多可能性。《中国生物学 2035 发展战略》提出,生物学的优先发展交叉领域包括合成生物学及人工生命体,生物多样性和生态系统功能性状格局及演变的生物地理生态学研究,基于脑认知启发的人工智能和智能增强,光合作用与生物固氮的机制与模拟,类器官仿生构建与虚拟器官建模等。

3.2 生命科学领域产业的发展趋势

《"十四五"生物经济发展规划》指出,加快生物技术广泛赋能健康、农业、能源、环保等产业,促进生物技术与信息技术深度融合,全面提升生物产业多样化水平。具体将从 4 个方面部署培育壮大生物经济支柱产业。

（1）推动医疗健康产业发展。推动基因检测、生物遗传等先进技术与疾病预防深度融合，加快疫苗研发生产技术迭代升级，助力疾病早期预防；推动生物技术与精密机械、新型材料、增材制造等前沿技术融合创新，提升疾病诊断能力；推动基因组编辑、微流控芯片、细胞制备自动化等先进技术与生物药研发融合，提高临床医疗水平。

（2）推动生物农业产业发展。有序发展全基因组选择、系统生物学、人工智能等生物育种技术，提高粮食等重要农产品生产能力和质量；发展绿色农业，促进前沿生物技术在农业领域融合，提高中国农业生产效率。

（3）推动生物能源与生物环保产业发展。发展高性能生物环保材料和生物制剂、功能型微生物、酶制剂，助力环境保护和污染治理；开展新型生物质能技术研发与培育，推动化石能源向绿色低碳可再生能源转型。

（4）推动生物信息产业发展。依托人工智能技术、生物医学和健康大数据资源，发展智能辅助决策知识模型和算法，辅助个性化新药研发；利用 5G、区块链、物联网等前沿技术实现药品、疫苗从生产到使用全生命周期管理。

在高科技迅猛发展的时代，合成生物学技术是各领域中最无法忽视的一项新兴技术。合成生物学是在系统生物学基础上，融汇工程科学原理，采用自下而上的策略，重编改造天然的或设计合成新的生物体系，以揭示生命规律和构筑新一代生物工程体系的"汇聚"型新兴学科，被喻为认识生命的钥匙（"造物致知"）和改变未来的颠覆性技术（"造物致用"），被认为是"第三次生物科学革命"，是推动人类实现从"认识生命"到"设计生命"伟大跨越的重要技术路径。

21 世纪以来，全球高度重视合成生物学研究，多个国家和地区制定了支持政策和发展战略，开展合成生物学领域的技术研究，促进合成生物学基础研究和应用研究的快速发展，已经形成使能技术、平台工具服务和多元化产品类型的发展格局，形成了以美国为主导、其他主要经济体跟进的全球发展体系。各国抢占核心技术，积极推进专利成果转化与产业应用，在全球形成生物经济竞争的局面。我国合成生物学的发展处于跟跑且争取迎头追赶的状态。我国《"十四五"生物经济发展规划》围绕生物技术赋能经济社会发展，构建现代生物产业体系，推动合成生物学技术创新及在新药开发、疾病治疗、农业生产、物质合成、环境保护、能源供应和新材料等领域应用。此外我国"十四五"医药、石化、轻工、农业等行业规划中，也分别提出合成生物学在医药绿色制造、生物化工、生物基材料、基因编辑动植物、未来食品等领域的产业化布局方向。

此外，基于全球未来生物医药产业布局及我国的重点研究方向，结合当前至 2035 年我国未来生物医药产业发展面临的形势，西湖大学未来产业研究中心探索性提出我国未来生物医药产业须重点关注和大力支持的十大领域，包括人工智能等信息化技术在生物医药领域中的深度应用，重组抗体技术，小分子抑制剂技术，高通量测序技术，药物偶联物技术，治疗性基因编辑技术，细胞治疗技术，新型药物递送技术，免疫检查点抑制剂，脑机接口技术。

4. 生物科学类专业人才培养的特色与挑战

4.1　我国生物科学拔尖人才培养的特色

21世纪以来,我国生命科学领域的科学研究与拔尖人才培养主要经历了三个发展阶段,并展现出鲜明的特色。

2008年以前,我国的生物科学研究处于经典领域积累阶段,国内科学家在本领域内通过持续的努力,取得了一系列创新成果,并在培养生物科学拔尖人才方面开始了探索。例如,2004年按新体制建立的北京生命科学研究所,通过与北京师范大学、清华大学、北京大学等高校联合招生,开启了我国新型拔尖人才培养之路。

从2008年到2011年,中国的生物科学迎来了快速发展的黄金期。众多海外科学家带着先进的科研理念和技术回国,极大地促进了国内生物科学的发展,并带动了国内高等教育机构的建设。这一阶段,通过结合国内外教育资源,不仅使得学生在学术上能够及早接触到国际前沿,也促成了许多海外学成归国的科研人员为国家科技进步作出贡献。与此同时,教育部会同中组部、财政部自2009年启动实施了"基础学科拔尖学生培养试验计划"(即"拔尖计划1.0")。2011年,17所大学入选拔尖计划1.0,成为生物科学拔尖人才培养的创新试验田和改革领跑者。

2011年之后,我国的生物科学领域实现了飞速发展,培养了一大批具有国际视野的科研人才,取得了具有重要影响力的高水平研究成果,在国内培养和成长的优秀人才逐渐站上生命科学领域的潮头,拔尖计划1.0的十年建设期取得了令人瞩目的人才培养成效。为加快培养基础学科拔尖人才,教育部以基地建设为载体继续推动计划的全面实施,自2019年起,拔尖计划迎来2.0时代。生物科学类共33个基地入选拔尖计划2.0(见表1-1),既包括了拔尖计划1.0的综合性院校和理工类院校,还新增了师范、农林等行业特色鲜明的院校。

我国生物科学拔尖人才培养历经近15年的探索与改革,形成了一些独到的成功经验。

(1)坚守质量标准。遵循《普通高等学校本科生物科学类教学质量国家标准》的基本要求和"基础学科拔尖学生培养计划"的引领方向,以高水平拔尖人才为培养目标,创造条件吸引高水平师资开设优质课程,建设小班课程和双语课程,持续提升实验教学条件,建设实践基地,大幅提高实验实践类课程在学分中的比例,注重课程质量保障体系的建立和毕业生发展动态的追踪。

(2)鼓励多元体系。在拔尖计划基地的两轮建设期间,各高校从自身专业发展历史特征出发,凝聚发展力量,形成了各具特色的拔尖人才培养路径与体系。例如,北京大学建立的生命科学挑战班,重在培养学生理解文献和提出问题的能力;中山大学以"必修课+

选修课＋讨论实践课＋交叉学科课程群"构成培养方案,注重强化数学、物理、化学、生物、计算机课程,为每个学生设计个性化的培养方案,实行个性化培养。

（3）强化理科基础。生命系统是最复杂的系统,数学、物理、化学等理科基础课程对于培养拔尖人才解决复杂性、系统性问题的能力具有重要的基础性作用。强化理科基础是生物科学拔尖计划的重点方向。例如,中国科学技术大学与中国科学院生物物理研究所、中国科学院分子细胞科学卓越创新中心、中国科学院脑科学与智能技术卓越创新中心等联合创办的"贝时璋生物科学拔尖学生培养基地",在课程设计和教育教学过程中,突出了重基础、重交叉、重科研、重创新和个性化、国际化等特点,其课程体系强化了数学、物理、化学等基础学科课程,为学科交叉打下良好基础。

（4）重视实验实践。实验实践能力的提升,是拔尖计划基地建设的重要目标之一。特别是在全球变化的大格局下,开展生态文明建设与生物多样性保护具有重要意义。拔尖计划的实施,为培养这方面的人才起到了重要作用。例如,云南大学发挥"生物王国"区位及资源优势,开展多学科交叉融合,持续优化实践实习模式,加强国际合作,形成了生物资源利用与生物多样性保护相融合的特色实践课程;南京大学在拔尖人才基地建设了贝加尔湖国际综合科考与科研训练项目,促进实验实践教学的国际化合作。

4.2　我国生物科学拔尖人才培养的需求

当前生命科学领域的进步急需跨学科、具有创新精神和批判性思维的拔尖人才。这类人才应对生命科学有浓厚的兴趣,能够在掌握多学科知识的基础上,具备独立思考的能力、批判性思维及创新精神。

培养创新能力最关键的是培养对生物学的兴趣,兴趣能驱动学生自发性的努力。教育过程中,学校和教师在传授学科基本知识,提高学生认知水平的基础上,应通过多种手段引发他们的兴趣,促使学生主动探索和学习。一旦学生对某一问题产生了真正的兴趣,这种兴趣便能驱动他们深入思考,从而激发他们的好奇心和探索欲。在本科低年级的课程设置中,应开设生命科学导论或普通生物学等课程,结合研讨类课程,激发学生探索生命科学奥秘的好奇心。

在此基础上,独立思考的能力是人才培养必不可少的一环。这不仅要求学生掌握丰富的知识,更重要的是理解这些知识产生的背景、逻辑体系及有待解决的问题。生命科学的独特性在于其跨学科的本质,涵盖了数学、物理、化学等多个领域。只有对这些学科有深入的认识和积累,学生才能全面理解生命现象背后的运作机制,探索生命科学的未知领域。历史上,生命科学的每一次重大进展都伴随着数学、物理和化学等学科的突破。因此,推动生命科学的发展不仅需要学生在多个学科上有扎实的基础,还需要他们能够不断进行独立思考和批判性分析,以创新的视角挑战现有的知识架构,提出新概念,研发新技术,解决新问题,深入探究生命现象的本质。总之,当前生命科学的发展急需具备多学科背景知识、独立思考能力和创新精神的拔尖创新人才,持之以恒地围绕重要科学问题展开长期研究,成为推动生命科学进步和创新的核心动力。

生命科学领域前沿研究的飞速发展需要有高瞻远瞩的发展战略与促进科学发展的有力

体制,推动生物领域科研人才的创新培养,集聚未来领域发展的人才优势。为了应对全球性重大挑战,必须深入研究生物领域科研创新工作对人才能力、素质的基本需求,确定与之匹配的教育规模和培养目标,构建合理的人才培养体系。未来生物领域前沿研究对人才能力、素质的基本需求包括:

(1)具有"爱国、创新、求实、奉献、协同、育人"的科学家精神和国际化视野。

(2)逻辑思维能力:在准确认识生命活动与生命现象的基础上,能够从不同角度思考其过程与机制的能力,是提出重要科学问题的思维基础。

(3)扎实的理科基础:包括数学、物理学、化学、信息科学等,以形成缜密的科学思维和坚实的科学理论基础。

(4)生物学核心知识:包括遗传学、生物化学、细胞生物学、演化生物学、微生物学、生理学等,是进行生物学研究和探索的必备条件。

(5)多元的跨学科素养:包括人工智能、大数据统计与分析、合成生物学、生物物理学、认知科学等,是形成"从 0 到 1"创新的思想源泉和方法基础。

(6)卓越的实验实践能力:掌握群体、个体、细胞和分子等生物科学不同层次的基本分析方法及实验技术,具备新设备和新技术的研发能力,以及服务于国家社会经济发展与人民健康的实践创新能力等。

(7)严格遵循生物研究伦理,具备较强的生物安全意识和知识产权保护意识。

4.3　我国生物科学拔尖人才培养的挑战

我国生物科学人才培养体系的特色是融合了国内教育与国际交流的双轨模式,在过去一段时间中,以强化实验实践学习为特色,通过实验、实习、科研实践等课程的高水平建设,让学生能够尽早接触科学研究工作,增强解决实际问题的能力。随着我国在生命领域的科学研究走入世界前列,以往大量处于追踪、跟跑的研究领域已转变为领先、并跑的新局面,对拔尖人才培养体系也提出了一系列新的挑战。

(1)建立适应培养创新型拔尖人才的课程体系。教育教学体系是培养拔尖人才的基石,课程体系是其中最重要的部分。过去 15 年来,随着大量优秀人才的回国及国内高等教育培养力度的加大,我国大学的师资力量得到了显著提升。在取得丰硕科研成果的同时,教育教学理念需要尽快更新,以适应新时代发展的要求。在坚守质量的基础上,须建设更为开放灵活的课程体系,发挥教师专长,形成通识与专业课程相匹配、理论与实验实践课程相融合、核心知识与启发思考类课程相依托的新型课程体系,加强学科交叉融合,建设特色课程,以培养眼界开阔、勇于挑战、具有批判性思维的创新型拔尖人才。在教学实践中,应鼓励学生通过跨学科的学习与合作,汇聚不同背景和思维方式,促进创新思维的碰撞与交融。

(2)建设具有我国特色且适应学科发展方向的高水平教材。我国现行的主要生物科学类教材大多借鉴了国外早期教材的体系,在基础知识和基本理论方面比较扎实,但教材更新速度较慢,对于生命科学领域的新发现、新观点和新技术跟进不足,导致学生学习的内容比较陈旧。因此在更新教材和教学内容时,应注重引入最新的科研成果、观点和方法,增加各知识点之间的内在联系和逻辑性,特别是对于"从 0 到 1"的经典研究和原始发现应予以重视,通过回顾生命科学重要概念和方法的建立与发展途径,培养学生的思辨能力与系统性思维,形成具有中国特色的生物科学教材和课程体系,激发学生探索未知的兴趣与勇气,培养提出重要问题和解决难题的能力,推动生物科学拔尖创新人才的选拔和培养。

要应对当前我国生物科学拔尖人才培养的挑战,需要多管齐下,从课程体系改革、高水平教材建设、师资力量提升、教育模式创新等方面着手,通过持续投入,系统性地构建新型拔尖人才培养体系,在多学科交叉领域整合教育资源,形成以科学研究支撑高水平教学、以高水平教学引领创新型研究的互融互通模式。通过这些措施的综合实施,为我国生物科学拔尖人才培养提供更加坚实的基础,为未来的科学发展培养出更多具有国际视野和创新能力的科研领军人才。

5. 生物科学"101 计划"

5.1　参与高校

生物科学"101 计划"牵头高校为西湖大学,牵头人为施一公院士。参与高校为生物科学拔尖学生培养计划 2.0 基地所在高校及西湖大学,共 33 所高校(表 1–7)。

表 1–7　生物科学"101 计划"参与高校

西湖大学	北京大学	清华大学
中国农业大学	北京林业大学	北京师范大学
中国科学院大学	南开大学	天津大学
内蒙古大学	吉林大学	东北师范大学
复旦大学	同济大学	上海交通大学
华东师范大学	南京大学	南京农业大学
南京师范大学	浙江大学	中国科学技术大学
厦门大学	山东大学	中国海洋大学
武汉大学	华中科技大学	华中农业大学
中南大学	中山大学	四川大学
云南大学	西北农林科技大学	兰州大学

5.2　核心课程

生物科学"101 计划"专家委员会由施一公、金力、赵进东、陈晔光、Brian Kobilka 和王小凡组成。经专家委员会研究,确定了普通生物学、生物化学、细胞与分子生物学、遗传学和发育生物学、生理学、微生物学、神经生物学、生物物理学、生物信息学、生态学和免疫生物学 11 门核心课程。

5.3　建设团队

经专家委员会讨论,遴选了 26 位专家担任核心课程负责人,牵头组建各课程建设团队,并具体负责各核心课程、核心教材、师资团队的建设工作(表 1–8)。

表 1-8　生物科学"101 计划"核心课程及牵头专家

序号	核心课程	牵头专家
1	普通生物学	赵进东 / 金力
2	生物化学	昌增益 / 施一公 / 王新泉
3	细胞与分子生物学	陈晔光 / 陈建国
4	遗传学和发育生物学	许田 / 金力
5	生理学	王世强 / 梅岩艾 / 朱景宁
6	微生物学	邓子新 / 陈峰 / 陈向东
7	神经生物学	饶毅 / 梅林 / 段树民
8	生物物理学	施一公 / 汤超 / 王宏伟
9	生物信息学	陈铭 / 吕晖
10	生态学	方精云 / 唐志尧 / 王志恒
11	免疫生物学	董晨

5.4　工作组

工作组由各参与高校相关院系负责人、高教出版社相关负责人、生物科学"101 计划"秘书处等组成,负责生物科学"101 计划"相关工作的具体组织实施(表 1-9)。

表 1-9　工作组名单

序号	单位	姓名
1	北京大学	宋艳
2		王世强
3	清华大学	闫永彬
4		刘栋
5	中国农业大学	于静娟
6	北京林业大学	程瑾
7	北京师范大学	董路
8	中国科学院大学	柳振峰
9	南开大学	李登文
10	天津大学	王涛
11	内蒙古大学	李东明
12	吉林大学	陈妍
13	东北师范大学	李晓雪
14	复旦大学	孙璘

续表

序号	单位	姓名
15	同济大学	张敬
16	上海交通大学	李志勇
17	华东师范大学	江文正
18	南京大学	朱景宁
19	南京农业大学	蒋建东
20	南京师范大学	朱自强
21	浙江大学	赵云鹏
22	中国科学技术大学	赵忠
23		臧建业
24	厦门大学	李勤喜
25	山东大学	张伟
26	中国海洋大学	刘晓收
27	武汉大学	谢志雄
28	华中科技大学	闫云君
29	华中农业大学	唐铁军
30	中南大学	李善妮
31	中山大学	崔隽
32	四川大学	张大伟
33	云南大学	和兆荣
34	西北农林科技大学	王瑶
35	兰州大学	程博
36	西湖大学	杨剑
37	高等教育出版社	吴雪梅、郁述涛、李光跃
38	生物科学"101计划"秘书处	陈镖、黄召、徐寒生、杜丹妮

第二部分

高等学校生物科学类专业核心课程体系

1. 普通生物学

1.1 课程定位

普通生物学是生命科学相关专业的核心基础课程,教学定位重在系统而全面地介绍生物学基本知识及原理。内容涵盖病毒、细菌、古菌、真菌、藻类、陆地植物、原生动物、后生动物等各类生物的主要结构特征、生活史和演化关系,以及生理学、生物演化、生态学和保护生物学等重要相关知识板块。旨在培养学生对生物学领域整体体系和逻辑的认识,对各生物门类系统演化关系和特征的了解,以及对生物与环境相互关系的深入理解,从而为进一步学习生命科学各专业领域奠定坚实的理论基础和构建知识框架,并引导学生树立正确的人与自然的价值观。

1.2 课程目标

(1)引导学生了解生命科学相关的基础理论知识及其背景,加强对生命科学整体知识结构和基本概念的理解。

(2)发现学习兴趣,培养自主学习意识和方法,培养科学精神和生命科学的素养,加强对生物科学热点和前沿问题的关注、解读和讨论,训练系统思维和批判性思维,提高对现实生活中生命科学相关问题的分析和思辨能力。

(3)建立对人类和非人类的各种生命普遍关爱重视的世界观,建构生命知识树、时空维度、生命层级思想,培养生命伦理和社会责任感。

1.3 课程设计

生命的基本组成、细胞、代谢、遗传和基因、生物技术及其应用、生物多样性、动/植物的结构与功能、生命起源与进化、生物与环境等方面的基本理论知识及背景,并紧密结合相关领域的前沿进展和热点问题。

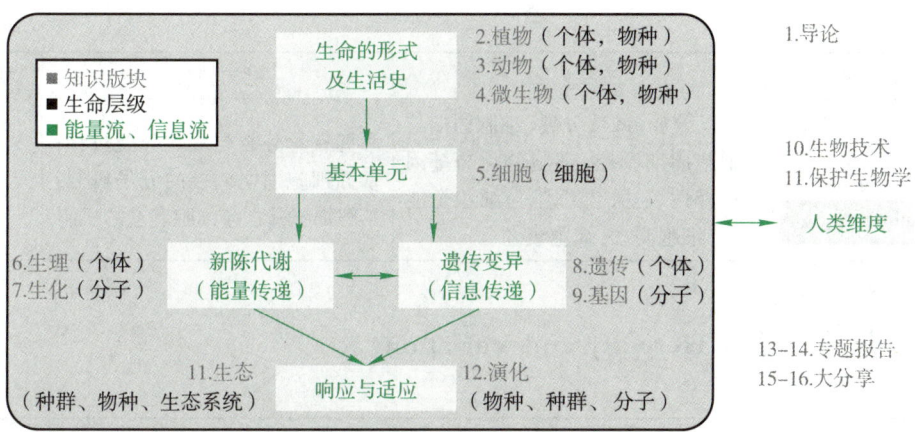

1.4 课程知识点

模块 1：生物界与生物学（Biosphere and Biology）

知识点	主要内容	能力目标	参考学时
1. 认识生命（Understanding Life）	生命的定义、特征、层次	了解生命的定义与特征；能够从不同层次深入理解生物界	0.5
2. 生命科学研究（Life Science Research）	科学的定义；生命科学研究与发展趋势；方法论；生物学与社会的关系	掌握科学的目的、精神、方法；增进对生命科学研究的理解	1

模块 2：细胞（Cell）

知识点	主要内容	能力目标	参考学时
1. 生命的化学基础（The Chemical Foundation of Life）	必需元素；水的重要性；生物大分了；分子相互作用	认识生命的基本组分；掌握蛋白质、核酸、多糖和脂质 4 种生物大分于的组成、结构与功能	0.5
2. 细胞结构与功能（Cellular Structure and Function）	细胞结构；生物膜结构；细胞共有特征及实现基础	了解细胞结构；理解细胞实现物质交换和信息传递的结构基础及相关学说	0.5
3. 细胞代谢（Cellular Metabolism）	酶与能量；糖酵解；柠檬酸循环；电子传递和氧化磷酸化；光合作用研究历史；光反应；暗反应；C_3 途径与 C_4 途径	了解呼吸作用与光合作用的酶结构与功能；掌握呼吸作用及光合作用的机制与意义	3

续表

知识点	主要内容	能力目标	参考学时
4. 细胞分裂与分化（Cell Division and Differentiation）	有丝分裂；减数分裂；细胞周期与细胞周期调控；细胞分化与基因选择性表达；干细胞与细胞全能性；细胞凋亡；细胞衰老	掌握有丝分裂与减数分裂过程；掌握细胞周期调控的分子机制；了解细胞凋亡与细胞衰老的机制	3

模块 3：遗传与变异（Heredity and Variation）

知识点	主要内容	能力目标	参考学时
1. 性状传递的基本规律（The Basic Law of Inheritance）	孟德尔遗传定律；遗传的染色体学说与遗传第三定律；基因定位的概念和作用	了解遗传学经典理论的提出过程、内容及意义	1
2. 基因与基因组（Gene and Genome）	基因的概念与演变；基因组的概念和特征；DNA 复制；非孟德尔式遗传	掌握基因与基因组的概念；了解DNA 的复制过程	1.5
3. 遗传物质的突变（Mutation and Chromosome Aberration）	突变的概念和类型；染色体畸变的概念和类型	了解遗传物质变异的不同类型及成因	0.5
4. 性状的决定与形成（Trait Determination and Formation）	中心法则；基因表达调控；乳糖操纵子模型；表观遗传调控	了解基因表达调控的不同层次与实现方式；掌握乳糖操纵子等经典模型的内容	1

模块 4：生物演化（The Evolution of Life）

知识点	主要内容	能力目标	参考学时
1. 演化理论的发展和完善（Development and Improvement of the Evolutionary Theory）	演化的定义；拉马克演化思想；达尔文演化思想：选择与适应；中性理论与近中性理论；辐射演化与间断平衡学说	了解达尔文演化理论的主要论点及修订完善历程；能够从宏观与微观两个层次深入理解达尔文式生物演化的特点及重要意义	2
2. 生命起源（The Origin of Life）	生命起源的学说与研究现状	了解生命起源的不同学说；掌握化学演化的基本过程	0.5
3. 物种的形成和灭绝（Speciation and Extinction）	物种的定义；物种形成；物种灭绝	掌握物种的定义；了解物种的形成方式与灭绝原因	0.5

续表

知识点	主要内容	能力目标	参考学时
4. 重构生命之树（The Tree of Life）	系统发生树的相关概念及构建方法；利用系统发生树追溯物种起源和演化历史	掌握系统发生树的相关概念；了解系统发生树的不同构建方法并能客观看待结果的差异性；能够应用系统发生树解决相关问题	1.5

模块 5：生物多样性的演化（The Evolution of Biodiversity）

知识点	主要内容	能力目标	参考学时
1. 原核生物多样性（Prokaryotic Diversity）	三域学说；细菌的结构、功能和多样性；古菌的结构、功能和多样性；原核生物的作用	掌握三域学说的提出历程；了解细菌、古菌和真核生物细胞间的差异	2
2. 真核生物起源与原生生物多样性（The Origin of Eukaryotes and Protistan Diversity）	内共生学说；真核生物系统发生和分类；原生生物特征与多样性；原生生物的作用	掌握内共生学说的内容；了解真核生物系统发生与分类情况；了解原生生物的特征、多样性及其与人类社会的联系	2
3. 病毒（Virus）	病毒的发现；病毒形态和分类；几种代表性病毒生活史；病毒生态学；CRISPR/Cas 系统	掌握病毒的基本特征及分类；了解病毒对生物圈的作用	1
4. 真菌多样性（Fungal Diversity）	真菌的特征；真菌的系统发生与多样性；生活史；酵母与模式生物	掌握真菌的基本特征；了解不同类群真菌的生活史差异；了解模式生物的特点及应用	1
5. 有胚植物多样性（Diversity of Embryophyta）	有胚植物的起源与多样性；孢子体；配子体；世代交替；苔藓植物；石松、真蕨；裸子植物；被子植物	掌握不同类群植物的起源、特征及创新性状，并理解其对陆地环境的逐步适应；了解各类群植物的具体分类及代表物种	4
6. 动物多样性（Animal Diversity）	后生动物的特征及胚胎发育；无脊椎动物的系统发生；脊椎动物的系统发生	掌握不同演化阶段动物类群的特征；了解不同动物类群的代表物种	4
7. 人类的演化（Human Evolution）	古 DNA 与古基因组；灭绝古人类和现代人的基因交流及影响；现代人在不同时间阶段的演化	了解研究人类演化的基本方法；了解人类的演化过程	1

模块 6：植物的形态与功能（Morphology and Function of Plants）

知识点	主要内容	能力目标	参考学时
1. 植物的结构与生殖（Structure and Reproduction of Plant）	植物的形态结构；植物的生长发育；植物的生殖；植物的营养繁殖	掌握植物主要组织器官的结构与功能；了解植物的生长发育过程；掌握被子植物雌、雄配子体的形成过程及双受精作用	2
2. 植物营养（Plant Nutrition）	植物必需元素；植物对养分的吸收及运输；固氮菌；异养植物	了解植物所需不同元素的功能；掌握水分及溶质进入木质部的两种途径；掌握水分与糖分的双向运输过程	1
3. 植物的调控系统（Plant Regulatory System）	植物激素；生物节律；向性运动；植物防御	了解主要植物激素及其功能；理解植物的昼夜感知方式与节律的产生过程；了解植物应对不同刺激的防御机制	1

模块 7：动物的形态与功能（Morphology and Function of Animals）

知识点	主要内容	能力目标	参考学时
1. 脊椎动物的结构与功能（Structure and Function of Vertebrates）	动物的多层次结构；内环境稳态；上皮组织；结缔组织；肌肉组织；神经组织	理解动物的多层次结构及其协调机制；掌握4种基本组织的组成、特点及功能	0.5
2. 营养与消化（Nutrition and the Digestive System）	营养素；消化系统	了解营养素的种类及作用；掌握消化系统各部分的结构与功能	0.5
3. 血液与循环系统（Blood and the Circulatory System）	循环系统；单循环；双循环；心脏起搏点和兴奋传导系统；血液的凝固	掌握循环系统各部分的结构与功能；掌握哺乳动物双循环的过程	0.5
4. 气体交换与呼吸（Gas Exchange and Respiration）	呼吸与呼吸链；气管系统；鳃呼吸；双重呼吸；负压呼吸；血红蛋白与氧分运输	掌握不同动物类群呼吸与气体交换的方式	0.5
5. 渗透调节与排泄（Osmotic Regulation and Excretion）	渗透调节；含氮废物的形式与演化适应；尿的生成	掌握不同生境下动物不同的渗透调节方式；掌握不同排泄系统的结构和功能	0.5

续表

知识点	主要内容	能力目标	参考学时
6. 免疫系统与免疫功能（Immune System and Immune Function）	固有免疫；适应性免疫；体液免疫；细胞免疫；免疫系统疾病	掌握固有免疫系统和适应性免疫系统的组成与作用机制；了解常见的免疫疗法与免疫疾病	0.5
7. 激素与内分泌系统（Hormones and the Endocrine System）	激素的类型；内分泌系统；激素调节与神经调节的联系	了解激素的种类及作用机制；掌握人体主要的内分泌腺及所分泌的激素；能够结合具体例子理解内分泌系统与神经系统的联系	0.5
8. 生殖与胚胎发育（Reproduction and Embryonic Development）	精子与卵子的发生；卵巢和子宫的周期性变化；人类胚胎发育	掌握人类精子与卵子的发生过程；掌握受精过程及胎盘的结构	0.5
9. 神经系统与神经调节（Nervous System and Nervous Regulation）	动作电位；神经系统的演化；反射；人脑的结构与功能；交感神经和副交感神经	掌握动作电位的产生及传导机制；了解神经系统的演化历程；理解反射是神经系统活动的基本形式	0.5
10. 感觉器官与感觉（Sense Organs and Sensation）	感受器的类型；眼的结构与视觉产生；耳的结构与听觉产生	掌握不同类型感受器的原理；掌握视觉与听觉的产生过程	0.5
11. 动物的运动与行为（Animal Movement and Animal Behavior）	骨骼系统；肌丝滑行模型；本能行为与学习行为；动物通信；社会等级与社会分工；利他行为、适合度与亲缘选择	掌握肌肉收缩的原理；理解动物不同行为的成因	1

模块 8：生态学与保护生物学（Ecology and Conservation Biology）

知识点	主要内容	能力目标	参考学时
1. 种群生态学（Population Ecology）	种群的概念、结构与特征；种群数量动态；种群数量调节；生活史策略	掌握决定种群数量的重要参数及评估种群数量的方法；了解种群中个体的分布型及不同物种生存曲线；理解种群的数量调节过程	1
2. 群落生态学（Community Ecology）	种间关系与群落结构；生态位；群落演替	掌握群落的概念；理解其空间与营养结构的复杂性及物种的生态位分化；了解群落演替的规律	1
3. 生态系统及其功能（Ecosystem and Ecosystem Services）	生态系统的基本结构；生物生产量；能量流动；物质循环；人类活动对生物圈的影响	掌握能量沿食物网传递的特点及计算方法；了解生物地球化学循环过程	1

续表

知识点	主要内容	能力目标	参考学时
4. 生物多样性的保护（Biodiversity Conservation）	生物多样性；保护生物学	理解生物多样性的不同层次及评估方法；了解其威胁因素与对其进行保护的重要性	1

1.5　课程英文概要

1. Introduction

General biology is the core basic course of life sciences. The course focuses on the systematic and comprehensive introduction of the basic knowledge and principles of biology. The content covers the main characteristics, life history and evolutionary relationships of various organisms, such as viruses, bacteria, archaea, fungi, algae, plants, protists, and metazoan, as well as the important relevant fields such as physiology, biological evolution, ecology and conservation biology. The aim is to cultivate students' understanding of the overall system and logic of Biology, the understanding of evolutionary relationship and characteristics of various biological systems, and the in-depth understanding of biological and environmental interrelationships, thus laying a solid theoretical foundation and building knowledge framework for further study of more specialized areas of life science, and guide students in establishing the right values of humans and nature.

2. Goals

(1) To guide students to understand the basic theoretical knowledge related to life sciences and to strengthen their understanding of the overall knowledge structure and basic concepts of life science;

(2) To discover interest in learning, to cultivate an independent learning ability and methods, to foster the scientific spirit and the literacy of life sciences, to enhance the attention, interpretation and discussion of the cutting-edge issues of biological sciences, and to build the ability to analyze and reflect on life science-related problems in real life;

(3) To establish a world view of universal concern for humans and non-human life, to construct the tree of life knowledge, time and space dimensions, and holistic understanding of the living world at multiple levels, to train systemic and critical thinking, and to nurture a sense of life ethics and social responsibility.

3. Covered Topics

Origin of life, microbiology, botany, zoology, physiology, immunology, developmental biology, cell biology, genetics, biochemistry, molecular biology, biotechnology, biological evolution, animal behavior, sociobiology, ecology, and conservation biology.

Modules	List of Topics	Suggested Hours
1. Biosphere and Biology	Understanding Life (0.5), Life Science Research (1)	1.5
2. Cell	The Chemical Foundation of Life (0.5), Cellular Structure and Function (0.5), Cellular Metabolism (3), Cell Division and Differentiation (3)	7
3. Heredity and Variation	The Basic Law of Inheritance (1), Gene and Genome (0.5), Mutation and Chromosome Aberration (1.5), Trait Determination and Formation (1)	4
4. The Evolution of Life	Development and Improvement of the Evolutionary Theory (2), the Origin of Life (0.5), Speciation and Extinction (0.5), the Tree of Life (1.5)	4.5
5. The Evolution of Biodiversity	Prokaryotic Diversity (2), the Origin of Eukaryotes and Protistan Diversity (2), Virus (1), Fungal Diversity (1), Diversity of Embryophyta (4), Animal Diversity (4), Human Evolution (1)	15
6. Morphology and Function of Plants	Structure and Reproduction of Plant (2), Plant Nutrition (1), Plant Regulatory System (1)	4
7. Morphology and Function of Animals	Structure and Function of Vertebrates (0.5), Nutrition and the Digestive System (0.5), Blood and the Circulatory System (0.5), Gas Exchange and Respiration (0.5), Osmotic Regulation and Excretion (0.5), Immune System and Immune Function (0.5), Hormones and the Endocrine System (0.5), Reproduction and Embryonic Development (0.5), Nervous System and Nervous Regulation (0.5), Sense Organs and Sensation (0.5), Animal Movement and Animal Behavior (1)	6
8. Ecology and Conservation Biology	Population Ecology (1)、Community Ecology (1)、Ecosystem and Ecosystem Services (1)、Biodiversity Conservation (1)	4

2. 生物化学

2.1　课程定位

生物化学又称生命的化学,主要应用化学的理论和方法研究生命,从分子水平阐明生命现象的本质与生命活动的内在规律,揭示生命的奥秘。生物化学的研究内容包括构成生物体的各种分子的结构、性质与功能,这些分子之间的相互作用,生物体内各种物质与能量转化的过程(新陈代谢),遗传信息的传递过程等。作为一门课程,生物化学是面向生物、医药、农林等相关专业的本科生开设的一门核心基础课,为学生学习分子生物学、遗传学、生理学、细胞生物学等专业课奠定基础。

2.2　课程目标

学生通过课程学习,能够达到以下目标。

(1)掌握核心基础知识,包括构成生命的基本物质(糖类、脂质、蛋白质、核酸等)的化学组成、结构、性质和功能,这些物质在生命活动中的相互作用与化学变化(重点是新陈代谢与信息传递),以及这些变化中的能量转换和调控规律。

(2)总结并深刻理解生物化学的核心规律,利用核心规律串联所学知识点,搭建知识网络体系。

(3)全面了解生物化学的研究历史、研究方法、研究进展与实践应用,培养科学的思维能力与利用所学知识解决实际问题的能力。

2.3　课程设计

本课程主要分为三大模块,模块1为生物分子的结构与功能,模块2为新陈代谢,模块3为遗传信息的传递。模块1为模块2与模块3的基础。

模块1分为6个子模块,分别是生物分子、蛋白质、酶、糖类、脂质与核酸。生物分子总述分子的化学组成、基本特点与内在规律,是模块1的总纲;蛋白质、糖类、脂质与核酸分述四大类生物分子的结构、性质与功能;酶从功能的角度展示各种生物催化剂的作用机制与调控机理。除总纲外,其他子模块均设置一定章节介绍该领域的研究历史、研究方法、研究进展与应用。

模块2分为7个子模块,分别是代谢总论、糖代谢、氧化磷酸化与光合磷酸化、脂代谢、氨基酸代谢、核苷酸代谢、代谢整合与调控。代谢总论是模块2的总纲,介绍代谢的特点、类型与能量变化；糖代谢、脂代谢、氨基酸代谢、核苷酸代谢分别介绍四大类生物分子的分解与合成过程，这些过程涉及能量变化与调控作用、研究历史与研究方法。糖代谢是基础与核心，包括糖酵解、三羧酸循环、糖异生、戊糖磷酸途径、糖原代谢等。氧化磷酸化与光合磷酸化介绍电子的传递与 ATP 合成的偶联关系。代谢整合与调控综合介绍各代谢途径的关联、代谢调控的机理等。每个子模块均设置一定章节介绍该领域的研究历史、研究方法与研究进展。

模块 3 分为 3 个子模块，分别是 DNA 的复制、RNA 的生成（转录）和蛋白质的生成（翻译）。DNA 的复制包括 DNA 复制的过程与原理、复制的调控、DNA 的损伤修复与重组等；RNA 的生成包括转录与转录后加工的过程与原理、RNA 生成与降解的调控、逆转录等；蛋白质的生成包括翻译与翻译后加工的过程与原理、蛋白质生成与降解的质量调控等。每个子模块均设置一定章节介绍该领域的研究历史、研究方法与研究进展。

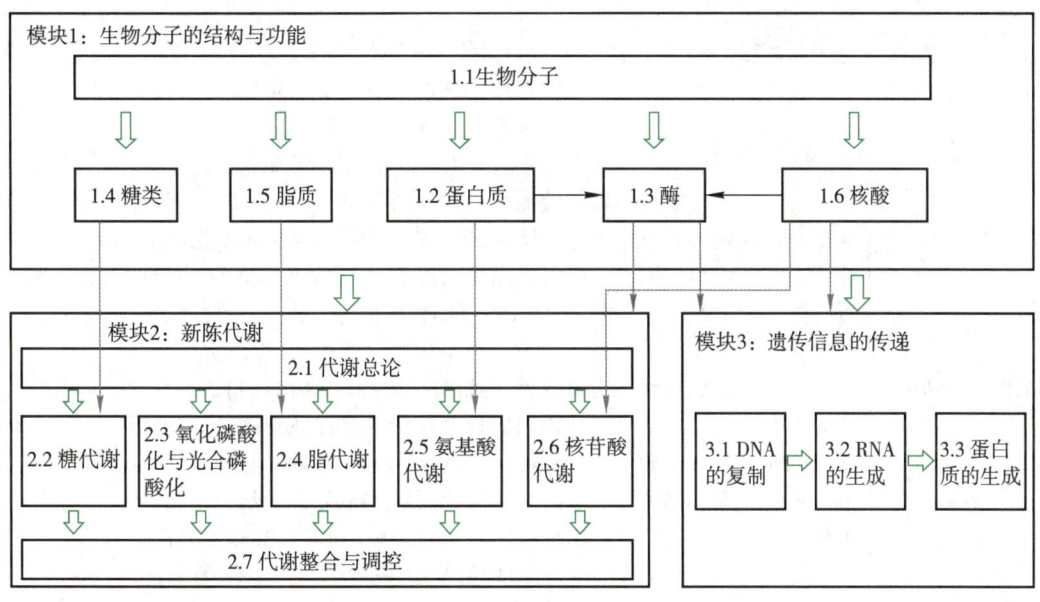

生物化学课程知识模块关系图

2.4　课程知识点

模块 1.1：生物分子（Biomolecules）

知识点	主要内容	能力目标	参考学时
生物分子的类型	生命的组成，生物分子的类型	掌握各种生物分子的类型与基本特点，生物大分子的概念；理解生命由生物分子组成，生物分子是物质、能量与信息的综合体，生物分子之间的相互作用是生命活动的基础	0.5

续表

知识点	主要内容	能力目标	参考学时
生物分子的结构	生物分子的结构与元素组成,生物分子的核心元素	掌握各种分子的元素组成,生物分子的立体结构,构造、构型与构象的概念;理解碳是生物分子核心元素的原因	1
水与生命	水在生命中的作用,生物分子的酸碱性质	掌握氢键、疏水作用等概念,生物分子的酸碱性质与解离特性;理解水在生命中的作用	0.5

模块 1.2：蛋白质（Proteins）

知识点	主要内容	能力目标	参考学时
蛋白质的结构	氨基酸的结构与理化性质,肽与肽键结构,蛋白质的一级结构,蛋白质的二级结构、超二级结构、结构域、三级结构和四级结构,纤维状蛋白质、球蛋白与膜蛋白的结构,蛋白质的折叠	了解蛋白质结构的研究历史与研究方法,蛋白质的结构特点与分类;掌握氨基酸的一般结构与重要氨基酸侧链的化学结构,氨基酸的分类,氨基酸的酸碱性质与等电点,氨基酸参与的重要化学反应,蛋白质构象与结构的组织层次,肽和肽键的结构与性质,生物活性肽的结构与功能,蛋白质一级结构的概念与特点,蛋白质的一级结构与高级结构之间的关系,蛋白质二级结构的概念、类型与结构特点,蛋白质超二级结构和结构域的概念与特点,蛋白质三级结构的概念与特点,蛋白质四级结构的概念与特点,纤维状蛋白质、球状蛋白质与膜蛋白的结构特点,蛋白质折叠的概念与原理;理解氨基酸解离常数的测定原理,氨基酸与多肽等电点的计算方法,蛋白质一级结构决定高级结构,蛋白质高级结构的成因,氢键与疏水作用在维系蛋白质高级结构中的作用	16
蛋白质的功能	蛋白质的结构与功能概述,肌红蛋白与血红蛋白的结构与功能,免疫球蛋白的结构与功能,G 蛋白偶联受体的结构与功能	掌握肌红蛋白与血红蛋白的结构与功能,免疫球蛋白的结构与功能,G 蛋白偶联受体的结构与功能;理解蛋白质结构与功能之间的关系,蛋白质的别构效应	6
蛋白质的性质与研究方法	蛋白质的性质,蛋白质的研究方法	了解蛋白质的常用研究技术及最新进展;掌握蛋白质的基本性质,蛋白质制备与研究的常用方法;理解离心、过滤、沉淀、层析、热处理、电泳、光谱分析等技术的基本原理	4

模块 1.3 : 酶（Enzymes）

知识点	主要内容	能力目标	参考学时
酶的概念	酶的概念与特点,酶的化学本质和组成,酶的命名和分类	了解酶的研究历史;掌握酶的概念,酶的特点,酶的化学本质和组成,酶的命名法则和分类模式,酶的专一性与相关假说,核酶的概念;理解酶具有专一性的机制	2
酶的作用机制	酶与活化能,酶的活性部位,酶高效催化的分子机制,酶的协同催化	掌握活化能的概念,酶活性部位的概念与特点,酶具有高催化效率的相关因素,协同催化的典型实例(如胰凝乳蛋白酶),抗体酶的概念;理解酶具有催化功能的原理,邻近效应与定向效应的原理,过渡态理论的原理与应用,酸碱催化与共价催化的原理,几种重要的金属离子与辅酶在酶促反应中的作用机制	4
酶活性的调节控制	别构调控,可逆共价修饰,酶原激活	掌握别构调控、可逆共价修饰与酶原激活的概念与典型实例;理解别构调控、可逆共价修饰与酶原激活的分子机制	4
酶的研究	酶促反应动力学(Michaelis-Menten 方程),酶的抑制剂	了解酶的常用研究方法;掌握底物浓度对酶反应速率的影响,中间复合物学说,Michaelis-Menten 方程的应用,酶抑制剂的概念与分类,可逆抑制作用的动力学方程与应用;理解 Michaelis-Menten 方程的推导过程,米氏常数等参数的概念与意义,抑制剂的作用机制,可逆抑制作用动力学方程的推导过程	4

模块 1.4 : 糖类（Carbohydrates）

知识点	主要内容	能力目标	参考学时
糖与单糖	糖的概念与分类,单糖的结构与功能,单糖的性质,单糖衍生物	了解糖类的研究历史与研究方法;掌握糖的概念、分类与生物学功能,单糖的概念,单糖的构型与构象,单糖的物理与化学性质,单糖的功能;理解手性碳的概念与意义,单糖分子立体结构的特点与分类标准,单糖分子的构象特征	2
寡糖、多糖与糖复合物	寡糖的结构与功能,多糖的结构与功能,糖复合物的结构与功能	了解多种寡糖、多糖与糖复合物的结构;掌握二糖的结构与功能,淀粉、糖原与纤维素的结构与功能,糖蛋白及其寡糖链的结构与功能;理解糖链结构多样性的产生原因及其意义,糖分子三维结构与功能的关系	2

模块 1.5: 脂质（Lipids）

知识点	主要内容	能力目标	参考学时
脂质基础	脂质的概念、分类与生物学功能，脂肪酸，甘油三酯	了解脂质的研究历史与研究方法，蜡、萜等脂质的结构、性质与功能；掌握脂质的概念、分类与功能，脂肪酸的结构与理化性质，三酰甘油的结构与功能；理解脂质分子的溶解性、两亲性与聚集特性，脂肪酸分子的空间构象，脂肪酸盐的乳化作用	2
膜脂	磷脂，糖脂，胆固醇	掌握甘油磷脂的结构与功能，鞘磷脂的结构与功能，糖脂的结构与功能，胆固醇的结构与功能；理解生物膜双分子层结构的形成机制	2

模块 1.6 : 核酸（Nucleic Acids）

知识点	主要内容	能力目标	参考学时
核酸的结构与功能	核苷酸的结构，核酸的共价结构，DNA 的高级结构，RNA 的高级结构	了解核酸的研究历史；掌握核苷酸的化学组成与结构，核酸的共价结构，DNA 的高级结构与功能，RNA 的高级结构与功能，核酸与蛋白质复合体的结构；理解 DNA 的双螺旋结构及其生物学意义，DNA 的超螺旋结构，RNA 结构与功能的多样性，核酸的结构与功能之间的关系，核酸与蛋白质之间的相互作用	8
核酸的性质与研究方法	核酸的性质，核酸的研究方法	了解核酸的常用研究技术及最新进展；掌握核酸的水解性质，核酸的紫外吸收性质，核酸的变性、复性和杂交性质，核酸的常用分离提纯与检测技术；理解增色效应与减色效应的原理，核酸杂交的原理，PCR（DNA 聚合酶链反应）的原理，核酸测序的原理	4

模块 2.1：代谢总论（Introduction of Metabolism）

知识点	主要内容	能力目标	参考学时
物质代谢	分解代谢与合成代谢，代谢网络，代谢反应类型	了解新陈代谢的研究历史；掌握新陈代谢、分解代谢、合成代谢、物质代谢、代谢中间物和代谢途径等概念，新陈代谢的意义，分解代谢与合成代谢的关系，代谢反应的基本类型，参与新陈代谢的重要分子，代谢调控的不同层次	2
能量代谢	代谢反应的自由能变化，通用能量货币 ATP，氧化还原反应与氧化还原电势，电子载体	掌握能量代谢、自由能、标准自由能、氧化还原电势的概念，物质代谢与能量代谢的关系，ATP 在新陈代谢中的作用，NADH 等电子载体在新陈代谢中的作用；理解代谢反应中自由能变化的规律及其意义，标准自由能变化与反应平衡常数之间的关系，氧化还原反应的自由能变化与氧化还原电势差值之间的关系	2

模块 2.2: 糖代谢（Carbohydrate Metabolism）

知识点	主要内容	能力目标	参考学时
糖酵解	糖酵解的历程，糖酵解的调控	了解糖酵解的研究历史与研究方法；掌握糖酵解的概念、反应历程、催化反应的酶、关键反应的能量变化、糖酵解的调控位点与方法，发酵的概念与乳酸发酵、乙醇发酵的反应历程；理解糖酵解的调控机制与生理意义	4
柠檬酸循环	丙酮酸的氧化脱羧与调控，柠檬酸循环的构成与意义，柠檬酸循环的调控	了解柠檬酸循环的研究历史与研究方法；掌握丙酮酸脱氢酶复合体的结构、辅因子、作用机制与调节机制，三羧酸循环的概念、每一步反应与催化反应的酶、关键反应的能量变化与调控位点；理解三羧酸循环的生理意义与调控机制	4
戊糖磷酸途径	戊糖磷酸途径的历程与生理意义，戊糖磷酸途径的调控	了解戊糖磷酸途径的研究历史与研究方法；掌握戊糖磷酸途径的概念、历程与关键反应；理解戊糖磷酸途径的生理意义与调控机制	2

续表

知识点	主要内容	能力目标	参考学时
糖的合成	糖异生,卡尔文循环,寡糖与多糖合成	了解糖合成代谢的研究历史与研究方法;掌握糖异生的概念、关键反应及其能量变化,卡尔文循环的概念、历程与关键反应,典型的寡糖与多糖的合成历程;理解糖异生与糖酵解的关系及调控机制,卡尔文循环与光合磷酸化的关系	2
糖原代谢	糖原分解,糖原合成,糖原代谢调控	了解糖原代谢的研究历史与研究方法;掌握糖原分解代谢的反应历程,糖原合成代谢的反应历程与能量需求,糖原代谢的调控位点与方法;理解糖原代谢的调控机制	2

模块 2.3: 氧化磷酸化与光合磷酸化(Oxidative Phosphorylation and Photophosphorylation)

知识点	主要内容	能力目标	参考学时
氧化磷酸化	呼吸链与电子载体,化学渗透学说与 ATP 的合成,氧化磷酸化的调控	了解氧化磷酸化的研究历史与研究方法;掌握生物氧化、电子传递、呼吸链、氧化磷酸化的概念,线粒体的结构,呼吸链的组成与电子传递的具体途径,电子传递过程自由能与氧化还原电势的变化,电子传递与 ATP 合成的偶联机制,ATP 合酶的结构组成与 ATP 的合成过程;理解质子泵的作用机制,化学渗透学说的理论依据与意义,ATP 合酶的作用机制,氧化磷酸化的调控机制	4
光合磷酸化	电子传递与光系统,ATP 的合成	了解光合磷酸化的研究历史与研究方法;掌握光合磷酸化、光系统的概念,非循环与循环式电子传递的具体途径,电子传递过程自由能与氧化还原电势的变化,叶绿体 ATP 合酶的结构组成与 ATP 的合成过程;理解光能的捕获机制与光系统的作用机制,细胞色素 b_6f 复合体的作用机制	2

模块 2.4 : 脂代谢（Lipid Metabolism）

知识点	主要内容	能力目标	参考学时
脂的分解	脂质的水解,脂肪酸的分解代谢,酮体代谢	了解脂代谢的研究历史与研究方法;掌握脂质的消化、吸收与转运,脂肪的动员,脂肪酸的活化与跨膜转运过程,脂肪酸 β 氧化的反应历程与能量变化,酮体的概念、代谢途径与生理意义;理解脂肪酸代谢调控的机制	2
脂的合成	脂肪酸的合成,甘油三酯与磷脂的合成,胆固醇的合成	掌握乙酰基团的跨膜转运方式,脂肪酸合成代谢的反应历程与能量需求,脂肪酸合酶的类型与结构,甘油三酯、磷脂、胆固醇的合成途径;理解脂肪酸合酶的作用机制	2

模块 2.5: 氨基酸代谢（Amino Acid Metabolism）

知识点	主要内容	能力目标	参考学时
氨基酸分解代谢	蛋白质的水解,转氨基与脱氨基作用,氨的转运,尿素循环,碳骨架的代谢	了解蛋白质与氨基酸代谢的研究历史与研究方法;掌握蛋白质的消化与降解过程,转氨基反应与脱氨基反应,氨的转运,尿素循环的反应历程、能量需求与调控作用,生糖氨基酸与生酮氨基酸的概念,氨基酸碳骨架的代谢途径与代表性反应;理解转氨酶与磷酸吡哆醛的作用机制,生糖氨基酸与生酮氨基酸的判断依据	2
氨基酸合成代谢	固氮作用,谷氨酸与谷氨酰胺的合成,六类氨基酸的合成,氨基酸合成代谢的调控,氨基酸衍生物	掌握固氮反应,谷氨酸与谷氨酰胺的合成反应,20种氨基酸的分类合成途径,氨基酸合成代谢的调控作用,有代表性的氨基酸衍生物的合成途径;理解固氮作用的机制,谷氨酰胺合成酶的调控机制	2

模块 2.6: 核苷酸代谢（Nucleic Acid Metabolism）

知识点	主要内容	能力目标	参考学时
核苷酸分解代谢	嘌呤核苷酸的分解,嘧啶核苷酸的分解	了解核苷酸代谢的研究历史与研究方法;掌握嘌呤核苷酸与嘧啶核苷酸的分解代谢途径	1
核苷酸合成代谢	嘌呤核苷酸的从头合成,嘧啶核苷酸的从头合成,补救途径,核苷酸合成代谢的调控	掌握嘌呤核苷酸与嘧啶核苷酸的从头合成途径与补救途径,脱氧核糖核苷酸合成的途径,核苷酸合成代谢的调控方法;理解核糖核苷酸还原酶的调控机制	1

模块 2.7：代谢整合与调控（Integration and Regulation of Metabolism）

知识点	主要内容	能力目标	参考学时
代谢整合	代谢反应网络,动物器官的分工与合作	掌握不同代谢途径之间的联系,动物体内各器官在新陈代谢中的分工与合作,细胞内各细胞器在新陈代谢中的分工与合作	2
代谢调控	酶水平的调控,细胞水平的调控,激素的作用	掌握酶水平的代谢调控及实例,细胞水平的代谢调控及实例,激素的调节作用及实例;理解激素的调控机制	2

模块 3.1:DNA 的复制（Replication of DNA）

知识点	主要内容	能力目标	参考学时
DNA 的复制	DNA 的复制方式,DNA 复制相关酶与蛋白质,原核生物 DNA 复制的过程,真核生物 DNA 复制的过程,DNA 复制的调控	了解 DNA 复制的研究历史与研究方法;掌握 DNA 的半保留复制、半不连续复制方式,DNA 聚合酶的作用,参与 DNA 复制的蛋白质与酶的作用,DNA 复制的起始、延伸与终止过程,端粒和端粒酶的概念;理解端粒和端粒酶的生物学意义,DNA 复制的调控机制	4
DNA 的损伤修复与重组	DNA 的损伤与修复,DNA 的重组	掌握 DNA 损伤的方式与机理,DNA 修复的方式与关键反应,DNA 重组的概念与类型;理解 DNA 损伤修复的机制,DNA 重组的机制与生理意义	4

模块 3.2　RNA 的生成（Biosynthesis of RNA）

知识点	主要内容	能力目标	参考学时
转录	转录的概念与特点,RNA 聚合酶,RNA 转录的起始、延伸与终止,转录水平的调控	了解转录相关的研究历史与研究方法;掌握转录的概念,RNA 聚合酶的作用,转录的起始、延伸与终止过程,转录水平的调控作用;理解转录起始与终止的机理,转录因子的作用机制	5
转录后加工	真核生物 mRNA 的加工,tRNA 的加工,rRNA 的加工	掌握真核生物 mRNA 的加工过程,tRNA 与 rRNA 的加工过程;理解 RNA 的剪接机制,外显子与内含子的概念与生理意义	2
逆转录	逆转录病毒与逆转录酶,逆转录过程	掌握逆转录的概念,逆转录的过程	1

模块 3.3 蛋白质的生成（Biosynthesis of Protein）

知识点	主要内容	能力目标	参考学时
翻译	翻译的概念与特点，遗传密码子，氨基酰 –tRNA 的合成，翻译的起始、延伸与终止	了解翻译相关的研究历史与研究方法；掌握翻译、密码子、反密码子的概念与特点，核糖体的结构与作用，氨基酰 –tRNA 的合成反应，翻译的起始、延伸与终止过程；理解氨基酰 –tRNA 合成酶的专一性作用，起始因子、延伸因子与终止因子的作用	6
翻译后加工、运输与质量控制	蛋白质的加工，蛋白质的运输，蛋白质的质量控制	掌握蛋白质加工的方式与反应，蛋白质的定位与运输过程，分子伴侣与蛋白质水解酶的作用	2

2.5 课程英文概要

1. Introduction

Biochemistry is the study of life using chemical theories and methods. The main aim of biochemistry is to clarify mystery of life at the molecular level. The research area of biochemistry includes structure and function of biomolecules, the interaction between these molecules, metabolism, transmission of genetic information, etc. Biochemistry is a core basic course for undergraduates majoring in biology, medicine, agriculture, forestry, etc., establishing the foundation for these students to study molecular biology, genetics, physiology, cell biology and other specialized courses.

2. Goals

(1) Master the basic knowledge, including the chemical composition, structure, properties and functions of biomolecules, the interactions between these molecules, chemical interaction in metabolism and genetic information transmission, etc.

(2) Summarize and understand the core laws in biochemistry, and use these laws to connect the knowledge and build a network.

(3) Know the research history, research methods, research progress and applications of biochemistry, and have the ability of scientific thinking and problem–solving.

3. Covered topics

Modules	List of Topics	Suggested Hours
Biomolecules	Different types of biomolecules, Core elements of biomolecules, Interaction between biomolecules, Water in life	2
Proteins	Amino acids, Peptides, Structure of proteins, Function of proteins, Working with proteins	26
Enzymes	Introduction to enzymes, How enzymes work, Regulatory enzymes, Enzyme kinetics	14
Carbohydrates	Monosaccharides, Oligosaccharides, Polysaccharides, Glycoconjugates	4
Lipids	Fatty acids; Storage lipids; Structural lipids in membranes; Lipids as signals, cofactors and pigments	4
Nucleic Acids	Nucleotides, DNA structure and function, RNA structure and function, Nucleic acid chemistry, Working with nucleic acids	12
Introduction of Metabolism	Chemical logic and common biochemical reactions, Bioenergetics and thermodynamics, ATP, Oxidation: reduction reactions, Electron carrier	4
Carbohydrate Metabolism	Glycolysis; Citric acid cycle; Gluconeogenesis; Pentose phosphate pathway; CO_2: assimilation reactions; Biosynthesis of starch, sucrose and cellulose; Glycogen breakdown and synthesis	14
Oxidative phosphorylation and photophosphorylation	Respiratory chain, Electron carriers, ATP synthesis, Light absorption, Photochemical reaction centers, Light-driven electron flow	6
Lipid Metabolism	Fatty acid catabolism; Ketone body; Biosynthesis of fatty acids, triacylglycerols, phospholipids and cholesterol	4
Amino Acid Metabolism	Amino acid oxidation, Urea cycle, Pathways of amino acid degradation, Nitrogen fixation, Biosynthesis of amino acids, Molecules derived from Amino Acids	4
Nucleic acid Metabolism	Degradation of nucleotides, Biosynthesis of nucleotides	2
Integration and Regulation of Metabolism	Metabolism network, Tissue-specific metabolism, Regulation of enzymes, Hormonal regulation of metabolism	4
Replication of DNA	Fundamental rules of DNA replication, DNA polymerases, Process of DNA replication, Telomere and telomerase, DNA repair, DNA recombination	8
Biosynthesis of RNA	Transcription (DNA-dependent synthesis of RNA), RNA polymerases, Process of transcription, RNA processing, Reverse transcription and reverse transcriptase	8
Biosynthesis of Protein	Translation, The genetic code, Biosynthesis of aminoacyl-tRNA, Process of translation, Folding and processing of newly synthesized polypeptide chains, Protein targeting, Protein degradation	8

3. 细胞与分子生物学

3.1 课程定位

细胞是生物体的基本结构单位,细胞生物学是探讨细胞的结构与功能,以及其生命活动规律的学科。该课程是面向大学生命科学及相关专业本科二年级或三年级学生的一门主干基础课。教学内容注重基础,对细胞生物学的基本概念,细胞生命活动过程的分子机制进行简明而清晰的介绍,同时也反映学科当前的发展水平及与其他学科之间的交叉,并就前沿热点问题和学科的发展方向开展讨论,提出有待思考的问题,为进一步探讨生命的奥秘奠定基础。

3.2 课程目标

要求学生了解学科的发展历史和当前的发展水平,掌握课程的基本内容,并对细胞生命活动过程的机制有深刻的理解。培养学生创新性思维,提升其发现问题和解决实际问题的能力,为进一步深造打下扎实的基础。

3.3 课程设计

课程从细胞学说的建立,细胞器及相关亚细胞结构的发现,以及细胞生物学学科的建立和发展开始,结合研究方法的进步,循序渐进,展现细胞生物学研究的历程与所取得的成果;以膜脂、蛋白质和 DNA 三大生命物质之间的相互作用关系为基础来探讨细胞结构的组装,重点突出细胞结构与功能的关系;探究细胞内外物质、信息及能量的交换;蛋白质的合成、分选、翻译后修饰,以及生物大分子之间的相互作用及细胞生命活动过程的调控;细胞能量代谢系统;遗传物质的表达及其调控;细胞的增殖、分化与早期胚胎发育过程;细胞的社会联系、衰老与死亡等过程,强调上述细胞生命活动过程的分子机制。最后介绍合成生物学的基本原理及设计思路。

本课程共 8 个知识模块,主要模块间的相互关系如下图所示。

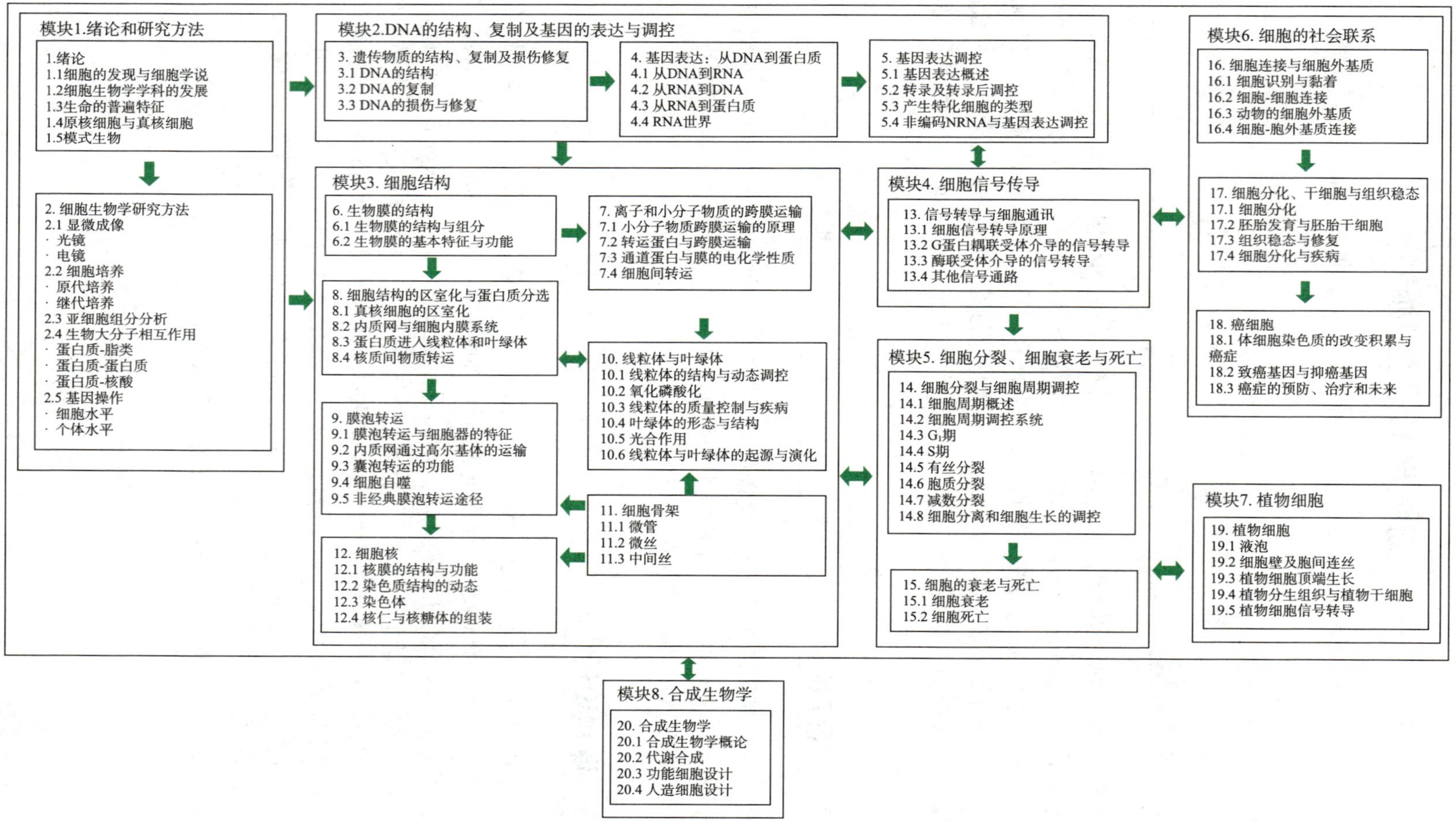

细胞与分子生物学课程知识模块关系图

模块1.绪论和研究方法

1.绪论
1.1细胞的发现与细胞学说
1.2细胞生物学科的发展
1.3生命的普遍特征
1.4原核细胞与真核细胞
1.5模式生物

2.细胞生物学研究方法
2.1显微成像
· 光镜
· 电镜
2.2细胞培养
· 原代培养
· 继代培养
2.3 亚细胞组分分析
· 蛋白质-蛋白质相互作用
· 蛋白质-脂质
· 蛋白质-核酸
2.4基因操作
2.5生物大分子物
· 细胞水平
· 个体水平

模块2.DNA的结构、复制及基因的表达与调控

3.遗传物质的结构，复制及损伤与修复
3.1 DNA的结构
3.2 DNA的复制
3.3 DNA的损伤与修复

4.基因表达：从DNA到蛋白质
4.1从DNA到RNA
4.2从RNA到DNA
4.3从RNA到蛋白质
4.4 RNA世界

5.基因表达调控
5.1基因表达概述
5.2转录及转录后调控
5.3产生特化细胞的类型
5.4非编码RNA与基因表达调控

模块3.细胞结构

6.生物膜的结构与组分
6.1生物膜的结构
6.2生物膜的基本特征与功能

7.离子和小分子物质的跨膜运输
7.1小分子物质跨膜运输的原理
7.2蛋白质与膜运输
7.3通道蛋白与膜的电化学性质
7.4细胞间转运

8.膜结构细胞的区室化与蛋白质分选
8.1真核细胞的区室化
8.2内质网与蛋白质的运输系统
8.3蛋白进入线粒体和叶绿体
8.4核内物质转运

9.膜泡转运
9.1核膜与核孔
9.2内质网通过高尔基体转运
9.3囊泡运输
9.4细胞自噬
9.5非经典膜泡转运途径

10.线粒体与叶绿体
10.1线粒体的结构与动态调控
10.2氧化磷酸化
10.3线粒体的质量控制与疾病
10.4叶绿体与结构
10.5光合作用
10.6线粒体与叶绿体基因组的起源与演化

11.细胞骨架
11.1微管
11.2微丝
11.3中间丝

12.细胞核
12.1核膜与功能
12.2染色质与染色体的动态
12.3染色体
12.4核仁与核糖体的组装

模块4.细胞信号传导

13.信号转导与细胞通讯
13.1基因信号转导概述
13.2细胞信号转导原理
13.3 G蛋白偶联受体介导的信号转导
13.4其他信号通路

模块5.细胞分裂与细胞周期调控、细胞衰老与死亡

14.细胞分裂与细胞周期调控
14.1细胞周期概述
14.2 G1期
14.3 S期
14.4 M期
14.5有丝分裂
14.6减数分裂
14.7细胞分裂
14.8细胞分离和细胞生长的调控

15.细胞的衰老与死亡
15.1细胞衰老
15.2细胞死亡

模块6.细胞的社会联系

16.细胞连接与细胞外基质
16.1细胞识别与黏着
16.2细胞-物质连接
16.3动物的细胞外基质
16.4细胞-胞外基质连接

17.细胞分化、干细胞与组织稳态
17.1细胞分化
17.2胚胎发育与胚胎干细胞
17.3组织稳态与修复
17.4细胞分化与疾病

18.癌细胞
18.1体细胞突变与细胞癌变
18.2致癌基因与抑癌基因
18.3癌症的预防、治疗和未来

模块7.植物细胞

19.植物细胞
19.1液泡
19.2细胞壁及胞间层
19.3植物细胞顶端生长
19.4植物分生组织与植物干细胞
19.5植物细胞信号转导

模块8.合成生物学

20.合成生物学
20.1合成生物学概论
20.2代谢合成
20.3功能细胞设计
20.4人造细胞设计

3.4　课程知识点

模块 1：绪论和研究方法（Introduction and Research Methods）

知识点	主要内容	能力目标	参考学时
第 1 章　绪论（Introduction）			
1.1　细胞学说与细胞生物学（Cell Theory and Cell Biology）	从细胞的发现到细胞学说的建立；从经典细胞学到实验细胞学；细胞生物学学科的形成与发展	了解人类认识细胞的历史；了解细胞生物学学科的形成和发展的过程	0.5
1.2　细胞的基本特征（the Basic Characteristics of Cells）	细胞的形态特征；细胞膜与物质跨膜转运；细胞都具有相似的化学组分和化学过程；生物信息储存器——DNA；细胞可以自我复制；细胞来自共同的祖先；细胞具有自己的能量转化系统	从形态、结构、功能、能量转换、代谢、遗传与变异等方面了解细胞的基本特征	0.5
1.3　原核细胞（the Prokaryotic Cell）	细菌，蓝细菌；古菌	了解原核生物的基本结构；基因表达方式；遗传与演化	0.25
1.4　真核细胞（the Eukaryotic Cell）	细胞核：遗传和代谢的调控中心；线粒体、叶绿体与能量转化；细胞内膜系统中结构与功能各异的区室（细胞器）；细胞骨架；细胞质基质	了解真核细胞的结构特征；细胞器的功能；细胞质基质的功能，细胞骨架对细胞结构的组织作用	0.5
1.5　模式生物（the Model Organisms）	大肠杆菌；酵母；拟南芥；线虫；果蝇；斑马鱼；小鼠	了解常用模式生物在生命科学研究中的应用	0.25
第 2 章　研究方法（Research Methods）			
2.1　显微镜观察（Looking at Cells and Molecules in the Light Microscope and Electron Microscope）	各种光学显微镜的基本原理及应用；超分辨显微术；光镜样品制备；电子显微镜的基本原理及应用；光电联用；常规电镜样品的制备	了解光学显微镜和电子显微镜的基本原理、用途及使用方法；掌握常规的样品制备方法	1

续表

知识点	主要内容	能力目标	参考学时
2.2　细胞培养（Cell Culture）	动物细胞培养：原代和传代细胞的培养，细胞冻存与复苏； 细胞融合与单克隆抗体的制备； 细胞分选技术； 显微操作	了解细胞培养的基本原理，细胞融合和单克隆抗体的制备方法；了解细胞分选技术及其应用；了解细胞及小鼠受精卵、囊胚的显微注射方法	0.25
2.3　亚细胞组分及生物大分子分析（Analysis of Subcellular Components and Macromolecules）	离心分离：差速离心和密度梯度离心； 蛋白质–蛋白质相互作用； 蛋白质–核酸相互作用	了解离心技术分离各种细胞组分；了解如何分析生物大分子之间的相互作用	0.25
2.4　细胞及动物水平上的基因操作（Genetic Manipulation of the Cells and Animals）	化学诱变； 细胞水平上 cDNA 转染，重组病毒表达系统，RNA 干涉； 基因敲除，定点敲入，荧光蛋白报告基因标签	熟悉化学诱变；熟悉质粒转染、重组病毒的构建，RNA 干涉等方法；熟悉细胞及动物个体水平上的基因敲除、定点敲入、报告基因敲入等方法	0.5

模块 2：DNA 的结构、复制及基因的表达与调控（DNA Structure, Replication, Gene Expression and Regulation）

知识点	主要内容	能力目标	参考学时
第 3 章　DNA 的结构、复制、损伤及修复（DNA Structure, Replication, Damage and Repair）			
3.1　DNA 的结构（DNA Structure）	DNA 双螺旋结构； 真核生物基因组	了解 DNA 的结构、功能及生物学意义	0.25
3.2　DNA 的复制（DNA Replication）	碱基配对使 DNA 复制； 复制起始位点与复制叉； DNA 聚合酶，自我校正； 端粒与端粒酶	了解 DNA 复制的过程及调控机制，半保留复制，端粒与端粒酶	0.5
3.3　DNA 的损伤与修复（DNA Damage and Repair）	DNA 损伤的发生； DNA 修复机制； 错配与校读； 双链断裂的修复； 同源重组； 可移动的遗传因子和病毒	了解 DNA 损伤及其修复的机制，DNA 损伤产生在遗传与演化等方面的意义	0.25

续表

知识点	主要内容	能力目标	参考学时
第 4 章　从 DNA 到蛋白质（from DNA to Protein）			
4.1　从 DNA 到 RNA（from DNA to RNA）	RNA 转录； RAN 的结构特点、种类及分布； 依赖 DNA 的 RNA 聚合酶； 转录的基本过程； 原核生物与真核生物 RNA 转录的比较； 真核生物 RNA 的转录后加工，转运及降解	了解 RNA 转录的过程；了解依赖 DNA 的 RNA 聚合酶的种类及功能；了解真核生物 RNA 的转录后加工方式	0.5
4.2　逆转录（from RNA to DNA）	逆转录病毒基因组的复制及在细胞基因组中的整合	了解逆转录病毒基因组的复制过程	0.5
4.3　从 RNA 到蛋白质（from RNA to Protein）	三联密码子，核糖体，RNA 翻译过程，蛋白质的翻译后加工、修饰与组装	了解蛋白质翻译的过程及其机制；掌握蛋白质加工、修饰以及组装的方式	0.5
4.4　RNA 世界（the RNA World and the Origins of Life）	RNA 的催化功能； 基因信息储存器的演化：RNA 在进化上早于 DNA	了解 RNA 在生命演化早期可能的功能	0.5
第 5 章　基因表达的调控（Control of Gene Expression）			
5.1　基因调控概述（an Overview of Gene Control）	多细胞生物中不同的细胞含有相同的基因组，但表达不同的基因； 基因差异表达形成不同类型的细胞； 外部信号可改变细胞基因的表达； 基因表达可以在不同的阶段被调控	了解基因差异表达是细胞分化的原因；细胞内、外信号对基因表达的调控作用；基因表达调控可以发生在不同层次	0.5
5.2　转录调控及转录后调控（Control of Transcriptions and Post–transcriptions）	转录调控因子及转录调控，转录开关，染色质的修饰，转录的激活与转录抑制的方式	了解转录因子与 DNA 转录调节序列的动态结合，转录开关，染色质修饰与基因转录调控，转录激活与抑制等基本概念	0.5
5.3　产生特化的细胞类型（Generating Specialized Cell Types）	单个转录因子可以调控不同基因的表达； 组合调控可产生不同的细胞类型； 特化细胞类型可以通过重编程成为多能干细胞； 分化细胞特性的保持	了解真核生物分化过程中不同的调控因子组合对基因差异表达的调控机制，特化细胞的重编程，转录调控因子的作用及分化细胞特性的保持等机制	0.5
5.4　非编码 RNA 与基因表达调控（Regulation of Gene Expression by Noncoding RNAs）	非编码 RNA 对基因表达的调控； microRNAs 调控 mRNA 的翻译和稳定性，RNA 干扰与细胞防御机制	了解非编码 RNA 的种类，以及调节基因表达的机制	0.5

模块 3：细胞结构（Cell Structure）

知识点	主要内容	能力目标	参考学时
第 6 章 生物膜的结构（Membrane Structure）			
6.1 生物膜的结构与组分（Structure and Components of Biofilm）	生物膜的结构模型及研究历史；膜的组成组分：膜脂、膜蛋白及膜糖	了解人类认识生物膜结构的过程；膜脂的组成成分、运动方式；膜蛋白、膜糖和膜脂在结构上的关系	0.5
6.2 生物膜的基本特性与功能（Basic Properties and Functions of Biofilms）	膜的流动性；不对称性；膜骨架；膜的生物学功能	了解生物膜的基本特性及功能	0.5
第 7 章 离子和小分子物质的跨膜运输（Transmembrane Transport of Ions and Small Molecules）			
7.1 物质跨膜运输的原理（Overview of Transmembrane Transport）	脂双层对离子和极性分子的不通透性；细胞内外的离子浓度梯度、膜电位；膜转运蛋白参与小分子的转运；跨膜运输的类型：被动运输与主动运输	了解脂双层对不同物质的通透性差异；离子的浓度梯度及膜电位形成的原理；膜转运蛋白的种类及特性；被动扩散和主动运输的特点，主动运输是消耗细胞能量的过程	0.5
7.2 转运蛋白及其功能（Transporters and Their Function）	转运蛋白的特征；单向转运蛋白与被动运输；ATP 驱动泵和细胞内外的离子环境；离子浓度梯度驱动的主动运输过程	了解转运蛋白的结构特征，单向转运与被动运输特点，葡萄糖单向转运，离子浓度梯度驱动的主动运输，ATP 驱动泵（P 型、C 型、ABC 转运蛋白等）	0.5
7.3 通道和膜的电化学性质（Channels and the Electrical Properties of Membranes）	水通道；离子通道的选择性及门控特性；离子通道与神经信号传递	了解水通道的转运及选择性机制，离子通道的选择性及门控机制，膜电位及神经信号的传递	0.5
7.4 细胞间转运（Transcellular Transport）	葡萄糖和氨基酸的跨细胞转运；壁细胞使胃内容物酸化，并保持细胞质 pH 中性；骨吸收需要 V 型质子泵和特定氯离子通道的协同作用	了解离子或小分子物质如何从极性化细胞的一侧转运到另一侧，如营养物质从肠腔转运到血液中	0.5

续表

知识点	主要内容	能力目标	参考学时
第 8 章　真核细胞的区室化与蛋白质的分选（Compartmentalization of Eukaryotic Cell and Protein Sorting）			
8.1　真核细胞的区室化（Compartmentalization of Eukaryotic Cell）	真核细胞区室化,细胞器; 细胞内膜系统的结构、演化及拓扑学关系; 细胞质基质; 生物大分子的相分离,凝聚物的形成与分解; 细胞器的分类信号与受体; 细胞器的发生及其特性	了解真核细胞内部区室化的方式,膜包被的细胞器,细胞质基质以及生物分子凝聚物,细胞器互作	0.5
8.2　内质网与细胞内膜系统（the Endoplasmic Reticulum and Endomembrane System）	内质网的结构与功能的多样性; 信号假说与蛋白质分选,粗面内质网与蛋白质的合成,修饰与加工; 内质网应激; 高尔基体的形态、结构与功能; 溶酶体的发生、结构与功能; 过氧化物酶体的发生、结构与功能	了解细胞内膜系统的组成、结构与功能;粗面内质网和光面内质网,信号肽,蛋白质在粗面内质网上合成、易位、修饰折叠与组装,蛋白质分选的过程及分子机制;经典的膜整合和翻译后膜整合,内质网应激及其信号调控,钙库,脂类合成,高尔基体的形态结构与功能;溶酶体的发生、形态结构、功能及其与疾病的关系,过氧化物酶体的发生、形态结构与功能	1.5
8.3　蛋白质进入线粒体和叶绿体（the Transport of Proteins into Mitochondria and Chloroplasts）	蛋白质向线粒体转运,蛋白质向叶绿体转运	了解核基因编码的线粒体蛋白和叶绿体蛋白的分选和定位过程,及其分子机制	0.5
8.4　生物大分子在细胞核和细胞质基质之间的运输（the Transport of Molecules Between the Nucleus and the Cytosol）	核定位信号与核输入受体,RanGTP 酶与核输入的方向性,核输出	了解与蛋白质核定位信号,以及进出细胞的调控机制	0.5
第 9 章　膜泡运输（Vesicular Transport）			
9.1　膜泡转运的分子机制与细胞器的特征（Mechanisms of Vesicle Transport and Compartment Identity）	囊泡与可溶性蛋白及膜组分的转运; 包被囊泡的组装与出芽; Tethers 和 SNARE 与靶向转运	了解可溶性蛋白及膜组分的转运机制,包被囊泡的形成,转运以及靶向融合的过程	1

续表

知识点	主要内容	能力目标	参考学时
9.2 内质网通过高尔基体的运输(Transport from ER through the Golgi Apparatus)	从内质网至高尔基体的囊泡运输;从高尔基体至内质网的囊泡运输及高尔基体膜囊间的转运机制;高尔基体反面管网结构至细胞质膜(胞吐)和溶酶体的囊泡运输	了解合成分泌途径(内质网 – 高尔基体 – 细胞质膜或溶酶体之间)囊泡转运过程	0.5
9.3 囊泡转运的功能(Function of Vesicle Transport)	胞吞作用(包括 MVB);胞吐作用(内吞、巨胞饮、吞噬、溶酶体中生物大分子的降解);胞吞大分子在内吞体中分选	了解胞吐作用和胞吞作用的过程、调控机制及膜泡的动态行为,内吞体与溶酶体之间的转运过程	0.5
9.4 细胞自噬(Autophagy)	细胞自噬概述;自噬的生物学过程;自噬的特异性受体与选择性自噬	了解细胞自噬的过程,自噬体内容物的降解方式,以及自噬的生物学功能	0.5
9.5 非经典膜泡运输和分泌(Non-classical Vesicular Transport and Secretion)	绕过高尔基体的分泌途径;物质不同的跨膜转运方式;分泌型自噬体和溶酶体;迁移体	了解非经典的膜泡运输途径的发现过程,运输的分子机制以及相关亚细胞结构的功能	0.5
第 10 章 线粒体和叶绿体(Mitochondria and Chloroplasts)			
10.1 线粒体的形态、结构及动态调控(Morphology and Structure of Mitochondria)	线粒体的形态与结构,线粒体结构动态调控;线粒体与其他细胞器的相互作用	了解线粒体的结构和形态特征,线粒体的分裂与融合过程及其调控机制,与其他细胞器相互作用及其生物学意义	1
10.2 线粒体与氧化磷酸化(Mitochondria and Oxidative Phosphorylation)	质子泵与电子传递;ATP 合成	了解线粒体如何利用其电子传递链来建立质子梯度,并驱动 ATP 的合成的过程	0.75
10.3 线粒体的质量控制与疾病(Mitochondrial Quality Control and Disease)	线粒体质量控制的调控机制;线粒体自噬,线粒体相关的人类疾病	了解线粒体的发生与清除的过程,线粒体功能异常与疾病的关系	0.25
10.4 叶绿体的形态与结构(Morphology and Structure of Chloroplasts)	叶绿体的形态与结构,叶绿体的发育与分裂	了解叶绿体的结构和形态特征、发育及分裂过程	0.5
10.5 光合作用(Photosynthesis)	光能的吸收与汇聚,光系统与电子传递;光合磷酸化;碳固定与转化	了解叶绿体如何利用光能产生 ATP 和 NADPH,继而合成糖类的过程	1
10.6 线粒体与叶绿体的起源与演化(the Genetic Systems of Mitochondria and Chloroplasts)	线粒体的遗传系统;线粒体的起源;叶绿体的遗传系统;叶绿体的起源	了解线粒体和叶绿体可能的起源及演化方式	0.5

续表

知识点	主要内容	能力目标	参考学时
第 11 章　细胞骨架（Cytoskeleton）			
11.1　微管（Microtubule）	微管的结构,微管组装的动力学,微管结合蛋白； 依赖微管的分子马达； 微管与细胞结构的组织,中心体； 纤毛与鞭毛； 纺锤体与细胞分裂	了解微管的结构组分,组装的动力学,微管组织中心,微管结合蛋白与微管网络结构的组织；了解微管的功能:微管对细胞结构的组织作用,依赖微管的物质运输以及对细胞结构的组织作用；了解纤毛和鞭毛的结构、运动机制,以及在信号转导方面的功能；了解纺锤体与细胞分裂	1.5
11.2　肌动蛋白丝（Actin Filament）	肌动蛋白丝的结构,组装动力学,肌动蛋白丝结合蛋白； 细胞迁移与肌动蛋白丝的动态调控； 肌球蛋白的结构与功能,肌细胞的收缩； 非肌细胞中肌球蛋白与肌动蛋白丝	了解微丝的结构组分,组装的动力学,微丝网络结构的组织与微丝结合蛋白,细胞迁移的机制,肌球蛋白:依赖微丝的分子马达,肌肉收缩	1.5
11.3　中间丝（Intermediate Filament）	中间丝的结构、组装与动态调控； 中间丝的功能	了解中间丝的主要类型与组织特异性,中间丝的表达与组装,以及与其他细胞结构的关系	1
第 12 章　细胞核（Cell Nucleus）			
12.1　核膜的结构与功能（Structure and Function of Nuclear Membrane）	核膜的结构；核孔复合体；核质间的物质运输；核纤层的结构	了解核膜的结构动态变化及调控机制,核孔复合体的结构,核质间的物质运输,核纤层的结构	0.5
12.2　染色质结构的动态（Dynamics of Chromatin Structure）	染色质的疆域；细胞核的空间位置效应；染色质的三维结构；核小体；染色质结构的组装	了解染色质的类型,疆域的概念,染色质三维结构、空间分布,染色质的激活与失活	0.5
12.3　染色体（Chromosome）	染色体的形态结构与功能元件；染色体带型；特殊染色体	了解染色体的结构与组装,功能元件	0.5
12.4　核仁（Nucleolus）	核仁的结构；rRNA 和转录加工；核糖体亚基的组装；核仁的其他功能；其他非膜界限亚区（核斑、卡哈尔体；PML 核体、核旁斑、孤儿核体）的结构与功能	了解核仁的结构与功能,如 rRNA 的转录、加工以及核糖体亚基的组装过程	0.5

模块 4 : 细胞信号转导（Cell Signaling）

知识点	主要内容	能力目标	参考学时
第 13 章　细胞信号转导与细胞通讯（Cell Signaling and Cell Communication）			
13.1　细胞信号转导原理（Principles of Cell Signaling）	细胞通信；信号分子与受体；信号转导系统及其特性	了解细胞间信号传递的方式；信号分子与受体的种类、相互作用，第二信使及分子开关；信号转导系统的类型、特性，信号蛋白复合物的组装、活性调控和位置的变化	1
13.2　G 蛋白耦联受体介导的细胞信号转导（Signaling through G-protein-coupled Receptors）	G 蛋白耦联受体和 G 蛋白的结构与作用机制；G 蛋白耦联受体介导的信号通路	了解 G 蛋白耦联受体和 G 蛋白结构、作用机制及生理效应；腺苷酸环化酶的 G 蛋白耦联受体，磷脂酶 C 和以 IP3 和 DAG 作为双信使的 GPCR 介导的信号通路，G 蛋白耦联受体对离子通道的调控	1
13.3　酶联受体及其信号转导（Signaling through Enzyme-coupled Receptors）	受体酪氨酸激酶介导的信号转导；丝氨酸 / 苏氨酸介导的信号转导	了解小 G 蛋白介导的信号通路，PI3K-AKT 介导的信号通路，受体酪氨酸激酶介导的信号转导，TGF-β 信号通路	1
13.4　其他信号通路（Other Signaling Pathway）	泛素化和蛋白质降解相关的信号通路；受蛋白切割调控的信号通路；表观遗传修饰调控基因表达	了解 Wnt 信号通路，Hh 信号通路，NF-κB 信号通路，Notch 信号通路，以及表观遗传修饰的调控通路	1

模块 5 : 细胞分裂、细胞衰老与死亡（Cell Division, Cell Senescence and Cell Death）

知识点	主要内容	能力目标	参考学时
第 14 章　细胞分裂与细胞周期调控（Cell Division and Cell Cycle Control）			
14.1　细胞周期概述（Overview of the Cell Cycle）	细胞周期包括 4 个时期；细胞周期的调控方式在所有真核细胞中都是相似的；细胞周期进程的研究方法	了解动物细胞增殖过程中发生的一系列事件，在真核生物中的普遍性，以及研究方式	0.25

续表

知识点	主要内容	能力目标	参考学时
14.2 细胞周期调控系统(the Cell Cycle Control System)	细胞周期依赖于周期性活化的蛋白激酶; 不同周期蛋白 –Cdk 复合物启动细胞周期的不同步骤; 细胞周期蛋白的浓度受转录水平和泛素化降解系统的调控; 磷酸化和去磷酸化修饰调控 Cdk-cyclin 复合物的活性; Cdk 抑制蛋白; 细胞周期调控系统可以通过多种方式暂停,细胞同步化; 细胞周期的振荡	了解细胞周期调控系统的蛋白组分、活性调控,以及细胞周期在不同时期的启动方式	0.5
14.3 G_1 期 (G_1 Phase)	Cdk 在 G_1 期失活; 分裂素与周期蛋白; DNA 损伤使细胞周期暂停在 G_1 期; G_0 期; G_1/S 期检验点	了解细胞周期调控系统决定进入 S 期的原因及方式;了解细胞增殖失控与肿瘤发生的关系	0.25
14.4 S 期 (S Phase)	DNA 复制的启动; DNA 复制检验点防止过度复制或复制不完全; 中心体的组装	了解细胞周期调控系统是如何启动 DNA 的复制,并防止 DNA 过度多次复制;了解中心体复制调控的机制	0.5
14.5 有丝分裂 (Mitosis)	M–Cdk 与有丝分裂的进入; Condensin 与染色体的凝集; 纺锤体结构动态组装及其调控; 纺锤体组装检验点; 姐妹染色体的分离并向两极移动; 核膜的动态	了解有丝分裂纺锤体的组装方式;了解微管的动态不稳定性以及依赖微管的马达分子帮助纺锤体的组装方式,并将染色体均等分配到两极;了解染色体同步分离的机制;了解子细胞核的形成方式	1.25
14.6 胞质分裂 (Cytokenesis)	胞质分裂界面的决定; 微丝 / 肌球蛋白的相互作用与胞质分裂环的动态行为; 植物细胞壁的形成; 细胞器在子细胞中的分配	了解染色体移向两极之后细胞质被分开的过程及其调控机制	0.5
14.7 减数分裂 (Meiosis)	减数分裂前期; 减数分裂过程; 减数分裂的特殊结构(性染色体的分离,联会复合体和染色体交换)	了解减数分裂的过程以及来自父本和母本的染色体重组的过程	0.5

续表

知识点	主要内容	能力目标	参考学时
14.8　细胞分裂和细胞生长的控制（Control of Cell Division and Cell Growth）	有丝分裂原刺激细胞分裂； 终末分化细胞进入特殊的非分裂状态； DNA 损伤阻碍细胞分裂； 动物细胞在分裂次数上的限制； 细胞凋亡有助于控制细胞的数量； 细胞增殖伴随着细胞生长； 细胞外信号调控细胞的存活、分裂与生长	了解影响细胞增殖、死亡以及细胞生长的因素及其机制	0.25
第 15 章　细胞衰老与细胞死亡（Cell Senescence and Cell Death）			
15.1　细胞衰老（Cell Senescence）	细胞衰老的发现； 衰老细胞的特征； 细胞衰老的机制； 细胞衰老与个体衰老； 细胞衰老的生物学意义	了解细胞衰老的研究历史，衰老细胞的特征，衰老的分子机制	1
15.2　细胞死亡（Cell Death）	多细胞生物发育过程中细胞数量的维持与细胞死亡； 细胞凋亡的特征； Caspase 依赖的细胞凋亡； 线粒体依赖的细胞凋亡； 内质网依赖的细胞凋亡； 非 Caspase 依赖的细胞死亡； 细胞凋亡的调控机制； 细胞凋亡异常与疾病	了解脊椎动物细胞凋亡的功能和分子机制，及其调控因素；了解细胞凋亡异常与人类疾病的关系	1

模块 6：细胞的社会联系（Cells in Their Social Context）

知识点	主要内容	能力目标	参考学时
第 16 章　细胞连接与细胞外基质（Cell Junctions and the Extracellular Matrix）			
16.1　细胞识别与黏着（Cell Recognition and Adhesion）	钙黏蛋白；选择素；免疫球蛋白超家族；整联蛋白	了解细胞黏着的分子基础及生物学功能	1
16.2　细胞连接（Cell Junction）	紧密连接；黏着连接；桥粒，通信连接	了解各种细胞连接的结构与功能	1

续表

知识点	主要内容	能力目标	参考学时
16.3 动物的细胞外基质（the Extracellular Matrix of Animals）	胶原；弹性蛋白；糖胺聚糖和蛋白聚糖；纤连蛋白；基底膜；细胞外基质的降解	了解各种细胞外基质的组分、结构、功能，以及与人类疾病的关系	1
16.4 细胞–基质连接（Cell-matrix Junction）	黏着斑；半桥粒	了解细胞与细胞外基质之间的相互作用和其结构基础	1

第 17 章　细胞分化、干细胞与组织稳态（Cell Differentiation，Stem Cells and Tissue Homeostasis）

知识点	主要内容	能力目标	参考学时
17.1 细胞分化（Cell Differentiation）	细胞分化的基本概念和特征；干细胞的概念与分类	了解细胞分化的基本概念，细胞类型及其产生的基本逻辑，分化的调控机制，细胞核的全能性等；了解干细胞的基本性质与分类、研究的历史及伦理方面的因素	1.5
17.2 胚胎发育与胚胎干细胞（Embryonic Development and Embryonic Stem Cells）	胚胎发育过程中的细胞分化；胚胎干细胞；体细胞重编程	了解受精及早期胚胎发育过程中的细胞分化（卵裂、囊胚形成、原肠发生、体轴建立）；了解胚胎干细胞的概念，胚胎干细胞株的建立、特征与维持，类胚胎的构建与应用；了解体细胞核移植和诱导重编程的原理	1.5
17.3 组织稳态与修复（Tissue Homeostasis and Repair）	成体干细胞与组织稳态；成体干细胞的维持和分化的调控机制；再生与修复；细胞谱系与谱系重编程	了解造血、骨骼、肠道、皮肤、神经和间充质干细胞的特性、分化机制及功能；了解微环境和分裂方式（对称与不对称）对干细胞自我更新，以及干细胞功能与组织衰老的关系；了解组织器官再生的实例，再生与修复相关的调控机制；了解细胞谱系重编程的原理、方法以及目前的进展	0.5
17.4 细胞分化与疾病（Cell Differentiation and Disease）	细胞分化失调与疾病；干细胞的应用	了解信号转导系统（如 TGF-β 信号）失调导致的白血病及分化治疗；了解干细胞在糖尿病，神经退行性疾病治疗方面的进展，造血干细胞应用的前景	0.5

续表

知识点	主要内容	能力目标	参考学时
第 18 章　癌细胞（Cancer Cell）			
18.1　癌症是由体细胞染色体改变的积累而形成的（Cancer is Formed by the Accumulation of Chromosomal Changes in Somatic Cells）	癌细胞的特征；基因组不稳定性；体细胞突变；表观修饰异常；细胞微环境变化等与肿瘤发生的关系	从基因水平了解癌细胞发生的原因和分子机制	1
18.2　癌基因与抑癌基因（Oncogene and Cancer Suppressor Genes）	原癌基因和癌基因的种类及功能；作用的分子机制	了解各种癌基因、抑癌基因对细胞增殖与凋亡的调控作用；了解肿瘤相关的信号通路的作用，肿瘤转移的机制	0.5
18.3　癌症的预防、治疗和未来（Cancer Prevention and Treatment：Present and Future）	传统治疗方法；靶向治疗；免疫治疗；代谢治疗；预防措施	熟悉各种可能的治疗手段及发展方向，避开风险因素	0.5

模块 7：植物细胞（Plant Cell）

知识点	主要内容	能力目标	参考学时
第 19 章 植物细胞（Plant Cells）			
19.1　液泡（Vacuole）	液泡的类型、发生与功能	了解液泡的类型、发生和生物学功能	0.5
19.2　细胞壁及胞间连丝（Cell Wall and Plasmodesmata）	成分，合成与组装，细胞壁与细胞生长，胞间连丝的结构与功能	了解细胞的结构与组分，各组分的合成及结构组装，与细胞生长的关系；了解胞间连丝的形成过程及功能	0.5
19.3　植物细胞的顶端生长（Tip Growth of Plant Cells）	与顶端生长相关的细胞结构，与顶端生长相关的细胞事件；细胞骨架的分布与作用，细胞壁的动态变化，胞吐作用	了解植物顶端生长的类型，与各细胞结构的关系及调控机制	0.25
19.4　植物分生组织与植物干细胞（Plant Meristem and Stem Cell）	茎顶端分生组织；根顶端分生组织；植物干细胞	了解植物分生组织的结构特征、发生机制及调控机制；了解干细胞的稳态调控，全能性与植物再生	0.25
19.5　植物细胞信号转导（Plant Cellular Signal Transduction）	类受体激酶和类受体蛋白；植物激素信号转导；光信号转导	了解类受体激酶和类受体蛋白介导的信号通路及其功能，植物激素相关的信号通路，红敏光色素，蓝光受体，UVR8 介导的信号转导	0.5

模块 8：合成生物学（Synthetic Biology）

知识点	主要内容	能力目标	参考学时
第 20 章　合成生物学（Synthetic Biology）			
20.1　以细胞为底盘的代谢物合成（Metabolite Synthesis using Cells as Chassis）	代谢物的定义及分类；细胞工厂的设计与构建；实例	了解化合物分类，细胞工厂的设计和构建，一些以细胞为底盘进行合成的实例	0.5
20.2　功能型细胞的设计（Design of Functional Cells）	传感性细胞；治疗型细胞	了解如何运用系统生物学和过程学原理构建具有生命活性的人造细胞或生物体	1
20.3　人工细胞的设计合成（Design and Synthesis of Artificial Cells）	人工细胞的概念；设计与经典案例	了解如何使用合适的遗传元件来构建具有合成生物学基本特征（模块化和可控性）的人工细胞	0.5

3.5　课程英文摘要

1. Introduction

Cells are the basic structure unit of all organisms, and cell biology is a discipline to explore the mechanisms of biological phenomena from a cellular perspective. The course serves as a foundational introduction for sophomore or junior students majoring in life science and related fields. It focuses on introducing the basic knowledge of cell biology, providing a concise overview of the mechanisms of cellular processes including cell structure and functions, cell proliferation, cell differentiation, social connection between cells, and cell aging and death. The content of courses is updated to reflect the current state of the discipline, discusses the emerging frontiers and development directions, reflects interdisciplinary connections and raises intriguing questions that remain unanswered.

2. Goals

To comprehend the historical evolution and current advancements in cell biology, master the basic content of the course, and understand the law of cell activities. Thus, it lays a theoretical foundation for students' future scientific research and advanced studies.

3. Covered Topics

Modules	Chapters	List of Topics	Suggested Hours
1. Introduction and Research Methods	1. Introduction	Cell theory and cell biology；The basic characteristics of cells；The prokaryotic cell；The eukaryotic cell；The Model organisms	2
	2. Research methods	Looking at cells and molecules in the light microscope and electron microscope；Cell culture；Analysis of subcellular components and macromolecules；Genetic manipulation of the cells and animals	2
2. DNA Structure, Replication, Gene Expression and Regulation	3. DNA structure, replication, damage and repair	DNA structure；DNA replication；DNA damage and Repair	1
	4. From DNA to protein	From DNA to RNA；From RNA to DNA；From RNA to protein；The RNA world and the origins of Life	2
	5. Control of gene expression	An overview of gene control；Control of transcriptions and post-transcriptions；Generating specialized cell types；Regulation of gene expression by noncoding RNAs	2
3. Cell Structure	6. Membrane structure	Structure and components of biofilm；Basic properties and functions of biofilms	1
	7. Transmembrane transport of ions and small molecules	Overview of transmembrane transport；transporters and their function；Channels and the electrical properties of membranes；Transcellular transport	2
	8. Compartmentalization of eukaryotic cell and protein sorting	Compartmentalization of eukaryotic cell；The endoplasmic reticulum and endomembrane system；The transport of proteins into mitochondria and chloroplasts；The transport of molecules between the nucleus and the cytosol	3
	9. Vesicular transport	Mechanisms of vesicle transport and compartment identity；Transport from ER through the Golgi apparatus；Function of vesicle transport；Autophagy；Non-classical vesicular transport and secretion	3
	10. Mitochondria and chloroplasts	Morphology and structure of mitochondria；Mitochondria and oxidative phosphorylation；Mitochondrial quality control and disease；Morphology and structure of chloroplasts；Photosynthesis；The genetic systems of mitochondria and chloroplasts	4
	11. Cytoskeleton	Microtubule；Actin filament；Intermediate filament	4
	12. Cell nucleus	Structure and function of nuclear membrane；Dynamics of chromatin structure；Chromosome；Nucleolus	2

续表

Modules	Chapters	List of Topics	Suggested Hours
4. Cell Signaling	13. Cell signaling and Cell communication	Principles of cell signaling;Signaling through G – protein-coupled receptors;Signaling through enzyme-coupled receptors;Other signaling pathway	4
5. Cell Division cell Senescence, and Cell Death	14. Cell division and cell cycle control	Overview of the cell cycle;The cell cycle control system;G_1 phase;S phase;Mitosis;Cytokinesis;Meiosis;Control of cell division and cell growth	4
	15. Cell senescence and cell death	Cell senescence;Cell death	2
6. Cells in Their Social Context	16. Cell junctions and the extracellular matrix	Cell recognition and adhesion;Cell junction;The extracellular matrix of animals;Cell-matrix Junction	4
	17. Cell differentiation,stem cells and tissue homeostasis	Cell differentiation;Embryonic development and embryonic stem cells;Tissue homeostasis and repair;Cell differentiation and disease	4
	18. Cancer cell	Cancer is formed by the accumulation of chromosomal changes in somatic cells;Oncogene and cancer suppressor genes;Cancer prevention and treatment:present and future	2
7. Plant Cells	19. Plant cells	Vacuole;Cell wall and plasmodesmata;Tip growth of plant cells;Plant meristem and stem cell;Plant cellular signal transduction	2
8. Synthetic Biology	20. Synthetic biology	Metabolite synthesis using cells as chassis;Design of functional cells;Design and synthesis of artificial cells	2

4. 遗传学和发育生物学

4.1 课程定位

遗传学是研究生命遗传与变异、基因结构与功能的生物学基础学科。发育生物学是研究生物体从形成、生长到衰老、死亡全过程的科学。遗传和发育密切相关：遗传信息的表达是个体正常发育的关键，个体发育保证了遗传信息能够在世代间传递。本课程以遗传学和发育生物学核心基础知识为基础，关注遗传学和发育生物学的基础知识、关键问题和前沿挑战，重视引导学生以遗传分析视角审视个体发育过程，深入理解遗传和发育生物学的内在联系，掌握科学的遗传学和发育生物学研究思维，促进相关学术研究能力提升。

4.2 课程目标

1. 知识目标

（1）记忆并理解遗传学和发育生物学领域核心学术名词的基本概念；

（2）阐述和说明遗传学和发育生物学领域的核心理论及其证据；

（3）归纳和辨析不同遗传机制、变异类型、表达调控机制、个体发育、器官形成和进化途径等的特点；

（4）阐述并理解遗传分析的科学思想与技术方法。

2. 能力目标

（1）运用遗传学与发育生物学知识解析遗传变异和个体发育的内在机制；

（2）揭示并剖析未解决的遗传学与发育生物学问题；

（3）运用遗传分析的思维方法设计发育生物学相关问题的遗传学研究方案；

（4）评价遗传学和发育生物学领域代表性研究成果和前沿工作的学术价值；

（5）开展遗传学和发育生物学问题的创新性研究。

3. 价值目标

（1）弘扬勤学思辨的科学精神；

（2）塑造严谨求实的思想品格；

（3）树立正确的科技伦理意识；

（4）树立勇攀高峰的奋斗意识；

（5）勇担科技强国的时代责任。

4.3 课程设计

　　课程强调知识点与思想方法两条主线。第一条主线是有重点、有选择地描述核心遗传学与发育生物学概念和知识。课程从"遗传与发育生物学的关系"入手，先讲解两个分支学科的紧密内在联系，突出遗传分析思维和技术方法在实际研究中的重要价值，然后分为遗传学和发育生物学两个部分进行介绍。在遗传学部分中，先讲解"遗传的物质基础与规律"，包括遗传信息的组成、遗传和变异的规律、遗传信息表达调控，再在此基础上讲解系统的"遗传分析"，包括遗传学在群体进化、人类疾病中的应用，遗传分析策略与方法（遗传筛选思路和模式生物、表型分析和突变分析、修饰基因和双突变分析及反向遗传学遗传研究技术等）。在发育生物学部分，先讲解"胚胎发育与器官形成"的基础知识，包括胚胎发育与形态发生、器官发育、神经系统发育、性发育和植物发育五个部分，然后讲解发育在细胞水平的关键过程，包括细胞增殖、分化与死亡等，最后关注发育生物学的两个特殊研究对象，即衰老和进化。在这些知识内容的基础上，课程还设计有第二条主线，即通过核心案例的历史回顾和剖析，理解遗传学和发育生物学研究思想和方法在生命科学基础研究领域中的突破，通过教师的深入讲授和积极的师生互动讨论，培养学生探索意识、批判性思维和创新能力。

　　本课程包含 7 个知识模块，主要模块之间的关系如下图所示。

模块1：遗传与发育

1 导论
1.1遗传的基本规律
1.2遗传分析
1.3遗传与发育生物学对生物医学和人类生活的贡献

模块2：遗传的物质基础与规律

2 遗传基础和基因组学
2.1遗传基础
2.2细胞质遗传
2.3基因组学

3 遗传变异和重组
3.1基因的连锁与重组
3.2突变的类型与机制
3.3重组的分子机制

4 表观遗传与基因表达调控
4.1表观遗传学基本概念
4.2 DNA甲基化
4.3组蛋白修饰
4.4非编码RNA
4.5基因表达调控与转录后调控

模块3：遗传分析

5 群体遗传、选择和进化
5.1群体遗传结构
5.2连锁不平衡
5.3遗传漂变
5.4基因流
5.5自然选择
5.6适应性进化

6 人类遗传学和疾病
6.1人类性状的遗传模式
6.2鉴定单基因遗传病致病基因
6.3复杂疾病易感基因的筛选与多基因风险评分
6.4遗传检测与遗传咨询
6.5遗传治疗方法

10 反向遗传学
10.1反向遗传学简介
10.2基因传递系统
10.3基因表达系统
10.4构建突变的转基因
10.5转基因的应用和转基因引起的表型翻译
10.6转基因鉴定的报告系统

9 修饰基因和双突变分析
9.1修饰基因
9.2上位分析
9.3正负调控相互作用
9.4合成致死

8 表型分析和突变分析
8.1表型分析
8.2突变类型
8.3突变分析

7 遗传筛选和模式生物
7.1遗传筛选基本思路
7.2适于遗传筛选的模式生物
7.3遗传筛选的常见设计

模块4：胚胎发育与器官形成

11 胚胎发育和形态发生
11.1发育概要
11.2胚胎的早期发育
11.3早期发育的遗传调控

12 器官发育
12.1器官发育概要
12.2器官发育的遗传控制
12.3心脏的发育
12.4肾的发育

13 神经系统发育
13.1神经系统的解剖结构
13.3神经诱导
13.5神经发生
13.7神经元分化与轴突导向

13.2神经发育模式生物
13.4神经外胚层的模式化
13.6神经元的迁移
13.8神经突触的结构

14生殖细胞与性发育
14.1生殖细胞发育与遗传

14.2性发育与遗传

15 植物发育
15.1植物是良好的遗传发育研究体系
15.2植物遗传发育体系的特点
15.3植物以胚后发育为主
15.4地上部分器官发生的特点
15.5根发育的特点
15.6植物光形态建成
15.7植物温度形态建成
15.8植物机械压力接触形态建成
15.9植物遗传发育与作物育种

模块5：细胞增殖与分化

16 细胞死亡
16.1基因遗传指定的细胞死亡机制
16.2破坏细胞稳态促存活机制而导致的细胞死亡
16.3人类疾病中的细胞死亡

17 个体和器官尺寸与生长调控
17.1生物体尺寸调控及意义
17.2细胞数量影响器官尺寸
17.3细胞大小影响器官尺寸
17.4细胞间通信调控生长与增殖

18干细胞
18.1干细胞简介
18.2胚胎干细胞
18.3诱导多能性干细胞
18.4成体干细胞

模块6：衰老

19 衰老
19.1衰老的生物学概念
19.3遗传与衰老
19.5器官衰老的特征
19.7衰老与长寿
19.9衰老的干预

19.2衰老研究的历史
19.4衰老的特征
19.6衰老相关疾病
19.8衰老的度量

模块7：发育和进化

20发育和进化
20.1进化发育生物学的基本概念
20.2进化发育生物学的发展历史
20.3动物体型构造形成的遗传发育机制
20.4动物器官和重大表型进化的遗传基础
20.5植物进化发育生物学

遗传与发育学课程知识模块关系图

4.4 课程知识点

模块 1：遗传与发育（Genetics and Development）

章	知识点	主要内容	参考学时
第 1 章 导论	1.1 遗传的基本规律 （the Basic Principles of Inheritance）	1）遗传学的早期发展历程 2）基因是遗传的基本单位	1
	1.2 遗传分析 （Genetic Analysis）	1）海德堡筛选 2）DNA 聚合酶Ⅲ的发现 3）细胞周期分裂基因与细胞周期调控	1.5
	1.3 遗传与发育生物学对生物医学与人类生活的贡献（Contributions of Genetics and Developmental Biology to Biomedicine and Human Life）	遗传与发育生物学对生物医学与人类生活的贡献	0.5

第一部分：遗传学

模块 2：遗传的物质基础与规律（The Genetic Basis and Principles of Inheritance）

章	知识点	主要内容	参考学时
第 2 章 遗传基础和基因组学	2.1 遗传基础 （Genetic Basis）	1）基因和染色体的概念 2）DNA 是遗传物质 3）DNA 具有双螺旋结构 4）DNA 复制机制 5）中心法则 6）遗传密码	2
	2.2 细胞质遗传 （Cytoplasmic Inheritance）	1）细胞质遗传的概念 2）细胞质遗传的特点 3）线粒体遗传的机制 4）叶绿体遗传的机制 5）病毒遗传的机制	1.5
	2.3 基因组学 （Genomics）	1）基因组学的概念 2）基因组的组成与三维结构 3）基因组的组装和注释方法 4）桑格测序的原理 5）高通量测序的概念与主要技术 6）基因组学在医学与农学中的应用	2.5

续表

章	知识点	主要内容	参考学时
第3章 遗传变异和重组	3.1 基因的连锁与重组 （Genetic Linkage and Recombination）	1）遗传的染色体学说 2）遗传连锁 3）交换重组 4）遗传第三定律	2
	3.2 突变的类型与机制 （Types and Mechanisms of Mutation）	1）基因突变 2）染色体结构畸变 3）染色体数目异常	2
	3.3 重组的分子机制 （Molecular Mechanisms of Recombination）	1）同源重组的DNA双链断裂模型 2）突变在个体和基因组中的分布与规律	1
第4章 表观遗传与基因表达调控	4.1 表观遗传学基本概念 （the Basic Concept of Epigenetics）	1）表观遗传学研究的开端 2）表观遗传学研究中的重要概念 3）表观遗传信息的遗传	0.5
	4.2 DNA甲基化 （DNA Methylation）	1）DNA甲基化的基本概念 2）DNA甲基化酶 3）DNA去甲基化 4）DNA甲基化的作用与功能 5）DNA甲基化与肿瘤 6）DNA甲基化与其他疾病	1.5
	4.3 组蛋白修饰 （Histone Modification）	1）组蛋白研究的历史 2）组蛋白修饰：组蛋白乙酰化 3）组蛋白甲基化 4）组蛋白其他修饰及变体 5）组蛋白修饰的识别与信息传递 6）染色质三维结构	1.5
	4.4 非编码RNA （Non-coding RNA）	1）非编码RNA中的基本概念 2）小RNA 3）长非编码RNA 4）组成型非编码RNA	1
	4.5 基因表达调控与转录后的调控 （Gene Expression Regulation and Post-transcriptional Regulation）	1）转录调控基本概念 2）转录后的调控——可变剪切 3）转录后的调控——RNA修饰 4）蛋白质翻译后修饰	0.5

模块 3 : 遗传分析（Genetic Analysis）

章	知识点	主要内容	参考学时
第 5 章 群体遗传、选择和进化	5.1　群体遗传结构 （Population Genetic Structure）	1）人类基因组多样性计划（HGDP） 2）千人基因组计划 3）泛亚人群多样性计划	1
	5.2　连锁不平衡 （Linkage Disequilibrium）	1）连锁不平衡概念 2）国际单体型图谱计划（HapMap）	1
	5.3　遗传漂变 （Genetic Drift）	1）遗传漂变概念 2）东亚人群的遗传分化 　a）日本列岛 　b）朝鲜半岛 　c）马来半岛 3）我国边疆人群	1
	5.4　基因流 （Gene Flow）	1）北美大陆的人群混合 2）丝绸之路的人群混合 3）远古人类与现代智人祖先混合	1
	5.5　自然选择 （Natural Selection）	1）自然选择的概念和检验方法 2）自然选择的经典案例 　a）乳糖不耐受 　b）维生素 B_1 3）新冠病毒	1
	5.6　适应性进化 （Adaptive Evolution）	1）适应性进化概念 2）进化的驱动力 3）极端环境下的人群适应性进化 4）高原低氧环境适应 5）赤道人群湿热环境适应 6）人类肤色的适应性演化	1
第 6 章 人类遗传学和疾病	6.1　人类性状的遗传模式 （Inheritance Pattern of Human Traits）	1）几种不同遗传模式 2）孟德尔式系谱 3）多基因性状及阈值理论 4）新发突变与嵌合现象	1
	6.2　鉴定单基因遗传病致病基因 （Identifying Genes for Monogenic Disorders）	1）功能克隆 2）定位克隆 3）基于高通量测序鉴定单基因遗传病致病基因	1
	6.3　复杂疾病易感基因的筛选与多基因风险评分 （Screening Susceptibility Factors in Complex Disease and Polygenic Risk Score）	1）应用流行病学方法或连锁分析的复杂疾病关联研究 2）全基因组关联分析 3）多基因风险评分	1.5

续表

章	知识点	主要内容	参考学时
第6章 人类遗传学和疾病	6.4 遗传检测与遗传咨询 （Genetic Testing and Consulting）	1）遗传检测与遗传咨询概述 2）临床诊断性检测 3）群体筛查 4）药物遗传学和个性化用药 5）DNA检测在法医学中的应用：个体身份识别和关系鉴定 6）遗传咨询与伦理	1.5
	6.5 遗传治疗方法 （Genetic Approaches to Treat Diseases）	1）遗传治疗概述 2）基因治疗 3）基因组编辑疗法 4）其他遗传治疗或预防疾病的方法	1
第7章 遗传筛选和模式生物	7.1 遗传筛选基本思路 （Principles of a Genetics Screen）	1）正向遗传学与反向遗传学 2）正向遗传筛选的基本步骤（实例） 3）适合研究的生物学问题 4）基因诱变与纯合化 5）识别保存特异的基因突变 6）分析突变，了解功能 7）规模与"饱和"	2
	7.2 适于遗传筛选的模式生物 （Common Model Organisms for Genetic Screens）	1）遗传筛选对模式生物的基本要求 2）理想的与现实的模式生物 3）芽殖酵母与裂殖酵母 4）线虫 5）果蝇 6）斑马鱼 7）小鼠 8）拟南芥 9）用最简单的模型工作	1
	7.3 遗传筛选的常见设计 （Mechanics of Genetic Screens）	1）致死、不育与冗余突变 2）提高筛选效率 3）单倍体筛选 4）条件突变筛选 5）致死表型筛选 6）筛选协同表型 7）克服基因多效性的影响 8）克服母系效应的影响	1

续表

章	知识点	主要内容	参考学时
第8章 表型分析和突变分析	8.1 表型分析 （Phenotyping）	1）表型是遗传、环境及其互作的综合反映 2）遗传背景影响表型 3）合理的"野生型"对照 4）适于筛选的表型分析方法：结果明确、成本可控 5）比较表型强弱：外显率、表现度、多效性 6）谨慎解释表型	1
	8.2 突变类型 （Nature of Mutations）	1）用影响功能的突变了解基因作用 2）亚效等位基因和无效等位基因导致基因丧失 3）超效等位基因、反效等位基因和新效等位基因属于功能获得突变 4）改变基因剂量区分各种改变功能的基因突变 5）条件突变	1.5
	8.3 突变分析 （Mutations Analyze）	1）正向遗传筛选获得的突变总是多于相应基因 2）互补测验：判断两个功能失去突变是否属于同一基因 3）互补测验的例外：基因内互补和基因间不互补 4）用非互补遗传筛选获得无效等位基因 5）基于重组的遗传定位 6）基于功能互补的遗传定位 7）基于分子证据的遗传定位	1.5
第9章 修饰基因和双突变分析	9.1 修饰基因 （Modifier Genes）	1）修饰基因概念 2）双突变分析 3）加性效应 4）上位效应 5）抑制效应 6）增强效应	2
	9.2 上位分析 （Epistasis Analysis）	1）上位分析概念 2）生物合成通路的上位分析 3）信号转导通路的上位分析	1
	9.3 正负调控相互作用 （Positive Regulation and Negative Regulations）	1）信号转导通路的调控作用 2）正调控作用 3）负调控作用 4）正负调控作用的功能	1
	9.4 合成致死 （Synthetic Lethality）	1）合成致死的概念 2）遗传冗余 3）合成致死基因解析遗传冗余机制 4）合成致死在癌症中的应用	1

续表

章	知识点	主要内容	参考学时
第 10 章 反向遗传学	10.1　反向遗传学简介（Introduction of Reverse Genetics）	反向遗传学的应用及价值	0.5
	10.2　基因传递系统（Gene Transfer Systems）	1）组织培养细胞的转染 2）电穿孔 3）基因枪 4）注射 5）感染 6）转座子技术	1
	10.3　基因表达系统（Genetic Expression Systems）	1）通用表达系统（全身性表达的系统） 2）条件表达系统 3）组织特异性表达系统	1.5
	10.4　构建突变的转基因（Construction of Mutant Transgene）	1）缺失突变 2）显性失活突变 3）显性激活突变	1
	10.5　转基因的应用和转基因引起的表型翻译（Application and the Translation of the Phenotypes of Transgene）	1）野生型转基因 2）异位表达 3）过表达（超表达） 4）基因表达检测的报告转基因 5）转基因运用和表型解释的局限性	1.5
	10.6　转基因鉴定的报告系统（Reporter Systems of Transgene Identification）	1）增强子陷阱 2）外显子陷阱 3）多聚腺嘌呤陷阱	0.5

第二部分：发育生物学

模块 4：胚胎发育与器官形成（Embryonic Development and Organogenesis）

章	知识点	主要内容	参考学时
第 11 章 胚胎发育和形态发生	11.1　发育概要（Overview of Development）	1）先成论与后成论的历史之争 2）发育生物学的概念 3）发育生物学与其他学科的关系	0.5
	11.2　胚胎的早期发育（the Early Development of Embryo）	1）胚胎卵裂期与囊胚形成 2）原肠作用与形态发生	1.5
	11.3　早期发育的遗传调控（the Genetic Control of Early Embryonic Development）	1）卵体因子决定果蝇体轴 2）脊椎动物合子基因组激活的遗传机制 3）胚层诱导和分化的遗传机制 4）脊椎动物背部组织中心的遗传机制 5）左右不对称发育的遗传调控	2

续表

章	知识点	主要内容	参考学时
第 12 章 器官发育	12.1　器官发育概要（Overview of Organ Development）	1）三胚层：外胚层、内胚层和中胚层 2）器官发育的关键阶段	0.5
	12.2　器官发育的遗传控制（Genetic Control of Organ Development）	1）转录因子 2）信号传导通路 3）基因调控元件 4）表观遗传修饰 5）器官发育的主控基因 6）同源异形基因	0.5
	12.3　心脏的发育（Heart Development）	1）心脏的形态学发育 2）细胞外信号诱导心脏前体细胞特化 3）转录因子调控心脏前体细胞命运 4）心脏前体细胞对心脏的贡献 5）生心中胚层的不同心区 6）心室的发育 7）出生后心脏的成熟 6）心脏发育研究的新技术	1.5
	12.4　肾的发育（Kidney Development）	1）肾的基本结构和功能 2）中间中胚层的分化 3）输尿管芽的生长和收集管的形成 4）肾间充质的分化和肾单位的形成 5）血管脉络丛的形成 6）肾脏类器官	1.5
第 13 章 神经系统发育	13.1　神经系统的解剖结构（Anatomy of the Nervous System）	神经系统的解剖结构	0.5
	13.2　神经发育模式生物（Neurodevelopmental Model Organisms）	1）线虫 2）果蝇 3）脊椎动物	0.5
	13.3　神经诱导（Neural Induction）	1）神经诱导的发现 2）神经诱导的具体过程 3）BMP 分子调控神经诱导 4）调控神经诱导的信号通路及转录因子 5）神经诱导过程的物种间保守性	1
	13.4　神经外胚层的模式化（Patterns of Neural Ectoderm）	1）神经系统的区域性结构 2）A/P 轴模式的建立需要依赖形态发生素 3）A/P 轴模式涉及许多基因和信号转导通路 4）神经管背腹轴的形成 5）神经管模式化的分子机制 6）眼发育	1

续表

章	知识点	主要内容	参考学时
第13章 神经系统发育	13.5 神经发生 （Neurogenesis）	1）果蝇中的神经发生 2）脊椎动物中的神经发生 3）祖细胞增殖及分裂方式 4）神经发生的时序调控	0.5
	13.6 神经元的迁移 （Migration of Neurons）	1）主要迁移模式 2）细胞迁移过程 3）放射迁移和切向迁移	0.5
	13.7 神经元分化与轴突导向 （Neuronal Differentiation and Axon Guidance）	1）神经元的分化 2）导航工具（上）：生长锥 3）导航工具（下）：外部诱因 4）导航图的建立 5）同样的诱因，不同的受体	0.5
	13.8 神经突触的结构 （Structure of the Synapse）	神经突触的结构	0.5
第14章 生殖细胞与性发育	14.1 生殖细胞发育与遗传 （Germ Cell Development and Genetics）	1）生殖细胞的减数分裂 2）精子发生 3）卵子发生 4）精子、卵子发生的遗传学意义	2.5
	14.2 性发育与遗传 （Sexual Development and Genetics）	1）性别决定 2）性腺发育的遗传学特征 3）性发育异常	1.5
第15章 植物发育	15.1 植物是良好的遗传发育研究体系 （Plants are Excellent Systems for Genetic and Developmental Research）	1）被子植物的有性生殖 2）胚乳发育与遗传	0.5
	15.2 植物遗传发育体系的特点 （Characteristics of Plant Genetics and Development）	1）植物的转座子 2）植物中的水平基因转移 3）核质遗传互作	1
	15.3 植物以胚后发育为主 （Plant has Prominent Postembryonic Development）	1）胚后发育的特点 2）分生组织的概念、基本结构和功能	1
	15.4 地上部分器官发生的特点 （Shoot Development）	1）叶片等器官原基的建立 2）叶片形态的建立 3）花形态的建立	1
	15.5 根发育的特点 （Root Development）	1）菌胚根、侧根、不定根 2）菌根共生的形成	1

续表

章	知识点	主要内容	参考学时
第15章 植物发育	15.6　植物光形态建成 （Plant Photomorphogenesis）	1）光受体与光信号通路 2）光/暗形态建成 3）遮荫反应	1
	15.7　植物温度形态建成 （Plant Thermomorphogenesis）	1）温度形态建成 2）温度感知受体 3）液-液相分离	0.5
	15.8　植物机械压力接触形态建成 （Plant Thigmomorphogenesis）	1）机械压力接触形态建成 2）机械敏感离子通道 3）植物激素乙烯/茉莉酸	0.5
	15.9　植物遗传发育与作物育种 （Genetics and Development in Crop Breeding）	1）作物驯化的遗传基础和关键基因 2）分子标记和分子辅助育种 3）分子设计育种	0.5

模块5：细胞增殖与分化（Cell Proliferation and Differentiation）

章	知识点	主要内容	参考学时
第16章 细胞死亡	16.1　基因遗传指定的细胞死亡机制 （Cell Death Regulated by Genetically Designated Machineries）	1）细胞凋亡 2）程序性坏死 3）细胞焦亡 4）通过胞吞作用清除死细胞体 5）细胞凋亡和坏死中的细胞膜破裂 6）不同细胞死亡方式的异同之处	1.5
	16.2　破坏细胞稳态促存活机制而导致的细胞死亡 （Cell Death through Disruption of Cellular Homeostatic Pro-survival Mechanisms）	1）自噬和溶酶体细胞死亡 2）铁死亡和脂质过氧化 3）兴奋性毒性中离子通道的过度激活 4）有丝分裂死亡	1.5
	16.3　人类疾病中的细胞死亡 （Cell Death in Human Diseases）	1）作为致癌基因的抗凋亡Bcl-2家族蛋白 2）RIPK1在神经退行性疾病中对细胞死亡的调节作用 3）人类疾病中RIPK1和Caspase介导的促炎症机制 4）涉及细胞内稳态促存活机制减少的人类病理状况	1

续表

章	知识点	主要内容	参考学时
第 17 章 个体和器官尺寸与生长调控	17.1　生物体尺寸调控及意义（the Regulation and Significance of Organism Size Control）	1）物种间尺寸差异 2）大脑尺寸调控及其意义 3）身体尺寸调控的意义 4）器官大小调控的机制	1
	17.2　细胞数量影响器官尺寸（Cell Number Affects Organ Size）	1）FRT/FLP 嵌合体技术 2）用果蝇筛选鉴定器官大小调控基因 3）Hippo 信号通路的发现	1.5
	17.3　细胞大小影响器官尺寸（Cell Size Affects Organ Size）	1）TOR 的发现 2）用果蝇研究 mTOR 信号通路 3）靶向 mTOR 治疗相关疾病 4）Hippo 通路与 mTOR 通路之间的交叉通信	1.5
	17.4　细胞间通信调控生长与增殖（Intercellular Communication Regulates Growth and Proliferation）	1）基因突变与肿瘤发生 2）细胞间通信调控肿瘤发生 3）果蝇组织中心调控器官大小	1
第 18 章 干细胞	18.1　干细胞简介（Introduction to Stem Cells）	1）哺乳动物的干细胞 2）植物干细胞	0.5
	18.2　胚胎干细胞（Embryonic Stem Cell）	1）胚胎干细胞概述 2）胚胎干细胞的特性 3）胚胎干细胞的遗传特性 4）胚胎干细胞的表观遗传特性 5）全能干细胞	2.5
	18.3　诱导多能性干细胞（Induced Pluripotent Stem Cells）	1）重编程的概念 2）诱导多能性干细胞 3）诱导多能性干细胞的遗传稳定性 4）诱导多能性干细胞的基因调控 5）诱导多能性干细胞的表观遗传 6）诱导多能性干细胞与再生医学	2
	18.4　成体干细胞（Adult Stem Cells）	1）成体干细胞 2）神经干（祖）细胞 3）造血干细胞 4）间充质干细胞	1

模块 6：衰老（Aging）

章	知识点	主要内容	参考学时
第 19 章 衰老	19.1 衰老的生物学概念（Biological Concept of Aging）	1）衰老的概念 2）比较生物老年学	1
	19.2 衰老研究的历史（History of Aging Research）	1）衰老研究历史中的里程碑事件 2）在细胞模型中研究衰老 3）在模式生物中研究衰老 4）在人类早衰症患者中研究衰老	1
	19.3 遗传与衰老（Genetics and Aging）	1）胰岛素/IGF-1 样信号通路与衰老的遗传调控 2）mTOR 信号通路与衰老的遗传调控 3）Sirtuin 信号通路与衰老的遗传调控 4）长寿物种的遗传学特征	0.5
	19.4 衰老的特征（Hallmarks of Aging）	1）衰老的遗传学特征 2）衰老的其他特征	0.5
	19.5 器官衰老的特征（Hallmarks of Organ Aging）	1）脑衰老的特征 2）心脏衰老的特征 3）肺衰老的特征 4）肝衰老的特征 5）肾衰老的特征 6）生殖衰老的特征 7）皮肤衰老的特征 8）肌肉衰老的特征	1
	19.6 衰老相关疾病（Aging-associated Diseases）	1）神经退行性疾病 2）心血管疾病 3）骨骼疾病 4）肌少症 5）代谢相关疾病 6）早衰症	0.5
	19.7 衰老与长寿（Aging and Longevity）	1）影响寿命的遗传因素 2）影响寿命的非遗传因素	0.5
	19.8 衰老的度量（Measurement of Biological Aging）	1）衰老时钟 2）甲基化时钟 3）转录组时钟 4）蛋白质组时钟 5）代谢组时钟 6）影像学时钟 7）复合时钟 8）衰老时钟与衰老的特征	0.5

续表

章	知识点	主要内容	参考学时
第 19 章 衰老	19.9　衰老的干预 （Aging Interventions）	1）小分子及药物干预 2）主动健康 3）基因干预 4）细胞干预 5）未来展望	0.5

模块 7：发育和进化（Development and Evolution）

章	知识点	主要内容	参考学时
第 20 章 发育和 进化	20.1　进化发育生物学的基本概念 （Basic Concepts of Evolutionary Developmental Biology）	1）同源异形基因 2）工具箱基因 3）深度同源性 4）调控元件	1
	20.2　进化发育生物学的发展历史 （Developmental History of Evolutionary Developmental Biology）	1）生物重演率 2）进化发育生物学概述	1
	20.3　动物体型构造形成的遗传发 育机制 （Genetic and Developmental Mechanism of Animal Body Plan Formation）	1）两侧对称动物的关键体轴 2）动物体型构造的起源 3）体轴形成的遗传发育机制 4）两侧不对称体型构造 5）辐射对称体型构造	1
	20.4　动物器官和重大表型进化的 遗传基础 （Genetic Basis of Animal Organs and Major Evolutionary Events）	1）宏进化 2）新器官起源的遗传基础 3）重大进化事件的遗传基础	1
	20.5　植物进化发育生物学 （Plant Evolutionary Developmental Biology）	1）世代交替 2）分生细胞 3）植物器官对称性建立	1

4.5　课程英文摘要

1. Introduction

Genetics is the biological course that studies the genetic basis of life, including heredity, variation, gene structure, and function. Developmental biology is the biological course that studies the entire process of an organism from formation, growth, aging, to death. Genetics and developmental biology are closely related: the correct implementation of genetic information is the key to normal individual development, and individual development ensures that genetic information can be transmitted between generations. This course is based on the core knowledge of genetics and developmental biology, focusing on the basic knowledge, key issues, and cutting-edge challenges of genetics and developmental biology. It emphasizes guiding students to examine the individual development process from the perspective of genetic analysis, deeply understanding the intrinsic connection between genetics and developmental biology, mastering scientific research thinking in genetics and developmental biology, and promoting the improvement of relevant academic research capabilities.

2. Goals

Knowledge objectives:

(1) To memorize and understand the basic concepts of core academic terms in the fields of genetics and developmental biology.

(2) To elaborate and explain the core theories in the fields of genetics and developmental biology along with the corresponding supporting evidence.

(3) To summarize and distinguish the characteristics of different genetic mechanisms, types of variations, expression regulation mechanisms, individual development, organ formation, and evolutionary pathways.

(4) To elaborate and understand the scientific principles and technical methods of genetic analysis.

Skill objectives:

(1) To apply knowledge of genetics and developmental biology to analyze the intrinsic mechanisms of genetic variations and individual development.

(2) To uncover and analyze unresolved problems in the fields of genetics and developmental biology.

(3) To design genetic research plans for developmental biology issues using the thinking methods of genetic analysis.

(4) To evaluate the academic value of representative research achievements and cutting-edge work in the fields of genetics and developmental biology.

(5) To engage in innovative research on issues in genetics and developmental biology.

Value objectives:

(1) To promote the scientific spirit of diligent learning and critical thinking.

(2) To cultivate a rigorous and practical intellectual character.

(3) To foster a sense of correct scientific and technological ethics.

(4) To instill a sense of striving for the summit.

(5) To courageously shoulder the responsibility of advancing the nation's scientific and technological strength in the era.

3. Covered Topics

Modules	Chapters	List of Topics	Suggested Hours
1. Genetics and Development	1. Introduction	The Basic Principles of Inheritance (1); Genetic Analysis (1.5); Contributions of Genetics and Developmental Biology to Biomedicine and Human Life (0.5)	3
2. The Genetic Basis and Principles of Inheritance	2. Genetic Basis and Genomics	Genetic Basis (2); Cytoplasmic Inheritance (1.5); Genomics (2.5)	6
	3. Genetic Variation and Recombination	Genetic Linkage and Recombination (2); Types and Mechanisms of Mutation (2); Molecular Mechanisms of Recombination (1)	5
	4. Epigenetics and gene expression regulation	The Basic Concept of Epigenetics (0.5); DNA Methylation (1.5); Histone Modification (1.5); Non-coding RNA (1); Gene Expression Regulation and Post-transcriptional Regulation (0.5)	5
3. Genetic Analysis	5. Population Genetics, Selection and Evolution	Population Genetic Structure (1); Linkage Disequilibrium (1); Genetic Drift (1); Gene Flow (1); Natural Selection (1); Adaptive Evolution (1)	6
	6. Human Genetics and Diseases	Inheritance Pattern of Human Traits (1); Identifying Genes for Monogenic Disorders (1); Screening Susceptibility Factors in Complex Disease and Polygenic Risk Score (1.5); Genetic Testing and Consulting (1.5); Genetic Approaches to Treat Diseases (1)	6
	7. Genetics Screen and Model Organisms	Principles of a Genetics Screen (2); Common Model Organisms for Genetic Screens (1); Mechanics of Genetic Screens (1)	4
	8. Phenotyping and Mutation Analysis	Phenotyping (1); Nature of Mutations (1.5); Mutation Analysis (1.5)	4
	9. Modifier Genes and Double-mutant Analysis	Modifier Genes (2); Epistasis Analysis (1); Positive Regulation and Negative Regulations (1); Synthetic Lethality (1)	5
	10. Reverse Genetics	Introduction of Reverse Genetics (0.5); Gene Transfer Systems (1); Genetic Expression systems (1.5); Construction of Mutant Transgene (1); Application and the Translation of the Phenotypes of Transgene (1.5); Reporter Systems of Transgene Identification (0.5)	6

续表

Modules	Chapters	List of Topics	Suggested Hours
4. Embryonic Development and Organogenesis	11. Embryo Development and Morphogenesis	Overview of Development (0.5); The Early Development of Embryo (1.5); The Genetic Control of Early Embryonic Development (2)	4
	12. Organogenesis	Overview of Organ Development (0.5); Genetic Control of Organ Development (0.5); Heart Development (1.5); Kidney Development (1.5)	4
	13. Nervous System Development	Anatomy of the Nervous System (0.5); Neurodevelopmental Model Organisms (0.5); Neural Induction (1); Patterns of Neural Ectoderm (1); Neurogenesis (0.5); Migration of Neurons (0.5); Neuronal Differentiation and Axon Guidance (0.5); Structure of the Synapse (0.5)	5
	14. Germ Cells and Sex Development	Germ cell development and genetics (2.5); Sexual development and genetics (1.5)	4
	15. Plant Development	Plants are Excellent Systems for Genetic and Developmental Research (0.5); Characteristics of Plant Genetics and Development (1); Plant has Prominent Postembryonic Development (1); Shoot Development (1); Root Development (1); Plant Photomorphogenesis (1); Plant Thermomorphogenesis (0.5); Plant Thigmomorphogenesis (0.5); Genetics and Development in Crop Breeding (0.5)	7
5. Cell Proliferation and Differentiation	16. Cell Death	Cell Death Regulated by Genetically Designated Machineries (1.5); Cell Death through Disruption of Cellular Homeostatic Pro-survival Mechanisms (1.5); Cell Death in Human Diseases (1)	4
	17. Individuals, Organ Size and Regulation of Growth	The Regulation and Significance of Organism Size Control (1); Cell Number Affects Organ Size (1.5); Cell Size Affects Organ Size (1.5); Intercellular Communication Regulates Growth and Proliferation (1)	5
	18. Stem Cell	Introduction to Stem Cells (0.5); Embryonic Stem Cell (2.5); Induced Pluripotent Stem Cells (2); Adult Stem Cells (1)	6
6. Aging	19. Aging	Biological Concept of Aging (1); History of Aging Research (1); Genetics and Aging (0.5); Hallmarks of Aging (0.5); Hallmarks of Organ Aging (1); Aging-associated Diseases (0.5); Aging and Longevity (0.5); Measurement of Biological Aging (0.5); Aging Interventions (0.5)	6

续表

Modules	Chapters	List of Topics	Suggested Hours
7. Development and Evolution	20. Development and Evolution	Basic Concepts of Evolutionary Developmental Biology (1); Developmental History of Evolutionary Developmental Biology (1); Genetic and Developmental Mechanism of Animal Body Plan Formation (1); Genetic Basis of Animal Organs and Major Evolutionary Events (1); Plant Evolutionary Developmental Biology (1)	5

5. 生理学

5.1 课程定位

生理学作为生物学的一个分支,是研究生命体功能及其机制或机理的科学,其任务是在分子、细胞、组织、器官、整体甚至群体的水平上研究新陈代谢、反应和生殖这些生理功能的运行和调控机制。在现代生命科学的学科体系中,生理学的独到之处是不懈地将分子和细胞水平的微观机制整合回细胞至整体层面阐述功能问题。生理学课程旨在帮助学生了解生理学的基本概念和研究方法;通过理解生命体在内外环境中如何感知、适应和维持稳态,从而对人体各系统的结构和功能形成全面而深入的认识;通过经典实验操作以及创新实验设计与分析,培养学生提出问题、分析问题、解决问题的科学研究能力。

5.2 课程目标

生理学是在人类健康需求的推动下,结合人体生理观察和动物实验,产生并发展起来的一门实验科学。生理学课程注重理论体系内在的逻辑性,通过系统学习,使学生掌握完整扎实的生理学知识体系,深入认识生命活动稳态的重要性和普遍原理。通过理论与实验相结合的教学方式,使学生掌握实验研究的基本思路和方法,培养学生对复杂生理学现象进行科学分析和实践应用的能力。为解决功能及其机理的问题,现代生理学从分子到整体,灵活应用数学和信息学、物理学、生物化学、细胞生物学、分子遗传学等各学科的理论和方法开展研究,本课程通过引导学生深度融合学科知识,锻炼科学思维,使其未来能够将所学知识应用于生理学领域的研究与探索。

5.3 课程设计

生理学课程的设计以人体的生理现象为主线,从微观的细胞层面到宏观的系统活动,将知识点融入对整体生命过程的全面理解,形成有机的学科课程体系。可以说,这门课程不仅仅是学科知识的传授,更是对生命奥秘的科学探究。生理学课程强调问题导向的学习,注重实践应用,通过案例分析、实验操作等方式,激发学生的学科兴趣,并将所学知识应用于解决实际问题。

课程共包含"细胞生理""器官功能""整合与调节"三大知识模块,分为 14 个章节,主要模块之间的关系如下图所示。

模块3：整合与调节

3.1 神经系统对机体运动的控制和调节
- 躯体运动系统的组织结构和控制模型
- 反射性运动和节律性运动
- 随意运动的发起和控制
- 神经系统对内脏活动和免疫功能的调节

3.2 神经系统的高级功能和其他功能
- 大脑皮层的认知功能
- PFC与行为决策
- 情绪和情绪障碍
- 学习与记忆
- 本能行为
- 生物钟与近日生物节律、睡眠与觉醒）

3.3 生理学研究策略与技术
- 生理学研究策略
- 生理学研究的常用技术
- 细胞生理学研究技术、心血管系统生理学研究技术、消化系统生理学研究技术、泌尿生理学研究技术、神经生理学研究技术）
- 生理学研究策略与技术应用实例

模块1：细胞生理

1.1 体液与血液
- 体液和机体内环境
- 血液

1.2 生物膜对物质的通透和转运
- 溶质和水的跨膜扩散
- 主动转运
- 离子的跨膜与细胞膜电位

1.3 细胞的兴奋
- 刺激与动作电位的发生
- 兴奋的离子机制
- 兴奋在神经纤维上传导

1.4 细胞间信息传递
- 缝隙连接与电传递
- 化学突触传递的一般规律
- 离子通道型受体介导的突触传递
- G蛋白耦联受体介导的突触传递

1.5 肌细胞的收缩功能
- 肌细胞收缩的结构和分子基础
- 兴奋-收缩耦联
- 肌细胞收缩的生物力学

模块2：器官功能

2.1 血液循环
- 循环系统的进化
- 心脏生理
- 血管生理
- 心血管活动的调节

2.2 呼吸
- 动物呼吸系统的进化、结构和功能
- 肺通气，肺换气和组织换气
- 呼吸气体在血液中的运输
- 呼吸运动的调节
- 内呼吸和能量代谢

2.3 消化与吸收
- 消化系统的组成和一般功能
- 口腔内消化和吞咽
- 胃内消化
- 小肠内的消化
- 大肠的功能
- 吸收

2.4 尿的生成和排出
- 水、电解质及渗透压调节
- 肾的功能解剖和肾血流量
- 肾小球的滤过
- 肾小管与集合管的重吸收和分泌作用
- 尿液的浓缩和稀释
- 尿生成的调节
- 尿的排放

2.5 内分泌
- 内分泌的形式与激素概论
- 下丘脑-垂体的内分泌功能
- 甲状腺、胰岛
- 肾上腺皮质
- 肾上腺髓质
- 性腺对生殖的调控

2.6 感觉系统
- 感觉的一般过程
- 化学感受
- 机械感受
- 声音感受与听觉
- 光感受与视觉
- 其他躯体感觉

生理学课程知识模块关系图

拓展阅读——通过各种不同类型的拓展阅读材料,深入理解生理学领域的前沿研究和应用。

教学视频——视频资源中包含生动、详细的教学指导,帮助学生更加直观地理解复杂生理学概念与现象。

自测题——各章节结束后提供适量的自测题,有助于学生加强自主学习,并自我检验知识掌握程度。

参考文献——课程提供经典参考文献,供学有余力的学生进一步挖掘感兴趣的生理学知识领域。

5.4 课程知识点

模块 1:细胞生理(Cell Physiology)

知识点	主要内容	能力目标	参考学时
第一章　体液与血液(Body Fluids and Blood)			
1. 体液和机体内环境(Body Fluids and Internal Environment)	内环境的稳定、稳态、调节、反馈	理解细胞外液与内环境稳态、体液组成与分布、体液的成分及渗透压	1
2. 血液(Blood)	血液的组成、血液的理化特性、血液的生理功能、生理性止血与血液凝固、红细胞凝集与血型	理解血浆、血细胞;血液的颜色、血液的比重、血液的黏度、血浆渗透压、血浆 pH;血液的运输功能、防御功能、缓冲功能;凝血因子、凝血机制、血液抗凝系统和纤维蛋白溶解;ABO 血型系统、Rh 血型系统、输血的原则	1
第二章　生物膜对物质的通透和转运(Permeability and Transport of Substances by Biological Membranes)			
1. 溶质和水的跨膜扩散(Transmembrane Diffusion of Solute and Water)	细胞膜的成分与结构、跨膜扩散	理解单纯扩散、易化扩散、渗透:水的跨膜扩散	1
2. 主动转运(Active Transport)	钠钾离子的主动转运、钙离子的主动转运、主动转运的一般规律	理解钠钾泵的基本概念、钠钾泵的功能、钠钾泵活动的调节、钙离子的主动转运;肌(内)质网钙泵、质膜钙泵、钠钙交换;原发性主动转运、继发性主动转运	1

续表

知识点	主要内容	能力目标	参考学时
3. 离子的跨膜流动与细胞膜电位（The Transmembrane Movement of Ions and the Membrane Potential of Cells）	离子通道的一般性质、离子通道的激活及其能量转换功能、跨膜离子平衡与细胞静息膜电位	理解钾通道的分子性质、离子通道的离子选择性、离子通道活动的随机性；离子通道的激活及其能量转换功能；离子的平衡电位、细胞的静息膜电位、离子通道的逆转电位、维持静息膜电位的钾电流	1

第三章　细胞的兴奋（Excitation of Cells）

知识点	主要内容	能力目标	参考学时
1. 刺激与动作电位的发生（The Generation of stimuli and Action Potentials）	生物电的早期研究、静息膜电位和动作电位的测定、细胞膜的被动电学性质、动作电位的发生、动作电位的离子学说	理解刺激与兴奋的概念、膜电位对刺激电流的被动反应、可兴奋细胞的主动反应、动作电位的不同形态	1
2. 兴奋的离子机制（Excitatory Ionic Mechanisms）	离子学说、膜片钳与离子通道研究、电压门控通道的激活与失活、引发兴奋的条件	理解离子学说的提出、电压钳实验对离子学说的证明、电压门控通道模型的提出；膜片钳的原理、膜片钳技术的不同应用形式、钠通道活动的膜片钳记录；激活曲线和可用率曲线、钠通道失活的机制；刺激的要素、兴奋性、兴奋后兴奋性的变化	1
3. 兴奋在神经纤维上传导（Conduction of Excitation on Nerve Fibers）	神经的结构、兴奋传导的实验观察、神经纤维的电缆性质、动作电位的不衰减传导、有髓鞘神经纤维的跳跃式传导	理解神经轴突的电缆性质、神经轴突动作电位的传导、有髓鞘神经纤维的跳跃传导、胞外记录的动作电位	1

第四章　细胞间信息传递（Intercellular Information Transmission）

知识点	主要内容	能力目标	参考学时
1. 缝隙连接与电传递（Gap Junction and Electric Transmission）	缝隙连接、电突触、心肌和平滑肌合胞体、电信号传递	理解缝隙连接的结构、生理功能和调节；电传递	1
2. 化学突触传递的一般规律（General Principles of Chemical Synaptic Transmission）	化学传递、化学突触传递的基本机制、信使分子——神经递质、受体	理解化学突触的结构与分类、传递的基本原理、突触整合与神经回路、突触传递可塑性和障碍；神经递质的概念、神经递质的合成与释放、量子释放、灭活与再生循环；受体	1

续表

知识点	主要内容	能力目标	参考学时
3. 离子通道型受体介导的突触传递（Synaptic Transmission Mediated by Ion Channel Receptors）	N 型乙酰胆碱受体介导的突触传递、离子通道型谷氨酸受体介导的兴奋性突触传递、离子通道型受体介导的抑制性突触传递	理解神经肌肉接头的结构、终板电位、烟碱型乙酰胆碱受体、谷氨酸受体、GABA 受体、离子通道型受体介导的突触传递	1
4. G 蛋白耦联受体介导的突触传递（Synaptic Transmission Mediated by G-protein Coupled Receptors）	G 蛋白耦联受体及信号转导、肾上腺素受体的信号转导、M 型乙酰胆碱受体与副交感神经信号传递、其他 G 蛋白耦联受体介导的神经递质信号传递	理解 G 蛋白耦联受体、G 蛋白、G 蛋白效应器；肾上腺素受体的信号转导；M 型乙酰胆碱受体与副交感神经信号传递；代谢型谷氨酸受体、5- 羟色胺受体、多巴胺受体	1
第五章　肌细胞的收缩功能（The Contractive Function of Muscle Cells）			
1. 肌细胞收缩的结构和分子基础（Structure and Molecular Basis of Muscle Cell Contraction）	肌细胞的结构、参与收缩的蛋白质分子、肌丝滑行学说、横桥活动与化学能转化为机械能的过程	理解横纹肌、平滑肌；肌动蛋白、肌球蛋白、调节蛋白；肌丝滑行学说、长度 – 张力曲线；横桥活动与化学能转化为机械能的过程	1
2. 兴奋 – 收缩耦联（Excitation–Contraction Coupling）	兴奋 – 收缩耦联的结构和分子基础、骨骼肌的兴奋 – 收缩耦联、心肌的兴奋 – 收缩耦联、平滑肌的兴奋 – 收缩耦联	理解细胞膜与横管、肌质网；骨骼肌细胞兴奋、骨骼肌兴奋 – 收缩耦联——电压依赖性钙释放；心肌细胞的兴奋、心肌细胞兴奋 – 收缩耦联——钙致钙释放；平滑肌的兴奋 – 收缩耦联	1
3. 肌细胞收缩的生物力学（Biomechanics of Muscle Cell Contraction）	影响收缩力的因素、等长收缩和等张收缩、不同类型的肌纤维、骨骼肌收缩强度的调节	理解影响收缩力的因素；等长收缩与长度 – 张力曲线、等张收缩与张力 – 速度曲线；不同类型的肌纤维；收缩的总和与强直收缩、运动单位募集反应	1

模块 2：器官功能（Organ Function）

知识点	主要内容	能力目标	参考学时
第六章　血液循环（Blood Circulation）			
1. 循环系统的进化（Evolution of Circular Systems）	循环系统的进化、血液循环的发现	理解开放式和封闭式循环系统、心脏的进化；血液循环的发现	1

知识点	主要内容	能力目标	参考学时
2. 心脏生理（Cardiac Physiology）	心脏的泵血功能、心脏的节律性兴奋、心脏功能的检测	理解心动周期、心脏泵血的动力学、心输出量与心率、心功能储备；心脏节律活动的发生、心脏节律性兴奋的传导、期前收缩和代偿间歇；心电图、心音、超声心动图	1
3. 血管生理（Vascular Physiology）	血管的结构和功能特点、血流动力学、血压、微循环与淋巴系统	理解血管的组织结构、血管分段的结构特征；血流速度与血流量、血流阻力；动脉血压、静脉血压和静脉回心血量；微循环结构和功能、组织液生成与回流、淋巴系统和淋巴回流	1
4. 心血管活动的调节（Regulation of Cardiovascular Activity）	心血管活动的自身调节、心血管活动的反射性调节、心血管活动的体液调节、动脉血压的长期调节	理解心搏功能的自身调节、血管活动的自身调节；血管和心脏的神经支配、心血管中枢、压力感受性反射、心肺容量感受器反射、颈动脉体和主动脉体化学感受性反射；全身性体液调节因素、局部性体液调节因素；动脉血压的长期调节	1
第七章　呼吸（Respiration）			
1. 动物呼吸系统的进化、结构和功能（Evolution, Structure and Function of Animal Respiratory Systems）	非哺乳动物呼吸器官与呼吸方式的演化、哺乳动物（人）的呼吸系统结构和功能	理解鱼类、两栖类和爬行动物类、鸟类呼吸器官与呼吸方式的演化；哺乳动物（人）呼吸道的组成和功能、肺泡的结构和功能	1
2. 肺通气（Pulmonary Ventilation）	肺通气的动力、肺通气的阻力、肺通气功能评价	理解呼吸运动、肺内压、胸膜腔内压；肺通气的弹性阻力、非弹性阻力；肺容量、肺通气量和肺泡通气量	1
3. 肺换气和组织换气（Pulmonary Gas Exchange and Tissue Gas Exchange）	气体交换的原理、肺换气、组织换气	理解气体扩散、气体扩散的速率和影响因素；肺换气过程、影响肺换气的因素；组织换气	1
4. 呼吸气体在血液中的运输（Transport of Respiratory Gases in the Blood）	O_2 的运输、CO_2 的运输	理解 O_2 在血液中运输的形式、氧解离曲线及其影响因素；CO_2 的运输形式、CO_2 解离曲线、血液中 CO_2 运输和酸碱平衡	1

续表

知识点	主要内容	能力目标	参考学时
5. 呼吸运动的调节（Regulation of Respiratory Movements）	呼吸中枢和呼吸节律的形成、呼吸运动的化学调节、呼吸的反射性调节	理解呼吸中枢，呼吸节律的产生机制；外周化学感受器和中枢化学感受器，CO_2、O_2 和 H^+ 对呼吸的调节；肺牵张反射，呼吸肌本体感受性反射	1
6. 内呼吸和能量代谢（Internal Respiration and Energy Metabolism）	能量的来源、转化和利用，能量代谢的测定，影响能量代谢的因素和能量平衡	理解能量的来源、能量的转化、能量的利用；能量代谢的直接测热法、间接测热法；影响能量代谢的主要因素、能量的平衡	1

第八章　消化与吸收（Digestion and Absorption）

知识点	主要内容	能力目标	参考学时
1. 消化系统的组成和一般功能（Composition and General Functions of the Digestive System）	消化系统的组成、消化道的结构和神经支配、胃肠激素、消化道平滑肌的生理特性	理解消化系统的组成；消化道的基本结构、消化道神经支配；胃肠激素的概念、几种重要的胃肠激素、胃肠激素的生理作用；消化道平滑肌的一般生理特性、电生理特性	1
2. 口腔内消化和吞咽（Intraoral Digestion and Swallowing）	唾液的分泌、咀嚼和吞咽	理解唾液的成分与作用、唾液分泌的调节；咀嚼、吞咽	1
3. 胃内消化（Digestion in the Stomach）	胃液的分泌、胃的运动	理解胃黏膜和胃腺的结构要点、胃液的成分与作用、胃液分泌的调节；胃运动的形式、胃运动的调节、胃排空及其控制、呕吐	1
4. 小肠内的消化（Digestion in the Small Intestine）	胰液的分泌，胆汁的分泌、存储与排放，小肠液的分泌和作用，小肠的运动	理解胰液的成分和作用，胰液分泌的调节；胆汁的成分和作用，胆汁的分泌、排放与胆囊的作用，胆汁分泌和排放的调节；小肠液的成分和作用，小肠液分泌的调节；小肠运动的形式，小肠运动的调节，小肠内容物向大肠的推进	1
5. 大肠的功能（Functions of the Large Intestine）	大肠液的分泌，大肠的运动和排便，肠道微生物	理解大肠液的分泌；大肠的运动、粪便的形成和排出；肠道微生物	1
6. 吸收（Absorption）	碳水化合物的消化和吸收、蛋白质的消化和吸收、脂肪的消化和吸收、维生素和矿物质的消化和吸收	理解小肠的结构特点和吸收机制、糖类的吸收、蛋白质的吸收、脂类的消化和吸收、水和电解质的吸收、维生素的吸收	1

续表

知识点	主要内容	能力目标	参考学时
第九章　尿的生成和排出（Formation and Excretion of Urine）			
1. 水、电解质及渗透压调节（Regulation of Water, Electrolytes, and Osmotic Pressure）	尿的浓缩和稀释、离子与渗透平衡、渗透压调节器官的进化	理解细胞内外液、离子分布及渗透压、不同环境中动物的渗透压调节	1
2. 肾的功能解剖和肾血流量（Functional Anatomy of the Kidney and Renal Blood Flow）	肾的功能解剖、肾血流量的特点及其调节	理解肾单位、球旁器、肾的血管分布、肾的神经支配；肾血流量的特点、肾血流量的调节	1
3. 肾小球的滤过（Glomerular Filtration）	滤过膜及其通透性、影响肾小球滤过的因素	理解滤过膜的构成、滤过膜的通透性、肾小球滤过率及滤过分数；滤过膜的面积和通透性、肾小球毛细血管血压、囊内压、血浆胶体渗透压、肾血浆流量	1
4. 肾小管与集合管的重吸收和分泌作用（Reabsorption and Secretion of renal Tubules and Collecting Ducts）	肾小管与集合管重吸收的方式、几种物质在肾小管与集合管的重吸收、肾小管和集合管的分泌功能	理解主动重吸收、被动重吸收；Na^+、Cl^- 和水的重吸收、HCO_3^- 的重吸收、K^+ 的重吸收、葡萄糖和氨基酸的重吸收、钙的重吸收、其他物质的重吸收；H^+ 的分泌、K^+ 的分泌、NH_3 的分泌	1
5. 尿液的浓缩和稀释（Concentration and Dilution of Urine）	水的重吸收与尿的稀释或浓缩、尿的稀释与浓缩的机制——逆流系统学说（肾髓质渗透压梯度的形成、肾髓质渗透压梯度的维持、髓袢升支粗段内低渗液体的形成、稀释尿或浓缩尿的最后形成、影响尿稀释和浓缩的因素）	理解肾髓质间质渗透压梯度及其形成、肾髓质间质渗透压梯度的保持、影响肾髓质渗透压梯度形成的因素、尿液稀释和浓缩功能的实现	1
6. 尿生成的调节（Regulation of Urine Formation）	肾内自身调节、神经调节、体液调节	理解小管液中溶质浓度、球–管平衡；神经调节；体液调节（抗利尿激素、肾素–血管紧张素–醛固酮系统、心房钠尿肽、缓激肽、其他激素）	1
7. 尿的排放（Synaptic Transmission Mediated by G-protein Coupled Receptors）	膀胱与尿道括约肌的神经支配、排尿反射	理解膀胱与尿道的神经支配、排尿反射及排尿异常	1

续表

知识点	主要内容	能力目标	参考学时
第十章　内分泌（Endocrine System）			
1. 内分泌的形式与激素概论（Introduction to Endocrine Forms and Hormones）	激素的化学分类：多肽类激素、生物胺类激素、固醇类激素	理解内分泌的形式、内分泌系统、激素的化学性质、激素的作用特点	1
2. 下丘脑－垂体的内分泌功能（Endocrine Functions of Hypothalamus–Pituitary Gland）	垂体的位置、垂体的组成、垂体前叶、垂体后叶	理解垂体前叶激素、下丘脑与垂体后叶激素	1
3. 甲状腺（Thyroid）	甲状腺激素的合成和分泌、甲状腺激素的作用、下丘脑－垂体－甲状腺轴	理解甲状腺激素、降钙素	1
4. 胰岛（Islets of Langerhans）	胰岛素、胰高血糖素、生长抑素	理解胰岛素、胰高血糖素	1
5. 肾上腺皮质（Adrenal Cortex）	肾上腺皮质及皮质醇、肾上腺皮质与醛固酮	理解肾上腺皮质结构与分泌的激素、肾上腺皮质激素的运输与代谢、肾上腺皮质激素的作用、肾上腺皮质激素的分泌调控	1
6. 肾上腺髓质（Adrenal Medulla）	肾上腺髓质及嗜铬细胞、肾上腺髓质儿茶酚胺的释放	理解肾上腺髓质结构、肾上腺髓质激素、肾上腺髓质激素的作用、肾上腺髓质激素的分泌调控	1
7. 性腺对生殖的调控（The Regulation of Reproduction by Gonads）	男性生殖功能的激素调节、女性生殖系统的结构与功能	理解睾丸与男性生殖、卵巢与女性生殖、妊娠	1
第十一章　感觉系统（Sensory System）			
1. 感觉的一般过程（General Process of Sensation）	感受器的类型及分布；感觉模态、部位或刺激能量形式；感受器的生理特性	理解感觉分类、适宜刺激、感受器的放大作用、感受器的编码、感觉的适应、感觉的传入、感觉的投射	1
2. 化学感受（Chemical Sensation）	嗅觉、味觉，以及中枢和外周感受 PCO_2、PO_2、$[H^+]$ 变化的感受器	理解嗅觉感受器、味觉感受器等化学感受器的种类、结构、生理功能	1
3. 机械感受（Mechanical Sensation）	本体感受器、触觉感受器、压觉感受器、平衡感觉（前庭器官的结构、前庭器官的功能）	理解毛细胞、平衡器官等机械感受器的种类、结构、生理功能	1
4. 声音感受与听觉（Sound Sensation and Hearing）	声刺激、听阈和听域、声音在耳内的传导、耳蜗对声音的感受和分析、听觉中枢生理、听觉障碍	理解传声途径、耳蜗的结构与机能、听觉学说、听觉神经通路、声音定位听觉障碍	1

续表

知识点	主要内容	能力目标	参考学时
5. 光感受与视觉（Light Sensation and Vision）	眼的结构、眼的成像与折光调节、眼的感光换能系统、视觉信息处理、视觉传导通路、与视觉相关的生理现象	理解无脊椎动物的视觉器官、眼的结构与折光系统、眼的调节、视网膜的结构与功能、视锥视杆与光转导、自感光神经节细胞、颜色视觉、视觉通路感受野机制	1
6. 其他感觉系统（Other Sensory Systems）	脊髓与低位脑干的感觉传导与功能机制、丘脑的感觉投射与功能、大脑皮质的感觉分析功能及机制	理解温度感受、伤害性感受、电感受、痒感受	1

模块 3：整合与调节（Integration and Regulation）

知识点	主要内容	能力目标	参考学时
第十二章　神经系统对机体运动的控制和调节（The Control and Regulation of Body Movement by The Nervous System）			
1. 躯体运动系统的组构和控制模型（Structure and Control Model of Motor System）	大脑两半球的躯体运动功能、谢切诺夫抑制与脊髓休克、脊髓运动神经元的共激活、高级中枢对牵张反射的影响	理解控制运动的神经系统组构、脊髓运动神经元和肌肉感受器、脑干及其下行运动通路、大脑皮层运动区及其下行运动通路、基底神经节和小脑、运动控制模型	1
2. 反射性运动和节律性运动（Reflexive Movements and Rhythmic Movements）	反射活动的一般特征、二元反射、多元反射、肌紧张与牵张反射、肌腱反射、下丘脑的"主时钟"调控昼夜节律、下丘脑调控进食行为	理解反射性运动、节律性运动	1
3. 随意运动的发起和控制（Initiation and Control of Voluntary Movements）	皮层运动区的功能、大脑皮层运动区的下行途径、基底神经节与帕金森病	理解初级运动皮层、辅助运动皮层和前运动皮层、基底神经节、小脑	1
4. 神经系统对内脏活动和免疫功能的调节（Regulation of Visceral Activity and Immune Function by the Nervous System）	内脏器官的双重神经支配、中枢神经系统各部分对内脏功能的调节作用	理解自主神经系统、肠神经系统、内脏活动的中枢控制、内脏系统的感觉传入、神经系统对免疫功能的调节	1

续表

知识点	主要内容	能力目标	参考学时
第十三章　神经系统的高级功能和其他功能（Advanced Functions and Other Functions of the Nervous System）			
1. 大脑皮层的认知功能（Cognitive Function of the Cerebral Cortex）	大脑皮层的功能定位、皮层柱、大脑两半球的功能不对称	理解大脑皮层内的神经联系和语言功能定位、PFC 与认知功能	1
2. PFC 与行为决策（PFC and Behavioral Decision Making）	大脑皮层的电活动、巴甫洛夫关于高级神经活动的学说	理解行为动机和行为决策的奖赏机制、多巴胺与行为动机和行为决策	1
3. 情绪和情绪障碍（Emotions and Emotional Disorders）	前额叶联合皮层的功能、颞叶联合皮层的功能	理解情绪的神经机制、杏仁核与情绪、情绪障碍——焦虑症和抑郁症	1
4. 学习与记忆（Learning and Memory）	非联合型学习与联合型学习、陈述性记忆与非陈述性记忆、短时记忆和长时记忆、突触可塑性与学习记忆	理解记忆的分类和神经机制、海马与记忆	1
5. 本能行为（Instinctive Behavior）	生物钟与近日生物节律、两种睡眠状态、睡眠与觉醒	理解生物钟的分子机制、SCN 中枢生物钟调控近日节律的神经机制、昼夜生物节律与健康的密切关系；睡眠 / 觉醒的脑电特征、睡眠 / 觉醒的神经调控、睡眠的稳态调节和生物钟调节、睡眠的生理功能	1
第十四章　生理学研究策略与技术（Physiological Research Strategies and Techniques）			
1. 生理学研究策略（Physiological Research Strategies）	概述获取生理学知识与原理的研究策略及相关技术的应用	理解生理学研究策略的发展、功能上调策略、功能下调策略、生理因素与细胞功能的因果关系策略、生理效应叠加与饱和策略	1
2. 生理学研究的常用技术（Common Techniques in Physiological Research）	细胞生理学研究技术、心血管系统生理研究技术、消化系统生理研究技术、泌尿生理学研究技术、神经生理学研究技术	理解细胞膜电位与膜电流测量的电生理技术、细胞膜电流与电压钳制技术、离体与在体心脏灌流技术、离体血管灌流技术、在体胃肠外分泌测量技术、胃肠道平滑肌动力学检测技术、肾小管微穿刺检测肾小囊和肾小管液技术、肾小球滤过率测量技术、在脑细胞电生理记录技术、在体脑细胞荧光成像技术等	1
3. 生理学研究策略与技术应用实例（Physiological Research Strategies and Examples of Technological Applications）	荣获诺贝尔奖的生理学研究策略与技术，及其存在的问题与挑战	具备科学、精准、经济和有效地选用这些策略与技术的基本素质	1

5.5　课程英文摘要

1. Introduction

Physiology, as a branch of biology, is the scientific study of life functions and their mechanisms or principles. Its mission is to investigate the operation and regulatory mechanisms of physiological functions such as metabolism, reactions, and reproduction at the levels of molecules, cells, tissues, organs, the entire organism, and even populations. In the disciplinary system of modern life sciences, the uniqueness of physiology lies in its unwavering effort to integrate the microscopic mechanisms at the molecular and cellular levels back to the cellular–to–whole organism level to elucidate functional issues. The physiology course aims to help students understand the history and development of physiology, especially its evolution into modern physiology driven by advances in medicine. It emphasizes acquiring a correct understanding of the basic concepts and research methods in physiology. Through comprehending how living organisms perceive, adapt to, and maintain homeostasis in their internal and external environments, students gain a comprehensive and in–depth understanding of the structure and function of various systems in the human body. Additionally, through classic experimental procedures and innovative experimental design and analysis, the course cultivates students' scientific research capabilities in posing, analyzing, and solving problems.

2. Goals

Physiology is an experimental science that has emerged and developed under the impetus of human health needs, combined with human physiological observations and animal experiments. Physiology courses focus on the inherent logic of theoretical systems. Through systematic learning, students can master a complete and solid knowledge system of physiology, and gain a deeper understanding of the importance and universal principles of the steady state of life activities. By combining theory and experiment in teaching, students can master the basic ideas and methods of experimental research, and cultivate their ability to scientifically analyze and apply complex physiological phenomena in practice. In order to solve the problems of function and mechanism, modern physiology flexibly applies theories and methods from various disciplines such as mathematics and informatics, physics, biochemistry, cell biology, molecular genetics, etc. from molecule to whole to conduct research. This course guides students to deeply integrate subject knowledge, exercise scientific thinking, and enable them to apply their knowledge to research and exploration in the field of physiology in the future.

3. Covered Topics

Modules	List of Topics	Suggested Hours
1. Cell Physiology	1.1 Body Fluids and Blood: Body Fluids and Internal Environment (1), Blood (1) 1.2 Permeability and Transport of Substances by Biological Membranes: Transmembrane Diffusion of Solute and Water (1), Active Transport (1), The Transmembrane Movement of Ions and the Membrane Potential of Cells (1) 1.3 Excitation of Cells: The Generation of stimuli and Action Potentials (1), Excitatory Ionic Mechanisms (1), Conduction of Excitation on Nerve Fibers (1) 1.4 Intercellular Information Transmission: Gap Junction and Electric Transmission (1), General Principles of Chemical Synaptic Transmission (1), Synaptic Transmission Mediated by Ion Channel Receptors (1), Synaptic Transmission Mediated by G-protein Coupled Receptors (1) 1.5 The Contractive Function of Muscle Cells: Structure and Molecular Basis of Muscle Cell Contraction (1), Excitation-Contraction Coupling (1), Biomechanics of Muscle Cell Contraction (1)	15
2. Organ Function	2.1 Blood Circulation: Evolution of Circular Systems (1), Cardiac Physiology (1), Vascular Physiology (1), Regulation of Cardiovascular Activity (1) 2.2 Respiration: Evolution, Structure and Function of Animal Respiratory Systems (1), Pulmonary Ventilation (1), Pulmonary Gas Exchange and Tissue Gas Exchange (1), Transport of Respiratory Gases in the Blood (1), Regulation of respiratory movements (1), Internal Respiration and Energy Metabolism (1) 2.3 Digestion and Absorption: Composition and General Functions of the Digestive System (1), Intraoral Digestion and Swallowing (1), Digestion in the Stomach (1), Digestion in the Small Intestine (1), Functions of the Large Intestine (1), Absorption (1) 2.4 Formation and Excretion of Urine: Regulation of Water, Electrolytes, and Osmotic Pressure (1), Functional Anatomy of the Kidney and Renal Blood Flow (1), Glomerular Filtration (1), Reabsorption and Secretion of renal Tubules and Collecting Ducts (1), Concentration and Dilution of Urine (1), Regulation of Urine Formation (1), Synaptic Transmission Mediated by G-protein Coupled Receptors (1) 2.5 Endocrine System: Introduction to Endocrine Forms and Hormones (1), Endocrine Functions of Hypothalamus-Pituitary Gland (1), Thyroid (1), Islets of Langerhans (1), Adrenal Cortex (1), Adrenal Medulla (1), The Regulation of Reproduction by Gonads (1) 2.6 Sensory System: General Process of Sensation (1), Chemical Sensation (1), Mechanical Sensation (1), Sound Sensation and Hearing (1), Light Sensation and Vision (1), Other Sensory Systems (1)	36

续表

Modules	List of Topics	Suggested Hours
3. Integration and Regulation	3.1　The Control and Regulation of Body Movement by The Nervous System: Structure and Control Model of Motor System (1), Reflexive Movements and Rhythmic Movements (1), Initiation and Control of Voluntary Movements (1), Regulation of Visceral Activity and Immune Function by the Nervous System (1) 3.2　Advanced Functions and Other Functions of the Nervous System: Cognitive Function of the Cerebral Cortex (1), PFC and Behavioral Decision Making (1), Emotions and Emotional Disorders (1), Learning and Memory (1), Instinctive Behavior (1) 3.3　Physiological Research Strategies and Techniques: Physiological Research Strategies (1), Common Techniques in Physiological Research (1), Physiological Research Strategies and Examples of Technological Applications (1)	12
Total		63

6. 微生物学

6.1 课程定位

微生物学向生物类专业学生传授微生物学的基本概念、知识及有关实验技能，是生物类专业本科生的必修专业基础课程。经过学习，课程学习者将对微生物世界具有良好的、全面的理解，并具备使用生物学的专业词汇与其他同行进行交流的能力，以及解决微生物学相关复杂问题的初步能力。微生物学是生命科学领域中一个十分活跃的分支科学，本课程在教学过程中，将在教授微生物学的经典、基础的观点、理论、概念的同时，向学习者介绍本领域中的最新的前沿进展。微生物学也是一门以实验为基础的科学，本课程在教学过程同时向学习者讲授与探讨必要的实验技能，以利学习者今后的进一步深造与研究。

6.2 课程目标

知识目标：通过学习微生物学基本原理与技术，使学生获得深厚的微生物学及相关学科基础理论、扎实的专业核心技能、领先的专业前沿知识。

能力目标：通过教学互动讨论与问题分析，能以微生物学的视角理解和分析本领域的现象，培育批判性思维、实践与创新能力；通过课程小组讨论，培育沟通协作与管理领导能力。

价值与素质目标：通过重大微生物学事件、人物的分析，培育追求真理的精神，树立创造未来的远大目标；树立胸怀天下、以增进全人类福祉为己任的价值观。

6.3 课程设计

课程内容组织与教学设计依据微生物学的基础构架及近几十年来迅猛发展的脉络展开，即以微生物学的历史发展、基础理论为基础，从微生物的基本结构、生理、代谢，再到微生物的分子基础、基因重组、免疫等微观层面，再加上微生物生态学、宏基因组学与微生物演化等宏观层面，以及微生物在医学、食品、农业、工业等领域的具体应用，全面地把握现代微生物学发展方向。课程内容精心编排了 7 个模块共 19 章的内容（如下图所示）。

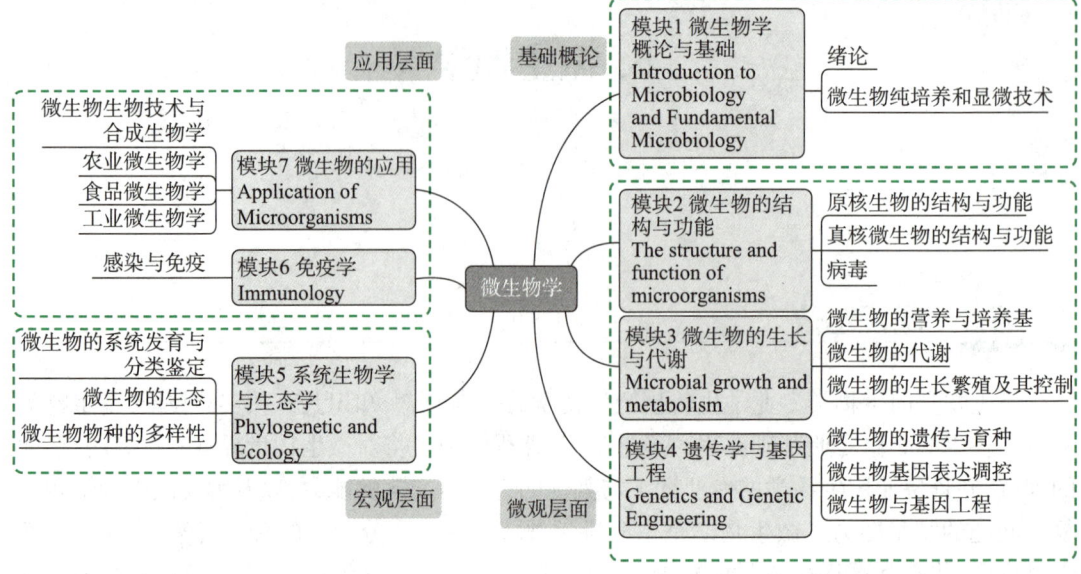

6.4 课程知识点

模块 1：微生物学概论与基础（Introduction to Microbiology and Fundamental Microbiology）

知识点	主要内容	能力目标	参考学时
绪论	1. 微生物与微生物学： 微生物、微生物学、微生物的特点 2. 微生物学的发展历程： 微生物的发现过程、巴斯德与微生物学奠基、科赫与微生物学奠基、微生物学的发展历程 3. 微生物学的未来： 微生物多样性、微生物组、基因工程菌的构建、微生物生物技术、合成生物学、微生物治理环境污染、新型传染病的防治	通过学习掌握： 1. 微生物与微生物学的定义 2. 微生物的特点 3. 微生物与人类的关系 4. 微生物学的发展历程与展望 通过重大微生物学事件、人物的分析，培育追求真理，树立创造未来的远大目标；及胸怀天下，以增进全人类福祉为己任	2
微生物纯培养和显微技术	1. 显微镜和显微技术： 光学显微镜的原理、显微观察样本的制备、明视野显微镜、暗视野显微镜、相差显微镜、荧光显微镜、共聚焦显微镜、超高分辨率显微镜、扫描电镜、透射电镜、扫描隧道显微镜、原子力显微镜、冷冻电镜	通过学习掌握： 1. 不同显微镜的基本原理及应用 2. 微生物的纯培养概念及无菌操作技术	2

续表

知识点	主要内容	能力目标	参考学时
微生物纯培养和显微技术	2. 微生物的分离培养和保藏： 无菌技术、微生物的分离培养、用固体培养基获得纯培养、用液体培养基获得纯培养、单细胞(孢子)分离、传代培养保藏、冷冻保藏、干燥保藏	3. 微生物分离培养技术与保藏技术	

模块 2：微生物的结构与功能（The Structure and Function of Microorganisms）

知识点	主要内容	能力目标	参考学时
原核生物的结构与功能	1. 原核细胞结构概述： 原核生物的显微形态、原核生物细胞的基本结构 2. 细胞膜： 细菌细胞膜的结构、古菌细胞膜的结构、细胞膜的功能 3. 细胞壁： 细菌细胞壁的结构、古菌细胞壁的结构、细胞壁的功能 4. 拟核与质粒： 拟核、质粒 5. 细胞表面结构与功能： 鞭毛、菌毛、性毛、糖被结构、菌鞘、菌柄 6. 细胞质与内含物： 70S 核糖体、RNA 聚合酶、内生芽胞、颗粒状内含物、气泡、羧酶体	通过学习掌握： 1. 原核细胞的常见形态及细胞分裂的必要性 2. 细菌与古菌的细胞膜结构的差异 3. 革兰氏染色与革兰氏阳性与阴性菌细胞壁结构的差异 4. 细菌鞭毛的结构与功能 5. 内生芽胞的结构及其形成机制和耐热机理	4
真核微生物的结构与功能	1. 真核微生物细胞的结构与功能： 细胞壁、细胞膜、细胞核、细胞质、细胞器、细胞表面附属物 2. 真核微生物的分化： 真菌的营养体和繁殖体、其他真核微生物的分化 3. 真核微生物的起源和分类： 真核微生物的起源、真核微生物的主要类群	通过学习掌握： 1. 真核微生物的概念 2. 真核微生物细胞的结构与功能 3. 真核微生物细胞与原核微生物细胞的区别 4. 真核微生物细胞的分化 5. 真核微生物的起源 6. 真核微生物的分子演化	2
病毒	1. 病毒的基本性质： 病毒的特性、病毒的结构、病毒的化学组成、病毒的分类与命名	通过学习掌握： 1. 病毒的形态及分类 2. 病毒增殖的过程及其特点	2

续表

知识点	主要内容	能力目标	参考学时
病毒	2. 病毒的复制： 病毒的复制周期、病毒入侵细胞、病毒的基因组复制和基因表达、病毒装配释放 3. 病毒感染宿主： 病毒感染类型、病毒与机体互作、病毒与肿瘤 4. 亚病毒因子： 卫星病毒、拟病毒、类病毒、朊病毒 5. 病毒举例： 噬菌体、植物病毒、昆虫病毒、动物与医学病毒 6. 病毒学方法： 病毒的培养、病毒的定量、病毒的检测、病毒的分离	3. 病毒的培养、纯化及其检测方法 4. 病毒的主要类群与人类实践 5. 亚病毒因子及其特性	

模块 3：微生物的生长与代谢（Microbial Growth and Metabolism）

知识点	主要内容	能力目标	参考学时
微生物的营养与培养基	1. 微生物的营养要求： 微生物细胞的化学组成、微生物所需的营养物质及其生理功能 2. 微生物的营养类型： 光能无机自养型、光能有机异养型、化能无机自养型、化能有机异养型 3. 营养物进入细胞的方式： 单纯扩散、促进扩散、主动运输、基团移位、膜泡运输 4. 培养基： 配制培养基的原则和方法、培养基的类型及其应用、未培养微生物的培养	通过学习掌握： 1. 微生物细胞的主要化学元素及存在形式 2. 微生物细胞运输物质的方式 3. 微生物的营养类型 4. 根据不同目的，如何为微生物的培养设计培养基	2
微生物的代谢	1. 微生物代谢概论： 生物能量学、催化与酶、电子供体、电子受体、电子载体、高能化合物 2. 微生物的能量代谢： 能量转化方式、化能异养、化能无机营养、光能营养 3. 微生物的合成代谢： CO_2 同化、糖异生、多糖合成、脂肪酸、脂肪合成、固氮反应、氨基酸合成、核苷酸合成 4. 微生物代谢的调节： 微生物调节代谢的方式、微生物次级代谢的多样性与调节、微生物代谢调控原理的应用	通过学习掌握： 1. 化学反应的热力学概念 2. 微生物的能量代谢和生物氧化类型 3. 微生物物质代谢的过程及代谢途径的特点 4. 几种常见微生物发酵途径及其在发酵工业中的应用 5. 理解初级代谢与次级代谢产物的特点与联系 6. 了解微生物代谢调控的方式及应用	4

续表

知识点	主要内容	能力目标	参考学时
微生物的生长繁殖及其控制	1. 微生物的个体生长： 细菌细胞的生长与分裂、酵母菌的个体生长与繁殖、丝状真菌的个体生长与繁殖 2. 微生物生长的测定： 微生物计数、微生物细胞质量测定、微生物生理指标测定 3. 微生物的群体生长： 同步生长、同步培养技术、微生物的生长曲线、连续培养、连续发酵 4. 理化因素对微生物生长的影响： 营养物质、水活度、温度、pH、氧气 5. 微生物生长繁殖的控制： 控制微生物生长繁殖的物理方法、控制微生物生长繁殖的化学方法	通过学习掌握： 1. 微生物个体生长与群体生长的概念 2. 微生物生长特性 3. 环境条件对微生物生长的影响 4. 如何分离和培养微生物 5. 如何控制和消灭有害微生物	2

模块 4：遗传学与基因工程（Genetics and Genetic Engineering）

知识点	主要内容	能力目标	参考学时
微生物的遗传与育种	1. 微生物的遗传物质和基因组： 遗传物质、细菌基因组、古菌基因组、真菌基因组、泛基因组、宏基因组 2. 突变及修复： 突变的类型、表型变化及分离、突变的机制、DNA损伤修复 3. 质粒和转座因子： 质粒的结构、质粒的复制、质粒的性质、转座因子的结构和类型、转座的效应 4. 原核微生物的基因水平转移和重组： 转化、接合转移、转导 5. 真核微生物的遗传特性： 酵母菌的接合型遗传、酵母菌的质粒、丝状真菌的有性生殖、丝状真菌的准性生殖 6. 微生物遗传育种： 诱变育种、基因重组育种、代谢工程育种	通过学习掌握： 1. 遗传的物质基础是DNA与RNA，它们的结构和复制，以及基因突变与修复 2. 微生物基因组特征 3. 微生物中基因的转移与重组 4. 现代微生物育种	4

续表

知识点	主要内容	能力目标	参考学时
微生物基因表达调控	1. 原核基因表达调控总论： 原核基因表达调控分类、原核基因表达调控的主要特点、操纵子学说 2. 负控诱导系统：乳糖操纵子 乳糖操纵子结构及其调节因子、*lac* 操纵子 DNA 的调控区、别乳糖和 *lac* 操纵子的阻遏蛋白 R、cAMP–CRP 结合蛋白的调节作用、*lac* 操纵子与基因克隆 3. 负控阻遏系统：色氨酸操纵子 *trp* 操纵子的阻遏系统、前导肽与 *trp* 操纵子的衰减作用、*trp* 操纵子的调控机制 4. 细菌中其他操纵子： 双启动子结构与半乳糖操纵子、AraC 与阿拉伯糖操纵子的正负调控作用、阻遏蛋白 LexA 与细菌中 SOS 反应、核糖体 RNA 及核糖体蛋白的多启动子调控 5. 转录水平上的其他调控方式： σ 因子的替代调节作用、H–NS 类组蛋白的调节作用、特异性转录调控因子的作用、抗转录终止因子的调节作用 6. 转录后水平的基因调控： 核糖开关控制的基因表达、CsrAB 调节系统系统与 mRNA 稳定性、核糖体蛋白对自身 mRNA 翻译的抑制作用、反义 RNA 的调节作用、稀有密码子对翻译的影响、重叠基因对翻译的影响、ppGpp 等警报素对翻译的影响 7. 噬菌体基因表达调控： λ 噬菌体溶源化和裂解途径的基因表达调控、调控蛋白及其结合位点、激活因子 λ CII 的调控作用、λ 噬菌体转录的抗终止作用 8. 古菌及真核基因表达调控： 真核及古菌基因表达的方式、真核及古菌基因表达的一般规律、反式作用因子的结构特点、顺式作用元件的组成及特点、非编码 RNA 的调控作用、表观遗传调控、其他调控方式 9. 细菌双组分调控系统： 双组分调控系统、NtrB–NtrC：氮同化控制、EnvZ–OmpR：外膜通透性控制、NarQ–NarP：无氧呼吸调控 10. 群体感应：细菌细胞 – 细胞信号传导系统 群体感应、群体感应信号分子、群体感应响应受体及调节器、高丝氨酸内酯 AHL 介导的群体感应调节、自诱导物 AI–2 介导的群体感应调节	通过学习掌握： 1. 原核基因表达调控的类型与特点 2. 原核生物的正负调控原理及操纵子理论 3. 转录水平的其他调控方式及转录后水平调控方式	4

续表

知识点	主要内容	能力目标	参考学时
微生物与基因工程	1. 微生物基因工程概述： 基因工程概念和定义、微生物与基因工程的关系 2. 微生物中的基因组学： 微生物基因组的结构和组成、基因组测序和比较基因组学、基因组分析、DNA 指纹图谱 3. 基因工程技术在微生物改造中的角色： 微生物基因工程技术的发展历程、基因工程在细菌改造中的发展与应用、基因工程在真菌改造中的发展与应用、微生物病原体的基因工程应用 4. 微生物改造中常用的基因工程技术： 基因敲除技术、基因过表达技术、基因敲减技术、基因编辑技术 5. 从天然微生物到工程菌株： 微生物表达系统的主要类别与特点、目的基因的获取、外源基因导入技术、目标菌株的筛选与鉴定、工业菌株在生物制造中的革新应用 6. 微生物和基因工程的伦理和法律问题： 基因工程的伦理考虑、微生物与人类健康的关系、知识产权和专利问题	通过学习掌握： 1. 基因工程的概念与原理 2. 基因工程技术的应用 3. 常用的基因工程技术 4. 基因工程应用中伦理与法律考量	4

模块 5：系统生物学与生态学（Phylogenetic and Ecology）

知识点	主要内容	能力目标	参考学时
微生物的系统发育与分类鉴定	1. 通用的生物分类单元： 分类单元及其等级、生物种的概念、分类单元的命名 2. 微生物的系统发育学： 进化计时器的选择、rRNA 基因作为生物进化的计时器、系统发育分析、生物的界级分类学说、三域理论及其发展 3. 原核生物的分类： 原核微生物分类的主要依据、原核微生物分类系统、伯杰氏手册 4. 真菌的分类： 真菌分类的主要依据、真菌主要分类系统、真菌界及主要类群 5. 微生物系统学的研究内容与方法： 表型特征、化学组分分析、分子分类、基因组系统发育分析	通过学习掌握： 1. 生命演化的分子钟 2. 生命的三域系统 3. 微生物分类学的等级 4. 微生物鉴定的常用技术	2

续表

知识点	主要内容	能力目标	参考学时
微生物的系统发育与分类鉴定	6. 微生物的快速鉴定与分析技术： 生理生化鉴定系统、快速自动化的微生物检测仪器与设备、生物信息学在微生物系统学中的应用		
微生物的生态	1. 微生物生态学基础： 微生物生态学范畴、微生物生态的进化学基础、生态位理论、竞争、生物被膜、微生物的扩散 2. 不同生境的微生物： 陆地微生物、海洋微生物、淡水微生物、大气微生物、极端环境微生物、与其他生物互作的微生物 3. 微生物与生物地球化学循环： 碳循环、氮循环、磷循环、硫循环、铁循环 4. 环境污染物的微生物降解与修复： 难降解有机污染物的生物降解、污水生物处理、污染环境的生物修复 5. 微生物的生态学研究方法： 培养组学、微生物组学、自然界微生物活动的检测	通过学习掌握： 1. 微生物生态学的理论基础 2. 陆地、水、空气和极端环境中微生物的一般特征 3. 微生物与生物环境的相互作用规律 4. 微生物在碳、氮、磷、硫、铁的生物地球化学循环中的作用 5. 污水厌氧和好氧生物处理的基本原理和方法 6. 生物降解与生物修复	2
微生物物种的多样性	1. 细菌的多样性： 变形菌门、蓝细菌门、厚壁菌门、软壁菌门、放线菌门、拟杆菌门、衣原体门、浮霉菌门、疣微菌门、超级嗜热菌（热袍菌门、热脱硫杆菌门和产液菌门） 2. 古菌的多样性： 广古菌门、奇古菌门、隐秘古菌门类、泉古菌门、阿斯加德古菌 3. 真核微生物的多样性： 真核微生物的细胞器和系统发育、原生生物、真菌、原始色素体生物	通过学习掌握： 1. 不同细菌和古菌门类的特点 2. 真核微生物的系统发育 3. 不同真核微生物门类的特点	2

模块 6：免疫学（Immunology）

知识点	主要内容	能力目标	参考学时
感染与免疫	1. 感染的一般概念： 宿主的正常微生物群落与病原微生物、感染性疾病的病因学、感染性疾病的发病模式和分类、感染性疾病的传播、流行病学的基本概念 2. 微生物的致病性和作用机制： 病原微生物入侵宿主的途径、细菌的毒力因子和感染特性、病毒的感染特性、真菌和原生生物的感染特性	通过学习掌握： 1. 传染与传染病的基本概念 2. 免疫系统的组成及功能 3. 非特异性免疫的作用及特点	2

续表

知识点	主要内容	能力目标	参考学时
感染与免疫	3. 天然免疫：宿主的非特异性防御机制 生理屏障、体液中的抗微生物物质、天然免疫细胞、吞噬作用对入侵者的清除、炎症 4. 适应性免疫：宿主的特异性防御机制 适应性免疫的一般概念、适应性免疫依赖于对异物的识别和记忆、B 细胞介导的体液免疫、T 细胞介导的细胞免疫 5. 免疫学的实际应用： 疫苗、抗体、免疫学技术的其他应用 6. 抗微生物药物： 抗微生物药物的发展历史、抗微生物药物的主要作用机制、微生物耐药性的产生机制	4. 特异性免疫的类型及作用 5. 免疫学技术的发展及应用	

模块 7：微生物的应用（Application of Microorganisms）

知识点	主要内容	能力目标	参考学时
微生物生物技术与合成生物学	1. 概述： 生物系统的层级结构、生物元器件、遗传线路、合成生物学的研究流程 2. 组装 DNA 片段： 标准化组装、聚合酶循环组装 PCA、Gibson 组装、RedET 重组组装、细胞内组装 3. 合成微生物基因组： 合成噬菌体和病毒基因组、合成细菌基因组、合成酵母基因组 4. 合成生物学的应用： 微生物细胞工厂、活体微生物药物、物理信息存储	通过学习掌握： 1. 合成生物学的研究流程 2. 组装 DNA 片段的技术方法 3. 合成微生物基因组的特点	2
农业微生物学	1. 农业微生物群落结构与功能： 农田植物根际微生物群落结构与功能、养殖动物肠道微生物群落结构与功能、农田污染生境微生物群落结构与功能 2. 农业微生物群落调控策略： 植物根际微生物群落调控策略、养殖动物微生物群落调控策略 3. 微生物肥料： 根瘤菌肥料、固氮菌肥料、解磷菌肥料、菌根菌肥料、土壤有机质改良菌肥料、铁载体产生菌肥料、根际微生物功能强化肥料	通过学习掌握： 1. 微生物肥料的概念 2. 农业上常见微生物肥料种类 3. 微生物在农药和饲料中的应用	2

续表

知识点	主要内容	能力目标	参考学时
农业微生物学	4. 微生物农药： 微生物杀虫剂、微生物杀菌剂、微生物除草剂 5. 微生物饲料： 单细胞蛋白质饲料、青贮饲料、发酵饲料、动物肠道微生态制剂 6. 农田污染治理微生物制剂： 农田重金属污染治理微生物制剂、农田有机污染物治理微生物制剂		
食品微生物学	1. 微生物生长与食品腐败： 食品微生物的分类和作用、各类食品的腐败变质、细菌性食物中毒、真菌毒素中毒、病毒对食品安全性的影响 2. 食品腐败控制与保存： 影响微生物生长的食品内外因素、化学和生物控制法保存食品、物理方法保存食品、栅栏理论在食品防腐保鲜上的应用 3. 食源性致病微生物的检测： 微生物数量的快速检测、基因芯片应用于致病微生物的检测、PCR 检测技术、预测微生物 / 细菌模型 4. 微生物与食品工业： 发酵产品及生产工艺、食用菌分类与生产、食品微生物质量与安全的指示菌	通过学习掌握： 1. 食品微生物的分类 2. 降低食品中微生物污染的方法 3. 食源性致病微生物的传统和快速检测 4. 生产型食品微生物的作用。	2
工业微生物学	1. 工业微生物学概述： 工业微生物学的发展、重要的工业微生物种类 2. 微生物与现代发酵工业： 微生物生产有机酸、微生物生产氨基酸、微生物生产酶制剂 3. 微生物与医药： 微生物生产抗生素、微生物生产甾体类药物 4. 微生物与生物能源： 燃料乙醇、生物制氢、沼气发酵、微生物燃料电池	通过学习掌握： 1. 工业微生物的发展现状 2. 微生物发酵的发展历程及其特点 3. 发酵工艺及产物分离 4. 主要发酵产品及其发酵生产方式	2

6.5 课程英文摘要

1. Introduction

Microorganisms are the most diversified and interesting to study, and Microbiology is one of the most active and promising field in life sciences. The objective of this course is to understand the most classical and basic ideas, theories, concepts and experimental skills in microbiology to biology–related major students. After this semester, the students should be able to develop a sound understanding of and a good appreciation for the microbiological world, and get the ability to think and communicate in molecular and cellular terms. Learning to learn and Critical thinking are also the objectives of this course.

2．Goals

(1) Understand the classical and basic ideas, theories, and concepts and experimental skills in microbiology.

(2) Develop a sound understanding of and a good appreciation for the microbiological world.

(3) Learning to learn and critical thinking.

3．Covered Topics

Modules	List of Topics	Suggested Hours
Introduction to Microbiology and Fundamental Microbiology	Introduction to Microbiology Microbial Pure Culture and Microscopic Technics	4
The structure and function of microorganisms	The structure and function of prokaryotes The structure and function of eukaryotes The structure and function of virus	8
Microbial growth and metabolism	Microbial nutrition and culture medium Metabolism of microorganisms The growth of microorganisms and their control	8
Genetics and Genetic Engineering	Genetics and Breeding of Microorganisms Microbial gene expression regulation Microbial Genetic Engineering	12
Phylogenetic and Ecology	Phylogenetic and taxonomic identification of microorganisms The ecology of microorganisms Diversity of microbial species	6
Immunology	Infections and immunity	2
Application of Microorganisms	Microbial Biotechnology and Synthetic Biology Agricultural Microbiology Food Microbiology Industrial Microbiology	8
Total		48

7. 神经生物学

7.1　课程定位

神经生物学导论为学生提供神经科学领域的初步认识和基础知识。本课程旨在引导学生深入了解神经系统的结构、功能以及相关的生理和生化过程，为学生打开神经科学的大门，培养科学思维和系统观。通过系统性的学习，使学生从微观到宏观层面深入了解神经系统的结构、功能和调控机制，培养学生分析和解决神经科学问题的能力。这门课程不仅仅是关于神经生物学基础知识的传授，更侧重于神经科学的实际应用及研究方法，激发学生对神经科学的兴趣和探索精神。

7.2　课程目标

通过课程学习，促进学生深入理解神经系统的结构和功能，了解神经系统的各个层级的精密调控和协调作用，进一步理解神经系统在生理和行为中的作用，了解不同的神经系统相关疾病，了解神经生物学基本研究方法。培养学生全面理解神经系统对生命活动的影响，并为未来深入研究和创新奠定坚实基础。

7.3　课程设计

课程从结构到功能层面完整地介绍神经系统相关内容。课程从神经系统结构开始；讲解神经系统基本元件——神经元与突触、神经电传导、神经化学传递、胶质细胞、自主神经系统、神经内分泌、神经免疫；进一步讲解神经系统发育和再生，了解神经诱导与命运决定，理解轴突导向与树突发育，理解突触发育与可塑性，理解大脑皮层发育，理解髓鞘形成和再生；然后讲解神经系统基本功能，强调视觉听觉，介绍化学感受器、躯体感觉系统以及运动系统，理解睡眠稳态与昼夜节律，学习与记忆，情绪和情感，奖赏与成瘾相关机制，理解先天行为；在此基础上，进一步讲解神经系统高级功能和应用，介绍感知觉、注意与决策的神经生物学基础及高级认知的神经生物学基础，介绍疾病的神经生物学，计算神经生物学/人工智能，初步了解神经生物学研究方法，从而为学生今后深入学习神经生物学打下基础。

本课程包含了4个知识模块，主要模块之间的关系如下图所示。

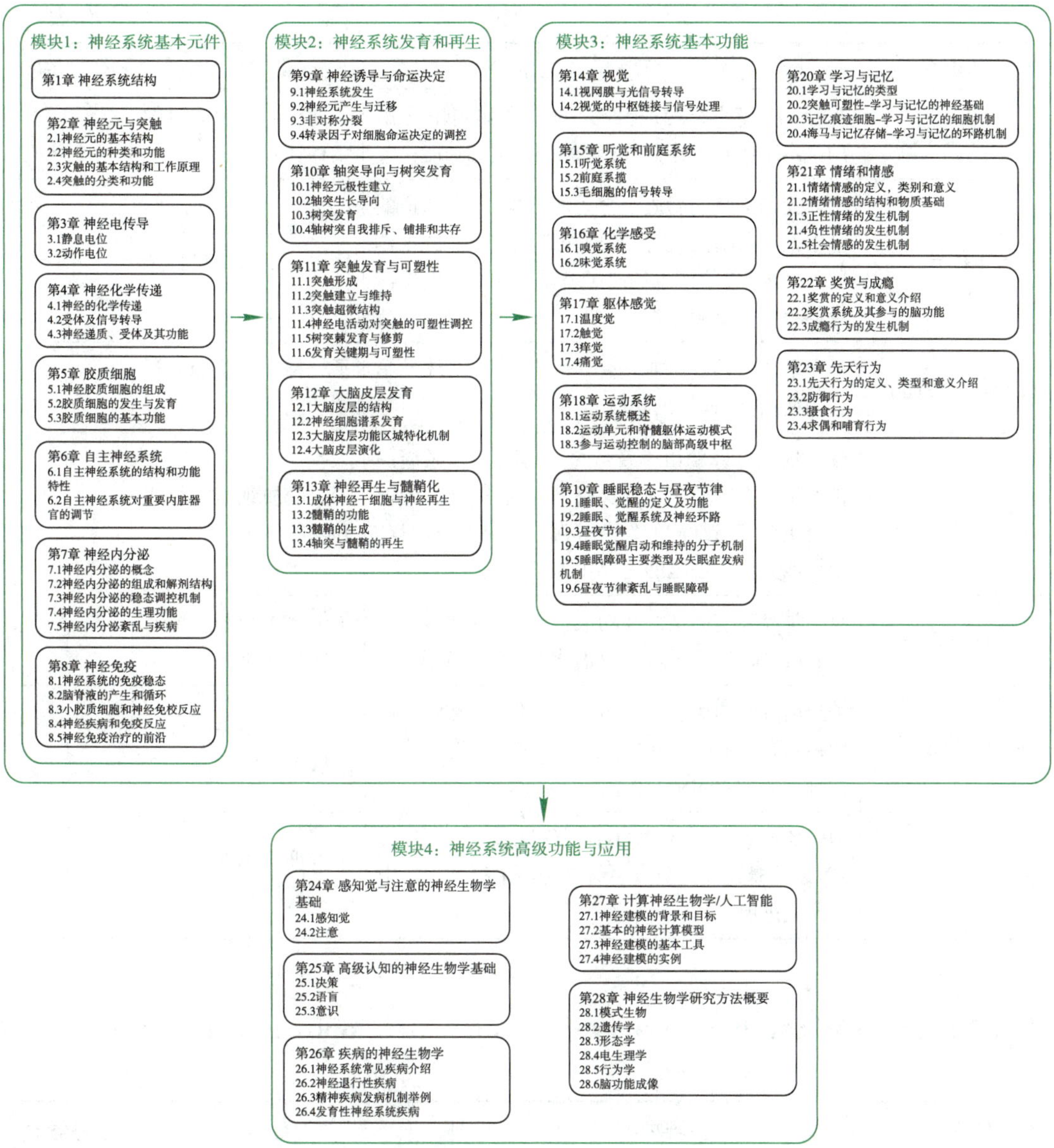

模块1：神经系统基本元件

第1章 神经系统结构

第2章 神经元与突触
2.1神经元的基本结构
2.2神经元的种类和功能
2.3突触的基本结构和工作原理
2.4突触的分类和功能

第3章 神经电传导
3.1静息电位
3.2动作电位

第4章 神经化学传递
4.1神经的化学传递
4.2受体与信号转导
4.3神经递质、受体及其功能

第5章 胶质细胞
5.1神经胶质细胞的组成
5.2胶质细胞的发生与发育
5.3胶质细胞的基本功能

第6章 自主神经系统
6.1自主神经系统的结构和功能特性
6.2自主神经系统对重要内脏器官的调节

第7章 神经内分泌
7.1神经内分泌的概念
7.2神经内分泌的组成和解剖结构
7.3神经内分泌的稳态调控机制
7.4神经内分泌的生理功能
7.5神经内分泌紊乱与疾病

第8章 神经免疫
8.1神经系统的免疫稳态
8.2脑脊液的产生和循环
8.3小胶质细胞和神经免疫反应
8.4神经疾病和免疫反应
8.5神经免疫治疗的前沿

模块2：神经系统发育和再生

第9章 神经诱导与命运决定
9.1神经系统发生
9.2神经元产生与迁移
9.3非对称分裂
9.4转录因子对细胞命运决定的调控

第10章 轴突导向与树突发育
10.1神经元极性建立
10.2轴突生长导向
10.3树突发育
10.4轴树突自我排斥、铺排和共存

第11章 突触发育与可塑性
11.1突触形成
11.2突触建立与维持
11.3突触超微结构
11.4神经电活动对突触的可塑性调控
11.5树突棘发育与修剪
11.6发育关键期与可塑性

第12章 大脑皮层发育
12.1大脑皮层的结构
12.2神经细胞谱系发育
12.3大脑皮层功能区域特化机制
12.4大脑皮层演化

第13章 神经再生与髓鞘化
13.1成体神经干细胞与神经再生
13.2髓鞘的功能
13.3髓鞘的生成
13.4轴突与髓鞘的再生

模块3：神经系统基本功能

第14章 视觉
14.1视网膜与光信号转导
14.2视觉的中枢链接与信号处理

第15章 听觉和前庭系统
15.1听觉系统
15.2前庭系统
15.3毛细胞的信号转导

第16章 化学感受
16.1嗅觉系统
16.2味觉系统

第17章 躯体感觉
17.1温度觉
17.2触觉
17.3痒觉
17.4痛觉

第18章 运动系统
18.1运动系统概述
18.2运动单元和脊髓躯体运动模式
18.3参与运动控制的脑部高级中枢

第19章 睡眠稳态与昼夜节律
19.1睡眠、觉醒的定义及功能
19.2睡眠、觉醒系统及神经环路
19.3昼夜节律
19.4睡眠觉醒启动和维持的分子机制
19.5睡眠障碍主要类型及失眠症发病机制
19.6昼夜节律紊乱与睡眠障碍

第20章 学习与记忆
20.1学习与记忆的类型
20.2突触可塑性-学习与记忆的神经基础
20.3记忆痕迹细胞-学习与记忆的细胞机制
20.4海马与记忆存储-学习与记忆的环路机制

第21章 情绪和情感
21.1情绪情感的定义、类别和意义
21.2情绪情感的结构和物质基础
21.3正性情绪的发生机制
21.4负性情绪的发生机制
21.5社会情感的发生机制

第22章 奖赏与成瘾
22.1奖赏的定义和意义介绍
22.2奖赏系统及其参与的脑功能
22.3成瘾行为的发生机制

第23章 先天行为
23.1先天行为的定义、类型和意义介绍
23.2防御行为
23.3摄食行为
23.4求偶和哺育行为

模块4：神经系统高级功能与应用

第24章 感知觉与注意的神经生物学基础
24.1感知觉
24.2注意

第25章 高级认知的神经生物学基础
25.1决策
25.2语言
25.3意识

第26章 疾病的神经生物学
26.1神经系统常见疾病介绍
26.2神经退行性疾病
26.3精神疾病发病机制举例
26.4发育性神经系统疾病

第27章 计算神经生物学/人工智能
27.1神经建模的背景和目标
27.2基本的神经计算模型
27.3神经建模的基本工具
27.4神经建模的实例

第28章 神经生物学研究方法概要
28.1模式生物
28.2遗传学
28.3形态学
28.4电生理学
28.5行为学
28.6脑功能成像

7.4 课程知识点

模块 1：神经系统基本元件（Basic Components of the Nervous System）

知识点	主要内容	能力目标	参考学时
神经系统结构	整体介绍神经系统结构	初步了解神经系统的各个层级	1

知识点	主要内容	能力目标	参考学时
神经元与突触	神经元的基本结构;神经元的种类和功能;突触的基本结构和工作原理;突触的分类和功能	了解神经元及突触的结构和功能	2
神经电传导	神经元细胞膜的脂质双分子层结构;离子通道的基本概念和功能;静息膜电位形成和维持的工作原理;动作电位产生的离子基础以及动作电位传导的特性与影响因素	了解静息电位和动作电位的形成过程及原理	1
神经化学传递	神经的化学传递;神经递质和神经肽;受体及第二信使;神经递质的功能	了解神经递质的种类和功能	1
胶质细胞	胶质细胞名称的由来及数量、占比;中枢及周围神经系统中胶质细胞分类及其生物学特性;中枢四类主要胶质细胞的发育起源及细胞发育历程;中枢四类胶质细胞的主要生物学功能	了解胶质细胞的组成和功能	1
自主神经系统	自主神经系统的结构和功能特性;自主神经系统对心脏、血管、呼吸道以及消化器官的调节作用	了解自主神经系统的组成和功能	1
神经内分泌	神经内分泌的概念;神经内分泌的组成和解剖结构;神经内分泌的稳态调控机制;神经内分泌的生理功能;神经内分泌紊乱与疾病	初步了解神经内分泌的概念	1
神经免疫	神经免疫系统的组成(小胶质细胞和天然免疫屏障)以及概述神经免疫系统在神经退行性疾病中的研究进展	了解神经免疫参与的细胞和过程	1

模块 2：神经系统发育和再生（Nervous System Development and Regeneration）

知识点	主要内容	能力目标	参考学时
神经诱导与命运决定	神经系统发生;神经元产生与迁移;非对称分裂;转录因子对细胞命运决定的调控	了解神经系统发生过程,细胞命运决定的调控因素	2
轴突导向与树突发育	神经元极性建立;轴突生长导向;树突发育;轴树突自我排斥、铺排和共存	了解神经元极性及轴突导向,轴突树突差异	1
突触发育与可塑性	突触类型和形成的基本过程;介绍突触发育与维持的步骤和调控机制;突触的微观结构特性;突触可塑性的规则、功能意义和分子细胞机制;树突棘发育与修剪;发育关键期与可塑性	了解神经信息加工与存储关键单元——化学突触的形成和改变的特性和机理	2

续表

知识点	主要内容	能力目标	参考学时
大脑皮层发育	大脑皮层的结构；神经细胞谱系发育；大脑皮层功能区域特化机制；大脑皮层演化	了解大脑皮层的基本结构和细胞组成，大脑皮层结构和功能发育组装的分子和细胞调控机制	2
髓鞘的形成和再生	髓鞘的功能；髓鞘的生成；髓鞘的再生	了解髓鞘的功能，形成机制，以及在成体或损伤情况下的再生	1

模块 3：神经系统基本功能（Basic Functions of The Nervous System）

知识点	主要内容	能力目标	参考学时
视觉	视网膜与光信号转导；视觉的中枢链接与信号处理	了解从视网膜到视觉中枢的视觉环路结构，及光信号在视觉环路中的转导和处理	1
听觉和前庭系统	听觉系统；前庭系统；毛细胞的信号转导	了解听觉系统、前庭系统的解剖和组织结构，及其感受声音和平衡的分子和细胞机制	1
化学感受	嗅觉系统组织结构及嗅觉信息编码与信息处理概况；嗅上皮与嗅觉感受神经元（ORN）；嗅觉编码的先天性及可塑性；味觉系统的组织结构及味觉信息从味觉细胞到味觉皮层的传递概况；味觉感受与味觉受体；味觉信号的神经编码与传递的模式；机体内部状态对味觉感受的调控	了解感受外界化学分子的嗅觉以及味觉的结构特征，功能特性以及与机体之间的关联	2
躯体感觉	人和哺乳动物躯体如何感知环境温度的变化，机体感知非伤害性冷热刺激的关键离子通道和细胞水平的信号转导机制；哺乳动物躯体如何感知非伤害性机械刺激产生触觉及其生理意义，从分子－细胞－神经环路不同尺度介绍皮肤接受触觉刺激到大脑感知的工作原理；痒的基本概念和研究历史，痒的进化意义，躯体介导痒和感受痒的神经机制；疼痛的生理意义及其产生的神经机制	了解躯体感知非伤害性和伤害性刺激产生温度觉、触觉、痒觉和痛觉的神经机制，及其对生命体健康和生存的意义	1

续表

知识点	主要内容	能力目标	参考学时
运动系统	运动系统概述；运动单元和脊髓躯体运动模式；参与运动控制的脑部高级中枢	从脊髓、脑干、运动皮层等层面掌握控制运动的基本神经生物学原理	1
睡眠稳态与昼夜节律	睡眠、觉醒的定义及功能；睡眠、觉醒系统及神经环路；昼夜节律；睡眠觉醒启动和维持的分子机制；睡眠障碍的主要类型及失眠症发病机制；昼夜节律紊乱与睡眠障碍	了解睡眠、觉醒及昼夜节律的主要功能和神经环路，内稳态及昼夜节律调控睡眠觉醒的分子机制	1
学习与记忆	学习与记忆的类型；突触可塑性——学习与记忆的神经基础；记忆痕迹细胞——学习与记忆的细胞机制；海马与记忆存储——学习与记忆的环路机制	了解学习与记忆的基本类型，以及突触可塑性、大脑记忆痕迹等学习与记忆的神经机制	1
情绪和情感	情绪和情感的定义、类别和意义；情绪情感的结构和物质基础；正性情绪的发生机制；负性情绪的发生机制；社会情感的发生机制	了解情绪和情感的定义、类别、功能意义及常见情绪和情感产生的脑机制（包括主要脑区、神经递质、神经环路等）	1
奖赏与成瘾	奖赏的定义和意义介绍；奖赏系统及其参与的脑功能：正性情绪、相关性学习等；成瘾行为的发生机制	了解奖赏系统的组成、生理和生物学意义，以及奖赏系统紊乱导致的主要神经精神疾病，特别是成瘾性疾病的病理和干预治疗展望	1
先天行为	先天行为的定义、类型和意义介绍；防御行为；摄食行为；求偶和哺育行为	了解先天行为的基本概念，先天行为的神经环路机制	1

模块 4：神经系统高级功能与应用（Advanced Functions and Applications in Nervous System）

知识点	主要内容	能力目标	参考学时
感知觉、注意与决策的神经生物学基础	人类大脑如何对感觉输入进行分析、加工和解释，以及感知系统的可塑性；介绍注意的概念和研究范式、理论模型、不同类型注意的神经机制、注意应用研究等内容	了解感知觉和注意的概念和研究范式	1

续表

知识点	主要内容	能力目标	参考学时
高级认知的神经生物学基础	介绍目标导向性决策的神经生物学基础，包括大脑如何对决策相关价值的表征、比较、更新，从而产生灵活合理的决策选择；介绍人类大脑如何加工语言，如何从音与形的表层及其组织结构信息实现对意义的理解和表达交流，及语言演化的相关认知神经基础；介绍意识的理论，知觉意识的神经对应物，自我意识，及基于神经活动对意识状态的检测	了解决策的神经生物学基础，大脑如何加工语言，意识的理论	1
疾病的神经生物学	神经系统常见疾病介绍：聚焦中枢神经系统，常见类型（如神经退行性疾病、精神疾病、神经发育性疾病、癫痫、创伤、感染等）；神经退行性疾病；精神疾病发病机制举例：抑郁症、强迫症等；发育性神经系统疾病：孤独症、瑞特综合征等	了解神经退行性疾病、精神疾病与发育性神经系统疾病这三大类神经系统疾病的病因学、致病机制以及干预治疗方法	1
计算神经生物学/人工智能	神经建模的背景和目标；基本的神经计算模型；神经建模的基本工具；神经建模的实例	了解计算神经生物学的基础知识，包括神经元、突触和网络层次的经典模型，以及神经建模的基本工具	1
神经生物学研究方法概要	模式生物（线虫、果蝇、海兔、啮齿类、非人灵长类等）；遗传学（含瞬时基因操作）；形态学［传统形态学、光学成像（超分辨、活体）、电镜］；电生理学（离子通道、原代神经元、脑片、在体记录、多电极）；行为学（标准行为学实验、丰富环境、自然场景下观察）；脑功能成像（fMRI，PET等）	了解现代神经生物学研究中常用的模式动物、研究技术和方法	1

7.5 课程英文摘要

1. Introduction

"Introduction to Neurobiology" is a core course designed to provide undergraduate students with a preliminary understanding and foundational knowledge in the field of neuroscience. This course aims to guide students in gaining a deeper understanding of the structure, function, as well as the physiological and biochemical processes related to the nervous system. It opens the door to the field of neuroscience, fostering scientific thinking and a systemic perspective. Through systematic learning, students will gain in-depth knowledge of the structure, function, and regulatory mechanisms of the nervous system at both the microscopic and macroscopic levels, cultivating their ability to analyze and solve neuroscience problems. This course not only focuses on teaching fundamental knowledge in neurobiology but also emphasizes the practical applications and research methods in neuroscience, inspiring students' interest and spirit of exploration in the field.

2. Goals

Through the study of this course, students will be encouraged to gain a deep understanding of the structure and function of the nervous system. They will learn about the precise regulation and coordination of different levels within the nervous system, further comprehending the role of the nervous system in physiology and behavior. Students will also acquire knowledge about various neurological disorders and learn about basic research methods in neurobiology. This course aims to cultivate a comprehensive understanding of the impact of the nervous system on life processes and lay a solid foundation for future in-depth research and innovation.

3. Covered topics

Modules	List of topics	Suggested hours
1. Basic components of the nervous system	Nervous system structure (1) Neurons and synapses (2) Nerve conduction (1) Chemical transmission (1) glia cell (1) autonomic nervous system (1) neuroendocrinology (1) neuro immune (1)	8
2. Nervous system development and regeneration	Neural induction and fate determination (2) Axonal orientation and dendrite development (1) Synaptic development and plasticity (2) Cerebral cortex development (2) Nerve regeneration and neural stem cells (1) Myelin formation and regeneration (1)	9
3. Basic functions of the nervous system	Vision (1) Auditory and vestibular systems (1) Chemoreception (2) somatic sensation (1) motor system (1) Sleep homeostasis and circadian rhythm (1) Learning and Memory (1) emotion and feeling (1) Reward and addiction (1) innate behavior (1)	11
4. Advanced functions and applications in nervous system	The neurobiological basis of perception, attention, and decision making (1) The neurobiological basis of higher cognition (1) The neurobiology of disease (1) Computational neurobiology/Artificial Intelligence (1) Summary of neurobiological research methods (1)	5
Total		33

8. 生物物理学

8.1 课程定位

生物物理学是一门用物理学的原理和方法去研究生物大分子的结构与功能、理解生物问题和规律、阐释生命现象的一门交叉学科。本课程是一门面向生物学背景高年级本科生和低年级研究生的选修课,兼顾物理、化学和数学背景对生物学感兴趣的学生。课程主要内容包括五大部分,分别为生物物理基础、分子生物物理、细胞生物物理、定量生物学导论、生物物理研究的实验方法。课程注重理论知识的讲解,使学生通过课程学习形成完备的生物物理知识体系,又能引导和激发学生主动思考和学习生物物理的热情。

8.2 课程目标

使学生深入了解生物学和物理学之间的交叉领域,培养学生在理解和解释生物学现象时运用物理学原理、化学原理或者数学模型的能力,从而更好地理解和研究生物系统中的物理学、化学和数学特性和规律,同时培养学生跨学科思维的能力,学会整合生物学、物理学、数学或化学的知识,或者与其他领域的科学家和研究者合作解决生物学问题的能力,为学生今后深入学习生物物理学奠定科学思维基础。

8.3 课程设计

课程讲解由浅入深,从分子、细胞再到机体系统,层层递进,注重结合具体案例,旨在使学生全面了解生物物理学学科涉及的所有知识点。课程包括五大部分共 25 章。第一部分为生物物理基础,主要介绍生物物理学基础概念,共 2 章,生物现象中的物理学、生物物理学中的物理和化学。通过本部分学习,使学生初步建立对生物物理学基础概念的理解,激发学生的兴趣,为深入研究生物学和物理学、化学之间的关系打下基础。第二部分为分子生物物理,是全书的重点,侧重于介绍分子层面上的生物物理学概念和研究方法,内容包括生物大分子的静态结构、动态行为,以及对外界物理信号的应答。第二部分共 10 章,生物大分子的结构、生物大分子晶体学导论、核磁共振波谱学导论、电子显微镜学导论、生物大分子折叠、生物大分子的结构预测和模拟、生物大分子互作与识别、生物大分子相分离、生物大分子的力学、生物大分子的电磁学。通过本部分学习,学生将更深入了解生物分子的物理学特性,为后续的学习和研究奠定基础。第三部分为细胞生物物理,主要介绍细胞层面上的生物物理学概念和研究方法,共 4 章,细胞运动与组织、细胞骨架、细胞膜、细胞区室化。通过本部分学习,学生将深入了解细胞层面上的生物物理学现象,为理解生物系统的复杂性和探索相关疾病的机制奠定基础。第四部分为定量生物学导论,主要介绍定量生物学的基本概念和研究方法,共 5 章,定量模型、基本生物过程的数学模型、生物网络的动力学模型、复杂生物网络、生命系统特征的定量理解。通过本部分学习,学生将更好地从定量的角度理解生命有机体和系统,为进一步学习定量方法和应用于生物学研究中的技能打下基础。最后,第五部分为生物物理研究的实验方法,讲解物理方法在解决生物学问题中的原理。共 7 章,分别为光散射技术、晶体衍射技术、吸收和发射光谱、磁共振波谱、显微成像、单分子的分析方法、质谱方法。通过本部分学习,学生将对生物物理学实验方法有一个全面系统的了解,为今后深入参与生物物理学研究提供基础。

本课程包含 5 个知识模块,主要模块之间的关系如下图所示。

模块5: 生物物理研究的实验方法

5.1 光成像技术
- 光的成像
- 静态光散射
- 动态光散射
- 小角散射

5.2 晶体的衍射结构和晶胞
- 对称条件
- 对称矩阵
- 晶体的点阵和群
- 晶体点阵的倒易格子和晶体空间群
- 晶体在倒易格点的衍射方向
- 晶体生长与生长机理
- 数据收集
- 微观原理
- 结构修正
- 蛋白质晶体学的验证和评估

5.3 谱学技术及其发展与应用
- 结构解析和应用
- 光谱收发X光谱
- 紫外—可见光谱
- 三色光谱
- 圆二色谱
- 荧光光谱
- 核磁共振波谱

5.4 能谱技术
- 电子自旋共振波谱学
- 光学显微学

5.5 成像技术
- 显微成像的应用和基本原理
- 冷冻透射电子显微镜

5.6 X射线/分子技术
- 单分子光操纵技术
- 单分子测量

5.7 原理
- 原理的基本应用
- 原理方法在结构生物学中的工作应用
- 原理方法在结构生物学中相应问题的解决方法
- 原理方法在结构生物学中生物学中的应用

模块2: 分子生物物理

2.1 生物大分子的结构
- 蛋白质结构
- DNA结构
- RNA结构
- 生物大分子复合体结构

2.2 生物大分子研究
- 晶体的X射线衍射
- X射线结构解析的几何解释
- 空间频率概念及几何倒易格点方法样
- 劳厄衍射的几何解释
- 斜入射色(对法的区别)
- 多尺度
- 蛋白质晶体学在结构研究中的应用

2.3 谱学技术
- 核磁共振技术与理论
- 核磁共振波谱
- 自旋电子衰变
- 核磁共振结构学
- 核磁共振在结构生物学研究中的应用

2.4 电子显微学
- 透射电子显微镜的基本光学原理和像对形成理论
- 三维重构的基本原理:中心截面定理、分辨率、基本算法
- 冷冻电镜技术的发展史

2.5 生物大分子折叠
- 蛋白质折叠和天然无序蛋白
- RNA的折叠
- 生物大分子的结构预测和模拟

2.6 蛋白质预测
- 蛋白质结构预测
- 蛋白质的功能、蛋白质与生物分子和其作用

2.7 蛋白质在分子识别中的本质
- 蛋白质-核酸相互作用
- 蛋白质—蛋白质作用识别
- 蛋白一核酸相互作用与识别

2.8 生物大分子的标识别
- 生物大分子的动态修饰与识别
- 生物大分子互相作用的检测技术
- 生物大分子行为研究
- 生物大分子天然组装
- 生物中的"RT"
- 生物大分子组分的分子学特性质
- 生物大分子的物理化学性质
- 分子溶液构象的理学性质

2.9 生物大分子的力学特性
- 生物大分子力的产生
- 生物大分子相互作用的力学能学
- 物理量变体

2.10 生物分子的电磁学
- 生物大分子产生电
- 生物大分子感应电
- 生物大分子对电场的调控
- 生物大分子对磁场的测定
- 生物大分子对光的吸收与感应

模块3: 细胞生物物理

3.1 细胞运动与组织
- 分子马达的结构和运动
- 单细胞迁移
- 细胞组织正常
- 组织形成的生物力学基础

3.2 细胞骨架
- 细胞骨架的结构
- 细胞骨架的组装
- 细胞骨架力学

3.3 细胞膜
- 膜的构造
- 膜的结构
- 膜的动态变化

3.4 细胞区分生物
- 细胞器的研究历史
- 细胞核

内质网
高尔基体
线粒体
叶绿体
溶酶体
液泡
无膜细胞器
细胞器之间的相互作用

模块4: 定量生物学导论

4.1 定量模型
- 定量模型的必要性
- 定量模型的简单案例

4.2 基本生命过程的数学概述
- 酶促反应动力学
- 转录翻译过程网络的定量描述
- 复杂生物网络的特征
- 单细胞中圆相比的定量测画
- 生物网络的动力学模型

4.3 生物网络
- 网络的基本知识和拓阵表征
- 基因调控网络
- 基因调控网络
- 代谢网络

4.4 关联生物网络
- 转录调控
- 信号与转导调控
- 正反馈
- 负反馈

4.5 生命系统存在的定量原理解
- 运动平衡态的生命系统
- 鲁棒性
- 自组织性
- 优化原理和设计原理

模块1: 生物物理基础

1.1 生物现象中的物理学
- 生物现象中的涨落与有序性
- 生物体中不同尺度的物质运输
- 生物体中的周期性
- 生物中的力
- 生物中的热
- 生物中的电
- 生物中的光学现象
- 生物中的温度

1.2 生物物理学中的物理和化学
- 能量与力
- 热运动与玻尔兹曼分布
- 无规行走与扩散
- 熵与自由能
- 化学势与化学反应
- 量子力学简介与量子生物学

生物物理学知识模块关系图

8.4　课程知识点

模块 1：生物物理基础（Fundamentals of Biophysics）

知识点	主要内容	能力目标	参考学时
1. 生物现象中的物理学	生物中的涨落与有序性；生物体中不同尺度的物质运输；生物中的周期性；生物中的力；生物中的电；生物中的光学现象；生物与温度	体验复杂生物现象背后的物理规律	2
2. 生物物理学中的物理和化学	能量与力；热运动与玻尔兹曼分布；无规行走与扩散；熵与自由能；化学势与化学反应；量子力学简介与量子生物学	了解与生物现象密切相关的几个常见的物理和化学概念	2

模块 2：分子生物物理（Molecular Biophysics）

知识点	主要内容	能力目标	参考学时
1. 生物大分子的结构	蛋白质结构；DNA 结构；RNA 结构；生物大分子复合物结构	掌握生物大分子的结构组成方式和原理	2
2. 生物大分子晶体学导论	晶体的早期研究；空间晶格概念及几何晶体学；X 射线衍射的发现；X 射线结构分析的诞生及布拉格方程；射线衍射的几何解释；阿贝成像理论与晶体学中的相位问题；劳厄衍射、布拉格单色仪法的区别；蛋白质晶体学的发展；自由电子激光	掌握生物大分子晶体衍射成像的基本原理；了解在结构研究中常用的晶体学基本方法	4
3. 核磁共振波谱学导论	核磁共振技术的发展历史；核磁共振的原理；核磁共振实验；核磁共振在结构研究中的应用	掌握核磁现象和核磁实验的基本原理；了解在结构研究中常用的核磁方法	2
4. 电子显微镜学学导论	透射电子显微镜的基本光学原理和像衬形成理论；冷冻电镜三维重构的基本原理：中心截面定理，分辨率，基本算法；冷冻电镜技术的发展史	了解冷冻电镜的基本工作方式，了解如何对生物样品进行三维重构	4
5. 生物大分子折叠	蛋白质折叠和天然无序蛋白；RNA 的折叠	理解蛋白质与 RNA 折叠的基本原理；了解无序蛋白的基本特性	2

续表

知识点	主要内容	能力目标	参考学时
6. 生物大分子的结构预测和模拟	蛋白质结构预测；RNA 结构预测；从结构到功能：蛋白质与生物分子相互作用预测；蛋白质与 RNA 设计；生物大分子的化学计算与模拟	理解生物大分子的结构预测和模拟的算法	2
7. 生物大分子互作与识别	蛋白质互作与识别的基本概念；蛋白质 – 蛋白质互作与识别；蛋白质 – 核酸互作与识别；蛋白质 – 小分子互作与识别；生物大分子的动态修饰与识别；生物大分子互相作用检测技术	掌握生物大分子的常见识别模式	2
8. 生物大分子相分离	生物大分子有序组装；生物大分子无序组装；生物学中的"相"；生物大分子相分离的分子机制；相分离液滴的物理力学性质	理解生物大分子相分离相关概念与机制	2
9. 生物大分子的力学	生物体中产生力的大分子及其生物过程；生物大分子的力学特性；生物大分子相互作用的力学调控；机械力受体	理解生物大分子对机械力的应答机制	2
10. 生物大分子的电磁学	生物大分子产生电；生物大分子感应电；生物大分子对磁场的响应；生物大分子对光的吸收与感应	理解生物大分子对电场，磁场以及光的应答机制	2

模块 3：细胞生物物理（Cellular Biophysics）

知识点	主要内容	能力目标	参考学时
1. 细胞运动与组织	单细胞迁移；群体细胞迁移；组织形成的生物力学基础	了解细胞运动的生物学机制；理解几个经典的理论模型	2
2. 细胞骨架	细胞骨架的结构；细胞骨架的组装；细胞骨架力学；分子马达的结构和运动	了解细胞骨架结构和动力学基础；理解细胞骨架组装的基本规律；理解细胞骨架的力学性质和分子马达的工作原理	2
3. 细胞膜	膜的构成；膜的结构；膜的动态变化	了解细胞膜的基本组分和特征；理解细胞膜功能和动力学的生物物理基础	2
4. 细胞区室化	细胞器的研究历史；细胞核；内质网；高尔基体；线粒体；叶绿体；溶酶体和过氧化物酶体；囊泡；无膜细胞器；细胞器之间的相互作用	了解细胞区室化的基本原理；理解典型细胞内区室的结构和功能	2

模块 4：定量生物学导论（Introduction to Quantitative Biology）

知识点	主要内容	能力目标	参考学时
1. 定量模型	定量模型的必要性；定量模型的简单案例	理解定量模型对理解生命系统的关键作用，了解定量模型的几种基本类型	2
2. 基本生物过程的数学模型	酶促反应动力学；转录翻译过程的数学描述；单细胞中随机性地定量刻画	了解生物过程的动力学模型描述，掌握用简单的常微分方程模拟基本生物学过程的初级步骤	2
3. 生物网络的动力学模型	网络的基本知识和矩阵表征；基因调控；信号传导和前馈；正反馈；负反馈	理解生物网络的定义和数字化，学会对不同网络基序进行判定，了解前馈和反馈系统的典型特征和在生命系统中的作用	2
4. 复杂生物网络	复杂生物网络的特征；基因调控网络；代谢网络	了解复杂网络拓扑性质的判定方式，了解不同生物复杂网络的类型	2
5. 生命系统特征的定量理解	远离平衡态的生命系统；鲁棒性；自组织；优化原理或设计原理	了解生命系统的典型特征和它们的进化意义，了解生物网络研究中的前沿领域	2

模块 5：生物物理研究的实验方法（Experimental Methods in Biophysics）

知识点	主要内容	能力目标	参考学时
1. 光散射技术	光的散射；静态光散射；动态光散射；拉曼光谱；小角散射	了解常见光散射技术的原理和在生物系统中的应用	2
2. 晶体衍射技术	晶体的点阵结构和晶胞；对称操作；晶系、点群与空间群；晶体的衍射方向；晶体的衍射强度；晶体生长的基本原理；数据收集；数据处理；蛋白质晶体学中相位问题的解决方法；密度修正；模型建立；结构修正；结构模型的验证和评估	掌握 X 射线晶体结构解析的基本原理，熟悉结构解析过程中各个实验步骤，包括数据收集、数据处理、相位求解、模型搭建与修正、模型评估的要点	2
3. 吸收和发射光谱	光的吸收和发射；紫外－可见吸收光谱；圆二色光谱；红外吸收光谱；荧光光谱	了解常见吸收和发射光谱的原理和在生物系统中的应用	2

续表

知识点	主要内容	能力目标	参考学时
4. 磁共振波谱	核磁共振波谱学；电子自旋共振波谱学	理解核磁共振的量子力学描述和弛豫现象的基本原理；理解电子顺磁共振的基本原理和应用	2
5. 显微成像	显微成像简介和基本原理；光学显微镜；冷冻投射电子显微镜；扫描电子显微镜	理解显微成像原理，掌握光学与电子显微成像技术在生物学中的应用	2
6. 单分子的分析方法	单分子电学技术；单分子荧光技术；单分子力谱	了解单分子测量的特性，主要单分子技术的原理和应用场景	2
7. 质谱方法	质谱的基本原理；质谱仪的组成和工作原理；质谱方法在系统生物学和化学生物学中的应用；质谱方法在结构生物学中的应用	理解质谱的基本原理和质谱为基础的组学技术	2

8.5　课程英文概要

1. Introduction

Biophysics is an interdisciplinary field that utilizes the principles and methods of physics to investigate biological macromolecules, and interpret the phenomena of life. The course is an elective for senior undergraduate students and lower-level graduate students with a background in biology, while also catering to students interested in biology with backgrounds in physics, chemistry, and mathematics. The course is structured into five main modules, namely Fundamentals of Biophysics, Molecular Biophysics, Cellular Biophysics, Introduction to Quantitative Biology, and Experimental Methods in Biophysics. The course emphasizes the explanation of theoretical knowledge, enabling students to form a comprehensive understanding of biophysics through their studies. Additionally, it aims to guide and stimulate students to think critically and cultivate their passion for learning biophysics.

2. Goals

The course aims to provide students with an in-depth understanding of the interdisciplinary field between biology and physics. It cultivates students' ability to apply principles of physics, chemistry, or mathematical models when comprehending and interpreting biological phenomena. Additionally, the course fosters students' interdisciplinary thinking, enabling them to integrate knowledge from biology, physics, mathematics, and chemistry. It also develops their ability to collaborate with scientists and researchers from other fields to address biophysical problems. Ultimately, the course lays the scientific foundation for students to pursue further studies in Biophysics.

3. Covered Topics

Modules	List of Topics	Suggested Hours
1. Fundamentals of Biophysics	Physics in Biological Phenomena (2), Physics and Chemistry in Biophysics (2)	4
2. Molecular Biophysics	Structure of Biological Macromolecules (2), Introduction to x-ray crystallography (4), Introduction to NMR Spectroscopy (2), Introduction to Electron Microscopy (4), Folding of Biological Macromolecules (2), Prediction and Simulation of Biological Macromolecular Structures (2), Interactions and Recognition of Biological Macromolecules (2), Phase Separation of Biological Macromolecules (2), Mechanics of Biological Macromolecules (2), Electromagnetics of Biological Macromolecules (2)	24
3. Cellular Biophysics	Cellular Movement and Tissues (2), Cellular Skeleton (2), Cell Membrane (2), Compartmentalization of Cells (2)	8
4. Introduction to Quantitative Biology	Quantitative Models (2), Mathematical Models of Fundamental Biological Processes (2), Dynamic Models of Biological Networks (2), Complex Biological Networks (2), Quantitative Understanding of Life System Characteristics (2)	10
5. Experimental Methods in Biophysics	Light Scattering Techniques (2), Crystallographic Techniques (2), Absorption and Emission Spectroscopy (2), Magnetic Resonance Spectroscopy (2), Microscopic Imaging (2), Single-Molecule Analysis Methods (2), Mass Spectrometry Methods (2)	14
Total	28	60

9. 生物信息学

9.1 课程定位

生物信息学是生物学与数学、统计学、计算机科学等多学科交叉的课程,是面向高年级本科生开设的专业核心课程。本课程旨在引发学生探索和开发新型生物信息学算法的兴趣,培养他们多学科交叉融合的思维能力。本课程不是简单的多学科组合或工具介绍,而是强调如何把生物学含义融入算法设计中,从而基于算法回答深刻的生物学问题,让学生充分理解生物信息学"从生物中来,回到生物中去"的核心理念,形成以数据驱动生命科学研究的思维范式。课程聚焦于生物学与不同学科之间的衔接和生物信息算法设计的思想内涵,强调提升学生从不同角度解决和回答生物学问题的能力。

9.2 课程目标

培养学生的多学科交叉研究思维和跨学科学习研究的能力,促进他们从思维层面深入理解生物信息学的深刻内涵,理解生物信息学算法开发的底层逻辑,理解生物信息学在生物学、医学研究中的重要作用,理解生物信息学的研究对象、研究方法和思路,激发学生的交叉学科学习兴趣,为学生从事相关的工作奠定思维基础。

9.3 课程设计

课程强调从数据出发理解生物系统,进而理解生物信息学对生命科学的促进作用。课程根据生物信息学的发展历史介绍生物信息学的历史使命和学科特征。为了帮助学生理解生物信息学算法,课程首先介绍相关的统计学和机器学习的算法基础。接着从生物数据的收集,数据库的构建,理解生物数据资源对生命科学研究的重要意义。其次,课程从基础的序列数据分析出发,介绍序列分析的基本目标和算法,理解如何从序列中挖掘具有生物学含义的重要元素。随后,课程分别介绍基因组、转录组、蛋白质组、代谢组和表型组的数据分析思路,强调从生物学本身理解不同组学的生物学含义,引导学生思考如何结合不同的生物学问题分析和挖掘不同组学中的相关信息,理解生物学知识与数学、计算机算法之间的融合模式,思考交叉学科的深刻内涵,同时也强调对数据分析结果的解读。为进一步加深学生对生物信息学的理解,每一部分都设计了上机实验内容,加深学生对算法的理解。系统生物学部分则强调不同组学之间的联系,强调生物系统的整体性,让学生理解如何从相对宏观的角度研究某个基因或者蛋白质在生物系统中的重要功能。在介绍完各个组学的重要内容和分析思路后,课程根据实际例子来介绍生物信息学在精准医疗、智能药物设计和生物育种方面的重要应用。此外,课程还设计了深度学习和人工智能部分,让学生对 AI 算法及应用有更深入的理解,培养他们在算法方面的创新能力。

本课程包含 6 个模块,各模块之间的关系如图所示。

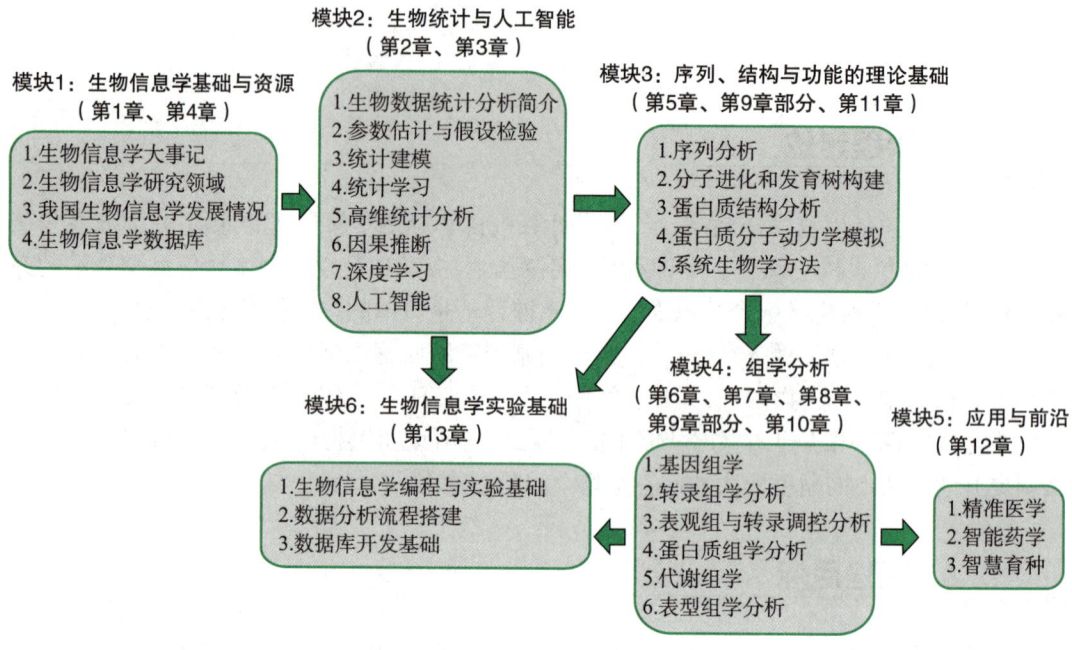

9.4　课程知识点

模块 1：生物信息学资源（Bioinformatic Resources）

知识点	主要内容	能力目标	参考学时
1. 生物信息学大事记	DNA 双螺旋结构、Sanger 测序、人类基因组计划、基因芯片、NGS、scRNA-seq、AI 及应用	了解生物信息学的重要历史事件	0.5
2. 生物信息学研究领域	生物学各学科领域、生物信息学与系统生物学、计算生物学、整合生物学、合成生物学的概念区别	了解生物信息学的学科特征和相关的研究领域及研究内容	0.5
3. 我国生物信息学发展情况	早期科学家的贡献、参与 HGP 工作、国家生物信息学中心、生物信息学资源开发与人才培养、机遇与挑战	了解我国科学家在生物信息学方面的重要贡献	1
4. 生物信息数据库	生物数据库的定义,生物数据库的技术,生物数据库的价值,生物数据库的应用案例,生物数据库的分类	了解生物数据库,理解生物数据库的重要价值;掌握国际上一些重要的生物数据中心,以及生物数据库的分类;了解生物数据库的发展趋势	2

模块 2：生物统计与深度学习（Biostatistics and Deep Learning）

知识点	主要内容	能力目标	参考学时
1. 生物数据统计分析简介	实验设计预样本选择,数据分析与展示,数据推断,相关性分析,数据建模与预测,实验结果验证与重复性	掌握基本的数据分析方法	2
2. 统计推断与假设检验	样本分布,置信区间估计,统计假设检验,第一类错误,第二类错误,参数估计,多重检验,非参数检验方法	理解和掌握统计推断和假设检验的基本概念,理解假设检验中的两类错误和错误控制	2.5
3. 统计建模	线性模型,回归,生存分析,广义线性模型,贝叶斯统计建模,马尔可夫模型	掌握不同数据类型下的统计模型,并且能够应用到具体例子中	2.5
4. 统计学习	有监督学习,无监督学习,半监督学习	理解和掌握统计学习的重要思想和理念	2
5. 高维统计分析	变量选择,贝叶斯高维统计方法,变量筛选	理解统计学中的稀疏性假设,掌握不同的变量选择方法	2
6. 因果推断	因果与关联,因果效应的定义与识别,因果效应的估计	掌握因果推断的统计学理论和方法	2
7. 深度学习	深度学习基础,深度学习模型与算法,深度学习在计算生物学中的应用	掌握深度学习的基本模型,例如 CNN、RNN、transformer 等	2
8. 人工智能	人工智能,方法和特点,应用场景,发展趋势	人工智能解决生物学问题的案例	2

模块 3：序列、结构与功能的理论基础（Baics of Sequence, Structure and Functional）

知识点	主要内容	能力目标	参考学时
1. 序列分析	序列特征解析,序列比对算法,序列变异与功能分析	了解测序特征,掌握序列比对的核心算法	3
2. 分子进化和发育树构建	物种进化,功能进化,系统发育树的构建和分析	掌握分子进化分析的算法和进化树的构建方法	3
3. 蛋白质结构分析	蛋白质结构比对,蛋白质结构可视化软件,蛋白质结构二级结构预测,蛋白质结构三级预测,同源模拟,折叠识别,从头计算方法,Alphafold2,蛋白质分子设计	掌握蛋白质的结构对比和序列分析方法	3

续表

知识点	主要内容	能力目标	参考学时
4. 蛋白质分子动力学模拟	蛋白质折叠,分子动力学基本原理,分子力场,分子动力学模拟过程,增强采样方法,人工智能辅助分子动力学模拟,分子动力学模拟软件,模拟结果分析工具	理解蛋白质动力学模拟的基本原理,掌握蛋白质动力学模拟的软件	3
5. 系统生物学方法	生物网络资源、网络生物学拓扑特征:连通度、聚类系数等;生物网络的构建和分析方法	理解系统生物学的基本原理,掌握生物学的网络分析方法	3

模块 4：组学分析（Analysis of Omics）

知识点	主要内容	能力目标	参考学时
1. 基因组学	基因组学测序技术,遗传信息数据分析方法,基因组学数据可视化,基因组的组装,基因的预测,基因组的注释和分析,序列变异检测的基本原理,单碱基替换变异的检测,宏基因组数据及其主流分析方法	理解基因组测序技术,掌握基因组数据的分析目标和分析手段	3
2. 转录组学分析	各类转录本数据预处理,质量控制,富集分析,聚类分析,降维分析,共表达网络分析,单细胞转录组数据分析,拟时序分析,下游分析,Bulk 转录组与单细胞转录组学之间的关系	理解转录组的测序技术和测序原理,掌握转录组数据的分析目标和分析方法;理解单细胞的测序技术和原理,掌握单细胞转录组数据的分析目标和分析方法	3
3. 表观组与转录调控分析	转录调控分析,DNA 甲基化组学数据分析,组蛋白修饰组学数据分析,三维基因组学数据分析,表观转录组数据分析	理解表观组的测序技术和原理,掌握表观组和转录调控数据的分析目标和分析方法	3
4. 蛋白质组学分析	高通量蛋白质组学,蛋白质高通量检测技术,蛋白质的质谱鉴定原理,定量蛋白质组学,蛋白质翻译后修饰,蛋白质组分析流程,蛋白质组装与定量,蛋白质组数据与软件资源,蛋白质功能预测与分析	理解蛋白质组的检测技术和原理,掌握蛋白质组的数据分析目标和分析方法	3
5. 代谢组学	代谢组学发展历程,代谢组测量平台,代谢组学数据库,代谢组学数据处理软件,代谢组学数据分析和实例	理解代谢组的检测技术和原理,掌握代谢组的数据分析目标和分析方法	3

续表

知识点	主要内容	能力目标	参考学时
6. 表型组学分析	细胞与类脑表型组检测技术,人类表型数据采集方法,动植物表型组学相关技术及研究方法,表型风险预测模型,深度学习技术应用,基因组－表型组关联分析,细胞与类器官表型组学,人类表型组学,动植物表型组学,基因型和表型的关联研究,临床医学和药物研发,农业和作物育种,生态学和环境管理	理解表型组的检测技术和原理,掌握表型组的数据类型和分析方法	3

模块 5:应用与前沿(Bioinformatic Applications)

知识点	主要内容	能力目标	参考学时
1. 精准医学	遗传疾病与大队列研究,复杂疾病分子机制,肿瘤免疫,非编码调控	理解精准医学的基本目标,了解生物信息学在精准医学中发挥的作用	2
2. 智能药学	药靶发现,计算药理学,AI 辅助药物设计	理解智能药学的基本目标,了解生物信息学在智能药学中发挥的作用	2
3. 智能育种	分子育种,表型预测	理解计算育种的基本目标,了解生物信息学在计算育种中发挥的作用	2

模块 6:生物信息学编程(Bioinformatic Programming)

知识点	主要内容	能力目标	参考学时
1. Linux 基础与基因组文件操作	Linux 常用命令,SAMtools,conda,Linux 容器,Docker,Shell 脚本编程基础	掌握 Linux 和 Shell 的基本操作	1
2. 基于 Python 语言的数据操作	Python,版本及安装,集成开发环境,Python 模块:NumPy、SciPy、RPy	掌握 Python 的基本语法	0.5
3. 基于 R 语言的数据处理与可视化	R,版本及安装,R-Studio,数据类型,常用函数,ggplot2,RNA-seq 包	掌握 R 语言的基本语法	0.5
4. MySQL 与 MongoDB 数据介绍	MySQL,版本及安装,SQL,数据类型,表,键,MongoDB,PHP,phpMyAdmin	掌握 MySQL 和 MongoDB 的基本语法	1
5. 生物信息学数据分析流程搭建	基于 Shell 的流程搭建,基于 Snakemake 的流程搭建	掌握基于 Shell 和 Snakemake 的分析流程搭建方法	1

9.5 课程英文概要

1. Introduction

Bioinformatics is a multidisciplinary course that combines biology with mathematics, statistics, computer science, and other disciplines. It is a core course offered to senior undergraduate students. The course aims to draw students' attention on exploring and developing novel bioinformatics algorithms and cultivate their ability to think across multiple disciplines. This course is not simply a combination of multiple disciplines; it emphasizes how to integrate biological knowledge into algorithm design, enabling students to answer profound biological questions based on algorithms. It helps students to gain a profound understanding on the core concept of bioinformatics, which is "coming from biology and returning to biology," and forms a mindset of data-driven life science research. The course focuses on the connection between biology and different disciplines and the conceptual essence of bioinformatics algorithm design, emphasizing the enhancement of students' ability to solve and answer biological questions from different perspectives.

2. Goals

The course aims to cultivate students' ability of interdicipline thinking. It encourages students to deeply understand the profound connotations of bioinformatics, to comprehend the underlying logic of bioinformatics algorithm development, to appreciate the important role of bioinformatics in biological and medical research, and to comprehend the research objects, methods, and approaches of bioinformatics. The course aims to stimulate students' interest in interdisciplinary learning and lay a solid cognitive foundation for their future work in related fields.

3. Covered Topics

Modules	List of Topics	Suggested Hours
1. Bioinformatic Resources	1. Important events in bioinformatics (0.5); 2. Research area of bioinformatics (0.5); 3. Developments in bioinformatics in China (1); 4. Bioinformatic database (2)	4
2. Biostatistics and Deep Learning	1. Concepts in biostatistics (2); 2. Statistical inference and hypothesis testing (2.5); 3. Statistical modeling (2.5); 4. Statistical learning (2); 5. High-dimensional statistics (2); 6. Casual inference (2); 7. Deep learning (2); 8. Artifical Intelligence (2)	17
3. Baics of sequence, structure and functional	1. sequence analysis (3); 2. Molecular evolution and phylogenetic Tree Construction (3); 3. Protein structure analysis (3); 4. Protein molecular dynamic simulation (3); 5. Methods in System biology (3)	15

续表

Modules	List of Topics	Suggested Hours
4. Analysis of omics	1. Genetics analysis (3); 2. Transcriptome analysis (3); 3. Epigenetic and gene regulation (3); 4. Proteomic (3); 5.Metabolism (3); 6.Phenomics (3)	18
5. Bioinformatic applications	1. Precision medicine (2); 2.AI drug (2); 3. Computational seeding (2)	6
6. Bioinformatic programming	1. Basics of Linux and Shell (1); 2. Python programming (0.5); 3. R programming (0.5); 4. MySQL and MongoDB (1); 5. Shell and snakemake based pipeline (1)	4
Total		64

10. 生态学

10.1　课程定位

生态学是研究宏观生命系统的结构、功能及其动态的科学,它为人类认识、保护和利用自然,维持可持续生物圈提供理论基础和解决途径。作为一个独立的学科,生态学具有较强的交叉性和综合性,融合了生物学、地学、环境学、资源学乃至经济学、社会学等多个学科的知识和方法。同时,生态学科紧密地关注人类社会和生产中的实际问题,更重视当前人与自然的关系,维持自然生态系统的安全性,推动生物圈可持续发展及人与自然和谐共生的现代化。普通生态学面向生态学专业的低年级学生,讲授生态学的基础知识、基本理论、思想方法和应用案例,使学生从深层次理解人类可持续发展的基础,建立关爱人类共同家园的生态意识,提高对当前生态环境问题的认识能力。

10.2　课程目标

通过课程学习,使学生从个体、种群、群落、生态系统、景观以及生物圈等层次系统掌握生态学的基本概念、基本原理、基础知识、研究方法及应用案例,掌握生态学基本思维范式,了解生态学科发展方向。在建立基础知识体系的基础上,突出独立思考与创新能力的培养,提高学生对生态学理论与应用的认知和创新能力、对常见生态学问题的辨识和判断能力,激发学生探究和解决生态与环境问题的热情,为学生进一步开展生态学学习、研究及进行生态管理打下坚实基础。

10.3　课程设计

课程组织遵循从简单到复杂、从理论到应用、从小尺度到大尺度的原则。基础理论部分按生态学的组织层次进行安排,即从个体、种群、群落、生态系统、景观到生物圈逐一进行讲解。在讲授理论课程的基础上,从生态学与工农业生产、生态学与环境治理、生态学与可持续发展三个方面,讲解生态学对社会发展的作用。具体而言,课程在讲解生态学概念和发展简史的基础上,首先从"生物与环境"入手讲解生物个体水平的生态学知识,包括环境因子的特征与分布、生物与环境因子的关系以及生物多环境的适应(生活史)。进而讲解"种群生态学"的内容,使学生理解同一物种的不同个体所组成的种群与环境的关系,即种群的动态特征、种内调节以及种间关系。在此基础上,进一步讲解由不同物种组成的群落与环境的关系,即群落生态学,理解群落的物种组成、结构、构建机制以及动态。群落与它所处的非生物环境构成了生态系统,课程接下来讲解生态系统生态学,即生态系统的物质循环与能量流动,并讲解生态系统所产生的功能以及它为人类所提供的服务。在此基础上,课程进一步关注由不同生态系统组合而成的景观,讲解景观与大尺度生态学的内容,包括景观结构、过程与功能以及宏观层面的生态地理格局。课程最后讲解应用生态学的内容,理解生态学在工农业生产、环境治理以及可持续发展中的应用,从而为学生今后深入学习、研究和应用生态学基础理论,开展生态学研究和实践奠定思维和方法基础。

本课程包含 6 个知识模块,主要模块之间的关系如图所示。

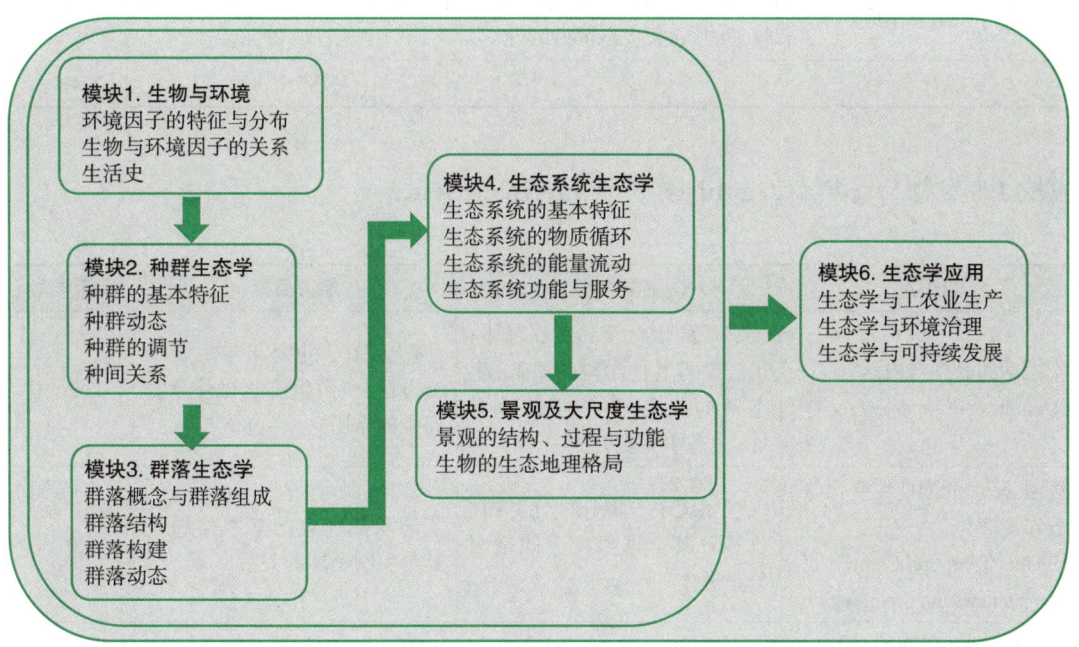

10.4 课程知识点

模块	主要知识点	建议授课时间
绪论	生态学的概念与内涵	2
第一部分 生物与环境	气候的周期性变化与分布规律,光合作用与环境,碳代谢,体温调节与能量平衡,渗透调节,光形态建成,响应、顺应与适应,生活史与生命周期	7
第二部分 种群生态学	种群数量估计,种群的空间结构,种群的年龄结构,种群的遗传分化,逻辑斯谛增长模型,Levins 集合种群模型,自疏,领域性,社会等级,互利共生,寄生操纵,协同演化	9
第三部分 群落生态学	个体论与整体论观点,群落物种多度分布格局,群落多样性,生态位,群落构建,多稳态,胁迫梯度假说,顶极群落,群落稳定性	8

续表

模块	主要知识点	建议授课时间
第四部分　生态系统生态学	生态网络,生产力,分解,全球碳循环,全球氮循环,全球磷循环,营养传递效率,能量金字塔,生态系统功能,生态系统服务	8
第五部分　景观及大尺度生态学	斑块－廊道－基质模式,景观格局,景观过程,时空尺度与尺度推绎,物种多样性分布格局,岛屿生物地理学,生物群区与生态过渡带	7
第六部分　生态学应用	物质流分析,全生命周期评价,生态修复,生态脆弱性,碳中和,生态管理的原则,生态可持续性	7
总计		48

模块 1：生物与环境（Organism and Environment）

知识点	主要内容	能力目标	参考学时
生态学的概念与内涵（Definition of Ecology）	生态学的概念及其发展脉络;生态学与其他学科的关系;生态学的分支;生态学的重要性;生态学主要方法	了解生态学的内涵与主要研究方法,了解生态学在社会发展中的作用	2
气温、降水的周期性变化与分布规律（Spatial Temporal Changes of Temperature and Precipitation）	气候系统中气温、降水的变化过程及其全球尺度上的空间分布规律	了解水热环境的基本格局及其与生物个体的关系	1
光合作用与环境（Photosynthesis and Environment）	光合作用的基本概念;光、温、水、营养对光合作用的影响	了解光合作用响应环境变化的基本原理及生态意义	1
碳代谢（Carbon Metabolism）	不同植物的光合碳同化途径、呼吸作用过程及其与环境的关系	理解植物个体碳代谢基本过程及其生态意义	0.5
体温调节（Thermoregulation）	不同动物体温的调节过程、机理及其与环境的关系	理解动物体温调节基本原理及生态意义	1
渗透调节（Osmoregulation）	动物渗透调节过程、机理及其与环境的关系	理解渗透调节的基本原理及生态意义	1
光形态建成（Photomorphogenesis）	光形态建成概念;主要色素受体及其生理生态	理解光环境与植物形态的关系	0.5
响应、顺应与适应（Response，Acclimation and Adaptation）	生理生化响应、形态结构顺应以及演化适应的基本概念	理解生物个体在不同时空尺度上应对环境变化的策略	1
生活史与生命周期（Life Strategy and Life Cycle）	生活史与生命周期的基本概念,不同环境下生活史与生命周期的变化规律	理解个体发育与环境变化的基本关系	1

模块 2 : 种群生态学（Population Ecology）

知识点	主要内容	能力目标	参考学时
种群数量估计 （Population Size Estimation）	绝对种群数量和相对种群数量；主要调查方法：全部计数、抽样计数、标记重捕	了解种群大小调查方法的原理	1
种群的空间结构 （Population Distribution Pattern）	个体在空间的分布格局，主要形式包括均匀分布、随机分布和聚集分布	了解种群内个体的分布形式及其影响因素	0.5
种群的年龄结构 （Population Age Distribution）	种群中个体的年龄分段，年龄金字塔的主要类型：增长型、稳定型和衰退型	了解种群内个体的年龄分段及其对种群动态的影响	0.5
种群的遗传分化 （Genetic Differentiation）	种群中等位基因频率和基因型频率；Hardy-Weinberg 定律；遗传漂变	了解种群内等位基因的遗传规律，了解影响等位基因频率变化的因素	1.5
逻辑斯谛增长模型 （Logistic Growth Model）	密度制约的种群增长；内禀增长率；环境容纳量	能使用简单模型预测密度制约条件下种群动态；理解基于种群增长模型预测最大可持续产量的原理	0.5
Levins 集合种群模型 （Levins Model for Metapopulation）	集合种群的基本概念；集合种群动态的数学描述	了解在片断化栖息地中物种存续的基本规律	1
自疏 （Self-thinning）	自疏的概念和实例，自疏法则	了解植物对资源的竞争	0.5
领域性 （Territoriality）	领域的概念、作用、形式及其影响因素	了解领域性的生态学意义和表现形式，以及影响领域行为的因素	0.5
社会等级 （Social Hierarchy）	社会等级的概念、表现形式、影响因素	了解社会等级的特点和作用，以及典型物种的社会等级模式	1
互利共生 （Mutualism）	互利共生的概念和实例	了解互利共生关系的影响因素	0.5
寄生操纵 （Parasite Manipulation）	寄生物对寄主行为的影响及其机理	了解寄生的作用机制	0.5
协同演化 （Coevolution）	协同演化的定义；举例说明存在协同演化关系的生物类群；举例阐述具有协同演化关系的生物类群互相的影响作用	了解协同演化概念的内涵，理解协同演化过程中生物类群之间的影响和作用	1

模块 3：群落生态学（Community Ecology）

知识点	主要内容	能力目标	参考学时
个体论与整体论观点（Individualism and Holistic Theory）	群落的个体论和整体论的主要观点及其对群落分析的影响	了解个体论和整体论的主要观点	0.5
物种多度分布格局（Species-abundance Distribution）	群落中物种多度的分布特征,不同物种多度分布模型	了解主要物种多度分布模型形成的群落构建过程	1
群落多样性（Community Diversity）	群落多样性概念与指标,不同层次、尺度以及维度的群落多样性,群落多样性的分布格局	理解不同群落多样性维持的主要机制	1
生态位（Niche）	生态位的基本概念,空间生态位、时间生态位、功能生态位,基础生态位与现实生态位	理解不同生态位概念之间的联系与区别	1
群落构建（Community Assembly）	影响群落构建的主要生物与非生物因素;生态位理论与生物多样性中性理论的异同;现代物种共存理论	了解群落构建的主要影响因素及主要理论框架	1.5
多稳态（Alternative Stable States）	稳定状态,瞬时状态,状态转换;临界点	了解影响状态转换的生物与非生物因子	0.5
胁迫梯度假说（Stress Gradient Hypothesis）	竞争,正相互作用,生物互作类型和强度的环境依赖性	了解影响生物间相互作用类型转变的因素	0.5
顶极群落（Climax）	顶级群落的概念,顶级群落的主要学说	掌握顶级群落的概念及特征,了解不同顶级群落学说的异同	1
群落稳定性（Community Stability）	群落稳定性的定义及测度方法,群落稳定性的维持机制,环境变化对群落稳定性的影响	掌握群落稳定性的定义,学会测度群落稳定性的常用方法,了解群落稳定性的维持机制	1

模块 4：生态系统生态学（Ecosystem Ecology）

知识点	主要内容	能力目标	参考学时
生态网络（Ecological Networks）	食物链、食物网、生态网络的概念	了解生物和非生物组分之间通过物质循环和能量流动,相互联系,相互作用,从而使得生态具有动态性和多样化的结构与功能	1

续表

知识点	主要内容	能力目标	参考学时
生产力 （Productivity）	初级生产力与次级生产力的概念与内涵，初级生产的主要控制因素	了解几个总初级生产力、净初级生产力、净生态系统生产力之间的联系与区别	1
分解 （Decomposition）	分解的主要过程及其控制因素，主要分解者，分解底物	认识分解过程在生态系统碳循环中的作用，了解主要分解过程的调控因素	1
全球碳循环 （Global Carbon Cycle）	全球碳循环的主要过程和通量，人类活动对全球碳循环的影响	了解全球碳循环的主要过程和通量，理解人类活动对全球碳循环的影响	0.5
全球氮循环 （Global Nitrogen Cycle）	陆地和水生生态系统的主要氮循环过程，全球氮循环特征，人类活动对全球氮循环的影响	了解全球氮循环的主要过程和通量，理解人类活动对全球氮循环的影响	0.5
全球磷循环 （Global Phosphorus Cycle）	陆地和水生生态系统的主要磷循环过程，全球磷循环特征，人类活动对全球磷循环的影响	了解全球磷循环的主要过程和通量，理解人类活动对全球磷循环的影响	0.5
营养传递效率 （Trophic Level Transfer Efficiency）	摄食效率，吸收效率，生产效率，Lindeman 生态效率	理解营养传递效率的概念、三个组分及其影响因素	1
能量金字塔 （Energy Pyramid）	生态金字塔，能量金字塔，生物量金字塔，次级生产力	理解能量金字塔的概念、经验格局及其调控因素	0.5
生态系统功能 （Ecosystem Function）	生态系统功能的概念，生态系统提供的生产功能、环节调节功能和文化功能	了解生态系统功能的类型及其对人类生产生活的作用	1
生态系统服务 （Ecosystem Service）	生态系统服务的概念和类型，生态系统服务的基本特征，生态系统服务对人类福祉的影响	掌握生态系统服务与生态系统功能的联系与区别；了解生态系统服务与人类福祉的关系	1

模块 5：景观及大尺度生态学（Landscape and Large Scale Ecology）

知识点	主要内容	能力目标	参考学时
斑块－廊道－基质模式 （Patch–Corridor–Matrix Paradigm）	景观及其组分的定义与概念框架，景观组分分类与成因解析，景观结构分解	了解景观生态学核心概念体系的内在逻辑，比较不同概念的异同	1
景观格局 （Landscape Pattern）	景观格局的定义与概念内涵，景观时空格局特征分类，格局特征评价指标、算法和软件，景观格局成因分析	了解景观格局的特征和生态意义，掌握景观格局的分析方法	1

续表

知识点	主要内容	能力目标	参考学时
景观生态过程 （Landscape Process）	景观生态过程的定义和概念内涵,景观生态过程分类、特征,格局与过程的相互作用及机制	了解景观过程的特殊性,了解景观格局与生态过程的相互关联	1
时空尺度与尺度推绎 （Spatiotemporal Scale and Scaling）	尺度概念内涵与表达形式,生态时空的尺度域,景观格局和过程的尺度特征;尺度推绎的概念,方法,生态学意义及应用	认识尺度的内涵与外延及其生态学意义,掌握尺度推绎的方法	1
物种多样性分布格局 （Species Diversity Patterns）	物种多样性的地理分布规律及主要成因假说	了解物种多样性的宏观分布规律,了解物种多样性分布格局的主要假说	1.5
岛屿生物地理的平衡理论 （Island Biogeography）	岛屿生物地理的平衡理论	了解岛屿生物地理的平衡理论,理解该理论在生物多样性保护中的意义	0.5
生物群区与生态过渡带 （Biome and Ecotone）	生物群区的定义,生态过渡带的概念,主要生物群区的分布规律	了解主要生物群区的基本特征,了解限制地球主要生物群区的分布规律及其控制因素	1

模块 6：生态学应用（Ecological Applications）

知识点	主要内容	能力目标	参考学时
物质流分析 （Substance Flow Analysis）	工业代谢,主要工业原料与能源的流动模式,不同物质流的相互关系	了解与主要工业原料和能源变化有关的物质流特征,以及它们之间的相互关系	1
全生命周期评价 （Life Cycle Assessment）	全生命周期评价原理与方法	了解全生命周期评价的原理与主要方法	1
生态修复 （Ecological Restoration）	生态修复的概念及其发展;生态修复的方法和技术;生态修复的典型案例	了解生态修复的学科前沿和国家需求,了解生态修复的目标和常用手段,了解生态修复的典型案例	1
生态脆弱性 （Ecological Vulnerability）	生态完整性、生态系统健康、生态脆弱性的概念和评价方法;生态脆弱性的成因机制分析;生态脆弱性与生态退化的关系	了解生态脆弱性等基本概念及评价方法;认识生态脆弱性的形成及生态退化的原因	1
碳中和 （Carbon Neutrality）	全球变暖的基本事实与不确定性;全球变暖与碳排放的关系;全球变暖的生态影响;碳中和与生态系统碳汇	认识全球变暖的科学前沿;了解碳达峰、碳中和的全球及中国国家需求;了解生态系统碳汇在碳中和中的作用	1

续表

知识点	主要内容	能力目标	参考学时
生态管理的原则 （Principles of Ecological Management）	生态管理的概念、内涵、主要原则与目标	认识生态管理的重要性，了解生态管理的主要原则与目标	1
生态可持续性 （Ecological Sustainability）	生态可持续性的重要性，基本概念、主要原则与目标	了解生态可持续性的内涵及主要实现途径	1

10.5 课程英文概要

1. Introduction

General Ecology is a course for students of the ecology major and the first professional core course for freshmen or sophomores. Ecology is about the relationship between organisms and their environments, and is the guiding subject for the human–nature relationships. The General Ecology course seeks to teach the fundamental theory of ecology and to cultivate the students' ecological knowledge system and thinking, to train the students' understanding the human sustainability related issues such as global change and biodiversity conservation in an ecological way, and to inspire the students' enthusiasm to explore the biological activity in nature.

2. Goals

Can understand the essence of ecology from the individual, population, community, ecosystem and landscape levels in an ecological paradigm. Develop the abilities to better understand and judge the ecological challenges in the sustainable human society. Can also understand the recent progresses, the research objects, methods and core curriculum of the ecology major, so as to lay a solid foundation for students to further ecological research.

3. Covered Topics

Modules	List of Topics	Suggested Hours
0. Introduction	definition of ecology	2
1. Organisms and Environment	Spatial Temporal Changes of Temperature and Precipitation, Photosynthesis and Environment, Carbon Metabolism, Thermoregulation, Osmoregulation, Photomorphogenesis, Response Acclimation and Adaptation, Life Strategy and Life Cycle	7
2. Population Ecology	Population Size Estimation, Population Spatial Structure, Population Age Structure, Population Genetic Differentiation, Logistic Growth Model, Levins Model for Meta Population, Self-thinning, Territoriality, Social Hierarchy, Mutualistic Symbiosis, Parasitic Manipulation, Coevolution	9

续表

Modules	List of Topics	Suggested Hours
3. Community Ecology	Individualism and Holistic Theory, Species-Abundance Distribution, Community Diversity, Niche, Community Assembly, Alternative Stable States, Stress Gradient Hypothesis, Climax, Community Stability	8
4. Ecosystem Ecology	Ecological Networks, Productivity, Decomposition, Global Carbon Cycle, Global Nitrogen Cycle, Global Phosphorus Cycle, Trophic Level Transfer Efficiency, Energy Pyramid, Ecosystem Function, Ecosystem Service	8
5. Landscape and Large scale Ecology	Patch-Corridor-Matrix Model, Landscape Pattern, Landscape Process, Scale and Scaling, Species Diversity Patterns, Equilibrium Theory of Island Biogeography, Biome and Ecotone	7
6. Ecological Applications	Substance Flow Analysis, Life Cycle Assessment, Ecological Restoration, Ecological Vulnerability, Carbon Neutrality, Principles of Ecological Management, Ecological Sustainability	7
Total		48

11. 免疫生物学

11.1 课程定位

免疫生物学是生物医学和生命科学领域发展最为迅速的前沿学科之一,研究免疫系统发育、分化、活化和功能,以及维持机体健康和参与疾病发生发展的重要作用。免疫生物学一方面涵盖免疫系统的组成、结构和功能等基础知识,另一方面涉及典型的免疫相关疾病,包括疾病临床表现以及病理相关的免疫应答过程。教材的内容强调科学探索中的创新和开拓精神,体现面向国家和社会需求的课程思政,为培养新一代生命科学和生物医学拔尖人才提供思想引领。授课对象包括生命科学和医学相关专业的本科生、从事生物医学和生命科学相关领域的科研工作者和免疫学相关领域的临床科研工作者。

11.2 课程目标

课程以"夯实基础知识,了解临床疾病,探讨技术创新,认识转化应用"为授课目标,以免疫系统的基本生物学特征和功能为主线,要求学生掌握免疫学核心概念;通过前沿知识拓展,帮助学生进行科学性推理和批判性思考等开放性学习;通过对免疫相关疾病授课,加深学生对免疫学作为桥梁学科在推动临床疾病免疫学预防和诊疗中的意义和作用的认识。

11.3 课程设计

课程突出免疫学作为生命科学基础学科的重要支柱,对免疫分子、免疫细胞、免疫系统的发育、分化和功能的基础知识进行系统性梳理,同时围绕免疫学领域的前沿热点作适当的内容拓展;在介绍中国常见免疫性疾病的免疫学相关病理机制的内容中,彰显免疫学作为多种疾病的前沿诊断和治疗策略的转化价值。通过教材章节末提供的主要内容摘要和开放性思考题目,帮助授课教师更好地把握课程定位。

根据教材编写内容,课程将分成三个模块共10章。第一个模块绪论,介绍免疫生物学的基本概念、免疫生物学的发展史及研究的核心技术;第二个模块介绍固有免疫和适应性免疫系统的组成、发育、细胞分化和功能的基础知识;第三个模块讲授免疫系统在疾病中的作用,以感染性疾病、自身免疫病、移植和肿瘤为代表,重点讲解临床病理表现背后的免疫学机制,包括参与的免疫分子和免疫细胞,以及免疫调控功能异常的机制,从中获得免疫相关的治疗新靶点和诊断新依据,帮助学生能够更好地理解学习免疫生物学的重要意义。

绪论	基础免疫学	免疫紊乱与疾病
1. 免疫的基本概念 2. 免疫系统的组成和基本功能 3. 免疫学发展史 4. 免疫学新技术	1. 固有免疫系统的发育和功能 2. 抗原识别分子的结构和功能 3. 适应性免疫细胞的发育、分化和功能 4. 补体系统	1. 抗感染免疫和疫苗 2. 免疫耐受与自身免疫病 3. 超敏反应 4. 移植 5. 肿瘤

免疫生物学课程知识模块关系图

11.4   课程知识点

模块 1：免疫生物学绪论（Introduction to Immunobiology）

知识点	主要内容	能力目标	参考学时
免疫学简介	免疫的基本概念；免疫学的发展简史	掌握免疫的基本概念和在生命科学中的地位及意义	1
免疫系统的组成	中枢免疫器官和外周免疫器官；免疫细胞和免疫分子；免疫系统的进化	掌握免疫系统的组成	1
免疫系统的基本功能	免疫系统的三大功能及其在生理和病理条件下的作用	掌握免疫系统的功能	1
免疫学研究常见技术	免疫接种；免疫学检测方法；免疫印迹；基因工程；多组学技术	熟悉免疫学研究中常用的技术方法	1

模块 2：基础免疫学（Basic Immunology）

知识点	主要内容	能力目标	参考学时
固有免疫细胞	单核 / 巨噬细胞、树突状细胞、中性粒细胞的发育、分化和功能	了解重要固有免疫细胞的种类和免疫学功能	2
固有免疫应答	模式识别；固有免疫应答的启动、传递以及作用方式	了解固有免疫应答的规律	2
固有免疫效应分子	趋化因子、细胞因子和黏附分子的基本概念，种类、作用和调节机制	了解固有免疫主要效应分子在免疫应答中的生物学作用和意义	1
抗原提呈	抗原提呈细胞的概念和种类；主要组织相容性复合体；抗原提呈的过程；交叉提呈	了解抗原提呈的基本过程和生物学意义	2

续表

知识点	主要内容	能力目标	参考学时
TCR 和 BCR 产生的多样性	T 细胞抗原受体 V(D)J 基因重排、多样性产生和 MHC 识别机制；B 细胞抗原受体 V(D)J 重排和多样性产生；TCR 和 BCR 的结构；TCR 和 BCR 识别后的跨膜信号转导	了解抗原识别的分子基础、识别模式和信号激活方式	2
T 细胞发育	T 细胞在胸腺中的阳性和阴性选择	掌握 T 细胞在胸腺中的发育和生物学意义	1
T 细胞介导的细胞免疫应答	T 细胞亚群；T 细胞的稳定性和可塑性；记忆性 T 细胞的形成与细胞特征	掌握 T 细胞介导的免疫应答的基本过程和生物学意义	2
NK 细胞	NK 细胞的发育；NK 细胞的表面受体，NK 细胞的活化，NK 细胞的功能	了解 NK 细胞的类型和免疫学功能	1
ILC 细胞	ILC 细胞的亚群和功能	了解 ILC 类型和免疫应答过程	1
固有样 T 细胞	固有样 T 细胞的发育和功能	了解固有样 T 细胞参与的免疫应答	0.5
NKT 细胞	NKT 细胞的发育、分类和功能	了解 NKT 细胞参与的免疫应答	0.5
B 细胞发育	B 细胞在骨髓中和骨髓外的发育	掌握 B 细胞的发育和生物学意义	1
B 细胞介导的体液免疫应答	B 细胞对 TI 和 TD 抗原的免疫应答；生发中心反应的基本过程和关键事件；体液免疫初次应答和再次应答的一般规律	了解 B 细胞介导的体液免疫应答的基本过程和生物学意义	2
补体系统	补体系统的组成；补体活化途径；补体生物学功能；补体激活的调控	了解补体系统的组成和功能	2

模块 3：免疫紊乱与疾病（Immune disorders and diseases）

知识点	主要内容	能力目标	参考学时
感染免疫	抗病毒感染免疫；抗细菌感染免疫；抗真菌感染免疫；抗蠕虫感染免疫	了解抗感染免疫应答机制	2
疫苗	疫苗的基本概念；疫苗诱导免疫应答机制；疫苗的种类；疫苗的递送；佐剂	了解疫苗的作用和意义	1
黏膜免疫	黏膜免疫系统的组成和类型；黏膜免疫应答和功能	了解黏膜免疫的过程和生物学意义	1

续表

知识点	主要内容	能力目标	参考学时
免疫耐受	免疫耐受的概念；中枢免疫耐受和外周免疫耐受的形成机制	了解免疫耐受的基本过程和生物学意义	1
自身免疫病	自身免疫和自身免疫病的基本概念；自身免疫病的发生和发展的机理；自身免疫病发病的影响因素和免疫学特征	掌握自身免疫病的免疫学机制和病理机制	1.5
超敏反应	超敏反应的基本概念；超敏反应的类型；常见超敏反应疾病	掌握超敏反应的免疫学机制和病理学特征	1.5
移植	移植排斥反应中移植抗原种类和识别特点；移植排斥反应的种类	了解移植排斥反应的免疫学机制	2
肿瘤免疫	肿瘤抗原的基本概念和种类；抗肿瘤免疫机制；肿瘤免疫逃逸机制；肿瘤微环境的免疫分型；肿瘤免疫治疗	了解肿瘤免疫应答和免疫逃逸机制	2

11.5　课程英文概要

1. Introduction

As one of the most cutting–edge disciplines in the field of biomedical sciences, the course of Immunobiology intends to introduce the development, differentiation and function of the immune system, as well as its roles in maintaining the homeostasis and promoting the pathogenesis of immune–related diseases. Therefore, the course not only introduces basic immunology such as the compositions and functions of the immune system, but also help to understand the clinical manifestations of diseases and the underlying immunological mechanisms, thereby providing immunological strategies for the prevention, diagnosis and treatment of diseases. Moreover, the course will also highlight the discoveries of leading immunologists who can inspire the next generation of scientific leaders. The target audience includes undergraduate students majoring in life sciences and basic medicine, researchers engaged in life science, and clinicians interested in conducting immunology related research.

2. Goals

The course aims to introduce basic immunology, immunological mechanisms of diseases, innovative technologies, as well as translational applications. After attending the courses, the students need to master core concepts of immunology. Meanwhile, through expanding cutting–edge knowledge, the course will help to establish scientific reasoning and critical thinking skills. With the introduction of immune–related diseases, students can deepen their understanding of the significance of immunology as the bridge discipline for the prevention, diagnosis and treatment of human diseases, thereby arming them with the skills to solve related questions.

3. Covered Topics

Modules	List of Topics	Suggested Hours
Introduction to immunology	Basic concept History and milestone of Immunology Frontier and innovative techniques	2
Composition of immune systems	Primary immune organs Secondary immune organs Development of immune cells Evolution of immune system	2
Innate immune systems	Pattern recognition Cytokine Chemokine Adhesion molecules Innate immune cells	5
Antigen recognition	Antigen presenting cells MHC Antigen processing and presentation Generation and properties of TCR and BCR	4
T cell-mediated immune responses	Development of T lymphocyte T cell activation T cell subsets	3
Innate lymphoid Cells	Nature killer cells Innate lymphoid cells Innate-like T cells	3
B cell-mediated immune responses	Development of B lymphocyte Thymus-dependent B cell immune response Thymus-independent B cell immune response Humoral immunity	3
Complement	Concept and characteristics Activation pathways of complements Regulation of complement activation Biological functions of complements	2
Infection and Vaccine	Infectious immunity Vaccines Mucosal immunity	4
Immune disorders	Immune tolerance Autoimmunity and autoimmune diseases Allergy	4

续表

Modules	List of Topics	Suggested Hours
Transplantation and tumor immunology	Transplantation Tumor immunology	4
Total		36

第三部分

高等学校生物科学类专业拔尖创新人才培养典型案例

1. 北京大学

探索书院培养，发扬传承创新

葛丽丽　赵文迪　宋艳

一、探索书院制人才培养体系

北京大学生命科学学院创建"鹿鸣书院"，积极探索书院制创新拔尖人才培养模式。"鹿鸣书院"秉持"名师引领、学科交融、自我发现、多元发展"的教育理念，旨在培养兼具广博知识、创新思维与自信心，并能把个人价值与国家发展结合起来的高级生命科学人才。"鹿鸣书院"已开辟400余平方米活动空间，均在学术大师和名师的实验室附近，并依托学院根据科研方向划分的6个教研室运行及管理。

1. 导师引领

"鹿鸣书院"为每位本科生配备一名学术导师。在名师引领下，书院不同专业方向开展着不同内容、频率和形式的学术活动，风格多样，各具特色。导师的配备由学生自主选择，不限于本院教授，专家组将对学生自主选择的导师审核把关。此外，学生可根据自身兴趣，在学院6个教研室14位教研室主任、专业辅导员和6位班导师的指导下，在全校理科院系专业课范围内选择课程和科研实践。

2. 本研衔接

"鹿鸣书院"积极探索"4+4"本博直通、"强基计划"等本博贯通培养项目，将教师对学生的科研指导从研究生阶段延伸到本科生阶段，拔尖学生得以在大师的引领下快速成长。2022—2023学年，学院共有7位本科生获录取"4+4"本博直通项目，大四阶段即开启研究生培养。强基生转段率为100%，接收率为91%。

3. 个性培养

"鹿鸣书院"高度重视本科生学习科研的兴趣和意向，致力于因材施教，实现个性化人才培养。基于此，"鹿鸣书院"为具备其他基础学科坚实基础知识的学生，在生物信息学专业开设个性化培养方案，旨在全方位助力学生的成长和发展。2023年，学院首批使用生物信息学个性化培养方案的两位2019级本科生已完成学业，顺利毕业。

4. 创新拔尖

自入选拔尖计划1.0起，学院根据国家着眼未来培养拔尖人才的目标，成立了"生命科学强化挑战班"，进行系统性、专业化、国际化的培养，精雕细琢打造生命科学领域未来领军人才。本着开放的态度，强化挑战班每年从全校招募新人，从学习成绩、科研经历、学术潜力、挑战意识等方面进行考察遴选。

作为本科生科研训练的旗舰项目，强化挑战班为学生提供丰富的学术活动，主要包括文献研读俱乐部（Journal Club）、暑期科研答辩、强化挑战班年会。2022—2023 学年，强化挑战班共开展三十余场文献研读活动，组织 10 位 2023 年暑期赴国内外顶尖高校及科研机构实习的本科生进行暑期科研答辩。2023 年强化挑战班年会邀请十余位老师和六十余位学生参加，并有 16 位同学的科研成果作了口头报告交流，44 位同学的科研成果作了海报展示。

5. 国际交流

学院鼓励学生赴国际一流实验室进行暑期科研实习，这不仅是学生开阔国际视野的有效途径，更是学生今后选择正确科研道路的有效练兵。2023 年学院 9 名本科生出境参加国际会议，10 名本科生赴国际知名大学进行暑期科研实践，6 名本科生进行为期半年的国际学习交流。同时，学院还邀请国内外多所高校和研究机构的三十余位教授作学术报告、参加文献研读活动交流，使学生足不出校即可与国际学术大师交流学习。

二、致力一流专业建设

1. 建设一流本科课程

目前，学院共有 8 门课程获得国家级一流本科课程认定。"生物信息学：导论与方法""生物进化论""生物数学建模""生物学概念与途径""生物演化"和"细胞动态虚拟仿真实验——被子植物双受精"6 门课程获得首批国家级一流本科课程认定。"生理学（上、下）"和"遗传学实验"2 门课程获得第二批国家级线上一流本科课程认定。

2. 推进慕课建设

为满足学生未来多样化的学习需求，提升教育质量，学院积极推进教学方法创新，引入现代化的教育技术，建设慕课资源，探索支撑学习方式变革的新型教学模式，培养更多具备卓越能力和综合素养的人才。

目前，学院已上线慕课 8 门，分别为"生物信息学：导论与方法""高级神经生物学""生物学概念与途径""生物演化""生理学""生理学实验""遗传学实验""生物化学实验"；已立项慕课 2 门，分别为"生物化学""人类的性、生育与健康"；获批 2022 年北京大学混合式课堂重构项目的专业课程 36 门，其中专业核心课程 19 门。

学院现已全面启动 4 门英文专业核心课程的慕课制作，分别为"遗传学""分子生物学""生物化学""细胞生物学"。英文专业核心课程的慕课建设，将为我校生物学科跻身国际一流水平，打下坚实基础。

3. 积极引导专业教材建设

学院贯彻教育部和北京大学等文件要求，根据学科特色和人才培养需求，发挥科研和人才优势，遵循"优质、经典、特色、新颖"的原则，积极推进学院教材建设，鼓励教师积极参与教材编写，开展数字教材建设，打造精品专业教材。

学院积极参与生物科学"101 计划"，目前 11 种生物科学专业核心课程教材中，5 种由学院教师参与主编，分别为《普通生物学》（主编：赵进东）、《生物化学》（主编：昌增益）、《细胞与分子生物学》（主编：陈建国）、《生理学》（主编：王世强）、《神经生物学导论》（主编：饶毅）。

2023 年，学院赵进东老师主编的《陈阅增普通生物学》（第 5 版）正式出版。学院董魏老师负责的《基础动物组织学与胚胎学及实验》获得 2023 年北京大学数字化教材建设立项。

三、开设"五育"并举课程

为了培养人格健全、德智体美劳全面发展的拔尖人才,学院还开设了"五育"并举的优质课程,以加强思想品质、学术规范、拼搏精神以及美育和劳动的全面教育。

1. 课程思政建设

教师在书院日常教学中,积极融入思想政治教育相关内容,结合专业特点推进课程思政建设。目前,"生理学"被认定为北京市课程思政示范课程,"生理学""生物化学"和"人类的性、生育与健康"被认定为北京大学课程思政示范课程。学院被评为"北京大学课程思政示范院系"。

2. 综合素质培养课程建设

书院在综合素质培养方面开设了多个系列的优质课程。

科研引导与学术规范类课程:学院开设的以科研前沿、科研实践、科研规范指导等为主题的科研类课程,在规范的课程框架内,加强对本方向书院内学生的学术引领。

分阶实验教学体系:学院不断完善"普通生物学实验"、六大专业核心实验课程和高阶生物学实验的实验课程体系,加强学生对本专业通用实验技能的掌握及运用,为学生在某一专业领域的发展,奠定良好的实验操作、专业技能和科研创新性思维。

劳动实践类课程体系:学院开设的劳动教育(模块)课程,为学生提供开阔视野、磨砺身心,增强动手意识和动手能力的训练机会,从而树立坚韧不拔的劳动观念,培养吃苦耐劳的意志品格,认识光荣伟大的劳动价值。

多元实践课程体系:学院开设科研、创意、工程、美学、劳动、产业等多元实践类课程,并将德育、体育、美育、劳育融入专业实践课程当中,使学生德智体美劳全面发展。

四、探索等级制成绩评定方式

为引导学生正确对待学业,培养专业兴趣、树立未来目标,避免唯成绩论造成的内卷压力,学院于 2022 年起在 2020 级及之后的学生试行等级制成绩评定方式,并使用优秀率和优良率替代 GPA。目前学院开设的所有课程均可以通过等级制进行成绩评定。调查结果显示,88% 的学生认为试行等级制成绩评定方式"降低了内卷压力",83.33% 的教师对目前等级制成绩与百分制成绩,以及绩点的对应关系表示满意。

教育的艺术不在于传授本领,而在于激励、唤醒和鼓舞。学院将积极落实立德树人根本任务,坚持以每一位学生成长为中心,最大程度帮助学生寻找志趣、发现特长、提供资源、挖掘潜能,培养具有扎实专业知识、广博通识底蕴、无限创新意识的杰出生命科学人才!

2. 清华大学

精心培植，肆意生长——回望学堂班

刘栋

作为培养创新人才的一种育人模式的探索，生命学院于 2011 年成立了以清华大学历史上第一幢教学楼——清华学堂命名的"清华学堂生命科学实验班"（以下简称为学堂班）。学堂班的宗旨是：为对生命科学具有强烈兴趣并立志在生命科学研究领域有所成就的学生提供一个独特的学习平台。通过灵活的课程设置、富有挑战性的科研实践、优秀科学家的指导及多种渠道的国际化交流等手段，力争将其培养成为未来生命科学领域杰出的研究人才。

学堂班面向生命学院本科二年级学生招生，通过书面申请、面试等环节，每届选拔 20 人左右。施一公老师出任首位学堂班首席教授，下设一个由六位老师组成的指导委员会，负责学堂班的日常运行，包括学堂班学员的选拔、评估及组织各项学术活动。2021 年，时松海老师接任学堂班首席教授。现任指导委员会老师包括刘栋（主任）、李珍、杨杨、梁鑫、周帆和米达。

学堂班成立以来，秉承"价值塑造在先，夯实学术基础，拓宽思维疆域，朋辈相互激励，支持多元发展"的办学理念，来培养学员们的志趣、品位、视野、格局和情怀，使之成长为一群具有较强创新能力的肩负使命、追求卓越的人。

一、价值塑造在先

学堂班成立之初，指导老师们就达成了一个共识——学员们未来能走得多高多远，其价值观起着决定性的作用。为此，学堂班通过组织各种活动，来塑造学员们的价值观。在每一届学堂班成立仪式上，施一公和时松海老师都会和学员们开展对话，进行深入的交流。他们平时的言传身教也为学堂班学员们树立了很好的榜样。

学堂班每年都会邀请一位德高望重的科学家和学员们分享他们的学术人生。2020 年，北京大学原校长、著名植物生理学家许智宏老师，与学员们分享了他的科研生涯和教育理念。已届八十高龄的许智宏老师在长达两个半小时的交流活动中，始终在讲台前站着讲课，令学员们十分感动。报告结束后，学员们感慨道："在许老师身上，我们看到了什么是视野、格局和胸怀，什么是伟大的人格。"

学术年会是学堂班一年中最重要的一次学术活动，也是对学员们进行价值塑造的重要场合。每届年会上，学堂班都会邀请一位杰出的学者担任年会嘉宾并发表演讲。在首届年会上，杨振宁先生向学员们回顾了他的求学生涯，展望了未来科学发展趋势，并积极鼓励学员们投身生命科学研究。在 2021 年的学术年会上，著名生物化学家王志珍老师和学员们分享了许多鲜为人知的诺奖级科研故事。她还生动地讲述了 20 世纪五六十年代的中国科学家是如何在极其艰难的条件下,完成了牛胰岛素人工全合成的壮举。

学堂班每年都会举行《陈寅恪与傅斯年》的读书讨论会。讨论会上,学员们会分别从不同的角度,来讲述老一辈知识分子的为人为师之道,他们身上所呈现的风骨、操守、担当和使命感,并重温什么是"独立之精神、自由之思想"。

除了这些定期的活动以外,对学员们的价值塑造更是体现在平时和老师们的交流之中。学堂班每位学生都会分配给一位指导委员会老师,师生每月定期交流一次。这样潜移默化的交流互动使学员们对科研和人生的看法发生了改变,生动地体现了"大鱼前导,小鱼尾随"的从游文化。

二、夯实学术基础

学堂班始终把严格的学术训练放在重要地位。经过前两年的探索,学堂班已经建立起了一套较完整和严格的学术训练制度。学堂班每周六下午在清华学堂内举行各种学术活动,包括学术前沿讲座、和优秀科学家交流、学术沙龙、文献讨论会、开题报告、科研午餐会等。

学术前沿讲座和与优秀科学家的交流带领学员们打开未知领域的大门,拓宽知识体系。每年学堂班会举办 5~6 次学术讲座,邀请国内外的优秀科学家来介绍各自研究领域的最新进展,分享关于科学研究的经验和思考,科学家在社会中扮演的角色,以及如何平衡事业和家庭等。在过去几年中,和学员们进行交流的有诺贝尔奖获得者、美国科学院院士、国内外优秀华人学者等。学堂班成立以来,已举办这样的讲座 50 余场。

学术沙龙帮助学员们提高自我学习的能力。刚进入学堂班的新学员们自行组队确定选题和查找资料,在学堂班内举办一次高级科普讲座。在每次报告的筹备过程中,指导委员会的老师们都会与学员们进行深入讨论,在多次演练彩排中帮助学员们取得进步。

每月一次的文献报告是每位学员的必经训练。每次报告会前,都会有一位指导委员会老师对报告人进行专门辅导。报告会开始前先由辅导老师为学员们作一个综述,然后全班学员分到三个教室分别举行报告会。每个教室都有一名指导委员会老师现场主持讨论。学术沙龙和文献报告会不仅极大地提高了学员们的逻辑思维和批判性思维能力,而且也使学员们的演讲技巧有了质的飞跃。

在实验室开展真刀实枪的课题研究,是学堂班最重要的一项学术训练活动。每位学员从大三第一学期开始进入各个实验室,在实验室首席研究员(PI)指导下相对独立地开展为期一年的课题研究。学员们每月提交一次工作总结报告,在大三第二学期撰写开题报告并进行口头答辩。在月度报告中和课题结束的答辩时,相比于研究结果的多少,指导委员会老师们会更注重学员们对实验结果及实验过程的分析能力、实验设计及解决问题的能力。大三课题研究结束后,学员们会留在原来的实验室或去新的实验室继续进行课题研究,直至毕业。

大三结束的暑假,学堂班每一位学员会赴海外知名的高校或研究所,进行为期两个月的课题研究。通过暑研活动,学员们不仅仅是去学习前沿的科学技术,更是放眼看世界、了解国际一流实验室的研究氛围、理念、育人模式和不同文化的机会。海外暑研结束后,学员们须参加课题答辩和提交思想汇报,并将研究成果在清华大学"生命科学和医学"博士生论坛上以海报或口头报告的形式进行展示交流。

在每年 5 月举行的学术年会上，毕业班的学员将对过去两年所做的研究课题进行最终答辩，并将研究结果按照学术杂志的标准格式写成论文。在学堂班里，文献报告、开题报告、毕业答辩和毕业论文撰写等，均以全英文进行。

三、拓展思维疆域

学堂班积极鼓励学员们开阔视野，拓展思维的疆域。学堂班中有约一半学员选修了二学位或辅修专业，涉及的学科包括哲学、心理学、管理学、数学、计算机、自动化、人工智能、产品设计和音乐工程等不同的方向。学堂班也专门邀请一些从事交叉学科研究的老师向学员们传授新思路与新知识。2020 年，清华大学航空航天学院冯西桥老师以骨力学、肿瘤力学、微管动力学等研究方向为例，向学员们讲解了生物力学的具体研究范式以及其研究结果对了解人类疾病发生机制的意义。2021 年，中国科学院生物物理研究所许瑞明老师结合自己师从杨振宁先生的经历，分享了如何从物理学转向表观遗传学研究的心路历程。

除了鼓励学员们在科学研究上进行学科交叉，学堂班也十分重视通识教育和人文艺术的浸润。学堂班向每一位学员赠送一些人文书籍，包括《新雅中国史八讲》《欧洲文明十五讲》《中国哲学简史》等。每年组织学员们在新清华学堂欣赏高雅艺术，如歌剧《图兰朵》、芭蕾舞《天鹅舞》、昆曲《牡丹亭》等。2022 年，和哲学学堂班联合举办了交叉论坛。过去几年中，学堂班还邀请了美术学院李睦教授为学员们作艺术欣赏系列讲座，和学员们分享他对艺术创作的思考以及敢于突破传统思维藩篱的重要性。学员们还在李睦老师的指导下进行绘画实践。

四、朋辈相互激励

朋辈相互激励是学堂班学员们成长过程中的一个重要推手。一群怀抱学术理想的优秀学子，每周六下午聚集在具有深厚历史底蕴的百年学堂内，相互切磋交流，碰撞出思想的火花。学员们之间的相互学习、相互鼓励，一起分享经验、展望未来，极大地激发了大家追寻理想的热情，也培养了学员们之间深厚的友情。一届又一届的学员们即使毕业后走出学堂，像种子一样撒向世界各地，互相之间却依然保持着各种联系。已经毕业的学长学姐都会热情地帮助学弟学妹们联系出国暑研，传授留学申请经验，或回学堂班与学员们分享学习和科研经历，鼓励大家不惧未来，勇敢前行。在学堂班毕业纪念册上，可以看到学员们这样的留言：

"在学堂班，我不仅科研素养上得到了熏陶，完成了些成长，从对学术仅有些朦胧向往的新生变成了多少懂些门道的科研起步者；更收获了很多志同道合、能激荡头脑的伙伴。"

"在学堂班营造的独特氛围中，我们探讨科学问题、学术人生是如此自由畅快，不带任何功利色彩；我们也相互帮助，并将这种精神无私传承下去。"

"在学堂班里，榜样的力量是那么耀眼，鞭策我一刻不停地前进，最终去实现自己的理想。每次和学员们交流、探讨学术的时候，总觉得看到了各位十年后的模样。"

"在学堂班里，我感受到了家一样的温暖。愿我们志存高远，脚踏实地，聚是一团火，散是满天星。"

五、鼓励多元发展

在专业和人生道路的选择上,学堂班积极鼓励学员们遵循自己的内心,释放出自己最大的潜能,肆意生长。

以 8 字班为例,付嘉乐曾分别在心理学系和外文系老师指导下,通过数据科学方法,发现音乐信息的感知存在心率和皮肤电等生理表征,毕业后赴牛津大学深造,继续用大数据方法,研究疾病生成原因。刘商鉴在大三时,就开始在集成电路学院的课题组,研究利用石墨烯场效应管来进行肿瘤标记物检测,留校读博后开展人 – 机交互项目的研究。童昊天在研究一个植物学课题之余,还在斯德哥尔摩大学的 Dag Westerståhl 教授指导下做逻辑学相关的哲学二学位毕业论文,他目前就读于新加坡国立大学医学院,未来希望成为一名"无国界医生"。

9 字班林希颖在经过两年的学习后,发现自己的真正兴趣是在宏观生物学。于是从大三开始,她主动跟从北京大学的吕植老师作关于三江源地区雪豹栖息地和迁移廊道变迁的研究。她还修读了新闻学二学位,三年来一直坚持读书写作,在学校和社会都曾发表过有一定影响力的新闻报道。2022 年,获得清华大学本科生特等奖。

学堂班的建立,使得一批有志于学术研究和开拓创新的优秀学生聚集在一起,相互激励,共同成长。在众多优秀科学家的悉心指导和学堂班导师们的精心培植下,他们逐渐找到了自己热爱的方向。至今学堂班已毕业 232 人,其中 95% 的学员继续读博深造,74% 的学员在国际知名高校和研究所学习。在早期毕业的学生中,已有在国内外知名高校担任教职的,或自己创办公司及在知名企业担任重要职务。在清华大学公卫学院担任助理教授的李冠乔,获北京市"科技新星"称号。刘楠在清华大学本科毕业后,继续留在清华大学读博和完成博士后训练,目前已获聘香港大学助理教授。兰宇轩在加州大学伯克利分校毕业后,回国创办生物技术企业"微构工场",2023 年入选福布斯评出的 30 位 30 岁以下的优秀创新企业家。正在读博和从事博士后研究的许多学堂班学生,也已做出了国际一流的研究成果。

如今,学堂班已经走过了十三个春秋。回望学堂班走过的道路,可以用两句话来形容:"老师们倾全力精心培植,学子们怀梦想肆意生长。"在帮助学员们为未来学术创新打好基础的同时,学堂班更希望学员们能培养起成熟的心智、健全的人格、高尚的情操和强烈的家国情怀,成为一名有责任担当和胸怀天下的知识分子,为国家和社会作出自己应有的贡献。

致谢

感谢教育部、清华大学教务处和生命学院对学堂班的大力支持。感谢施一公、时松海老师作为首席教授对学堂班的引领。感谢生命学院各位首席研究员在实验室对学堂班学生开展课题研究的辛勤指导。

最后,特别要感谢学堂班指导委员会过去和现任的各位老师对学堂班工作的倾情付出。在学堂班担任指导委员会老师的还有王新泉、颉伟、葛亮、管吉松、张强锋、鲁志、那洁、朱听和张贵友老师。

3. 中国农业大学

立足生物基础学科，培育知农爱农优才

王娜　于静娟　孙德昊

一、以先进育人理念为支撑，培养知农爱农领军人才

1. 依托优质平台，明确育人理念

中国农业大学生物学基础学科拔尖学生培养基地为适应国家粮食和食品安全、人类营养与健康基础科学问题研究和生物产业发展对生物科学人才需要，着力培养在生命科学领域基础和应用研究中具有国际竞争力和"厚基础、强科研、重创新、有情怀、可担当"的高素质拔尖创新领军人才。

依托生物学院"生物学国家理科基础科学研究与人才培养基地"和农业生物技术、植物生理学与生物化学两个国家重点实验室，农业农村部土壤微生物重点实验室，国家级生命科学实验教学示范中心的强大教学科研基础，坚持"育人为本、教学当先、科研促教、科教强院"的育人理念，积极探索新时代教育教学改革的有效载体与途径，培育服务国家和全人类健康事业的拔尖创新人才。

学院以 2023 年全校培养方案修订为契机，系统梳理生物科学专业全部知识目标、能力目标和育人目标，进一步完善人才培养体系，将能力导向的育人理念融入培养方案。

2. 统筹育人资源，形成育人合力

学院以学生全面发展为目标，统筹发挥第一课堂与第二课堂的育人功能。加强课程思政建设，激励学生把自身价值的实现与国家发展紧密联系起来，把远大的理想抱负和所学所思落实到报效国家和应对人类未来重大挑战的实际行动中。设立 5 个服务中心，建立系统育人工程，有效促进德智体美劳全面发展高素质拔尖创新人才培养。加强"学生促进教学委员会"等平台建设，有效衔接第一课堂与第二课堂育人的协同作用，共同努力促进学生健康成材。

3. 深化科教融合，培养创新人才

学院全方位抓好"基础学科的拔尖创新人才培养"，在完备的科研训练体系和丰富的执行管理经验基础上，依托学院拥有的优势科研资源，要求学生主持参与自主性创新项目和多实验室的"轮训"工作，促进学生科研综合素质的全面提高。鼓励和支持学生参加国内外的学科竞赛和竞争。

4. 思政育人质量引领，耕读教育融入行动

全面践行"课程即思政"理念，促进"大国三农"品牌课程、教材的建设，巩固深化"双融合、双促进"工程，推动党建与业务深度融合，将知农爱农思政教育全面融入育人的各个

环节。充分发挥耕读教育树德、增智、强体、育美等综合性育人功能。有机融合劳动教育,建设"知识、认知、实践、文化"四位一体的耕读教育体系。设立"耕读教育月",依托第二课堂开展丰富的耕读文化活动,打造校园文化名片。

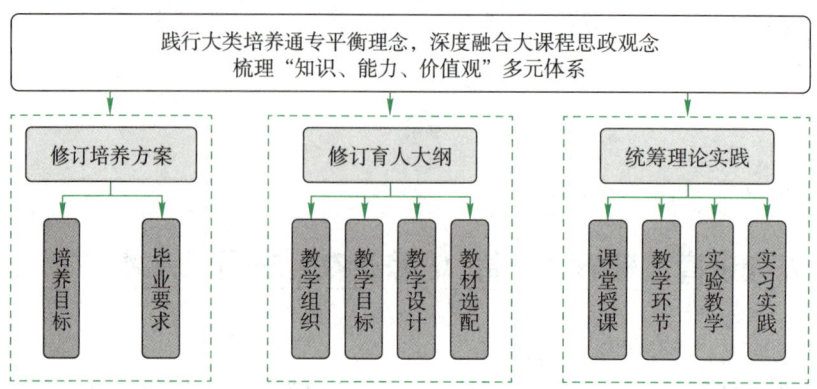

二、完善基层教学组织,持续深化课程改革

1. 创新教学管理模式,系统规划课程建设

生物学院 2010 年成立教学中心统管课程建设和人才培养,经过 10 余年的持续建设不断完善,形成制度化、规范化的教育教学管理长效机制,以制度规范流程,以流程规范行为,以行为优化管理。目前已经形成了完善的"两层三级基层教学组织"和适应拔尖创新人才培养的创新型教学管理模式,以教学中心为核心,统管理论课和实践课、课程运行和教学改革,由教学委员会、教学视导组、学科导师和学生促进教学委员会充分发挥反馈监督作用,下设 5 个系列课程团队和 60 个课程团队,统筹学院学术骨干积极投入本科生教学,成为本科生核心课程的中坚力量,全面提升课程建设水平。

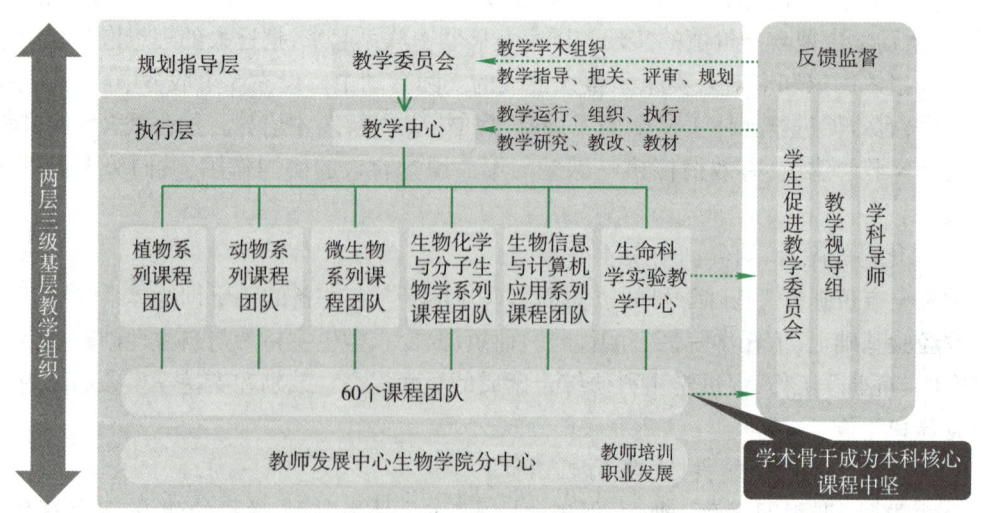

2. 着力细化课程团队,打通教学最后一公里

发挥基层教学组织制度和教学管理模式优势,不断优化课程团队配置,强化科研成果转化教学,提升课程高阶性和创新性,以名师引领课程深度和教学设计的融合提升,全面提升课程建设水平。学院现有市级教学名师 4 名、校级教学名师 4 名、宝钢优秀教师 5 名。

同时由核心课程延伸出"生命科学导论""身边的生物化学""生物之美赏析与实践"等多门全校核心通识课,将优质的教学资源和教师资源向全校各专业辐射。

经过持续建设,植物基因工程实验技术(线下,校内唯一实验类课程,2020)、植物学(线上,2023)、生命科学导论(线上,2023)3 门课程获评国家级一流本科课程,生物化学(下)(2019)、植物学 A(2019)、生命科学导论(2021)、生物化学(上)(2022)、分子生物学(2023)5 门课程获评北京高校优质本科课程称号,植物生理学(2019)、遗传学 B(2023)2 门课程获得北京市高校优质本科教材课件奖。

三、打造优质师资培育体系,多层次提升教师教学水平

1. 三制两坊一中心,青师培育系统化

生物学院青年教师实行三证上岗制、课程团队负责人制和学科导师制。

① 三证上岗制:在学校《教师资格证》和《教师教学研修结业证书》基础上,新入职教师必须跟随课程团队通过 1～2 年的教学培训,包括听课、参与课程团队研讨活动等,并经过团队内试讲专家审核,通过全部培训方可取得《生物学院青年教师教学培训证书》,获得三份证书后才能够承担本科课程教学任务。

② 课程团队负责人制:选聘领军专家和名师作为课程团队负责人,负责课程建设和团队教师培训,青年教师根据学术专长加入课程团队,通过基层教学组织保障教师教学水平。

③ 学科导师制:选聘德高望重的名师作为学科导师,强化师德师风引领、传承教书育人优良传统和与时俱进的教育教学理念。建立名师工作坊和青师成长工作坊,通过交流、辐射、共享教学经验,促进青年教师快速成长。

学院于 2019 年成立教师发展学院分中心以来,以师德师风建设为基础,多元化教师培训为抓手,以青年教师教学能力提升为重点,创办教师培训系列品牌活动,每年举办各类教学交流研讨活动 40 余场,涉及教师 500 余人次,全面促进全体教师水平的提升。

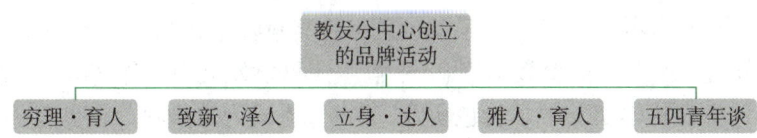

1 人获得北京市三八红旗奖章,8 人获评国家级人才称号(2022 年、2023 年),5 人获评北京市优秀基础课主讲教师,1 人获评北京高校本科优秀教学管理人员,2 人晋升为教学型教授,1 人晋升为教授级高级实验师。并获得校级教学成果奖特等奖 1 项,一等奖 2 项,二等奖 5 项。

2. 思政引领,以赛促教,提升育人水平

自 2020 年起,多次主办院级课程思政案例比赛,通过设立单项奖等方式,引领教师深度挖掘具有院校特色的课程思政案例。

01 爱国情怀单项奖 爱国,是人世间最深层、最持久的情感,是一个人立德之源、立功之本	**04 文化自信单项奖** 文化自信是更基本、更深沉、更持久的力量
02 稼穑精神单项奖 农耕文化、农耕文明是中华民族对人类文明的重要贡献,解民生之多艰是农大百余年办学的不变追求	**05 求真务实单项奖** "爱国、创新、求实、协同、育人"是新时代科学家精神的核心内涵
03 科学为民单项奖 科学成就离不开精神支撑,"责任　奉献　科学　为民"为核心的曲周精神	**06 生生不息单项奖** "正德厚生、生生不息"凝结着一代代生院人为国育才、科学求索的实践与风貌

通过制作案例集向教师分发,扩大思政育人案例的辐射示范效应。支撑国家一流本科专业人才培养。构建了以学生成长为核心的实验课程思政体系,形成了"课课论思政,人人思育人"局面。

四、发挥学科优势,建设优质教材,服务创新人才培养

依托生物学院的学科优势和师资优势,通过政策和资金支持导向,促进优质教材建设,近 5 年获批实验教材建设项目 8 项,出版实验教材 6 部,其中《植物基因工程实验技术》数字课程和《现代生命科学实验技术》(第 2 版)新形态教材,入选首批农业农村部"十四五"规划教材。同时加强数字化建设,共建设虚拟仿真项目 5 项、慕课 5 门。

五、优化实践能力培养体系,多渠道促进实践能力提升

学院坚持"育人为本、科研促教、强基创新"的实验教学宗旨,践行"崇尚科学、实事求是、勇于创新、德能双育"的教育教学理念,聚焦生命科学发展对领军人才基础能力的需求,广泛吸收国内外生命科学实验教学特色实践,努力打造成为生物科学创新型人才培养基地,为农业现代化提供基础扎实、动手能力一流、创新能力卓越之人才而踔厉前行。

1. 突破局限,建立特色实践课

突破已有的经典实验课程局限,将植物、动物、微生物、遗传、生物化学、分子生物学和细胞生物学等生命科学大类实验交汇融合,汲取精华,构建形成模块化、项目制、综合性的基础实验课程"基础生物学实验"(上/下),使学生夯实基础技能操作,培养辩证的科研思维。

2. 建设高阶性实验，促进创新能力提升

在原有本科生综合性实验课程和研究生"生命科学研究技术"实验项目库基础上，设计形成高阶实验课程"生物学综合实验"（一/二/三），重点培养专业性强、适应度高、项目制的高阶实验技能，适应学生未来发展规划，促进本研贯通培养的衔接。

3. 建设能力导向教学模式，加速人才成长

依托对分易、雨课堂等在线教学平台，运用翻转课堂教学手段，利用微课、慕课、新形态教材等优质教学资源；开展课前预习、课堂测验、文献研读、分组汇报、问卷调查等过程化学习与考查模式，促进学生通专平衡、全面发展，形成师生共促课程建设与改革新生态。

4. 以赛促学，搭建创新交流平台

积极组织学生参加学术竞赛，邹雪燃等 4 人在全国大学生生命科学竞赛中获得三等奖，龚玮等两个项目分获北京市大学生生物学奇思妙想竞赛二、三等奖，在北京市生物学基础知识竞赛中获得一等奖 3 人、二等奖 9 人、三等奖 12 人。积极参加"提问与猜想"活动，2021—2022 年连续两年获得二等奖。2019—2023 年国际基因工程机器竞赛（iGEM）蝉联 5 届金奖，2022 年入选全球 Top10 队伍，并获得最佳单项奖提名 3 项，最佳生物制造项目赛道第 1 名。1 人参加美国大学生数学建模竞赛获 S 奖；1 人获得"青创北京"2022 年"挑战杯"首都大学生创业计划竞赛"青创副中心"专项赛道银奖。

5. 举办暑期学校，促进学生跨学科发展

2003 年 7 月，举办了以"AI 与生命科学"为主题的暑期学校活动，围绕 AI 助力生命科学发展组织了 6 个专家讲座，专家分别来自深圳市中农大前沿技术研究院、中国农业科学院、中国农业大学、华为公司和大疆慧飞植保。讲座内容密切结合我国农业生物科学领域的研究前沿，从未来智慧农业的现实问题出发，兼顾产学研和国际前沿进展，给学生提供了一场学术盛宴。

4. 北京林业大学

以森林生物学为特色的林业院校生物学拔尖人才培养机制

张浩林　付玉杰　侯佳音　程瑾　徐桂娟

为深入实施新时代人才强国战略,全面提高人才自主培养质量,提升服务国家区域高质量发展能力,北京林业大学立足自身优势与行业需求,依托北京林业大学国家基础学科拔尖学生培养计划 2.0 基地以及生物科学与技术学院的专业优势,开展北京林业大学拔尖学生培养教育综合改革,建立健全森林生物学拔尖创新人才育人机制,形成具有北林特色的拔尖创新人才培养模式,旨在为我国林业行业培养高质量拔尖人才。

一、全力打造"导师制、个性化、贯通式"拔尖人才培养体系

5∶1 导师团队: 选聘一流师资人才组建中外学术双导师、成长导师、社会导师和朋辈导师的"5∶1"导师团队(即 1 名学生配备 5 名导师)。导师的遴选实行提名制和申请制,经师生双向选择确定导师团,从而组建一支稳定且高水平的导师队伍,为拔尖学生的健康成长和全面发展奠定坚实基础。

个性化培养: 为满足个性化培养需求,学术导师与学生积极沟通,学术导师根据学生兴趣、思维特点和发展目标,制订个性化培养方案,指导开展导师制科研训练。除通识基础课与专业基础课的必修课程,拔尖基地学生可在导师(团队)的指导下,结合知识结构和未来的发展需求选修相关专业课程。选课范围包括全校及北京学院路地区高校教学共同体相关课程、经学校认证的国际课程等。通过个性化培养方案制订,实现因材施教,推动学生个性化发展。

"3+1+X"贯通培养: 为强化人才培养的连续性和快速成才,我们构建"本博贯通"线性化的"3+1+X"培养模式,其中,"3"表示本科前三年;"1"表示进入本研衔接阶段;"X"表示贯通培养研究生修业年限(拔尖基地学生培养模式为 X=5,即本博贯通。学业优异的学生可以提前 1 年申请博士学位,即 X=4)。通过优化课程衔接、设置专项奖学金等措施,鼓励学生在本校生物相关学科开展研究生学习。

二、院校共建"资源共享、深度参与、协同育人"平台

资源共享搭建协同育人平台: 自建校以来,北京林业大学(以下简称北林)就与中国科学院植物研究所(以下简称植物所)保持着密切的合作关系。2015 年植物所与北林生物科学与技术学院签订战略合作协议,共同开办植物科学菁英班,设置菁英奖学金。2023 年植物所与北林生物科学与技术学院签订拔尖学生联合培养协议,进一步深化合作。同年 8 月,

获批北京市本科高校产学研深度协同育人平台。该平台以习近平生态文明思想为引领,关注中国绿色发展,服务首都生态城市建设,注重塑造学生绿色情怀;以北林与植物所专业优势为基础,以森林植物学为核心,双方共享科研与支撑平台资源,将科研优势转化为教学优势,将学科优势转化为培养优势,将资源优势转化为育人优势,全面推进科教融合协同育人,大力提高本科教育水平,促进卓越人才培养,建成了以"绿色情怀"为底色,以"森林生物"为特色、以"科教融合"为成色、以"贯通培养"为亮色,学校主导、科研院所参与的校所一体化协同育人平台。

校所协同深度参与育人全过程:一是共同谋划,参与制订人才培养方案。以创新型人才培养需求为契机,双方积极沟通,研讨制订人才培养方案,细致论证方案的可行性,共同明确育人目标。二是走进课堂,传授学科前沿知识内容。通过举办"北林讲堂""生物科学论坛""林木遗传育种全国重点实验室学术论坛"等,邀请植物所知名专家来校开展前沿研究报告,与学生进行面对面的学术交流,激发学生对森林植物学等领域的学习兴趣,引领学生立志高远、谋略未来。近年来,共计邀请植物所近百位专家入校交流。此外,植物所还为本科生教学提供包含植物园、展览温室等在内的实践基地,支撑"植物学""林木遗传育种""生物学综合实习"等多门专业课程的实践实习。三是贯通培养,探索人才培养新路径。邀请植物所专家担任拔尖基地校内选拔委员会成员,深入参与和把关拔尖学生选拔工作;聘任植物所专家担任学术指导教师,指导学生学术发展;协商学生毕业论文设计指导工作、学生推免或考研等事宜,探索双方"本－硕－博"贯通培养,在注重人才培养质量的同时,为人才发展找到快速途径,促进早成才、成大才。

三、全力推进"一特色、四融合、国际化"核心课程建设

突出森林生物学特色:全面打造具有森林生物学特色的课程体系,开设"森林生物学""森林生态学""森林生物学综合实习"等特色专业课程群,构建具有鲜明林业特色的专业选修课程模块,推进智慧林业、基因编辑与生物育种、森林大食物观等前沿技术和思想深度融入人才培养过程,鼓励学生针对林业发展中的"卡脖子"问题进行开放性研讨,引导学生树立"知林爱林强林兴林"的伟大理想。

开展"四融合"课程改革:全面推动"以学为中心、以教为主导"的课堂教学改革,以生物科学专业的3门专业基础课程与8门专业核心课程为重点建设对象,支持教师开展"四融合"课程质量改革,将教学内容与思政内容相融合,促进教书与育人相统一;将教学内容与国家生态文明建设的战略需求相融合,促进育人与兴邦相统一;将教学内容与实验实践内容相融合,增加学科前沿与国内外研究概况等内容,促进理论与实践相统一;将教学内容与大学生创新训练相融合,促进求知与创新相统一。通过全面课程改革,协同建设"高阶性、创新性、挑战度"的高水平专业课程体系。目前,获评2项国家级教学成果奖及7项北京市高等教育教学成果奖,建成2个国家级一流本科课程(含虚拟实践教学平台)及北京市优质本科课程1项。

推动国际化课程建设:全力加强专业课的双语与全英文课程建设,引进加拿大不列颠哥伦比亚大学与美国加州理工大学的课程教学资源,定制国际化森林生物学课程,引进外籍专

家学者参与课程教学,推动拔尖人才的国际化培养。

建立全链条式耕读教育体系:依托生物科学与技术学院现有植物学、林木遗传育种两个重要涉农涉林的国家级重点学科,发挥食品科学与工程学科优势,建立常见林木果蔬品种选育 – 种植 – 加工全链条耕读教育课程体系,将本科人才培养方案中第一课堂的各相关专业课程先后串联设计,并在第一课堂的专业课程与第二课堂的劳动耕读实践中挖掘结合点,实现并联接轨,实现了第一和第二课堂有机衔接和深度融合,拓展实践育人载体,为学生成长持续赋能。

四、全面推动"导师制、课题式、真题制"科研实践训练

"导师制课题式"科研训练:定期开展学科研究的基础知识培训与实验技能培训,完善学生相关知识框架和科研实验技能。通过开展研讨会的形式,指导学生分享自主学习的研究文献,逐步熏陶学生形成科研探索思路。充分利用多个国家级、省部级优势学科创新平台,依托国家自然基金项目等科研项目,带领学生进驻科研一线,融入攻关团队,担任学术助手,大胆探索科学前沿,以解决林业领域关键科学问题为目标,以科研项目为驱动,以学业兴趣为激励,以学科竞赛为抓手,指导学生开展"真题制"科研创新活动,带领学生在实践中感受科研魅力,践行科教融合协同育人理念。通过"导师制课题式"的科研创新人才培养路径,建立"基础学习 – 指导实践 – 自主创新"三阶段螺旋上升式实践育人机制。

以学科竞赛推动创新人才培养:依托"导师制课题式"的科研训练,导师指导学生总结课题成果,带领学生参加中国国际"互联网 +"创新创业大赛、"挑战杯"大学生课外学术科技作品比赛、全国大学生生命科学竞赛等不同类型大学生创新项目比赛,进行项目汇报与交流,锻炼学生表达能力,提升学生自信心。通过科教融合促进学生创新能力培养,平均每年推动大学生科研项目立项 70 余项,近年来获得国家级与省部级大学生学术竞赛奖项 115 人次,以本科生为第一作者或共同作者发表多篇 SCI 论文。

理实交融，传承科学精神

窦非　董路　李森

一、建设经验

北京师范大学生命科学学院历经一百二十年的发展，培养出以秉志、俞德浚、汪堃仁、王文采、刘瑞玉、孙儒泳、郑光美、王晓东、李蓬等多位院士为代表的一批学术大师，为国家科学事业的发展作出了重要贡献。北京师范大学生命科学学院的生物科学专业是国家理科基础科学研究和教学人才培养基地、首批国家生命科学与技术人才培养基地、首批国家级一流本科专业建设点。本专业拥有1位国家级教学名师、5位北京市教学名师，建成了一个国家级教学团队。本专业重视精品课程与教材的建设，建成4门国家级一流课程，8门国家级精品课、1门国家虚拟仿真实验金课、8门国家精品资源共享课、2门国家双语教学示范课，出版20余部"十一五"与"十二五"国家级规划教材，8部教材获评为国家或北京市精品教材。建设了由国家级实验教学示范中心、生物学野外实习基地和科研创新实践平台组成的完善的实践教学体系。教育改革成效显著，近年来获得8项国家与北京市的教学成果奖。

自2010级开始，北京师范大学生物科学专业全面参与"拔尖计划"培养，至今已招收培养13届拔尖班学生。2021年2月，生物科学拔尖学生培养基地获批为第二批基础学科拔尖学生培养计划2.0基地。围绕"钱学森之问"，将基地建设定位为：面向国家战略需求和生命科学及其交叉学科的基础研究前沿，围绕"质量和创新"教学主线，积极营造"诚信修德、勤勉博学"的学风，将价值塑造、能力培养和知识传承有机融合，致力于培养具有高水平科学文化素质和高尚道德风貌，具有宽厚扎实的理学基础知识和实验技能，富有创新意识和开拓精神，能在基础科学领域从事基础理论和实验技术研究的拔尖人才。基地班秉承"拓宽基础、强化能力、尊重个性、追求卓越"的育人理念，以"注重知识宽厚、注重综合素质、注重个性化发展"为出发点，构建"精心选拔、精英培养、精准辅学"的人才培养新模式。实施科学选拔机制，实现学生自主学习与个性化修读；建设以专业结合通识为特征的高质量理论与实践课程；搭建科研综合素质与创新实践能力培养平台；建立导师学长辅学制，营造有助于创新意识提高的互动式学术氛围，定期举办"治学修身"学术沙龙；拓展提高学生国际化竞争力的途径，保证100%的出国交流机会，有效地保障人才培养质量。

学院所培养的拔尖班的学生普遍具有优异的学习成绩、创新能力和综合素质，多名学生获得国家奖学金等奖励。学生积极参加科研训练，参加科研创新活动与竞赛，例如以基地班学生为主组建的iGEM团队，自2014年参赛至今共获得6金、3银和1铜的佳绩。已毕业的基地班学生几乎全部进入国内外高水平大学与科研院所深造，部分学生已崭露头角，取得了优异的科研成果。

二、创新举措

（一）学生选拔方式

学院遵循基地制定的"尊重意愿、注重潜质、兼顾偏怪"的基本原则,制定选拔方案,选拔人才进入生物励耘基地班。主要使用"高考直接招生 + 入校后自由申请"的选拔方式,在理科基地班本科新生中吸纳拔尖学生,并采取"自愿申请 + 能力测试 + 专家面试"的综合形式对学生进行考核,依据学术兴趣、创新精神、意志品质、批判性思维等素质,选拔志向远大、学术潜力大、综合素质高的优秀学生;同时为具有特殊才能的"偏才""怪才"留出通道,经过学生自荐、专家组考核与推荐、学院审核后,吸纳这些特殊人才进入拔尖学生队伍。我们同时采取动态进出的管理机制,在第二学期通过"自愿申请 + 能力测试 + 专家面试"的形式,经选拔后,在全校范围内吸纳一年级普通班的学生加入励耘基地班。在第一至第三学年,每学年结束时对基地班学生进行考核,将部分不适应拔尖计划培养模式的学生分流到相关专业继续学习。每年都有多位品学兼优的同学通过二次选拔进入励耘班。

（二）人才培养模式

在励耘基地班的专业理论课程教学中,学院以教学名师为骨干,组建课程教学团队,共同备课,小班上课。每一门课程均注重以学生为主体,开展研究性、启发式、讨论式、探究式教学,利用基于问题的学习、小组报告、学习论坛等教学方式,促进学生自主学习,展开积极的思考,参加师生之间与学生之间的研讨,独立或合作完成报告或汇报,培养与提升学习的意识与能力。以首批国家级一流本科课程"基础生态学""动物学""细胞生物学"为代表的一批课程,通过线上线下相结合的方式展开教学,利用 Blackboard 网络教学平台、数字课程云平台、爱课程、中国大学生 MOOC 等平台,安排组织学生进行线上学习,为学生提供丰富的拓展资源,引导学生之间开展讨论和答疑,同时提供丰富的测试题与思考题,帮助学生进行深度学习和测评。

此外,学院还为基地班学生安排了"新生研讨课""文献阅读课"等课程,使学生在有丰富教学科研经验的高水平教师的引导下,充分体验小组式学习、探究式学习等多种学习方式,并有较多机会上讲台进行汇报,提升能力,取得更多收获。

实验课在注重基础知识和技能学习的基础上,创新实验项目,以科学研究思路为线索,设计系列综合性教学实验,使学生在上课过程中能够体验真实的科研过程。同时在进行基础训练的前提下,在课程的最后设计了自主实验的环节,由学生在教师的指导下,自主选题,进行研究型学习。由学生基于已有的知识与技能,利用教学实验室的条件自行设计实验,以个人或小组的形式独立开展实验,解决实验中遇到的各种问题,完成实验报告。基于生命科学学院建设的 7 门实验类慕课与 52 个虚拟仿真项目,所有实验课均开设了 SPOC 课程,通过线上线下相结合的方式,组织学生以在线的方式进行自主学习,观看教学实验的教师演示视频,操作虚拟仿真实验,自我测评,进行相关研讨。

学院注重基地班学生的科研训练,内外结合建设科研训练基地:充分利用学院已有的国家级和省部级的野外科学观测研究站、重点实验室等科研资源,以本科生科研创新项目、毕业论文等为切入点,完善实验室向学生全面开放的机制,为学生开展科研训练和完成毕业论文提供了强有力的保障。同时积极与北京生命科学研究所、中国科学院各研究所合作,建设了"学研"结合的人才培养基地,接纳并指导学生开展一流的生命科学研究。学院教师绝大多数都是生物学与生态学专业一线的科研人员,能够将学术研究与本科科研训练相结合,提升了科研训练的研究性、专业性和前沿性,为人才培养提供了质量保障。生态学领域的教师将其研究课题、研究方法和研究设备直接用于学生的科研训练,使其野外实习研究达到国内领先水平。生物学研究领域导师的实验设计基于科研发展前沿,确保科研训练的先进性和创造性。建立导师与学长辅学制,营造一流学术环境与氛围,引领学生体验学术真谛;倡导创新课题自主实施,使学生真正体验科研全过程;举办知名专家学术前沿大讲堂、优秀学长成才报告会及拔尖学生学术交流年会等活动;鼓励学生参加各级各类境内外学科与科技竞赛。多种方式有机结合,激发学生创新动能,多层次塑造和培养学生创新意识与科研能力。

在国际交流方面,开展了双语教学和全外语教学,紧跟学术前沿,及时调整培养内容与方法;引用新版外文专业教材,实现教学内容国内外对接;建立短期访学和学分互认机制,聘请国外专家开设小学分课程、中加联合野外实习、参与国际高水平创新大赛等,提高学生的国际学术竞争力。我们连续多年开展了"珠峰计划"国际慕课学习项目,鼓励成绩优秀的基地班同学在国外慕课平台上进行课外拓展学习,开阔视野,提升学科素养与专业能力,培养研究兴趣,挖掘科研潜力。

(三) 质量保障机制

学院成立了由党政领导、系主任、教学名师和学术骨干组成的拔尖学生培养工作委员会,负责拔尖学生的选拔与管理、拔尖学生培养方案的修订与实施、导师团队的建设等工作,并对导师队伍、教学质量、经费使用等进行监督。我们选派富有经验的优秀教师及学院党政一把手担任基地班的班主任,负责班级的日常管理和协调联络工作。同时改革了教师激励办法、学生奖励办法、教学管理办法,加大对参与计划的教师、学生的激励力度,对于积极投身拔尖创新人才培养改革的教师予以政策制度保障。在评定奖学金、科研项目申报、研究生推免、直博生选拔、出国进修、公派留学等方面对基地班学生给予政策倾斜,为其成长提供良好环境和完善的政策保障。

学院建立了完善的质量监控体系,从教师、学生、管理人员等层面,确立相应的规章制度,明确职责定位,对日常教学工作进行全方位、动态的监控,保障教学秩序的良性运行。我们通过学生评教、督导听课、领导听课、同伴评价等方式,对全部课程的完成度、学生满意度、授课内容的科学性、教师的授课情况等进行全面的评价,并形成文字性的评价记录,通过互联网实时传送学生评价的情况,方便任课教师进行查阅和改进。我们严格毕业论文的过程管理,组建包含所有指导教师的导师团队,组织学生的开题答辩,中期检查答辩、论文答辩前的答辩资格评审和论文答辩,便于导师组及时把握学生的情况,有针对性指导学生。我们密切关注毕业生的毕业与深造情况,通过向毕业生发放《本科毕业生社会需求与培养质量调查问卷》,生成《就业质量报告》的方式,对毕业生质量进行跟踪调查,密切关注毕业生能力与知识、专业评价、课程评价、就业状况、深造情况等信息。

博学笃志　格物明德

——基于科教融合和追求卓越的理念培养生物科学拔尖创新人才

张蕾

中国科学院大学生命科学学院的前身为中国科学院研究生院生命科学学院,成立于1978年,是国务院学位委员会首批生物学一级学科硕士、博士培养点。学院由中国科学院生物物理研究所牵头承办,与中国科学院动物研究所、遗传与发育生物学研究所、植物研究所、微生物研究所、基因组研究所、心理研究所以及学院校部共建。通过科教融合的组织框架,实现了人力、空间、设施和平台的整合,以雄厚的科研实力和资源支持一流的教育。学院自2014年起开始招收生物科学专业本科生,集中最优质的资源,以学生为中心,持续改进培养模式,努力培育具备扎实专业功底、突出创新能力、胸怀祖国、放眼世界、德才兼备的生物科学领军人才。

一、选聘一流科学家,全程参与本科教育

1. 杰出科学家出任本科生学业导师

学院聘任了157位年富力强的一流科学家作为本科生的学业导师,通过师生双选为每位本科生配备学业导师,全程全方面关心和指导学生的学业、科研、深造等。在培养的不同阶段,学生可以有多次自主选择/更换导师的机会,包括大一的学业导师,大二科研实践Ⅰ导师、大三科研实践Ⅱ导师、大四毕业论文导师。此外,学生还可以到感兴趣的其他老师课题组学习。比如,2015级本科生黄健怡曾在学业导师王江云教授等的指导下,到中国科学院生物物理研究所、微生物研究所的7个不同实验室学习和实践,涉猎表观遗传学、结构生物学、微生物学、合成生物学等多个学科领域。在导师指导下,确定在系统与合成生物学方向继续发展,毕业后她申请并获得了美国加州理工学院的全额奖学金继续攻读博士学位。

2. 知名科学家执教本科课程

执教本科课程的72名教师全部具有高级专业职称,包括教授64人、副教授8人。生师比1.72:1。学院由一流科学家讲授的课时约占全部专业课程课时的30%。学院提倡教师在强化课程基础知识的同时,将科学发展史、最新科研成果、前沿学科动态、创新科研方法融入教学,使课程内容与科学前沿接轨,与时俱进,鼓励教师自编讲义和教材。比如,杨焕明院士讲授的"组学概论与技术"课程采用他本人编写的《基因组学》作为教材。

坚持小班教学,在教学中了解学生的品格特质,开展个性化培养。比如,免疫领域知名专家、国家973项目首席科学家秦志海教授在讲授"免疫学"课程中,发现2014级本科生杨

泽诚对免疫学表现出浓厚的兴趣,就推荐其阅读免疫学方面的文献,拓展相关知识;指导他在中国科学院感染与免疫重点实验室开展科研实践,参与课题组的研究项目。在秦老师的指导下,杨泽诚学会了如何将书本知识应用于实际研究、将看似失败的实验结果转化为新的研究起点、归纳总结研究结果。毕业前作为共同第一作者将研究成果发表在 *RSC Advances* 期刊上。毕业后,杨泽诚申请并获得全额奖学金赴国际顶尖免疫学研究机构——美国 MD 安德森癌症中心攻读博士学位。

二、"以学为中心",开展教学改革

注重启发式教学,强化教师的引导作用,开展翻转课堂、研讨、讲授 + 实践等教学模式改革。如"细胞生物学"课程设置了讨论课和专题课,引导学生自发分组,聚焦生命科学前沿热点,指导学生收集和阅读文献,通过分组口头报告的方式实现"翻转课堂";组织专题报告,针对课程的重要知识点进行拓展教学。又如"进化生物学"在每年开课之初,都向同学们征集感兴趣的希望任课教师在课上介绍、讲解或讨论的三个问题和疑问,继而把收集到的问题、疑问融入课程教学之中,形成让学生"参与设计课程"的教学模式,引导学生自主学习和探究科学问题。学院还鼓励教师在布置作业和考卷命题中,采用非标准答案题目,以便考查学生融会贯通、综合分析的能力。

三、坚持兴趣导向,鼓励学科交叉

学院鼓励学生拓宽学术领域,支持学生跨专业学习,促进学科交叉。2014 年以来,近 30% 的本科生在主修生物科学的同时辅修其他专业。科教融合办学机制打造了没有围墙的校园,学生能够到不同研究所、多个领域学习探索。例如,2015 级本科生邓赟在读期间辅修数学专业,参加美国大学生数学建模竞赛、北京市高校百科知识竞赛等科技竞赛;大三下半年到美国哥伦比亚大学访学;到中国科学院动物研究所参与"农业虫害鼠害综合治理研究国家重点实验室"的科研工作,并将本科期间的科研成果发表在 *Nature Communications* 期刊上。邓赟毕业时取得了生物科学和数学双学士学位,收到了哈佛大学等 7 所一流大学全额资助攻读博士学位的录取通知,最终他选择了在加州大学伯克利分校学习最感兴趣的整合生物学专业。又如,2016 级本科生李金洋根据个人兴趣选修了多门计算机课程;大二到中国科学院心理研究所学习利用心理物理学方法和脑功能成像技术研究视知觉、注意、意识及其神经机制;大三到中国科学院遗传与发育生物学研究所学习生物信息学研究方法;大四上半年到美国计算机名校卡耐基梅隆大学访学,大四下半年到中国科学院自动化研究所开展"跨模态注意力训练对注意力改善效果的探究"毕业论文工作。毕业后在中国科学院大学继续深造,在中国科学院计算技术研究所从事生物信息交叉领域的研究。

四、系统设计科研训练,激发学生创新潜力

生物科学是以实验为基础的学科。学院通过"理论学习 + 实验探索 + 实践创新"融合

贯通的模式,培养学生运用理论知识提出和解决科学问题的能力。在大一夯实基础知识阶段,组织本科生参观研究所和知名生物科技企业(如科兴公司等),让学生对生物科学研究和技术开发有初步的认识。为大二、大三学生开设了 10 门实验课,部分实验课使用中国科学院各大研究所的高精尖设备进行教学。在二、三年级暑期组织科研实践(共 8 学分),在四年级开展毕业论文／设计工作。每个阶段的科研实训,学生均可得到一线优秀科学家导师的指导。

学院将一流的科研资源向本科实验教学和科研实践开放,包括 16 个国家重点实验室、17 个中国科学院重点实验室等。据统计,超过 83% 的本科生到国家级、中国科学院(省部级)重点实验室开展科研实践和毕业论文工作,有机会学习使用先进的科研设施和研究方法。有 74% 的学生参与到实际的科研项目中。

五、实施国际化培养,拓宽学生国际视野

学校与麻省理工学院、牛津大学等十五所国际一流大学签署了校级学生培养协议,资助本科生出国访学半年修读课程,学院约有 60% 学生赴国外一流大学访学。在访学过程中,学生不仅要学习最前沿的专业知识,还要适应国外的教学和管理方式,体会不一样的教学、科研理念和文化氛围。访学经历既锻炼了学生的学术交流能力,也为其后续开展国际交流和科研合作打下了基础。

学院积极组织和支持学生参加国际基因工程机器竞赛、美国大学生数学建模竞赛等国际科技竞赛,参加世界生命科学大会等国际学术会议,拓宽学生的学术视野,提升综合能力。在"中国科学院国际杰出学者"等项目支持下,邀请诺贝尔奖获得者、外国院士和国际一流学者来访作讲座、参与教学、指导学生科研实践。2023 年起,学院设立了"国际暑期学校",邀请国际著名专家作学术讲座,参与指导学生。

六、本－硕－博贯通培养

打造"本－硕－博"贯通培养体系。学院开设了荣誉课程,提高课程难度,鼓励本科生深入学习。2022 年起,学院设立了"中国科学院大学生命科学未来之星大学生创新研究奖",鼓励本科生提出具有创新性的科研项目。为贴近实际的科研项目,学院参照国家自然科学基金面上项目申请书的主要内容准备了该项目申请书的模板,选派高水平教师指导学生开展文献搜集、可行性分析、申请书撰写、科学研究、数据分析、结题汇报等,学院组织专家对学生的结题汇报进行答辩评审。该奖的实施不仅有效培养了本科生的科学思维和科研能力,也为学生进入研究生阶段的学习打下基础。

学院还安排研究生、优秀本科毕业生作为朋辈导师协助指导本科生。针对不同年级本科生的需求分享经验、提供建议,包括选择导师、确定研究方向、科研实践、海外访学、毕业论文撰写、继续深造等方面。

截至 2024 年 7 月,学院共培养了七届 253 名本科毕业生。本科生毕业后 94.1% 继续深造,其中 83.2% 在中国科学院大学、北京大学、清华大学、香港科技大学等国内一流高校继续

深造;16.8%赴哈佛大学、牛津大学、耶鲁大学、加州大学伯克利分校等国外知名高校继续深造,且大多数获得奖学金资助。

比如,2016级本科生李霖杰在学期间通过中国科学院的科教融合和先进的科研教学体系,得到了生物物理所和微生物所多名老师的精心指导。他对"生物物理学实验"课的蛋白质性质测定等实验产生浓厚兴趣,通过自主实践训练,熟练掌握了蛋白质相互作用、抗体表位竞争等研究方法。在大学四年中一直选择高福院士作为学业导师,在导师和学长的指导下,通过实验室实习、科研实践和毕业论文工作,逐步学习和积累了病毒学研究的知识和技能。在新冠疫情初期,他参与了高福研究团队关于新冠病毒入侵细胞的结构机制研究项目,并取得了重要的原创成果。2020年毕业后,他在中国科学院大学继续深造。毕业后不到一年,李霖杰就以共同第一作者在国际著名学术期刊 *Cell* 上发表了其在本科期间的科研成果。随后又以共同第一作者在 *Cell* 发表3篇论文,在 *Nature Communications* 等期刊参与发表6篇论文。

据不完全统计,截至2024年4月,继续深造的209名本科毕业生已发表学术论文58篇,其中,第一作者论文13篇(其中2篇 *Nature* 期刊论文),共同第一作者论文17篇(其中3篇 *Cell* 期刊论文)。学生参与申请获得授权的专利1项。学生良好的后续发展情况不仅符合中国科学院大学培养科技创新后备人才和未来科技领军人才的本科教育定位,也为我国加快抢占未来科技制高点、实现高水平科技自立自强做好科技人才储备。

"交叉融合，创新引领"
——探索生物学科拔尖创新人才培养新路径

王凤箫　刘姣　孙瑞泽

一、整体情况

百年南开，十秩生科，南开大学生物学科历史悠久。1999 年专业调整后，本科专业按一级学科设立为"生物科学"和"生物技术"分别为"国家理科基础科学研究与教学人才培养基地"和"国家生命科学与技术人才培养基地"。2009 年依托教育部实施"基础学科拔尖学生培养试验计划"成立生物伯苓班，入选"拔尖计划"2.0 和"强基计划"。

学院现有本科生 491 人，其中拔尖计划在校生人数 187 人。硕士研究生 513 人，博士研究生 468 人。招生质量在理科生生源中名列前茅。

南开大学生物科学拔尖学生培养基地坚持立德树人，遵循生物学科拔尖人才成长规律，围绕国家重大战略需求，吸引优秀学子投身生命科学研究，旨在培养具有家国情怀、人文情怀、世界胸怀、宽厚的自然科学基础、扎实的生命科学专业知识和技能、强烈的创新意识，能脚踏实地、追求卓越，勇于挑战生命科学前沿关键问题的未来科学领军人才。

二、拔尖创新人才培养特色

南开大学生物科学拔尖人才培养主动对接国家生物医药科学研究和产业技术发展需求导向，培养过程注重学科交叉、科教融合、本博贯通等特色，持续深化国际合作，强化机制创新和条件保障，为培养具有生物医药交叉学科背景、多元知识结构、宽广视野思维的高层次创新型、研发型或应用型人才提供强有力支撑。

(一) 学科交叉赋能生物医药复合型人才培养

以生命科学为基础，培养方案有机融入医学、药学和计算科学学科课程，包括医药方向专业基础课程"生理学""生理学实验""药物研究概论""基础医学概论"；学科融合课程"生物医药与健康"；定制"人工智能生物学""智能计算基础"课程，拓宽学生知识边界和学术视野，讲授智能计算科学技术在专业研究和发展中的新理论、新方法；探究人工智能在生物学领域的前沿应用与发展趋势；"科研训练"系列课程优先由高端人才、学术带头人担任学术导师,围绕"结构生物学""基础免疫学""衰老生物学""心血管组织工程与纳米生物活性材料""病原微生物""生物信息学"等重要领域的前沿性和关键性课题,开放各级重点实验室和科研实验室,指导学生开展原创性探索和研究。

(二) 科教融合构建联合培养拔尖人才新模式

学院与中国科学院生物物理研究所共建"邹承鲁菁英班",作为高校和科研院所协同育人的试点班,试行"2.5+1.5"培养模式。学生在南开大学完成专业培养规定的课程学习,于第6—8学期在生物物理研究所开展科研实践训练与课程学习。"邹承鲁菁英班"旨在将南开大学生命科学学院扎实的基础知识和基本技能培养,与生物物理研究所的名师、前沿学术思想和国家级科研平台相结合,进一步提高本科生的科学素质和创新能力,创立科教融合联合培养拔尖人才的新模式。"邹承鲁菁英班"每届招收约10名学生。首届学生已完成学业于2022年顺利毕业,毕业去向以在国内外顶尖高校与科研机构继续深造为主。

(三) 本博贯通打造新型贯通式人才培养模式

学院试点南开大学生物学科本博贯通创新人才培养,采取"3+1+X"(X为4～5)的模式,1年为本－博衔接阶段,X为博士修业年限。本科第三学年在学术导师指导下进行科研专题研究和科研方法论学习,鼓励学生赴境外高校或研究机构进行一学期的科研训练;第四学年,引导学生进入与国家重大战略需求和人类大健康等重大科学问题相关的研究领域,启动研究生课题研究,并修读研究生课程,享受研究生待遇和优秀生源奖学金。

(四) 多形式多途径拓展国际化人才培养模式

学院十分重视培养本科生的国际视野,积极拓宽国际化办学渠道,实施多形式、多途径的国际化培养模式。积极发挥学术导师海外背景优势,争取项目资源;鼓励学生组队参加国际赛事,配备指导教师和独立实验室,保障实验顺利开展,学生团队连续多次获得国际遗传工程机器大赛(iGEM)金奖。坚持"请进来""走出去"双向发力,与英国伯明翰大学、爱尔兰都柏林大学、澳大利亚WEHI研究所、日本北海道大学等签署交流项目协议,选派学生参加交流项目;定期举办伯苓"系列讲座",包括"百年南开之生命讲坛""人工智能生物学讲座"等,邀请国际学术大家为本科生作专题讲座,近年来,包括1位诺贝尔奖得主、7位外籍院士在内的20余位全球著名学者受聘客座教授。

三、卓越教学保障拔尖创新人才培养

南开大学生命科学学院坚持立德树人根本任务,本着"厚基础、宽口径、强能力"的培养原则,经多年发展,已成为国家生命科学高层次人才培养的重要基地,先后荣获国家级教学成果一等奖和二等奖、天津市教学成果一等奖和二等奖。近年来,学院开展"以学生为中心"的教育教学改革,探索新工科"生物医药"通专融合课程和教材体系建设,深入实施"拔尖计划"2.0 和"强基计划"探索生物学科拔尖创新人才培养新模式等,教学质量稳步提升。

(一) 师资队伍建设

南开大学生命科学学院学科门类齐全,现有药物化学生物学全国重点实验室和 8 个省部级重点实验室及工程研究中心,并建有"生物学国家级教学实验示范中心"。ESI 排名中,5 个学科位于世界顶尖行列(前 1%)。在全国学科评估中,南开大学生物学学科名列前茅。

学院师资力量雄厚,拥有一支具有国际视野、充满活力的高水平科研教学队伍,包括中国科学院院士 1 名,中国工程院院士 1 名,国家级领军人才 17 人,国家级青年人才 18 人,教育部(跨)新世纪优秀人才计划入选者 15 人。

(二) 新工科专业建设

南开大学生命科学学院积极探索新工科背景下的专业建设,"生物医药通专融合课程及教材体系建设"项目已入选教育部"第二批新工科研究与实践项目"。该项目以生物伯苓班人才培养为载体,对接生物医药科学研究和产业技术发展需求导向,结合学科交叉、科教融合培养特色,建设通专融合课程体系和教材体系,为培养生物医药交叉学科背景、多元知识结构、宽广视野思维的高层次创新型、研发型或应用型人才提供强有力支撑。

(三) "一流课程"建设

学院持续开展"一流课程"建设,支持教师围绕"两性一度"开展研究和实施教学,先后有 20 余门课程立项开展建设,包括课程内容更新,体现基础与前沿相结合;严格课堂教学管理,利用智慧工具辅助考勤,开展课堂测验;开展互动式探究式教学,组织高质量课堂讨论;采用多样化的作业设计体系和课程考核方式,加大学习过程考核,培养学生独立思考、学以致用的能力。

专业基础课程和专业核心课程基本实现小班化教学,每班 20~30 人,在小班授课中,任课教师充分关注每个学生的学习态度和状态,灵活开展多种形式教学。除此之外,开设小班研讨课,每班 10~15 人,开展深度拓展学习。

"细胞生物学""微生物学""生物化学""微生物生理学""微生物遗传学"等理论课程以及配套实验课程陆续建设优质线上教学资源并开展小班化 SPOC 教学,学生在课外完成线上学习任务,教师课堂上开展重点难点讲解和组织学生讨论汇报演示,提高学生主动性和积极性。部分专业核心课程采用国际英文原版教材,教师授课使用英文课件,并在期末考试中加入一定比例的英文试题。

（四）典型案例

1. 南开大学生物伯苓班学生王童彤

2020 年 10 月，国际学术期刊《自然》（*Nature*）杂志在线发表了一项来自美国加州理工学院 Yuki Oka 教授研究团队的最新成果，能够解释一种人人都经历过的日常行为背后的细胞与脑环路基础。值得关注的是，该论文的第二作者王童彤是来自南开大学基础学科拔尖学生培养计划——伯苓学院生物伯苓班的本科生。

王童彤是南开大学生命科学学院 2016 级生物伯苓班学生。本科期间获国家奖学金、天津市生命科学实验技能竞赛一等奖、全国生命科学竞赛三等奖、南开大学优秀本科毕业论文、优秀社会实践个人等诸多奖项；作为负责人完成"国家级大学生创新训练计划项目"；大二参加清华大学 - 北京大学生命科学联合中心举办的神经生物与脑科学暑期学校等学术交流活动；对神经与脑科学产生了浓厚兴趣，并进入实验室开展科研训练，积累了丰富的神经生物学知识和相关实验技能；2019 年 3 月，在伯苓学院的资助下，赴美国加州理工学院从事科研训练。

在美学习期间，王童彤与本论文第一作者、加州理工学院博士后 Allan-Hermann Pool 共同完成了所有实验操作、数据分析、绘图、文章的投稿与发表。Allan-Hermann Pool 主导并完成前期单细胞转录组测序技术的优化。加州大学伯克利分校 John Ngai 教授实验室，合作构建了文章中重要的 Rxfp1-Cre 转基因鼠系。

王童彤圆满完成学业从南开大学毕业，并在多个美国名校全额奖学金博士 offer 中，选择了赴美国加州理工学院进行博士学习和深造。

"我非常有幸能够在生科院伯苓班的资助下赴美从事科研训练，并在一年内非常幸运地获得了一些有价值的成果，感谢南开大学和加州理工学院各位老师、同学的指导和帮助。这段经历不仅充分锻炼并提升了我的科研素养，更激励我在科研道路上继续努力奋斗，希望未来能有更多有趣的发现。"王童彤说。

2. 南开大学生物伯苓班学生曾薪霖

曾薪霖是生物伯苓班 2019 级本科生。在学期间任生物伯苓班团支部宣传委员、生命科学学院本科生第一党支部宣传委员、生命科学学院第 33 期团校副校长。她在专业排名第一，获得 2019—2020 学年国家奖学金、2020—2021 学年度公能奖学金，被评为南开大学"优秀共青团干部""优秀共产党员""本科生优秀毕业生"，在 SCI 期刊上发表综述一篇（独立一作）、研究性论文一篇（第三作者）。曾赴美国哥伦比亚大学、加州大学圣迭戈分校科研交流一年，并在加州大学圣迭戈分校担任科研助理，获得了耶鲁大学、哥伦比亚大学的直博录取，最终选择到耶鲁大学攻读生物博士学位。

3. 南开大学生物伯苓班学生智孟茜

智孟茜是南开大学生命科学学院生物伯苓专业 2019 级本科生，南开大学 - 生物物理研究所联培生。曾担任生命科学学院青年志愿服务与社会实践中心主任、第 40 期面向党员和党员骨干的党校校长等职务。获得三次国家励志奖学金、2021 年南开大学社会实践先进个人、南开大学抗疫青年先锋、南开大学优秀毕业生和优秀党员等荣誉称号。带队获得第十七届天津市"挑战杯"大学生课外学术科技作品竞赛三等奖、南开大学第五届"校长杯"创新创业大赛优秀奖、南开大学 2022 年学生思想政治理论课公开课大赛三等奖等奖项。保研至中国科学院脑科学与智能技术卓越创新中心。

　　未来,南开大学生命科学学院将继续积极参与 101 计划,以生物学科专业教学改革为突破口和试验区,不断加强课程思政建设,持续推进一流课程与教材建设,深化国际合作培育。着力打造一批一流核心课程、编写一批一流核心教材,培养一批高水平核心教师,塑造一批时代新人,逐步构建具有南开风格、南开特色的生物科学拔尖创新人才培养体系。

坚持多路径创新　探索多要素育人

王涛　彭予心

一、总体情况

天津大学生物科学拔尖学生培养基地依托天津大学生命科学学院建设。天津大学生命科学学院成立于 2012 年 12 月,学院设有结构与分子生物学研究所、微生物与免疫研究所、纳米生物医学研究所 3 个教学科研单位,拥有天津市生物大分子结构功能与应用重点实验室、天津市微纳生物材料与检疗工程技术中心。长期以来,学院面向人民生命健康,聚焦重大疾病防控,在微生物与免疫学、结构与分子生物学、纳米生物医学、生物信息与大数据等重点领域,开展揭示生命活动基本规律的基础研究以及服务医学、现代农业等领域的应用研究。

学院设有生物科学本科专业、生物学一级学科博士点和博士后科研流动站,拥有从学士、硕士到博士学位的完整的人才培养体系。2013 年生物科学专业招收首批本科生,2020 年获批教育部首批"强基计划"改革试点专业,2021 年入选国家一流本科专业建设点、国家基础学科拔尖学生培养计划 2.0 基地。生物学获批天津市第五批重点一级学科。生物与生物化学学科位居 ESI 全球排名前 1%。

学院坚持"引育并举",形成了由双聘院士领衔、优秀青年人才为骨干的高水平师资队伍,80% 以上的专任教师具有长期海外科研经历。

二、人才培养模式改革情况

(一) 创新培养模式,提升育人水平

1. 书院育人

在天津大学"六卓越一拔尖"计划 2.0 和"强基计划"的育人大环境中,凝结理学、工科、人文等领域专家的集体智慧,为全校不同专业背景的学生共同打造书院制住宿环境,推进通识与专业教育并行,促进师生的集聚和融合,服务学生全面成长成才。

2. 导师育人

本着"双向选择"的原则,为学生在全校范围内配备造诣深厚、德才兼备的科研导师,实现"一对一"的导师制个性化培养。定期举办学术沙龙,通过学术大师们在科学素养、创新

思维、进取精神等方面的交流和传承激发学生的学习兴趣和潜质。

3. 小班育人

通过高参与度和高覆盖面的师生课堂讨论,激发学生主动思考,及时发现学生在知识掌握过程中的难点,利用课程讲授的动态调整来实现因材施教。

4. 继续深化国际合作

建立常态化国际交流渠道,邀请国内外高校相关专业的教授到校与基地班学生进行面对面交流,为学生接触世界科学研究顶峰创造条件。

(二) 创新培养模式,激发学生潜力

搭建特色教学体系,强调互动、整合、内化的科学思维训练。打造本研贯通人才培养方案,通过改革人才培养模式、强化名师引领、创新学习方式、促进学科交叉、深化科教融合与产教结合"五位一体"方式,为学生构建生物、理化、工程、信息等多学科交叉的知识体系。以创新科研项目为纽带,构建从科学思维方法塑造、科研认知训练,到实践创新开发的渐进式人才成长系统。从一年级起,让学生进入实验室,为日后的科研训练奠定基础。基于完全学分制,在学业导师的指导下,学生根据兴趣与发展需求开展个性化学习。推行 2+1+N 培养计划:前两年以通识课、数理课、生物基础课及相关课程实践为主,实施旨在强化数理基础与生物功底的名师授课小班教学与翻转课堂;第三年以模块化课程及项目式教学为主;第四年本研贯通进入研究生培养阶段。

(三) 创新实践体系,淬炼学生能力

生物科学拔尖学生培养基地与天津药物研究院有限公司、华北制药、天津博奥赛斯诊断生物技术公司等企业建立合作关系,组织学生深入生物医药行业产业园区、大型企业和创新企业参观学习,激发学生为国家生命科学的发展和为"健康中国"战略服务的信念,使学生熟悉国家生物技术产业政策、知识产权及生物安全条例等,理解和评价生物科技对环境、社会可持续发展的影响。

通过"课程实验 – 科研训练 – 创新创业实践"三位一体渐进式培养模式,强化学生在相关专业的发展兴趣和志向,培养学生在多学科背景的团队中协作与沟通。建立学生野外综合实习体系,通过"上山下海"的实习,学生与自然界复杂多样的动植物亲密接触,在理论与实践的碰撞中,加深对人与自然的关系的领悟,加强对生物科学专业内涵的认识。

边疆民族地区拔尖创新人才培养体系探索

李东明　苑琳

2021 年 12 月内蒙古大学获批实施生物科学拔尖学生培养计划 2.0,成为内蒙古自治区唯一的拔尖计划 2.0 基地。2022 年首次通过高考面向全国招生,通过二次选拔和动态分流,2022 级现有学生 23 人,2023 级现有学生 27 人。生源主要集中在内蒙古、河北、山西等北方省份,通过两年的建设,我们发现学生学习踏实、诚实守信、培养潜力高,但外语水平较差、视野较窄、自学能力和创新潜力有待加强。基于生源特征,内蒙古大学生物科学拔尖计划 2.0 基地坚持"厚基础、重实践、拓交叉、国际化"的办学理念,在切实推动课程、教材、教师、实践、教学等全要素改革的同时,大力提高生源质量,改革外语教学,并充分利用教育部对口合作共建契机,主动承担探索边疆民族地区拔尖创新学生培养的新模式,通过两年建设,初步形成以下三方面建设经验。

一、通过招生宣讲,大力提高生源质量,引导优秀学生从事生命科学基础研究

拔尖学生培养,生源质量是关键。为大力提高内蒙古大学拔尖基地生源质量,我校通过中国教育电视台、内蒙古电视台、高考招生在线平台、考生"面对面"等活动宣讲拔尖计划培养优势,引导优秀学生从事生命科学基础研究的同时扩大拔尖基地社会影响力,形成优秀学生争相进入拔尖基地,拔尖基地提供独特资源培养优秀学生的良性循环。2022 年和 2023 年高考平均分分别为 550 分和 557 分,均为全自治区最高分。

拔尖基地主动对接自治区"英才计划",选派优秀老师担任导师,参与高中生培养,提早发现优秀学生,同时将热爱生命科学基础研究工作的众多优秀学生选拔进入基地学习,探索了多元化的拔尖学生选拔模式。

二、英语教学改革,强化课程思政元素,激发学生外语学习热情

英语听说专项训练以中国梦、社会主义核心价值观、文化自信、从扶贫到共同富裕、全面深化改革、生态文明建设、依法治国、"一带一路"倡议和人类命运共同体英文原文为题。

1. 细读原著,理解中国:引导学生通过习近平新时代中国特色社会主义思想的关键选篇,掌握其基本观点和内在逻辑,理解中国理论与中国实践。

2. 产出导向,讲述中国:以任务为导向,通过主题内容学习和演讲技能训练,搭建脚手架帮助学生完成具有挑战性的口头产出任务。注重培养学生的跨文化思辨意识,提高用英

语讲好中国故事的能力。

3. 合作探究,融合发展:贯彻"学习中心"的教学理念,注重指导学生在课前检索相关文献,查找中国治理实例,理解和阐释课文内容。通过多样化的课内课外、线上线下小组学习活动,引导学生在研讨与合作探究中提升英语表达与沟通能力,促进演讲能力、思辨能力、研究能力和创新能力的融合发展。

开设德语第二外语选修课和德语听说专项训练营。以德国为代表的欧洲拥有众多知名的生命科学研究机构,如欧洲分子生物学实验室(EMBL)、马普细胞生物学和遗传学研究所等,这些机构在分子生物学和细胞生物学的诸多领域,包括器官和机体发育、生物干细胞识别、细胞内生化过程等方面的研究水平处于全球最高水平。德语为欧洲主要语言,学好德语能够充分利用国家留学基金委中外联合培养项目,极大增强学生的竞争力,拓展他们的国际视野,全面提高拔尖学生的国际化水平,为未来科学家奠定语言基础。

三、以教育部对口合作共建为契机,共享优质教学资源,提高人才培养质量

依托《内蒙古大学高端人才柔性引进实施办法(试行)》,以"不为我有,但为我用"为原则,克服边疆民族地区引育人才的多种困难,充分利用与复旦大学、吉林大学、兰州大学、东北师范大学的对口合作共建协议,选聘上述高校多名国家级人才为学术导师,共享尖端的科研平台,通过拔尖学生科研创新项目,实际指导内蒙古大学拔尖学生开展创新性、探索性实验和好奇心驱动的基础研究和非共识创新研究,并推荐优秀学生参加学术会议、出国交流等,激发了学生的学习兴趣,有效提高了学生的创新能力。

构建以学科交叉和研究型实践育人为特色的拔尖人才培养模式

于湘晖　陈妍

一、学院简介及专业特色

吉林大学始建于 1946 年,为教育部直属全国重点综合性大学,学科门类齐全,是国家"211 工程""985 工程"和首批"双一流"建设高校。吉林大学生命科学学院的前身是吉林大学生物学系,于 1960 年由我国著名生物化学家陶慰孙教授创建,是我国较早开展生物化学教学和科研的单位。1984 年更名为分子生物学系,1998 年与教育部分子酶学工程实验室合并建立吉林大学生命科学学院。

生命科学学院坚持立德树人根本任务,立足服务国家战略和东北振兴发展需求,围绕全面提高人才自主培养能力,积极探索建立有利于拔尖创新人才成长的有效机制。2009 年入选教育部首批"基础学科拔尖学生培养试验计划"以来,持续开展拔尖人才培养模式的改革创新,并于 2020 年入选教育部生物科学"基础学科拔尖学生培养计划 2.0 基地"。生命科学学院现有生物科学、生物技术和生物制药 3 个本科专业,均为国家级一流本科建设专业。生物学与化学、药学等多学科交叉是学院专业办学和人才培养的重要特色之一。生物科学专业设有拔尖学生培养试验班,即唐敖庆理科试验班(简称唐班),每年招收 15 人。

国家级一流学科建设为学院专业发展提供了有力支撑。生命科学学院拥有生物学一级学科博士学位授权点,设有博士后流动站。2007 年生物化学与分子生物学被评为国家重点学科,2022 年生物学科入选国家"双一流"建设学科。全球学科排名中,生物学与生物化学位列前 2‰,分子生物学与遗传学、微生物学进入全球前 1%,排名持续提升。学院在分子酶学、艾滋病疫苗、药物代谢、细胞信号传导和古 DNA 等研究方向具有明显优势和特色。三个国家级科研平台,即艾滋病疫苗国家工程实验室、分子酶学工程教育部重点实验室、中草药育种与栽培国家地方联合工程实验室,均对本科学生科研训练开放,国家级高层次人才100% 参与本科教学。

生命科学学院拥有一流的教学平台和教学团队。2006 年,生物基础实验教学中心成为首批 5 个国家级生物实验教学示范中心之一。2012 年,整合化学、药学、医学、农学等资源获批交叉专业国家级实验教学示范中心。学院现有专任教师 103 人,其中教授 54 人、副教授 38 人,包括国家级教学名师 1 人、国家级教学团队 1 个,已形成一支由国家级教学名师和国家级教学团队领衔、以知名学者为专业带头人的高水平师资队伍。2022 年"生物学基础实验课程虚拟教研室"入选教育部首批虚拟教研室试点名单,2023 年被评为全国典型虚拟教研室。学院实践教学特色突出,教学成果连续三次获得国家级教学成果奖。学院持续深化科教融合,学生科研训练成效显著,2016 年至今连续参加 iGEM 和 BIOMOD 两项国际学科竞赛,获金奖 8 项、银奖 4 项和最佳单项奖 4 项;学生学术志趣坚定,近三年唐敖庆理科试验班毕业生 100% 赴"双一流"建设高校、中国科学院系统或世界排名前 50 的高校继续深造。

生命科学学院面向生物学科发展前沿,加强国际合作,与国内外多所知名高校建立合作交流。通过选派优秀学生赴牛津大学、帝国理工大学、哥伦比亚大学和洛杉矶大学等知名高校开展"短期科研训练"、一学期海外研修和暑期学校等交流项目,与英国曼彻斯特大学和美国肯塔基大学开展"3+2"双学位联合培养项目,并结合开设全英语教学课程、引进海外优质课程、组织国际学科竞赛、邀请国外专家学者讲学等方式,构建了多通道"长中短期"相结合的国际化育人体系,为提升学生的国际竞争力奠定了坚实基础。

生物学是当今世界科技前沿的交叉融合汇聚点,生物学与医学、药学、物理、化学、信息、材料、工程等学科的交叉融合,正在加速孕育和催生一批具有重大产业变革前景的颠覆性技术和重大科学发现。学院经过十余年对拔尖创新人才培养的探索与实践,形成了"厚基础、重交叉,强实践"的人才培养优势特色,在国家一流学科强有力支撑下,依托优秀的师资队伍、前沿的教育理念、深厚的国际合作基础和卓越的学术声誉,已成为我国布局在东北的重要生物学拔尖创新人才培养高地。

二、拔尖人才培养模式创新探索的经验及特色

生命科学学院在"拔尖 1.0"的经验基础上,持续开展拔尖创新人才培养模式的改革创新,通过构建"楷模精神引领的思政育人体系""多层次多学科交叉的课程体系""通专结合的成长指导体系""2+3+X 的研究型实践育人体系""数字时代高校教育教学新形态",使拔尖学生在一流学术氛围和开放式成长空间中脱颖而出。

(一) 构建楷模精神引领的思政育人体系

通过构建楷模精神引领的思政育人体系,充分发挥学院黄大年式教学团队和科研团队的示范效应,引导学生将个人发展融入国家和民族发展大局中,注重价值引领、筑牢理想信念、强化使命驱动,塑造坚韧的意志品质,树立人与自然和谐发展的科学理念。

1. 针对拔尖学生培养目标、国际化培养和未来学术发展规划,专门定制唐敖庆理科试验班的思政课程、心理品质提升课程、艺术鉴赏与审美体验课程等,开展"黄大年"楷模精神等主题教育。

2. 学工管理体系、教学管理体系、科研管理体系成员纳入唐班管理团队,形成合力协助一线教师和科研导师开展工作,推进"五育并举",将"三全育人"落实到位。结合学生科研训练,在课题组和学科竞赛团队建立功能型团支部,打造"学科竞赛 + 思政"的育人模式。

（二）构建多层次多学科交叉的课程体系

建立多元化选才和动态进出机制、多层次多学科交叉的课程体系，实现对拔尖学生的个性化培养。

1. 建立跨学院跨专业的分阶段多元化选才机制和动态进出机制，注重学术志趣和综合素质考查，对于"英才计划"、全国高中生生物竞赛获奖以及有特殊能力的学生给予直入面试的机会。除了课程绩点外，将学生科研训练的情况作为流出的重要参考。

2. 以激发学科兴趣、夯实学科基础、培养创新思维、提升科研素质为目标，制订个性化培养方案。发挥吉林大学文理兼具的 9 个"基础学科拔尖计划 2.0 基地"的课程平台优势，集中校内外优质教学资源，搭建多层次多学科交叉的课程体系。学生根据自身特点和需求选择培养方案中不同难度的数学、计算机等课程模块，允许学生修学培养方案以外的课程（包括高质量的慕课）计入选修学分，为学生提供了自由发展的空间。

3. 由国家级人才领衔的高水平教学团队通过小班授课、启发式教学，将前沿的科研成果融入本科教学，实现知识传授的同时培养创新思维、激发学术志趣。培养方案中设置科研训练实践环节（8 学分），第 7 学期空课表用于国内外交流（2 学分），开设专业文献研讨课和学科前沿导论课，为学生尽早进入实验室参与科研课题奠定坚实基础。

4. 在科研训练选题过程中，发挥吉林大学综合性大学的学科优势，面向生命科学前沿领域，在学院原有生物学与化学、药学学科交叉的人才培养特色基础上，加强生物学与医学、人工智能和考古学等学科的交叉，为拔尖学生未来的学术发展提供更广阔的空间。

（三）构建通专结合的成长指导体系

学校层面设置"拔尖人才培养办公室"统筹协调。学院层面设置首席教授、学业导师团队、班主任、辅导员、科研导师和"唐班"学长团，构建通专结合的成长指导体系，为拔尖学生提供良师益友的学术引领、学业指导和成长陪伴。

1. 于湘晖院长为基地负责人和首席教授，成立"唐班教授管理团队"即学业导师团队，遴选学术水平较强的青年教师任各年级班主任，实现高频度的师生交流和高格调的人文关怀。

2. 在学校学院的鼓励和支持下，学生自发成立"唐班学长团"开展学生间的朋辈指导，学生可以通过"微课题"等方式参与培养方案的修订，根据需求个性化定制学科前沿课程、导论课程、研讨课程的内容，激发学生的内在动力。拔尖学生的自主学习、自我管理已成为学院创新人才培养过程的重要一环。

（四）构建"2+3+X"的研究型实践育人体系

注重学生创新意识与能力的培养，深化科教融合，充分利用学院 2 个国家级教学实验示范中心和 3 个重点实验室以及国内外合作平台为学生教学与科研实践训练助力，建立

"2+3+X"的研究型实践育人体系。

1. 在强化专业基础实验的基础上，面向学科发展前沿和国家战略需求，结合学院科研特色方向，设置科研训练实践课程，突出前沿性、交叉性和开放性。第3学期开始学生加入导师所在的科研平台，由科研导师为学生量身定制个性化的科研课题，参与高水平科研成果的产出。设立科研实践奖学金，激励学生参与撰写发表科研论文、申请发明专利，培养学生的科研素养和创新思维。

2. 秉承科教融合理念，打造高水平学科竞赛平台，建立"学生主导、指导教师把关"的自主研究型实践教学模式，已成为提升学生创新实践能力和综合素质的有效平台之一。2016年开始以拔尖学生为骨干参与的两项国际赛事(iGEM和BIOMOD)，获得优异成绩，学生创新能力得到显著提升。

3. 在提升学生科研素养、加强学术思维方面，通过请进来、走出去相结合的方式开展一系列探索与实践。通过"星空论坛·学术讲座系列""星空论坛·拔尖创新人才培养系列"和"星空论坛·拔尖学生交流系列"等形式邀请国内外优秀学者来校进行学术交流，选派优秀学生赴国外高水平院校开展包括"3+2"联合培养、一学期交流和暑期学校等国际交流，扩展学生的国际视野，学习前沿的科研创新理念，进一步提高学生的学术潜力。

4. 推进科研成果转化为优秀教学资源，例如崔银秋教授将分子生物学与考古学交叉的科研成果(*Nature*，2021)中的实验技术方法借助虚拟仿真技术，转化为"古生物骨骼中痕量DNA提取综合实验"，获批国家级一流本科课程，曾在拔尖计划2.0线上书院面向全国拔尖学生开放。教育部以"注重内涵建设，发挥辐射作用"和"积极构建大学生能力培养新模式"为题两次发简报推广吉林大学生物学实践教学经验。

(五) 构建数字时代高校教育教学新形态

教育数字化是数字中国战略的重要组成部分，着力推动学院教育教学的数字转型与融合创新，加快构建数字时代的教育新形态，助力拔尖创新人才自主培养能力的提升。

1. 通过加强生物学核心主干课程建设和数字化教材建设，提升教学质量、满足个性化培养需求。4门课程先后获批国家级一流本科课程，其中包括2门线上线下混合课程和1门虚拟仿真课程，3位教授参与"101计划"核心教材编写。"生物学基础实验"数字课程在高等教育出版社数字课程出版云平台上运行，建设课程资源超过4 100项，实现了课程内容快速更新，促进优质教学资源共享，满足学生个性化的学习需求。

2. 依托教育部虚拟教研室和虚拟仿真实验国家一流课程建设，从数字化教材、虚拟仿真实验等多个维度将信息技术融入教学实践，获评"教育部典型虚拟教研室"。组织开展"培星工程"系列教学培训，来自177所高校100个分虚拟教研室的1万余人参与，显著提升了教师的教育教学水平。承办全国生物科学"基础学科拔尖学生培养计划2.0"工作研讨会，促进拔尖人才培养相关经验和优质资源的交流分享。

吉林大学生物学唐班的毕业生99%选择在国内外相关专业方向继续深造，学生的学术志向坚定，学生培养成效显著。2017届毕业生胡晓丽的研究成果在*Cell*上发表，并申请回校任教，可见科技报国志向与爱校荣校情怀。未来吉林大学生物学拔尖创新人才培养将面向新形势、响应新要求,继续更新育人理念、优化培养模式,作为国家布局在东北地区不可替代的生物学科拔尖人才培养高地,为中华民族伟大复兴培养战略力量。

11. 东北师范大学

重基础强交叉，砺成长塑英才

魏民　王海涛　宫磊　李凡　李晓雪　郝芳

一、基地概况

生物科学专业由傅桐生先生等创建于 1948 年，郝水院士、郑光美院士以及祝廷成、赵汝翼、张翼伸等知名学者都曾在此学习或执教。1953 年始招研究生，1984 年获二级学科博士学位授予权，2000 年获生物学一级学科博士学位授予权，2002 年细胞生物学和生态学获首批国家重点学科，动物学、植物学和生态学位列 ESI 前 1%，在教育部多轮学科评估中，生物学、生态学两个学科均位列 A 类学科。

1996 年获首批国家生物学基础科学研究和教学人才培养基地，后又获批国家生物基础实验教学示范中心、国家生物虚拟仿真实验教学中心、国家工程实验室、教育部重点实验室、"111"引智基地等育人平台；拥有国家优质教学团队、教育部创新团队、工程院院士（双聘）、国务院学科评议组成员、国家级优质师资；2007 年生物科学获批国家特色专业，2020 年和 2021 年生物科学和生物技术分别获国家一流专业建设点。

2021 年，东北师范大学生物科学拔尖学生培养基地成功入选教育部基础学科拔尖学生培养计划 2.0 基地。2022—2023 年度，学院逐步落实拔尖计划，在打造专业课程体系、强化一流课程建设基础上，持续推进人才培养模式改革，激发学生科研创新能力，提升人才培养质量，获得了良好的成效。拔尖班学生在科研立项、科研竞赛获奖、SCI 论文发表等方面成果显著。

二、工作进展

（ ）学生选拔工作情况

基地遵循"兴趣志向为条件、禀赋优长为导向、能力素质为依据"的拔尖人才遴选原则，尊重人才成长规律，不断优化人才遴选途径。通过对"专业知识、数理化信基础、思维能力、身心健康"等方面进行综合评价，选拔出 32 名学生进入拔尖班，把牢入口关。另外，基地于 2023 年度首次尝试拓展培养边界，考虑"前置选培"（中学阶段），入选"中学生英才计划"的考生，经学院遴选工作小组审核通过后，免笔试环节，直接进入面试环节。通过"常规"与"特殊"培养相结合，为某一方向特别突出的偏才怪才提供个性化发展空间。

（二）人才培养模式改革情况

1. 强化人文关怀，铸就自信自强的精神品格

关注拔尖学生学习投入状态的个体适应性，为学生提供优越的外部学习环境，充分重视学生的学习需求和困难，设计个性化学习内容，优化学习质量和效率，提升学生的学习获得感和自信心；以兴趣激发拔尖学生的学习动力，发掘学习潜质，养成自立自强的精神品格；与学校心理学院合作，组建心理健康教育和疏导专业团队，将心理健康教育融入拔尖创新人才培养的全过程，为学生提供必要的心理健康教育服务，帮助学生发展积极的心理状态。

2. 打造"重融通、厚基础、强交叉"的课程体系

打造由精品人文通识课、高挑战学科基础课、重交叉辅修专业课、荣誉专业核心课、特色发展方向课构成的"纵横"交叉组合的层级式课程体系；以"大生命"理念，充分利用东北师范大学的人文社科资源，开设"生命与人文"融通的精品通识课，提升学生的人文素养，培养学生的人文情怀，养成正确的价值观和世界观；利用学校一流学科的师资，建设高挑战度的学科基础课和重交叉的辅修专业课，奠定扎实的学科基础，建立多元化的知识结构，深化学生的学科理解。

3. 实施"精专业、强技能、重创新、砺成长"个性化培养方案

按学科方向组建学科导师团队，将专业方向课程设置与教学任务落实到导师团队，包括专业方向课程设置与实施、跨专业拓展课程选择，同时提供灵活的弹性课程、弹性时间和弹性学分制，实施"精专业"的课程方案设置；融合第一课堂与第二课堂，开展学科实验技能与方法、跨学科实验技能与方法、文献阅读与综述、科技论文写作等训练，实现基础训练与技能拓展融合，实施"强技能"个性化培养；让学生体验科研全过程，完成指定课题和自主选择课题立项，参加高水平竞赛，并依托团队的校外和海外学术大师开展联合培养，实施"重创新"个性化培养；强化与大师对话、师生研讨、专业学术讲座和会议等活动，激发学生的科研兴趣，确定未来学术研究方向，探讨"砺成长"个性化培养。

4. 构建"兴趣志向"为导向的递进式科研训练体系

以国家和行业的重大战略需求为指引，将前沿科研成果有效融入课堂教学，优化教学方法，激发学生内在学习动力，在理论层面实现科教融合；以学术报告和讲座等引领学生了解生命科学前沿问题及国家重大战略需求，激发学生的科研兴趣；通过实验室轮转，为学生预留充足的试错时间和空间，训练学生科研思维，培养学生勇于开拓、敢于创新的科学精神；在科研导师团队指导下开展科研实践和科研竞赛，培养学生独立开展科研的能力；搭建学术大师引领的多渠道中外联合育人平台，通过中短期交流、研修或联合培养，实现拔尖人才培养的国际化；依据专业特色和学科优势，统筹整合优质资源，进一步加强与生物防治、医药、营养保健等企业的联动，搭建产、学、研一体化的科教融合研发平台，开展从基础到应用的贯通式研究，实现应用层面的科教深度融合。

（三）人才培养质量评价保障机制建设情况

1. 组织保障

学校成立了以校长为组长、主管教学副校长为副组长、教务处及相关职能部门负责人为成员的拔尖计划领导小组,负责对办学模式、运行机制等重大问题进行决策、指导和协调。并设有专项办公室,以及由教指委委员、国家级教学名师等组成的督导团队。

学院成立拔尖人才培养项目执行工作组,下设教学指导委员会、学术咨询委员会、通识教育委员会和拔尖班行政办公室。分别负责拔尖班的各项制度制定、教学指导、课程建设、导师遴选与管理,学术资格审查与科研训练咨询,以及指导学生思想和课外活动等工作。同时拔尖班学生通过班委会实施日常学习和生活的自主管理。

2. 政策保障

学校制定《东北师范大学关于实施基础学科拔尖学生培养计划的指导意见》《东北师范大学拔尖学生学籍管理规定》《东北师范大学拔尖学生质量提升计划》等一系列制度文件,由各职能部门和学院负责落实,保障拔尖人才的选材和培养质量。

3. 经费保障

除"拔尖计划 2.0"专项经费,学校将继续通过一流学科建设经费、本科人才培养专项经费等,进一步加强教学科研、师资队伍、教学改革等软硬件建设。

4. 师资保障

为真正实现"大师引领",学院聘请 2018 年诺贝尔生理学或医学奖获得者、日本科学院院士、美国科学院外籍院士、日本京都大学教授本庶佑（Tasuku Honjo）担任拔尖班学术咨询委员会主任。学院现有的优秀师资全力保障拔尖班人才培养。

5. 科研保障

学院拥有国家级生物基础实验教学示范中心、国家级生物虚拟仿真实验教学中心、药物基因和蛋白筛选国家工程实验室、分子表观遗传学教育部重点实验室、植被生态科学教育部重点实验室、2 个国家"111"学科创新引智基地等多个实践育人平台。平台全方位向拔尖班开放,为拔尖班学生科研创新能力培养提供充分保障。

6. 质量保障

教学指导委员会依据各类制度和标准,规范大纲修订、教材选择、课堂教学、考试考核、科研训练、野外实习、毕业论文等全部教学环节的管理工作。实现专人负责、按期评价、及时改进的质量全程监控。建立拔尖班人才成长数据库及分析系统,实时追踪学生在校和境外的学习动态,关注学生毕业后的发展情况,依据综合性质量评价结果,及时发现问题,适时调整培养机制,改进人才培养体系。

（四）其他改革工作

本年度注重深化教学改革,践行"创造的教育"理念,积极培育、遴选和推广优秀教学模式、教学案例,在教师中开展"创造的教育"大讨论,改革教学模式,倡导注重过程的探究教育,引导学生主动思考、积极提问、自主探究,激发学生基于兴趣的自主学习动力。同时精准分析学情,重视差异化教学和个别化指导,以智慧教室、在线课程、虚实结合等信息化手段,拓展学生自主学习空间。

三、育人成效

(一) 教育教学改革成果

本年度通过建设和完善基层教学组织的教学评价制度,与学院本科教学研讨和常态化制度之间形成联动机制,有效激发教师的教学改革积极性。

在教师队伍建设方面,细胞生物学学科团队获得吉林省普通本科高校优秀基层教学组织奖 A 类。多名教师获得各级各类教学奖励,包括霍英东高等院校教育教学奖二等奖 1 人,宝钢优秀教师奖 1 人,"超星杯"第二届吉林省本科高校智慧课堂教学创新大赛一等奖 1 人,全国高校生命科学类微课教学比赛三等奖 2 人、教学风采奖 1 人,中国细胞生物学会青年教师讲课比赛二等奖 1 人,学校教学卓越成就奖 1 人、教学优秀奖 1 人、炜然奖教金 1 人、教学新星奖 1 人、实践育人标兵 2 人。

在教育教学改革建设方面,获批教育部基础学科拔尖学生培养计划 2.0 研究课题 1 项,教育部产学合作协同育人项目 1 项,省级重点本科高等教育教学改革立项课题 1 项,省级一般本科高等教育教学改革立项课题 3 项。教师发表教学改革论文 7 篇,其中核心期刊论文 2 篇。

在课程建设方面,本年度获批国家级一流本科课程 3 门,基地现有国家级一流本科课程 7 门,覆盖线下、线上线下混合和虚拟仿真实验教学三个类型。

本年度共获得省级教学成果奖 3 项,其中特等奖 1 项,三等奖 2 项;校级教学成果特等奖 1 项,一等奖 1 项。

(二) 学生发展成果

学生科研立项:本年度拔尖班学生获批本科生科研立项共 31 项。其中国家级创新训练项目 6 项,中央高校基本科研业务专项资金本科生项目 10 项,院级项目 15 项。

学生科研竞赛获奖:本年度拔尖班学生获得国家级学科竞赛奖 51 人次,其中一等奖 20 人次,二等奖 15 人次,三等奖 16 人次。

学生发表论文和专利:本年度拔尖班同学发表的 SCI 论文共计 10 篇。

(三) 毕业生去向

2020 级拔尖班学生继续攻读硕士研究生人数共 43 人,其中 19 人分别被保送至中国科学院、浙江大学、复旦大学、上海交通大学等国内知名院校,留在本院继续攻读硕士学位 24 人。

四、下一年工作计划

1. 基于"尊重·创造"教育理念的人才培养模式改革

秉持我校"尊重·创造"的教育理念，基于"尊重教育规律，尊重人才成长规律，尊重受教育者的人格人性，尊重教育者的劳动成果"，实施"注重过程的探究教育、激发学生内生动力、培养学生批判思维"的课程改革。

2. 基于"东师多元学科资源"的交叉课程建设

依托本校国家一流学科资源，建设重交叉的辅修专业课，依托人文社科优势资源，以"大生命"理念，建设精品通识课程，培养学生人文情怀，实现精神现象的生命感悟与物质层面的生命认知之间的融通。

3. 基于个性化需求的学科导师团队指导

以学生科研志趣为基础，选配高水平的科研导师团队，全程负责学生培养方案制订和个性化学习指导，满足学生个性化发展需求。

推行"基于研究的学习"范式，寓教于研、以赛养研

孙璘　薛磊　蔡亮　杨继

一、拔尖创新人才培养模式

拔尖创新人才培养模式改革的总体目标是要改变"以教师为主体、以课本为中心、以课堂为阵地"的传统教学范式，探索建立"基于研究的学习"范式的可行性和实施路径。在教学方式上，强调重过程而不是内容本身，突出教师的引导作用，而不是"主讲"作用，让学生在教师指导下、在参与研究活动过程中经过积极的探索和亲身体验与实践，以个性化的方式将知识纳入自己的认知结构中，并尝试以自己的经验和知识为基础解决实际问题，在此过程中学习掌握科学分析的方法和技能、科学的思维方式，形成科学价值观和科学精神。

针对培养拔尖创新人才的需求，按照学校 2+X 培养体系修订本学科培养方案，设置荣誉方案：减少对部分必修课和专业限选课的学分要求，增设研究性课程，并开设难度和广度增加的荣誉课程，鼓励拔尖人才走荣誉方案培养模式。配套措施如下：

1. 明确强调"拔尖计划"不以单纯追求高绩点为目标，也不是陈列在橱窗里的奖牌，而是自主科研和荣誉课程修读起始的号角。

2. 实行"学业导师 + 学术老师"双导师制，学业导师由学院统一安排，主要职责是在学业、道德、心理、行为等方面给学生个性化的教育和引导；学术老师负责指导学生有效地开展研究性学习，由学生根据各自的学习兴趣和拟发展的方向自主选择。

3. 设立"谈家桢创新人才培养基地"以建设"谈家桢创新班"，依托"生物学高层次人才培养中心"的新型人才培养平台，以培养有独立思考和独立人格、富有创新精神、能够服务社会、具有国际竞争力的高素质拔尖创新人才为导向，融合中国优秀教育传统和西方创新教育理念，整合协同创新单位的优质资源，对学生实施全方位、本硕博一体化的培养，优化人才培养体系。

4. 在教学和培养模式方面，一方面着力推行"基于研究的学习"教学范式，另一方面与英国、美国、加拿大的不同高校签订了一系列合作培养本科生协议，为学生拓宽视野、培养国际合作和竞争意识创造条件。

5. 为保障专业办学理念、目标和方案能具体而真实地实现，有针对性地开展了相关教学团队、教学条件（如学生开放实验室）建设。

二、专业建设

专业建设围绕"以学生为主体,寓教于研,促进对学生自主学习和综合能力培养"的目标,在课程体系、教学计划、培养模式、配套资源等方面进行了整体设计,并逐步落实。

三、课程建设

在课程设置方面总的改革思路是:按照复旦大学 2018 年开始的 2+X 培养体系设计培养方案,根据生物科学不同研究方向设置不同的课程模块,并增加荣誉课程体系,为学生提供更多的选择性,构建多维发展空间。在课程体系中进一步增加研究性课程的比例和学分要求,同时在教学模式和考核方式等方面作有针对性的调整,强化"基于研究的人才培养"理念及过程,提高人才培养质量。

目前生命科学学院课程按照平台课、专业必修课、专业选修课、荣誉课程、研究性学习课程、专家讲坛六大类建设。其中"现代生物科学导论"是入门基础课,"专业必修课"和"专业选修课"是学位课程核心,"荣誉课程"是部分"专业必修课"和"专业选修课"的深入及拓宽课程,专为志存高远的优秀本科生而设计,用以激发学生的学术兴趣和潜能。"研究性学习课程"旨在强化对学生科学思维和研究技能的培养。"专家讲坛"则是为创造学生与顶尖学者近距离交流的机会,帮助学生了解学科最新前沿并拓宽视野而设计。

开设的"专家讲坛"以大师典范指引青年学子的人生与学术航向,营造浓郁的科研学术氛围,分为"谈家桢生命科学论坛"和"学术前沿讲坛"两个系列。"谈家桢生命科学论坛"演讲者全部为各国院士,包括诺贝尔奖获得者,至今已邀请包括 20 名美国科学院院士、1 名德国科学院院士在内的超过 50 位的院士级学者做客"谈家桢生命科学论坛";"学术前沿讲坛"主要是邀请国内外不同研究方向的学术带头人介绍各领域的研究前沿,其中不乏国际国内的知名学者。

积极促进课程建设,鼓励教师申请教改项目、领衔或参与教材编写、总结教学经验发表教学论文等。目前已经建成 2021 年开始评选的国家级一流本科课程 10 门、上海市一流课程 5 门。

四、教材建设

教材和教学参考书主要由任课教师指定,包括国家统编教材、自主编写教材和少量国外优秀全英文教材。本专业教师主编或参与编写的《微生物学教程》《植物生物学》《遗传学》和《神经生物学》被列入"十二五"普通高等教育本科国家级规划教材;其中《微生物学教程》荣获首届全国教材建设奖二等奖。随着在线开放课程和混合式教学、翻转课堂、个性化学习等教学模式的推广,新形态教材、数字课程成为发展趋势和潮流。本专业教师也积极探索适合数字时代教学需求的新形态教材和数字课程,编写了数本数字化教材,制作了数门数字课程,在教材建设中亦探索实现"理论来自实验研究"的教学理念,由高等教育出版社出版,促进了课程建设与教学改革。

五、师资队伍建设

新入职的、未曾参与过本科教学工作的教师都必须参加学校组织的教师教学发展研修班,以了解教育教学理念,掌握基本的教学技巧。教师参加各类教学培训班、教学研讨会或更新实验教学内容、建设教学网页、撰写教学论文、编写教材及教学参考书等的支出全部由学院负责。为促进高水平教授与青年教师的交流,充分发挥传帮带作用,提高青年教师的科研和教学水平,制定并实施了青年教师导师计划,各分支学科推荐本领域高水平资深教授作为计划的导师。

开展教学范式改革教师是关键。从传统的传授性教学模式向研究性学习范式转变,不仅需要教师更新人才培养和教育理念,而且要在教学技能上有所提升,要掌握作为教学引导者、教学环境营造者和高级学习伙伴的技能和技巧。为此,学院通过举办教学技能培训班、聘请美国教育和教学法专家来复旦开展合作教学等途径,针对目前课堂和实验教学中的缺陷,以及学生素质教育和专业生涯发展中存在的问题,提出有操作性的教改建议。外聘教师传授了如何开展基于主动学习的教学,帮助设计、改造现有教学模式和过程,通过创设类似真实科学研究的情境和途径,让学生通过自己搜集、分析和处理信息来实际感受和体验知识的发现、形成、应用和发展过程,通过学习主体的实践活动促进学习者的发展,把培养批判性思维和创新意识落实到具体的自主学习过程之中。通过培训,教师明确了"教"不等于"讲","学"也不等于"听",课堂不是教师表演的舞台;通过更新教学理念,自觉进行角色转换。

六、实践环节

正如前面已经提到的,生物科学"拔尖计划"不以单纯追求高绩点为目标,也不是陈列在橱窗里的奖牌,而是自主科研的征途。

1. 除校级的"䇹政""望道""曦源"等本科生自主科创项目资助之外,增设院级的Dream Lab项目、遗传工程国家重点实验室的云帆项目以充分鼓励学生参与本科生自主科创的积极性。

2. 鼓励本科生积极主动报名参加学科竞赛,目前主要有iGEM国际赛、全国大学生生命科学竞赛,以在竞赛中出好成绩的目标进一步激发本科生参与自主科创的积极性。

3. 面向有志于从事生命科学学术研究的大一本科生开设"生物学综合实验基础(BIOS)"课程,利用暑假,以训练营的方式,由青年研究员带领进行自主实验设计与实施,允许多次重复和试错,尝试把想法和假设变成现实,培养反思和纠正的创新能力,同时选拔进入"谈家桢创新班"的学生。

4. 开设"生命科学研究设计与实践(AIBS)"系列课程以及"创新实践课程",以学生实际从事的实验室科研项目为素材,在实验室负责人和课程导师组联合指导下,通过文献阅读、互动讨论、报告撰写和交流等方式,训练学生的科学思维方式,帮助学生根据正确的价值取向选择课题，培养学生设计方案、开展研究、分析结果、总结交流的综合科研能力，让学生更有效地独立开展工作，并从中获得乐趣。

5. 保持对毕业论文的要求，但不集中安排在最后一学期，要求第四学年的第一学期就要启动，完成开题，第四学年的第二学期继续进行，分段考核并记录成绩，保证进行系统训练的时间，提高毕业论文质量。

13. 同济大学

聚焦前沿　学术引领　铸魂育人　多元培育

张敬

同济大学生命学科创立于 1937 年,后因外迁他校而停办。1996 年同济大学恢复生命学科,成立了"生命科学与医学工程学院"。2002 年更名为"生命科学与技术学院",并于同年获得教育部批准,成为国家生命科学与技术人才培养基地。学院设有生物学一级学科博士点,生物学硕士点和生物工程领域专业学位硕士点,以及生物学和生物医学工程博士后流动站。2020 年为教育部强基计划试点招生专业,2020 年入选国家基础学科拔尖学生培养计划 2.0 基地,2021 年入选教育部生物学一流学科建设名单。2022 年第五轮学科评估中评为 A。

目前学院有专职教师 112 人,超过 90% 教师具有博士学位,80% 教师具有海外留学经历,师资力量强大。近 3 年,获批科研项目近 100 项,科研经费达一亿元,发表包括 *Cell*、*Nature* 等 SCI 论文 200 多篇,其中影响因子大于 10 分以上论文 25 篇,获得国家和教育部自然科学奖 2 项。近 5 年,承担上海市、同济大学教改项目 60 多项,主编教材 5 部,获得国家级、上海市教学奖多项。

学院经过近十年的生命科学基础学科拔尖人才培养探索,在培养体系构建、教学模式创新、导师制、小班化、个性化和国际化培养等方面取得了一定成效,形成了独具同济大学特色的生命科学拔尖人才培养模式。

一、落实"三全育人"要求,全面实施以立德树人为核心的思政教育

围绕一流大学建设中心任务,生命科学拔尖人才培养过程中牢记立德树人宗旨,将思想政治教育工作摆在首要位置。围绕生命学科的特点,突出价值引领、加大工作力度,构建全覆盖、常态化的系统教育平台,引导学生不忘初心、坚定信仰、牢记使命、砥砺前行。结合"三全育人"综合改革,将培养体系的每个环节、通识教育 – 基础教育 – 专业教育的每个阶段充分融合课程思政教育元素。通过身边的榜样,心怀"国之大者",坚持为党育人、为国育才的第二批全国高校黄大年式教师团队——同济大学干细胞生物学教师团队,做学生为学、为事、为人的示范。通过各种渠道、多种方式把思想政治、家国情怀、人文素养、国际视野、人类文明等融入人才培养全过程,提升综合素养,塑造不断追求、勇担使命的科学精神,培养德智体美劳全面发展的生命科学拔尖人才。

二、以生物学一流学科建设为契机，依托优势科研平台，致力于培养特色鲜明的生命科学拔尖人才

同济大学生命科学拔尖学生培养基地面向国家战略需求，契合学院生物学一流学科、国家一流本科专业建设和发展时机，秉承"个性发展、性格塑造、独立思考、探索实践"的理念，依托教育部"细胞干性与命运编辑"前沿科学中心、国家干细胞转化资源库等优质科研平台，以干细胞和再生医学、生物信息学、重大疾病的基础与转化医学研究为特色，通过强化基础、大师引领、科教融合、交叉培养、注重实践、国际合作等方式，致力于培养热爱并有志于从事基础研究，具有原创性科学思维、良好道德素质修养及科研创新能力，引领国际基础科学创新研究的大师级后备人才。

三、以"基础扎实、前沿引领、国家使命"培养为导向，全方位开展生命科学拔尖人才培养体系建设

全方位推进"三全育人"综合改革的基础上，紧密围绕"兴趣、潜能、交叉"培养理念，遵循"融合、筑基、聚焦、贯通、质量"五大原则，按照"通识教育＋跨学科课程＋特色引导课程＋专业教育＋实验实践"课程框架，推进思政教育与专业教育有机融合，注重对学生思维启发、实践应用能力和创新能力的培养，构建宽口径厚基础重交叉强实践国际化的生命科学拔尖人才专业课程体系。课程体系构建中充分考虑以生命科学及转化医学领域存在的科学与技术问题为立足点，将生命科学基础知识、专业知识环环相扣、步步推进和适度交叉，通过基础课程、"干细胞生物学"国家级一流本科课程为特色的专业核心课程群、科创训练课程群、综合素养课程和拓展课程等加强拔尖学生的学科交叉及人文素养的培养，建设适应创新创业人才成长的实践教学体系，打造具有国际化视野的高水平生命科学拔尖人才。

四、以独有的优势学科前沿引领，打造具有同济特色的紧密接轨学科最前沿的生命科学拔尖人才

以研究型教育为导向，充分依托同济大学独有的优势科研平台，聚焦干细胞前沿基础研究和临床转化领域，凝练学科内涵、突出学科特色，协同人才、团队、项目、成果、平台等多方面的资源，及时将最新科研成果引入课程教学，将科研优势及时转化为教学资源。生命科学拔尖基地育人过程中注重思维启发及实践能力训练，通过科教融合，不断探索培养以干细胞和再生医学，重大疾病的基础与转化医学研究为特色的，具有优秀原创思维和科研创新能力的同济特色的生命科学拔尖人才。拔尖学生的培养被社会广泛认可，拔尖班已毕业的前两届共 60 名学生中，有 51 名同学在国内外著名大学继续深造，比例高达 85%。

五、增强国际交流，国内外顶尖大师引领，培养具有国际视野的生命科学拔尖人才

组织高端人才作为学业导师，在学生的人格塑造、领导力、科研素质、跨学科思维和学术前沿引领等方面充分发挥指导作用。构建"长短期项目相结合、学期派出与暑期项目相衔接、专业课程及文化交流并举"的多层次、多模式国际化人才培养体系，通过国际会议、国际比赛、国际名校访学、海外学者讲座等增进学生与国际学术前沿的交流。每年邀请来自世界各地的优秀学者来校讲座近百场，其中不乏欧洲科学院院士、奥地利科学院院士、瑞典皇家科学院院士等大师为拔尖学生进行授课与讲座。利用已有的国际交流平台，与哈佛大学、麻省理工学院、图宾根大学等开展国际合作培养；已建立的与澳大利亚新南威尔士大学合作机制、同济大学佛罗伦萨校区等海外实习基地，为培养国际化一流生命科学拔尖人才提供强有力支撑。拔尖学生国际交流成绩斐然，拔尖学生自 2015 年参加国际基因工程机器竞赛（iGEM），获得 10 金的好成绩。通过这种多层次的国际交流与合作，提升了学生的专业研究素养和外语水平，增强了拔尖学生的国际视野和竞争力。

六、深化教育管理体制改革，建设一流管理机制

完善院系关于拔尖人才培养的教学管理构架，加大教育投入，充分发挥基层教学组织的作用。通过加强过程管理完善人才培养的过程监测、评估和反馈跟踪机制等质保体系。制定章程，健全决策机制，提高管理效率。

经过多年探索与实践，同济大学生命科学拔尖人才培养积累了大量经验，逐渐形成紧密接轨学科最前沿的以干细胞和再生医学、重大疾病的基础与转化医学研究为特色的人才培养模式。

双重驱动力：好奇心与使命感在生物科学前沿研究中的作用

夏伟梁　郭熙志

一、目标定位

上海交通大学"拔尖计划 2.0"生物科学方向以致远学院、生命科学技术学院（简称"生命学院"）为依托，致力于建设世界一流的生物科学拔尖人才培养基地，打造"使命驱动 + 好奇心驱动"的生物科学拔尖人才培养体系，使学生成为具有家国情怀、批判性思维能力、知识整合能力、沟通协作能力、多元文化理解和全球视野的创新型生命科学领袖人才，为推动我国基础学科建设奠定坚实的人才基础，为实现中华民族伟大复兴提供有力的人才支撑。毕业生应达到国际一流大学前 5% 学生的水准；毕业 10 年后能有一批校友进入国际一流大学长聘教轨体系，在国内、外一流大学任教或顶级研究机构从事科学研究；毕业 20 年后若干人成为生命科学领域国际学术大师。

生物科学方向毕业生应具备：①远大理想、全球化视野、科学精神、创新精神；②敏锐地发现、思辨地提出、缜密地分析、系统地解决问题的能力；③扎实的数理基础、宽广的学科知识、创新实践的能力；④敢于面对挑战、不断探索、努力创造、追求卓越的素质；⑤良好的沟通能力、协作精神、道德素养和深厚的人文情怀。

二、培养机制和措施

（一）"项目主任制 + 导师制"打造顶尖的导师团队

致远学院实行"项目主任负责制"，由生命学院、致远学院共同推举本专业教授任生物科学项目主任。项目主任全权负责培养方案修订、专业任课教师评聘和人才培养质量评估，指导并推动教学建设与改革工作。项目主任与海内外学者共同组成"生物科学方向荣誉课程建设委员会"，指导并推动生物科学方向的荣誉课程建设，确保专家治学。

依托生命学院高层次人才队伍实施全程"导师制"，引导学生参与学术研究，鼓励学生走上科研之路，并为学生创造自主发展的机会。致远生物科学方向学生具有双重身份，即学籍在生命学院，日常教学管理在致远学院，学生享有两个学院的各项政策与待遇。

（二）教学强调小班化研讨，教改注重荣誉课程建设

致远生物科学方向自 2010 年开始招生，即确立了小班研讨课制度，并着力推动荣誉课程建设。以专业基础课为例，一年级的"生物学导论（微观）"和"生物学导论（宏观）"课程涵盖面广，强调生物学各领域的前沿进展；二年级"生物化学""遗传学""细胞生物学"等专业基础课程强调专业能力的提升和进阶；三年级"神经生物学""发育与再生生物学"和"免疫学"等专业选修课强调学生的发展兴趣和志向。以上课程均为"4+2"教学模式，即 4 学分理论课与 2 学分讨论课组合，且建成学校的"致远荣誉课程"（上海交通大学标杆性课程，须由荣誉课程教师主讲，教学内容深度与广度应明显高于其他课程）。"理论课 + 讨论课"组合模式有效地鼓励学生遵循内心的原始好奇心，积极地帮助学生寻找真正热爱的方向并坚持走下去。荣誉课程任课教师已作为教学要件纳入生命学院长聘教职评聘指标，保证师资水平的稳定性和持续性。

致远生物科学方向采用"小班化"编制和"小班化"教学，平均每届 20 人。专业课程上课人数少于 20 人，部分向其他专业开放的专业基础课程如"生物学导论"，也在讨论课时拆分成少于 20 人的小班开展教学。

（三）"请进来" + "走出去"，创造"转身遇见大师"的学术环境

致远生物科学方向建立了明确的国际化教学与科研训练体系。

其一是成立由海内外教授组成的教学指导委员会制订国际化人才培养方案；邀请一批国际杰出学者开设专业核心课、专业课、暑期研讨课；增加学生与国内、外杰出学者的交流机会，营造"转身遇到大师"的学术环境。"生物学导论（微观）""生物学导论（宏观）""细胞生物学""遗传学""生物化学"等专业核心课、专业课教学团队均由校内教授与杰出海外学者共同组建，把一流的教学、一流的思维、一流的大师人格展现给学生。

其二是鼓励和支持学生走出去，本科阶段有至少一次海外研修等出国经历的学生占比接近 100%，为学生提供接触最前沿科学研究的机会。学院为学生提供了长达 12 个月的海外名校科研实习和毕业设计经费支持，为学生赴境外一流大学或者科研机构从事科研实习或开展毕业设计提供切实的经济保障。

（四）依托生命学院师资优势和致远书院价值引领，营造学术型大师氛围

在延续"校内 + 海外"教学团队模式的同时，我们强化价值引领和课程思政，通过海内外名师潜移默化的楷模作用，在拔尖学生心中播种下"使命担当"的种子，让致远生物科学基地学生在世界学术舞台上展示风采的同时，也不忘初心，报效祖国，服务全人类。

以融教学、住宿、学生活动等功能于一体的致远书院为基础，结合生命学院的高层次人才队伍，形成更好的"大师"氛围，落实全员育人、环境育人和全人教育理念，实施多层次、全方位的导师制，构建"交叉、融合、开放、创新"的师生学习共同体，打造致远荣誉书

院品牌。以致远书院为依托，根据现代生物科学领域由定性转向定量、由单一转向交叉的发展规律，全面重构生物科学专业的知识结构，融合物质科学、数据科学、生命科学、人文科学在内的"四个世界"，让拔尖学生不仅专注于生物学专业"深度"，还具备"博、雅、通"上的"广度"。

（五）"使命驱动 + 好奇心驱动"的学术前沿探索和国际化科研训练机制

依托生命学院国家级生命科学实验教学示范中心、微生物代谢国家重点实验室、致远创新研究中心 + 卫星实验室，为学生提供科研实训；邀请活跃于学术前沿的著名教授与青年学者，与致远学子面对面、零距离地互动交流；鼓励同学们和导师们建立学术联系，冲破学科与经历的藩篱，自由交流、探索，启迪思想；支持学生赴海内外顶级生物学实验室完成毕业设计，挑战科学前沿问题。通过自由的学术前沿探索，建立学生的学术自信，激发学生对科学问题的"原始好奇心"，进而培养学生的科研能力和成为科学家的身份认同感，形成"持久而强烈的好奇心"；通过海内外学术大师潜移默化的精神引领，引导学生在自主探究过程中产生对国家与人类科学发展的"使命担当"。

通过科研见习、科研实训、科研项目、科研竞赛、毕业论文，构筑进阶式科研训练机制；通过境外研修奖学金等措施，全方位保障学生科研训练的系统性、完整性和先进性；通过毕业论文开题审核制度，确保学生在毕业论文期间进入生命科学领域国内外顶尖实验室，跟随全球一流科学家从事前沿的科学研究。

（六）致远学院为主导，生命学院为支撑，多维评价的选才鉴才机制

致远生物科学基地结合上海交通大学的招生方式，以致远学院为主导，以生命学院为支撑，建立了滚动选拔的人才遴选机制，采用多渠道、多元化、滚动选拔的招生方式，充分利用学科奥赛、学生自主调整专业等方式，通过数理笔试、生物学科 + 数理专家面试、思政教师与学生及家长面谈、抗压测试、体能测试等环节，多维评价学生的数理基础、批判性思维、好奇心、意志品质及身心健康，全面考查学生综合能力。

致远生物科学基地进一步改革遴选制度，"培养"与"后备"并举，"常规"与"特例"并行，让某一方向特别突出的偏才怪才也能得以借助"伯乐计划"机制留在致远享受优质的教育资源。

三、条件保障

（一）经费保障

在国家"双一流"建设经费支持基础上，国拨、校内、自筹经费"三管齐下"，生命学院与致远学院"双院支撑"，同时充分利用生命学院、致远学院的校友资源，向企业、校友等争取

社会资源,确保致远生物科学基地获得充足的经费支持,助力学生的发展。

(二) 组织保障

健全致远学院与生命学院的"双院协同"机制,加强"2+N"的顶层设计,强化专家治学。通过健全"2+N"机制共同为致远生物科学学生培养提供最优质的师资,营造最纯粹的学术氛围,其中"2"为所依托的致远学院和生命学院,"N"为所借助的生物医学工程学院、药学院、农业与生物学院、系统生物医学研究院等校内机构。

"双院协同"机制之上,还有学校基础学科拔尖学生培养工作领导小组、学校基础学科拔尖学生培养计划实施工作小组、学校基础学科拔尖学生培养工作专家委员会,以及致远荣誉计划学术委员会、致远荣誉计划荣誉课程建设委员会及生物科学分委员会、致远创新研究中心学术委员会、致远通识教育委员会等专家委员会,共同组成专家治学的顶层机制。

15. 华东师范大学

"一领三双"的生物科学拔尖人才培养模式的探索与实践

江文正

为培养生物科学拔尖创新人才,2015 年起,华东师范大学生命科学学院与中国科学院上海生命科学研究院联合创立生物科学"菁英班",每年从生物学(非师范)专业中选拔 30 名学术志向坚定、理科基础扎实的优秀学生进入生物科学菁英班,建立了"流动进出"机制,探索了生物科学拔尖人才培养模式。2020 年,生物科学专业成功入选了首批教育部强基计划,按强基计划进行招生和培养。2021 年,生物科学专业又入选了基础学科拔尖学生培养计划 2.0 基地,拥有了强基计划和拔尖基地两个国家级拔尖学生培养平台。通过多年的教学改革和专业建设,已在拔尖人才培养模式、课程体系、科研训练、学生培养质量等方面取得了一定的成效,初步形成了"思政引领,双强合作(学院 – 中国科学院)、双轮驱动(专业基础 – 科研实践)、双向循环(基础研究 – 产业化)"的"一领三双"育人模式,培养"有情怀、厚基础、宽视野、善交叉、强创新"的生命科学拔尖创新人才。

一、思政引领,培养家国情怀和责任意识

拔尖人才未来要成为什么样的人？学院从思想上形成统一认识——学习钱学森先生,在国家危难之际能够意识到并坚定投入科技报国,突破重重阻拦,返回祖国、服务祖国的科技发展,将科技成果谱写在祖国大地。所以,对刚进入高等学府的年轻学子来说,树立理想信念是第一要务。学院党委发挥党组织的核心作用,建立了以立德树人团队为引领、"青年科学家班主任"为示范、学术带头人为资深顾问、校友朋辈为榜样、"关工委"为支撑、"党建 + 学业 + 心理 + 资助 + 就业 + 学科竞赛 + 创新创业"为工作模块的思政工作团队,形成了党委与基层党支部、教师与学生党支部、教师党员与学生党员的"三联共建"机制。

课程思政是培养具有家国情怀和社会责任感的拔尖创新人才的重要教育改革方向之一。作为首批上海市"课程思政"重点改革领航学院和上海市"课程思政"特色改革领航团队,积极发挥课程思政教学名师和课程思政示范课程的辐射效应,进一步探索"溶盐入汤"和"润物无声"的课程思政育人模式,并全面推广高水准课程思政教育,充分发挥课堂育人的主渠道作用,帮助拔尖学生树立远大理想和忠诚报国的强烈社会责任感,培养具有浓厚家国情怀的生命科学拔尖创新人才。

二、双强合作,学院与中国科学院联合培养

由学院和中国科学院上海生命科学研究院相关研究所的专家组成拔尖学生考核选拔小

组,通过自主报名、考核、面试等环节完成学生的选拔。并从学院和中国科学院上海生命科学研究院双方的教学科研骨干人员中选拔优秀专家教师,组成生物科学拔尖学生培养的双导师指导团。根据学生知识结构、学业进度等不同情况和专业兴趣、特长等不同需求,为每位学生配备"双导师",充分发挥各自的优势,从学业基础、实验技能、科研思维和创新能力等多个层面进行全方位的指导,并持续评估学生的发展潜力,以实现对拔尖学生的个性化培养。同时,加大人生导师在学生思想引导方面的力度,激发学生的科研兴趣,牢固树立专业报国的坚定信念。

三、双轮驱动,专业基础与科创能力共同提升

1. 优化课程教学体系,强化科研创新训练

通过课程与课程之间的融通和衔接,以及加强学生课外自主学习等方式,在削减原有课程教学时数的同时,进一步增加课程的难度、深度和广度,实现课程总学分压缩但课程内容更精、更专的目的;同时,增加科研训练学分和时间,并优化科研训练的方式。

2. 夯实专业综合基础,探索个性化培养

通过小班化教学,夯实学科综合基础;通过学科轮转,挖掘学生专业兴趣;通过专业方向设置兴趣导向的研讨式教学,实现个性化培养。文献阅读、课堂汇报以及"互动式"讨论贯穿所有教学过程,使学生立足科学前沿,拓宽学科视野,实现"精、专、深"的个性化人才培养目标。

3. 建立学科轮转制度,挖掘学科专业兴趣

从第三学期开始将拔尖班分成 5 个小班,利用课余时间分别进入学院的 5 个优势学科组(动物学、植物学、神经生物学、细胞生物学、生化与分子生物学)的不同课题组进行科研见习轮转(每个学科组 3 周),引导拔尖班学生消除对科研的畏惧感和陌生感,通过对不同研究领域的了解确定个人的专业兴趣,为下一步个性化专业培养打基础。

4. 注重实验实践教学,锻造科研创新能力

构建相对独立的生物科学拔尖人才培养的实验教学体系,打通基础实验 – 综合实验 – 科创项目 – 学科竞赛 – 毕业论文等"多层次、一体化"的实践创新能力培养通道。依托国家级、上海市级、校级和院级创新基金项目,并结合个人科研兴趣,利用课余时间,全面进入科研团队进行科研训练,实现 100% 科创参与率和基金资助率,最终实现课程学习和科学研究的双轮驱动。

5. 建立多元考核方式,实施过程综合评价

强化对综合素养和创新能力的考核,构建多元化的过程性评价体系,综合采用课堂讨论、课后作业、调查报告、课题论文、读书报告、随堂测验、期中考试等多种评价方式,提高过程性考核权重,提升学生持续学习能力。

四、双向循环,培养问题导向的产业化思维

近几年学院在基因编辑、细胞免疫治疗等领域均取得了科研转化的巨大进展,为实现科

研成果的产业化提供了优秀的范例。将学院多个高层次产学研一体化平台的运行机制、代表性成果与产业"卡脖子"难题融入拔尖班的课程教学、学科组科研见习轮转和科创活动之中，增强学生树立"科技推动产业发展"的专业自信，提升学生"为国分忧"的社会责任感，实现"产业推动专业"。在拔尖班学生的课程作业和科研创新选题中，引导学生基于产业瓶颈寻找科学问题并设立科创项目，通过科创成果对产业的促进作用，让学生真切体会基础研究对国家发展的重要性，从而实现"专业促进产业"。

五、教学改革助力拔尖人才培养

学院近几年加强了教学改革力度，从师资水平、课程与教材建设等方面为拔尖人才培养保驾护航。选拔优秀的师资参与拔尖班的教学，形成了由教学经验丰富的教授领衔、高层次人才参与的教学团队，课堂讲授与课外研讨相结合，线上线下相结合，教学质量稳步提升。目前学院已建设了国家级一流本科课程6门，国家级精品视频公开课2门，教育部课程思政示范课程1门，上海高校一流本科课程8门，上海市精品课程7门，上海高校重点建设课程23门，上海市课程思政示范课程3门。学院教师主编教材40余部，建设大学MOOC课程7门，为高质量教学提供了优质的教学资源。

六、人才培养成效

近年来，生物科学拔尖班的学生在国内外期刊上发表论文39篇（其中SCI论文35篇），在全国和上海市大学生生命科学竞赛中获奖70项（其中特等奖4项，一等奖19项）。

16. 南京大学

人工智能生物学拔尖创新人才培养和
国际综合科考与科研训练项目建设
——构建"大生命科学"教学育人体系的实践总结

朱景宁　张骑鹏　吴婷　田兴军　陈迪俊　周祯　朱富海　施林淼　王栋　李灿

南京大学生命科学学院依托生物学"双一流"建设学科和一级学科国家重点学科,自基础学科拔尖学生培养试验计划以来,不断探索面向生命科学前沿、面向生物经济战略、面向国家重大需求、面向人民生命健康的未来生命科学领军人才和拔尖创新人才培养。学院聚焦人才培养中"教什么""怎么教""如何评"三个关键问题,针对生命科学人才培养中存在的三大问题:①课程体系碎片化,学生知识零散化,"只见树木,不见森林",重微观、轻宏观,重热点、轻冷门,大生命全局观欠缺;②教学模式单一化,学习浅表化,教学以传统讲述式为主,知识点一味求多求全,讲授却点到即止,导致学生以机械记忆和简单重复为主的表层学习多,而强调灵活迁移、融会贯通、举一反三、学为己用的深度学习少,逻辑思维、实验实践、领导协调等能力培养浅尝辄止,原始创新能力不足,交叉创新力薄弱;③人才评价维度一元化,竞争内卷化,评奖、推优等过度倚重以考试成绩和平时成绩为主的学分绩,导致学生唯学分绩严重,内卷现象突出,容易焦虑浮躁、急功近利,难以静心学习、潜心研究,学业发展路径多样性下降,培养出的人才趋于同质化。学院通过总结经验,提出并践行了系统整合的"大生命科学"教学育人体系和个性化的人才培养方案。

"大生命科学"教育教学体系和个性化的人才培养方案重点在三个方向进行改革:首先,重构大生命科学全景式课程体系,强调教学内容的系统交叉整合,建设优质教学资源。其次,深化书院制,建立学术、生涯、朋辈导师等多轨并行的导师制,全过程、多角度把立德树人、科学精神和创新思维润物无声地内化入人才培养的全方位、各环节,帮助学生树立正确的科学观、生命观、世界观、人生观和价值观,实施浸润式育人模式,构建多元创训体系,促进科教融合。第三,推进注重能力潜力的多元学生发展评价改革,深化个性化的创新人才培养,推动各美其美、异彩纷呈。上述措施夯实了专业核心课程,耦合课程教学内容,注重原创研究融入教学,进而激发学生科研兴趣。运行"基础–综合–探索创新"三阶创新训练体系,基础教学阶段以掌握知识背景和还原发现过程为核心,综合性教学阶段以设计问题综合解决方案为导向,探索创新阶段则以提出挑战性创新性课题并自主探究为灵魂,与自由预约的创新实验室和仪器开放平台一起为各类学科竞赛、项目研究和创新创业提供支撑。同时,在生命科学课程体系中,野外实习、综合科考和科研训练是生命科学教学中重要的实践环节,对培养学生的实践能力有着重要的作用。在生命科学拔尖人才培养过程中,学院一直致力于提供丰富的实践教育机会,以培养学生的实验技能、科学素养和创新能力。目前生命科学学院有三门野外实习课程,为学生提供了多层次的野外实习内容,逐步形成了具有特色、带有示范性的实验、实践教学亮点成绩。最后,在教学、创训全过程中开展动态综合评价,鼓励学生发展兴趣,显著提升了拔尖人才培养质量,本科生科研创新能力不断提升,本科毕业生深造率超75%,毕业生在各行业中不断取得卓越成就。本科教学改革成果丰硕,发挥了良好示范辐射作用。

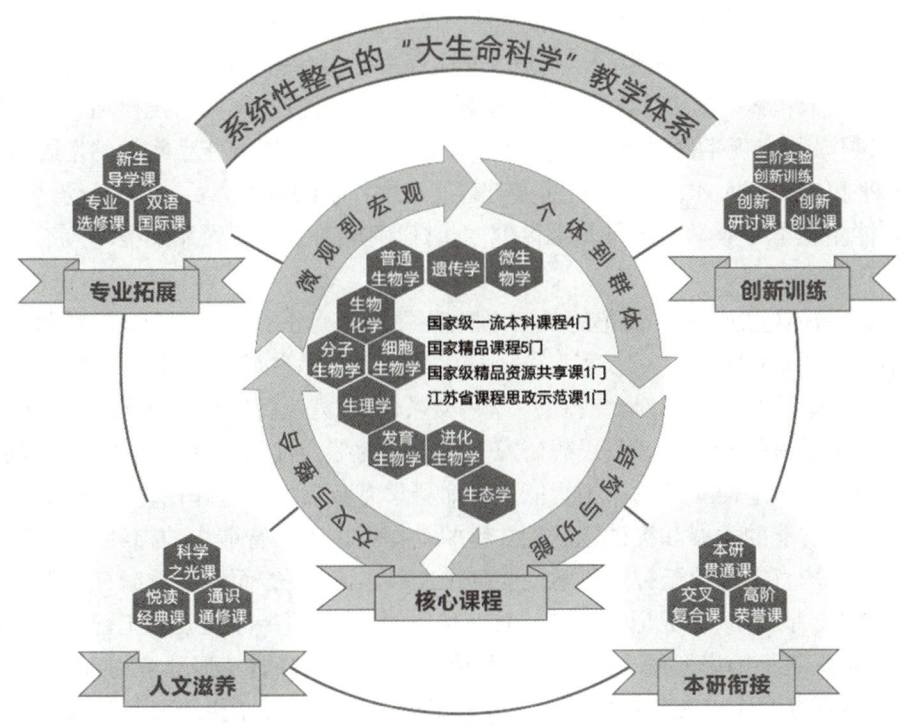

进入拔尖计划 2.0 阶段以来,南京大学在学科交叉培养拔尖创新人才和实验实践教学改革方面持续发力,着力进行了以下两个方面的工作。

(一) 学科交叉培养人工智能生物学拔尖创新人才

南京大学聚焦创新人才培养的体制机制创新,针对生命科学极强的学科交叉属性和最新发展趋势,深入探索学科交叉拔尖创新人才的培养新模式。目前,我们以人工智能生物学拔尖创新人才培养为突破口,探索建立了国际国内首个人工智能生物学专业的课程体系和培养方案,并以生物科学 – 数学交叉实验班的形式开展拔尖创新人才的育人实践,探索和研究契合人工智能生物学交叉复合拔尖人才的培养路径和创新模式。为国家培育满足新时代高水平科技自立自强和社会经济发展需要的人工智能生物学专业人才。

经过两年多的谋划、筹备和反复论证,学院和南京大学数学系联合培养的生物科学 – 数学交叉(人工智能生物学)实验班已于 2023 年秋季学期正式开班运行,拟未来授予学生生物科学主修学位、数学与应用数学辅修学位。在这一过程中,学院对人工智能生物学交叉拔尖人才的培养开展了如下实践和探索。

(1) 人工智能生物学拔尖人才培养的必要性。随着现代生命科学研究的深入,海量的生物大数据和"系统论"的进步正推动生命科学的发展和研究范式迈向新的重大变革和突破,生物科学与人工智能学科交叉发展出新兴的人工智能生物学已成为生命科学发展的内在要求和必然趋势。人工智能生物学研究需要系统、综合地运用数学、计算机科学、人工智能和生物学方法,整合研究生命现象背后的规律,全景式地阐明生命科学中的重大基本问题,以实现生命科学研究和人工智能研究的根本性突破。由于人工智能善于分析寻找生物大数据黑箱中的规律,因而人工智能生物学将进一步全面提升生命科学研究的广度和深度,革新生物学研究的现有范式,拓展生物学研究的范围,在获得新发现、探索新规律和形成新学说方面发挥关键作用,实现生命科学关键领域的实质性突破。人工智能生物学的发展需要有专业的高水平拔尖创新人才,而目前精通人工智能和生物学的研究人员较少,接受过专业训练的人工智能生物学专业学生更是非常稀少,新时代亟待一批专业人才来推动人工智能生物学的发展。

(2) 人工智能生物学并非简单的"人工智能 +",而是真正意义上的交叉学科和未来新兴学科。不同于"人工智能 +×× 学科"这类以"人工智能"为新工具用来解决"×× 学科"所面临的问题这种形式的"单向支持型"学科交叉模式,人工智能生物学实际上是综合两个学科乃至其他学科的技术、知识、思想研究一个共同的综合性复杂问题的"双向互动型"深度交叉学科。除了上面所述的人工智能对生命科学有革命性促进作用,生物科学特别是神经科学对人工智能的发展和突破也起到关键驱动作用。人工智能中的神经网络、深度学习和强化学习等均直接起源于神经科学或受到神经科学的启发,而生物数据有别于传统大数据,其"高维度、小样本、弱标记、变分布、强交互"的特点将进一步激发人工智能与信息技术的发展,且真正基于脑启发的人工智能才可能对未来人工智能实现理解物理世界、高效学习、迁移学习等方面作出突破性贡献。因此人工智能生物学对于生物科学和人工智能学科发展都有极大的促进作用。

(3) 在本科阶段开设人工智能生物学交叉实验班,需要打牢数学基础,满足人工智能对数学基础的高要求。人工智能本身也是一个非常典型的交叉学科,涉及数学、计算机、控制论、神经科学,甚至语言学等多个学科。长期以来,人工智能人才的培养大都集中在研究生教育领域。目前少数开设人工智能本科专业的高校均对数学基础有非常高的要求。而复杂生物大数据的分析亦需要很强的数学思维能力,因此人工智能生物学拔尖人才培养应该夯实数学基础,长远规划,本研贯通,培养造就一批数学基础扎实,具有发展潜力的学科交叉拔尖人才。实际上,数学中系统论、控制论和模糊数学的产生及统计数学中多元统计的兴起都与生物学的应用有关。而掌握坚实数学基础和方法灵活应用的交叉学科人才可以更深入理解和模拟生物学中的复杂系统和机理。例如,数学建模可以帮助分析和预测生物系统的动态行为,从而更好地理解生物体内的基因调控、蛋白质相互作用等生物学过程。这种数学工具在人工智能生物学领域具有重要的作用,为科学家们提供了一种全新的研究方法。正是由于数学的支持,才使得人工智能在处理复杂体系中具有强大的能力,把生物学的研究从片段的、局部性的水平提高到全面的、系统整合层面的水平。因此,南京大学生命科学学院和数学系双方联合成立了教研团队，共同申请了中国高等教育学会的重点项目，并在此基础上探索开展了学科交叉联合开设生物科学－数学交叉实验班。

（4）新设学科交叉融合核心课、创新实验课程体系。由于学制和学习时长的限制，难以在培养方案和课程体系中对数学、人工智能、生物专业方向的知识要求都面面俱到，因此在加强数学基础核心课的同时，学院整合了生物科学的核心课程，新开设了交叉核心课模块。学院从人工智能生物学的学科发展和人才素质要求出发对课程体系进行高度系统的设计和整合，开设有机融合数学、人工智能和生物学专业的核心交叉课（9门24学分），包括"机器学习：数学理论与生物应用""生物数学建模""高阶生物信息学""神经科学导论""图论与算法"等，从而更有针对性地加强专业特色。在选修课部分，学生自主选择数学选修课、生物选修课、交叉选修课等课程模块，如"AI生医图像分析""系统生物学""计算神经生物学""华为智能基座课"等。在实验实践部分，强调理论与实践并重，减少验证性、演示性实验，增加综合性、设计性实验，重点强化以数据挖掘和深度学习等干实验结合生物学湿实验的实验实践教学，探索开设多组学综合实验，并且积极将科研融入教学。通过与华大基因等产业界机构合作，重点建设了"多组学解码生命""微观生物学综合实验"等适应人工智能生物学教学需求的实验课程体系。

（5）实行生物、数学双导师制，强化个性化培养。由生命科学学院和数学系对人工智能生物学实验班实行共同管理，配备生物、数学双班主任。学生的遴选通过进校后的二次选拔进行，通过挑战性的笔试和面试遴选出15位对生物学和数学、人工智能具有浓厚兴趣的学生进入人工智能生物学实验班培养。每位同学进入大学二年级后将通过双选确定生物学和数学各一位导师开展个性化指导，帮助学生寻找和发展其感兴趣的生物学和数学、人工智能交叉领域，并进行针对性的科研训练。培养过程中，将实行动态进出和本研贯通培养，充分尊重学生兴趣发展。

《生物科学－数学交叉（人工智能生物学）实验班培养方案（2023年试行版）》经南京大学生命科学学院本科教学委员会和数学系本科教学委员会分别评议通过后，由南京大学教学委员会工作会议于2023年7月审议通过。2023年9月，生物科学－数学交叉实验班在新生中顺利完成首届学生的遴选和开班运行。期待通过未来几年的持续探索实践，构建起契合人工智能生物学交叉拔尖创新人才能力培养的教育体系与课程体系，为面向生命科学相关交叉学科前沿、国家重大需求和经济社会发展的交叉学科拔尖创新人才培养摸索出一条行之有效并具有示范作用和推广价值的新路径与新模式。

（二）建设国际综合科考与科研训练项目

野外实习提供了学生亲身参与自然环境调查与研究的机会。通过与真实环境的互动，在自然景观中观察和实地采集样本数据，学生可以深入了解生态系统的复杂性和生物多样性。同时，野外实习也培养学生的实地调查、观察和数据采集等实践技能，增强他们的团队合作和领导能力。通过野外实习，学生能够将课堂学习与实践相结合，加深对理论知识的理解，并培养独立思考和问题解决能力。科研训练对于学生深入了解科学方法与科学思维，提高科学素养和创新能力具有重要意义。总而言之，野外实习和科研实践训练在生命科学教育中发挥着不可替代的作用：通过这些实践活动，学生能够获得实践经验，拓宽科学视野，并培养实验技能、科学研究能力和创新能力，为培养具有真实科学实践能力的优秀人才奠定了坚实基础。

国际化的综合科考与科研训练项目是南京大学生命科学学院的特色项目。综合科考与科研训练项目是一个系统的科学实践活动，将学生带入真实的科研考察实际场景，让他们面对真实的问题和挑战。学生需要运用多种科学方法和技术，进行数据采集、分析和解释，以完成科学实验与研究。综合科考培养学生的实验设计、数据分析和科学推理等科学研究能力，同时也加强了学生的团队协作与沟通能力。通过与同伴一起面对科学难题，学生能够互相学习与支持，培养在团队合作中的角色意识与责任感，提高实验操作的准确性和科学素养。进行国际化的综合科考与科研训练项目则同时为学生提供到国外大学进行科学考察，接受科研训练的机会，促进与国际合作伙伴的交流与合作，为学生提供了与海外科学家和研究团队合作的机会，进一步拓宽了学生的国际视野，加强科研能力和创新能力，加强了跨文化交流与合作经验，并为未来的职业发展奠定坚实基础。

1. 中俄贝加尔湖科考项目

中俄贝加尔湖科考项目属于南京大学国际科考与科研训练项目之一，是南京大学与俄罗斯伊尔库茨克国立理工大学长期合作项目。科考项目的学生来自地理与海洋科学、地球科学与工程、生命科学、大气科学、环境科学、新闻、商学、外国语等专业，是遵循知识融通、加强学科交叉、定期开展的国际性综合科考训练。

项目的路线： 俄罗斯滨海山脉、贝加尔山脉、滨奥里洪高原的小海西岸和奥里洪岛、库契尔卡谷地与安卡谷地、奥里洪岛两岸与库尔玛湖湾、萨尔玛、容杜克与瑞迪谷口等陆地与湖上等多条科考路线，共计 20 多个观察点。

项目的主要内容： 结合传统的认知实习，强化培养学生的科研能力。传统的生物学实习，往往以认识和识别动植物为主，学生通过实习认识当地的植物，了解实习地点的动植物多样性，掌握主要动植物的识别要点，掌握识别工具书的使用，进而为学生认识动植物打下基础。而贝加尔湖科考项目除这些传统实习属性，在内容和形式上又有所不同，更加强调实习的研究属性，在内容的讲授上强调培养学生如何开展科学研究，比如对认知植物对象在适应特殊环境方面表现出来的特殊性，由此特殊性出发，开展科学研究。

2. 中美生命科学综合科考与科研训练项目

中美生命科学综合科考与科研训练是依托南京大学生命科学学院生态学和脑科学相关学科组与美国波多黎各大学相关院系开展的综合性、跨学科、研究性科考与科研训练项目。本项目的科考与科研训练通过波多黎各与我国盐城两个滨海地区的比较，围绕生态学、脑科学及人文社会科学等相关领域进行，旨在拓宽大学生的国际视野，提高国际交流合作和创新思维，培养科学思维和环境研究兴趣。

通过以上活动的开展，生命科学学院在实验、实践教学方面取得了显著的成果。一方面，学生在实践中掌握了科学实验技能和研究方法，增强了动手能力与实验操作技巧；另一方面，学生的科学素养和创新能力得到了有效提升，促进学生能够独立思考和解决复杂的科学问题，并具备深入研究的潜力。

17. 南京农业大学

穿越生物学宏观至微观的世界
——拔尖基地学生的高阶生物学野外实习

何琳燕　刘园园　张群　蒋建东

由南京农业大学生命科学学院牵头建设的"生物科学拔尖学生培养基地"于2021年12月获批,旨在打造基础学科拔尖人才孵化器和国家一流人才培养高地,目前已招收2届本科生。为深入学习贯彻习近平总书记关于教育的重要论述,推进生物科学领域的基础学科拔尖人才培养,根据《教育部等六部门关于实施基础学科拔尖学生培养计划2.0的意见》、教育部办公厅《关于印发基础学科拔尖学生培养计划2.0基地(2021年度)名单的通知》等文件精神和要求,结合本校实际,特制定《南京农业大学生物科学拔尖学生培养基地建设方案》和《南京农业大学生物科学拔尖学生培养基地管理办法》,要求优化拔尖基地的人才培养方案和课程体系,配备一流教学资源,提升课程"高阶性、创新性、挑战度"。

"生物学野外实习"作为动物学、植物学、微生物学和生态学等课程的实践教学环节,是生物科学类专业开设的一门必修专业基础课。该课程既是课堂理论教学的巩固和延伸,又是衔接宏观生物学与微观生物学的桥梁,在生物科学学科拔尖人才的培养中发挥重要的作用。针对"拔尖人才"培养,学院提升"生物学野外实习"课程标准,以培养学生科研综合素质为重点,以改革野外实习内容、方法和考核机制为途径,精简传统认知实习,增加探究性科学专题训练,优化三段式教学过程,合理分配考核环节和比例,建立多样化、阶段化的考核方式,构建综合知识技能学习与专题科研训练项目相结合的生物学野外综合实习体系,使学生掌握科学研究的基本范式和方法,培养学生的科学思维、研究能力、团队精神和协作意识。

2023年8月18日至27日,在资深指导教师高国富、胡金良和何琳燕等的带领下,生物科学拔尖基地学生在黄山和祁门两地开展了高阶生物学野外实习,为期十天。此次实习活动还邀请2名"英才计划"江苏省中学生参加,以期激发学生对基础科学的研究兴趣,开阔科学视野,为培养青少年科技创新后备人才做好衔接。

实习前,由教师提出动物学、植物学和大型真菌方向的探究性专题题目,例如"黄山访花昆虫种类及与访花植物种类间的关系""不同植物群落中草本植物组成及多样性比较""多孔菌的生物多样性和分布"等。学生根据兴趣选择或自拟题目,自主组建实习科研小组,然后进行文献及资料查阅、撰写调查研究方案设计、方案讨论修改。实习中,在教师的指导下,按照研究计划进行实地考察、记录或采集、数据处理、资料整理;实习后,学生撰写总结报告或研究论文,参加总结汇报,并作展示。这一训练对激发学生的科研兴趣、调动学习积极性和主动性、培养宏观与微观结合实践能力、培育创新精神和合作意识起到了重要的作用。

此外,在考察了当地的乡土文化和乡村特色动植物资源的过程中,体会当地因地制宜保护性开发的行动、生态文明建设和保护生态环境的理念。在学习黄山不同海拔生态区的动植物分布规律过程中,在攀登险峰的同时,培养学生不畏艰难、坚韧不拔的意志。

　　考核环节中,学生不仅完成动植物和大型真菌标本采集和制作,而且学习文献检索和研究论文规范写作,撰写专题研究报告,PPT汇报答辩。展示环节中,各实习小组制作的海报图文并茂,兼具科学性和艺术性。同学们通过汇报和展示对比,发现不足,在今后的科研训练中有意识地提出问题,提高解决问题的能力,为在本学科领域继续从事科学研究打下良好的基础。

　　此次探究性专题训练是生物学野外实习教学模式的一次改革探索,今后将进一步深化改革,采用多种教学模式,丰富教学内容,让学生在"线上"网络平台翻转课堂上进行自主学习,"线下"沉浸于自然动植物环境中开展物种识别、专题探索研究等,提高生物学野外实习教学的"高阶性、创新性和挑战度",为培养具有家国情怀、人文情怀,勇攀世界科学高峰的未来科学家提供强有力的支撑。

18. 南京师范大学

学术浸润，课程夯基，实践增能：培养博学精业拔尖人才

戴亦军　朱自强

南京师范大学生物科学拔尖学生培养基地于 2021 年 11 月获批教育部第三批基础学科拔尖学生培养计划 2.0 基地。为培养好青年拔尖人才，学校将拔尖基地依托生命科学学院建设，学院现拥有生命科学国家级实验教学示范中心、江苏省生物学实验教学示范中心和江苏省生物资源技术与工程综合训练中心等 3 个国家级和省级实验教学平台。

一、人才培养模式

南京师范大学生物科学（拔尖学生培养基地）专业 2022 年起作为独立招生专业，每年从江苏省高考考生中择优录取 15 人，人才培养目标是面向生命科学创新发展需求，致力于培养和造就具有家国情怀、厚生品格、创新素养、国际视野、德智体美劳全面发展的未来创新型生命科学拔尖人才。

拔尖基地实行导师制，小班化、个性化、国际化的"一制三化"创新人才培养模式。学院为拔尖基地班级同学配备了学业导师、科研导师和生活导师，在学生的课程学习、生涯规划、科研实践等方面给予全方位辅导。学院重视科研导师的配备工作，邀请学院的高层次人才亲自担任拔尖基地学生的科研导师，并指导学生的科研训练。在课堂教学方面，学院为拔尖基地班学生单独组班上课，选派高水平教师授课，在课堂教学方面注重因材施教，并注重学科前沿和书本知识的融会贯通。学院根据每位学生的特点，制定个性化的培养环节，利用自主发展课程等方式培养学生的科研兴趣，提高学生的知识综合运用能力和科学思维能力。拔尖基地聘请国内外名校教师，为学生开设短期课程或学术讲座（2023 年讲座二十余次）。学院支持学生参加国内外高水平暑期学校或短期游学，开阔学生视野，提升学生综合素质。拔尖基地高度重视学生的科研能力培养，每周组织同学开展文献阅读（Journal Club）以及定期开展以学术熏陶为主的 Happy Hour 活动，使同学们充分浸润在浓厚的学术研究氛围之中。

二、专业建设

建成适应生物科学拔尖创新人才培养的实践基地，形成"厚基础、重实践、树个性、国际化"的人才培养体系；建设立德树人、师德高尚、素质优良、结构合理的高水平师资队伍和拔尖学生指导教师队伍。

三、课程建设

学院实施以"名师、名课、名教材"为主要内容的拔尖学生培养质量工程。根据生物科学专业教学质量国家标准,构建适合拔尖学生成长的课程体系和课程教学大纲。拔尖基地学生的课程由通识教育课程、自然科学基础课程、专业基础课程和自主发展课程四大部分构成。作为师范类院校,学院十分重视课程建设在教育教学中的重要作用,先后获批国家级一流课程("微生物学模块化实验")、江苏省一流课程("植物生理学")。生物科学"101计划"微课教学作品征集展示活动中,9位老师参加,覆盖6门课10个知识点。

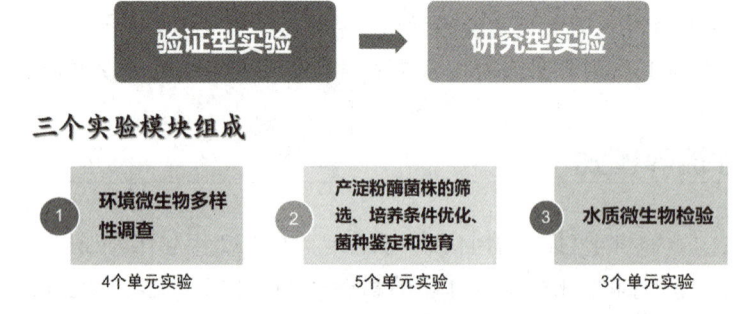

国家一流本科课程微生物学模块化实验教学体系

学院拔尖人才培养课程建设的一大特色是在自主发展课程中建设创新实践课程群,拓宽学生的科研视野和科研训练能力。这些创新实践课程群依托学院导师承担的高水平科研项目,经过精心设计成为创新实验教学项目、学科前沿进展类课程和交叉学科类课程。例如,杨光教授在主持承担国家重点研发计划项目期间,将其中的部分内容模块化作为"保护遗传学"学科前沿进展类课程、"长江生物多样性调查"创新实验教学项目等特色课程,学生通过选修这些课程,一方面可以学习到相关领域的前沿知识、具体的科学考察实践方法,另一方面学生也参与到导师的科研项目中,能够掌握如何开展科学研究,培养学生的科研素养。

在课堂教学方面,学院统筹协调学校公共课的高水平师资配备,在学院内遴选高水平教师进行授课,拔尖基地班的专业课一律由教授承担,要求教师在课堂教学中以学生为中心,增加探究性学习和研讨性教学模块,培养学生的科学思维。学院实施小学期制,上述创新实践课程大多安排在暑期小学期开设。

四、教材建设

学院高度重视教材建设,近年来在高等教育出版社出版《生物制品生产实训》《微生物学》等教材,在科学出版社出版《基础动物学》《遗传学》等教材。今后学院将进一步组织教材的编写,尤其是编写适用于拔尖人才培养的专业课程和实验课程教材。

五、师资队伍建设

学院现有专任教师 96 人,其中教授 54 人,副教授 42 人,"动物多样性与动物资源利用教师团队" 获批教育部首批黄大年式教师团队。学院将进一步加大人才的引进和培养力度,加强名师培养,吸引优质师资参与拔尖学生培养。

六、实践环节

学院重视拔尖学生的实践工作,具体分为科研实践和社会实践两方面。在科研实践方面,学院拔尖基地学生在大一阶段即进入各自科研导师团队参与科学研究,并积极参加全国大学生生命科学竞赛或大学生创新创业大赛等科创活动。在社会实践方面,充分利用南京的区域资源,带领学生进行长江江豚科学考察、参观江苏省内多家知名制药公司,培养学生的长江保护意识,增强学生学以致用的能力。今后还将进一步拓展实践方式,开阔学生视野。

围绕立德树人根本任务，培养一流卓越人才

赵云鹏　赵烨　何磊

一、依托一流学科发展，培养一流拔尖创新人才

1. 学科特色突出

支撑本专业的生物学学科连续两轮入选国家"双一流"建设学科，植物学与动物学、生物学与生物化学、分子生物学与遗传学、微生物学等领域的 ESI 排名稳居全球前 1‰。本专业在传承中创新，形成了注重实践教学与国际化、微观与宏观课程体系并举、多学科交叉融合、科教协同的专业特色。专业现有教授 38 人，副教授 24 人；拥有 4 个国家级人才培养基地、一级学科博士点和博士后流动站、全国重点实验室、教育部重点实验室和 2 个国家（二级）重点学科，以及具国际影响的野外研究和实践教育基地等。

2. 组织管理协同

依托竺可桢荣誉学院统一管理，结合专业学院具体负责的管理机制。在院级层面，教学思政协同，由教学副院长和学工副书记牵头，系主任负责，两位高水平教授作为责任教授，选配国家级高层次或优秀青年人才担任班主任，共同组成管理工作小组，本科教育教学科科长作为秘书。

二、以学生成长为中心，培养一流拔尖创新人才

1. 聘请世界一流师资，建设一流课程

采取"校内名师＋海内外名师"的教师团队模式，小班授课，加强课堂互动，将传统的灌输式授课转变为启发式授课，促进学生进行探究性学习，培养学生主动思考、创新思维的能力。

2. 提供一流学习条件

选派学生赴国际名校进行短期和长期科研训练；实行"导师制"，引导学生进入专业导师的课题组和实验室，让他们在参与研究的过程中学习，在导师的指导下进行个性化培养。设立院级"求是班创新研究项目"，引导学生进行自主的探索性创新研究。

3. 营造一流学术氛围

为提升求是班学生的综合素质，激发学生的创新思维能力，拓宽学生的视野，聘请世界一流的大师和著名学者为求是班学生举办不定期的讲座，并开设不同专业方向的短期培训。同时定期由学生自己组织举行科研及学术讨论会，并邀请国内外知名学者、专业导师共同参加。

4. 拓宽国际视野

深入了解并充分吸取国际名校的办学经验,完善拔尖人才培养方案及教学计划,进一步提升并完善求是班管理模式。学院选派教师赴美国哈佛大学、麻省理工学院、加州理工学院等国际知名高校进行深入调研学习。同时,考察学生出国交流比较集中的几所高校或研究机构,特别是已签约开展全面合作的高校,通过访问和交流以增进对这些学校和机构的了解,切实地了解学生的学习交流情况,以促进学生出国交流项目更加深入、更有成效地开展下去。

5. 选拔优质生源

为了进一步提升生源质量,从源头上把好关,把真正优秀的可造之才招收进入求是班。通过与学校目前各学院分省份负责招生的工作模式相结合,针对重点省份,派教师加入招生组从报考环节选才。同时,派业务教师赴省内外重点中学做招生宣讲。

6. 加强思想政治教育,提升学生综合素质

深入贯彻习近平新时代中国特色社会主义思想和党的二十大精神,全面落实立德树人根本任务。从思想政治教育、学业和生涯规划指导、社会实践和志愿服务、心理健康教育和体育文化活动等方面,加强求是科学班学生思想政治教育,提升其综合素质。

7. 加强对生物科学拔尖人才培养模式的探索与研究

针对完善课程设置、优化生物科学拔尖人才培养方案,学院设立并资助院级研究项目。在教育部基础学科拔尖学生培养计划相关方针的指导意见下,在如何培养具有国际一流水平的生物学科拔尖人才方面进行大胆的创新实践,在学生遴选、培养计划制订、课程设置和建设、优秀师资的配备和外聘、导师制的实施、科研实践平台的搭建、国际化的培养等各环节,开展积极的探索和有益的尝试。

三、求是创新,培养一流拔尖创新人才

1. 班级管理与导师制相结合

学院在生物科学拔尖学生培养中坚持以科学研究为导向,在实验室轮转的基础上施行专业导师制,与作为班主任的学业导师协同管理。

2. 课程选修、免修和缓修制度改革

学院每年都在求是班学生中进行广泛的调研,征求学生对培养方案的意见和建议。部分学生反映,拔尖学生培养方案学分设置偏多,部分课程难度偏大。为此,学院从 2013 级起,加大了选修课学分比例,增加个性化学分,使学生在导师指导下形成切合自身发展的个性化培养方案。比如,学院自 2013 级起调整了研究型课程与科研训练类课程培养计划,规定学生参加国外一流高校 6 周及以上科研训练,完成科研总结报告,可获 3 学分。这项教学管理改革措施有效地解决了国际交流与校内课程学习的冲突,同时强化了以科学研究为导向的培养模式,深受学生好评。

3. 加强学生指导与服务

学生的学业指导依托班主任和专业导师,并依托大师的引领。为此,学院在聘请世界顶尖名师上做了大量的工作,邀请国内外名师通过授课和讲座等形式,言传身教,激发学生对

生物学研究的热情。依托学院党委、团委,做好学生的政治思想工作和学术道德教育。

浙江大学生命科学学院源自 1929 年创办的浙江大学生物学系,是我国高等院校最早建立的生物学系之一,涌现出一批著名的生物学家如贝时璋、谈家桢、董聿茂、江希明、陈士怡等,迄今毕业生 11 000 余人。生物科学专业于 1996 年入选国家理科基础科学研究和教学人才培养基地,2002 年入选国家生命科学与技术人才培养基地,2011 年入选教育部拔尖计划基地,2020 年入选拔尖计划 2.0 基地和强基计划试点,是国家培养生命科学领域高层次人才的摇篮,也是生命科学研究与技术开发的重要基地。未来,学院将坚持以“培养未来的顶尖科学家、世界一流的学科引领者”为目标,围绕国家战略需求,坚定不移担负起拔尖创新人才自主培养的时代使命!

科教结合、所系结合、理实结合，培养生命科学拔尖创新人才

臧建业　赵忠　白永胜

为创新高层次人才培养的模式和机制，培养具有国际一流水平的基础学科领域拔尖创新人才，推进科教结合、协同育人，中国科学技术大学生命科学学院、中国科学院生物物理研究所、中国科学院分子细胞科学卓越创新中心、中国科学院脑科学与智能技术卓越创新中心等（原中国科学院上海生命科学研究院）于 2009 年联合创办了"贝时璋生命科技英才班"，并入选国家基础学科拔尖学生培养试验计划。在此基础上，2019 年，"贝时璋生物科学拔尖学生培养基地"申报和入选了国家生物科学拔尖学生培养基地。

贝时璋生物科学拔尖学生培养基地根据"拔尖计划 2.0"的实施要求，面向生物科学领域世界科技前沿，立足国家重大战略发展需求，潜心立德树人，利用多学科交叉和所系结合的办学优势，在基础学科拔尖学生培养试验计划前期探索的"三结合、两段式、长周期、国际化"等人才培养模式基础上，通过进一步的体制机制创新和教育教学改革，构筑中国特色、世界水平的生物科学拔尖人才培养体系，建设国家生物科学拔尖人才培养基地，培养具有高远的理想追求和深沉的家国情怀、了解生物科学相关领域的发展前沿和总体趋势、具备科学创新思维和能力的国际一流领军人才。

经过多年的探索和实践，学院在生物科学拔尖创新人才培养方面，取得明显的成效，形成了自己的特色。

一、科教结合、所系结合、理实结合的协同育人模式

学院和共建各方按照创新高层次人才培养机制、培养国际一流拔尖人才的战略要求，共同研究制定培养方案。在课程设计和教育教学过程中，突出了重基础、重交叉、重科研、重创新和个性化、国际化等特点。课程体系强化了数学、物理、化学等基础学科课程，为学科交叉打下良好基础；在生命科学课程方面，结合了最新的研究动态和前沿，注重了课程的高起点、深度和实践教学；在专业课程方面，增加了专门设计的科研创新能力培养课程和环节，增强对学生科研创新能力的训练。

在拔尖创新人才培养的过程中，通过课堂教学的主动引导、实践教学的规范训练、科研实践的兴趣驱动等有机结合，逐步构建形成科教融合的拔尖人才培养模式。在课堂教学中，教师结合最新的研究进展充实教学内容，通过讨论式教学等模式，在传授最新知识的同时，引导学生思考前沿科学问题、解决途径和社会价值，引发学生对科研创新的兴趣，激发创新的内在动力。在实验实践教学中，围绕培养学生的实践能力和创新能力的导向，结合模拟科研过程的综合实验和自主探究性实验，了解开展创新性科学研究的实际过程，培养学生

的创新能力。

在加强课程教学的同时,以科研创新实践为导向,让学生深入科研第一线,将教学活动与科研创新紧密结合,发挥科教结合的培养特色和优势,提升学生的科学素养和创新实践能力。通过"生命科学前沿"等课程,了解生命科学各领域的研究内容和前沿动态,凝练科研目标和方向;通过综合性实验课程、在研究院所的科研实习和参加学科竞赛等各类科研实践活动,获得科学研究方法和技能的初步训练;通过"生命科技文献阅读"等课程,引领学生了解科学研究的严谨性,掌握对研究结果的展示方法,学会提出科学问题的方法和批判精神;通过自主科研创新项目,真正实现以本科生为主体的科研训练,达到提高学生创新实践能力的目标。

在生物科学拔尖创新人才培养实践中,共建各方充分利用所系结合协同育人的途径,发挥学校基础教育的优势和共建单位科研与人才优势,共同为贝时璋班配备了优质的教师资源,加强了对学生科学精神的引领、专业学习的深化和科研创新实践的指导,为拔尖创新人才培养提供了有力支撑。共建院所选派了一批优秀专家,充实教学团队,不仅展现了最新学科前沿和发展动态,而且通过他们科学思维、研究方法和近期成果的展示,激发了学生的学术兴趣和创新潜力。每年暑假期间,贝时璋英才班学生赴北京、上海的共建基地开展科研实习,开阔学科视野,获得科学研究方法和技能的初步训练。共建各方建立了有效的沟通机制,共同做好教学、培养和管理工作。共建各方还充分利用自身渠道,共同推进拔尖创新人才培养的国际化。

二、自主创新能力和科研能力的培养与训练

在拔尖创新人才培养的实践中,鼓励学生自主学习和自由探索,提高大学生的创新能力,提高大学生在学习及研究中的独立性和创造性,是创新教育培养模式的一个重要部分。

以往本科生参加科研训练和项目,以学生进入某一科研实验室,在老师的指导下参与或完成导师所承担课题的一部分为主要方式。由于对指导教师的实验室条件及课题的依赖和学生前期相关训练的不足,导师为保证实验室所承担课题的顺利完成,通常不会让本科生参与课题设计等过程,只是让学生按部就班完成一些既定的实验过程,获得实验数据和结果。虽然在这个过程中,学生也受到了科研方法的学习和训练,对促使学生逐渐掌握思考问题、解决问题的方法,提高其创新实践的能力起到了相应作用,但常常有所限制,不利于激发学生对研究工作的兴趣,也不利于学生批判性思维和创新潜能的开发。

为解决本科生参与科学研究项目时存在的上述问题,在拔尖学生培养的实践中,积极探索培养本科生的创新思维、创新研究能力、独立工作能力的方法,通过建立科研创新思维培养课堂教学体系和设立学生自主科研创新项目,构建拔尖学生自主创新能力和科研创新能力的培养训练机制,真正实现以本科生为主体的科研训练,达到培养学生掌握提出问题、思考问题、解决问题的方法,提高其创新实践能力的目标。

拔尖学生自主创新能力和科研创新能力的培养训练机制,包括建立科研创新思维培养课堂教学体系和建立以学生自主科研创新项目为主的创新能力训练体系两部分。

(1) 建立科研创新思维培养课堂教学体系。通过建设以"生命科学前沿""生命科学与

医学导论"为主的前沿导向课程,讲解和讨论目前生命科学的研究前沿和进展,激发学生的兴趣,初步确立感兴趣的研究方向。在理论课堂教学中,学生通过阅读原始文献阐述相关经典理论发现的方法和过程,介绍相关研究最新进展,初步掌握科学问题的提出和解决方法;在实验实践教学中,结合模拟科研过程的综合实验和自主探究性实验和实践课题,了解开展创新性科学研究的实际过程,掌握开展科研的最新技术和方法。通过专门设计的"生命科技文献阅读"课程,训练批判性思维,学习和掌握如何发现和提出科学问题、如何进行可行的实验设计、如何展示研究结果等完整的科学研究过程。学生在完成文献阅读课程后,通过文献调研自主确定下一步的研究课题,进行立项申请。

（2）建立以学生自主科研创新项目为主的创新能力训练机制。拔尖计划学生在基本完成上述课程和相关训练后,根据学生个人兴趣和爱好,由 3～5 名学生组队（鼓励队伍中包括非生物学专业的学生),在相关老师的指导下,独立自主地进行文献调研、选题、课题立项申请并完成课题研究的全过程,得到科学思维和科研工作的实际训练、激发创新思维和能力。学生的具体研究内容为学生通过文献调研自主确定的研究课题。项目由学院直接负责组织和实施,每个方向由若干名教师组成指导小组,负责具体指导学生的文献阅读、选题、提出立项申请和完成课题研究。学院组织专门的委员会,负责学生创新项目的立项经费和结题管理。学生选择的研究课题也可同时申请大学生创新创业训练计划项目、大学生研究计划等,结题后获得相应学分。

构建多层体系，注重因材施教

叶军　程喆　何燕青　李勤喜

厦门大学"生物学拔尖学生培养试验计划"于2010年启动，对拔尖学生的人才培养模式进行了一系列的探索，该计划通过积极整合各方面的资源和优势，形成了一个多层次、多平台、多学科交叉、非书院制与书院制有机结合的拔尖人才培养体系，该人才培养体系的目标是培养热爱祖国，具有良好的科学文化素养和高度的社会责任感，具有国际化视野，富有创新意识和实践能力，并能通过终身学习进行开拓创新的基础与应用研究，从而带动我国生命科学相关研究跨入世界前列的一流人才及未来的学术大师。

一、人才培养模式

厦门大学生命科学学院的拔尖人才培养体系可分为三个层次。第一层次是每年招收的约220位新生，从2015年开始设立了书院普适班，面向厦门大学医学与生命科学学部（生命科学学院、医学院、药学院、公共卫生学院）的大一新生，每年选拔150人进入书院普适班，持续培养直至大四毕业。书院以2011年诺贝尔生理学或医学奖得主布鲁斯·博伊特勒先生的名字命名，首任院长是中国科学院院士、细胞应激生物学国家重点实验室主任韩家淮教授。书院设立的宗旨是促进交叉学科的知识融合与思想碰撞，弥补单一学科培养体系的不足，加强通识课程教育，开阔学生视野，培养新型创新人才。其最大特色是体现了学科交叉，采用书院制的培养方式，让来自不同专业的学生共同学习生活，促进各学科学生之间的交流。2022年，在书院普适班的基础上，又成立了理科试验班，强化交叉型基础学科的人才培养。

第二层次是基础拔尖班的设立，是在学院大一新生的基础上，选拔20人组成。在课程设置上，基础拔尖班必须完成四门双语荣誉课程的学习。如果基础拔尖班学生同时入选书院拔尖班，则可通过学习更高阶的相近课程——书院全英文荣誉课程"高级免疫学""细胞信号传导与疾病"，代替"免疫学基础""细胞信号传导基础"。

拔尖班荣誉课程

基础拔尖班荣誉课程（双语）	书院拔尖班荣誉课程（全英文）
癌症生物学	高级遗传学
免疫学基础	高级免疫学
发育生物学	英文科学写作与报告
细胞信号传导基础	细胞信号传导与疾病

第三层次是书院拔尖班的设立。该班学生的选拔不仅面向厦门大学本校学生，还向国内其他高校以及与博伊特勒书院有合作关系的海内外高校开放。每年选拔 20～25 名优秀本科三年级或四年级学生，这些学生将接受书院拔尖人才培养。在课程设置上，书院拔尖班必须完成四门全英文荣誉课程的学习。如果说拔尖计划的目标是为国家培养相关领域内的领军人才，那么博伊特勒书院的目标则是面向国际培养学术大师。

二、专业建设

学院目前设有生物科学和生物技术两个专业，生物科学专业最早于 1994 年获批生物学国家理科基础科学研究和教学人才培养基地，随后于 2007 年被评选为国家级高等学校特色专业。2010 年，该专业入选基础学科拔尖学生培养试验计划，并于 2019 年获批首批基础学科拔尖学生培养计划 2.0 基地，在同年被授予国家级一流本科专业称号。生物技术专业于 2002 年获批为国家生命科学与技术人才培养基地，2020 年荣获国家级一流本科专业认定。2018 年教改项目"博伊特勒书院——生命科学拔尖人才培养体系的构建与实践"以及 2022 年教改项目"以实践为核心的生命科学一流人才培养体系探索"分别荣获国家教学成果二等奖。

三、课程建设

近 5 年，学院荣获国家级一流课程 11 门次，省级一流课程 18 门次，校级一流课程 36 门次。其中国家级一流课程包括线上线下混合式一流课程 2 门，国家级线下一流课程 6 门，国家级虚拟仿真实验教学一流课程 3 门。

厦门大学生命科学学院国家级一流本科课程

课程名	类型	年份
微生物学与免疫学实验	线上线下混合式一流课程	2023
鼻喷流感病毒载体新冠疫苗设计与评价	虚拟仿真实验教学一流课程	2023
遗传与分子生物学实验	线下一流课程	2019
细胞生物学 A	线上线下混合式一流课程	2019
新兴模式动物文昌鱼繁育的虚拟仿真实验教学	虚拟仿真实验教学一流课程	2019
微生物学	线上一流课程	2018
遗传与分子生物学实验	线上一流课程	2018
现代遗传学	线上一流课程	2018
漳江口红树林植物学实习虚拟仿真项目	虚拟仿真实验教学一流课程	2018
微生物学与免疫学实验	线上一流课程	2017
细胞生物学	线上一流课程	2017

四、教材建设

近 5 年学院共出版教材 8 门,其中数字课程 7 门。

厦门大学生命科学学院教材出版情况

教材名称	作者	出版单位	出版年份
生物技术概论(第 5 版)	宋思扬、左正宏	科学出版社	2020
生物工程下游技术(数字课程)	张连茹、陈祥仁、王忠安、陈丽珠	高等教育出版社	2020
生物化学实验(数字课程)	石艳、王勤、杨春燕、徐庆妍、刘敏、柯莉娜、陈丽珠、李雪松	高等教育出版社	2019
微生物学(数字课程)	郭峰、张连茹、田蕴、袁晶	高等教育出版社	2019
细胞生物学(数字课程)	叶军、靳全文、余娴文、袁立	高等教育出版社	2019
遗传与分子生物学实验(数字课程)	章军、顾颖、黄秋英、王勤、王亚梅、杨玉荣	高等教育出版社	2019
现代遗传学(数字课程)	王亚梅、靳全文、肖能明	高等教育出版社	2019
微生物与免疫学实验(数字课程)	张连茹、陈航姿、陈毅歆、金利华、许晔、邬小兵、王忠安、陈祥仁、李雪松	高等教育出版社	2018

学院多位教师参加生物科学“101 计划”。

生物科学“101 计划”厦门大学生命科学学院参与教师名单

序号	参与工作	教师姓名
1	《生物化学》理论教材编写	林圣彩
2	《生物化学实验》教材编写	石艳
3	《生物信息学》理论教材编写	纪志梁
4	《生物信息学》理论教材编写	黄佳良
5	工作组及工作协调委员会成员	李勤喜
6	生物科学“101 计划”日常联系人	叶军

2023 年参加福建省教材建设重点研究基地的建设,规划编写教材 5 门。

厦门大学生命科学学院在编教材情况

序号	课程名称	主编姓名
1	生物学实践	程喆
2	微生物学野外实习	郭峰

续表

序号	课程名称	主编姓名
3	藻类学野外实习	章军
4	微生物学与免疫学实验	张连茹
5	明星药物的开发及其药理学	叶军

五、师资队伍建设

截至 2024 年 4 月，学院有教职工 200 人，其中专任教师 112 人，工程、实验等系列专业技术人员 61 人。拥有 2 个国家自然科学基金委员会创新群体，2 个教育部创新团队。在教学方面，学院建立了新教师试讲、担任助教、入职教学培训等新进教师为本科生授课准入资格制度，将实践育人成效作为教师绩效、聘评的重要依据之一。此外，学院也通过举办教学比赛和科创竞赛等方式提升教师实践育人的能力和水平。

近 5 年，学院有两位教师荣获宝钢优秀教师奖，细胞生物学教学团队于 2018 年荣获首批全国高校黄大年式教师团队。韩家淮团队于 2023 年荣获南强卓越教学团队。

厦门大学生命科学学院教师团队建设情况

教师姓名	荣誉项目名称	等级	年份
韩家淮	南强卓越教学团队	校级	2023
左正宏	宝钢优秀教师奖	国家级	2022
李勤喜	宝钢优秀教师奖	国家级	2019
细胞生物学团队	全国高校黄大年式教师团队	国家级	2018

六、实践环节

建立了由基础实验课、专业实验课、交叉学科实验课、"科研训练"选修课、野外实习、大学生创新创业训练项目、学年论文和毕业论文构成的实践课程体系。通过多层次的实践能力培养环节强化学生科研能力、创新能力和综合素质的培养。拔尖班学生必须主持科研探索项目，并参加科研训练，这一阶段促使学生的基础知识、动手能力和外语水平都得到大幅提升。

为培养拔尖班学生的团队合作精神，拓宽课外知识，学院启动了拔尖班科研论坛。拔尖班学生 4~5 人组成一个小组（每组设一个组长，对组员进行分工），针对目前生命科学领域内的研究热点自由选题，进行学术报告。报告时每组选派一名同学进行讲述，报告内容应综合所有组员的建议，汇总成稿，PPT 制作应充分利用现代多媒体技术，包括动画、视频等资源，报告内容应生动、形象、易懂。每学期每个小组至少进行一次学术报告，时间为 20 分钟左右。报告结束后由同学及特邀教师对全组同学进行提问，并进行打分评估。

在科研训练方面,面向拔尖学生开放学院的细胞应激生物学国家重点实验室,国家传染病诊断试剂与疫苗工程技术研究中心,细胞应激与稳态协同创新中心,福建省医学分子病毒学研究中心,福建省药物工程实验室,生命科学国家级实验教学示范中心,学院分析测试中心、本科生科研创新实验室。学院分析测试中心、生命科学国家级实验教学示范中心和本科生科研创新实验室的仪器设备已经集中统一管理,实行预约、无节假日的开放式使用。学院投入经费设立学生科研训练项目,并结合高校大学生实验创新计划项目,支持学生进入实验室开展科研活动,提供专业导师指导。

22. 山东大学

强知识基础，重学术训练，树四有新人

王明钰　张伟

一、办学历史和专业建设

山东大学的生物学科有着悠久的历史。1901 年山东大学堂(山东大学前身)创办时，就开设过生物学方面的课程。1930 年，私立青岛大学(后改为山东大学)成立时正式设置生物学系。在一百余年的办学过程中，先后培养了中国科学院院士、著名动物学家张致一教授，中国科学院院士、著名细胞生物学家庄孝僡教授等顶尖科学家，为国家输送了数万名优秀的生物学科人才。1996 年 3 月，在原有的生物学系、微生物学系、微生物研究所等单位的基础上组建了生命科学学院，招收生物科学、生物技术、生态学本科生，并建立"国家理科生物学基础科学研究与教学人才培养基地班"和"国家生命科学和技术人才培养基地班"，后续又建立"强基计划生物科学专业班"，持续开展高水平人才培养工作。

为了实施"国家基础学科拔尖学生培养试验计划"，山东大学于 2010 年成立"泰山学堂"，招收数学取向和物理取向的优秀本科生，进行专项培养。在 2011 年，泰山学堂开始招收生命取向本科生，依托生命科学学院良好的生物学基础，利用山东大学生物学科最优秀的教学力量，结合微生物技术国家重点实验室等国际一流的科研平台，并整合国内外优质教育、科研资源，选拔具有培养潜质的优秀学生，为其创造一流的学习、科研条件和学术氛围，培养基础扎实、学风朴实，有德性、富有创新精神和创新能力的未来生命科学的拔尖创新人才。2020 年，山东大学"生物科学拔尖学生培养基地"，即泰山学堂生命取向继续入选"基础学科拔尖人才培养计划 2.0"，持续开展生命科学拔尖创新人才培养工作。

当前，山东大学生物科学专业每年招收本科生约 200 人，其中"生物学科拔尖学生培养基地"(泰山学堂生命取向)招收 18 人。近三年来，泰山学堂生命取向毕业生赴高校、科研院所深造，继续攻读研究生学位的比例为 100%，全部为"双一流"建设高校、中国科学院或国际 QS 前五十名高校。

二、人才培养模式

在过去 12 年中，山东大学生物学科在"泰山学堂生命取向"开展了面向生物科学拔尖学生的培养试点，逐渐地形成了一整套拔尖人才培养体系。

（一）选拔有学术潜力的培养对象

"泰山学堂生命取向"在山东大学全校所有专业一年级本科生范围内遴选培养对象,着重考查学生的科学素养、逻辑能力、思辨能力、创新能力、表达能力。具体地,通过对数学和生物综合笔试考查学生的基本科学素养和逻辑分析能力,通过专家及学长面试考查学生的思辨能力、创新能力、表达能力,并通过综合评价遴选拔尖学生培养对象。通过上述选拔方式选拔出的培养对象,如在培养过程中发现不具备进一步培养的潜质,将在一年级下学期或二年级流转至普通班进行学习,以保障拔尖学生培养体系的培养效果。

（二）夯实学生的基础科学知识体系

当代科学研究不同学科的边界日益模糊,交叉学科的发展方兴未艾,夯实坚实并广博的科学基础对于拔尖人才培养至关重要。面对这样的学术趋势,"泰山学堂生命取向"对学生基础科学知识体系的培养尤为重视。因此,"泰山学堂生命取向"采用了"两阶段培养"式的教学体系。在第一学年和第二学年的第一阶段培养中,"泰山学堂生命取向"的教学围绕夯实学生科学基础展开,集中教授数学、物理学、化学、生物学、计算机及信息科学的基础课程。在两年的时间内,完成所有基础科学课程的教学任务,做到掌握现代科学各学科主要知识框架,熟悉现代科学各学科主要理论体系,了解现代科学各学科主要发展方向,为交叉学科人才的培养打下基础。

（三）构建个性化的教学培养方案

在完成基础科学知识体系培养后,"泰山学堂生命取向"开展第二阶段的培养,通过构建个性化的教学培养方案,因材施教,进一步开发学生的学术能力与潜力。在这一阶段,"泰山学堂生命取向向"学生提供一系列课程、培训、资源与机会,以达到上述目标。具体包括:①在3~4年级向学生提供贴近科研前沿、强专业性、高深度的系列精品限选课程,如"人工智能生物信息学""生物大数据挖掘""合成生物学""微生物药物学"等,组成"动物与细胞""植物与生态"和"微生物与医药"三个学科性模块与"生信与数据""物质与结构"两个技术性模块,由学生自主选择细分专业发展方向,在教授指导小组指导下选择一个完整性的学科性模块、一个完整的技术性模块,并在其他模块中选择部分课程进行深度学习。②提供赴境外的短时间培训和长时间进修机会,由泰山学堂提供部分经费支持,鼓励学生赴境外名校如瑞典乌普萨拉大学、英国布里斯托大学等学校学习,体验不同的教育体系,提高学生的综合素质,赴海外学习的学分认定为限选课学分,满足毕业要求。③依托山东大学生物技术国家重点实验室等高端科研平台,通过"科研导师制"制度安排支持学生进入实验室开始实际科研工作,并鼓励学生在3~4年级赴外校开展科研工作,在外校科研期间选修的外校学分经认证可认定为限选课学分,满足毕业要求。通过上述制度性安排,确保学生在教授指导小组指导下可以选取最适合本人的成长路线,无论是聚焦深度课程学习,赴海外深造学习,还是致力于进行实验室科研工作,都在制度上得以保证,在解除学生毕业要求后顾之忧的前提下给予学生最大的自由度,让学生能够得到最大化发展。

(四) 打造多层次的学术训练机制

"泰山学堂生命取向"以培养国际一流的学术大师为目标,采用"学术化培养"的培养体系,将学术训练贯穿在四年的本科教育之中,通过多种方法、多种层次的学术训练全面提高学生的学术能力:邀请学术大师开展"泰山名家讲坛"活动,为学生们开阔学术视野;定期举行学术午餐会,进行自由的学术讨论;每年一度举办"泰山科技秀"活动,促进学术交流;通过科研导师制和科创制度在科研实验室对学生进行实验室训练;在山东大学的 10 个合作实习基地开展实习活动,丰富学生的实践经验;积极组织学生参加各项国际国内学科竞赛等。通过上述从理论到实践、从实验到交流的多层次学术训练机制,全方位地加强学术训练。

(五) 培养有家国情怀的四有新人

"泰山学堂生命取向"秉持"为党育人,为国育材"的培养理念,所培养的拔尖学术人才,既是世界的人才,更是中国的人才。从培养计划的设立开始,"泰山学堂生命取向"就重视学生的思想品质教育。除了完成思政课程教育外,泰山学堂还举办了包括开学第一课、主题征文、党史知识竞赛的多项主题教育活动,举行英语电影节、歌咏大赛、迎新晚会、音乐俱乐部等多种文化艺术类活动,组织足篮球赛、夜跑活动、新生爬泰山、趣味运动会、定向越野等各类体育健康活动培养学生的综合素质。泰山学堂倡导"家文化",通过高年级老生带低年级新生,科创活动要求多年级共同组队等多种形式,将学生培养成为既有学术能力,又有家国情怀的优秀人才。在学生发展的综合评价中,"泰山学堂生命取向"综合考虑学生的考试成绩、学术成果、思想道德素质、心理素质、日常行为规范等测评指标,立德树人,全面评价学生的综合素质。

三、师资队伍、课程、教材、实践活动建设

山东大学生命科学学院、微生物技术国家重点实验室、国家糖工程技术研究中心等单位专职教师负责本基地本科生教学,共有教职工 235 人,其中正高级职称 113 人。

近年来,山东大学生物学科获评 4 门国家级一流本科课程、1 门国家精品资源共享课、1 门国家视频公开课、3 门国家级虚拟仿真课程;培育了 12 门校级课程思政示范课,12 人次获评学校优秀"课程思政"教学设计案例。本基地组织优势力量,瞄准交叉方向,先后开设"微生物组概论""人工智能生物信息学"等前沿课程,作为限选课程。

同时,山东大学生命学科设立院级项目,加大教材建设投入,支持优势教材出版,并对入选项目进行全程跟踪、监督。教学团队组织教材编写人员,主编出版了多部传统和新形式教材,其中国家级规划教材《发育生物学》自 2001 年出版以来,历经 3 次修订,已出版了第 4

版,累计印刷 20 多次;还出版了《趣味生物学实验数字课程》《分子细胞生物学数字课程》《细胞生物学通论数字课程》等数字教材,其中《趣味生物学实验数字课程》被评为山东省高等教育优秀教材。同时,积极组织教师参加"生物科学 101 计划"核心课程建设,共有 11人参加编撰。

山东大学生命学科十分重视学生服务社会的功能,实施学生全员参与"三下乡"社会实践活动、"乡践计划"返家乡等社会实践,实施重点团队专项资助的支持政策,组织学生开展内容丰富、形式多样的志愿服务和社会实践活动,在保持全面覆盖的情况下提升活动实效性,不断强化实践育人。同时,依托已建成的教学实践基地,开展面向环境生态、生物工程等方面的教学实践活动,并纳入课程体系。

通过上述体系化的培养方式,"泰山学堂生命取向"在过去 12 年中已经培养了近 200名优秀本科生,绝大多数(>95%)毕业后赴国内外一流大学、科研院所继续深造;连续两年获得国际基因工程机器竞赛金奖;在校生以第一作者在 *Nature Communications* 等国际一流期刊上发表学术论文,2023 级毕业生时亦廷毕业仅半年就在国际学术期刊 *Nature* 上以第一作者发表学术论文;2010 级本科生孙磊已经脱颖而出,在山东大学担任教授、博士生导师,入选"齐鲁青年学者"。上述培养成果充分表明了山东大学生物学科拔尖人才培养体系的有效性。在下一步的工作中,山东大学将坚持优秀做法,并坚持夯实基础、个性培养的理念,进一步加强教材建设、课程建设,进一步提高学术化培养效果,为培养属于中国的学术大师作出贡献。

求是笃行，谋海济国，培养国际化创新人才

刘晓收　汪岷　张玉忠

中国海洋大学生物科学拔尖创新人才培养坚持立德树人，面向生命科学国际前沿领域，围绕我国生命科学领域中基础与应用研究以及医药、农业、健康、环境科学中的重大战略需求，依托学校生命科学、海洋科学、水产科学、海洋药物与食品等一流学科集群优势，培养具有"家国情怀、国际视野、基础厚实、勇于创新"的生命科学学术领军人才。学校专门成立了生物科学拔尖人才培养基地工作专班，在人才培养模式、专业建设、课程建设、教材建设、师资队伍建设、实践环节等方面，全面做好生物科学拔尖创新人才培养。

一、建立科学管理模式，高效实施选材育才

1. 建立科学的选材、鉴材体系

成立了专门的拔尖学生培养委员会，在一年级秋季学期从全校选拔拔尖学生。笔试英语和数学，同时面试注重考察评价学生的价值观、人文素养、批判性思维、逻辑性思维、学术兴趣和学术志向。

2. 统一管理

入选学生进入生物科学拔尖创新人才培养基地实施统一管理，实现拔尖学生的熏陶、养成和培育。生物科学拔尖人才培养基地是海洋生命学院为实施拔尖人才培养计划建立的机构，负责拔尖学生管理、培养计划制定、前沿讲座安排、导师制组织安排等培养内容。

二、全面重构课程体系，培养国际化创新人才

1. 重构理论课程体系，注重学科交叉，突出海洋特色

在通识课程方面，建设世界文明史、国学、逻辑学、科学哲学、科学素养进程与实践等课程，从国内外选聘知名专家授课，并利用"线上书院"公开课资源和讲座资源，从不同角度培养学生健全的人格，激发内心动力和学习兴趣。

在基础课方面，重视基础教育的"厚度"，要求所有学生修高等数学、大学物理。在专业核心课方面，选用一流教材，并提高课程的前沿性和挑战度。在选修课方面，鼓励学生在科研导师的指导下，自主选修专业课，注重学科交叉和学生的个性化发展。在特色课程方面，面向国家对海洋生物资源利用和海洋生态环境保护的需求，开设海洋生物学、海洋微生物学、生物海洋学、海洋生命科学前沿与交叉、海洋生物功能材料等海洋生物特色课程供学生选择。

2. 重构实践课程体系,注重创新能力培养

推进"分层递进式"实验教学模式,通过开展科研素质培养与训练,在科研导师的指导下强化对学生综合实验技能的训练和科研素养的培养;通过自主创新实验,培养学生的科研创新素质和能力;同时,加强专业实践教学和海上实习,突出服务海洋领域,紧密结合国家对海洋生态环境和海洋生物多样性保护、开发的需要。

3. 强化数据挖掘与分析方面的科研训练,迎接未来挑战

开设合成生物学、系统生物学、生物信息学、Python 程序设计、数学建模、人工智能与大数据分析等课程,加强生命科学与信息科学的交叉融合,迎接生命科学未来的发展对学生知识结构所造成的挑战。

4. 注重国际化教育,培养学生国际化视野

依托中国海洋大学已有的与国际一流大学的交流项目以及学院与国内外著名高校及研究机构建立的长期稳定的交流关系,充分重视国外一流高校或著名科研机构的资源,把优秀拔尖学生以联合培养、暑期学校、短期实习等方式和渠道分批、分期送到国内外一流大学进行学习和交流。同时开设国际化课程,聘请国际专家到校授课,开阔学生的国际化视野。

三、大师引领、集聚优师,激发学生学术兴趣与创新潜力

集聚德才兼备、造诣深厚的学科带头人,积极延揽国际顶尖学者,充分发挥其在拔尖学生的学术思想引领、培养方案制定、核心课程建设和教材建设、创新能力和创新方法培养等方面的独特作用,激发学生学术兴趣和创新潜力。

1. 首席教授领衔培养项目

聘请包振民院士为生物科学拔尖学生培养基地首席教授,组建相关学科带头人构成的基础学科拔尖学生培养学术委员会,策划基地建设、学生培养的顶层设计与规划,指导开展学生选拔、教师选聘、课程设置、科学探索、国际交流等。发挥大师引领作用,建立院士领衔的"班级导师、学业导师、科研导师、朋辈导师"四位一体的导师引领体系。

2. 汇聚国际顶尖学者

依托学校国际合作平台,持续邀请国外顶尖科学家和领军人才加盟基础学科拔尖学生培养基地,参与基础学科拔尖人才培养。根据拔尖人才培养需要,加强人才引进工作,支持"一人一策",提供事业平台、团队支持、生活保障等,探索"以才引才"有效途径。

3. 教师队伍建设发展与激励项目

持续优化教师队伍结构,创新用人机制,聘请中国科学院海洋研究所、自然资源部第一海洋研究所、中国科学院青岛生物能源与过程研究所、中国水产科学研究院黄海水产研究所、中国科学院烟台海岸带研究所、威海长青海洋科技股份有限公司、青岛蔚蓝生物股份有限公司、青岛明月海藻集团有限公司等科研院所和企业优秀人才参与拔尖学生培养工作。定期聘请国家教学名师,对青年教师进行课堂观摩指导。建立拔尖学生师资周期培训制度,每年开展 2 场师资培训,建设示范性教研室,提高教师教育教学能力和科学素养,加大对青年教师的评优评先力度。探索试行协议工资、项目工资等灵活分配方式,加大教师激励力度。强化以学术贡献和创新价值为重点的教师评价导向,在长周期评价、国际同行评价、岗

位绩效评价等方面开展探索,建立符合生物科学学科特点和拔尖学生培养需求的教师评价机制。

四、推进创新能力培养项目,全面提升人才培养质量

1. 核心课程建设项目

选拔优质师资参加"生物科学 101 计划"核心课程建设,通过搭建虚拟教研室、深入开展研讨等方式,协同建设一批具有"高阶性、创新性、挑战度"的生物科学一流课程。

2. 精品教材建设项目

参与开发一批反映国际学术前沿、国内高水平学术成果的生物科学拔尖学生培养一流精品教材,组织规划编写《海洋生物学》等特色教材。合理选用我国出版社翻译出版、影印出版的国外优秀教材。以前沿科研成果为支撑,探索基于知识图谱的新形态数字化教材,推动前沿科研资源及时转化为教学资源。

3. 重点实践项目建设项目

以海洋生命科学国家级实验教学示范中心(中国海洋大学)为基础,依托崂山实验室、海洋生物遗传学与育种教育部重点实验室、海洋生物多样性与进化等教育部重点实验室,深海圈层与地球系统前沿科学研究科学中心,向拔尖学生开放科研资源,共建共享育人平台,促进拔尖学生早进课题、早进实验室、早进团队,支持学生根据兴趣自主选题,开展创新性、探索性实验,开展好奇心驱动的基础研究和非共识创新研究。基础学科拔尖学生培养方案中设置基础实验 – 专业实验 – 综合科考为一体的系列实践项目。低年级开设与基础课程相配套的实验和认知实习;二年级进行专业实验和综合实习,鼓励学生参加学科竞赛,提升综合实践能力;高年级利用国际先进的"东方红 3"科考船队,开展多学科交叉的综合科考,通过航次设计、仪器操作、样品采集、数据处理、报告撰写、演讲汇报等全流程训练,使学生在"亲近海洋"的过程中培养学术兴趣,提升学术实践和创新能力。

4. 创新能力提升项目

深化新时代中国特色书院制、导师制、学分制等人才培养模式改革,系统开展创新能力提升项目。建立探索挑战与猜想激励机制,以学生自主提出并实施科研项目的形式,引导拔尖计划学生应答挑战性问题、提出原创性问题,促进学生从被动接受转向主动探究、从解题转向发现和提出问题、从模仿转向创新,激发学术志趣和内在动力。联合山东大学、中国科学院海洋研究所、中国科学院青岛生物能源与过程研究所、中国水产科学研究院黄海水产研究所,形成生物科学"1+1+3"团队建设方案,完善、推进创新能力提升项目方案实施。

秉承博雅型教育与研究型学习理念，
积极探索大类培养与跨学科融合的人才培养模式

谢志雄　吉静静

武汉大学生命科学学院于 2019 年入选"基础学科拔尖学生培养计划 2.0"基地(弘毅学堂生物学班),2020 年入选教育部首批"强基计划"(生物科学强基班)。截至目前,学院全日制在读本科生 732 人,含弘毅学堂生物学班 104 人,生物科学强基班 73 人。学院生物科学拔尖计划专业定位和培养目标明确,不断吸引优秀本科生热爱生命科学,投身生命科学学习,致力生命科学研究,培养具备宽广的知识结构、扎实的专业理论知识及不断创新的素养与能力,能进入国内外一流高校和科研院所继续学习深造、参与国际竞争的生命科学研究等各个领域拔尖创新人才和领军人才。

一、重视并不断完善优化人才培养体系

弘毅学堂生物学班采取 1+3 模式,第一年不分专业,按大类培养,统一学习通识博雅课程及高等数学、大学物理、化学原理、大学生物学等大类基础课程,一年后,分专业到学院进行专业课的学习与科研训练。学院建立了严格的选拔培养与动态分流机制,做到公平、公正、公开。坚持"严入口、小规模、高水平"的原则,实施学生选拔与动态滚动机制,可进可出。每年遴选对生物学有浓厚兴趣、具备专业特长、具有专业发展潜质、英语水平高、综合能力强的学生进入弘毅学堂生物学班。

与国际接轨,注重国际化培养,探索多渠道学习交流机会,开阔学生的国际化视野。精准制定个性化、专业化、特色化的国际交流合作项目,充分利用校友资源,搭建国际化交流平台,与美国得克萨斯大学西南医学中心、美国大通福克斯癌症研究中心、新加坡国立大学签订本科生国际交流协议,每年选拔拔尖计划班优秀学生赴美国得克萨斯大学西南医学中心实习交流。

二、强化生物科学一流专业建设

学院积极推进"双万计划"一流本科专业建设。现有两个国家级一流本科专业建设点,其中生物科学专业于 2019 年获批一流本科专业建设点。学院持续完善专业建设质量保障体系与组织管理机制。成立了弘毅学堂生物学班专家委员会,建立了由生物科学弘毅班工作小组、本科教学指导委员会、院教学检查督导组等组成的组织管理团队;建立了教育教学

协同育人工作机制,加强协调沟通与服务指导。学院制定一系列教学管理制度对教师教学行为进行规范,如课前基层教学组织集体备课、领导巡视课堂、教师互听课、期末考场巡视等,并对检查结果进行通报。学院设立教学督导专项经费,每学期有组织有计划有重点地开展教学督导工作,包括新教师试讲、教学检查、试卷与毕业论文审查把关。

大力推进教育教学改革,积极总结弘毅学堂生物班、国际班建设经验,探索本科拔尖人才培养新模式,建立适合学院的基础学科招生改革试点创新人才培养模式。学院作为全校首批试点学院之一,从 2016 年开始实施"本硕博贯通式人才培养"计划,已遴选百余名本科生进入该计划。2023 年,依托强基计划,学院入选武汉大学本硕博衔接的博士拔尖创新试验班培养模式试点(全校 2 家)。

三、持续加强课程建设,提升课堂教学水平

不断加强课程建设,制定科学合理的培养方案,课程体系适应专业发展需要,体现厚基础、宽口径、强能力的原则和改革精神,突出了基础性、前沿性、创新性和学院、学校特色。积极推进一流本科课程建设,已有 6 门课程被教育部认定为国家级一流本科课程,6 门课程被认定为省级一流本科课程。

拔尖班采取小班上课,强调小组讨论式教学,注重培养团队精神及独立自主学习能力。积极引进和选用国际一流原版教材,专业核心课程采用全英文授课。每年秋季开设专题报告与小班研讨相结合的"生命科学与技术进展"前沿进展类课程,邀请包括中国科学院院士等知名学者作专题报告并组织分小班研讨。

引进国际师资力量,开设国际课程,注重国际化培养。每年第三学期开设全英文小班研讨国际课程 Human Genetics,邀请美国亚利桑那州立大学、美国大通福克斯癌症研究中心、澳大利亚昆士兰大学等生物学领域不同研究方向的专家学者担任授课老师。促进学生与国际学术大师交流,提升跨文化理解沟通能力,开阔学生视野。

四、选用高水平教材,重视教材建设

学院以全面创新能力培养为目标的专业培养体系,通过多年实践取得了有目共睹的成绩,积累的教学经验通过多本优质教材的编写、出版,在国内取得了明显的示范辐射效应。2021 年获首届教材建设奖全国优秀教材 2 项,一等奖和二等奖各一项。近两年,共获武汉大学优秀教材 6 项,其中特等奖 3 项。

发挥教学与科研优势,教材编写质量高,重视传承。课程建设、教学团队建设与教材编写团队建设互相支撑,相辅相成。《微生物学》系列教材依托于"微生物学"课程与课程教学团队建设,沈萍与陈向东以及教材编写团队其他编委长期讲授微生物学、微生物遗传学课程,以组织教材编写为纽带,持续打造年龄结构合理、教学与科研并重的高水平教学团队。依托课程建设基础,重视教材建设与课程建设成果的深度融合凝练。依托神农架野外实习课程 20 多年的成果,先后出版了《神农架常见植物图谱》《神农架常见动物图谱》和《神农架野外科学考察手册》系列教材,成为野外实习考察的典范教材。紧跟现代化信息技术发

展前沿,积极探索信息技术在教材编写中的应用革新,充分发挥数字信息平台融合创新的优势,将传统教材形态立体化,教材编写团队锐意创新,2016 年以来,学院先后出版数字课程 8 部。

五、加大师资力量建设,发挥高层次人才引领示范作用

强化高水平师资队伍在拔尖人才培养过程中的中坚力量,突出优秀学者的个性化、全方位指导。严格教师教学准入制度,制定并落实课程导师制,重视青年教师培养,对授课教师进行遴选。不断提升教学能力,打造高素质教师教学队伍。现有教职工 172 人,其中教师 119 人,包括教授(研究员)81 人,副教授(副研究员)32 人。拥有国家创新研究群体 3 个,教育部创新团队 2 个,高等学校创新引智基地 3 个,湖北省创新研究群体 6 个,全国高校黄大年式教师团队 2 个。

学院为弘毅生物学班学生配备高水平的师资力量,包括学业导师、烛光导航师(每位学生配备 1 名导航师)、学术导师以及学业导师(每个年级配备 2 人);选拔热心拔尖人才培养、责任心强的优秀教师 2 人承担课程基础课、专业课教学工作。举办院士面对面和师生面对面座谈会,促进科研反哺教学,强化高层人才对本科生的指导。此外,建立教学激励机制,自 2011 年起,学院启动实施“优秀本科教学奖”,每年对教学成果突出的 3～5 名优秀教师予以奖励支持。

六、重视第二课堂,构建五育并举的育人体系

积极推动科研反哺教学。发挥学科与科研资源优势,吸收本科生参与科研课题。构建全方位的科研训练体系,实现科研训练 100% 覆盖,从大一到大四量身定制各阶段科研训练计划,提升学生科学素养。充分发挥生物学一级学科国家重点学科的优势以及病毒学国家重点实验室(联合)、杂交水稻国家重点实验室(武汉大学)、生物学国家级实验教学示范中心等国家级科研平台基地优势,为学生参与科研训练计划提供一流的学习科研条件支持。通过科研训练计划、国家级、校级创新创业科研训练项目、挑战杯、iGEM 竞赛等国内外各类大学生竞赛,以及校外、境外著名高校、科研院所交流学习项目,实现了对学生研究能力、创新能力和可持续发展潜力的培养。

结合专业特色,组织形式多样的实习实践,强化第二课堂实践育人体系建设,强化学生德智体美劳的全面素养提升。利用第三学期,每年 7 月上旬组织拔尖计划班学生赴庐山植物园或神农架野外实习基地开展野外实习,通过野外动植物调查研究,强化学生自主科研探究能力和团队协助沟通能力的培养。学院立足专业,创设富有学院特色的“生科文化节”等特色品牌活动,每年组织学生参与金秋艺术节等文化活动,生科合唱团累计 29 次夺得合唱冠军。开展具有生科专业特色的劳动实践教育活动,与专业知识教育相互补充促进,结合学科特色,发挥平台资源优势,组织学生前往杂交水稻基地开展劳动教育实践。学院积极引导,大力动员,组织学生积极投身于大学生社会实践、志愿服务。每年均组织暑期实践队伍十余支,赴国内外各地开展社会实践。

学院培养的本科人才综合素质强,一批学子逐渐在生物学不同研究领域或行业领域内崭露头角,成长为具有影响力的创新研究拔尖人才和领军人才。

25. 华中科技大学

多学科交叉视角下的技术创新能力培育：
理工医交叉研究的探索与实践

夏炎枝　张蓉颖　卢群伟

一、总体情况

（一）概况

华中科技大学与中国科学院生物物理研究所为积极响应中国科学院与教育部"科教结合协同育人系列行动计划"，培养生命科学领域拔尖人才，于 2013 年 9 月正式启动"贝时璋菁英班"（本文简称"贝时璋班"），并于 2015 年纳入华中科技大学"基础学科拔尖人才计划"（珠峰计划）体系，目标是为选拔进入该项目的优秀本科生提供充分的学习机会和科学院优质教育资源。贝时璋班学生专业为生物科学专业，学制四年。

贝时璋班秉承以学生为中心的国际化开放式教育理念，利用顶级的科研平台和顶尖科学家的面对面指导，尤其是中国科学院生物物理研究所优质教育资源的共享，为学生提供与国际接轨的先进教育思想、教学内容及条件，通过培养模式和机制体制创新，培养学生具有很强的自主学习能力、主动探索的创新思维和解决复杂艰巨问题的能力，使学生成为国际生命科学领域的拔尖人才和未来生命科学领域的领军人才。

（二）学生培养规模

贝时璋班严格执行课程不及格淘汰制，始终保持贝时璋班学生具有优秀潜质，每届学生实际规模不超过 20 人。

（三）组织管理机制

贝时璋班纳入华中科技大学"基础学科拔尖学生培养计划"体系，由中国科学院生物物理研究所和华中科技大学共同制定具有鲜明特色的人才培养方案、教学计划和管理细则。贝时璋班选聘生命科学与技术学院和生物物理研究所相关资深学者组成招录委员会，在招生环节对申请材料筛选合格的学生进行集中笔试和面试。贝时璋班为实体班级，培养模式为分阶段实施"京汉两地 2.5+1.5"的学习模式。双方教学工作负责人共同组成教学工作领导小组,双方专家组成教学指导委员会为班级相关教学执行工作进行指导。中国科学院生物物理研究所选聘院士和专家担任贝时璋班兼职教授,开展教学活动,加强核心课程的建设。贝时璋班设置专门的管理办公室,配备管理人员 1 人,强化教师班主任制和个性化双导师制,双方各配备辅导员 1 名落实学生思想政治工作和日常管理。

二、工作举措

(一)学生选拔工作情况

贝时璋班从 2015 年起通过高考直招(50%)和入校后择优选拔(50%)招生。其中入校选拔环节由中国科学院生物物理研究所派遣资深学者与华中科技大学教授组成招录委员会对学生进行集中面试选拔。

(二)人才培养模式改革情况

贝时璋班的培养思路:本着"厚基础、强实践、重交叉"的原则,强化数学、物理、化学等基础课程,凭借生物物理研究所雄厚的科研实力和研究平台,发挥华中科技大学理工医学科交叉融合的优势,培养一批具有深厚的数学、物理、化学和计算机基础,掌握系统的生命科学理论、知识和技能的生命科学或交叉学科的创新人才,为研究生教育提供优秀生源,最终培养出复合型的高端研究人才。

贝时璋班的培养模式:分阶段实施"2.5+1.5"的学习模式,即学生前两年半在华中科技大学完成基础通识课程和基础专业课程的教育,在后一年半进入中国科学院生物物理研究所,通过第 6 学期的实验室轮转,实现学生和导师相互选择,并在第四年进入实验室进行系统的科研训练,在此期间完成所有专业选修课的学习。

贝时璋班学生实行双导师制管理。其中,华中科技大学的个性化导师引导低年段学有余力的学生积极参与科研实践、大学生自主创新活动,以达到启迪学生创新意识、培养学生创新能力的目的。生物物理研究所的导师提供学生在京开展科研实践和毕业设计的条件和具体指导,并对有较好专业培养预期的学生加强引导,助力其获得在本领域深入探索的机会。

贝时璋班积极探索、不断优化课程体系及内容。贝时璋班培养的学生不仅要求具有生物学科前沿的厚实基础,还要求理工医交叉的宽广知识背景、敏锐的思维和实践创新能力。依托中国科学院生物物理研究所的优质教育资源,贝时璋班开设"生物成像原理与技术""感染与免疫前沿进展""基础表观遗传学"等 8 门专业选修课程,由多位"新基石研究员项目"或杰出青年基金获得者等国内外知名教授授课,激发学生对生命科学和相应交叉学科研究的兴趣,为将来深入学习和研究应用打下良好的基础。

贝时璋班重视培养学生的国际化视野。开设英语强化训练和核心课程的全英语教学,要求学生具有拓展国际视野的经历,包括参与国际学科竞赛(iGEM、BIOMOD 和美国大学生数学建模竞赛等）、国际国内学术会议（世界生命科学大会、中国暨国际生物物理大会等）以及海外学术夏令营（如多次组织学生暑期至法国萨克雷大学、德国哥廷根大学、丹麦哥本哈根大学、瑞典卡罗林斯卡学院等海外知名大学进行交流学习）。此外，还要求学生在学习期间聆听一定数量的国际会议报告或英文专业讲座。通过上述多种方式和渠道让学生实际接触和深入体验国际生物科学研究前沿。

（三）人才培养质量评价保障机制建设情况

贝时璋班人才培养具有严格的质量评价保障机制，主要包括：

（1）科学的生源选拔机制，即高考直招＋入校后择优选拔，让优质教育资源公平公正公开面向每一位同学。

（2）严格的动态进出机制，即学生在华中科技大学学习期间，根据其基本学业情况，实行退出优补机制，始终保持贝时璋班学生具有优秀潜质，退出的学生原则上将转回所在年级生物科学专业继续进行学习。

（3）完善的教学管理机制。由双方具体负责教学工作的领导共同组成工作领导小组对贝时璋班教学工作负责，双方专家组成的教学指导委员会进行教学规划。具体教学管理工作由华中科技大学生命科学与技术学院教务科与中国科学院生物物理研究所研究生科落实。贝时璋班设置专门的管理办公室进行两地间教学与管理的协调；每个班级选聘 1 名生物科学方向的教授担任教师班主任，对学生的学业发展进行指导；双方各配备辅导员 1 名，落实学生思想政治工作及日常管理。

（4）强大的师资队伍配置。贝时璋班拥有强大的专家顾问委员会，其中包括多位中国科学院院士。他们拥有数十年的教书育人经验，能够为贝时璋班制定最为科学的培养方案。贝时璋班极为重视提升学生的学业成绩，不仅设置单列的培养计划，班级教学师资力量参照国内外知名高校相应课程最高教学质量标准，由教学指导委员会统一规划和选聘，包括华中科技大学获得省级以上教学名师或教学质量奖的课程主讲教师与责任教授，中国科学院大学及生物物理研究所具有优秀本科教学指导能力的优秀导师，在英语母语国家知名院校开设深受学生欢迎的相关课程的主讲教师，语言、体育、人文素质等课程引入其他专业院校优质师资等。

（5）科学的教学质量控制。课堂形式不局限于集中课堂讲授、基于项目和问题的讨论与实践、翻转课堂、远程教学与 MOOC 互动教学等，一切教学形式安排以教学质量为导向。相关课程开设所需资源由教学指导委员会授权班级管理机构进行协调与调配。

三、育人成效

（一）教育教学改革成果

十年来，贝时璋班在习近平新时代中国特色社会主义思想的指引下，在华中科技大学、中国科学院生物物理研究所和中国科学院大学等单位的大力支持下,在课程教学、科研创新和全面发展等方面取得了阶段性的成绩,也受到了教育界和媒体的广泛关注和高度评价。

贝时璋班在培养模式上科学有效。"京汉两地 2.5+1.5"的培养模式充分利用了华中科技大学的厚实基础培养条件和中国科学院的顶级科研平台及卓越科学家指导。高水平的师资队伍和完善的培养体系,为学生提供最优质的教学资源和科研实践平台。培养模式和培养体制的创新,使学生在本科阶段就具备强大的自主创新、主动探索、创新思维和解决复杂问题的综合能力。

贝时璋班在培养成绩上硕果累累。十年来,在校生普遍在学业成绩上表现优异,绝大多数同学在校期间都获得过与学业成绩挂钩的奖学金或荣誉。在科研实践上,贝时璋班成绩斐然,不少优秀学生本科期间在国内外学科竞赛中取得了优秀成绩或在权威期刊发表论文。贝时璋班学生研究生阶段发表论文数量更多,研究成果影响力更大。绝大多数贝时璋班学生本科毕业后进入国内顶尖大学、科研院所或国外一流大学深造,且留学生中绝大部分计划在学成后归国工作,为国家生命科学的发展储备了大量人才。

(二) 学生发展成果

贝时璋班重视提升学生学业成绩。迄今二十余人次获得难度极大的国家奖学金,其评选基本要求是学业成绩达到学院顶尖水平。班级普遍拥有良好的学习氛围,2019 级曾三次被评为"优良学风班"。2018 级实现全员深造,被媒体誉为"宝藏贝班"。

贝时璋班学生在校期间积极参与各项创新创业实践。学生展现了非凡的科研潜力与创新精神,完成了多项校级、省级甚至国家级大学生科技创新项目,数十人次获得与科研科创相关的表彰。他们还勇于走出校门,参加全省乃至全国的学术比赛,赢得多项个人和集体荣誉,包括全国生命科学竞赛一等奖、湖北省生命科学竞赛特等奖、湖北省数学竞赛一等奖、湖北省微生物实验技能一等奖、美国大学生数学建模竞赛 S 奖以及全国大学生英语竞赛二等奖等。

贝时璋班学生积极参与国际学科竞赛,并取得高水平学术成果。国际基因工程机器竞赛(iGEM)和国际生物分子设计大赛(BIOMOD)是国际生命科学领域影响力较大的赛事。学校代表队多次斩金夺银,且历届代表队成员都有贝时璋班学生,如 2019 年的 iGEM 比赛中,学校喜获金奖,28 名代表队成员中有 4 名来自 2018 级贝时璋班。依托这些国际比赛成果,贝时璋班学生在本科阶段即发表多篇 SCI 论文于 *BMC Biology*、*ACS Synthetic Biology*、*Small* 等权威期刊。

贝时璋班学生坚定理想信念,"以德立班、责任以行",注重班级思想建设。十年来,四十余人次获得校级"优秀学生干部标兵""优秀共青团干部""优秀党支部书记""优秀团支部书记"等荣誉称号。2018 级贝时璋班曾获校优秀团支部、"青梧成林"卓越团支部等称号,并通过层层筛选获得极为宝贵的 2019 年华中科技大学"胡吉伟班"荣誉称号。

贝时璋班注重培养全面发展人才。贝时璋班学生积极踊跃参与志愿服务,他们的足迹遍布大江南北,城镇乡野。在 2019 年国庆 70 周年的庆典活动中,2012 级何仁喜同学作为北京大学学生代表参加了天安门前盛大的群众游行。2018 级张夏雯同学凭借优秀的口语水平、出色的综合能力，入选 2022 年北京冬奥会志愿者队伍，最终进入主媒体中心运行团队担任视频剪辑助理。贝时璋班在文艺、体育、美育劳动等方面的教育成效也可圈可点。2022 级贝时璋班曾获得学院心理剧大赛一等奖，许多同学在文艺方面天赋异禀，多人次获得院"十佳歌手"比赛冠军、中国科学院大学"十佳歌手"大赛亚军、中国国际合唱节青年学生组金奖等。体育方面，贝时璋班的学生，在校篮球联赛（女篮季军）、乒乓球新生杯（冠军）、华工杯（季军）、女足华工杯（第四名）等赛事中贡献了自己的力量。

（三）毕业生去向

十年来，贝时璋班学生的优秀学业成绩吸引了国内外众多知名大学的青睐。已毕业的 8 届学生共 148 人，本科毕业后进入国内外一流大学或者研究机构深造的有 143 人，深造率高达 96.6%。其中，2015 级和 2018 级实现了全员深造。2023 年毕业的 2019 级学生，受疫情影响，保研或出国（境）深造的比例合计 80%。

贝时璋班学生去的深造机构遍及全球，代表性学校和科研机构有北京大学、清华大学、中国科学院大学、耶鲁大学、康奈尔大学、加州大学洛杉矶分校、冷泉港实验室、密歇根大学、苏黎世大学、东京大学等。

（四）其他成效

通过学科竞赛与系统的科研实践活动，贝时璋班学生不仅获得了实验技能上的提升，还锻炼了发现问题、分析问题、解决问题的能力，提升了创新思维、领导能力和团队合作意识，为将来独立领导科研团队奠定了初步的基础。

通过本科阶段严格的科研训练，贝时璋班学生在进入研究生阶段后展现出优异的科研能力。截至目前，贝时璋班学生已经在 *Nature*、*Cell*、*Cell Discovery*、*Nature Communications*、*Nucleic Acids Research*、*Protein & Cell* 等权威期刊以第一作者身份发表 SCI 论文 40 余篇。其中 2013 级崔震同学的工作揭示了新冠病毒突变特征与免疫逃逸机制，成果发表于 *Cell* 杂志，获评 2022 年"中国科技十大进展"。

未来，贝时璋班将始终把握时代脉搏，引领学生与国家同心、与时代同行。加强思政教育，为党育人、为国育才。

26. 华中农业大学

本博贯通　走好拔尖人才自主培养之路

唐铁军　左覃艳　肖湘平

培养基础学科拔尖人才是高等教育强国建设的重大战略任务。2018 年起,华中农业大学依托国家生物学理科基地、国家生命科学与技术人才培养基地,推出"狮山生命科学英才计划",成立"狮山生物科学英才班",聚焦怎么选、怎么培、怎么转,探索生物科学基础学科拔尖创新人才培养路径,开展基础拔尖人才培养模式改革实践。2020 年入选教育部基础学科拔尖学生培养计划 2.0 基地。

学校深入学习贯彻习近平总书记给全国涉农高校的书记校长和专家代表重要回信精神,以及在清华大学考察时的重要讲话、在中央人才工作会议上的重要讲话和关于教育的重要指示、重要论述,坚持立德树人根本任务,主动服务国家战略需求,根据《教育部等六部门关于实施基础学科拔尖学生培养计划 2.0 的意见》等文件要求,强化生物科学基础学科拔尖学生培养基地建设,努力构建高水平拔尖人才培养体系。

一、聚焦怎么选,科学选才鉴才

学校加强生物学基础学科拔尖人才培养招生宣传,结合中学生"英才计划",通过设立专项奖学金、科研补助,组织生命科学类名家大师走进中学开展报告讲座,组织优秀学生、优秀校友回访母校开展朋辈宣传,激发学生对生命科学的兴趣,吸引各省份高考成绩前 5%、有志于从事生命科学基础研究的优质生源。突出学校办学优势、特色,讲好"华农故事""生科故事",建设一批优质生源基地。建立科学化、多阶段的动态进出机制,制定相关遴选办法和考核标准,不断筛选和发现志向远大、富有潜力的有志于生物科学基础学科的优秀学生。新生入学后,面向全校开展生物学拔尖人才遴选,大一下学期结束再次开展选拔,每年对学生进行一次考核,对不适合、不适应拔尖人才培养模式的学生及时调整,允许学术志向坚定、科研能力强的优秀学生申请加入,实行两次选拔、年度考核、动态管理。

二、聚焦怎么培,做到五个强化

1. 汇聚一流师资,强化大师引领

以生命科学技术学院为主体,选聘高水平教师讲授文理基础课程和专业课程,聘请包括诺贝尔奖获得者、美国科学院院士在内的 7 位国际著名学者担任兼职教授,组成结构合理、教学科研水平高、长期活跃在国际学术前沿的一流师资队伍。学校为拔尖学生培养基地的学生每人配备学业导师、科研导师等,在课程学习、科学研究、生涯规划等方面予以全方位立体化指导,个性化指导学生学业和科研兴趣方向。英才班专家委员会主任张启发院士注重学生学术志趣培养,提出"启人以志""激扬梦想,追求卓越"的育人理念,每年为基地班大一新生讲授生命科学导论课程;定期邀请学术大家走近学生,强化使命驱动,用信仰激扬梦想,激发学生"为中华民族伟大复兴而读书"、勇担时代重任、勇攀科学高峰的学术志向。

2. 汇聚一流学科,强化学科交叉

学科交叉融合是基础学科拔尖人才培养的有效路径。华中农业大学在全国第五轮学科评估中,生物学等7个学科进入A类。生物学、园艺学、畜牧学、兽医学、农林经济管理5个学科入选国家"双一流"建设学科。生物学与生物化学、分子生物学与遗传学、微生物学等11个学科领域进入ESI前1%,2个学科领域进入前1‰,分布于农学、生命科学、理学、工学、医学等5个学科门类。基于农业中的重大生命科学问题,生物学强化与其他学科尤其是传统农科交叉融合,建设一批跨学科课程,组建学科交叉教学团队,开发跨学科实习实训项目,同时布局"新农科""新医科"交叉融合创新人才培养平台,以生命科学优势特色学科为基础,建设生物医学与健康新兴交叉学科发展特区,促进生物学与作物学、园艺学、畜牧学等优势农科,生物医学、生物信息、大数据等新兴学科交叉融合,为生物学拔尖人才培养拓宽领域。

3. 汇聚一流课程,强化文理基础

探索思政元素自然融入课堂的有效方法,探索建立生物学课程思政案例库,建设一批专业"金课",健全课程常态化集体研讨交流机制,实现专业课程价值引领,着力提升育人成效。建成国家级课程思政示范课1门、一流本科课程6门、全英文专业课9门,以一流课程促进学生深度学习。夯实文理基础,打破原有课程体系,前置遗传学、生物化学、分子生物学等专业基础课程,增加自由选修的前沿交叉课程和特色课程。鼓励学生在导师的指导下,跨学院、跨年级自主选修全校专业课程,聘请海外知名学者全英文讲授批判性思维、文献研读、科技论文写作、生物学前沿等课程。整合植物学基础、动物学基础、微生物学基础理论和实验内容,开设基础生物学,明确不同讲授部分重点,更加注重生物学的整体性和基础性。重构专业实验教学体系,改变原有一门理论课一门实验课的授课方式,精选学生应重点掌握的实验技术,整合重构基础生物学实验Ⅰ、基础生物学实验Ⅱ,强化学生科学表达实验结果、独立分析问题和解决难题的能力,提高创新能力和综合素质。

4. 汇聚一流平台,强化科研能力培养

深化与中国科学院、华大基因、武汉光谷生物城等机构合作,校地共建神农架自然保护区、武汉国家生物产业基地等校外实习基地,充分利用作物遗传改良、农业微生物资源发掘与利用等3个全国重点实验室,国家微生物农药工程中心等一流教学科研平台,积极接纳学生开展科研训练、毕业论文(设计)等,定期组织实验室体验班、科研团队开放周、学术沙龙等活动。生物科学"拔尖计划2.0"基地学生100%进一流实验室、100%进科研团队,开展有项目资助的科研训练和科学研究。面向全校聘请最优秀的科学家担任学生科研训练指导教师,贯穿第4~6学期开展课题研究。科研训练有规范的标准和严格的考核。学生选择校内外感兴趣领域的一流实验室完成毕业论文。开设综合生物学实验,开展实验技术训练,让本科生掌握生物学中如CRISPR、蛋白质合成等1~2项核心技术,教师出题,学生自主设计、自主选择。以"千问计划"、导师制、"教授红讲堂"等为载体,构建师生课外互动体系,强化教师育人功能。

5. 汇聚优质资源,强化国际合作

拓展合作交流渠道,加强与海外名校深度合作,为基础学科拔尖学生全球胜任力培养创造条件。利用生物学一流学科引导专项等经费,加强与美国加州大学伯克利分校、圣迭戈分校、英国伯明翰大学、杜伦大学等海外名校合作,建设高质量国际化教学项目,拓展学生海外交流交换项目、联合培养项目,推动校际学分互换互认、学位互授联授。学生在本科阶段可申请海外名校短期游学项目和联合培养项目,资助 3～6 个月短期游学项目,可申请"2+2""2+3""3+1"等三种类型联合培养项目;在硕博阶段,资助赴海外名校开展学术交流,支持申请与海外名校联合培养博士项目。

三、聚焦怎么转,完善培养机制

2018 年,学校成立狮山生物科学英才班,按照"小班化、国际化、个性化"的模式推进生物科学拔尖创新人才培养。

小班化:英才班每届招生 20 人左右,实行真正小班教学。实行博士生助教制,基础课双语教学,专业核心课全英文教学,小班研讨,广泛开展研究性教学,使学生成为课堂主角,注重培养学生质疑、思辨能力和知识综合应用能力。

国际化:积极开辟国际教育资源,推进与国外高水平大学的联合培养,积极引进国外优秀教师及英文原版优质课程资源,通过"诺奖进校园"等开设国际前沿讲座带动国际性学术交流,设计国际联合培养项目,开展与哈佛大学、剑桥大学等合作的暑期科研实践项目,参加 iGEM 等国际高水平学科竞赛,构建"长、中、短"国际化培养体系,提升学生全球胜任力。

个性化:瞄准生物学重大科学问题,实施"4+4"本博贯通培养,实施"一生一方案"。精减课内学时学分,总学分减至 140 学分以内,整合理论和实践教学内容,开设前沿交叉课程,设置生物前沿交叉、生物种业、生物医学与健康三个专业方向和课程模块,引导学生找到自己真正感兴趣的方向和领域,着力提升实践创新能力和科研能力。

2019 年,学校以申报教育部基础学科拔尖学生培养计划 2.0 基地为契机,在"三化"的基础上,不断完善拔尖人才培养机制,逐步向书院制、导师制、学分制"三制"转变,培养目标实现从培养一般优秀人才到培养杰出伟大人才转变。

书院制:创新现代书院制人才培养模式,高起点建设狮山书院。坚持党建引领,成立狮山英才班党支部,充分发挥书院党团组织、红色实践等思政载体效能,坚定理想信念。书院成立学生自我管理委员会,引导学生自我教育、自我管理、自我服务,定期开展由学生自主发起、校院两级支持的"对话科学家""师生茶会""博雅讲堂""英才学术论坛"和"信仰之路"社会实践、"英才在行动"素质拓展等系列活动。依托狮山书院,注重熏陶养成,强化大师引领,提升综合素养,探索拔尖学生培养的一流育人文化。

导师制:专门成立生物科学基础学科拔尖学生培养计划领导小组、专家委员会、英才班指导小组,建立英才班授课教师与科研导师遴选机制,设立奖教金等荣誉体系,以新型师生关系为牵引,建立价值认同,启人以志。导师通过与学生谈心、指导科研训练等,引导学生深入了解生命科学世界难题和"卡脖子"技术,立志科研报国,不断增强学生投身生命科学领域的使命感和紧迫感。目前已建立由 49 位"卓越教师"组成的科研导师库。

学分制：对英才班学生实行学分制，包括完全选课制、小学期制等。学生可自由选修校内外甚至国内外感兴趣的课程，利用小学期分学年分别集中开展国情民情教育实践、科研训练强化实践、海外游学实践等。利用暑假开展生命科学创新人才强化班，不定期邀请生命科学领域的高水平专家开设巅峰学术体验课程，分享经典科学知识和创新思想，为培养生命科学拔尖创新人才奠定基础。

经过探索，拔尖创新人才培养取得初步成效。2020 级英才班 25% 学生进入本博贯通培养，2021 级全部学生实施本博贯通。制定出台了华中农业大学《狮山生物科学英才班管理办法》《学分认定和转换管理办法》《教师聘任及工作量计算管理办法》《海外游学管理办法》等一系列英才班管理实施细则。培养学生情况良好，目前六届学生成绩优秀，学风优良，连续六届英才班均为校学风建设先进班集体；科研潜力大，大三大四学生都以负责人申请到科技创新项目，获批国家级和省级大学生创新训练立项 20 余项，多名学生在学术期刊发表 SCI 论文。2019 级学生 100% 到国内一流高校或科研机构继续深造。

27. 中南大学

守正创新，三融合育人培养生物学拔尖学生

唐彬　李善妮　胡正茂

中南大学生物科学专业拔尖人才培养以科研为导向，集一流师资、一流学习条件、一流学术氛围于一体，聚焦人才培养模式、专业建设、课程建设、教材建设、师资队伍建设、实践环节等方面的经验、特色与创新，力争培养学生成为生命科学研究领域的拔尖和特色人才，成长为国际一流的科学家。

一、培养模式

1. 整合一流的教学科研资源，营造一流的学习环境，促进学科高度交叉融合，科教协同，国际合作，构建在生命科学等理医工多学科交叉领域承担基础性、前沿性科学探索与创新实践重任、具有国际竞争与国际合作能力的生物科学拔尖创新人才的培养体系。

2. 根据学生个性特长、导师团队及国内外合作研究方向，制订个性化基地拔尖学生培养方案，打通各学院的课程体系，促进学科交叉；本硕博课程一体化，打通学生上升通道，在政策和经费上鼓励支持直博生，探索本博一贯制高水平创新人才多方联合培养的新模式，建立与世界一流大学联合培养和联合授予学位的体制机制，设立多类型的国际合作培养项目。选派学生到世界各地的一流高校交流学习，拓宽其国际视野，尤其是支持学生到世界名校开展毕业论文研究，使学生的基础知识和科研能力大幅度提高。

3. 开展导师制及导师团队建设，名师引领、个性化培养拔尖人才。由院士、杰青等名师领衔开设与国际名校接轨的前沿课程，培养学生的科研理念、批判性思维、科学精神和人文素养。每年定期举行学术年会，课题组学生代表汇报课题研究进展，并邀请国内外知名专家点评。

4. 建立学业导师组指导机制，制订导师工作计划，帮助学生建立学业档案，制订并督促实施学业规划。根据学生的学习基础、学科偏好和个性特点，有针对性地指导学生选择专业发展目标、制订中长期学习计划，帮助学生确立出国留学、考研、就业或创业的发展目标。指导学生逐步实施学业规划和学习计划。

5. 建立涵盖素养、知识、能力等的全方位人才培养评价体系。

思想政治与品德修养评价：辅导员、班导师、学业导师团队、课程教师、同学等参与个人评价。

知识与技能评价：理论考核与实验考查相结合，过程考核与终结考核相结合的课程评价体系。

创新思维与能力评价：创新思维、创新能力、创新潜力等通过导师团队观察、面试、讨论

及创新课题结题评价。

建立持续评价机制：本科阶段评价、硕士－博士研究生阶段评价，毕业三年、五年、十年长期持续跟踪评价，校内评价、校外评价、用人单位评价相结合，学业成绩与学术成果评价相结合。

二、专业建设

中南大学生物科学专业综合改革及拔尖学生培养模式已开展多年探索与实践，并取得初步成效。2002 年获批建立"国家生命科学与技术人才培养基地"，2008 年入选"国家人才培养模式创新实验区"，2012 年与复旦大学、上海交通大学、南京大学、中山大学以及美国耶鲁大学等国内外一流高校，合作成立遗传与发育协同创新中心。2016 年与中国科学院武汉病毒研究所联合创办生物科学"汤飞凡菁英班"。2017 年与英国邓迪大学联合创办生物科学"2+2 中英班"。2018 年生命科学学院获得国家级教学成果二等奖。2019 年入选国家一流本科专业建设点。2020 年入选国家首批强基计划招生专业。2021 年入选教育部基础学科拔尖学生培养计划 2.0 基地。2019—2021 年三次获得国际基因工程机器竞赛（iGEM）金奖。

三、课程建设

1. 以立德树人为核心开展课程改革

"思政课程"与"课程思政"相结合，思政导师与学业导师相结合，形成协同效应，把立德树人融入专业教育的各个环节，促进学生德智体美劳全面发展。立志教育与励志教育相结合，与名师名家常态化交流。以"细胞生物学""生物化学""分子生物学""遗传学"等专业核心课程为课程思政教育改革重点，将生物学重大理论发现、重要技术发明的国内外、校内外科学事件及科学家事迹等融入课程思政教育，通过学术引领、人格熏陶、精神感召，激发内在动力，培养在生物医学领域投身健康中国建设，构建人类命运共同体，具有浓厚的科学兴趣和深厚家国情怀，树立立足世界科学前沿，勇于创新报国的远大志向，以实现中华民族伟大复兴为己任，在理医工多学科交叉领域承担基础性、前沿性科学探索与医学创新实践重任，引领新医科发展的国际化、复合型的杰出创新人才。

2. 以学科交叉融合为重点进行课程体系建设

把促进交叉作为人才培养的重要途径，探索建设生物医学材料、生物医学大数据分析、神经网络与人工智能等跨学科课程。组建跨学科教学团队，设立交叉学科研究课题，为学生参与跨学科学习和研究创造条件。结合学院办学特色和学科特点，构建契合人才培养目标的科学性、时代性、开放性的课程体系。处理好"专"与"博"的关系，为学生建构"底宽顶尖"的金字塔型知识结构。完善多主体协同育人机制，通过多维度深度合作打造理医工深度融合、良性互动的长效机制与互惠共赢模式。

3. 以专业核心课程为重点打造金课

"分子生物学""生物化学""细胞生物学""医学遗传学""信息检索"入选国家一流

课程,其中"分子生物学"为国际慕课。以"普通生物学""生物化学与分子生物学""生物信息学""遗传与发育生物学"为核心课程,遴选推荐教师参加生物科学"101 计划"课程建设团队,整合优化、精选更新教学内容,将学科前沿知识、最新的科研成果引入教学。

四、教材建设

聚焦立德树人关键要素,系统推进新时代教材建设。充分利用学校教师资源、学术资源、出版资源、数字网络平台等资源优势,推进互联网形势下课程资源建设,通过系统整合资源及教学改革成果、科研成果,编写《分子生物学》等高质量的立体化教材。加强专业核心课程和优势专业教材的编写,鼓励教师编写具有学校学科特色的《细胞遗传学实验》等实践类教材。

五、师资队伍建设

加强学院教师教学科研发展,大力引进高层次人才,探索融合课程思政与教学能力培养的"一体两翼"教师教学发展模式。完善教师教书育人能力提升培训体系,获批省级优秀教学基层组织、校级课程思政示范中心,年度科研进校经费增长率为全校第一。

六、实践能力培养

1. 以科教协同育人、学科竞赛引领拔尖学生创新能力培养

深入实施科教协同育人计划,搭建高校与科研院所深度合作的战略平台。依托中南大学科技园、国家协同创新中心、国家工程研究中心、国家重点研究基地和学校重大科技成果,建设创客空间,推进科研反哺教学。搭建学生科学实践和创新创业平台,增强学生创新精神和科研能力。组织学生在学业导师的引导下,进入国家、省部级重点实验室及研究中心等参与科技创新实践,探索基础学科前沿。发挥学科竞赛对推进专业教学内容及课程体系改革、培养学生创新能力和综合素质的重要促进作用,探索基于学科竞赛的创新型人才培养机制。

2. 以国际合作、本博衔接培养拔尖学生综合竞争力

构建国内外双向互动、合作共赢的人才培养长效机制。引进国外一流大学的优质教育资源,筹备国际学术周等系列活动,从国际知名院校邀请高水平教授来校授课或讲座,拓宽学生国际视野,提升专业授课国际化水平。通过研修实习、暑期学校、短期考察等方式,提升学生国际文化理解能力。支持学生赴海外学习交流、参加高水平国际学术会议、合作研究和各类国际学科竞赛等,提升国际竞争力。建设国际协同创新团队、打造学术共同体,为学生接触世界科学研究最前沿、融入国际一流学术群体创造条件。

广学精研　知行并重

崔隽　项辉　张雁　李明睿

一、坚持党的领导

生命科学学院党委始终坚持以习近平新时代中国特色社会主义思想为指导,坚守党的初心使命,弘扬伟大建党精神,深刻领悟"两个确立"的决定性意义,增强"四个意识"、坚定"四个自信"、做到"两个维护"。深入学习贯彻党的二十大精神,坚持社会主义办学方向,贯彻落实立德树人根本任务,把立德树人成效作为检验学院一切工作的根本标准,依法治教、依法办学、依法治院,围绕国家重大战略需求培养担当民族复兴大任的时代新人。

学院党委严格按照"集体领导、民主集中、个别酝酿、会议决定"的原则,加强对人才培养关键环节的审议,五年来党政领导班子共审议人才培养、课程教学大纲等相关议题60余次,确保党的路线方针政策和学校党委的重大决策部署顺利落实。

学院通过加强思政工作体系顶层设计,形成思政课程与课程思政相协同的课程体系,通过开展思政课相关内容的教学全面推进课程思政建设,实现本科课程思政100%覆盖,建立"五育并举"的第一、第二课堂融合的人才培养体系,着力培养堪当民族复兴重任的时代新人、德才兼备的关键领域国家急需高层次人才,实现一流本科教育和创新研究生教育的卓越引领。

二、专业和人才培养特色

学院现有四个国家级人才培养基地(含2020年新入选的生物科学强基计划和生物科学基础学科拔尖学生培养计划2.0)和一个生物学国家级实验教学示范中心。两个国家级特色专业:生物科学专业和生物技术专业。生态学专业在2015年获国家级生态学综合改革试点。生物科学、生物技术和生态学专业入选国家级一流本科专业建设点。目前生命科学学院下设三个教学系:生物科学与技术系、生物化学系和生态学系;四个专业:生物科学专业、生物技术专业、生态学专业和整合科学专业(2023年新设)。

学院以立德树人为根本任务,构建"广学精研、知行并重"的生物类拔尖人才课程体系,参与提出生物类创新性人才培养的"MINE"理念[即要让学生有使命感(Mission)、创新力(Innovation)、见解力(Notion),并愿为实现目标而奋斗(Endeavor)],并依此构建了以"能力导向、全方位育人、个性化培养"为特色的生物类人才培养理念,为大湾区的建设培养生物类领军人才。在进入拔尖计划2.0之后,进一步探索拔尖学生培养理念,提出尊重事实(Fact)、追求诚信(Integrity)、服务国家(Nation)、守护伦理(Ethics)的本硕博一体化的创新人才培养的"FINE"范式,构建"理论课–讨论课–交叉课–素质课–实验课–实践课–开放式研究–竞赛/科研–个性化培养方案"融合的培养体系。注重价值引领,培育师生成长共同体,尊重和关爱每一名学生,为每名学生设计"个性化培养方案"。实行"名师启智"计划,着重教师内在成长动力的生成和内在"涵养机制"的激活。在本科培养中推行"全程导师制",夯实导师责任制,涵养师生认同的优秀教风、学风、院风,促进人的全面发展,形成特色鲜明的学科精神和学院文化。

学院近年来先后获国家级教学成果奖二等奖 2 项、广东省教育教学成果奖一等奖 5 项、国家一流课程 5 门、省一流课程 9 门,荣获广东省本科高校课程思政优秀案例 4 项、广东省课程思政改革示范项目课堂 1 门等。组织学生参加各类大赛,连续获得国际基因工程机器竞赛(iGEM)金奖,见义勇为生科人团队获评中山大学 2020 年度大学生年度人物。拔尖班学生在 *Current Biology* 等杂志发表多篇 SCI 论文,获得各种国家级及国际级竞赛奖励 40 多项,成绩突出。

三、师资力量和教师发展

生命科学学院师资力量雄厚,拥有一支结构合理、学术思想活跃、综合素质强的科研教学队伍。学院现有教职工 325 名,其中教授/研究员 80 名,副教授 73 名。学院以人为本,坚持引进与培养相结合,汇聚了一批具有国际影响力的高水平人才。多次获得国家自然科学奖二等奖,先后在 *Science*、*Cell* 和 *Nature* 等国际顶尖的期刊发表论文。

学院深化教师培养模式改革,健全生科特色的教师教育体系,拓宽教师培养渠道,创新教师培养机制,推动高水平师资队伍建设。学院组建"人才引育与学科交叉交流中心""教师教学培训中心""三全育人中心",出台《中山大学生命科学学院关于进一步落实加强青年科技人才培养和使用工作方案》《中山大学生命科学学院青年教师导师制实施方案》等文件,引育并举汇聚具有国际竞争力的师资队伍。持续优化教师管理和资源配置,健全教师荣誉制度。启动"中青年骨干教师培育计划""教学名师培育计划"等,举办教学竞赛、微课比赛,开展优秀教师评选,举行青年教师交流会、博士后与专职研究人员职业发展交流会等,对优秀教师进行荣誉表彰,吸引培养更多优秀人才热心从教、精心从教、长期从教、终身从教。

2016 年至今,学院高层次人才数量稳步提升,共获批国家级高层次人才 42 人次,省部级高层次人才 22 人,高层次人才占比达到 35.2%。参与拔尖计划人才培养的林浩然院士获钟麟水产种业科技奖突出成就奖,苏薇薇获评全国十大杰出女科技工作者,李文均当选国际伯杰氏系统微生物学会主席,彭少麟获省自然保护地协会突出贡献奖,Christian Staehelin 教授获"中国政府友谊奖"。

四、拔尖学生培养模式的探索

在国家启动基础学科拔尖人才培养 2.0,推进实施各类卓越人才培养计划的背景下,生物学方向拔尖人才培养着重根据生物学发展的特点,以学生成长为中心深化课程内容与结构的改革,推进全程导师制、国际化、个性化和小班化教学的探索,开展交叉培养、动态管理的尝试,充分发挥学术大师、名师为核心的教学团队及"专家型"教师的示范作用,努力将学校的学科优势转化为人才培养优势,培养基础宽厚、实践能力强、人文底蕴深厚、学术视野开阔的拔尖创新人才。

(一) 拔尖学生选拔与考核淘汰机制

依据《中山大学生命科学学院"基础学科拔尖学生培养计划(生物方向)"管理办法》《中山大学"基础学科拔尖学生培养计划"学生选拔面试工作实施细则》《"基础学科拔尖学生培养计划"学生选拔面试参考评分表》等,评价学生的价值导向、人格品质、心理素质、兴趣志向、自主学习能力、创新潜能、批判性思维、沟通与团队合作能力等八个维度。采用综合面试的方法,在一年级结束时选拔,既考虑学生的绩点、实践操作和课程学习情况,又考虑学生综合素质和个性的差异性。拔尖学生一年级选拔 20 人,每年都会有考核和分流,不合格学生分流到学生选择的专业(生物科学、生物技术、生态学)。学年考核是对拔尖学生的学习和科研情况进行综合考核,注重考查学习过程中的创新能力和发展潜力。

(二) 培养方案与课程体系特色

除完成公共课学习,专业培养方面以"必修课 + 选修课 + 讨论实践课 + 交叉学科课程群"构成培养方案,注重强化数学、物理、化学、生物、计算机课程,每位学生必须完成专业课程 + 交叉学科课程群学习,选择数学、化学、或者物理,或者计算机等某一模块课程。选择一个方向的专业选修及讨论实践课程进行系统学习。根据学院的学科优势设置了免疫学、发育生物学、生物信息学、动物学和植物学等 5 个学科方向。培养方案强调减少理论课教学时间,增加讨论课和实践课时间,加强科研训练内容。我们具有最为全面的生物科学本科培养体系,涵盖了生物学所有的二级学科。我们强调"广学精研、知行并重",具有一套完整的从理论到实验、实践和竞赛的实验 / 实践教学体系。"强基计划"的学生将单独编班,实行小班教学,学院配备一流师资,并提供优质的学习和科研条件。

学院实行一对一的全程导师制,根据学生的学习和研究兴趣,设计"个性化培养方案"。从大一到大三,学生每个学年都可以选择一对一的学业导师,进入科研第一线,按照自己的爱好进行学习。有的学生喜欢在本科阶段广泛了解,博采众家之长。有的学生一下子就找到了自己的兴趣点,直接进行原创的科学探索。

学院强调学科广泛交叉,以创新性的"MINE"教育范式,设计了近 20 门强基计划专属的讨论课、前沿课和交叉课,为有兴趣的同学专门打造。特别设置了体现以兴趣为中心的 X 课程选择模式,鼓励学生根据自己的兴趣进行交叉学科的研修。学生可以自主选修不超过 10 个学分未列入本专业培养方案,由生命科学学院、物理学院、数学学院、化学学院、计算机学院、医学院等理、工、医科学院开设的专业课进行学习,获得学分之后计为本专业的选修课。

学院建立了沟通极为便利的师生互动系统,例如新生护照、Office Time、午餐会等,充分尊重学生在课程修读、研究方向选择上的自主权,学生可各有所爱、各有所长,也可同向结伴而行。为了更好地促进朋辈相互激励、支持多元发展,特别设置专业提升训练课程,以跨专业导师组的形式,组织学生们通过定期的读书会、讨论会、无导师学术午餐会、通过阅读和讨论,取长补短,共同进步。

(三) 教学模式与学习方式

开展小班教学、讨论式教学、理论与实践相结合的自主学习。学习方式可有文献讲述、综述报告、实践小课题、团队作业等不同类型。充分利用网络资源,教学过程采用线上线下结合。

拔尖班每年级初选 20 人,占总人数 10%。培养机制方面:①以理论和实践教学相结合、学生自主学习与科研训练相结合的人才培养模式,着力增强学生自主获取知识的能力,培养学生的科学思维、创新意识和实践能力。②为每个学生设计个性化的培养方案,实行个性化培养,注重学生主体作用的发挥与学生自我管理,为学生提供更广阔的弹性学习空间,充分发挥学生学习、研究的主动性、积极性和创造性,挖掘学生的学术创新潜能。③实行全程导学制,为拔尖学生配备高水平的导师,组成导师组,对学生的学习、研究等提供指导,进行个性化专业学习,及早进入实验室接受科研训练。④提高学生知识、能力培养的国际化。创造条件鼓励学生到国内外一流大学、研究机构交流学习或进行科研训练,引导学生形成兼容开放的文化精神,拓宽学生的国际视野,增强学生国际交流与合作的能力。

拔尖班学生(生物方向)总体学习成绩优秀,近四年平均绩点 3.9。学生深造率 3 年达到 90% 以上,大多数学生被国外的著名大学如耶鲁大学、加州大学、约翰斯·霍普金斯大学、哥伦比亚大学、康奈尔大学,以及国内的北京大学、清华大学等高校录取。

29. 四川大学

根植红色基因，创新培养模式
——培养新时代生物学拔尖创新人才

魏炜 许小娟 彭锐 吴俊 孔祥阁 张大伟

一、总体情况

四川大学生命科学学院首批入选拔尖计划 1.0 的试点单位，经过十多年的探索与实践，建立了健全的拔尖人才选拔与动态管理机制，建立了完善的拔尖人才培养体系，形成了具有川大特色的拔尖人才培养模式。2020 年，基础学科生物学拔尖学生培养基地——明远学院又入选首批"拔尖计划 2.0"基地。在"拔尖计划 2.0"中，进一步借鉴国际一流大学的办学经验，全力推行了本科生人才培养模式的改革，以高水平师资实现个性化、国际化、探究式、小班化教学，以科学研究带动学生创新精神和能力的培养与提升，取得了显著的拔尖人才培养成效。

面向新时代新要求，在前期承担"基础学科生物学拔尖学生培养试验计划"的工作基础上，将进一步发挥高水平研究型大学优势，秉持"海纳百川"的川大精神，汇聚国内外优质教育教学资源，打造我国西部生命科学拔尖人才培养的战略高地，培养一批终身痴迷科学，具有崇高理想信念、深厚人文底蕴、扎实专业知识、强烈创新意识、宽广国际视野和全球竞争力的未来一流生物学家，为服务国家教育强国的重大战略及实现中华民族伟大复兴的中国梦提供强大的人才支撑。

二、人才培养模式改革情况

1. 育人为先，强化使命驱动

以建设"江姐荣誉班"为契机，传承学院校友江竹筠烈士的革命精神，根植红色基因，强化使命驱动，立德树人，以培养有理想、有情怀、有担当的生命科学领军人才和社会精英为目标。为拔尖班配备班主任一职，营造全过程育人的环境。班主任定期组织学生参与各种形式的社会实践活动，引导学生深入了解世情国情，关注人类与社会，客观认识祖国的发展，鼓励他们将个人价值与国家前途命运紧密联系在一起，培养具有爱国情怀、感恩之心和社会担当的优秀学生。

2. 强化大师引领，开放办学

聘请王红宁教授作为首席科学家，把握学科的基本特点与发展方向，统筹拔尖学生培养基地的建设。整合校内相关学科和科研平台的优势资源，聚集校内相关学科的名师大家作为导师，共同培养拔尖创新人才。同时聘请如欧洲科学院院士匈牙利农学与生命科学大学Andras Janos Dinnyes 教授和法国图卢兹大学 Mindher Bouzayen 教授等组成学术大师指导团队，对学生进行精神感召、学术引领。积极聘请国际知名学者和大师参与教学、开设短期课程，定期邀请国际国内著名学者进行学术讲座与交流，开阔学生的国际视野。

3. 创新培养模式，因材施教、个性化培养

以因材施教、个性化培养的原则为指导，根据学生的学术兴趣和科学潜质制订更加开放、灵活的个性化人才培养方案，为拔尖学生培养提供宽松的学习环境和制度空间。

强化科研创新思维培养，提升实践创新能力。结合学院不同科研团队的研究方向为学生开设综合性、设计性、探究性实验；建立拔尖学生创新实验室，鼓励学生自由探索感兴趣的科学问题；继续开展科研训练项目立项制。

鼓励学生积极申报各级大学生创新性试验计划，提供经费支持学生参加各类高水平学科竞赛。探索"书院制"培养模式，促进学科交叉。以四川大学"玉章书院"为人才培养新载体，汇聚一批国内外学术大师，为拔尖学生的跨学科学习和研究创造条件。

积极推进"本研贯通式培养"，制定了"3+1+5"本研贯通式培养方案。

4. 营造浓厚学术氛围，构建学术平台，提高学生培养质量

为营造浓郁的学术氛围，学院邀请国内外专家学者为拔尖班学生开设各类讲座。为拓宽学生的眼界，学院支持拔尖班学生参与高水平国际学术会议以及与其他高校的交流学习。

5. 完善科学选才鉴才和动态化管理机制

积极探索多渠道人才选拔方式：通过学院承担的"中学生英才计划"，吸引并遴选部分具有创新潜质的优秀中学生进入拔尖班；入校后面向全校开展二次选拔。

在拔尖班学生中实行动态管理，坚持严格的筛选机制，以灵活的阶段性考核实现动态进出。

进一步完善科学选才鉴才机制，重点考查学生的兴趣志向、学科潜力、综合能力、心理素质等方面。建立健全有效的毕业生跟踪反馈机制，及时掌握学生的成长发展轨迹，持续改进拔尖人才选拔与培养工作。

三、课程建设情况

在专业课中加强课程思政建设，将社会主义核心价值观融入专业课程，将知识传授与价值引领有机结合，推动专业教育与思想政治教育同向发力，使学生树立正确的人生观、价值观，促进学生的社会担当与社会责任感，真正做到立德树人、润物无声。

增设通识教育课程，提高学生的人文素养、学术精神、批判思维能力，努力使学生具备中西融汇、古今贯通、文理渗透的综合素质。促使学生着眼人类未来的发展，了解科技发展趋势，勇于探索重大科学问题，树立应对人类未来面临重大挑战的信心与决心。

根据拔尖学生培养的目标定位，梳理人才培养体系的基础核心课程，集中优质师资打造高水平金课，科学设计课程，优选国外原版教材，有效组织教学，提高课程的深度与难度，夯实拔尖学生的学科发展基础。

加强与数学、物理、化学、计算机、材料科学和医学等学科的交叉融合,组建跨学科教学团队,建设一批跨学科交叉课程,鼓励学生接触不同学科,形成实质性的学科交叉融合,拓宽拔尖学生的思维广度、拓展拔尖学生的思维深度,激发学生的创新潜能。

优化课程体系。针对拔尖学生学习制定更高挑战度、创新性、高阶性和科学性的课程体系,实现"通专融合、学科交叉"。课程体系上做到科学、工程技术、人文教育的有机融合,教学内容上实现基础、前沿、能力协同统一。继续落实和改进探究式、研讨式、启发式的教学模式。在实验教学上实现层层递进的"进阶式"实验教学模式,逐步培养和提高学生的实践动手能力。

四、师资队伍建设情况

跨学科导师组制度:继续推进落实跨学科导师职责,聚集校内相关学科的名师大家作为院外导师,和院内导师一起共同培养拔尖创新人才。同时继续实行国内外双导师制,指导学生科研创新活动,对学生进行专业化、个性化培养。

一流师资建设:目前学院已经为拔尖学生配备一流师资。在此基础上,将进一步强化师德师风建设,加强师资队伍经验交流,坚持"围绕学生、关照学生、服务学生",引导学生树立创新发展、为国贡献的使命担当。

完善人才培养激励机制:继续落实拔尖计划指导教师选拔、考核及激励制度,激励拔尖计划指导教师的工作热情。

五、实践环节

强化生物科学拔尖创新人才培养科研训练:建设了专门面向拔尖学生的本科创新实验室,鼓励学生自由探索感兴趣的科学问题,并根据自己感兴趣的问题独立设计课题,开展探索性研究。同时选拔拔尖学生加入高层次人才课题组,深度参与重大科研项目,并重点支持和鼓励拔尖计划学生参与科创竞赛,以及继续开展科研训练项目立项制。

依托与国外(境外)学校的良好合作关系,在以色列本-古里安大学建立了长期稳定的海外科研实习基地,并将进一步开拓新的海外科研实习基地,为拔尖学生的海外科研训练提供条件保障。

依托国家级实践教育基地——四川大学峨眉山环境科学、生物多样性野外实践教育基地,开展生物学野外实习,同时利用川大国际周等国际交流项目,吸引世界高水平大学学生来校参加野外实习,加强交流。

融合校内外资源，构建以实践实习为抓手的拔尖人才培养体系

王永华　和兆荣

一、基地简介

云南大学生物科学拔尖学生 2.0 培养基地认真落实教育部"六卓越一拔尖"计划 2.0 相关精神，充分发挥学科优势和人才优势，构建"博专尖通结合，多学科融合、国际名校合育、学习研究实践一体"的基础学科拔尖人才培养体系，发挥云南"生物王国"区位及资源优势，开展多学科交叉融合，借鉴"一制三化"（导师制、小班化、个性化、国际化）成功经验，以一流的师资力量、科研平台、创新教学模式和管理机制，培养致力于解决生命科学领域重大问题的尖端人才，未来在生命科学领域具有世界影响力的科学家，能够在生命健康、生态安全、农业生产等方面作出重大贡献的领军人才。

经过近三年的建设，云南大学生物科学拔尖学生 2.0 培养基地共有学生 43 名，其中 2021 级学生 13 名，2022 级 15 名和 2023 级 15 名。首席学术导师 1 名，由高端学术人才担任的班主任 3 名，专职外教 1 名，基地管理委员会主任 1 名，副主任 2 名（含 1 名日常管理执行副主任），签约导师 20 名，基地专职教师 1 名，年级兼职辅导员 3 名。这些教师和管理人员共同致力于为学生提供优质的学术指导和全面的培养服务，确保基地的培养目标得以顺利实现。

二、实践实习在人才培养中的作用

生物学专业作为一个注重实验和实践的学科，对学生的动手能力和实际操作经验有着极高的要求。实践实习环节不仅加深学生对生物学理论的理解，还锻炼了其解决实际问题的能力。云南大学生物科学拔尖计划 2.0 基地通过融合校内外实习实践，为学生提供了一个全面发展的平台，不仅提升了他们的专业技能，还培养了他们的创新能力和实际问题解决能力。

（一）校内实习实践

1. 课程设计

基地学生除了需要修读基础实验课和专业核心实验课程外，还增加学习了高阶的实验课程和跨学科交叉应用课程，比如"高级实验动物解剖学""现代前沿生物技术与实

践"生物学大数据分析及实践""生物医学信号与系统""蛋白质组学实验""纳米材料设计与实验""高级药理与制药工程"等进阶课程,增强学生的应用能力和动手能力。

2. 实验室研究

基地学生要求从一年级开始进入校内院所平台,如国家重点实验室及生命科学院、生命科学研究中心、生物医药研究院、古生物研究院等平台的实验室进行轮转。学生在这些实验室中确定学术导师,并参与导师的研究课题,这样的安排使学生能够从早期就参与到真实的科研环境中,提升研究能力和专业知识。

3. 学术交流

基地学生每年至少参加 10 场正式的学术研讨会和讲座,平时开展导师见面会、集体午餐会等,这些活动为学生提供了与不同领域的专家导师面对面交流的机会。这种交流不仅激发了学生的专业热情,还促进了创新思维,拓宽了学术视野。

4. 课题开展与汇报

二年级以上的学生每周进行 1 次学术汇报,基地会组织 3 ~ 5 名专家进行点评。这样的安排有利于学生的项目开展和科研能力的提升。学生需要在汇报中展示他们的研究进展、实验结果和未来的研究方向。这不仅提高了他们的学术表达能力,还增强了他们的批判性思维和对科研方法论的理解。通过此类定期的学术汇报,学生能够得到来自不同研究方向专家的指导和建议,这对于其研究项目和个人发展都是极其宝贵的。

(二) 校外实习实践

1. 野外实习

生物学野外综合实习是理论教学的继续和延伸,是生命科学人才培养的重要实践环节。云南大学生物学野外综合实习具有悠久的历史、深厚的积累和鲜明的特色,该课程为云南大学生物学拔尖班的专业必修课,开设于大一年级暑期,并邀请全国生物科学"拔尖计划"基地建设高校的师生共同参与。2023 年 8 月,云南大学生物科学"拔尖计划 2.0"生物学野外联合实习活动在云南多地顺利开展。来自全国 18 所生物科学"拔尖计划 2.0"基地建设高校的近 100 名师生参加了本次实习活动。

云南大学"生物学野外综合实习"课程以"起源—演化—多样性"为教学的主线思路,递进式地开展"课程实习""面上实习"和"专题实习",逐步实现"培养兴趣—追求真知—专业认同"的教学目标,旨在依托云南自然资源优势,搭建"一线 – 四地 – 多点"的实习平台,以学习者为中心,以兴趣为导向,引导学生将植物学、动物学、微生物学等生物科学专业基础课程的理论知识融为一体,全面认识物种起源、演化及其生态学特征,理解人与自然的相互作用,提升对生物多样性及自然生态系统结构功能的认知,培养学生掌握生物科学野外工作的基本方法,在实习实践过程中发现问题、提出问题并尝试解决问题。同时,通过加强合作共建,鼓励延伸发展,使学生体验到真实的生产实践过程与科学研究进展,最终实现培养"勇于探究、乐于探究、善于探究,具有家国情怀和生态文明观的高水平生物科学拔尖人才"的育人目标。

2. 国际交流

通过举办国际暑期学校以及参加其他国际交流项目,比如中国 – 挪威细胞生物学研讨会等,让学生有机会与国际学者进行交流和合作。这些经历不仅为拔尖学生提供了学术上的新视角,还增强了学生的跨文化沟通能力和国际合作能力。

3. 行业实习

基地依托云南省丰富的自然资源和生物医药优势产业,依靠学校与省内生物医药龙头企业(云南贝泰妮生物科技集团股份有限公司、云南白药集团等)和科研院所(中国医学科学院医学生物学研究所等)长期积累共建的实习平台,开展"科教协同、产教联合"的行业实习。这些实习经历使学生能够将所学知识应用于实际工作环境中,为他们未来的职业生涯提供了宝贵的经验。

三、未来展望

(一)持续优化实践实习模式

组织校内外专家对现有实践实习模式进行定期评估,以确保实习实践活动能够满足学生在不同学习阶段的需求。结合专家组、教师和学生们的反馈,不断调整实习内容,确保实习活动与学术前沿保持同步。积极探索与全国知名高校、科研院所和生物科技公司的合作,为学生提供更多样化的实习机会。利用云南丰富的生物资源,改变传统的实习模式,开展以项目制为主的生物学野外综合实习。

(二)加强国际合作

广泛开展与国际高校和研究机构的合作,为学生提供更多的访学、研学机会。通过国际交流项目,学生能够接触到不同的教育体系和研究范式,拓宽他们的学术视野。积极发展国际合作科研项目,让学生有机会参与跨国界的访学、研究工作。

四、总结

云南大学生物科学拔尖计划 2.0 基地立足于实践育人,融合校内外资源,构建以实践实习为抓手的拔尖人才培养体系。通过结合理论学习与校内外实践实习,致力于培养一批具有高度专业技能、创新能力和实际问题解决能力的生物科学拔尖人才。实践实习环节的强化不仅加深了学生对生物学理论的理解,还锻炼了他们解决实际问题的能力。通过不断优化和扩展实习实践模式,确保教育活动与科学发展和学术前沿保持同步。通过引入前沿科技和研究方法,确保学生能够接触到最新的科学发展趋势。通过与国际高校和研究机构的合作,学生得以参与国际学术交流和科研项目,从而拓宽了他们的国际视野。国际合作项目为学生提供了在多元文化背景下学习和工作的机会,增强了他们的跨文化沟通和协作能力。这些努力将有助于培养出更多具有国际视野、创新能力和实际操作技能的生物科学拔尖人才,为生物科学的发展作出重要贡献。

农林类生物科学拔尖创新人才培养的探索与实践

张海宁　王瑶

西北农林科技大学"生物科学拔尖学生培养基地"（以下简称"基地"）2020 年入选教育部"基础学科拔尖学生培养计划 2.0 基地"，基地深入贯彻习近平新时代中国特色社会主义思想和党的二十大精神，全面落实立德树人根本任务，加强生物科学拔尖创新人才培养，在生物学科吸引优秀的学生投身基础研究。从 2021 年开始，基地采用进校后二次选拔的方式，通过学生自愿报名、笔试、面试等环节，每年遴选出 30 名对生物学科有志向、有志愿、有志趣的学生进入基地班学习。基地目前已培养学生 3 届，共 90 人，在不断摸索中创新。

生命科学学院为基地班的学生制定了专门的培养方案，以培养德智体美劳全面发展的优秀社会主义建设者和接班人为根本任务，坚持"厚基础、宽口径、强实践、重创新、高素质、国际化"的育人理念，帮助学生获得坚实的数学、物理、化学及信息科学基础，掌握重要的、最前沿的生命科学理论知识和技能，具备独立的批判性思维、强烈的探索生命本质的愿望，致力于成为具有家国情怀、三农情怀、沟通协作能力、多元文化理解和全球视野的创新型生命科学的优秀人才。课程分为通识教育课、专业教育课、专业实践课、个性化培养和素质拓展五部分。其改革情况如下。

一、培养体系和课程建设

1. 跨学院选课

鼓励学生跨学院选修数学、物理、化学等专业高年级课程，也鼓励学生选修农学、林学、园林、管理，以及文学、艺术类等课程。

2. 学分制

总学分由 160+8 降为 146+8，使得学生修读课程数量减少，有更多的时间用于个性化学习；实施灵活的课程免修、学分互认和学分替换机制；鼓励学生跨学院、跨专业、跨年级开放式修课，为学生早成才、快成才提供制度保障。

3. 国际化

为进一步加强基地班学生与海外知名高校、研究院所的交流，开阔学生国际化视野，引导其了解和学习植物学国际前沿知识，提升国际化水平，学院邀请英国爱丁堡皇家植物园、爱丁堡大学的著名植物学家 Louis Ronse de Craene 教授，在暑期学期开展了全英文授课。课程以小组讨论的形式让学生对知识的领会更加深刻，在交流讨论的过程中思维碰撞，使学生对于植物学的体系逻辑更清晰，助推拔尖创新人才国际化培养。

二、教学模式和学习方式

为加强生物学核心课程建设,同步开设核心课程的讨论课(16学时),指定学科带头人担任核心课程主讲,各讨论课之间系统分工,各有侧重。教学实践显示,学生对于课程内容的理解水平、利用基本理论提出问题及解决问题的能力均显著提升;强化理论和实验的有效融通,使学生能以科研的逻辑理解实验的设计思想,为后续科研工作的开展起到了启蒙的效果。

在大一的"普通生物学"和"微生物学"讨论课中,着重训练学生文献查阅的能力,以学科前沿专题讲座与讨论为主,培养学生提出问题、追踪学科前沿的能力。

在大二的"生物化学"和"细胞生物学"讨论课中,注重科研方法、关联实验技术的研讨,坚持"知识–思维–能力–素质–创新"的培养理念,培养学生科研实战的能力,完成大学生科创项目。

在大三的"遗传学"和"分子生物学"讨论课中,通过对生物学前沿领域内容的渗透和研讨,鼓励学生参加全国科技创新竞赛、全国大学生生命科学竞赛等,通过竞赛培养学生学术交流的能力。

三、师资队伍建设

1. 导师制

为每一位学生分别配备生活导师、学业导师和科研导师。生活导师关注学生日常生活,加强与学生的情感沟通与交流,帮助学生解决心理困惑和问题。学业导师帮助学生提升专业认知、规划学业生涯等。同时为学生配备科研导师,帮助培养学生的科研兴趣,完成科研实践活动。

2. 首席制

建立课程组首席教授制度,由首席教授牵头负责核心课程质量标准建设,强化"备课–授课–课后"全过程指导;每一门核心课程指定学科带头人为基地班学生授课,并建立核心课程教师群,针对拔尖学生培养问题进行探讨,为学生培养献计献策。

四、实践环节

1. 重视实践能力

通过开设全程科研训练课程、组织导师见面会、开展暑期科研训练等多种形式,鼓励学生积极参与学术研究和实践操作,提高学生的综合素质和创新能力。利用暑假时间举办"启航计划"暑期科研训练活动,大力支持低年级学生前往中国科学院遗传与发育研究所、中国科学院植物研究所、浙江大学等的国内顶尖实验室进行科研学习和交流,为学生开阔眼界、创新思路、增强自信提供了良好平台。

2. 重构实习内容

大一暑期学期的"生物学实习"中,在原来一周实习内容的基础上,重新构建了综合实习内容,以植物、动物、微生物、生态群落为主线,在秦岭火地塘进行为期两周的科研实践训练。采用科研型实践教学,以指定或自主选题方式,进行项目式实习,训练学生在野外实践中发现问题的能力,使学生学会科研中的资料收集、选题、研究方法的确定、技术路线的制定,最终通过实践完成研究式实习的过程。

3. 实验课由教师为主体转变为以学生为主体

为充分调动学生对实验课学习的热情,有效提高学生对理论知识和实践技能的掌握。微生物学实验针对目前传统实验教学中存在的问题与不足,结合秦岭生物学实习,对教学内容和教学模式进行改革,将简单的认知型实验转变为开放的综合性探索实验,培养了学生的科学素养和积极主动的思维习惯,提高了学生动手操作和分析解决问题的能力。

实验改变了传统的以教师为中心的教学模式,注重"学生为主,教师为辅",减少验证性实验,增大设计性及综合性实验比例。让学生成为实验主角,参与实验前的准备工作,通过查阅文献资料、设计实验流程、选择实验器材、自主设计实验,共同完成实验内容。

在微生物学实验教学的自主实验设计环节,孵化出 6 个探索性实验项目。在秦岭微生物实习阶段,孵化出 6 个大学生科创项目。

基础学科是国家创新发展的源泉、先导和后盾,培养基础学科拔尖人才是高等教育强国建设的重大战略任务。学校将不断探索,勇于创新,结合各兄弟高校的经验,尽早走出一条基础学科人才培养的新路径,培养一批优秀的人才。

"浸、养、熏、育"一体化新型书院

程博　杜宇平　杨浩　杨佳欣　李宏敏

一、基本情况

2009 年,教育部、中组部、财政部等部门联合启动"基础学科拔尖学生培养试验计划"(以下简称"拔尖计划"),兰州大学成为实施该项计划的 19 所高校之一。学校在总结多年来举办"基地班""隆基班"等基础学科人才培养基地所积累经验的基础上,于 2010 年 8 月成立了兰州大学萃英学院,负责实施"拔尖计划",承担数学、物理学、化学、生物学、人文(文史哲)5 个学科拔尖学生培养任务。2019 年以来,兰州大学上述专业先后入选基础学科拔尖学生培养计划 2.0 基地。在十余年的办学过程中,兰州大学以《教育部等六部门关于实施基础学科拔尖学生培养计划的意见》和《兰州大学一流本科教育建设方案》为工作指导,落实立德树人根本任务,植根国家重大发展战略,坚持"以学生为中心,以教师为主体"的发展观念,树立科学的教育发展观、人才成长观,充分发挥基础学科拔尖学生培养基地作为国家一流人才培养高地、基础学科拔尖人才孵化器的作用,坚持为党育人、为国育才,全面提高人才自主培养质量,着力造就拔尖创新人才培养高地。

15 年来,生物学拔尖人才培养以萃英学院为组织载体,协同生命科学学院,深入推进小班化、国际化、个性化,实施导师制,积极探索书院制、学分制,探索本科生培养模式改革,深化教育教学改革,辐射带动了全校本科教育教学的改革和质量提升,学校生物学专业先后入选"国家级一流专业建设点"和"强基计划",选拔培养出一批生物学领域的拔尖学生,毕业生绝大部分赴国内外一流大学或科研机构深造。

二、"拔尖计划"人才培养经验和创新做法

(一)建立拔尖学生书院制培养的质量保障体系

人才培养组织载体是承载基础学科拔尖学生学习与发展的基础环境,是汇聚师资力量、落实保障措施的执行主体。兰州大学主动打破院系壁垒,汇聚多学科科研和教学资源,组建萃英学院,作为承担和实施"拔尖计划"的组织载体。推行"院院协同、合力育人"的组织模式,构建"专博并重、文理兼蓄"的课程体系,解决拔尖学生专业知识和综合素质同步提升问题。

生物科学拔尖创新人才的培养通过生命科学学院和书院教育教学协同、平台建设协同、管理服务协同,形成了一套基于书院制的拔尖计划人才培养管理模式。协同建设拔尖学生培养平台,以生命科学学院为主建设专业教育平台,以萃英学院为主建设通识教育平台,共同建设创新能力提升与个性化成长平台、国际化培养平台;联合建设了专门面向拔尖学生的生物创新综合实验室。协同推进教学改革,共同建设课程思政课程和示范课程,共同建设双语课程和全英文课程。共同组织学生选拔,专业学院负责专业能力测试,萃英学院进行思想品德和心理、体能把关。两院共同组织学生参加学科专业竞赛、开展学业预警,促进生命科学相关学院之间的交叉融合,组建大生命学科教学团队。

(1) 在组织架构方面:萃英学院院长由校长兼任,学术水平高、人才培养经验丰富的知名教授担任执行院长。成立萃英学院党总支委员会、拔尖学生培养计划领导小组、教学与科研训练专家委员会、各学科培养小组等组织机构,形成由萃英学院与相关专业学院相互协同,职能部门全力支持的管理体制和运行机制。

(2) 在体制机制方面:制定包括导师制管理办法、教师聘任办法、学生选拔与管理细则、专项资金管理办法、学生成长档案建立及管理办法、荣誉学生评选办法和学生退转规定等在内的一整套制度,确保"拔尖计划"学生的培养质量。

(3) 在培养环境方面:按照新型书院的理念和模式创设教学和活动空间,设有专用教室、报告厅、讨论室、心理咨询室、师生阅读区、全球视频教学实验系统等,软硬件环境齐抓,全方位保障学生的学习条件。

(4) 在质量保障方面:加强质量监控,建立评估机制。建立毕业生长期跟踪调查机制和人才成长信息系统。为每一位学生建立成长电子档案,长期跟踪并每年更新;通过建立质量反馈机制持续改进人才培养工作。

(二) 采取"浸、养、熏、育"一体化的新型书院培养模式

以落实立德树人根本任务为目标,融合基础学科拔尖人才的教育发展观和人才成长观,构建中西贯通的现代书院。在此基础上,通过多学院优势学科融合贯通培养,实现拔尖人才的"浸润""养成""熏陶""培育"一体化培养;针对学生特点,充分发挥学生的精神意志品质,构建以德为先,能力为重,全面发展评价体系和全人教育模式。凝练"人心向学、追求卓越"的书院文化,塑造向上向善的内在精神;精心设计书院式人文环境,设置图书阅览室、讨论室、心理疏导室、党员活动室等,开放办公,与学生随时交流,做到"浸养熏育、以文化人"。

1. 思政课程"浸润"育人

打造思政活动品牌、彰显思政魅力,搭建学术、文化、实践"三位一体"的思想政治育人平台。通过持续推进课程改革与建设,实现"门门有思政、人人讲育人",定期组织学生赴不同主题的思政实践基地体验,形成"思政课堂＋课程思政＋实践基地"模式。引导学生多读书、多实践、知民情、懂国情,从中国历史、经典著作、时政热点和社会实践中汲取思想养分,树立绿色发展理念,提高忧患意识,获取精神力量。

2. 汇聚"大先生","养成"创新思维和科研能力

(1) 打造一支国际化、高水平的教师队伍。深化导师制,构建涵盖科研导师、学业导师

和生活导师的导师体系。组建跨学科导师组,严控导师质量。科研导师由高水平专家学者担任;学业导师要求具有出国留学经历,拥有博士学位,思想积极上进,有充足的时间和精力,能够与学生一起交流、共同探讨,能够有效指导学生学业,促进学生全面发展。生活导师在课程学习、科学研究、生涯规划、生活实践等方面给予学生全方位指导。促使学生站在"巨人"的肩膀上锤炼学术能力、开拓研究视野、提升科研水平。聘请国际知名专家学者进行长短期授课、举办讲座、帮助学生开展学术规划;有计划地组织拔尖学生进入国内外一流研究机构,接受导师言传身教,接触科学技术和思想文化研究前沿。

(2)一流平台支撑科研实训。学院在榆中校区贺兰堂生物学国家级实验教学示范中心专门建立面向拔尖学生的科研创新实验室,装备功能齐全的生物科学常用实验仪器设备以及由专职老师负责的科教两用中高端仪器设备来支持学生课外开展科创训练,探索感兴趣的科研方向。学校所有重点科研基地向拔尖学生全面开放,学生可以根据自己的研究兴趣在不同的实验室轮转,为学生开展科研训练提供一流的研究平台。设立拔尖学生萃英创新基金,让学生从大二开始就能体验科研项目从申报、立项、中期检查到结项的全流程,积极引导学生早进实验室、早进科研团队、早开展科研训练。学院要求每位学生在校期间至少主持一项科研训练项目,做到科研训练全覆盖。

(3)实施科教融合协同育人计划。充分利用兰州大学周边的中国科学院兰州化学物理研究所、中国科学院近代物理研究所、兰州生物制品研究所、中国农业科学院兰州兽医研究所及寒区旱区环境与工程研究所的师资力量,利用校内外各类科研合作项目,鼓励学生在校外导师指导下开展科研训练,参与科技创新实践,大胆探索基础学科前沿,科教协同培养高水平人才。修订了拔尖学生开展科研创新训练项目管理办法,制定了拔尖学生参加高水平学术会议、学术竞赛管理办法等;鼓励学生积极参加挑战杯、"互联网+"等创新创业大赛和学术竞赛,激发学生创新能力。

3. 课程建设与教学改革"熏陶"育才

(1)优化培养方案。建立了生物学专业教育、创新能力提升与个性化成长、国际化培养和通识教育四个平台。推进课程模块化,持续建设"厚基础、宽口径、重个性"的课程体系。加强主干课程建设,夯实基础;支持学生跨学科、跨年级、跨层次选修课程。

(2)推动课堂教学改革。积极推进探讨式、研讨式教学,鼓励学生转变学习方式,学教结合、教研结合,将所有核心课程纳入教学改革项目进行建设。强化通识课程和实践教学,增加研讨课程和答疑环节比重。部分课程采用全英文或双语授课。

(3)将综合素质提升融入课程体系,设立并完善综合素质课程。推进第一课堂和第二课堂的有机融合,让学生在浓郁的学术文化氛围中受到熏陶。不同专业学生混合住宿,促进文理渗透、专业互补;学生自主学习、自主研讨、自主跨专业(年级)交流,构建自主学习、朋辈互助、温馨和谐的学习生活社区。书院和学院联合,每年举办"聚英萃华"学术素质拓展月,开展学术前沿讲座、"质疑与探索"学术展示交流、创新基金项目成果展示、学术论文写作规范讲座等,拓宽学生学术视野,激发创新思维。

4. 国际交流"培育"全球视野

深化与世界顶尖大学的合作,吸引国际学术大师参与拔尖人才培养,开拓国际交流渠道,提高合作高校层次,全面深化合作水平。优化学生海外交流,精选国外优质资源,选派学生进入一流大学开展长短期科研项目、毕业设计项目等,同时也鼓励拔尖学生在线修读世界一流高校的开放课程,海内外学习互认学分。通过参加学术会议、参与科研实习、联合培养及名校暑期学校等活动,拓展学生国际视野,为拔尖学生接触世界科学文化研究最前沿、融入国际一流学术群体创造条件。

三、主要成效

(一)教学建设与教学研究成果丰硕

学院拥有国家级一流课程 3 门,省级一流课程 12 门;省级教学团队 3 个;主编出版教材和专著 15 部、数字课程 1 部;建设在线慕课 6 门、线上线下混合式教学资源 26 门、虚拟仿真实验 33 个;10 门专业核心课程积极参与教育部 6 个虚拟教研室的数字资源建设。荣获国家级教学成果二等奖 1 项、省级教学成果奖 4 项,获批省部级教育教学成果培育项目 8 项、省级教学团队 3 个,多个团队积极参与"101 计划"的教材编写及课程建设,年均发表教学研究论文 10 余篇。形成了"助教 – 提升 – 参赛 – 获奖 – 上课 – 示范"的青年教师培训体系,近年来在全国高校青年教师教学竞赛等活动中获奖 5 项,青年教师获省级教学奖、五一劳动奖章、省级技术标兵称号 10 余项。

(二)学生创新能力和综合素质提升显著

近五年,本科生在国际、国内各类大赛中获奖 80 余项,其中国际金奖 3 项、国家级特等奖 2 项、国家级一等奖 8 项、省级一等奖 17 项,学生参加科创训练和专业大赛的人数屡创新高,300 余人次在省部级及以上的创新创业竞赛中获奖,学生发表论文 24 篇,获得专利 3 项,生物学拔尖创新人才深造比例达到 97%,其中 40% 左右的毕业生赴国际知名院校以及国内顶尖院校继续深造。

(三)构筑了多维学生成长新范式

有效地利用"三走进"(走进学生生活,走进学生学习,走进学习心灵)、第二课堂活动,创建了"三走向"(走向实验室,走向科研团队,走向科研领域)的实践能力提升活动,实现了"基础实验 – 综合实验 – 设计实验 – 科研训练 – 创新创业"五阶段创新能力培养体系。构建了"三导工程"(心理辅导、学业指导和毕业引导),实现以朋辈导师(副班主任)– 学业导师 – 科研导师 – 辅导员(生活导师)– 班子成员为主线的指导体系。创建了"四步走"计划(蓝图计划,卓越计划,晨曦计划,起航计划)。在整体育人模式方面,萃英学院获得国家级教学成果奖二等奖("践行'七育'理念,培养全面发展的拔尖人才",2022)。

第四部分

高等学校生物科学类专业人才培养方案

生物科学专业人才培养方案

一、专业简介

生物科学在国家建设和国民经济可持续发展中具有战略意义和核心地位。生物科学的发展直接关系到人类所面临的粮食安全、人口健康等重大问题的解决。生物科学研究成果一方面使生物技术产业逐步成为社会经济的重要支柱产业,另一方面也有力推动了医药科学的发展。

生物科学是一门实验性、基础性很强的学科,具有涉及面宽、知识更新快等特点。生物科学专业的学生不仅要具备扎实的数理化基础知识,而且要具备敏锐观察和批判性思维的能力。生命过程是物质运动的高级形式,因此,数学、物理学、化学、工程科学、信息科学、医药科学都会在生物科学领域找到结合点,生物科学理论的创新离不开其他学科的交叉融合。

北京大学生物科学专业形成了老中青结合、发扬教学传统、激励教学创新、管理规范的基层教学体系,从制度上保证了教学队伍建设、课程设置和建设、教材建设、教学质量落实到位。

北京大学生物科学专业学生在校期间学习生命科学的各种基本理论、现代生物学研究方法和实验技术,完成生物科学、医药科学或者与生物医学相关的交叉学科的科研训练。选择医药科学方向的学生还将有更多的机会参与医药相关的研究和实习。

二、培养目标

本专业旨在培养兼具广博知识、创新思维与自信心,能够在不同部门和领域从事生物科学、医药科学及其他相关学科教学科研、科学管理,具备科技创新能力及发展潜力的德才兼备、全面发展的领军人才。

三、培养要求

生物科学专业的学生经过四年学习,应达到如下目标:①具备坚实的数理化基础和基本理化实验技能。②系统掌握现代生物学及其重要分支学科的基本理论、基本知识和基本技能,掌握生物科学的研究方法和实验技术。③受到科学研究的初步训练,具备科学研究的思考方法和逻辑思维,有良好的科学作风和科学素质。④富有理论联系实际、实事求是、独立思考、勇于创新的科学精神。⑤对生物科学、医药科学的前沿发展有较好的了解,具有一定的从事基础研究及应用研究和科技开发能力。

四、毕业要求及授予学位类型

学生在学校规定的学习年限内,修完培养方案规定的内容,成绩合格,达到学校毕业要求的,准予毕业,学校颁发毕业证书;符合学士学位授予条件的,授予学士学位。

授予学位类型:理学学士学位。毕业总学分:153学分。

具体毕业要求包括:

1. 公共基础课程:45~51学分	1–1 公共必修课:33~39学分
	1–2 通识教育课:12学分
2. 专业必修课程:82.5学分	2–1 专业基础课:42学分
	2–2 专业核心课:32.5学分
	2–3 学术规范和毕业论文:8学分
	2–4 其他非课程必修要求:无
3. 选修课程:≥18学分	3–1 专业选修课:≥18学分
	3–2 自主选修课:—

五、课程设置

1. 公共基础课程:45~51学分

1–1 公共必修课:33~39学分

课程编号	课程名称	学分	周学时	实践总学时	选课学期
—	大学英语	2~8	—	—	按大学英语教研室要求选课
—	思想政治理论必修课	19	—	—	按马克思主义学院要求选课
—	思想政治理论选择性必修课	1门	—	—	按学校要求选课
—	劳动教育课	—	—	32	按学校要求选课
04831410	计算概论B	3	3	0	一上; 面向理科院系。学生选"计算概论B"课程的同时,需要另选该课程的上机课"计算概论B上机"
04831650	计算概论B上机	0	2	32	一上; 面向理科院系。学生选"计算概论B"课程的同时,需要另选该课程的上机课"计算概论B上机"

续表

课程编号	课程名称	学分	周学时	实践总学时	选课学期
04831420	数据结构与算法 B	3	3		一下
04830494	数据结构与算法上机	0	2	32	一下； 面向理科院系。学生选"数据结构与算法 B"课程的同时,需要另选该课程的上机课"数据结构与算法上机"
60730020	军事理论	2	2		一上
—	体育系列课程	1×4	2	0	—

1–2 通识教育课:12 学分

通识教育课程分为四个系列:Ⅰ. 人类文明及其传统;Ⅱ. 现代社会及其问题;Ⅲ. 艺术与人文;Ⅳ. 数学、自然与技术。每个系列均包含通识教育核心课、通选课两部分课程,具体课程列表详见《北京大学本科生选课手册》。

通识教育课程修读总学分为 12 学分。具体要求包括:

(1) 至少修读 1 门"通识教育核心课程"(任一系列),且在四个课程系列中每个系列至少修读 2 学分(通识教育核心课或通选课均可);

(2) 原则上不允许以专业课替代通识教育课程学分;

(3) 本院系开设的通识教育课程不计入学生毕业所需的通识教育课程学分;

(4) 建议合理分配修读时间,每学期修读 1 门课程。

2. 专业必修课程:82.5 学分

导师可根据学生个性化发展的需要,提出针对该生的个性化培养方案,其中可更换不多于 6 学分专业必修课程,提交教研室和院教学指导委员会审批。

2–1 专业基础课:42 学分

课程编号	课程名称	学分	周学时	实践总学时	选课学期
00130201	高等数学 B Ⅰ(含习题)	5	6	0	一上
00130202	高等数学 B Ⅱ(含习题)	5	6	0	一下
00130310	线性代数 C	3	3	0	二下
—	生物统计、概率统计或心理统计	3	3	0	三上
00431132	普通物理 Ⅰ	4	4	0	一下
00431133	普通物理 Ⅱ	4	4	0	二上
00431200	基础物理实验	2	4	64	二上
01034880	普通化学 B	4	4	0	一上
01034920	普通化学实验 B(任选)	2	4	64	一上

续表

课程编号	课程名称	学分	周学时	实践总学时	选课学期
01035180	定量分析化学	2	2	0	一下
01035190	定量分析化学实验	2	4	64	一下
01032690	有机化学 B	3	3	0	二上
01032711	有机化学实验 B	2	4	64	二上
01032630	物理化学 B	3	3	0	二下
01032720	物理化学实验 B(任选)	2	4	64	二下

2-2 专业核心课:32.5 学分

课程编号	课程名称	学分	周学时	实践总学时	选课学期
01139381	普通生物学	3	3	0	一上
01130311	普通生物学实验	2	4	64	一上
01131161	生物学概念与途径	2	2	0	春季
01130370	生理学	3	3	0	大二
01139500	生理学实验	1.5	3	48	生理同期
01139630	生物化学	4	4	0	二上
01139632	生物化学实验	2	4	64	生化同期
01130200	遗传学	3	3	0	生化之后
01130210	遗传学实验	1	2	32	遗传同期
01138540	分子生物学	3	3	0	生化之后
01132677	分子生物学实验	1	2	32	分子同期
01130150	细胞生物学	3	3	0	生化之后
01130160	细胞生物学实验	1	2	32	细胞同期
01139375	生物信息学	2	2	0	分生之后
01139376	生物信息学实验	1	2	32	生信同期

2-3 学术规范和毕业论文:8 学分(第四学年)

课程编号	课程名称	学分	周学时	实践总学时	选课学期
01130173/ 01139988/ 01139202/ 01139997	细胞与发育生物学科研规范与毕业论文 / 生物化学与分子生物学科研规范与毕业论文 / 生理学与神经生物学科研规范与毕业论文 / 植物学与生物技术科研规范与毕业论文 / 医药科学学术写作	2	2	0	四上
–	本科生毕业论文	6	—	384	—

2-4 其他非课程必修要求：无

3. 选修课程：≥18 学分

3-1 专业选修课：18 学分

3-1-1 实习、实践和劳动课程：8 学分

课程编号	课程名称	学分	周学时	实践总学时	选课学期
01131050	动物生物学实验	1.5	3	48	秋季
01131060	植物生物学实验	1.5	3	48	春季
01130071	微生物学实验	1	2	32	春季
01139771	大学生种植实践	3	8	120	春季＋暑期
01134140	生物学综合野外实习	2	–	64	大一暑期
01134110	生态学野外实践	2	–	68	大二暑期
01132669	野生灵长类的行为生态学与保护实习	2	–	68	秋季
30300945	制造工程体验(清华)	2	–	64	春／秋
01131061	植物学综合实验	2	4	64	春季
01130161	细胞生物学综合实验	2	4	64	春季
01139372	生物信息综合实验	1.5	3	48	春季
01131413	细胞培养实验	1	2	32	春季
01131414	细胞的基因编辑技术	1.5	3	48	秋季
01131430	高级植物分子生物学实验技术	1.5	3	48	春季
01139201	神经生物学科研实践	3	–	240	春季
01139998	植物学科研实践	3	–	240	春季
01139373	生物信息科研实习	3	–	240	春季
01139993	生态学与演化生物学科研实践	3	–	240	春季
01130172	细胞遗传发育科研实践	3	–	240	春季
01139987	生物化学及分子生物学科研实践	3	–	240	春季
–	本科生科研项目(校级项目)	4	–	–	–
01139770	暑期科研实践	2	–	240	春季
01139774	生物学教学与实验室管理实践	2	–	64	春／秋
01132686	扫描电镜下的美育实践	1	2	34	春季
01132678	组织胚胎学及实验	3	3	51	秋季
01131170	发育生物学实验	1	2	34	春季
01130889	生物摄影及实践	2	2	32	春季
01132674	现代动物标本制作	1	2	34	春季

续表

课程编号	课程名称	学分	周学时	实践总学时	选课学期
01139776	合成生物学实践	3	6	102	秋季
01131560	生物标本制作与艺术	1	3	51	春/秋
12633070	自然地理综合实习	2	–	34	大三暑期
01132679	产业实习实践	3	–	51	暑期
01535130	野外生态学	2	–	68	大二暑期
12632140	生态学控制实验野外实习	2	–	68	大三暑期
01132675	创意性实践	2	4	68	秋季
01139772	创意性实践Ⅱ	2	4	68	春季
01139775	生命科学与视觉传达	2	3	51	秋季
01139773	工程技术基础与实践	2	3	51	秋季
01133081	生物荧光成像实验	1	2	34	秋季

3-1-2 其他专业选修课：在各教研室（或导师）指导下选修不少于 10 学分

具体课程计划或模块由各教研室建议，不限于下列课程，鼓励跨院系、跨学科优化知识结构和专业技能。

课程编号	课程名称	学分	周学时	实践总学时	选课学期
01132632	生物化学讨论课 *	2	2	0	生化同期
01132022	遗传学讨论课 *	2	2	0	遗传同期
01131080	动物生物学	3	3	0	秋季
01131050	动物生物学实验	1.5	3	48	秋季
01131040	植物生物学	3	3	0	春季
01131060	植物生物学实验	1.5	3	48	春季
01139600	微生物学	2	2	0	春季
01130071	微生物学实验	1	2	32	春季
01139580	发育生物学	3	3	0	春季
01130780	生物进化论	2	2	0	春季
01130930	普通生态学	2	2	0	秋季
01130130	免疫学	2	2	0	春季
12632650	细胞中的物理	3	3	0	秋季
01139732	生物数学建模	3	3	0	春季
01133042	干细胞与再生医学概论	2	2	0	秋季

课程编号	课程名称	学分	周学时	实践总学时	选课学期
01139640	生物医药工程及管理	3	4	0	秋季
01131414	细胞的基因编辑技术	1.5	3	48	秋季
01132663	基因组生物学技术	3	3	0	春季
01133029	组学数据分析及其应用	2	2	16	暑期
01133037	基因组学数据分析	2	2	0	秋季
01131413	细胞培养实验课	1	2	32	秋季
01139000	神经生物学	2	2	0	秋季
01132681	神经发育与可塑性	2	2	0	秋季
01137010	高级神经生物学	4	4	0	秋季
08402105	细胞分子生物学中的物理化学	3	3	0	秋季

＊至少需选修 2 学分。

3-2 自主选修课：

学生可根据自己兴趣和职业发展需要，在教研室（或导师）指导下，在全校范围内选修其他课程，并使总学分不少于 153 学分。

六、其他

1. 保送研究生要求

修满公共必修课（或基本修满）、专业基础课和专业核心课，成绩合格，总成绩优良。

2. 荣誉学位

2-1 荣誉学位要求

（1）思想品德好，在校期间没有受过任何纪律处分。

（2）已获得所修专业的学士学位授予资格。

（3）前 7 个学期总平均成绩位于全院毕业本科生的前 30%。

（4）完成荣誉课程学习要求：申请学生在前 7 个学期，修完不低于 18 学分的荣誉课程学分，且平均为优秀及以上（≥85 分）。

（5）申请学生应当参与本科生科学研究项目，至少完成科研实践 3 学分，并获得优秀及以上评价（≥85 分）。

（6）毕业论文获得优秀及以上评价（≥85 分）。

2-2 荣誉课程

序号	课程编号	课程名称	学分
1	01134101	生命科学前沿文献阅读讨论(1)	2
2	01134102	生命科学前沿文献阅读讨论(2)	2
3	01134103	生命科学前沿文献阅读讨论(3)	2
4	01134104	生命科学前沿文献阅读讨论(4)	2
5	01134105	生命科学前沿文献阅读讨论(5)	2
6	01134106	生命科学前沿文献阅读讨论(6)	2
7	01134107	生命科学前沿文献阅读讨论(7)	2
8	–	本科生科研实践	3～6
9	01132675	创意性实践	2
10	01139772	创意性实践Ⅱ	2
11	01139773	工程技术基础与实践	2
12	01132679	产业实习实践	3
13	–	综合实验	2
14	01132632	生物化学讨论	2
15	01132022	遗传学讨论	2
16	01139580	发育生物学	3
17	01130951	演化生物学	3
18	01130130/01139920	免疫学	2/3
19	01139000/01137010	神经生物学 / 高级神经生物学	2/4
20	01132650	细胞中的物理	3
21	01139732	生物数学建模	3
22	01131435	植物细胞发育	2
23	01133041	表观遗传学基础——从染色质到人类疾病	2
24	01133037	基因组学数据分析	2
25	–	基因工程机器设计	3
26	08402105	细胞分子生物学中的物理化学	3

3. 港澳台学生和留学生学分与选课要求

港澳台学生和留学生的"公共基础课"系列中的"思想政治理论课"和"军事理论课"用"与中国有关的课程"代替,即需在"与中国有关的课程"中修满21学分。

七、生物科学专业课程地图

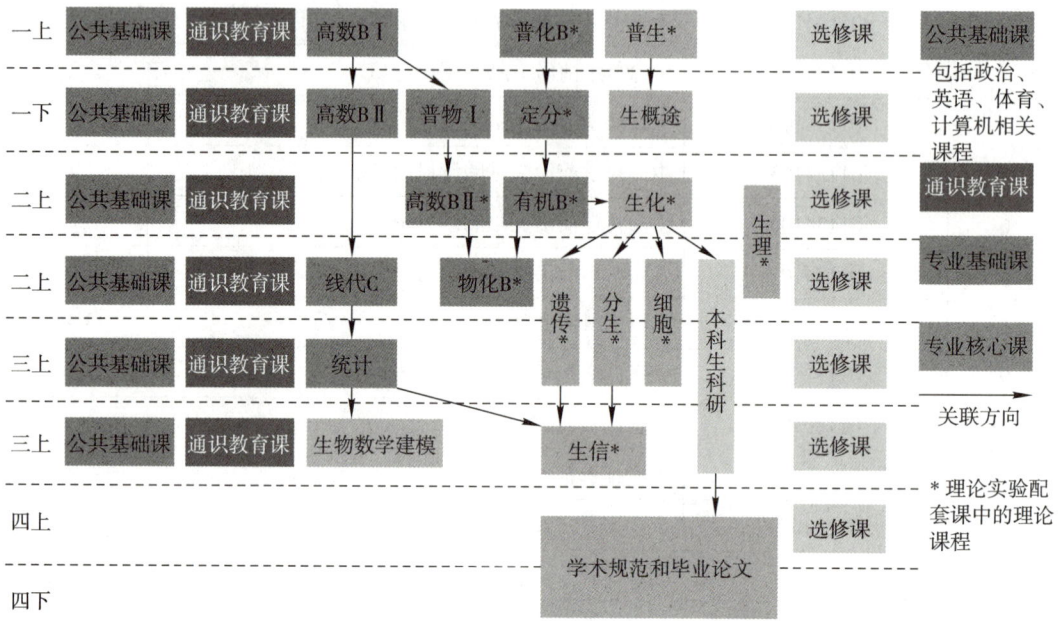

2. 清华大学

生物科学专业培养方案(2023 级)

一、培养目标

以"价值塑造,能力培养,知识传授"三位一体的教育理念,培养具有深厚的人文底蕴、宽厚的自然科学基础、扎实的生命科学专业知识和技能、强烈的创新意识、宽广的国际视野,融知识、能力、素质全面协调发展,肩负使命、追求卓越的人。

二、培养要求

经过生物科学专业培养后,学生们在毕业时预期将达到以下价值观、能力和知识三方面的综合要求。

(1) 价值观塑造要求

具备较高的思想道德素质和文化素质。具有强烈的社会责任感、健全的人格和较强的团队意识;具备良好的专业素质,了解学术伦理,懂得学术诚信,有求实创新的意识和精神;具有健康的体魄和良好的心理素质。

(2) 能力培养要求

具有主动获取知识的能力;具有综合运用所掌握的理论知识和技能,从事生物科学、生物技术及其相关领域科学研究的能力;具有较强的逻辑思维能力和批判性思维能力;具有较强的书面和口头进行学术表达的能力。

(3) 知识掌握要求

广泛了解人文社会科学知识;掌握比较扎实的数学和物理、化学方面的基础理论知识,具有计算机及信息科学等方面的基础知识;能较熟练地运用外语阅读专业期刊和进行文献检索,有较好的外语交流和写作能力;掌握扎实的生物科学的基础理论、基本知识和基本技能,通过必修和选修课受到较系统的专业理论和专业技能训练。

四、学制与学位授予

生物科学专业本科学制四年。授予理学学士学位。

按本科专业学制进行课程设置及学分分配。本科最长学习年限为所在专业学制加两年。

五、基本学分要求

本科培养总学分为 155 学分,其中,校级通识教育课程 47 学分,专业相关课程 91 学分,专业实践环节 17 学分。

六、课程设置与学分分布

1. 校级通识教育　47 学分
(1) 思想政治理论课
必修 17 学分

课程编号	课程名称	学分	备注
10680053	思想道德与法治	3	
10680061	形势与政策(1)	1	
10680081	形势与政策(2)	1	
10610193	中国近现代史纲要	3	
10680073	马克思主义基本原理	3	
–	毛泽东思想和中国特色社会主义理论体系概论	2	
10680022	习近平新时代中国特色社会主义思想概论	2	
10680092	思政实践	2	

限选课 1 学分

课程编号	课程名称	学分	备注
00680201	社会主义发展史("四史")	1	
00680221	中国共产党历史("四史")	1	
00680231	中华人民共和国史("四史")	1	
00680211	改革开放史("四史")	1	
00050222	生态文明十五讲	2	
00691762	当代科学中的哲学问题	2	
00050071	环境保护与可持续发展	1	
00670091	新闻中的文化	1	
10691402	悦读马克思	2	
00691312	当代法国思想与文化研究	2	
10691412	孔子和鲁迅	2	
10691452	媒介史与媒介哲学	2	

续表

课程编号	课程名称	学分	备注
01030192	教育哲学	2	
00460072	中国历史地理	2	
14700073	西方近代哲学	3	
10460053	气候变化与全球发展	3	
00590062	腐败的政治经济学	2	
00600022	中美贸易争端和全球化重构	2	
00701162	西方政治制度	2	
10700043	社会学的想象力：结构、权力与转型	3	
02090051	当代国防系列讲座	1	
02090091	高技术战争	1	
00590043	中国国情与发展	3	
00680042	中国政府与政治	2	
00701344	国际关系分析	4	
00701512	中国宏观经济分析	2	
10700142	现代化与全球化思想研究	2	

注：港澳台学生必修思想道德与法治课程，其余课程不作要求。国际学生对以上思想政治理论课不作要求。

（2）体育　4学分

第1～4学期的体育（1）～（4）为必修，每学期1学分；第5～8学期的体育专项不设学分，其中第5～6学期为限选，第7～8学期为任选。学生大三结束申请推荐免试攻读研究生需完成第1～4学期的体育必修课程并取得学分。

本科毕业必须通过学校体育部组织的游泳测试。体育课的选课、退课、游泳测试及境外交换学生的体育课程认定等请详见学生手册《清华大学本科体育课程的有关规定及要求》。

（3）外语（一外英语学生必修8学分，一外其他语种学生必修6学分）

学生	课组	课程名称	课程面向	学分要求
一外英语学生	英语综合能力课组	英语综合训练（C1）	入学分级考试1级	必修，4学分
		英语综合训练（C2）		
		英语阅读写作（B）	入学分级考试2级	
		英语听说交流（B）		
		英语阅读写作（A）	入学分级考试3级、4级	
		英语听说交流（A）		

续表

学生	课组	课程名称	课程面向	学分要求
一外 英语 学生	第二外语课组	详见选课手册		限选, 4学分
	外国语言文化课组			
	外语专项提高课组			
一外小语种学生		详见选课手册		6学分

注:国际学生要求必修8学分非母语语言课程,包括4学分专为国际学生开设的汉语水平提高系列课程及4学分非母语公共外语课程。

(4) 写作与沟通课　必修2学分

课程编号	课程名称	学分
10691342	写作与沟通	2

注:国际学生可以高级汉语阅读与写作课程替代。

(5) 通识选修课　限选11学分

通识选修课包括人文、社科、艺术、科学四大课组,要求学生每个课组至少选修2学分。

注:港澳台学生必修中国文化与中国国情课程,4学分,计入通识选修课学分。

国际学生必修中国概况课程,计入通识选修课学分。

(6) 军事课程　4学分(3周)

课程编号	课程名称	学分	备注
12090052	军事理论	2	
12090062	军事技能	2	

注:台湾学生在以上军事课程(4学分)和台湾新生集训课程(3学分)中选择,不少于3学分。国际学生必修国际新生集训课程。

2. 专业相关课程　91学分

(1) 基础课程　46学分　必修/限选

数学必修　16学分

课程编号	课程名称	学分	备注
10421075	微积分 B(1)	5	
10421084	微积分 B(2)	4	
10421324	线性代数	4	
10420803	概率论与数理统计	3	

物理必修　8 学分

课程编号	课程名称	学分	备注
10430484	大学物理 B(1)	4	二选一
10430344	大学物理(1)(英)	4	
10430494	大学物理 B(2)	4	二选一
10430354	大学物理(2)(英)	4	

化学必修　13 学分

课程编号	课程名称	学分	备注
10440144	化学原理	4	
20440532	无机与分析化学实验 B	2	
20440333	有机化学 B	3	
20440201	有机化学实验 B	1	
20440513	物理化学 B	3	

生物必修　6 学分

课程编号	课程名称	学分	备注
10450034	普通生物学	4	
10450042	普通生物学实验	2	

计算机限选　2 学分

课程编号	课程名称	学分	备注
00740282	计算机程序设计基础(Python)	2	
00220033	计算机网络技术基础	3	
00310352	基于 Python 的科学与数值计算	2	
00420214	机器学习的数学原理	4	
00130372	机器学习与类脑智能	2	
20740063	数据库技术及应用	3	

大类导论课程限选　1 学分

课程编号	课程名称	学分	备注
30450501	生物学概论	1	
44000061	药学导论	1	
30440121	化学现状与未来	1	
30340451	化学工程与高分子科学导论	1	

（2）专业必修课程　23学分

课程编号	课程名称	学分	备注
30450203	生物化学（1）（英文）	3	
30450213	生物化学（2）（英文）	3	
30450314	生物化学基础实验	4	
30450514	细胞生物学	4	
30450453	分子生物学（英）	3	
30450303	遗传学（英文）	3	
30450373	生理学	3	

（3）专业限选课程　14学分

课程编号	课程名称	学分	备注
30450233	生物物理学	3	
30450263	微生物学（英文）	3	
34000612	生物统计学基础	2	
40450032	免疫学	2	
40450123	发育生物学	3	
40450292	植物科学导论	2	
40450632	生物信息学	2	
00450012	生态学	2	
40450308	科研训练	8	
30450092	动物生理学实验	2	
30450322	分子生物学基础实验	2	
30450332	细胞生物学基础实验	2	春/秋学期都开课
30450342	微生物学基础实验	2	
30450352	遗传学基础实验	2	
40450502	植物基因工程技术	2	
20220044	电工与电子技术	4	
20750061	信息检索与利用	1	
30450491	分子成像的基础及其在生物学中的应用	1	
34000092	病毒与蛋白质结构	2	
34040142	应用蛋白质晶体学	2	
40450222	蛋白质的结构、功能与进化	2	
40450353	认知的神经生物学基础	3	
40450442	种子植物分类学	2	

续表

课程编号	课程名称	学分	备注
40450452	系统生物学	2	
40450522	基因组学和表观基因组学	2	
40450532	植物生殖发育的分子基础	2	
40450561	脑疾病的生物学研究	1	
40450572	核酸纳米结构的分子设计	2	
40450582	激素在健康和疾病中的作用	2	
40450542	植物激素作用机制	2	
40440283	化学生物学	3	
00450252	生命的进化与保护	2	
00450312	干细胞与生命	2	
00450331	演化 - 生命的源流	1	
40450642	生命科学发现的历程	2	

（4）专业任选课程　8 学分

专业任选课程是学生探索自己兴趣、主动选择的课程,可选课程包括:

① 专业限选课程所包含的科目;

② 与本专业相关的研究生课程;

推荐的研究生课程:

课程号	课程名称	学分	备注
80450321	细胞自噬	1	
70450222	细胞内膜系统	2	
80450292	冷冻电镜三维重构技术和方法	2	
84000441	干细胞与再生医学进展	1	
90450132	染色质生物学	2	
80450502	高级植物生物学	2	
84001042	神经系统疾病的分子基础	2	
80450661	生物大分子"相变"研究进展	1	
70450293	合成生物学	3	
70450173	脑与认知科学	3	
80450362	蛋白质组学和代谢组学	2	

注:以上课程修读的学分,可计入在清华大学研究生阶段的课程学习。

③ 外专业的基础课程及专业主修课程。

注:第③项课组范围,请查阅"教学门户—专业与培养—课程介绍—自主发展课程—外专业"的基础课程及专业主修课程列表。

3. 专业实践环节　17 学分

(1) 夏季学期实习实践训练　7 学分(限选)

课程编号	课程名称	学分	备注
20450053	普通生物学野外综合实习	3	
40450244	生化与分子生物学综合实验	4	
40450144	细胞、遗传与发育生物学综合实验	4	
40450424	生命科学创新实验	4	
30450524	遗传学与基因组学综合实验	4	
40450603	发育生物学综合实验	3	

(2) 综合论文训练　10 学分(必修)

3. 中国农业大学

生命科学试验班本科人才培养方案

一、专业概况

专业类及专业类代码：理科试验班（生命科学）0799

专业简介：生物科学专业前身是建立于 1959 年的植物生理生化、农业微生物学、动物生理生化专业。1996 年成为"国家理科教学与科研人才培养基地生物学办学点"，1997 年按照生物学专业招生进入基地培养，2004 年起按生物科学大类招生。2003 年起设立了生命科学试验班，促进具有国际竞争力的拔尖创新人才的培养。2019 年入选首批国家级一流专业建设名录。2020 年入选首批教育部"强基计划"和国家基础学科拔尖学生培养计划 2.0 基地，专业依托生物学"双一流"重点建设学科，拥有雄厚的师资队伍、国家级的教学科研平台，创新的基层教育教学组织，完备的育人体系、扎实的科训实践体系和广泛的国际交流平台。生物学科在教育部第四轮和第五轮学科评估中为 A。

二、培养目标

以立德树人为根本，以强农兴农为己任，按照"通专平衡、交叉融合"的原则，根据生命科学发展趋势，充分利用学科优势，适应国家生物、粮食和食品安全基础问题研究和现代农业发展需求，培养志存高远、思想道德端正、综合素质高、数理化基础知识扎实、系统掌握专业基础理论知识和基本技能、热爱专业，具有强烈的创新意识和宽广的国际视野，融知识、能力、素质全面协调发展的生命科学相关专业拔尖创新领军人才。

三、毕业要求

毕业要求 1：具有坚定正确的政治方向、良好的思想品德和健全的人格；具有正确的世界观、人生观和价值观；具有"知农爱农"的崇高家国情怀和强农兴农的使命感和责任担当。

毕业要求 2：具备良好的科学与人文素养，掌握科学的世界观和方法论，具有积极向上的人生态度和团队合作精神。

毕业要求 3：掌握生物学基础知识、基本理论和基本技能，具有宽厚的数理化基础，工程及信息科学、社会科学和生态与环境科学的基本素质。

毕业要求 4：掌握基本研究技能，广泛了解学科发展前沿及其应用价值，能够深入开展科学研究。

毕业要求 5：掌握逻辑思维和科学研究方法，具备创新精神及严谨求实的科学态度。具有较好的表达交流能力、批判性思维能力，初步具有发现、辨析、质疑、评价本专业及相关领域现象和问题的能力。掌握利用信息技术解决专业实际问题的能力。

毕业要求 6：具有一定的国际化视野和国际交流能力，了解全球生物科学与技术前沿，参与国际交流与合作。

毕业要求 7：掌握体育运动的一般知识和基本方法，形成良好的体育锻炼习惯，达到《国家学生体质健康标准》的相关要求。

毕业要求 8：具有终身学习意识和自我管理、自主学习的能力，具有适应社会需求和继续深造的潜力。

四、核心课程

植物学、动物学、生物化学、遗传学、生物统计学、生物信息学等。其他课程参考相关专业的培养方案。

五、毕业学分要求

总学分 150～160（根据不同专业要求），其中通识教育学分 46。
实践教育环节总学分 37.5～40，占总学分比例为 25%（不能低于 25%）。

六、学制及学位授予

四年制本科，实行弹性学习年限。授予学位门类：理学学士学位。

七、课程设置与修读要求

1. 通识教育：46 学分
1.1　思政类：18 学分
思想政治理论必修课：16.5 学分，在校期间修读完成课组中所有课程。
思想政治教育社会实践课：1.5 学分，学生可在思想政治教育社会实践课组中自主选择，开展实践学习，完成 1.5 学分的修读要求。
1.2　通识类：8 学分
学生从通识类课组中自主选修至少 8 学分的课程。其中"中国共产党党史""中华人民共和国史""改革开放史""社会主义发展史"4 门课程需至少修读 1 门。
"科研诚信与生命伦理"必须修读。
1.3　外语类：8 学分
公共英语课程分为读写、听说、人文素养和翻译 4 个模块，本科生在校期间可根据自身需要，自主从 4 个模块中选修英语课程。每学期限选 1 门英语课程。

1.4　计算机类:2 学分

计算机类课程来自全校计算机模块课组,学生应结合专业具体规定,在此课组内完成修读学分要求。若各专业希望学生在工学与信息科学大类课程体系中修读更有挑战度的计算机课程,则需在方案中的"工学与信息科学大类平台课组"中设置相应的学分要求。

1.5　体育类:4 学分

学生在校期间至少获得 4 学分体育类课程,并须每年通过国家要求的体育达标测试。学生根据本人身体条件,可以通过参加体育俱乐部、专项体育课、体育竞赛等取得体育学分。学校安排达标测试的学期,学生如不参加测试,则不能获得该学期的体育课学分;未修读体育课的学期,学生参加并通过达标测试,可获得 0.5 学分。

1.6　美育类:2 学分

学生从学校设置的美育类课组中自主选修至少 2 学分课程。

1.7　劳动教育类:1 学分

学生根据《中国农业大学劳动教育实施方案》,完成学习要求。

1.8　军事理论与军训:1 学分

由学校武装部统一安排。

1.9　创新创业类:2 学分

学生可通过《中国农业大学学生创新创业活动设置方案》中列出的途径取得创新创业学分。

2.　大类平台教育:65 学分

2.1　大类平台课程 I:12.5 学分

课程编号	课程名称	责任单位	类别	学时	学分	修读学期
新	生物学	生物学院	必修	40	2.5	大一上学期
新	生物化学	生物学院	必修	56	3.5	大二上学期
新	生物统计学	农学院、生物学院	必修	40	2.5	大二上学期
新	遗传学	动物科学技术学院、农学院	必修	32	2	大二下学期
新	现代生物技术概论	植物保护学院、园艺学院、农学院	必修	32	2	大三上学期

2.2　大类平台课程 II:43.5 学分

(1) 理学大类平台课:39.5 学分

课程编号	课程名称	责任单位	类别	学时	学分	修读学期
新	一元微积分	理学院	必修	80	5	大一上学期
11310016	无机及分析化学	理学院	必修	72	4.5	大一上学期
11310017	无机及分析化学实验	理学院	必修	64	2	大一上学期
新	多元微积分	理学院	必修	80	5	大一下学期

续表

课程编号	课程名称	责任单位	类别	学时	学分	修读学期
21310001	概率论与数理统计	理学院	必修	48	3	大一下学期
11310028	大学物理 C	理学院	必修	96	6	大一
11310015	大学物理实验 C	理学院	必修	32	1	大一下学期
11310018	有机化学 A	理学院	必修	72	4.5	大一下学期
11310020	有机化学实验	理学院	必修	48	1.5	大二上学期
11310008	线性代数	理学院	必修	48	3	大二上学期
21310023	物理化学	理学院	必修	48	3	大二上学期
21310024	物理化学实验	理学院	必修	32	1	大二上学期

（2）工学与信息科学大类平台课：2 学分（选一门）

课程编号	课程名称	责任单位	类别	学时	学分	修读学期
60200006	程序设计 B	信息与电气工程学院	必修	48	2	大二上学期
60200004	工程项目管理	水利与土木工程学院	必修	32	2	大二上学期
60200002	工程训练 B	工学院	必修	32	1	大二上学期
60200003	机械工程基础	工学院	必修	40	2.5	大二上学期
60200005	水资源学	水利与土木工程学院	必修	32	2	大二上学期
60200007	智慧农业导论	信息与电气工程学院	必修	32	2	大二上学期

（3）社会科学大类平台课：2 学分（选一门）

课程编号	课程名称	责任单位	类别	学时	学分	修读学期
60200040	传播学导论	人文与发展学院	必修	32	2	大二下学期
60200037	管理学基础	经济管理学院	必修	32	2	大二下学期
60200038	经济学原理	经济管理学院	必修	32	2	大二下学期
60200041	民法学概论	人文与发展学院	必修	32	2	大二下学期
60200042	农业法学概论	人文与发展学院	必修	32	2	大二下学期
60200043	社会学概论	人文与发展学院	必修	32	2	大二下学期

续表

课程编号	课程名称	责任单位	类别	学时	学分	修读学期
60200039	市场营销学	经济管理学院	必修	32	2	大二下学期

（4）生态与环境科学大类平台课：2 学分（选一门）

课程编号	课程名称	责任单位	类别	学时	学分	修读学期
60200057	生态学概论	资源与环境学院	必修	32	2	大三上学期
60200054	气象学与气候学	资源与环境学院	必修	40	2.5	大三上学期
60200058	植物营养学	资源与环境学院	必修	48	3	大三上学期
60200052	环境污染控制与修复	资源与环境学院	必修	32	2	大三上学期
60200055	全球变化及应对	资源与环境学院	必修	32	2	大三上学期
60200056	生态工程	资源与环境学院	必修	32	2	大三上学期
60200051	环境评价与管理	资源与环境学院	必修	32	2	大三上学期
60200048	空间信息技术	土地科学与技术学院	必修	48	3	大三上学期
60200049	土地资源管理	土地科学与技术学院	必修	48	3	大三上学期
60200047	空间经济学导论	土地科学与技术学院	必修	32	2	大三上学期
60200050	环境工程原理	资源与环境学院	必修	48	3	大三下学期
60200053	农业绿色发展	资源与环境学院	必修	32	2	大三下学期

2.3 学院平台课：9 学分

课程编号	课程名称	责任单位	类别	学时	学分	修读学期
13302005	动物学	生物学院	必修	40	2.5	大一上学期
15302002	动物学实验	生物学院	必修	32	1	大一上学期
13302009	植物学	生物学院	必修	40	2.5	大一下学期
15302003	植物学实验	生物学院	必修	32	1	大一下学期
16302001	生物学野外山地实习	生物学院	必修（二选一）	64	2	大一暑期
16302002	生物学野外海滨实习	生物学院	必修（二选一）	64	2	大一暑期

专业分流：从大二开始自由选择分流进入所选专业学院，包括生物科学、动物科学、动物医学、食品科学、资源环境、植保、农学、园艺等专业自由做出选择，按照所选专业要求完成课程学习，包括学院平台课、专业课、专业选修课、实践教学、创新创业课等。

生物科学（拔尖班）专业人才培养方案（2022 版）

一、培养目标

本专业培养服务国家生态文明建设与美丽中国建设，心怀"知林爱林强林兴林"的伟大理想，掌握数理化基础理论，具备现代生物学及森林生物学领域的核心理论和技能，兼具优秀的外语交流能力和良好的国际文化理解能力，熟悉生物科学领域的国际发展前沿，具有家国情怀、全球视野、创新精神和实践能力的创新型生物学领军人才，使之成为引领生物科学发展前沿的未来领跑者和林业战略科学家。

本专业的毕业生在现代生物学理论研究、生物学技术应用、森林生物学基础研究领域从事教学、科研和技术开发等工作。未来 5 年能够成为专业领域的中坚力量。

培养目标分项表述	**目标 1：使命与责任。**深刻认识国家生物科学战略发展需求，把自身价值和国家民族发展紧密联系起来，把远大理想抱负和所思所学落实到报效国家的实际行动中；面向森林生物学和人类未来发展，探索重大科学问题，敢于挑战和创新，树立破解林业领域发展难题的远大志向，形成森林生物学领域的"中国力量"。
	目标 2：道德与素养。坚持以马克思主义为指导，扎根中国大地，践行社会主义核心价值观，传承弘扬中华优秀传统文化；富有家国情怀和人文素养，中外融汇、古今贯通、文理渗透，汲取人类文明精华，形成系统的知识观和智慧的生活观；具有学术道德、批判精神、创新精神和团队协作精神，敢闯会创、敢为天下先。
	目标 3：理论与技能。系统掌握数理化基础理论，扎实掌握现代生物学及森林生物学领域的核心理论和技能，具备宽广的通识教育理论基础和跨学科知识结构；熟练运用所掌握的理论知识和技能，能在生物科学领域从事人才培养、科学研究和技术开发等工作。
	目标 4：国际化视野。具备优秀的外语交流能力和良好的国际文化理解能力；能够与国际一流的学术群体积极互动，熟悉生物科学领域的国际发展前沿，形成宽广的国际视野。

二、培养方式

生物科学（拔尖班）依托我校 2021 年获批的生物科学拔尖学生培养计划 2.0 基地建设。本人才培养方案遵循基础学科拔尖人才成长规律，注重数理化基础知识学习，专业教育过程中加大学生自主选择空间，按照"三制三化"要求，实施"强基础、贯通式、宽口径"的人才培养模式，落实"因材施教、个性发展"的教育理念，全面促进拔尖学生的健康成长。

实施"本博贯通""3+1+X"一体化人才培养体系，旨在促进人才培养的连续性和学生的快速成才，其中本科阶段须在3年内完成本科课程的基本学习，第四年须按照研究生院要求选修相应学分的衔接课程，以满足硕士专业对基础课程的要求，该学分计入研究生学习阶段学分，并由未来硕士研究生方向设置学院开设或随同该学院硕士研究生一起学习。

学生培养坚持五育并举，以德立人、以智慧人、以体健人、以美化人、以劳塑人，培养全面发展的优秀人才。培养过程紧密围绕"培养社会主义核心价值观的坚定践行者"的教育核心，以"四新"建设为指引，坚持"立德育人根本，教育教学并重，以学生为主体，以教师为主导"和"能力培养为本，思维创新为魂"的原则，以能力培养和素质养成为重点，以知识、能力、综合素质协调发展为准则，建立和完善有利于学生全身心健康成长和个性化发展的培养模式。

本专业通过创新和优化课程设置，建立"3+8+个性化"课程体系，为拔尖人才培养提供支撑。课程体系设置坚持数理化基础教育，强调学生的个性化培养（图1）。该人才培养方案减少专业必修课科目，仅保留"3+8"门生物科学专业主要基础课程，在模块化选课的基础上，还允许学生在导师（团队）的指导下，结合本人知识结构和未来的发展需求选修相关专业课程，范围包括全校及北京学院路地区高校教学共同体相关课程、经学校认证的国际课程等，支撑学生个性化培养。

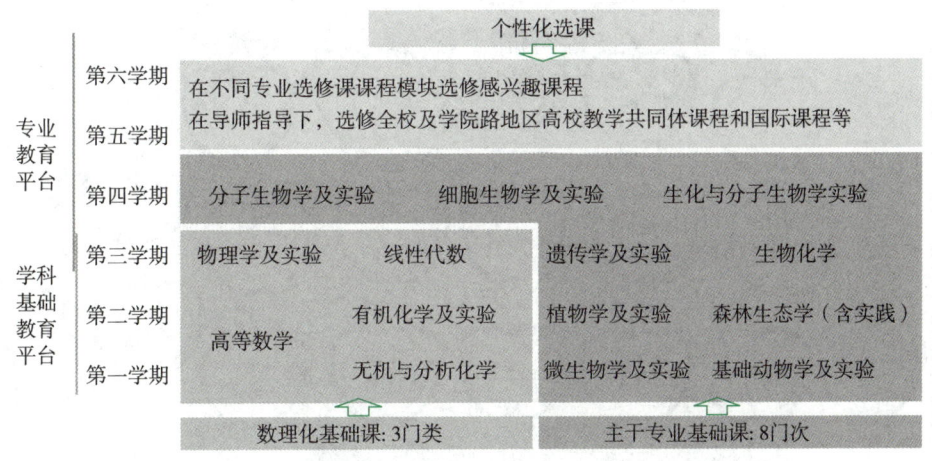

图1 生物科学（拔尖班）"3+8+个性化"课程体系

在学科基础教育平台（必修课程）的课程内容设置与教学方法上，强调小班化授课，优化课程内容安排，创新教学方式，大幅增加师生互动的研讨式教学课时比例，提高实践类课程的课时量，50%的专业基础实验课时为创新实验内容，促进理论与实践内容深度有机融合。

在人才培养机制上，开展课内、课外教学研究活动，构建研究型教学、开放型实验和创造型科研"双渠联动－三维一体"的培养机制（图2）。在研究型教学模式的基础上，第一学年开设北林讲堂（主要涵盖森林生物学前沿学术讲座）与创新实验室开放活动，鼓励学生自主探索与尝试不同学科方向；从第二学年开始，学生深化专业学习，进入科研实验室开展导师制科研训练。学生利用课外时间主动开展创新项目，参加国内外学科竞赛与学术论坛交流。通过

"三维一体"培养,全面提升学生的学习能力、创新能力、实践能力、交流能力及团队合作能力。

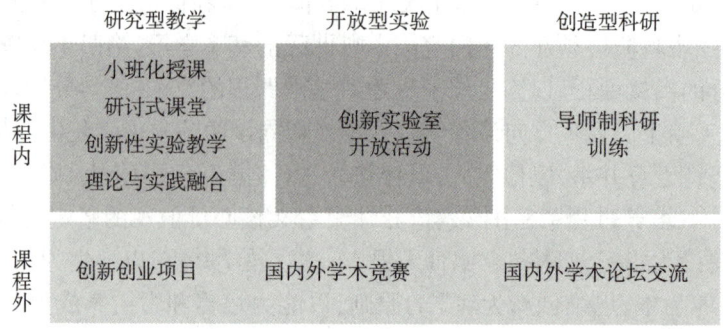

图 2 生物科学(拔尖班)"双渠联动 – 三维一体"人才培养机制

强化人才培养的连续性和快速成才,构建"本博贯通"线性化的"3+1+X"培养模式,其中,"3"表示本科前三年;"1"表示本研衔接阶段;"X"表示贯通培养研究生修业年限。生物科学(拔尖班)学生培养模式为 X=5,即本博贯通。对于学业优异的学生可以提前 1 年申请博士学位,即 X=4(图 3)。学生可在生物相关学科开展研究生学习。

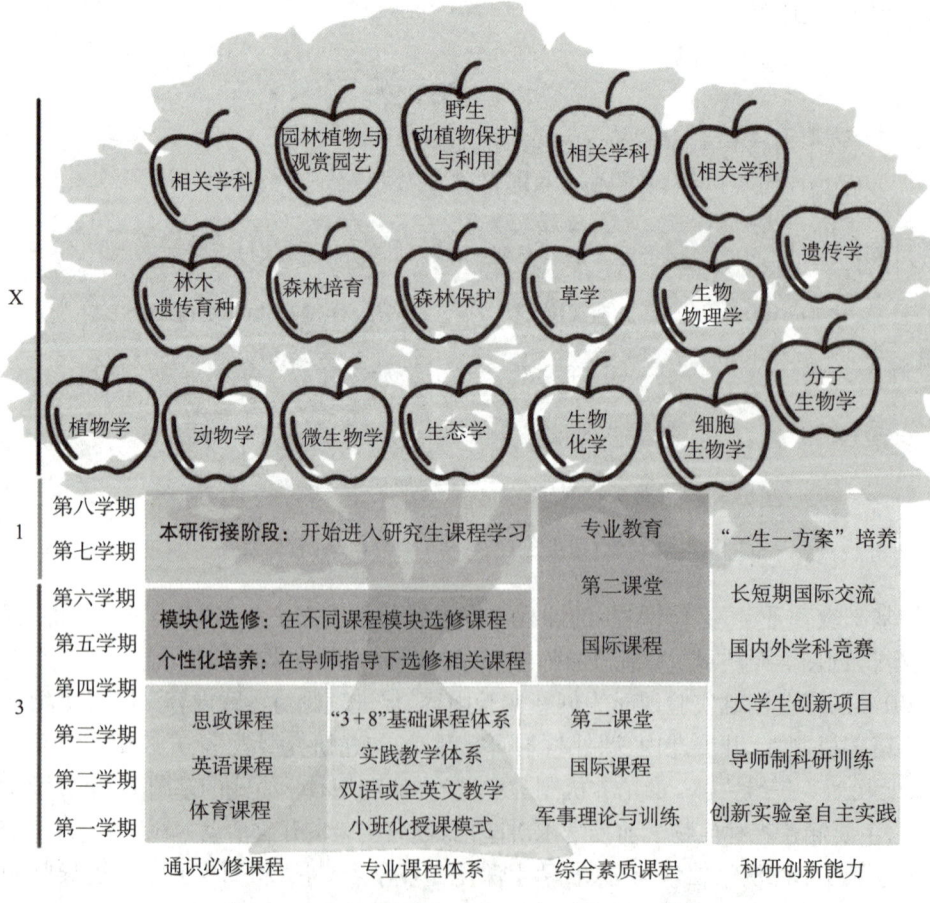

图 3 生物科学(拔尖班)"3+1+X"人才培养体系

三、依托学科和专业核心课程

依托学科：生物学。

专业核心课程：植物学及实验、基础动物学及实验、微生物学及实验、森林生物学、森林生态学、遗传学及实验、细胞生物学及实验、生物化学、分子生物学、生化与分子生物学实验、植物生理学及实验、动物生理学及实验、试验设计与统计分析、生物信息学、创新实验室开放活动、国际交流实践、导师制科研训练、森林生物学综合实习等。

四、主要实践教学环节及实践基地

1. 主要实践教学环节

本专业实践教学环节主要由课程实验、森林生物学综合实习、创新实验室开放活动、导师制科研训练、国际交流实践及毕业论文（设计）等组成。该培养方案中全部实践教学环节共计44.25学分，其中主要专业实践教学环节共38.25学分，具体安排如下：

序号	课程名称	学时	学分	开课学期
1	动物学实验（拔尖班）	40	1.25	1
2	微生物学实验（拔尖班）	40	1.25	1
3	创新实验室开放活动	2	2	1—2
4	植物学实验（拔尖班）	48	1.5	2
5	森林生物学综合实习	3	3	2
6	有机化学实验（拔尖班）	48	1.5	3
7	物理学实验（拔尖班）	32	1	3
8	遗传学实验（拔尖班）	2	2	3
9	导师制科研训练	5	5	3—6
10	国际交流实践	2	2	3—6
11	细胞生物学实验（拔尖班）	40	1.25	4
12	生化与分子生物学实验（拔尖班）	4	4	4
13	植物生理学实验（拔尖班）	40	1.25	4
14	动物生理学实验（拔尖班）	40	1.25	4
15	毕业论文（设计）	10	10	7—8

2. 实践基地

本专业注重推进产教融合，主要校外实习基地为山东林草种质资源库、广西雅长兰科植物国家级自然保护区、中国科学院植物研究所植物园、小龙门国家森林公园、北京鹫峰国家森林公园。

五、毕业生要求及其对培养目标的支撑

毕业生须具有优秀的思想道德品质和良好的身心素质,具有献身生物科学研究与美丽中国建设事业的精神。通过系统的科学理论、科学方法、科学思维及科研实践等方面的培养及训练,毕业生应掌握数理化等方面的深厚基本理论和知识;牢固掌握植物学、动物学、微生物学、遗传学、细胞生物学、生物化学、分子生物学等方面的理论知识和基本实验技能;了解现代生物科学与技术的理论前沿、应用前景和最新发展动态;具备良好的文献阅读、论文撰写、参与学术交流和科研创新的能力,有较强的独立思考问题和解决问题的能力;具备国际化视野、人类发展历史观格局,有较强的跨文化交流能力。

表 1　毕业要求及指标点分解

毕业要求	分解指标点	支撑课程
毕业要求 1 具备较高的思想道德素质:包括正确的政治方向,遵纪守法、诚信为人,有较强的团队意识和健全的人格,具有正确的人生观和价值观	1.1　具有深厚的家国情怀和担当民族复兴大任的历史责任感	中国近现代史纲要; 毛泽东思想和中国特色社会主义理论体系概论; 习近平新时代中国特色社会主义思想概论; 习近平生态文明思想概论; 形势与政策
	1.2　爱党爱国,积极践行社会主义核心价值观,具有为民族复兴和共产主义事业奋斗的坚定信念	中国近现代史纲要; 马克思主义基本原理; 毛泽东思想和中国特色社会主义理论体系概论; 习近平新时代中国特色社会主义思想概论; 习近平生态文明思想概论; 形势与政策
	1.3　具备良好的道德观念和法律观念,为人诚信,具有团队意识和合作精神	思想道德与法治; 毛泽东思想和中国特色社会主义理论体系概论; 习近平新时代中国特色社会主义思想概论; 习近平生态文明思想概论; 劳动教育与实践
	1.4　人格健全,能够正确认识社会发展规律、个人成长规律,形成健康的人生观和价值观	中国近现代史纲要; 马克思主义基本原理; 毛泽东思想和中国特色社会主义理论体系概论; 习近平新时代中国特色社会主义思想概论; 习近平生态文明思想概论

续表

毕业要求	分解指标点	支撑课程
毕业要求 2 具备较高的文化素质:掌握一定的人文社科基础知识,具有良好健康的观念和人文修养,对艺术具备基本品鉴能力	2.1 熟悉人文社科知识,并形成比较成熟的人文观念	公共选修课; 毛泽东思想和中国特色社会主义理论体系概论; 习近平新时代中国特色社会主义思想概论; 习近平生态文明思想概论; 大学生素质拓展计划
	2.2 形成良好的人文素养,养成良好的礼仪,弘扬人类文化中的传统美德	公共选修课; 思想道德与法治; 习近平新时代中国特色社会主义思想概论; 大学生素质拓展计划
	2.3 形成对艺术的基本品鉴能力,能够从艺术作品中汲取力量	公共选修课; 大学生素质拓展计划
毕业要求 3 具备良好的专业素质:受到严格的科学思维训练,掌握比较系统的科学研究方法,有求实创新的意识和革新精神;在森林生物学理论研究与技术开发领域具有较好的综合分析素养和价值效益观念	3.1 具备良好的创新意识,积极实践,勇于探索	创新实验室开放活动; 导师制科研训练; 北林讲堂
	3.2 能够比较独立地进行科学研究方案设计,并系统性地开展实验研究	导师制科研训练; 植物生理学实验(拔尖班); 动物生理学实验(拔尖班); 创新实验室开放活动; 生化与分子生物学实验(拔尖班); 细胞生物学实验(拔尖班)
	3.3 具备对森林生物学的基础理论和技术的系统性认识和理解,并形成独特的分析和判断能力	森林生物学综合实习; 森林生物学
	3.4 熟悉生物科学的发展历史、现状、国内外研究前沿和最新技术动态以及行业发展趋势	导师制科研训练; 北林讲堂
毕业要求 4 掌握扎实的专业知识:具备良好的数理化基础知识储备,系统掌握专业核心课程内容,通过选修课建立良好的专业知识储备,有较强的独立思考问题和解决问题的能力,成为学有所长的人才	4.1 通过学习数理化理论和实践课程,形成对自然科学研究的基本认识,培养系统而严谨的分析能力	高等数学(基础); 高等数学(自选); 线性代数(拔尖班); 无机及分析化学(拔尖班); 有机化学(拔尖班); 有机化学实验(拔尖班); 物理学(拔尖班); 物理学实验(拔尖班)

续表

毕业要求	分解指标点	支撑课程
	4.2　系统地掌握森林生物学理论和技术,能够运用所学的理论和技术分析生物学现象规律	森林生物学综合实习; 森林生物学; 植物学(拔尖班); 动物学(拔尖班)
	4.3　通过科研训练或科研实习,能够具备一定的创新能力、自主探索能力和批判性思维能力	导师制科研训练
毕业要求 5 具备宽广的视野和良好的交流能力:具备国际化视野、人类发展历史观格局,具备个人成熟的学术交流能力和跨文化交流能力	5.1　系统认识人类社会和人类文明的发展规律,形成辩证唯物主义历史观	马克思主义基本原理; 习近平生态文明思想概论
	5.2　具备较高的外语水平,通过学术外语学习实践、参加学术讲座和学术报告、国际交流、境外学习或实习等,能够具备良好的外语交流能力和跨文化沟通能力	学术英语(自然科学); 国际交流实践; 导师制科研训练; 国际课程; 北林讲堂
	5.3　比较熟练地掌握计算机操作技术和信息化应用技术,形成良好的信息化交流能力	生物信息学(拔尖班); 相关选修课

表 2　毕业要求对培养目标的支撑关系矩阵

	培养目标 1: 使命与责任	培养目标 2: 道德与素养	培养目标 3: 理论与技能	培养目标 4: 国际化视野
毕业要求 1.具备较高的思想道德素质	√	√		
毕业要求 2.具备较高的文化素质	√	√		
毕业要求 3.具备良好的专业素质	√		√	
毕业要求 4.掌握扎实的专业知识	√		√	
毕业要求 5.具备宽广的视野和良好的交流能力		√		√

六、学制

本专业学制为四年。

七、毕业与学位

达到本专业培养目标及相关要求,修满本专业规定学分,毕业论文(设计)合格,准予毕业。该专业毕业生至少修满 154.25 学分,其中专业选修课不低于 20 学分、公共选修课不低于 8 学分。

达到授予学位条件的,授予理学学士学位和北京林业大学生物科学(拔尖班)荣誉学士学位。

八、教学计划表

生物科学（拔尖班）专业教学计划表

课程类别		课程编号	课程名称	课内学时 总计	讲课	研讨	实验	实习实践(周)	总学分	一	二	三	四	五	六	七	八	承担单位
通识教育	通识必修课																	
	思政类课程	22003740	思想道德与法治	48	32	8	8		3	48								马克思主义学院
		22003750	中国近现代史纲要	48	36	8	4		3		48							
		22003760	马克思主义基本原理	48	36	8	4		3			48						
		22003770	毛泽东思想和中国特色社会主义理论体系概论	48	34	16	8		3				48					
		22003780	习近平新时代中国特色社会主义思想概论	48	34	6	8		3				48					
		22004740	习近平生态文明思想概论	24	24	0	0		1.5	24								
		22003621-8	形势与政策	32	32	0	0		3	4 [4]	4 [4]	4 [4]	4 [4]	4 [4]	4 [4]	4 [4]	4 [4]	
	数学类课程	22003650	高等数学（基础）	80	72	8	0		5	80								理学院
		22003700	高等数学（自选）A	56	50	6	0		3.5		56							
		22005230	线性代数（拔尖班）	32	32	0	0		2			32						
	体育类课程	22003631-4	体育	104	104	0	0		6.5	26 [10]	26 [10]	26 [10]	26 [10]					体育教学部

课程类别	课程编号	课程名称	课内学时				实习实践（周）	总学分	各学期学时分配								承担单位
			总计	讲课	研讨	实验			一	二	三	四	五	六	七	八	
通识必修课／外语类课程	22006891-3	学术英语	104	104	0	0	0	5	40	40	24						外语学院
专业教育／专业基础课	22002560	无机及分析化学（拔尖班）	56	48	0	8		3.5	56								理学院
	22003550	有机化学（拔尖班）	48	48	0	0		3			48						
	22021410	有机化学实验（拔尖班）	48	0	0	48		1.5			48						
	22003050	物理学（拔尖班）	64	60	4	0		4		64							
	22005240	物理学实验（拔尖班）	32	0	0	32		1			32						
	22003060	植物学（拔尖班）	32	32	0	0		2		32							生物科学与技术学院
	22003070	植物学实验（拔尖班）	48	0	0	48		1.5		48							
	22004700	动物学（拔尖班）	32	24	8	0		2	32								
	22021420	动物学实验（拔尖班）	40	0	0	40		1.25	40								

通识选修课：

分为面授课和视频课，最低选修 8 学分，具体要求如下：

(1) 面授课：分为人文科学、社会科学、艺术审美、数学与自然、写作与沟通五类，至少选修其中 4 类；

(2) 国际课程（2 学分）：学生可以选修国际慕课网站的国际慕课课程或者学校与国外大学合作开设的国际课程。国际慕课课指学生在学术导师指导下，在全国际慕课课程网站 Coursera 与 edX 网站上选修国际慕课课。选修国际慕课课的时长不少于 12 小时，每门视频课记为 1 学分。国际慕课课选修仅限于学院指定的国际慕课课程列表内的所有课程。关于合作开设的国际课程，则根据选修课程的具体课时由教务处折算学分。

续表

课程类别		课程编号	课程名称	课内学时 总计	讲课	研讨	实验	实习实践(周)	总学分	一	二	三	四	五	六	七	八	承担单位
专业教育	专业基础课	22021430	森林生态学(拔尖班)	32	24	0	8		2		32							生态与自然保护学院
		22004720	微生物学(拔尖班)	32	24	8	0		2	32								生物科学技术学院
		22021440	微生物学实验(拔尖班)	40	0	0	40		1.25	40								各学院
		22005250	森林生物学	32	16	0	16		2			32						各学院
		22003530	文献检索与科技写作	16	16	0	0		1		16							
		22021450	细胞生物学(拔尖班)	32	16	16	0		2				32					
		22021460	细胞生物学实验(拔尖班)	40	0	0	40		1.25				40					
	专业核心课	22005260	遗传学(拔尖班)	32	22	10	0		2			32						
		22005280	生物化学(拔尖班)	64	58	6	0		4			64						生物科学技术学院
		22021470	分子生物学(拔尖班)	32	32	0	0		2				32					
		22021480	植物生理学(拔尖班)	32	32	0	0		2				32					
		22021490	植物生理学实验(拔尖班)	40	0	0	40		1.25				40					
		22021500	动物生理学(拔尖班)	32	28	4	0		2				32					
		22021510	动物生理学实验(拔尖班)	40	0	0	40		1.25				40					

续表

课程类别	课程编号	课程名称	课内学时 总计	讲课	研讨	实验	实习实践(周)	总学分	一	二	三	四	五	六	七	八	承担单位
专业核心课	22021520	试验设计与统计分析(拔尖班)	32	24	0	8		2				32					生物科学与技术学院
	22021530	生物信息学(拔尖班)	32	24	0	8		2					32				生物科学与技术学院
专业选修课		为了满足学生个性化的培养需求,学生可在导师(团队)的指导下,结合本人知识结构和未来的发展需求选修相关专业课程,范围包括全校及北京学院路地区高校教学共同体相关课程,经学校认证的国际课程等。其中至少选择一门"概率论与数理统计"相关课程。专业选修课最低选修20学分。															
集中性实践环节	22007241-2	创新实验室开放活动					2	2	√	√	√						生物科学与技术学院
	22021541-4	国际交流实践					2	2			√	√	√	√			联合
	22005301-4	导师制科研训练					5	5			√	√	√	√			生物科学与技术学院
	22021550	森林生物学综合实习					3	3		(3#)							生物科学与技术学院
	22021560	遗传学实验(拔尖班)					2	2			(2#)						生物科学与技术学院
	22021570	生化与分子生物学实验(拔尖班)					4	4				(4#)					
		毕业论文(设计)						10							√	√	
拓展教育	22003731-8	劳动教育与实践	16	16	0	0	1	2	16				√	√	√	√	各学院
	22000030	大学生心理健康	16	16	0	0	1	1	16					√	√	√	人文社会科学学院

专业教育

续表

课程类别	课程编号	课程名称	课内学时总计	讲课	研讨	实验	实习实践(周)	总学分	一	二	三	四	五	六	七	八	承担单位
拓展教育	19001640	军事理论					2		√								学生处
	19001650	军事技能					2		√								—
		必修课合计	1632	1118	106	408	18	109.75	422	366	390	366	36				—
		必修实践环节合计	—	—	—	—	18	44.25									—
第二课堂	22024521-2	大学生心理健康(实践)	16	4	0	12		1	8	8							人文社会科学学院
	15002450	大学生素质拓展计划						3	√	√	√	√	√	√	√		校团委
	22000041-7	北林讲堂						1	√	√	√	√	√	√	√	√	各学院

毕业生应取得总学分　154.25

公共选修课学分	8
通识必修课学分	41.5
专业基础课学分	28
专业核心课学分	21.75
本专业选修课最低选修学分	20
集中性实践环节学分	18
毕业论文(设计)学分	10
综合拓展平台学分	7

九、课程对毕业要求的支撑矩阵

课程模块	课程名称	1.具备较高的思想道德素质	2.具备较高的文化素质	3.具备良好的专业素质	4.掌握扎实的专业知识	5.具备宽广的视野和良好的交流能力
通识教育	思想道德与法治	√	√			
	中国近现代史纲要	√	√			
	马克思主义基本原理	√	√			
	毛泽东思想和中国特色社会主义理论体系概论	√	√			
	习近平新时代中国特色社会主义思想概论	√	√			
	习近平生态文明思想概论	√	√			
	形势与政策	√	√			
	高等数学(基础)			√	√	
	高等数学(自选)			√	√	
	体育			√	√	
	综合英语Ⅱ					√
	学术英语(自然科学类)					√
	通识公选课	√	√			√
专业教育	线性代数(拔尖班)			√	√	
	无机及分析化学(拔尖班)			√	√	
	有机化学(拔尖班)			√	√	
	有机化学实验(拔尖班)			√	√	
	物理学(拔尖班)			√	√	
	物理学实验(拔尖班)			√	√	
	植物学(拔尖班)			√	√	
	植物学实验(拔尖班)			√	√	
	动物学(拔尖班)			√	√	
	动物学实验(拔尖班)			√	√	
	森林生态学(拔尖班)			√	√	
	微生物学(拔尖班)			√	√	
	微生物学实验(拔尖班)			√	√	

续表

课程模块	课程名称	1. 具备较高的思想道德素质	2. 具备较高的文化素质	3. 具备良好的专业素质	4. 掌握扎实的专业知识	5. 具备宽广的视野和良好的交流能力
专业教育	森林生物学			√	√	
	文献检索与科技写作			√	√	
	细胞生物学(拔尖班)			√	√	
	细胞生物学实验(拔尖班)			√	√	
	遗传学(拔尖班)			√	√	
	生物化学(拔尖班)			√	√	
	分子生物学(拔尖班)			√	√	
	植物生理学(拔尖班)			√	√	
	植物生理学实验(拔尖班)			√	√	
	动物生理学(拔尖班)			√	√	
	动物生理学实验(拔尖班)			√	√	
	试验设计与统计分析(拔尖班)			√	√	
	生物信息学(拔尖班)			√	√	
	创新实验室开放活动			√	√	
	国际交流实践			√	√	√
	导师制科研训练			√	√	√
	森林生物学综合实习			√	√	
	遗传学实验(拔尖班)			√	√	
	生化与分子生物学实验(拔尖班)			√	√	
	专业选修课			√	√	√
	毕业论文(设计)			√	√	
拓展教育	劳动教育与实践	√	√			
	大学生心理健康	√	√			
	军事理论	√	√			
	军事技能	√	√			
第二课堂	大学生素质拓展计划	√	√	√		
	北林讲堂	√	√	√		

十、专业重点课程简介

植物学(拔尖班,双语):本课程是生物科学(拔尖班)的必修课,也是学生学习植物生理学、森林生态学、细胞生物学、遗传学等后续课程的重要前置课程。植物学是研究植物个体生长和发育规律的科学,内容涉及植物的微观和宏观世界,包括植物细胞,植物组织,种子、幼苗、种子植物根、茎、叶的形态构造及生长发育,种子植物的繁殖器官和生殖过程以及植物界的基本类群,裸子植物和被子植物的分类等。课程内容包括植物器官的形态结构、生长发育等问题,同时也涉及植物的进化与分类等方面的问题,是一门内容丰富、科学性强,深受学生喜爱的专业基础课。

动物学(拔尖班): 双语授课,动物学是生物学基础课程中的一门重要课程。动物不仅以其特有的生物结构和多彩的表现形式区别于植物和微生物,而且奇异的动物行为特点引起了人类的兴趣。本课程就是通过介绍动物的基本结构、分类地位、类群特征等,展示动物类群特征的起源和进化,认识与了解动物多样性的发生和发展,支持与推动生物多样性保护。学习本课程不仅能够理解动物的身体结构与生理功能的有机配合,还能够知晓动物学所取得的最新成果及其与其他各学科的联系。

生物化学(拔尖班): 生物化学是生命科学领域中发展迅猛的重要基础学科,是一门主要运用化学的原理、方法,同时融合生物物理学、生理学、细胞生物学、遗传学等原理与技术研究生物体内化学分子与化学反应的科学。课程介绍生物体内的活性分子(糖类、脂质、蛋白质和核酸)、化学变化(代谢)及其调节网络,以及它们与机能的关系,从分子水平阐明生命现象的化学本质。该课程历时两个学期,分别讲授静态生化和动态生化,既包含经典理论,又涉及众多前沿内容,同时关注人体健康,是公认的生命科学相关学科的基础课程。

分子生物学(拔尖班): 分子生物学是研究核酸、蛋白质等所有生物大分子的形态、结构特征及其重要性、规律性和相互关系的科学,是人类从分子水平上真正揭开生物世界的奥秘,由被动地适应自然界转向主动地改造和重组自然界的基础学科。本课程主要包括DNA的结构与功能、RNA在蛋白质合成中的功能、蛋白质的结构与功能、遗传密码及基因表达调控的本质等理论知识与相关实验技能。通过本课程的学习,学生能够熟练运用相关理论知识从分子水平分析研究生物活动中的各种生命现象,了解和掌握国内外相关领域的理论知识与最新研究进展。

森林生态学(拔尖班): 生物作为一个整体概念,自出现以来,便与其环境融合为一体,未曾有过片刻间断。这个被称为生物圈的融合体曾经是人类的摇篮与襁褓,今天依旧是我们的家园,不可须臾离也。在她的庇护下,人类牙牙学语,蹒跚学步,发展自己的想象力与创造力……"生态学"——研究生物与环境相互关系的科学——试图用科学的方法"拆解"生物圈,从单个有机体对环境的适应,生物种群的动态及其影响因素,生物群落物种多样性的构成、组织与动态,生态系统的能量流动与物质循环过程等不同角度,将你对先祖的襁褓与摇篮、自己的家园的认知和了解,全方位地提升到科学与理性的层面;帮助你在一浪高过一浪的去自然化潮流中站得更稳、看得更清,将自己宝贵的想象力与创造力作最好地发挥。

遗传学(拔尖班): 遗传学是研究生物遗传与变异及其规律的一门学科,是生物学的重要组成部分,是当代生命科学发展最为活跃的领域之一,也是有关生命科学知识应用专业进行学习和科研工作的重要基础课程。本课程采取专题式授课与翻转讨论式课堂相结合的方式组织课堂教学,涵盖经典遗传学、细胞遗传学、分子遗传与基因组学、数量遗传学、群体遗传学、细胞质遗传等现代遗传学主要内容以及遗传连锁图谱构建、基因突变解析、遗传转化、基因编辑等生物技术方法。通过课程学习，系统掌握遗传学基础概念和主要规律，理解遗传变异的物质基础，学会传统及现代的遗传分析方法，为深入学习以遗传学为基础的相关课程或从事有关的教学、科研和专业实践活动奠定基础。

细胞生物学（拔尖班）：细胞是生命活动的基本单位，细胞的研究既是生命科学的出发点，又是生命科学微观和宏观研究的汇聚点，一切生命的关键问题都要到细胞中去寻找答案。细胞生物学是研究和揭示细胞结构、功能和生命活动规律的学科，是生命科学的枢纽学科和前沿学科，对生命科学的发展具有巨大的推动作用。本课程立足于现代细胞生物学的学习，使学生较为扎实地掌握细胞生物学的基础知识、基本概念、基本理论和基本技能，并能够将基础与前沿知识有机地结合起来，寻求细胞中诸多生命科学问题的答案。通过本课程的学习，激发学生探索生命奥秘的热情，培养学生的科学思维能力，为后续课程学习以及今后从事与本专业有关的创新型科学研究工作打下坚实基础。

微生物学（拔尖班）：微生物学是生物科学（拔尖班）专业的重要基础课程，旨在使学生掌握微生物生命活动的规律，学习培养的方法，了解微生物在生物研究和对国民经济的重要作用。作为必修的核心课程之一，它可以为学生提供初步的原理和使用有益微生物的方法，以及对有害微生物的控制。为了适应新的人才培养模式，进一步提高教学的质量，选用优秀的国际英语教材应用于教学。通过课程的学习，使学生掌握微生物学的基本知识和技能，并提高对英语教材和期刊的阅读和理解能力等，为将来的学术生涯打下坚实的基础。

动物生理学（拔尖班）：动物生理学是以高等哺乳动物生理为主，适当介绍鸟类、鱼类比较生理内容，详细讲解各器官、系统的正常生理功能、活动规律及功能间的相互联系及其调节方式。动物生理学是生物科学的一个分支，是侧重研究正常动物有机体功能活动或生命活动规律的一门科学，是生命科学的核心。通过课程的学习，使学生对基本生命现象有较深刻的理解，同时能从生物进化层次上比较动物不同的生命活动规律，增强学生的知识深度、广度，加强学生对生命科学发展趋势的适应能力。

植物生理学（拔尖班）：植物生理学（双语授课）是生命科学类专业的主要专业课之一，也是高等农林院校农（林）学类相关专业的重要专业基础课。本课程以高等绿色植物为研究对象，以学习和研究构成植物的各部分乃至整体的功能及其调控机制为主要内容，探究高等植物生命活动的规律和本质。主要内容包括：植物根组织如何从土壤或水体中吸收水分和必需矿质元素、叶片叶肉细胞如何进行光合作用、植物体内的无机养分和有机物如何新陈代谢并通过维管束转运、植物各部分如何感受并传递内外刺激信号、植物个体（及群体）生长发育规律、植物如何适应恶劣的生物和非生物环境等。通过本课程的学习，将为专业后续课程的学习和开展植物生物学及生态学方面的学习与研究奠定坚实的基础。

创新实验室开放活动：本课程基于大学生创新实验室平台、学院科研实验室平台、公共实验室平台等开展探索性实验，帮助学生提前了解生物类实验基本操作流程，学习实验方案设计、实验操作，初步了解科研项目基本流程，为以后自主开展科研奠定基础。

森林生物学：森林生物学研究森林生态系统中生物的结构、功能、发生和发展的规律，以及生物与周围环境的关系等。森林生物学的主要内容包括森林植物、野生动物与森林微生物的基本特征，森林病虫害的发生与防治，森林资源的开发与利用，森林生物量及碳循环等。

导师制科研训练：基于教师和学生双向选择的方式建立一对一的导师制科研训练模式，学生在导师指导下了解、掌握科学研究的过程和方法，申报科研训练项目，科研能力得到系统提升。以科研立项为载体，在导师指导下开展实验室工作，参与科研项目。此外，在导师指导下，组织学生申报国家级、北京市、校级及院级科研训练项目，通过申报－立项－实施－中期报告－结题报告－发表论文等过程，系统训练学生的科研能力。

十一、落实人才培养目标和人才培养理念对照表

人才培养目标、人才培养理念		依托学科和专业核心课程	主要实践教学环节及实践基地	毕业要求	通识必修课	通识选修课	专业基础课	专业核心课	专业选修课	集中性实践环节	毕业论文(设计)	拓展教育	第二课堂	专业核心课程简介
人才培养目标	维度1：使命任务与服务领域　紧密围绕林草现代化和绿色发展需求	√	√											
	维度2：知识能力素质　具有理想信念、使命担当、宽厚基础、知行合一、创新精神				√	√	√	√	√			√	√	
	维度3：规格定位　服务于生态文明建设的创新型、复合型和应用型领军人才						√	√						
人才培养理念	一"核"　学生成长成才	√	√	√	√	√	√	√	√			√	√	√
	两"化"　课程授课内容数智化、国际化				√	√	√	√	√	√	√			
	三"强"　强化生态文明素质教育					√								
	强化林草专业知识传授					√				√			√	
	强化创新创业能力培养					√		√						√
	四"融合"　科教融合													√
	通专融合					√								
	产教融合		√											
	本研融合						√			√			√	√

5. 北京师范大学

生物科学专业人才培养方案

励耘项目、强基计划

一、培养目标

培养具有优秀的人文与科学素养、宽厚的自然科学基础、扎实的生命科学专业知识和科研技能,富有创新意识与开拓精神、宽广的国际视野、强烈的社会责任感,知识、能力、素质全面协调发展的、具有"四有"素养的未来生物学基础科学研究领军人才。

二、培养要求

1. 掌握马列主义、毛泽东思想、邓小平理论、"三个代表"重要思想、科学发展观和习近平新时代中国特色社会主义思想,热爱祖国,拥护中国共产党的领导。

2. 具有优秀的人文素养,具有良好的道德修养和团结协作的品质,具有良好的心理素质与积极的人生态度,具有正确的世界观、人生观、价值观和健全的人格,具有高度的社会责任感。

3. 具有破解人类发展难题的远大志向与研究志趣,能把自身价值的实现与国家发展紧密联系起来,将远大的理想抱负和所学所思落实到报效国家的实际行动中。

4. 崇尚科学,热爱科学,具备坚实系统的自然科学基础,熟练掌握科学的方法论与进行自然科学研究的实验技能。

5. 熟练掌握生物学的基础理论、基本知识和基本技能,具备渊博的学识,掌握群体、个体、细胞和分子等生物学不同层次的研究方法及实验技术,了解生物学的发展前景及其在生命起源、意识本质、人类健康、生态文明等重大科学问题中的应用价值。

6. 具有较强的创新意识和开拓精神、突出的基础科学研究能力,熟练掌握文献检索、实验设计、数据分析、论文撰写等从事科学研究的相关技能。

7. 具有国际化视野,熟练掌握一门外语,能阅读专业外文文献,具备较强的学术交流的能力。

8. 具有终身学习、自我提升的意愿和能力,具有可持续发展观念,能够适应科学和社会的发展,能够合理规划自己的未来发展路径。

三、主干学科

0710 生物学。

四、专业核心课

动物学、植物学、基础生态学、微生物学、生物化学、分子生物学、细胞生物学、遗传学、生物信息学、免疫学。

五、毕业要求

在学校规定的学习年限内,修满培养方案各个模块规定的课程,成绩合格,且总学分达到专业的毕业要求,准予毕业,学校颁发毕业证书;符合学士学位授予条件的,授予学士学位。

六、学制

学制四年。

七、授予学位及毕业总学分

授予学位:理学学士学位。
毕业总学分:160。

八、课程结构及学分要求

课程模块	课程性质	课程类别	要求及学分
通识课程	通识必修课	思想政治理论类	17学分,包括思想政治理论课6门
		体育与健康类	4学分,包括:女子形体(1)/男子健身健美(1)、3门体育项目自选课(3)
		军事理论与军事技能	4学分,包括:军事理论(2)、军事技能(2)
		大学外语类	8学分,大学外语(8)
		教师素养类	6学分,包括:教育学(2)、教育心理学(2)、现代教育技术(1)、中国教育改革与发展(1)

续表

课程模块	课程性质	课程类别	要求及学分	
通识课程	通识选修课	家国情怀与价值理想	1学分,至少修读1门"四史"选择性必修课(1)	
		艺术鉴赏与审美体验	2学分,至少修读1门大学美育课程(2)	
		数理基础与科学素养	5学分,必修Perl语言程序设计(2)、Perl语言应用(1),选修2学分	
		社会发展与公民责任	3学分,包含:大学心理Ⅰ(1)、大学心理Ⅱ(1)和国家安全导论(1)	
		经典研读与文化传承	2学分	
		小计	52	
专业课程	专业必修课	专业基础课	32	
		专业核心课	24	
	专业选修课Ⅰ	专业方向课	20	
	自由选修课	个性化发展课	4	
	实践环节	劳动教育	1	10
		学术训练与实践	2	
		生物学野外实习	3	
		毕业论文(设计)	4	
		小计	90	
拔尖创新人才模块	专业选修课Ⅱ	专业拓展课	18	
		小计	18	
总计			160	

九、各学期指导性修读学分分布表

课程模块	各学期指导性修读学分数							
	大一上	大一下	大二上	大二下	大三上	大三下	大四上	大四下
通识课程	13.25	10.25	8.25	11.25	5.25	2.25	1.25	0.25
专业课程	13	16	18	15	14	15	11	6
小计	26.25	26.25	26.25	26.25	19.25	17.25	12.25	6.25

十、教学计划表

（一）通识课程

课程性质与类别		课程编号	课程名称	学分	开课学期和周学时								总学时		考核方式	
					第一学年		第二学年		第三学年		第四学年		理论	实践	考试	考查
					1	2	3	4	5	6	7	8				
通识必修课	思想政治理论类	GEN01101	思想道德与法治	3		2+2							32	32	√	
		GEN01102	中国近现代史纲要	3	2+2								32	32	√	
		GEN01103	马克思主义基本原理	3			2+2						32	32	√	
		GEN01112	毛泽东思想和中国特色社会主义理论体系概论	3				2+2					32	32	√	
		GEN01113	习近平新时代中国特色社会主义思想概论	3					3				48		√	
		GEN09001	形势与政策	2	0.25	0.25	0.25	0.25	0.25	0.25	0.25	0.25	40	88	√	√
	体育与健康类	GEN01201/ GEN01202	女子形体/男子健身健美	1	√	√	√	√	√	√			16	16	√	
		GEN01203– GEN01250	三自选项课程	3	√	√	√	√	√				48	48	√	
	军事理论与军事技能	GEN01108	军事理论	2		2							32	4	√	
		GEN01109	军事技能	2	2									112		√
	大学外语类	GEN02122	通用英语进阶	2	2								32		√	
		GEN02125	学术英语写作	2	2								32		√	
		GEN02126	学术英语听说	2		2							32		√	
		GEN02127	研究用途英语	2		2							32		√	

续表

课程性质与类别		课程编号	课程名称	学分	开课学期和周学时								总学时		考核方式	
					第一学年		第二学年		第三学年		第四学年		理论	实践	考试	考查
					1	2	3	4	5	6	7	8				
通识必修课	教师素养类	GEN06120	教育学	2	√	√	√	√					32		√	
		GEN06121	教育心理学	2	√	√	√	√					32		√	
		GEN06122	现代教育技术	1	√	√	√	√					16		√	
		GEN06123	中国教育改革与发展	1	√	√	√	√					16		√	
通识选修课	家国情怀与价值理想	GEN01114	中国共产党历史	1					√	√	√	√	16		√	
		GEN01115	社会主义发展史	1					√	√	√	√	16		√	
		GEN01116	新中国史	1					√	√	√	√	16		√	
		GEN01117	改革开放史	1					√	√	√	√	16		√	
	艺术鉴赏与审美体验		该模块课程	2			√	√	√	√	√	√	32			√
	数理基础与科学素养	GEN04221	信息处理技术	0	2								32		√	
		GEN04223	Perl语言程序设计	2	2								32		√	
		GEN04224	Perl语言应用	1	2									32		√
			该模块课程	2			√	√	√	√	√	√	32		√	
	社会发展与公民责任	GEN06124	大学心理Ⅰ	1	2								16		√	
		GEN06125	大学心理Ⅱ	1		2							16		√	
		GEN06706	国家安全导论	1	√	√	√	√	√	√			16		√	
	经典研读与文化传承		该模块课程	2			√	√	√	√	√	√	32		√	
小计				52												

（二）专业课程

课程性质与类别		课程编号	课程名称	学分	开课学期和周学时								总学时		考核方式	
					第一学年		第二学年		第三学年		第四学年		理论	实践	考试	考查
					1	2	3	4	5	6	7	8				
专业必修课	专业基础课	MAT01009	一元微积分	6	6								96		√	
		MAT01010	多元微积分与线性代数	6		6							96		√	
		PHY01003	大学物理BⅠ	4		4							64		√	
		PHY02005	大学物理BⅡ	4			4						64		√	
		PHY01006	大学物理实验B	2				4						64	√	
		CHE01001	普通化学（选修）	3	3								48		√	
		CHE01002	普通化学实验（选修）	2	4									64	√	
		CHE01004	无机（与分析）化学B	2		2							32		√	
		CHE01003	化学基础实验Ⅰ	2				4						64	√	
		CHE12002	有机化学ⅠA（双语）	3			3						48		√	
		CHE12003	物理化学Ⅰ	3			3						48		√	
	专业核心课	BIO11001	动物学	2	2								32		√	
		BIO11002	植物学	2		2							32		√	
		BIO12002	基础生态学	2				2					32		√	
		BIO12001	微生物学	2			2						32		√	
		BIO12003	生物化学	4				4					64		√	
		BIO12004	分子生物学	2				2					32		√	
		BIO13002	遗传学	3					3				48		√	
		BIO13001	细胞生物学	3					3				48		√	
		BIO13005	生物信息学	2						2			32		√	
		BIO13004	免疫学	2						2			32		√	

续表

课程性质与类别		课程编号	课程名称	学分	开课学期和周学时								总学时		考核方式	
					第一学年		第二学年		第三学年		第四学年		理论	实践	考试	考查
					1	2	3	4	5	6	7	8				
专业选修课 I	专业方向课	BIO12005	生物统计学	2			2						32		√	
		BIO12903	生物统计学应用	1			2						32			√
		BIO12006	植物生理学	2			2						32		√	
		BIO22001	人体及动物生理学	2				2					32		√	
		BIO12007	进化生物学	2			2						32		√	
		BIO11901	动物学实验	1	2									32		√
		BIO11902	植物学实验	1		2								32		√
		BIO12902	基础生态学实验	1				2						32		√
		BIO12901	微生物学实验	1			2							32		√
		BIO23903	生物化学与分子生物学综合实验	4					8					128		√
		BIO23902	遗传学实验	1.5					3					48		√
		BIO23901	细胞生物学实验	1.5					3					48		√
自由选修课				4												
实践环节		EDU30001	大学生劳动教育	0.5	√	√							8			√
		TLO30801	劳动教育实践活动	0.5	√	√								24		√
		BIO34001	学术训练与实践	2			√	√	√	√	√			64		√
		BIO31001	生物学野外实习	3				√						192		√
		BIO32001	毕业论文(设计)	4							√	√		128		√
小计				90												

（三）拔尖创新人才模块

课程性质与类别		课程编号	课程名称	学分	第一学年		第二学年		第三学年		第四学年		总学时		考核方式	
					1	2	3	4	5	6	7	8	理论	实践	考试	考查
专业选修课II	专业拓展课	BIO21001	生命科学导论	2	2								32			√
		BIO21002	新生研讨课	1		1							16			√
		BIO22008	生命科学励耘讲堂	2				√		√			32			√
		BIO23008	发育生物学	3						√			48		√	
		BIO23906	发育生物学实验	2						√				64		√
		BIO22901	植物生理学实验	1			√		√		√			32		√
		BIO22902	人体解剖学及动物生理学实验	1				√		√				32		√
		BIO22002	保护生物学	2			√		√		√		32			√
		BIO23002	植物生态学	2			√		√		√		32			√
		BIO23001	动物生态学	2			√		√		√		32			√
		BIO23009	分子生态学	2						√		√	32			√
		BIO22003	动物行为学	2					√		√		32			√
		BIO23003	景观生态学	2			√		√				32		√	
		BIO22005	鸟类学	2				√		√			32			√
		BIO22006	昆虫学	2				√		√			32		√	
		BIO22007	植物分类学	2				√					32			√
		BIO23909	生物信息学实践	1						√		√		32		√
		BIO23014	神经生物学	2					√		√		32			√
		BIO23018	肿瘤细胞生物学	2						√		√	32		√	
		BIO13003	基因工程	2					√		√		32		√	
		BIO23016	生物技术概论	2					√		√		48		√	
		BIO13006	生物药物概论	2						√			32		√	
		BIO23015	合成生物学	1						√		√	16			√
		BIO23017	医学遗传学	2						√			32		√	
		BIO21003	生命科学发展简史	1		√		√					16			√
		BIO21005	科学研究方法学概论	1		√		√					16			√
		BIO21004	生命科学科研伦理和规范	1		√		√					16			√
		BIO21006	文献阅读	1		√		√					16			√
小计				18												

十一、修读要求

（一）通识课程

通识选修课中，家国情怀与价值理想、艺术鉴赏与审美体验、数理基础与科学素养、社会发展与公民责任、经典研读与文化传承 5 个模块为限选，最低学分数为 13 学分。学生在通识选修课中至少修读 1 门通识核心课程，通识核心课程名录请参见教务部编印的《本科课程修读指导手册》。

（二）专业课程

修读数学一级课程或者二级课程中不少于 12 学分的课程，可抵"一元微积分"和"多元微积分与线性代数"学分；物理相关课程以此类推。

专业基础课中的"普通化学"与"普通化学实验"为选修课程，建议化学基础薄弱的学生选修。

鼓励选修研究生课程，并计入自由选修课学分。

实践环节为必修环节，合格才予毕业。"劳动教育"的具体要求详见《北京师范大学劳动教育工作实施方案（试行）》，"学术训练与实践"的具体要求详见《北京师范大学生命科学学院实践与创新学分认定细则》，"生物学野外实习"的具体要求详见《北京师范大学生命科学学院实习与实训管理办法》，毕业论文（设计）的具体要求详见《北京师范大学生命科学学院毕业论文实施细则》。建议一年级新生修读专业选修课Ⅱ中的"生命科学导论"与"新生研讨课"。

专业选修课Ⅱ中二选一修读"动物生态学"或"动物行为学"；二选一修读"基因工程"或"生物技术概论"。

专业选修课中建议优先修读"生命科学发展简史""人体及动物生理学""基因工程"。

十二、课程修读学期分布图

第一学期	第二学期	第三学期	第四学期	第五学期	第六学期	第七学期	第八学期
中国近现代史纲要(3)	思想道德与法治(3)	马克思主义基本原理(3)	毛泽东思想和中国特色社会主义理论体系概论(3)	习近平新时代中国特色社会主义思想概论(3)			
形势与政策1(0.25)	形势与政策2(0.25)	形势与政策3(0.25)	形势与政策4(0.25)	形势与政策5(0.25)	形势与政策6(0.25)	形势与政策7(0.25)	形势与政策8(0.25)

续表

第一学期	第二学期	第三学期	第四学期	第五学期	第六学期	第七学期	第八学期
军事技能(2)	军事理论(2)		形势与政策4(0.25)	"四史"选择性必修课(1)			
女子形体/男子健身健美(1)+三自选项课程(1学分×3门课)							
通用英语进阶(2)	学术英语听说(2)						
学术英语写作(2)	研究用途英语(2)						
教师素养类(4门课、6学分)							
数理基础与科学素养:大学计算机类(3)		家国情怀与价值理想:"四史"选择性必修课(1)					
社会发展与公民责任:心理健康课程(2)、国家安全导论(1)、艺术鉴赏与审美体验(2)、经典研读与文化传承(2)、数理基础与科学素养(2)							
一元微积分(6)	多元微积分和线性代数(6)						
	大学物理Ⅰ(4)	大学物理Ⅱ(4)	大学物理实验(2)				
	无机(与分析)化学	有机化学					
		物理化学	化学基础实验				
专业必修课(专业核心课)							
专业选修课Ⅰ(专业方向课)							
实践环节(10)							
专业选修课Ⅱ(专业拓展课)							

生　物　科　学

一、培养目标

　　本专业旨在培养具有诚挚的家国情怀和奉献精神,具备优秀的人文素养、宽厚的自然科学基础,掌握扎实的生物学理论基础知识、基本研究方法和实验技能,致力于服务国家重大需求、具有"四有"素养的拔尖创新人才和具有严谨的科学态度、良好的团队合作精神和坚韧的治学意志,致力于生物学基础教育的"四有"好老师。

二、培养要求

1. 坚持正确的政治方向,爱国、诚信、友善、守法,具有正确的世界观、人生观、价值观和健全的人格,具有高度的社会责任感、良好的心理素质、积极的人生态度和团队合作精神。

2. 具有优秀的人文素养和丰富的人文知识。

3. 具备坚实系统的自然科学基础,熟练掌握科学的方法论与进行自然科学研究的实验技能。

4. 熟练掌握生物学的基础理论、基本知识和基本技能,掌握群体、个体、细胞和分子等生物学不同层次的研究方法及实验技术,了解生物学的发展前景及其在生命起源、意识本质、人类健康、生态文明等重大科学问题中的应用价值,具有从事生物科学相关领域科学研究、教育教学和管理的能力。

5. 具有较强的创新意识、开拓精神和批判性思维能力,具有突出的基础科学研究能力,熟练掌握文献检索、实验设计、数据分析、论文撰写等从事科学研究的相关技能,或掌握从事中学生物学教学所必需的知识与技能。

6. 具有一定的国际化视野,熟练掌握一门外语,能阅读专业外文文献,具备较强的用外语进行学术交流与合作的能力。

7. 具有终身学习、自我提升的意愿和能力,具有适应社会需求、继续深造的潜能,具有可持续发展观念,能够适应科学和社会的发展,能够合理规划自己的未来发展路径。

8. 掌握体育运动的一般知识和基本方法,形成良好的体育锻炼习惯,具有健康的体魄,具有较好的劳动意识与劳动技能,德智体美劳全面发展。

三、主干学科

0710 生物学。

四、专业核心课

动物学、植物学、基础生态学、微生物学、生物化学、分子生物学、细胞生物学、遗传学、植物生理学、生物信息学、免疫学。

五、毕业要求

在学校规定的学习年限内,修满培养方案各个模块规定的课程,成绩合格,且总学分达到专业的毕业要求,准予毕业,学校颁发毕业证书;符合学士学位授予条件的,授予学士学位。

六、学制

学制四年。

七、授予学位及毕业总学分

授予学位：理学学士学位。
毕业总学分：160。

八、课程结构及学分要求

课程模块	课程性质	课程类别	要求及学分	
通识课程	通识必修课	思想政治理论类	17学分，包括思想政治理论课6门	
		体育与健康类	4学分，包括：女子形体(1)/男子健身健美(1)、3门体育项目自选课(3)	
		军事理论与军事技能	4学分，包括：军事理论(2)、军事技能(2)	
		大学外语类	8学分，大学外语(8)	
		教师素养类	6学分，包括：教育学(2)、教育心理学(2)、现代教育技术(1)、中国教育改革与发展(1)	
	通识选修课	家国情怀与价值理想	1学分，至少修读1门"四史"选择性必修课(1)	
		艺术鉴赏与审美体验	2学分，至少修读1门大学美育课程(2)	
		数理基础与科学素养	5学分，信息处理技术(0)、必修Perl语言程序设计(2)、Perl语言应用(1)，选修2学分	
		社会发展与公民责任	3学分，包含：大学心理Ⅰ(1)、大学心理Ⅱ(1)和国家安全导论(1)	
		经典研读与文化传承	2学分	
		小计	52	
专业课程	专业必修课	专业基础课	32	
		专业核心课	26	
	专业选修课Ⅰ	专业方向课	22	
	实践环节	劳动教育	1	10
		学术训练与实践	2	
		生物学野外实习	3	
		毕业论文(设计)	4	
		小计	90	

续表

课程模块	课程性质		课程类别	要求及学分	
分流培养课程	卓越教师	教师教育必修课	教育见习	2	18
			教育实习	6	
			教育研习	2	
			学科课程标准与教材研究	2	
			学科教学设计与实践	2	
			学科教学论	2	
		教师教育选修课		2	
			小计	18	
	拔尖创新人才	专业特色课	教育见习	2	
		专业选修课Ⅱ	专业拓展课	16	
			小计	18	
总计				160	

九、各学期指导性修读学分分布表

课程模块	各学期指导性修读学分数							
	大一上	大一下	大二上	大二下	大三上	大三下	大四上	大四下
通识课程	11.25	9.25	7.25	13.25	5.25	5.25	4.25	2.25
专业课程	15	16	19	12	14	9	5	4
分流培养课程					6	6	10	4
小计	26.25	26.25	26.25	26.25	25.25	20.25	19.25	10.25

十、教学计划表

（一）通识课程

课程性质与类别		课程编号	课程名称	学分	开课学期和周学时								总学时		考核方式	
					第一学年		第二学年		第三学年		第四学年		理论	实践	考试	考查
					1	2	3	4	5	6	7	8				
通识必修课	思想政治理论类	GEN01101	思想道德与法治	3		2+2							32	32	√	
		GEN01102	中国近现代史纲要	3	2+2								32	32	√	
		GEN01103	马克思主义基本原理	3			2+2						32	32	√	
		GEN01112	毛泽东思想和中国特色社会主义理论体系概论	3				2+2					32	32	√	
		GEN01113	习近平新时代中国特色社会主义思想概论	3					3				48		√	
		GEN09001	形势与政策	2	0.25	0.25	0.25	0.25	0.25	0.25	0.25	0.25	40	88	√	√
	体育与健康类	GEN01201/GEN01202	女子形体/男子健身健美	1	√	√	√	√	√	√			16	16		√
		GEN01203–GEN01250	三自选项课程	3	√	√	√	√	√	√			48	48	√	
	军事理论与军事技能	GEN01108	军事理论	2		2							32	4	√	
		GEN01109	军事技能	2	2									112		√
	大学外语类	GEN02122	通用英语进阶	2	2								32		√	
		GEN02123	博雅英语听说	2		2							32		√	
		GEN02124	思辨英语读写	2			2						32		√	
			人文通识课程群/学业用途英语课程群	2				√	√				32		√	

续表

课程性质与类别		课程编号	课程名称	学分	开课学期和周学时								总学时		考核方式	
					第一学年		第二学年		第三学年		第四学年		理论	实践	考试	考查
					1	2	3	4	5	6	7	8				
通识必修课	教师素养类	GEN06120	教育学	2	√	√	√	√					32		√	
		GEN06121	教育心理学	2	√	√	√	√					32		√	
		GEN06122	现代教育技术	1	√	√	√	√					16		√	
		GEN06123	中国教育改革与发展	1	√	√	√	√					16		√	
通识选修课	家国情怀与价值理想	GEN01114	中国共产党历史	1					√	√	√	√	16		√	
		GEN01115	社会主义发展史	1					√	√	√	√	16		√	
		GEN01116	新中国史	1					√	√	√	√	16		√	
		GEN01117	改革开放史	1					√	√	√	√	16		√	
	艺术鉴赏与审美体验		该模块课程	2			√	√	√	√	√	√	32			√
	数理基础与科学素养	GEN04221	信息处理技术	0		2							32		√	
		GEN04223	Perl 语言程序设计	2		2							32		√	
		GEN04224	Perl 语言应用	1		2								32		√
			该模块课程	2												
	社会发展与公民责任	GEN06124	大学心理Ⅰ	1		2							16		√	
		GEN06125	大学心理Ⅱ	1				2					16		√	
		GEN06706	国家安全导论	1	√	√	√	√	√	√	√	√	16		√	
	经典研读与文化传承		该模块课程	2			√	√	√	√	√	√	32			√
小计				52												

（二）专业课程

课程性质与类别		课程编号	课程名称	学分	第一学年 1	第一学年 2	第二学年 3	第二学年 4	第三学年 5	第三学年 6	第四学年 7	第四学年 8	理论	实践	考试	考查
专业必修课	专业基础课	MAT01009	一元微积分	6	6								96		√	
		MAT01010	多元微积分与线性代数	6		6							96		√	
		PHY01003	大学物理BⅠ	4		4							64		√	
		PHY02005	大学物理BⅡ	4			4						64		√	
		PHY01006	大学物理实验B	2				4						64	√	
		CHE01001	普通化学（选修）	3	3								48		√	
		CHE01002	普通化学实验（选修）	2	4									64	√	
		CHE01004	无机（与分析）化学B	2		2							32		√	
		CHE01003	化学基础实验Ⅰ	2		4								64	√	
		CHE02001	有机化学B	3			3						48		√	
		CHE02002	物理化学B	3			3						48		√	
	专业核心课	BIO11001	动物学	2	2								32		√	
		BIO11002	植物学	2		2							32		√	
		BIO12002	基础生态学	2				2					32		√	
		BIO12001	微生物学	2			2						32		√	
		BIO12003	生物化学	4				4					64		√	
		BIO12004	分子生物学	2				2					32		√	
		BIO13002	遗传学	3					3				48		√	
		BIO13001	细胞生物学	3					3				48		√	
		BIO13005	生物信息学	2						2			32		√	
		BIO13004	免疫学	2						2			32		√	
		BIO12006	植物生理学	2			2						32		√	

续表

课程性质与类别		课程编号	课程名称	学分	开课学期和周学时								总学时		考核方式	
					第一学年		第二学年		第三学年		第四学年		理论	实践	考试	考查
					1	2	3	4	5	6	7	8				
专业选修课 I	专业方向课	BIO12005	生物统计学	2			2						32		√	
		BIO12903	生物统计学应用	1			2							32		√
		BIO22001	人体及动物生理学	2				2					32		√	
		BIO23008	发育生物学	3						3			32		√	
		BIO12007	进化生物学	2			2						32		√	
		BIO11901	动物学实验*	1	2									32		√
		BIO11902	植物学实验*	1		2								32		√
		BIO12902	基础生态学实验*	1				2						32		√
		BIO12901	微生物学实验*	1			2							32		√
		BIO22901	植物生理学实验	1			2							32		√
		BIO22902	人体解剖学及动物生理学实验	1				2						32		√
		BIO23904	分子生物学实验*	2					8					64		√
		BIO23905	生物化学实验*	2						8				64		√
		BIO23902	遗传学实验*	1.5					3					48		√
		BIO23901	细胞生物学实验*	1.5					3					48		√
		BIO23906	发育生物学实验	2						4				64		√
实践环节		EDU30001	大学生劳动教育	0.5	√	√							8			√
		TLO30801	劳动教育实践活动	0.5	√	√								24		√

续表

课程性质与类别	课程编号	课程名称	学分	1	2	3	4	5	6	7	8	理论	实践	考试	考查
实践环节	BIO34001	学术训练与实践	2			√	√	√	√	√			64		√
	BIO31001	生物学野外实习	3				√						192		√
	BIO32001	毕业论文(设计)	4							√	√		128		√
小计			90												

表头说明：开课学期和周学时（第一学年 1、2；第二学年 3、4；第三学年 5、6；第四学年 7、8）；总学时（理论、实践）；考核方式（考试、考查）。

*：专业限制性选修课。

(三) 分流培养课程

1. 卓越教师模块

课程性质	课程编号	课程名称	学分	1	2	3	4	5	6	7	8	理论	实践	考试	考查
教师教育必修课	BIO91003	生物学课程标准与教材研究	2						2			32			√
	BIO91002	生物学教学设计与实践	2					2				16	32		√
	BIO91001	生物学教学论	2					2				32		√	
	BIO93001	教育见习	2			√	√	√					64		√
	BIO93002	教育实习	6							√			192		√
	BIO93003	教育研习	2							√			64		√
教师教育选修课	BIO92001	生物学教育测量与评价	2					2				32			√
	BIO92002	生物学教育研究实践	2						2			32			√
	BIO92003	生物学项目式学习与实践	2					2				32			√
小计			18												

表头说明：开课学期和周学时（第一学年 1、2；第二学年 3、4；第三学年 5、6；第四学年 7、8）；总学时（理论、实践）；考核方式（考试、考查）。

2. 拔尖创新人才模块

课程性质与类别		课程编号	课程名称	学分	第一学年 1	2	第二学年 3	4	第三学年 5	6	第四学年 7	8	理论	实践	考试	考查
专业特色课		BIO93004	教育见习	2			√	√	√	√				64		√
专业选修课Ⅱ	专业拓展课	BIO21001	生命科学导论	2	2								32			√
		BIO21002	新生研讨课	1		1							16			√
		BIO22008	生命科学励耘讲堂	2				√		√			32			√
		BIO22002	保护生物学	2			√		√		√		32			√
		BIO23002	植物生态学	2			√		√				32			√
		BIO23001	动物生态学	2			√		√				32			√
		BIO23009	分子生态学	2						√		√	32			√
		BIO22003	动物行为学	2			√		√				32			√
		BIO23003	景观生态学	2			√		√		√		32		√	
		BIO22005	鸟类学	2				√		√		√	32			√
		BIO22006	昆虫学	2				√		√		√	32		√	
		BIO22007	植物分类学	2				√		√			32		√	
		BIO23909	生物信息学实践	1						√		√		32		√
		BIO23014	神经生物学	2					√		√		32			√
		BIO23018	肿瘤细胞生物学	2						√		√	32		√	
		BIO013003	基因工程	2					√		√		32		√	
		BIO23016	生物技术概论	2					√		√		32		√	
		BIO013006	生物药物概论	2						√		√	32		√	
		BIO23015	合成生物学	1						√		√	16			√
		BIO23017	医学遗传学	2						√		√	32		√	
		BIO21003	生命科学发展简史	1		√		√		√			16			√
		BIO21005	科学研究方法学概论	1		√		√		√			16			√
		BIO21004	生命科学科研伦理和规范	1		√		√		√			16			√
		BIO21006	文献阅读	1		√		√		√			16			√
小计				18												

十一、修读要求

（一）通识课程

通识选修课中,家国情怀与价值理想、艺术鉴赏与审美体验、数理基础与科学素养、社会发展与公民责任、经典研读与文化传承 5 个模块为限选,最低学分数为 13 学分。学生在通识选修课中至少修读 1 门通识核心课程,通识核心课程名录请参见教务部编印的《本科课程修读指导手册》。

（二）专业课程

专业基础课中的"普通化学"与"普通化学实验"为选修课程,建议化学基础薄弱的学生选修。

专业选修课 I 中,标注 * 的课程为专业限制性选修课。

实践环节为必修环节,合格才予毕业。"劳动教育"的具体要求详见《北京师范大学劳动教育工作实施方案》,"学术训练与实践"的具体要求详见《北京师范大学生命科学学院实践与创新学分认定细则》,"生物学野外实习"的具体要求详见《北京师范大学生命科学学院实习与实训管理办法》,毕业论文的具体要求详见《北京师范大学生命科学学院毕业论文实施细则》。

（三）分流培养课程

学生可根据自身的兴趣和志向,自主选择卓越教师或拔尖创新人才发展路径,从而选择修读卓越教师或拔尖创新人才课程。

选择卓越教师课程的学生,须完整修读教师教育必修课和教师教育选修课,共 18 学分。

选择拔尖创新人才课程的学生,须修读专业特色课(教育见习)和专业选修课 II(专业拓展课)。

专业选修课 II 面向同一专业选择卓越教师发展路径的学生开放,所修学分亦计入专业选修课 II 学分。

建议一年级新生修读专业选修课 II 中的"生命科学导论"与"新生研讨课"。

专业选修课 II 中二选一修读"动物生态学"或"动物行为学";二选一修读"基因工程"或"生物技术概论"。

十二、课程修读学期分布图

第一学期	第二学期	第三学期	第四学期	第五学期	第六学期	第七学期	第八学期
中国近现代史纲要(3)	思想道德与法治(3)	马克思主义基本原理(3)		毛泽东思想和中国特色社会主义理论体系概论(3)	习近平新时代中国特色社会主义思想概论(3)		
形势与政策1(0.25)	形势与政策2(0.25)	形势与政策3(0.25)	形势与政策4(0.25)	形势与政策5(0.25)	形势与政策6(0.25)	形势与政策7(0.25)	形势与政策8(0.25)
军事技能(2)	军事理论(2)			"四史"选择性必修课(1)			
女子形体/男子健身健美(1)+三自选项课程(1学分×3门课)							
通用英语进阶(2)	博雅英语听说(2)	思辨英语读写(2)	人文通识课程群/学业用途英语课程群(2)				
教师素养类课程(6)							
Perl语言程序设计(2)		数理基础与科学素养(2)、艺术鉴赏与审美体验(2)、社会发展与公民责任(3)、经典研读与文化传承(2)					
Perl语言应用(1)、一元微积分(6)	多元微积分与线性代数(6)	大学物理BⅡ(4)	大学物理实验B(4)				
普通化学(选修3)	大学物理BⅠ(4)	有机化学B(3)					
普通化学实验(选修2)	无机(与分析)化学B(2)	物理化学B(3)					
	化学基础实验Ⅰ(2)						
专业核心课、专业选修课Ⅰ(23)							
实践环节(10)							
分流培养课程:卓越教师18/拔尖创新人才18							

6. 中国科学院大学

生物科学专业本科人才培养方案(2023级)

一、专业简介

生物科学是研究生物体的生命现象及其生命活动规律的科学。本科生的教学,将针对生命的化学分子基础、结构与功能及其重大生命活动,生物的遗传与进化,生物的生殖与发育,生物多样性与分类特征,生物与环境,生物信息,生物统计等方面开展,为学生将来从事生物学相关领域如生物、医学、材料、能源等方面的研究工作奠定坚实的基础。

中国科学院大学生命科学学院由中国科学院生物物理研究所牵头承办,动物研究所、遗传与发育生物学研究所、微生物研究所、植物研究所、北京基因组研究所、心理研究所以及校部联合建设,科教融合,教研相长,以科学的卓越支持一流的本科生和研究生教育;拥有一批在国内外有重要影响力的资深科学家和众多优秀青年人才;建设了完善的普通生物学、生物化学、分子生物学、细胞生物学、生物物理学、遗传与发育生物学、生态与进化生物学、神经生物与心理学、微生物与免疫学等基础教学与实验教学体系;拥有生物大分子、脑与认知科学、农业虫害鼠害综合治理研究、植物基因组学、植物细胞与染色体工程、微生物资源前期开发、真菌学、系统与进化植物学、植被与环境变化等国家重点实验室以及内蒙古锡林郭勒草原生态系统、鄂尔多斯草地生态系统和湖北神农架森林生态系统等国家野外观测研究站。通过科教融合,将一流科研资源向本科教学和实践开放,支持学生参与实际科研任务。中国科学院大学生物科学一级学科在教育部第四轮学科评估中的评估结果为A+。中国科学院大学生物科学本科专业入选国家级一流专业建设点、教育部"基础学科拔尖学生培养计划2.0基地",被北京市教育委员会评为北京市一流本科专业。

二、培养目标与要求

坚持科教融合、育人为本、协同创新、服务国家,落实立德树人根本任务,通过优质师资和科研平台,为学生提供高质量的生物科学教育,培养具备扎实专业功底、突出创新能力、胸怀祖国、放眼世界、德才兼备的生物科学领军人才。

要求学生系统掌握生物科学基础理论、基础知识和基本技能与方法,掌握数学、物理学、化学、计算机科学等学科专业的基础知识,具有良好的科学思维和创新发展能力,具备从事生物科学及交叉学科研究的基本能力。具有良好的道德、文化、科学素养和(中英文)学术交流能力及团队协作能力,同时身体素质达到《国家学生体质健康标准》。

三、授予学位

理学学士学位。

四、学分要求及课程设置

生物科学专业学士学位的总学分要求是 160 学分,其中公共必修课程 77~81 学分,公共选修课程 14 学分,社会实践 4 学分,科研实践 8 学分,毕业论文(设计)12 学分,专业课 41 学分。

41 学分的专业课中专业必修课为 29 学分,专业选修课不少于 12 学分。

注:对于英语基础类公共必修课所修学分因免修而不足 8 学分的学生,须通过修读其他课程(公共选修课、专业选修课、其他专业的专业课,体育类选修课除外)补齐学分。

(1)专业必修课

序号	课程名称	学时	学分	开课学期
1	化学原理	64	3	1 春
2	有机化学	38	2	2 秋
3	有机化学实验	44	1	3 秋
4	生命科学导论	38	2	1 春 /2 秋
5	普通生物学实验 *	64	2	2 秋
6	分子生物学	40	2	2 春
7	进化生物学	50	2.5	2 春
8	生物化学	76	3	2 春
9	生物化学与分子生物学实验Ⅰ & Ⅱ	96	3	2 春、3 秋
10	细胞生物学	48	2.5	3 秋
11	细胞生物学实验	48	1.5	3 秋
12	遗传学	52	2.5	3 秋
13	生物信息学	38	2	3 秋

注:*"普通生物学实验"的预修课程为"生命科学导论"。

(2)专业选修课

按普通生物学、遗传与发育生物学、生物化学与分子生物学、神经生物与心理学、细胞生物学、生物物理学、生态与进化生物学、微生物与免疫学八个方向设置。学生在学业导师的指导下,从中选修至少 12 学分。

序号	课程名称	学时	学分	建议预修课程
1	发现生命奥秘	30	1.5	
2	分析化学	54	3	

续表

序号	课程名称	学时	学分	建议预修课程
3	遗传学实验	32	1	遗传学
4	发育生物学	36	2	生物化学、分子生物学、细胞生物学
5	基因组学	36	2	遗传学、分子生物学、生物信息学
6	基因组学实验	40	1	基因组学
7	神经生物学	40	2	生命科学导论、电磁学
8	神经生物学实验	48	1.5	神经生物学
9	人体生理学	46	2.5	
10	生物物理学概论	36	2	
11	生物物理学实验	32	1	
12	生态学(含实验)	70	3	生命科学导论
13	生命科学领域信息检索与分析	36	2	
14	微生物学	36	2	生命科学导论
15	免疫学	36	2	细胞生物学、分子生物学
16	微生物与免疫学实验	48	1.5	微生物学、免疫学
17	生物统计学	36	2	
18	动物学	36	2	
19	植物学	36	2	
20	基础化学实验Ⅱ (分析化学实验－化学分析)	24	0.5	分析化学
21	基础化学实验Ⅱ (分析化学实验－仪器分析)	48	1.5	分析化学
22	纳米生物学概论	20	1	生物化学、分子生物学
23	组学概论与技术	20	1	分子生物学
24	病毒性疾病	20	1	
25	干细胞与再生医学	30	1.5	细胞生物学
26	神经环路与认知功能	36	2	神经生物学

(3) 科研实践

序号	名称	内容	学分	拟安排时间
1	科研实践Ⅰ	生物科学科研基础Ⅰ	3	第二学年暑期
2	科研实践Ⅱ	生物科学科研基础Ⅱ	5	第三学年春季学期至暑期

五、生物科学专业本科阶段指导性教学计划

第一学年

秋季学期			春季学期			暑期		
课程名称	学时	学分	课程名称	学时	学分	课程名称	学时	学分
中国近现代史纲要	48	3	思想道德与法治	48	3	社会实践		4
习近平新时代中国特色社会主义思想概论	48	3	科学前沿进展名家系列讲座Ⅱ	18	1			
科学前沿进展名家系列讲座Ⅰ	18	1	微积分Ⅱ	80	4			
微积分Ⅰ	80	4	线性代数Ⅱ	80	4			
线性代数Ⅰ	80	4	热学	60	3			
力学	60	3	电磁学	60	3			
大学英语Ⅰ	32	2	大学英语Ⅱ	32	2			
体育Ⅰ	32	1	体育Ⅱ	32	1			
军事理论与技能	148	4	大学写作*	36	2			
外语提高类选修课	32	2	计算机科学导论*	60	3			
大学生心理健康	32	2	形势与政策	8	0.25			
形势与政策	8	0.25	化学原理	64	3			
发现生命奥秘**	30	1.5	"四史"教育系列专题	16	1			
			生命科学导论**	38	2			
			科学素养类选修课		2			
小计:12门+		29.25+	小计:13门+		29.25+			4

注:1. *"大学写作"在第一学年的春、秋季学期均开设,学生修读一门即可。

2. **"生命科学导论""发现生命奥秘"为生物科学专业的专业课,同时也作为科学素养类公共选修课开设,不计入生物科学专业毕业所需的科学素养类公共选修课修读学分,分别计入生物科学专业必修课程、选修课程的修读学分。

3. 人文社科类选修课中,需修读1学分"四史"类课程。

第二学年

秋季学期			春季学期			暑期		
课程名称	学时	学分	课程名称	学时	学分	课程名称	学时	学分
马克思主义基本原理	48	3	毛泽东思想和中国特色社会主义理论体系概论	48	3	科研实践I		3
形势与政策	8	0.25	形势与政策	8	0.25			
大学英语III	32	2	大学英语IV	32	2			
体育III	32	1	体育IV	32	1			
光学	60	3	原子物理学	60	3			
基础物理实验	64	2	生物化学	76	3			
程序设计基础与实验*	60	3	进化生物学**	50	2.5			
概率论与数理统计	80	4	分子生物学	40	2			
有机化学	38	2	生物化学与分子生物学实验I		1			
生命科学导论	38	2	生物类选修课		4			
普通生物学实验	64	2						
小计:11门		24.25	小计:11门+		21.75+			3

注:1. *"计算机科学导论"与"程序设计基础与实验"选修一门即可。

　　2. **"进化生物学"为生物科学专业的专业必修课,同时也作为科学素养类公共选修课开设,不计入生物科学专业毕业所需的科学素养类公共课程修读学分,计入生物科学专业的专业必修课程学分。

第三学年

秋季学期			春季学期			暑期		
课程名称	学时	学分	课程名称	学时	学分	课程名称	学时	学分
形势与政策	8	0.25	形势与政策	8	0.25	科研实践II		5
创新创业类选修课*	20	1	创新创业类选修课*	20	1			
有机化学实验	44	1	科研实践II					
生物化学与分子生物学实验II		2	科学前沿进展名家系列讲座III*	18	1			
细胞生物学	48	2.5	艺术与人文修养系列讲座*	30	1			
细胞生物学实验	48	1.5	艺术类选修课*		1			
遗传学	52	2.5	人文社科类选修课		1.5			

续表

秋季学期			春季学期			暑期		
课程名称	学时	学分	课程名称	学时	学分	课程名称	学时	学分
生物信息学	38	2	生物类选修课					
生物类选修课		8	境外访学 *					
科学前沿进展名家系列讲座Ⅲ **	18	1						
艺术与人文修养系列讲座 ***	30	1						
人文社科类选修课		1.5						
艺术类选修课 *		1						
小计:16 门 +		25.25+	小计:3 门 +		1.75+			5

注:1. * 艺术类选修课、创新创业类选修课在第二至四学年的春、秋学期均开设,各修读 1 学分即可。

2. ** 科学前沿进展名家系列讲座Ⅲ,学生在第三、四学年按要求完成讲座学习和考核。

3. *** 艺术与人文修养系列讲座,学生在第三、四学年按要求完成讲座学习和考核。

第四学年

秋季学期			春季学期			暑期		
课程名称	学时	学分	课程名称	学时	学分	课程名称	学时	学分
形势与政策	8	0.25	形势与政策	8	0.25			
人文社科类选修课		2	人文社科类选修课		2			
生物类选修课			毕业论文	600	12			
境外访学 *								
小计:2 门 +		2.25+	小计:3 门		14.25			

注:1. * 根据三段式培养模式,学生可选择于大三下学期或大四上学期通过访学计划前往境外高校学习一个学期。

2. 外语提高类选修课春、秋两个学期均开设,学生根据自身需求及兴趣修读不少于 2 学分。

3. "形势与政策" 分布在四个学年,每学期 8 学时,共计 2 学分。

7. 南开大学

生物伯苓专业人才培养方案

一、专业基本信息

专业名称：生物伯苓　　　　　　　　　　学科门类：理学

学制：4 年　　　　　　　　　　　　　　授予学位：理学学士

生物伯苓包括拔尖班和强基班，拔尖班入选教育部"拔尖计划 2.0"，强基班入选教育部"强基计划"。

生物伯苓班致力于生命科学及交叉学科领域创新人才培养，实现本科和研究生培养体系的合理衔接、教学和科研的有机融合及学生的个性化发展，培养学生面向国家生物医药领域重大战略需求，未来成长为"公能兼备"，有理想、有本领、有担当的高质量领军人才。

二、培养目标

本专业面向国家生命科学探索研究及生物医药技术发展的人才需求，致力于培养具有家国情怀、具备全球视野、追求学术理想、勇攀科学高峰的生命科学及相关领域未来领军人才与学术大师。

毕业生具有社会责任感、家国情怀和南开"公能"特色，具有深厚的人文底蕴和扎实的自然科学基础，系统掌握生命科学及其重要分支学科的基础理论知识、实践技术和现代方法，有生物医药学科领域知识背景，熟悉生命科学及相关领域的新进展，受到科学研究的系统训练，具有良好的科学素养、创新能力和国际视野，具备持续自主学习、综合思辨、敢于实践的能力，毕业生继续深造后可胜任相关领域和行业新理论的研究和新技术的开发等工作。

三、毕业要求

1. "公能"素质：具备正确的政治方向，具有人文素养、科学精神、职业素养和社会责任感，践行知中国服务中国之宗旨。

2. 自然科学知识：具有比较扎实的数学、物理、化学等基础知识，同时具有计算机及信息科学等方面的基础知识。

3. 专业知识：具有扎实的生物科学基本理论知识，掌握基础的生物科学研究方法，了解本专业的国际前沿发展动态。

4. 实践技能：受到系统的专业技能训练，掌握扎实的生物科学研究的基本技能和方法。

5. 应用知识：具有综合运用所掌握的理论知识和技能的能力，恰当应用现代科学技术手段，对本专业领域问题进行综合分析和研究，提出相应对策或解决方案。

6. 创新能力：具有批判性思维和创新能力，能够发现、辨析、质疑、评价本专业及相关领域的现象和问题，表达个人见解。

7. 个人和团队：能够在多学科背景下的团队中承担好个体、团队成员以及负责人等各类角色，具备较强的团队合作意识和团队合作精神。

8. 沟通：能够通过口头交流、书面报告、陈述发言、答辩等多种方式进行有效沟通和交流，清晰表达自己的见解或设计方案思路。

9. 国际视野：了解生命科学及相关领域的最新进展和发展态势，关注全球性问题，理解和尊重世界不同文化的差异性和多样性。

10. 拓展学习：具有自主学习和终身学习的意识，有不断学习和适应发展的能力。

四、专业核心课程

普通生物学、生物化学 2-1、生物化学 2-2、细胞生物学、微生物学、遗传学、分子生物学、生理学、基础医学概论、药物研究概论、生物医药与健康、科研训练等课程及相关实验。

五、主要实践环节

实践教学环节学时数 1224，总学时 3060，实践教学学时占比 40%。

各实践类教学环节	要求学分 / 学时	课程名称或内容
思政与体育类	8 学分 /360 学时	公能实践、军事技能训练、体育
课程实验	16 学分 /512 学时	大学物理实验、有机化学实验、无机及分析化学实验、生物化学实验、细胞生物学实验、微生物学实验、遗传学实验、分子生物学实验、动物学实验、植物学实验、生理学实验、免疫学实验、普通生态学实验等
教学实习	1 学分 /32 学时	生物学综合野外实习
科研训练（伯苓班）	5 学分 /160 学时	科研训练Ⅰ、科研训练Ⅱ，在境内外高水平科研实验室完成科研训练
毕业论文	5 学分 /160 学时	学生进入校内外相关研究团队参与科研课题研究工作并完成毕业论文
社会实践	不设学分学时	暑期进行社会实践活动
学科竞赛	不设学分学时	大学生创新科研项目、大学生生命科学创新创业大赛、大学生生命科学竞赛、大学生"互联网 +"创新创业大赛、国际基因工程机器竞赛等

六、毕业要求与课程设置对应关系矩阵

课程名称	毕业要求									
	"公能"素质	自然科学知识	专业知识	实践技能	应用知识	创新能力	个人和团队	沟通	国际视野	拓展学习
有机化学	S	HS			S	S			S	
有机化学实验	S	S		HS	S	S	S			S
无机及分析化学	S	HS			S	S	S			S
无机及分析化学实验	S	S		HS	S	S				S
普通生物学(伯苓)	S		HS		S			S	S	HS
生物化学2-1	HS		HS		S	HS		S	S	S
生物化学2-2	S		HS		S	S	S		S	S
生物化学实验	S			HS	S	S	S	S		
创新研究与训练	S		S		S	HS			S	S
细胞生物学	S		HS		S	HS		S	S	S
细胞生物学实验	S		S	HS	S	S	S			S
微生物学	HS		HS		S			S	S	
微生物学实验	S		S	HS	S	S	S	S		
遗传学	S		HS		S	HS		S	S	S
遗传学实验	S		S	HS	S	S	S			
生理学	S		HS		S	S	S	S		S
生理学实验	S		S	HS	S	S	S	S		
药物研究概论	S		HS		S	S			S	S
基础医学概论	S		HS		S	S	S	S		S
生物医药与健康	S		S		S	S	S	S	S	
分子生物学	S		HS		S	S	S	S	S	S
分子生物学实验	S		S	HS	S	S	S	S		
生物统计学	S		HS		HS				S	S
智能计算技术与应用基础	S	HS		S	S	S	S			
免疫学	S		HS		S	S	S		S	S
免疫学实验	S			HS	S					S

课程名称	毕业要求									
	"公能"素质	自然科学知识	专业知识	实践技能	应用知识	创新能力	个人和团队	沟通	国际视野	拓展学习
神经生物学	S		HS		S	S	S	S		
生物信息学导论	S	S	HS	S	S	S	S			S
进化生物学	S		HS		S	S	S	S	S	
发育生物学	S		HS		S		S		S	S
实践教学 I	S		S	HS			S	S		S
生物科学现状与未来	S		S		S			S	S	S
生命伦理学	HS		S		S	S			S	
生命科学概要	S		S				S	S	S	S
动物学	S		HS		S	S		S	S	
动物学实验	HS		S	HS			S			S
植物学	S		HS		S	S		S	S	
植物学实验	S		S	HS	S				S	S
植物生理学	S		HS		HS		S		S	
植物生理学实验	S		S	HS	HS		S			
高级英文生物化学	S		HS		S	S	S	S	HS	
微生物遗传学	S		HS		S	S		S	HS	S
生物医用材料	S		HS		S	S	S		S	
组织工程	S		HS		S	S		S	S	
蛋白质功能与研究技术	S		HS		S	S			S	S
生物制药基础	S		HS						S	S
生物系统中的计算科学和技术			HS	S	S				S	S
核酸生化	S		HS		S			S	S	S
细胞信号转导专题	S		HS		S	S		S	S	S
动物行为学	S		HS		S	S		S		S
保护生物学	S		HS		S	S	S		S	S
细胞工程	S		HS		S			S	S	S

续表

课程名称	毕业要求									
	"公能"素质	自然科学知识	专业知识	实践技能	应用知识	创新能力	个人和团队	沟通	国际视野	拓展学习
动物组织学及实验	S		HS	S	S	S		S		S
创新与创业实践	S				S	HS	S	S		S
生物工程下游技术			HS		S			S		S
细菌学	S		HS	S	S	S	HS		S	S
植物分子生物学	S		HS		S	S	S	S	S	
药用植物分类学	S		HS		S	S	S		S	
结构生物学	S		HS		S	S	S	S		S
普通生态学	S		HS		S	S	S	S		
普通生态学实验	S			HS	S					
微生物生理学	S		HS		S	S			S	
化工原理	S		HS		S	S				S
现代生物技术与应用	S		HS	S	S	S				S
植物学基础研讨	S		HS		HS			HS		HS
遗传学基础研讨			HS		S	S	S	S	S	S
微生物学基础研讨	S		HS		S	S	S		S	S
生命科学前沿研讨	S		S	HS	S			S	S	
真菌学	S		HS		S	S			S	S
材料科学与工程	S		HS		S	S			S	
病毒学	S		HS		S	S		S	S	S
普通昆虫学	S		HS		S	S	S		S	
英语科技论文写作	S				S	S		S	HS	S
纳米生物学	S		HS		S	S		S	HS	S

说明:符号表示课程对某一毕业要求的具体支撑力度,S= 一般支撑;HS= 高度支撑。

七、教学计划

类别		课程名称	课程属性	学分	开课学期
通识必修课(61学分)	理想与信念教育类(17学分)	思想道德修养与法律基础	必修	2.5	1
		马克思主义基本原理概论	必修	2.5	2
		中国近现代史纲要	必修	2.5	3
		毛泽东思想和中国特色社会主义理论体系概论	必修	2.5	4
		习近平新时代中国特色社会主义思想概论	必修	3	5
		形势与政策	必修	2	1—8
		公能实践	必修	2	1—6
	军事体育与健康类(8学分)	军事技能训练	必修	2	1
		大学生心理健康	必修	2	2
		体育课程(4门)	必修	4	1—4
	外语能力类(10学分)	英语综合技能	必修	2	2
		语言、文化及交流2-1	必修	2	1
		语言、文化及交流2-2	必修	2	2
		高级英语综合技能2-1	必修	2	3
		高级英语综合技能2-2	必修	2	4
	人文基础与"四史"类(4学分)	大学语文	必修	2	1
		经济学原理、法学基础理论、哲学导论、史学通论、"四史"专题(多选一)	必修	2	5
	数理基础类(18学分)	大学物理及实验	必修	10	1—4
		高等数学(B类)Ⅰ	必修	4	
		高等数学(B类)Ⅱ	必修	4	
	信息技术基础类(3学分)	C++程序设计基础	必修	3	1
	新生研讨课(1学分)	新生研讨课	必修	1	1
通识选修课(12学分)		在六个模块中至少选择四个模块修读,每模块至少修满2学分,艺术审美模块中的艺术类课程必选2个学分,修满12学分			
专业必修课(54.5学分)		普通生物学	必修	2	1
		无机及分析化学实验	必修	1.5	1

续表

类别		课程名称	课程属性	学分	开课学期
专业必修课（54.5 学分）		无机及分析化学	必修	3.5	1
		有机化学	必修	3.5	2
		有机化学实验	必修	1.5	2
		生物化学 2-1	必修	2.5	3
		生物化学实验	必修	2	3
		生物化学 2-2	必修	2.5	4
		生理学	必修	3	3
		生理学实验	必修	1	3
		药物研究概论	必修	2	3
		创新研究与训练	必修	1	4
		细胞生物学	必修	2.5	4
		细胞生物学实验	必修	1	4
		基础医学概论	必修	3	4
		分子生物学	必修	2	4、6
		分子生物学实验	必修	2	4、6
		微生物学	必修	2.5	5
		微生物学实验	必修	1	5
		遗传学	必修	2.5	5
		遗传学实验	必修	1	5
		科研训练 3-1	必修	2	5
		生物医药与健康	必修	1	5
		科研训练 3-2	必修	3	6
		毕业论文	必修	5	8
专业选修课（22.5 学分）	限定选修课（至少修读 4 学分）	神经生物学	选修	2	4、6
		智能计算科学与技术	选修	3	4、6
		生物统计学	选修	2	5
		生物信息学导论	选修	2	5
		免疫学	选修	2	5
	专业导论类	物质科学与可持续发展导论	选修	2	1
		生物科学现状与未来	选修	2	2
		生命科学概要	选修	1	1、3
		生命伦理学	选修	2	4

续表

类别		课程名称	课程属性	学分	开课学期
专业选修课（22.5学分）	宏观生物学	实践教学 I	选修	1	2 夏
		植物学	选修	2	2、4
		植物学实验	选修	1	2、4
		动物学	选修	2	3
		动物学实验	选修	1.5	3
		动物组织学及实验	选修	3	3
		普通生态学	选修	2	3、5
		普通生态学实验	选修	1	3、5
		药用植物分类学	选修	2	4、6
		植物生理学	选修	2	4
		植物生理学实验	选修	1	4
		普通昆虫学	选修	2	6
		进化生物学	选修	2	6
		动物行为学	选修	2	6
		保护生物学	选修	2	7
	微观生物学	微生物发酵工程	选修	2	5
		微生物发酵工程实验	选修	1.5	5
		免疫学	选修	2	5
		免疫学实验	选修	1	5
		核酸生化	选修	2	5
		植物分子生物学	选修	2	5
		细胞信号转导专题	选修	2	6
		微生物遗传学	选修	2	6
		蛋白质与酶学	选修	2	6
		微生物生理学	选修	2	6
		细胞工程	选修	2	6
		真菌学	选修	2	6
		病毒学	选修	2	6
		细菌学	选修	2	6
		发育生物学	选修	2	6
		应用微生物学	选修	2	6
		蛋白质功能与研究技术	选修	2	6

续表

类别		课程名称	课程属性	学分	开课学期
专业选修课（22.5 学分）	微观生物学	生物制药基础	选修	2	6
		组织工程	选修	2	6
		神经生物学	选修	2	6、7
		免疫学实验	选修	1	5、7
		结构生物学	选修	2	7
	计算和应用	高级英文生物化学	选修	3	5
		生物统计学	选修	2	5
		现代生物技术与应用	选修	2	5
		英语科技论文写作	选修	1	5
		微生物学基础研讨	选修	1	5
		遗传学基础研讨	选修	1	5
		植物学基础研讨	选修	1	2、4
		生物系统中的计算科学和技术	选修	1	3、5
		生物信息学导论	选修	2	4、5
		创新与创业实践	选修	2	5
		生命科学前沿研讨	选修	1	6、7、3夏
	化学材料类	材料科学与工程	选修	2	4
		物理化学	选修	2	5
		纳米生物学	选修	2	5
		生物医用材料	选修	2	6
		化工原理	选修	2	7
		生物工程下游技术	选修	2	7
总学分		150 学分			

说明：16~17 理论学时计 1 学分，实验、上机等 32~34 学时计 1 学分（特殊课程除外）。入选"本博贯通"项目的学生在大学四年级修读研究生课程。

生物科学（拔尖基地）专业人才培养方案

一、专业介绍

天津大学生物科学（拔尖基地）专业紧密围绕"健康中国"战略，依托工科背景，强化"生物设计与智造"特色，协同发展合成生物学、生物化学与分子生物学、微生物免疫学、纳米生物学、生物信息与生物安全等新兴前沿方向，汇聚国内外优秀师资，围绕生物科学前沿和经济发展的需求，开展深入系统的生物学前沿问题自主创新研究和应用基础研究。

专业入选教育部"强基计划"，获批国家级一流本科专业建设点，入选国家基础学科拔尖学生培养计划 2.0 基地，依托生物学一级学科博士点，所在学科领域（生物与生物化学）位居 ESI 全球排名前 1%，形成了从学士、硕士到博士学位的完整的人才培养体系。

近年来，学院教师获天津市自然科学一等奖、科学技术进步一等奖等，以第一作者及通信作者身份在国际顶级期刊发表多篇论文。

二、培养目标

以提升科研创新能力为主，围绕生物科学前沿和经济发展的需求，坚持"致高、致用、致远"的教育理念，培养具有家国情怀、全球视野、创新精神和实践能力的一流生物科学复合型人才。

三、毕业要求

本专业的学生主要学习数理化基础和生命科学的基本理论，学习现代生物学基础知识，生物科学及其重要分支学科的基本理论、基本知识和基本技能，学习生物科学的研究方法和实验技术，并接受生物学及生物相关交叉学科的综合科研训练。本专业毕业生应具备以下几方面的知识、能力和技能。

毕业要求 1：具有较高的思想道德素质、强烈的社会责任感、丰富的人文科学素养和良好的职业道德，具有健康的体魄和良好的心理素质。

毕业要求 2：掌握比较扎实的数学、物理和化学方面的基础理论知识，具有计算机及信息科学、人文社会科学等方面的基础知识。

毕业要求 3：掌握生物科学的基础理论、基本知识和基本技能，受到系统的专业理论和专业技能训练，了解生命科学的前沿发展现状和趋势。

毕业要求 4：掌握群体、个体、细胞和分子等生物学不同层次的分析方法和实验技术，具有一定的从事生物科学及相关交叉学科的理论研究、应用研究和实际工作的能力，并有适应科学技术发展的潜力。

毕业要求 5：掌握基本的创新方法，具有良好的科学作风和科学素质，以及理论联系实际、实事求是、独立思考、勇于创新的科学精神。

毕业要求 6：掌握文献检索、资料查询及运用现代信息技术获取相关信息的基本方法，有较好的外语交流和写作能力。

毕业要求 7：了解生物学及其发展规划的相关方针、政策和法规。

毕业要求 8：具有一定的组织管理能力，较强的团队意识、表达能力和人际交往能力。

毕业要求 9：具有主动获取知识的能力，适应发展的能力以及对终身学习的正确认识和学习能力。

毕业要求 10：具有一定的国际视野和初步的交流、合作与竞争的能力。

四、毕业条件及授予学士学位条件

达到学校对本科毕业生提出的德、智、体、美、劳等方面的要求，完成培养方案课程体系中各教学环节的学习，最低修满 147 学分，毕业设计（论文）答辩合格，方可准予毕业。

符合天津大学学士学位授予条件，可授予学士学位。

课程学时学分分配

课程类别		必修课		选修课		合计		占总学分比例 /%
		学分	学时（周）	学分	学时（周）	学分	学时（周）	
理论教学	课堂讲授	80.58	1 455	24.67	400	105.25	1 855	71.35%
	课内实践	4.92	135	0.83	16	5.75	151	3.9%
	合计	85.50	1 590	24.5	416	111	2 006	75.25%
实践教学	集中实践教学环节	26	832	0	0	26	832	17.6%
	单独设课的实验	10	320	0	0	10	320	6.8%
	合计	36	1152	0	0	36	1152	24.4%
总计		121.5	2 742	25.5	416	147	3 158	100%

五、学制与学位

标准学制：4 年，学习年限 3～6 年。

六、专业核心课程

普通生物学、生物化学、微生物学、细胞生物学、分子生物学、遗传学、生物化学实验、微生物学实验、细胞生物学实验、遗传学实验以及野外综合实习等。

七、课程设置与学分分布

课程类别		课程编号	课程名称	课程属性	学分	总学时/周	开课学期	学分要求
通识教育	思政类	2210117	思想道德与法治	必修	3	48	1	必修18学分，其中1学分为"习近平新时代中国特色社会主义思想概论"课程
		2210015	中国近现代史纲要	必修	3	48	2	
		2111140	马克思主义基本原理	必修	3	64	3	
		2210114	毛泽东思想和中国特色社会主义理论体系概论	必修	3	48	4	
		2210106	习近平新时代中国特色社会主义思想概论	必修	3	48	5	
		5100054	形势与政策	必修	2	64	1—8	
	军事类	5100078	集中军事训练	必修	2	3	1	4
		5100057	军事理论1	必修	2	32	2	
	体育类	2310001	体育1	必修	1	32	1	4
		2310002	体育2	必修	1	32	2	
		2310003	体育3	必修	1	32	3	
		2310004	体育4	必修	1	32	4	
		4010005-11	体育锻炼1-7	必修	0	0	1—7	
	外语类	2111430	英语听说	必修	1	16	1	A*:4
		2111432	英语读写译	必修	1	16	1	
		2111429	翻译与跨文化传播	必修	1	16	2	
		2111437	英语交流与沟通	必修	1	16	2	
		2111430	英语听说	必修	1	16	1	B:6
		2111432	英语读写译	必修	1	16	1	
		2111429	翻译与跨文化传播	必修	1	16	2	
		2111437	英语交流与沟通	必修	1	16	2	
		2111428	学术英文写作	必修	1	16	3	
		2111431	英语畅谈中国	必修	1	16	3	
		2111430	英语听说	必修	1	16	1	C:8
		2111432	英语读写译	必修	1	16	1	
		2111429	翻译与跨文化传播	必修	1	16	2	

续表

课程类别		课程编号	课程名称	课程属性	学分	总学时/周	开课学期	学分要求
通识教育	外语类	2111437	英语交流与沟通	必修	1	16	2	
		2111428	学术英文写作	必修	1	16	3	
		2111431	英语畅谈中国	必修	1	16	3	
		2111435	西方文化掠影	必修	1	16	4	
		2111436	中国传统典籍英译	必修	1	16	4	
		2111440	基础英语 1	必修	2	32	1	D:8
		2111441	基础英语 2	必修	2	32	2	
		2111442	基础英语 3	必修	2	32	3	
		2111443	基础英语 4	必修	2	32	4	
	通识必修课程	5100075	大学生心理健康（上）	必修	1	16	1	1
		5100076	大学生心理健康（下）	必修	1	16	2	1
		5100060	择业指导	必修	1	19	5	1
		5100059	职业生涯规划	必修	1	19	1	1
		4080003	健康教育	必修	0	8	1	0
		1140003	法制安全教育	必修	0	8	1	0
		2260073	生物学创新创业教育	必修	1	16	3	3
		5240108	创新实践计划	必修	2	0	1—8	
	通识选修课程		人文科学	选修	2	32	1—8	选修 8 学分，其中艺术与美学中的"公共艺术课程"必修 2 学分
			社会科学	选修	2	32	1—8	
			艺术与美学	选修	2	32	1—8	
			科学与技术	选修	2	32	1—8	
专业教育	数理基础课程	2330067	微积分导论	必修	6	96	1	31.5
		2330070	线性代数初步	必修	3	48	2	
		2330066	概率论与数理统计	必修	3.5	56	3	
		2100101	大学物理概论	必修	4	64	2	
		2100550	无机化学与化学分析 2 A	必修	2.5	40	1	
		2100554	无机化学实验 2 A	必修	1	25	1	
		2100551	无机化学与化学分析 2 B	必修	2.5	40	2	

续表

课程类别		课程编号	课程名称	课程属性	学分	总学时/周	开课学期	学分要求
专业教育	数理基础课程	2100555	无机化学实验2 B	必修	1	25	2	
		2100596	分析化学	必修	2	32	2	
		2100556	化学分析实验	必修	0.5	24	2	
		2260068	有机化学 A	必修	2	32	2	
		2260069	有机化学 B	必修	2	32	3	
		2100192	有机化学实验1	必修	1.5	48	3	
	大类基础课程	2260008	现代生物学前沿	必修	1	16	1	必修3.5学分，选修2.5学分，共6学分
		2160279	大学计算机基础1	必修	0	48	1	
		2160211	计算机软件技术基础1	必修	2.5	48	2	
		2160210	数据库应用技术	选修	2.5	48	3	
		2440121	Python 程序设计及应用	选修	2.5	48	4	
	专业核心课程	2260013	普通生物学	必修	3	48	1	29.5
		2260014	普通生物学实验	必修	1	32	2	
		2260024	生物安全与生物伦理	必修	0.5	8	2	
		2260075	生物化学 A	必修	3	48	3	
		2260076	生物化学 B	必修	2	32	4	
		2260035	生物化学实验	必修	1.5	48	4	
		2260025	细胞生物学	必修	3	48	4	
		2260042	微生物学（双语）	必修	3	48	4	
		2260006	微生物学实验	必修	1.5	48	4	
		2260017	遗传学	必修	3	48	5	
		2260015	生物统计学基础	必修	2	32	5	
		2260045	细胞生物学实验	必修	1	32	5	
		2260044	遗传学实验	必修	1	32	5	
		2260061	现代分子生物学	必修	3	48	6	
		2260060	科技论文写作	必修	1	16	7	

续表

课程类别		课程编号	课程名称	课程属性	学分	总学时/周	开课学期	学分要求
专业教育	专业选修课程	2260016	生理学	选修	2	32	5	选修14学分，第5学期修读不少于6学分，第6学期修读不少于4学分，第7学期修读不少于4学分
		2260026	免疫学	选修	2	32	5	
		2260031	发育生物学	选修	2	32	5	
		2260040	神经生物学	选修	2	32	5	
		2260043	生物、生境与健康	选修	2	32	5	
		2260018	生物物理学	选修	2	32	6	
		2260021	微纳米生物技术	选修	2	32	6	
		2260022	病毒学	选修	2	32	6	
		2260036	基因工程	选修	2	32	6	
		2260038	结构生物学	选修	2	32	6	
		2260032	蛋白质化学	选修	2	32	7	
		2260033	生物医用材料	选修	2	32	7	
		2260039	生物信息学	选修	2	32	7	
		2260059	合成生物学	选修	2	32	7	
		2260064	光遗传学	选修	2	32	7	
	本研贯通课程	S2260004	高等生物化学	选修	2	32	7	本研贯通任选课程，学分不作要求
		S226E003	生物医药技术	选修	2	32	7	
		S2260005	生物材料设计与应用	选修	2	32	8	
			生物科学技术前沿	选修	2	32	8	
	综合实践课程	2260053	企业认知实习	必修	2	2	3	22
		2260029	野外综合实习	必修	2	2	3	
		2260050	生物学综合设计Ⅰ	必修	3	3	5	
		2260071	生物学综合设计Ⅱ	必修	3	3	7	
		2260037	毕业设计（论文）	必修	12	0	8	

*：根据英语水平测试成绩将学生大学英语的培养依次分为高层次、较高层次、普通层次、基础层次，根据培养层次由高层次到基础层次依次分为A、B、C、D四个级别。

八、课程逻辑图

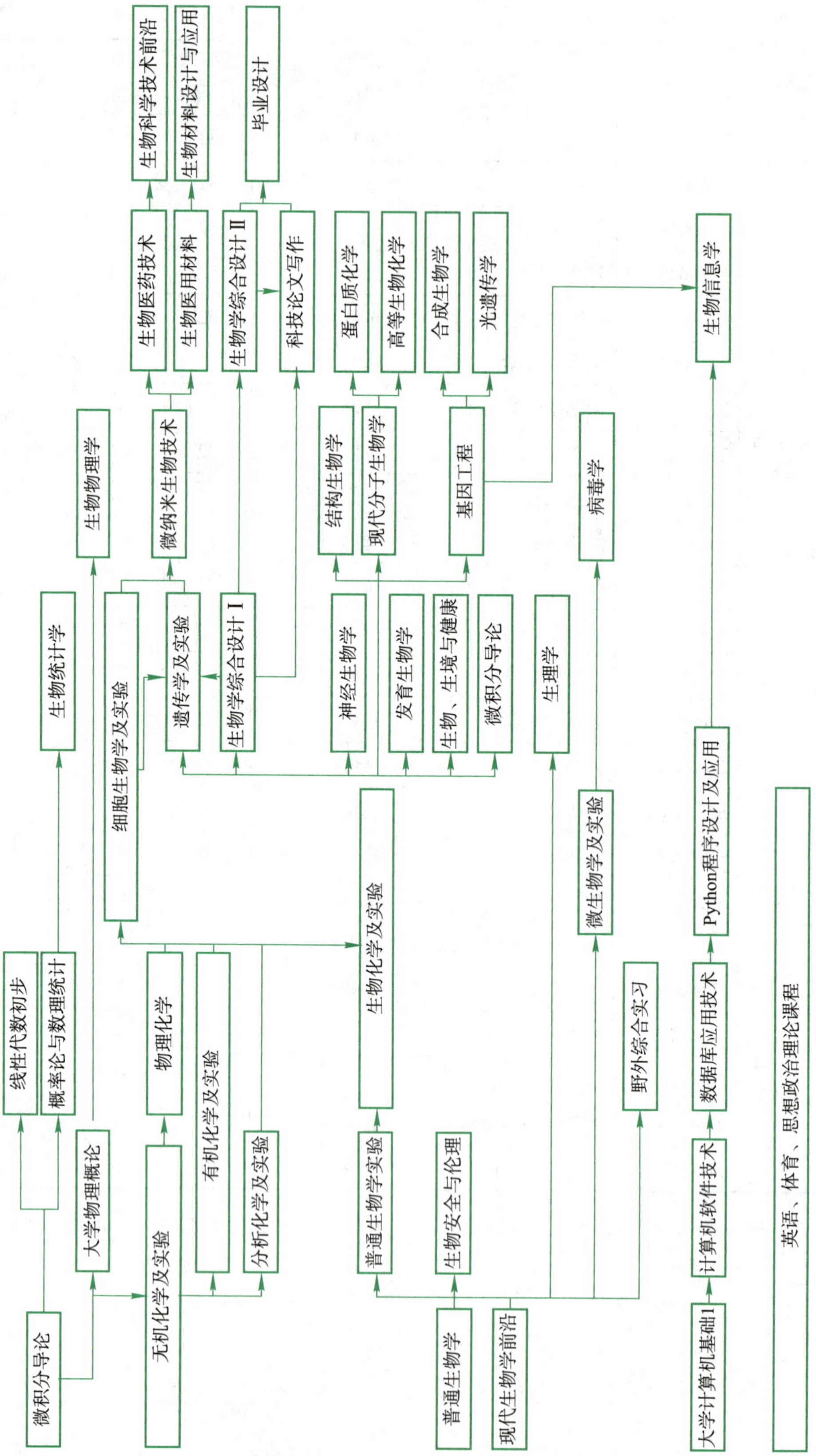

生物科学技术前沿
生物材料设计与应用
毕业设计

生物医药技术
生物医用材料
生物学综合设计Ⅱ
科技论文写作

蛋白质化学
高等生物化学
合成生物学
光遗传学

生物信息学

生物物理学
微纳米生物技术

结构生物学
现代分子生物学
基因工程

病毒学

生物统计学
细胞生物学实验
遗传学及实验
生物学综合设计Ⅰ

神经生物学
发育生物学
生物、生境与健康
微积分导论

生理学

微生物学及实验

Python程序设计及应用

线性代数初步
概率论与数理统计
物理化学
生物化学及实验

大学物理概论
有机化学及实验
野外综合实习

无机化学及实验
分析化学及实验
普通生物学实验
生物安全与伦理

数据库应用技术

微积分导论

普通生物学
现代生物学前沿

大学计算机基础1
计算机软件技术

英语、体育、思想政治理论课程

九、毕业要求实现矩阵

课程体系	毕业要求									
	毕业要求1	毕业要求2	毕业要求3	毕业要求4	毕业要求5	毕业要求6	毕业要求7	毕业要求8	毕业要求9	毕业要求10
有机化学 A	M	M	L	L	H	M	L	M	M	H
有机化学 B	M	M	L	L	H	M	L	M	M	H
现代生物学前沿	L	L	M	M	M	M	M	L	M	L
普通生物学	L	L	M	M	M	M	L	L	M	L
普通生物学实验	L	L	M	M	M	M	L	M	M	L
生物安全与生物伦理	M	L	L	M	M	M	H	L	M	L
生物化学 A	L	L	L	M	H	M	L	M	M	L
生物化学 B	L	L	M	H	H	M	L	M	M	L
生物化学实验	M	L	M	H	H	M	L	M	M	M
微生物学(双语)	M	M	M	M	M	L	L	M	M	M
微生物学实验	M	L	M	H	H	M	L	M	M	M
细胞生物学实验	M	L	M	H	H	M	L	M	M	M
遗传学实验	M	L	M	H	H	M	L	M	M	M
科技论文写作	M	L	L	M	H	M	L	M	M	M
细胞生物学	M	L	M	H	H	M	L	M	M	M
生物统计学基础	M	L	L	M	L	L	L	L	H	L
遗传学	L	L	M	L	M	M	M	M	M	M
现代分子生物学	L	L	M	M	M	M	L	M	M	M
生物物理学	L	M	M	M	M	M	L	L	M	L
微纳米生物技术	L	L	L	M	M	M	L	M	M	L
病毒学	L	L	M	M	H	M	L	M	M	L
基因工程	L	L	L	L	M	M	L	M	M	H
结构生物学	L	L	L	M	M	M	L	M	M	M
生理学	M	L	M	M	M	H	L	M	M	L
免疫学	M	M	M	M	H	H	L	M	M	M
发育生物学	M	L	M	M	H	M	L	M	M	L
神经生物学	L	L	M	M	H	M	L	M	M	M
生物、生境与健康	M	L	M	L	M	M	H	M	M	L

续表

课程体系	毕业要求									
	毕业 要求 1	毕业 要求 2	毕业 要求 3	毕业 要求 4	毕业 要求 5	毕业 要求 6	毕业 要求 7	毕业 要求 8	毕业 要求 9	毕业 要求 10
蛋白质化学	L	L	M	M	H	M	L	M	M	L
生物医用材料	L	L	M	M	M	M	L	M	M	L
生物信息学	L	L	L	M	H	L	L	L	M	L
合成生物学	L	L	M	L	M	M	L	M	M	L
光遗传学	L	L	L	M	M	M	L	M	M	L
生物学综合设计Ⅰ	M	L	M	H	H	M	L	M	M	L
生物学综合设计Ⅱ	M	L	M	H	H	M	L	M	M	L
企业认知实习	M	M	M	H	H	M	L	M	M	M
野外综合实习	L	L	M	M	M	M	L	M	M	L
生物学创新创业教育	M	L	M	M	H	M	L	M	M	L

生物科学专业人才培养方案(2023版)

一、专业介绍

生物科学是自然科学的重要分支,是从分子、细胞、个体和群体等不同层次探讨生物的结构、功能以及生物与环境的关系,揭示生命本质及其发生和演化规律的科学。生物科学不仅具有悠久的发展历史,而且也是目前自然科学发展的前沿领域,其研究成果为人类健康及社会发展带来深远影响。生物科学的发展将推动全球经济和社会生产力的快速发展。

内蒙古大学于1957年建校时设立了动物学和植物学专业;1994年经教育部批准设立"国家理科生物学基础科学研究和教学人才培养基地",是当时国家批准的21所高校之一。2002年生物科学专业开始招生,2007年被教育部认定为国家级特色专业,同年获批"国家级生命科学本科实验教学示范中心"。2019年生物科学专业入选首批国家一流本科专业建设点。2021年获批实施生物科学拔尖学生培养计划2.0。

生物科学拔尖计划面向国家战略科技发展需求、人民健康和生物科学发展前沿,以培养生命科学领域未来科学家为目标,坚持价值塑造、知识探究、潜能挖掘、国际视野、德智体美劳全面发展"五位一体"的育人理念,采用"三制三化"培养模式,经过本科阶段的学习与实践,学生应获得坚实的数学、物理学、化学及信息科学基础,掌握生命科学基础知识和前沿进展,具备求真务实的科学精神以及批判性思维和创新研究能力,具有全球视野和家国情怀,具有兴蒙固边情怀,成为德智体美劳全面发展的创新型生命科学拔尖人才。

拔尖计划坚持"厚基础、重实践、拓交叉、国际化"的办学理念,切实推动课程、教材、教师、实践、教学等全要素改革,在全面加强关键要素的同时提供个性化的创新人才培养平台。拔尖基地与复旦大学遗传工程国家重点实验室、中国科学院动物研究所干细胞与生殖生物学国家重点实验室、中国农业大学植物抗逆高效全国重点实验室、北京大学蛋白质与植物基因研究国家重点实验室等深入合作,汇聚20～30名高水平科研人员,通过有组织的科研训练,推进科教融合和产教融合,着力加强拔尖学生创新能力培养。

二、培养目标

全面贯彻党的教育方针,坚持社会主义办学方向,落实立德树人根本任务,铸牢中华民族共同体意识,秉承"求真务实"校训精神,弘扬"崇尚真知、追求卓越"优良传统,扎根北疆,面向全国,放眼世界,以服务国家战略和地区经济社会发展需求为己任,深耕内涵、开放竞争、突出特色,培养厚基础、强实践、重创新、德智体美劳全面发展的社会主义建设者和接班人,在生物科学及相关交叉学科领域胜任科学研究等工作的拔尖创新引领型人才。

系统掌握生命科学重要的基础理论和基本知识,了解生命科学最前沿领域的研究进展、研究方法及应用前景,具有坚实的数理化以及信息科学基础,具有人文社科等方面的基本素养。参加有挑战性的科研训练,具有深入探索生物学相关领域科学问题的能力。具有自主学习能力、批判性思维和较好的国际交流能力,具有适应学科发展需求、继续深造的潜能。

三、培养规格

(一)学制与学位

学制 4 年。

完成本专业人才培养方案规定内容,并符合学校有关学位授予条件者,经本人申请、学校学位评定委员会评审通过后,授予理学学士学位。

拔尖计划 2.0 设"荣誉学生"称号,学习成绩班级排名前 50%、完成所有荣誉学生限选课程修读且成绩合格者可申请"荣誉学生"称号;或在中国国际大学生创新大赛等重要学科竞赛中获得全国金奖并完成荣誉学生限选课程修读且成绩合格者,直接授予"荣誉学生"称号。

(二)毕业要求

1. 知识要求

(1)具备优秀的文化素质:掌握数理化等方面的基本理论和知识;熟练掌握 1~2 门外语;具备计算机、信息科学和人文社科等方面的基本素质;

(2)具备一流的专业素质:扎实掌握生物学的基础理论及知识;熟练掌握群体、个体、细胞和分子等生物学不同层次上的分析方法与实验技术;

(3)熟悉生物技术、生物信息、生态学等相近专业的一般理论和知识;

(4)熟悉国内外的生物学理论前沿、先进技术和应用前景。

2. 能力要求

(1)具备从事生物学相关领域科学研究的能力,包括在创新性科研训练、专业竞赛和毕业论文中,具备独立检索文献、设计实验、整理并分析实验结果、撰写规范学术报告(论文)的能力,具有良好的表达、沟通和团队合作能力;

(2)具有批判性思维、国际视野和良好的国际交流合作能力,具有适应学科发展需求、继续深造的潜力。

3. 素质要求

遵纪守法、有健全的人格,具有高度的社会责任感,热爱生命科学基础研究,立志为中国特色社会主义事业而奋斗,为中华民族伟大复兴作出贡献,成为德智体美劳全面发展的拔尖人才。

四、课程体系

（一）总体框架

准予毕业总学分为 154 学分，其中：

1. 通识教育课 49 学分，占总学分的 31.8%；专业类基础课 34 学分，占总学分的 22.1%；专业核心课 29 学分，占总学分的 18.8%；专业方向课 25 学分，占总学分的 16.2%；综合性实践 17 学分，占总学分的 11.1%。

2. 必修课 119 学分，占总学分的 77.3%；选修课 35 学分，占总学分的 22.7%。

3. 实践教学环节共 46 学分，占总学分的 29.9%。

（二）课程设置

1. 通识教育课

主要包括思想政治理论课、军事体育心理课、语言与技能课、通识教育选修课。

2. 专业类基础课

主要包括高等数学、线性代数、大学物理、大学化学和 Python 程序设计等。

3. 专业核心课

主要包括植物生物学、动物生物学、生物化学、微生物学、细胞生物学、遗传学和生物信息学等。

4. 专业方向课

主要包括生理学、免疫学、细胞工程、发育生物学、基因工程、生命伦理、生物安全、专业外语、科学研究方法与论文写作、分子生物学、结构生物学、人类进化遗传学、表观遗传学、基因组学、蛋白质组学、干细胞及细胞命运决定、国际课程 A、国际课程 B（综合研究型）、生物演化、生物学概念与途径、统计学与统计软件、概率论与数理统计、数据结构与算法、大数据分析与处理、机器学习、第二外语、生态学、环境科学概论和名师讲座等。

5. 综合性实践

主要包括拔尖学生创新研究、毕业论文（设计）、专业实习、第二课堂和劳动教育等。

（三）教学计划

见教学计划表。

五、其他要求

（一）"四史"类思政课修读要求

学生须修读 1 学分"四史"类思政课，可从该模块中选修任意 1 门课程。

（二）通识教育选修课修读要求

1. 本专业学生须至少修读 2 学分"美学体验与艺术鉴赏"模块通识教育选修课。

2. 本专业学生须至少从"人类文明与现代社会""哲学智慧与批判性思维"两个模块中各选修 2 学分通识教育选修课。不得选修生命科学学院开设的通识教育选修课程。

（三）专业方向课修读要求

本专业设置学科专业方向课、学科前沿方向课、大师讲堂、实验实践方向课和交叉学科方向课 5 个模块的专业方向课，学生须在每个模块中修读指定学分的课程（具体见教学计划表）。荣誉学生须修读"荣誉学生限选"课程，包括生理学、免疫学、国际课程 B、生理学实验、免疫学实验 A、统计学与统计软件、概率论与数理统计、数据结构与算法、大数据分析与处理（须先修读统计学与统计软件）。

（四）综合素质考查环节

本专业学生须进行综合素质考查，主要包括体育模块，美育模块，社会服务模块，个性、兴趣发展模块。考查等级为：优秀、良好、合格、不合格。

（1）体育模块：至少完成一项。

分组	课程名称	基本要求
身体素质锻炼	体育比赛	每学年学院举办的体育比赛中，必须全程参加一项
体育竞赛	运动会	以运动员身份参加一次校级及以上运动会项目
体育服务	裁判员资格/担任裁判工作	获得相应机构认可的裁判员等级证书
	学校及学院运动会的服务工作或体育类表演项目	每年参加学校或学院运动会组委会安排的服务工作

（2）美育模块：至少完成一项。

分组	课程名称	基本要求
艺术修养提升	观看校内外大型文艺演出	以观众、听众身份每年观看2场校内外大型文艺演出（特殊情况可线上）
	艺术类讲座	每年参加2次与艺术相关的各类有助于个人艺术修养提升的美育类讲座或艺术论坛
	艺术修养提升自选项目	至少选修一门艺术修养课程或参加一个艺术类社团
艺术特长展示	参加舞台文艺演出	以演员身份参与包括学院的文艺演出在内的各类文艺演出
	参加非表演类艺术大赛	以选手身份参加书画、摄影、创意等非舞台表演类艺术大赛
	艺术作品展示	公开发表散文、诗歌、小说、影评及摄影艺术作品

（3）社会服务模块：至少完成一项。

分组	课程名称	基本要求
志愿服务	参与志愿服务活动	参加学院或学校社团组织的公益宣讲、大型赛事志愿服务等活动
		每学年协助教师义务打扫学院本科教学实验中心相关实验室的卫生10次及以上
学生服务工作	担任学生干部、社团干部	担任班、团、院、校各级学生干部、社团干部（担职至少一学期）
	优秀学生干部、社团干部	担任学生干部、社团干部满一年并获得良好评价

（4）个性、兴趣发展模块：至少完成两项。

分组	课程名称	基本要求
个性化发展	年终学业报告	每学年一次
	获批各类访学、科研创新项目，撰写交流、学习总结	书院内公开报告
	参加专业实习，撰写实习报告，考核合格	书院内公开报告
	个性化发展课程	每学年至少选修一门国家级精品／一流课程（线上），并通过考核
	书院网站和APP设计与管理，新闻发布等信息化建设	至少一年

六、生物科学(拔尖学生培养计划 2.0 基地)专业教学计划表

课程编号	课程名称	总学分	理论学分	实践学分	总学时	周学时	第一学年 秋季学期	第一学年 春季学期	第二学年 秋季学期	第二学年 春季学期	第三学年 秋季学期	第三学年 春季学期	第四学年 秋季学期	第四学年 春季学期
			学分结构				开课学期							
通识教育课(应修49学分,共25门课)														
通识教育必修课(应修43学分,共20门课)														
1913410060	形势与政策	2	2		64	2	√	√	√	√	√	√	√	√
1913410010	思想道德与法治	3	2.6	0.4	48	3	√							
1913410020	铸牢中华民族共同体意识	2	2		32	2		√						
1913410030	中国近现代史纲要	3	2.6	0.4	48	3	√							
1913410040	马克思主义基本原理	3	2.6	0.4	48	3		√						
1913410050	毛泽东思想和中国特色社会主义理论体系概论	3	2.6	0.4	48	3			√					
1913410070	习近平新时代中国特色社会主义思想概论	3	2.6	0.4	48	3		√						
	"四史"类思政课模块	1	1		16	2	√	√	√	√	√	√	√	√
1919210020	军事理论	2	2		32	2	√							
1919210030	军事技能训练	2		2	64	32	√							
1919110010	国家安全教育	1	1		32	2								
1912510011	大学体育 1	1		1	32	2	√							
1912510012	大学体育 2	1		1	32	2		√						
1912510013	大学体育 3	1		1	32	2			√					
1912510014	大学体育 4	1		1	32	2				√				
1919210040	大学生心理健康教育	2	2		32	2	√							
1912410013	大学英语 1	3	3		48	3	√							
1912410014	大学英语 2*	3	3		48	3		√						
1912410015	大学英语 3(雅思)	3	3		48	3			√					

续表

课程编号	课程名称	学分结构			总学时	周学时	开课学期							
		总学分	理论学分	实践学分			第一学年		第二学年		第三学年		第四学年	
							秋季学期	春季学期	秋季学期	春季学期	秋季学期	春季学期	秋季学期	春季学期
1912410016	大学英语4(雅思)	3	3		48	3				√				
通识教育选修课(应修6学分)														
A 模块	美学体验与艺术鉴赏	2	2		32	3	√	√	√	√	√	√	√	√
B 模块	人类文明与现代社会	2	2		32	3	√	√	√	√	√	√	√	√
C 模块	哲学智慧与批判性思维	2	2		32	3	√	√	√	√	√	√	√	√
专业类基础课(应修34学分,共11门课)														
1914130021	高等数学 B1	6	6		96	6	√							
1914130022	高等数学 B2	4	4		64	4		√						
1914130040	线性代数	3	3		48	3	√							
1914230021	大学物理 B1	3	3		48	3		√						
1914230022	大学物理 B2	3	3		48	3			√					
2314240030	大学物理实验	2		2	48	4		√						
1915138010	大学化学 1	4	4		64	4	√							
1915138020	大学化学 2	3	3		48	3		√						
1915148010	大学化学实验 1	1		1	32	2	√							
1915148020	大学化学实验 2	1		1	32	2		√						
1915251400	Python 程序设计	4	3	1	64	3		√						
专业核心课(应修29学分,共13门课)														
2315250150	植物生物学 A	3	3		48	3		√						
2315270010	植物生物学实验 A	1		1	32	2		√						
2315250160	动物生物学 A	3	3		48	3				√				
2315270020	动物生物学实验 A	1		1	32	2				√				
2315250170	生物化学 A	5	5		80	5			√					
2315270030	生物化学实验 A	1		1	32	2			√					
2315250180	细胞生物学 A	3	3		48	3				√				
2315270340	细胞生物学实验 A	1		1	32	2				√				

续表

课程编号	课程名称	总学分	理论学分	实践学分	总学时	周学时	第一学年秋季学期	第一学年春季学期	第二学年秋季学期	第二学年春季学期	第三学年秋季学期	第三学年春季学期	第四学年秋季学期	第四学年春季学期
2315250190	遗传学 A	3	3		48	3					√			
2315270350	遗传学实验 A	1		1	32	2					√			
2315250200	微生物学 A	3	3		48	3				√				
2315270060	微生物学实验 A	1		1	32	2				√				
2315250210	生物信息学 A	3	3		48	3					√			
专业方向课（应修 25 学分，共开设 37 门）														
学科专业方向课（应修 8 学分）														
1915260910	生理学	2	2		32	2				√				
1915260340	免疫学	2	2		32	2				√				
1915250530	细胞工程	2	2		32	2					√			
1915260260	发育生物学	2	2		32	2					√			
2315260800	基因工程 A	2	2		32	2						√		
1915260560	生命伦理	1	1		16	1					√			
2315260590	生物安全 A	1	1		16	1					√			
1915260470	专业外语（英语）	2	2		32	2					√			
1915260850	科学研究方法与论文写作	2	2		32	2							√	
2315260580	分子生物学 A	2	2		32	2					√			
学科前沿方向课（应修 2 学分）														
2315262220	结构生物学 A	1	1		16	1							+	
1915262020	人类进化遗传学	1	1		16	1					+			
2315260080	表观遗传学 A	1	1		16	1					+			
2315260090	基因组学 A	1	1		16	1					+			
2315260100	蛋白质组学 A	1	1		16	1					+			
1915261100	干细胞及细胞命运决定	1	1		16	1					+			

续表

课程编号	课程名称	总学分	理论学分	实践学分	总学时	周学时	第一学年 秋季学期	第一学年 春季学期	第二学年 秋季学期	第二学年 春季学期	第三学年 秋季学期	第三学年 春季学期	第四学年 秋季学期	第四学年 春季学期
			学分结构				开课学期							
大师讲堂 (应修 6 学分)														
2315260600	名师讲座	2	2			2	+	+	+	+	+	+	+	+
1915260500	国际课程 A	2	2		32	2					+			
2315260960	国际课程 B	3	3		48	3					+			
2315260610	国际暑期学校 *	1	1									+		
2315260110	生物演化 *	2	2		32	2						+		
2315260120	生物学概念与途径 *	2	2		32	2					+			
实验实践方向课 (应修 5 学分)														
2315280430	生理学实验	1		1	32	2				+				
2315280440	免疫学实验 A	1		1	32	2				+				
2315280460	细胞工程实验 A	1		1	32	2					+			
2315280420	发育生物学实验 A	1		1	32	2					+			
2315280400	基因工程实验 A	1		1	32	2						+		
2315280480	生物显微技术	1		1	32	2					+			
2315280490	生物学综合大实验	1		1	32	2						+		
交叉学科方向课 (应修 4 学分)														
1915261700	统计学与统计软件	2	2		32	2				+				
1915261680	概率论与数理统计	2	2		32	2			+					
1915261690	数据结构与算法	3	2	1	64	3				+				
1915261660	大数据分析与处理	3	2	1	64	3						+		
1915261650	机器学习	3	2	1	64	3								+
1915271710	第二外语	2	2		32	2								+
2315260620	生态学 A	2	2		32	2					+			
1915260420	环境科学概论	2	2		32	2					+			
科研训练与综合性实践 (应修 17 学分)														
2315290010	拔尖学生创新研究 *	4		4				+	+	+	+	+	+	+
2315290020	毕业论文 (设计)	6		6								+	+	+	+

续表

课程编号	课程名称	总学分	学分结构		总学时	周学时	开课学期							
			理论学分	实践学分			第一学年		第二学年		第三学年		第四学年	
							秋季学期	春季学期	秋季学期	春季学期	秋季学期	春季学期	秋季学期	春季学期
1915290480	专业实习*	2		2						√				
1919290010	劳动教育	1		1	32	—	√	√	√	√	√	√	√	√
1919490010	第二课堂	4		4	—	—	√	√	√	√	√	√	√	√

说明:

(1) 大学英语 2*:全国大学英语四级考试 500 分以上免修(550 分及以上成绩按 100 分录入,500~549 分成绩按 95 分录入)。

(2) 国际暑期学校*:可选西湖大学、复旦大学、兰州大学等合作书院的国际暑期学校,一般要求英语六级 500 分以上或由学术导师推荐。

(3) 生物演化*和生物学概念与途径*:国家级线上一流课程,授课教师分别为北京大学顾红雅教授和饶毅教授,线上参与学习。

(4) 拔尖学生创新研究*:学术导师指导拔尖学生申请 1 项探索性、挑战性的科研训练项目,学术成果以第一作者在 SCI 期刊发表论文的给予学分激励(卓越期刊 8 学分,一流期刊 4 学分,其他期刊 1~2 学分);学术成果在中国国际大学生创新大赛等重要学科竞赛中获得全国奖项的给予学分激励(金奖 8 学分,银奖 4 学分,铜奖 2 学分)。

(5) 专业实习*:鼓励参与兰州大学、吉林大学、复旦大学等合作共建高校的联合野外实习。

生物科学专业（唐敖庆班）人才培养方案（2022 版）

一、培养目标

面向生物学科发展前沿和国家重大战略需求，培养适应新时代中国特色社会主义建设和发展需要的，具有扎实理论基础、熟练实验技能、创新科研思维、浓厚科学兴趣，并且具有家国情怀、人文情怀和世界胸怀的生物学及相关研究领域未来领军人才与学术大师。

本研贯通式培养，毕业后学生以扎实的生物学基础和良好的理科素养为优势，进入世界一流高校和科研院所在生物学及相关研究领域继续深造。

二、毕业要求

（一）总体要求

学生具备一定的人文社会科学素养，具有坚实的自然科学知识基础，较系统地掌握现代生物科学与技术的基本理论、基本知识和基本实验技能，受到现代生物学与高新技术的基础研究和开发应用研究的初步训练，具有良好的科学素养和创新能力，为研究生阶段的学习和科研奠定坚实基础。

（二）毕业要求分解

毕业要求	毕业要求分解指标点
1. 具备正确价值观与道德规范，身心健康	1.1 具有坚定正确的政治方向和高度的社会责任感
	1.2 具备安全、健康、环保意识和可持续发展观念
	1.3 具有较强的科学精神、学术规范意识和伦理道德、职业道德观念
	1.4 具有良好的科学文化素养、健全的人格和健康的身心
	1.5 具有良好的体育锻炼和卫生习惯，拥有健康的体魄和积极的精神状态
2. 掌握从事生物科学专业所需的通识性、学科基础和其他知识	2.1 具有人文社会科学、外语、体育、艺术等方面的通识性知识
	2.2 掌握扎实的数学、物理、化学、计算机等学科基础知识和基本技能
	2.3 了解与生命科学相关的如医药、材料、电子等交叉学科的基本知识

续表

毕业要求	毕业要求分解指标点
3. 掌握从事生物科学专业所需的专业知识和技能	3.1　系统掌握专业基本理论、基础知识、实验技能和研究方法
	3.2　了解生物科学及相关领域的发展历程、国内外前沿及发展趋势
4. 具备团队协作和沟通交流等可迁移素质和能力	4.1　具有较强的中英文语言能力,能够实现良好沟通与交流
	4.2　具有较强的团队协作能力,具有一定的项目管理能力和团队领导能力
	4.3　能够熟练进行国内外文献检索、专业期刊阅读,具备一定的科技论文写作和参与学术交流的能力
	4.4　具有国际视野和跨文化交流与合作的能力
5. 具备从事生物科学专业所需的专业综合能力	5.1　具备较强的实验实践能力、计算机及信息技术应用能力、数据获取与分析能力、逻辑思维和批判性思维能力
	5.2　能够综合运用所掌握的理论知识、技能和研究方法,对专业领域问题进行系统的分析和研究,并给出解决问题的科学方案
	5.3　初步具备独立从事生物科学及相关领域科学研究的能力
6. 具备创新思维和创新能力	6.1　具有较强的创新思维、创新精神和能力,具备进入世界一流高校和科研院所继续深造的能力
7. 具备终身学习、持续发展的意识和基础	7.1　具备自主学习、自我管理的能力和终身学习的意识
	7.2　能够主动获取并整合生命科学前沿知识,适应生物学及相关领域的快速发展,满足社会和个人可持续发展的要求

三、毕业标准

通过培养方案规定的全部教学环节,达到本专业各环节要求的总学分 148 学分。其中课程教学为 105 学分,占比 71%,实践教学环节为 43 学分,占比 29%。

四、学制与学位授予

一般为四年。

授予理学学士学位。

五、课程设置

课程类别	课程性质	课程代码	课程名称	总学分	理论学分	实践学分	总学时	理论学时	实践学时	修读学期	开课单位	考核性质	备注
通识教育课·公共基础课	必修	392014	思想道德与法治（H）	3	2.5	0.5	52	40	12	1	马克思	考试	+实践
	必修	392015	中国近现代史纲要（H）	3	2.5	0.5	52	40	12	2	马克思	考试	+实践
	必修	392016	马克思主义基本原理（H）	3	2.5	0.5	52	40	12	3	马克思	考试	+实践
	必修	392017	毛泽东思想和中国特色社会主义理论体系概论（H）	3	2.5	0.5	52	40	12	4	马克思	考试	+实践
	必修	392018	习近平新时代中国特色社会主义思想概论（H）	3	3		48	48		4	马克思	考试	+实践
	必修	392019	形势与政策（H）I－II	2	2		32	32		1,3	马克思	考试	+实践
	必修	921001-4	体育 I－IV	4	4		128	128		1—4	体育	考查	
	必修	J11001	军事理论	2	2		32	32	0	2	军事	考查	
	必修	J13002	军事训练	2		2	48		48	1	军事	考查	
	必修	LD2001	劳动教育	2	1	1	32	18	14	2,3	劳动	考查	
	必修	911003	大学英语 A III	2	2		32	32		1	公外	考试	1. 大学英语 A III/A IV 根据免修规定及分级考试情况确定上课级别及选课方式 2. 学术英语听说 A I－A II、高级英语 A I－A II、留学英语 A I－A II 为必修课程，所有学生须选其中一门（含 I、II）修读，共 4 学分 3. 针对试验班学生开设"能力提升工作坊"16 学时（含公共英语演讲、雅思托福口语）
	必修	911004	大学英语 A IV	2	2		32	32		1/2	公外	考试	
	必修	911013	高级英语视听说 A I	2	2		32	32		1/2/3	公外	考试	
	必修	911014	高级英语视听说 A II	2	2		32	32		2/3/4	公外	考试	
	必修	911011	学术英语 A I	2	2		32	32		1/2/3	公外	考试	
	必修	911012	学术英语 A II	2	2		32	32		2/3/4	公外	考试	
	必修	911015	留学英语 A I	2	2		32	32		1/2/3	公外	考试	
	必修	911016	留学英语 A II	2	2		32	32		2/3/4	公外	考试	

续表

课程类别	课程性质	课程代码	课程名称	总学分	理论学分	实践学分	总学时	理论学时	实践学时	修读学期	开课单位	考核性质	备注
公共基础课	必修	941018	医用大学物理	3.5	3.5		56	56		1	公物		
	必修	943018	医用大学物理实验	1		1	24		24	2	公物	考试	
	必修	931101	微积分 AI	3.5	3.5		56	56		1	公数	考试	数学基础 A +在线课程
	必修	931102	微积分 AII	3.5	3.5		56	56		2	公数	考试	
	必修	931103	微积分 AIII	3	3		48	48		3	公数	考试	
	必修	931201	线性代数 A	2.5	2.5		40	40		1	公数	考试	
	必修	931108	微积分 D	3.5	3.5		56	56		1	公数	考试	数学基础 B +在线课程
	必修	931204	线性代数 D	2	2		32	32		2	公数	考试	
	必修	931304	概率论与数理统计 D	2.5	2.5		40	40		2	公数	考试	
			小计	47.5	41.5	6	864	730	134				

注：数学基础 A 和 B 任选其一学习，最低为 8 学分；根据学生入学英语水平，分为免修级，A 级，B 级，C 级，按级别分英语教学班

课程类别	课程性质	课程名称	总学分	理论学分	总学时	理论学时	修读学期	开课单位	考核性质	备注
通识教育课	选修	大学生心理健康	2	2	32	32	1	心理	考试	1. 所有学生必须至少修满 12 学分通识选修课程 2. 所有学生必须修读大学生心理健康（2 学分）和大学生职业发展与就业指导 I－II（2 学分）3. 所有学生必须修读"四史"教育（4 选 1）（2 学分）4. 所有学生必须修读沟通（H）（2 学分）5. 所有学生必须体验"艺术鉴赏与美育"模块课程（V）模块模块（包括社会文明与生命使命在内）2 学分，其余 7 大类模块须在社会文明与科学科任选选 2 学分
	选修	大学生职业发展与就业指导 I－II	2	2	32	32	2,6	就业	考查	
	选修	"四史"教育	2	2	32	32	1/2	马克思	考试	
	选修	写作与沟通（H）	2	2	32	32	3/4		考查	
	选修	社会文明与科学使命	2	2	32	32	1/2	通信	考查	
	选修	哲学智慧与品判思维（I）、文化理解与历史传承（II）、当代中国与公民责任（III）、全球视野与文明交流（IV）、艺术鉴赏与美育体验（V）、科学精神与创新创造（VI）、生态环境与生命关怀（VII）、人际沟通与合作精神（VIII）	4	4	64	64	1/2/3/4		考查	

续表

课程类别	课程性质	课程代码	课程名称	总学分	理论学分	实践学分	总学时	理论学时	实践学时	修读学期	开课单位	考核性质	备注
专业教育课 专业基础课	必修	951001	无机化学	2.5	2.5		40	40		1	公化	考试	+在线课程16
	必修	953001	无机化学实验	1.5		1.5	36		36	1	公化	考试	+在线课程16
	必修	951007	分析化学	2	2		32	32		2	公化	考试	+在线课程16
	必修	953004	分析化学实验	1.5		1.5	36		36	2	公化	考试	+在线课程16
	必修	951008	有机化学	4	4		64	64		2	公化	考试	+在线课程16
	必修	953007	有机化学实验	2.5		2.5	60		60	3	公化	考试	+在线课程24
	必修	951017	物理化学	3	3		48	48		4/6	公化	考试	+在线课程16
	必修	953013	物理化学实验	1.5		1.5	36		36	4/6	公化	考试	+在线课程16
	小计			18.5	11.5	7	352	184	168				
	选修	131152	生物科学与人类健康专题	1	1		16	16		1	生科	考查	1. 所有学生必须至少修满6学分 2. 所有学生必须修读实验室安全与生物安全（1学分）、生物科学与人类健康专题（1学分）、生物科学与人类生存环境专题（1学分） 3. 所有学生必须修读计算机课程（三选一）（3学分）
	选修	131153	生物科学与人类生存环境专题	1	1		16	16		1	生科	考查	
	选修	344001	实验室安全与生物安全	1	0.5	0.5	20	8	12	1	生科	考查	
	选修	962051	人工智能基础（H）	3	2.5	0.5	52	40	12	1	公计	考试	
	选修	962027	Python程序设计基础	3	2	1	56	32	24	2	公计	考试	
	选修	962028	MATLAB程序设计	3	2	1	56	32	24	3	公计	考试	
	小计			6	5	1	104	80	24				
专业核心课	必修	131002	生物化学Ⅰ	3	3		48	48		2	生科	考试	线上线下混合
	必修	131008	生物化学Ⅱ	3	3		48	48		3	生科	考试	线上线下混合
	必修	133094	生物化学实验	3		3	72		72	3	生科	考试	线上线下混合，+在线课程8

续表

课程类别		课程性质	课程代码	课程名称	总学分	理论学分	实践学分	总学时	理论学时	实践学时	修读学期	开课单位	考核性质	备注
专业教育课	专业核心课	必修	131066	普通生物学	3	3		48	48		3	生科	考试	
		必修	133104	普通生物学实验	1		1	24		24	3	生科	考试	线上线下混合
		必修	131010	细胞生物学 A	4	4		64	64		3	生科	考试	
		必修	133095	细胞生物学实验 A	2.5		2.5	60		60	4	生科	考试	线上线下混合
		必修	131011	分子生物学 A	3.5	3.5		56	56		4	生科	考试	
		必修	133096	分子生物学实验 A	2.5		2.5	60		60	4	生科	考试	线上线下混合
		必修	131012	遗传学 A	3	3		48	48		4	生科	考试	
		必修	133098	遗传学实验	1.5		1.5	36		36	5	生科	考试	线上线下混合
		必修	131009	微生物学 A	3	3		48	48		4	生科	考试	
		必修	133093	微生物学实验 A	2.5		2.5	60		60	5	生科	考试	线上线下混合
	小计				35.5	22.5	13	672	360	312				
	专业选修课	选修	131078	专业文献研讨（双语）	4	4		64	64		3–5	生科	考查	
		选修	131058	生物物理学 *	2	2		32	32		4	生科	考试	
		选修	131016	生物信息学及实验 *	1.5	1	0.5	32	20	12	5	生科	考试	线上线下混合
		选修	131029	生态学 *	2	2		32	32		5	生科	考试	
		选修	131007	动物生理学 *	3	3		48	48		5	生科	考试	
		选修	133091	动物生理学实验 *	1		1	24		24	5	生科	考试	线上线下混合
		选修	131013	免疫学 *	2	2		32	32		6	生科	考试	
		选修	133102	免疫学实验 *	1.5		1.5	36		36	6	生科	考试	
		选修	131032	神经生物学 *	2	2		32	32		6	生科	考查	
		选修	131035	发育生物学 *	2	2		32	32		6	生科	考查	

续表

课程类别		课程性质	课程代码	课程名称	总学分	理论学分	实践学分	总学时	理论学时	实践学时	修读学期	开课单位	考核性质	备注
专业教育课	专业选修课	选修	131073	生命科学简史	1.5	1.5		24	24		2/4	生科	考查	
		选修	131014	植物生理学	3	3		48	48		4	生科	考试	
		选修	133101	植物生理学实验	0.5		0.5	12		12	4	生科	考试	线上线下混合
		选修	951009	仪器分析	2	2		32	32		4	生科	考试	
		选修	953012	仪器分析实验	1.5		1.5	36		36	4	生科	考试	
		选修	131068	机器学习原理及应用1	3	3		48	48		2/4/6	生科	考试	
		选修	131069	机器学习原理及应用2	3	3		48	48		3/5/7	生科	考试	
		选修	131039	药事管理	1	1		16	16		4/6	生科	考查	
		选修	131034	化学生物学	2	2		32	32		5/7	生科	考试	
		选修	131021	生物技术制药	3	3		48	48		5	生科	考试	
		选修	131047	结构生物学	1	1		16	16		5	生科	考试	
		选修	131072	合成生物学	1	1		16	16		6	生科	考试	
		选修	131046	分子病毒学	1	1		16	16		6	生科	考查	
		选修	131015	蛋白质与酶学	2	2		32	32		6	生科	考试	
		选修	131044	膜生物学	2	2		32	32		6	生科	考试	
		选修	131064	基础糖生物学(双语)	2	2		32	32		6	生科	考试	
		选修	131063	癌症生物学(双语)	2	2		32	32		6	生科	考试	
		选修	131052	表观遗传学(双语)	2	2		32	32		6	生科	考查	
		选修	131050	进化生物学	1	1		16	16		6	生科	考查	
		选修	131070	病毒学研究研讨(英)	1	1		20	20		5/7	生科	考查	
		选修	131087	生物医学工程	1.5	1.5		24	24		5/7	生科	考试	

续表

课程类别	课程性质	课程代码	课程名称	总学分	理论学分	实践学分	总学时	理论学时	实践学时	修读学期	开课单位	考核性质	备注
专业教育课 专业选修课	选修	131038	生物材料	1	1		16	16		5/7	生科	考试	
	选修	131061	生命科学伦理与学术规范	1	1		16	16		7	生科	考查	
	选修	131089	现代生物学研究方法△	2	2		32	32		7	生科	考试	本研贯通课程
	选修	131090	生物学软件应用与生物统计△	2	2		32	32		7	生科	考试	本研贯通课程
	小计			12.5	10.5	2	220	116	48				

注：1. 所有学生必须至少修满12.5学分；2. 所有学生必须修读专业文献研讨（双语）（4学分）、免疫学和免疫学实验（3.5学分）、生物信息学及实验（1.5学分）；3. 所有学生必须在标注＊的课程中修读至少5门课程

课程类别	课程性质	课程代码	课程名称	总学分	理论学分	实践学分	总学时	理论学时	实践学时	修读学期	开课单位	考核性质	备注
科研训练（与实习）	选修	133122	科研训练	8	2	6	176	32	144	3-7	生科	考查	
	选修	133115	生物学野外综合实习	2		2	48		48	4	生科	考查	
	选修	133123	交流合作	2		2	48		48	7-8	生科	考查	含国际交流和国内交流
	小计			10	2	8	224	32	192				

注：1. 所有学生必须至少修满10学分；2. 所有学生必须修读科研训练（8学分）

课程类别	课程性质	课程代码	课程名称	总学分	理论学分	实践学分	总学时	理论学时	实践学时	修读学期	开课单位	考核性质	备注
毕业论文	必修	133124	毕业论文（拔尖）	6		6	144		144	8	生科	考查	
	小计			6		6	144		144				

注：原则上理论课教学每16学时记1学分；实验课教学每24学时记1学分。

六、课程地图

课程类	第一学期	第二学期	第三学期	第四学期	第五学期	第六学期	第七学期	第八学期
思政类	思想道德与法治（拔尖）	中国近现代史纲要（拔尖）	马克思主义基本原理（拔尖）	毛泽东思想和中国特色社会主义理论体系概论与习近平新时代中国特色社会主义思想概论（拔尖）				
军体类	军事训练　军事理论	劳动教育	体育					
英语类	大学英语 A Ⅲ　大学英语 A Ⅳ　英语 A Ⅰ	英语 A Ⅱ						
数学类	微积分 A Ⅰ　线性代数 A　微积分 D	微积分 A Ⅱ　线性代数 D　概率论与数理统计 D	微积分 A Ⅲ					
计算机类	人工智能基础	Python 程序设计基础	MATLAB 程序设计					
物理类	医用大学物理	医用大学物理实验						
化学类	无机化学 C　无机化学实验 C	有机化学 C　分析化学 F	有机化学实验 C	物理化学 C　物理化学实验 C				

续表

课程类	第一学期	第二学期	第三学期	第四学期	第五学期	第六学期	第七学期	第八学期
化学类	分析化学实验 C							
生物专业类	生物科学与人类健康专题	生物化学 I	生物化学 II	遗传学 A	遗传学实验 A			
	生物科学与人类生存环境专题		生物化学实验	微生物学 A	微生物学实验 A			
	实验室安全与生物安全		普通生物学	分子生物学 A				
			普通生物学实验	分子生物学实验 A				
			细胞生物学 A	细胞生物学实验 A				
				专业文献研讨（双语）				
					生物信息学	免疫学		
					生物信息学实验	免疫学实验		
				自由选修	自由选修	自由选修	自由选修	
							交流合作	
				科研训练				
								毕业论文（拔尖）

368

11. 东北师范大学

生物科学（拔尖班）专业人才培养方案

一、培养目标

面向国家生物学相关领域的重大战略需求和我国社会发展需要，培养拥有科研报国的学术理想、具有高度的社会责任感、掌握扎实的生物学及相关学科的理论基础、具备深厚的生物学学科素养和科学研究功底，以及原始创新能力的优秀生物学科研人才。毕业学生能够服务和引领国家生物学相关研究领域的未来发展，具备成为优秀生物学家的基本潜力。

根据生物科学专业培养目标的人才定位，对学生毕业5年左右的职业发展预期如下：

【培养目标1】践行社会主义核心价值观，德智体美劳全面发展，具有深厚的人文社会科学素养、高度的社会责任感、坚定的学术理想及科研报国信念。

【培养目标2】熟练掌握生物学及其相关学科的基础理论、实验技能和研究方法；养成深厚的生物学学科素养。具有批判性思维，能够综合运用已掌握的生物学及其相关学科的思想和方法，提出问题、分析问题，以及创新性地开展科学研究工作。

【培养目标3】紧跟生物学相关领域的国际发展前沿和热点问题，具有一定的将生物学科与其他学科交叉整合的能力，具备国际交流能力、跨文化沟通能力和团队协作精神。

【培养目标4】具备自主学习和自我管理能力，并有能力和意愿通过终身学习服务社会，并实现自身科研理想的可持续发展。

二、毕业要求

毕业要求	毕业要求分解指标点
1. 道德素养：准确把握新时代中国特色社会主义的特征，践行社会主义核心价值观。具有对中国特色社会主义的思想认同、政治认同、理论认同和情感认同。掌握党的科技发展战略和方针政策，具备良好公民的基本意识和道德素养，具有通过生物学相关领域的科学研究服务于国家重大战略需求和我国社会发展需要的强烈意愿和信念	1-1　了解中国国情及国内国际局势，了解并认同新时代中国特色社会主义的特征，热爱劳动，并具有正确的劳动观念，践行社会主义核心价值观，做到爱国、敬业、诚信、友善
	1-2　掌握党的科技发展战略和方针政策，理解科技发展对于国家建设现代化强国的重要地位，并将其深入贯彻到生物学相关科学研究的职业生涯中

续表

毕业要求	毕业要求分解指标点
	1-3 具备良好公民的基本意识和道德素养,理解生物学科研工作的职业道德;具有通过生物学相关领域的科学研究服务于国家重大战略需求和我国社会发展需要的强烈意愿和信念
2. 知识整合:具有较好的人文与科学素养。扎实掌握生物学以及数学、物理、化学等相关学科的知识体系、基本原理、实验技能,以及科学研究思想与方法;理解和掌握生物学学科素养的内涵,并能够将学科素养应用到学习和科研实践中	2-1 熟练掌握生物学及数学、物理、化学等相关学科的基本理论、基本知识和基本实验技能,具备一定的整合生物学专业理论知识和实验实践知识的能力
	2-2 掌握生物学及相关学科的基本研究思想和探究方式,理解和掌握生物学科素养的内涵,并能将之有效地贯彻到自身学习和科研实践中
	2-3 通晓基本的人文及社会科学的相关知识,理解生物学科在人文和社会科学中的作用和地位,以及对社会发展的重要影响
3. 创新能力:具备运用批判性思维方法能力,养成从生物学的基础理论、科研实践、学科理解等不同角度进行反思的习惯;能够独立思考判断,并通过自主分析解决学习和科研实践中所存在的问题。具有一定的生物学及相关领域的科学研究能力和创新思维能力,能够综合运用已掌握的生物学及其相关学科的科学研究思想和方法,提出问题、分析问题,并创新性地开展科学研究工作	3-1 理解批判性思维在生物学相关科学研究中的重要性,掌握批判性思维方法,具有从生物学的基础理论、科研实践、学科理解等不同角度进行反思的习惯
	3-2 具有独立判断生物学及其相关学科的科学问题的能力;能够通过独立思考和自主分析,解决学习和科研实践中所存在的问题
	3-3 掌握生物学及相关领域的科学研究思想和方法,具有综合运用科学思想和方法提出问题和分析问题的能力,具备在生物学及相关的科学研究领域创新性开展工作的能力
4. 多维视野:具有全球意识和开放心态,了解国际生物学及相关领域的发展趋势和前沿动态。能够就生物学相关问题与国际同行进行思想交流,并借鉴国际的先进科学研究经验。理解生物学科与其他学科专业领域的相关性,具有将各种信息和知识进行跨学科、跨专业、多角度审视的意识和视野	4-1 具备全球意识和开放的心态,具有一定的英语听、说、读、写能力,能够就生物学相关问题与相关领域的国际同行进行学习和交流
	4-2 了解国际生物学及相关领域的发展趋势和前沿动态,能够通过学习和交流借鉴国际相关领域的先进科学研究经验
	4-3 理解生物学科与其他学科专业领域的相关性,具有利用各学科专业的信息和知识,审视和思考生物学相关领域科学问题的能力
5. 交流合作:具有熟练使用母语和至少一门外语进行有效表达和交流思想的能力;理解学习共同体的作用,具有团队协作精神,具备集体合作和组织协调能力,能够通过有效沟通,积极开展小组学习和合作研究	5-1 具备与业界同行或社会公众通过一定形式(包括撰写论文、陈述发言、研讨、回答问题等)有效沟通生物学相关领域科学问题的能力
	5-2 具有团队意识和合作精神,以及一定的组织和协调能力,掌握团队协作学习知识和技能的方法
	5-3 具备与他人良好相处的能力,乐于与他人分享交流学习及实践经验,并共同探讨解决实际问题

续表

毕业要求	毕业要求分解指标点
6. 自主学习：具有自我管理的能力，养成主动运用多种手段和方法获取知识的自我学习习惯。及时了解生物学以及相关领域科学研究的新进展和动态，进行知识更新。能够结合未来从事的科学研究方向和意愿，制订自身学习和专业发展规划，具有终身学习与专业发展的意识	6-1　具有良好的自我管理能力，具备通过阅读、听讲、研究、观察、实践等手段自主获取知识的能力
	6-2　主动及时了解生物学以及相关领域科学研究的新进展和动态，进行个人知识体系的更新
	6-3　具有终身学习与专业发展的意识，具有明确的科学研究职业发展方向，能够根据既定方向，制订自身学习和专业发展规划

三、毕业要求与培养目标对应关系矩阵

毕业要求	培养目标 1	培养目标 2	培养目标 3	培养目标 4
道德素养	√			
知识整合		√		
创新能力		√		
多维视野			√	
交流合作			√	
自主学习				√

四、学制与修业年限

标准学制 4 年，修业年限 3～6 年。

五、最低毕业学分和授予学位

本专业学生毕业要求最低修满 155 学分。其中，通识教育课程最低修满 54 学分；专业教育课程最低修满 76 学分；发展方向课程最低修满 25 学分。符合毕业要求者，准予毕业，颁发生物科学专业毕业证书。

符合《中华人民共和国学位授予条例》及《东北师范大学本科学生学士学位授予细则》规定者，授予理学学士学位。

六、课程设置及学分分配

本专业课程主要由通识教育课程、专业教育课程、发展方向课程构成。课程设置及学分分配如下。

课程类别			学分		学分小计
通识教育课程	必修	思想政治教育	19	50	54
		体育与国防教育 体育	4		
		体育与国防教育 国防教育	2		
		劳动教育	2(2021级开始,其中1学分依托相关课程,不计入总学分)		
		心理健康教育 大学生心理健康教育(2021级开始)	2		
		交流表达与信息素养 信息技术	4		
		交流表达与信息素养 大学外语	10		
		交流表达与信息素养 中文写作	2		
		数学与逻辑 高等数学A	6		
	选修	思想政治与社会科学	4(每一类课程至少选修2学分)		
		人文与艺术			
专业教育课程	必修	学科基础课程 大类平台课程	18	52.5	76
		学科基础课程 专业基础课程	24.5		
		专业主干课程	10		
		综合实践课程	10		
	选修	专业系列课程	13.5		
发展方向课程			25		
总学分要求			155 学分		

1. 通识教育课程

通识教育课程最低修满 52 学分(2021级开始,2020级49学分),其中,通识教育必修课程修满 48 学分(2021级开始,2020级45学分),通识教育选修课程最低修满 4 学分。

课程类别	课程编码	课程名称	学分	总学时	其中:实践学时 实验学时	其中:实践学时 其他学时	开课学期	开课时间	开课单位
思想政治教育	1152361982013 1152361982009	思想道德与法治(2021级开始)思想道德修养与法律基础(2020级)	3	54			秋	1	马克思主义学部
	1151791950007	中国近现代史纲要	3	54			春	2	
	1151791953010	马克思主义基本原理	3	54			秋	3	

续表

课程类别		课程编码	课程名称		学分	总学时	其中：实践学时		开课学期	开课时间	开课单位
							实验学时	其他学时			
思想政治教育		1152361953012	毛泽东思想和中国特色社会主义理论体系概论		5	90		36	春	4	马克思主义学部
		1151792019008	习近平新时代中国特色社会主义思想概论		2	36			秋	5	
		1151791987005	形势与政策Ⅰ		1	18			秋	1	
		1151791987006	形势与政策Ⅱ		1	18			春秋	1—8	
		1152362020016	中共党史	四选一	1	18			秋	3	
		1152362020017	新中国史		1	18			秋	3	
		1152362020018	改革开放史		1	18			秋	3	
		1152362020019	社会主义发展史		1	18			秋	3	
体育与国防教育	体育	1151772020007	体育1		0.5	24		20	秋	1	体育学院
		1151772020008	体育2		0.5	24		24	春	2	
		1151772020009	体育3		0.5	24		20	秋	3	
		1151772020010	体育4		0.5	24		24	春	4	
		1151772020011	体育5		0.5	24		24	秋	5	
		1151772020012	体育6		0.5	24		24	春	6	
		1151772020013	体育7		0.5	0			秋	7	
		1151772020014	体育8		0.5	0			春	8	
	国防教育	1151772015005	军事理论		1	18			春秋	1—2	
		1151772015006	军事训练		1	120		120	秋	1	
劳动教育		1152322020001	劳动教育		1	18		8	春秋	2—8	教育学部
心理健康教育		1150012020105	大学生心理健康（2021 级开始）		2	36			秋	1	学生心理发展指导中心
语言与信息素养	中文写作	1151642015001	中文写作		2	36			春秋	1—2	文学院
	大学外语		大学外语1		5	90			秋	1	外国语学院
			大学外语2		5	90			春	2	
	信息技术	1151712015001	信息技术1（计算机基础）		2	54		36	秋	1	信息科学与技术学院
		1152522020009	信息技术2（算法与程序设计基础——提高班）		2	54		36	春	2	
数学与逻辑			高等数学A		6	108			秋	1	

续表

课程类别	课程编码	课程名称	学分	总学时	其中：实践学时		开课学期	开课时间	开课单位
					实验学时	其他学时			
通识教育选修课程	此部分课程参见学校通识教育选修课程目录		4				春秋		

注：劳动教育课程共 2 学分，其中 1 学分依托相关课程，不计入总学分。

2. 专业教育课程

专业教育课程由学科基础课程、专业主干课程、综合实践课程、专业系列课程组成。前三类课程为必修课程，专业系列课程为选修课程。专业教育课程最低修满 76 学分，其中学科基础课程 42.5 学分，专业主干课程 10 学分，综合实践课程 10 学分（专业实习 6 学分、毕业论文 4 学分），专业系列课程最低修满 13.5 学分。

课程名称后标记"▲"表示荣誉课程。符合《东北师范大学关于本科荣誉课程建设和荣誉学位管理的指导意见》《生命科学学院本科荣誉课程和荣誉学位管理办法》规定的学生，颁发荣誉学位。

课程类别	课程编码	课程名称	学分	总学时	实践学时 实验学时	实践学时 其他学时	预修课程编码	开课学期	建议修读学期	辅修专业或辅修学位课程 辅修专业	辅修专业或辅修学位课程 辅修学位	备注
学科基础课程 大类平台课程	115122015607	线性代数 B	3	54				春	2			18学分
	115122015605	概率论与数理统计	3	54				秋	3			
	115173198511	大学物理（一）	3	54				秋	1			
	115173198511	大学物理（二）	3	54			115173198511	春	2			
	115173195051	大学物理实验 A	1.5	54	54			春	2			
	115174201534	化学概论	3	54	9			秋	1			
	115174200031	基础化学实验 A-1	1.5	54	54			秋	1			
	115175202035	有机化学▲	3	54			115174201534	春	2	是	是	
	115175194930	有机化学实验	1.5	54	54		115174200031	春	2			
	115175202030	物理化学▲	3	54			115175194930 115174201531	秋	3			
	115175202030	物理化学实验	1	36	36		115174200031 115175194930	秋	3			
专业基础课程	115175201530	分析化学	1	18				秋	1	是	是	24.5学分
	115175202035	生物化学▲	4	72			115175202035	秋	3	是	是	
	115175202030	植物生物学	2	36				春	2	是	是	
	115175202033	动物学	2	36				秋	1	是	是	
	115175202033	微生物学	2	36				秋	3	是	是	

续表

课程类别		课程编码	课程名称	学分	总学时	实践学时		预修课程编码	开课学期	建议修读学期	辅修专业或辅修学位课程		备注
						实验学时	其他学时				辅修专业	辅修学位	
学科基础课程	专业基础课程	11517520020303	生物学基础实验Ⅰ	1.5	54	54		11517520020337 11517420000312	春	2	是#	是#	
		11517520020304	生物学基础实验Ⅱ	2.5	90	90		11517520020303 11517519049309	秋	3	是#	是#	
		11517520020305	生物学基础实验Ⅲ	1	36	36		11517520020304	春	4	是#	是#	
		11517520020346	人体及动物生理学▲	2	36			11517520020337	秋	3	是	是	
		11517520020343	遗传学▲	2	36			11517520020354	春	4	是	是	
		11517520020341	细胞生物学▲	2	36			11517520020354	春	4	是	是	10学分
专业主干课程		11517520020331	分子生物学▲	2	36			11517520020354 11517520020343	秋	5	是	是	
		11517520020345	生态学	2	36			11517520020302 11517520020339	秋	3	是	是	
		11517520020351	毕业论文	4	144	144			春	8			
综合实践课程		11517519049325	综合野外实习	2	72	72		11517520020302 11517520020345 11517520020337	春	4			
		11517520020306	科学研究训练与创新Ⅰ	2	72	72		11517520020303	秋	5			10学分
		11517520020307	科学研究训练与创新Ⅱ	2	72	72		11517520020306	春	6			

续表

课程类别	课程编码	课程名称	学分	总学时	实验学时	其他学时	预修课程编码	开课学期	建议修读学期	辅修专业	辅修学位	备注
	生物学科素养											
	11517520020308	生物学专业导论	1	18				秋	1			
	11517520020309	生物学学科理解▲	2	36			11517520020306	春	6			是§	
	11517520020310	生物学重要科学问题解析	2	36			11517520020306	春	6			是§	
	11517520011337	生命科学史	1	18				秋	3				
	科学研究素养											
专业系列课程	11517520011341	生物学文献及科技写作	1	18				秋	5				
	11517520020329	科研伦理与学术规范	1	18			11517520020304	春	4			是§	
	11517520020311	综合实验 I（生理－生化－微生物）	3	108	108		11517520020303 11517520020304	春	4				
	11517520020312	综合实验 II（遗传）	1.5	54	54		11517520020304 11517520020305	秋	5				
	11517520020313	综合实验 III（细胞－分子）	3	108	108		11517520020304 11517520020305	春	6				
	基础理论与拓展											
	11517519949333	生物统计学	2	36			11512220015605	秋	5			是§	
	11517520011335	生物信息学	2	36			11517120150001	春	6			是§	
	11517519949331	人体组织与解剖学	2	36			11517520020337	春	2			是§	

续表

课程类别	课程编码	课程名称	学分	总学时	实验学时	其他学时	预修课程编码	开课学期	建议修读学期	辅修专业	辅修学位	备注
专业系列课程	1151752011334	发育生物学	2	36			1151752020341	春	6		是§	
	1151752011338	神经生物学	2	36			1151752020341	秋	5		是§	
	1151751949332	免疫学	2	36			1151752020339	秋	5		是§	
	1151752011336	进化生物学	2	36			1151752020343	春	6		是§	
	1151752020356	高级生物化学▲	2	36			1151752020354	春	4			
	1151752020355	表观遗传学▲	2	36			1151752020343 1151752020331	春	6			
	1151752020357	细胞分子生物学▲	2	36			1151752020341 1151752020331	春	6			
	1151752020358	生态学原理▲	2	36			1151752020345	秋	5			
	1151752020314	肿瘤细胞生物学	2	36			1151752020341	秋	7		是§	
	1151752020315	植物学拉丁文	1	18				秋	3			
	1151752011348	生物防治	1	18			1151752020345	秋	5			
	1151752020316	病毒学	2	36			1151752020341	春	6			
	1151752011351	资源昆虫学	1	18			1151752020337	春	6			
	1151752020317	结构生物学	2	36			1151752020354	秋	5			
	1151752020359	生物分子仪器分析方法	2	36			1151752020354	秋	5			
	1151752011428	动物行为学	1	18			1151752020337 1151752020345	秋	5			

续表

课程类别	课程编码	课程名称	学分	总学时	实践学时		预修课程编码	开课学期	建议修读学期	辅修专业或辅修学位课程		备注
					实验学时	其他学时				辅修专业	辅修学位	
	1151752015369	R 语言及其在生物学中的应用	2	36			1151751949333	春	6			
	1151752011346	生态工程学	2	36			1151752020345	春	4			
	1151752011347	应用生态学	2	36	6		1151752020345	秋	5		是 §	
	1151751949423	草坪与园林	2	36	4		1151752020345	秋	5			
	1151752011353	草地学	2	36			1151752020345	春	8			
专业系列课程	1151752011339	保护生物学	2	36			1151752020345	秋	5		是 §	
	1151752011352	作物资源学	1	18			1151752020345	秋	7			
	1151752015370	化学生态学	2	36			1151752020345	春	6			
	1151752020326	干细胞生物学	2	36			1151752020341	春	4			
	1151752020334	癌症治疗学	2	36			1151752020341	秋	7			

3. 发展方向课程

发展方向课程是任意选修课程模块,须修读不少于 25 学分。学生可以根据个人兴趣和未来发展需要,在辅修专业课程、辅修学位课程、教师教育课程等模块中自主选择,也可以在全校开设的所有课程中任意选择。有意从事教师职业的学生建议选择教师教育课程作为发展方向课程,具体课程参见生物科学(公费师范)专业中的教师教育课程目录。有意攻读本学院相应专业研究生的学生,也可以选修下表中的生物学各二级学科的研究生课程;最多只能选修 2 门,其修读的学分可以被认定为攻读本学院相应专业的研究生课程学分。

课程类别		课程编码	课程名称	学分	总学时	实践学时		预修课程编码	开课学期	建议修读学期
						实验学时	其他学时			
发展方向课程	生理生化微生物	1151752011350	糖生物学	2	36			1151752020354	春	6
	遗传	1151752020318	基因组学	2	36			1151752020343	春	6
	细胞	1151752020319	细胞重要生命活动调控	2	36			1151752020341	春	6
	动物学	1151752011349	动物生态学	2	36			1151752020337	春	6
	植物学	1151752020320	植物系统学	2	36			1151752020302	春	6
	生态学	1151752020321	全球变化生态学	2	36			1151752020345	春	6
	草业学	1151752020322	土壤生态学	2	36			1151752020345	春	6

4. 辅修专业课程

基地班学生根据发展规划辅修物理或化学专业的课程,须修读不少于 25 学分。若以下目录中的辅修课程存在与之内容对应的学院开设课程,且其难度同等于或高于学院对应课程,则可以该辅修课程替代学院对应课程的修读。

表 1　物理学专业辅修专业课程目录

课程类别	课程编码	课程名称	学分	总学时	实践学时	开课学期	建议修读学期	辅修专业	对应学院课程
专业基础课	1151731950500	力学	3	54		秋	1	是	大学物理（一）(1151731985510)
专业基础课	1151731950501	热学	3	54		春	2	是	大学物理（一）(1151731985510)
专业基础课	1151731950502	电磁学	3	54		春	2	是	大学物理（二）(1151731985511)
专业基础课	1151731950503	光学	3	54		秋	3	是	大学物理（二）(1151731985511)
专业基础课	1151731950504	原子物理	3	54		春	4	是	
专业主干课	1151731963318	理论力学	3	54		秋	5	是	
专业主干课	1151731959319	电动力学	3	54		秋	5	是	
专业主干课	1151731959320	热力学与统计物理	3	54		春	6	是	
专业主干课	1151731959321	量子力学	4	72		春	6	是	

表 2　材料物理专业辅修专业课程目录

课程类别	课程编码	课程名称	学分	总学时	实践学时	开课学期	建议修读学期	辅修专业	对应学院课程
大类平台课	1151742015341	化学概论	3	54		秋	1	是	
大类平台课	1151742000312	基础化学实验 A-1	1.5	54	54	秋	1	是	
专业基础课	1151731950500	力学	3	54		秋	1	是	大学物理（一）(1151731985510)
大类平台课	1151222015604	高等数学 A-2	4	72		春	2	是	高等数学 B (1151702005003)
大类平台课	1151222015606	线性代数 A	4	72		春	2	是	线性代数 B (1151222015607)
专业基础课	1151731950501	热学	3	54		春	2	是	大学物理（一）(1151731985510)
专业基础课	1151731950502	电磁学	3	54		春	2	是	大学物理（二）(1151731985511)
专业基础课	1151731950305	基础物理实验 1	1.5	54	54	春	2	是	

续表

课程类别	课程编码	课程名称	学分	总学时	实践学时	开课学期	建议修读学期	辅修专业	对应学院课程
专业基础课	115173195050503	光学	3	54		秋	3	是	大学物理（二）(11517319855511)
专业基础课	115173200434343	材料科学基础	2	36		春	4	是	
专业主干课	115173202055552	材料物理	3	54		春	4	是	
专业主干课	115173195959321	量子力学	4	72		春	6	是	

表 3　化学专业辅修专业课程目录

课程类别	课程编码	课程名称	学分	总学时	实践学时	开课学期	建议修读学期	辅修专业	对应学院课程
大类平台课	115173198555510	大学物理（一）	3	54	6	秋	1	是	
大类平台课	115174201534341	化学概论	3	54	9	秋	1	是	
专业基础课	115174200035351	分析化学	2	36	8	秋	1	是	分析化学 (115175201530306)
大类平台课	115173198555511	大学物理（二）	3	54	6	春	2	是	
大类平台课	115173195050512	大学物理实验 A	1.5	54	54	春	2	是	
大类平台课	115174200031312	基础化学实验 A-1	1.5	54	54	春	2	是	
专业基础课	115174200035355	有机化学 A-1	3	54	12	春	2	是	有机化学 (115175202035353)
专业基础课	115174200035356	有机化学 A-2	3	54	12	秋	3	是	有机化学 (115175202035353)
专业主干课	115174200035358	基础化学实验 A-2	2	72	72	秋	3	是	
专业基础课	115174200033336	无机化学	3	54	9	春	6	是	

七、课程与毕业要求对应关系矩阵

课程类别		课程名称	毕业要求					
			道德素养	知识整合	创新能力	多维视野	交流合作	自主学习
通识教育课程		思想道德与法治（2021级开始）思想道德修养与法律基础（2020级）	H*			M		
		中国近现代史纲要	H*			M		
		马克思主义基本原理	H			M		
		毛泽东思想和中国特色社会主义理论体系概论	H*			M		
		习近平新时代中国特色社会主义思想概论	H*			M		
		形势与政策	H				M	M
		"四史"	H	H	L	M	M	M
		体育	M					H
		国防教育	H*			M		
		劳动教育	H*				M	
		大学生心理健康（2021级开始）	M				H*	
		中文写作		M			H	
		大学外语		M		H		H
		信息技术		M	M	H*		
		高等数学 B		H*		H		M
学科基础课程	大类平台课程	线性代数 B		H		H		
		概率论与数理统计		H		M		
		大学物理（一）		H*	M	H		
		大学物理（二）		H	M	H		
		大学物理实验 A		M	H		L	
		化学概论		H	M	H		
		化学基础实验 A			H		M	

续表

课程类别		课程名称	毕业要求					
			道德素养	知识整合	创新能力	多维视野	交流合作	自主学习
学科基础课程	专业基础课程	有机化学		H*		M		
		有机化学实验		M	H			M
		物理化学		M		H*		
		物理化学实验			H		M	
		分析化学		H		M		
		生物化学		H*	H		M	M
		植物生物学		H				M
		动物学		H				M
		微生物学		H				M
		生物学基础实验 I		M	H		M	
		生物学基础实验 II		M	H		M	
		生物学基础实验 III		M	H		M	
专业主干课程		人体及动物生理学		H*			M	
		遗传学		H			M	
		细胞生物学		H			M	
		分子生物学		H		H*	M	
		生态学		H*			M	
		综合野外实习	M		H		H	H
综合实践课程		毕业论文		M	H*	L	H*	H
		科学研究训练与创新 I			H*		M	
		科学研究训练与创新 II			H*		M	
专业系列课程		生命科学史	H	H		M		
		生物学文献及科技写作		M			H	
		科研伦理与学术规范	H*					
		综合实验 I（生理 - 生化 - 微生物）			H		H*	M
		综合实验 II（细胞 - 分子）			H		H*	M
		综合实验 III（遗传）			H		H*	M
		生物统计学		M		H		
		生物信息学		M		H		
		人体组织与解剖学		H		M		

续表

课程类别	课程名称	毕业要求					
		道德素养	知识整合	创新能力	多维视野	交流合作	自主学习
专业系列课程	发育生物学		H		M		
	神经生物学		H		M		
	免疫学		H		M		
	进化生物学		H	M	H		
	高级生物化学			H*	M	M	H*
	表观遗传学			H*	M	M	H*
	细胞分子生物学			H*	M	M	H*
	生态学原理			H*	M	M	H*
	肿瘤细胞生物学		H				L
	植物学拉丁文		M		H		
	生物防治		H		L		
	病毒学		H		L		
	资源昆虫学		H		L		
	结构生物学		H		L		
	生物分子仪器分析方法		M		H		
	动物行为学		H		L		
	R语言及其在生物学中的应用		H	M			
	生态工程学		M		H		
	应用生态学		H	M			
	草坪与园林		H	M			
	草地学		M		H		
	保护生物学		H		M		
	作物资源学		M		H		
	化学生态学		M		H		
	干细胞生物学		M		H		
	癌症治疗学		H		M		

注：该矩阵中H代表教学环节对毕业要求高支撑，M代表教学环节对毕业要求中支撑，L代表教学环节对毕业要求低支撑。* 表示该课程是与每项毕业要求达成关联度最高的课程。

八、课程对毕业要求的支撑强度权重

课程名称	毕业要求																	
	道德素养			知识整合			创新能力			多维视野			交流合作			自主学习		
	1-1	1-2	1-3	2-1	2-2	2-3	3-1	3-2	3-3	4-1	4-2	4-3	5-1	5-2	5-3	6-1	6-2	6-3
思想道德与法治(2021级开始) 思想道德修养与法律基础(2020级)		0.2	0.3															
中国近现代史纲要	0.2																	
马克思主义基本原理		0.2																
毛泽东思想和中国特色社会主义理论体系概论	0.4																	
习近平新时代中国特色社会主义思想概论		0.4																
形势与政策		0.2																
"四史"			0.3															
体育																		0.3
国防教育	0.2																	
劳动教育	0.2																	
大学生心理健康(2021级开始)															0.2			
中文写作													0.4					
大学外语										0.4							0.2	0.3
信息技术											0.4							
高等数学B				0.3							0.2							
大学物理				0.3							0.2							
化学概论											0.2							

续表

课程名称	毕业要求																	
	道德素养			知识整合			创新能力			多维视野			交流合作			自主学习		
	1-1	1-2	1-3	2-1	2-2	2-3	3-1	3-2	3-3	4-1	4-2	4-3	5-1	5-2	5-3	6-1	6-2	6-3
有机化学				0.4														
物理化学											0.3							
生物化学					0.4													
生物学基础实验									0.2									
人体及动物生理学						0.5												
遗传学					0.3													
细胞生物学					0.3													
分子生物学											0.3							
生态学						0.5												
综合野外实习															0.4	0.4		
毕业论文									0.5					0.6	0.4	0.4		0.4
科学研究训练与创新									0.3									
生物学学科理解										0.6		0.4						
科研伦理与学术规范			0.4															
综合实验Ⅰ（生理-生化-微生物）								0.4						0.4				
综合实验Ⅱ（细胞-分子）								0.3						0.3				
综合实验Ⅲ（遗传）								0.3						0.3				
高级生物化学							0.5										0.3	
表观遗传学							0.2										0.2	
细胞分子生物学							0.3										0.2	
生态学原理																	0.3	

九、辅修课程说明

辅修课程面向全校学生开设，是为学生拓宽知识面、增强适应性而提供的选择。

1. 辅修专业课程

辅修专业课程包括本专业人才培养方案"辅修专业"一栏标注为"是"的学科基础课程和专业主干课程。带有"#"的课程为实验类课程，学生只需要选修其中的一门课程即可。符合主修专业毕业要求，并修满不少于 25 学分的学生，颁发生物科学专业辅修证书。

2. 辅修学位课程

辅修学位课程包括本专业人才培养方案"辅修学位"一栏标注为"是"的学科基础课程、专业主干课程和专业系列课程。带有"#"的课程为实验类课程，学生只需要选修其中的一门课程即可。带有"§"的课程为专业系列课，学生需要根据自己兴趣选修至少 15 学分。学生必须修满不少于 40 学分。符合《东北师范大学本科学生学士学位授予细则》规定的学生，授予理学辅修学士学位。

生物科学专业（"2+X"）人才培养方案（2023 级）

一、培养目标及培养要求

本专业培养德智体美劳全面发展，具有良好的政治素质和道德修养，具备扎实的生物科学基本理论、创新精神与实践能力，能在科研机构、高等学校及企事业单位从事科学研究、教学及管理工作的生物科学拔尖人才。

培养方案要求学生掌握数、理、化等方面的基本理论和基本知识，掌握系统而扎实的生物科学基本理论、基础技能，了解生物学科发展现状和前景，具有较熟练的计算机运用能力，熟练掌握一门外国语，并具有较强解决问题的能力及适应社会需求的能力。

二、毕业要求及授予学位类型

本专业学生毕业时须满足通识教育课程（含通识教育核心课程和专项教育课程）49 学分、专业培养课程 77.5 学分（含毕业论文 6 学分）和多元发展课程的修读要求，总学分不低于 163.5 学分（含实践学分不低于 41 学分，含美育学分，其中至少在"美学和艺术史论类"或"艺术鉴赏和评论类"课程中修读 1 学分，并至少参与 1 项艺术教育不少于 32 学时，并满足劳动周教育要求），达到学位要求者授予理学学士学位。

三、课程设置与修读要求

（一）通识教育课程（49 学分）

通识教育课程包括通识教育核心课程和专项教育课程。通识教育核心课程要求修读 27 学分，含思想政治理论课 19 学分，七大模块课程 8 学分。通识教育专项教育课程要求修读 22 学分。

（二）专业培养课程（77.5 学分）

专业培养课程包括大类基础课程和专业核心教育课程。大类基础课程要求修读自然科学类基础课程 29 学分。专业核心教育课程要求必修 48.5 学分（含安全教育 8 学时），课程设置如下：

课程模块	课程名称	课程代码	学分	周学时	含实践学分	含劳动教育总学时	含美育学分	开课学期	备注
专业核心教育课程	有机化学	CHEM130049	4	4	0	0	0	3	
	有机化学实验	CHEM130050	2	3	2	4	0	3	
	分析化学	CHEM130071	2	2	0	0	0	3	
	分析化学实验	CHEM130072	2	3	2	4	0	3	
	普通生物学	BIOL130184	3	3	0	0	0	3	
	普通生物学实验 – 动物	BIOL130185	1.5	3	1.5	2	0	3	
	普通生物学实验 – 植物	BIOL130186	1.5	3	1.5	2	0	3	
	生物化学 A（上）	BIOL130005	3	3	0	0	0	4	
	生物化学 A（下）	BIOL130188	2	2	0	0	0	4	
	生物化学实验	BIOL130007	1.5	3	1.5	2	0	4	
	细胞生物学	BIOL130008	3	3	0	0	0	4	
	细胞生物学实验	BIOL130009	1.5	3	1.5	2	0	4	
	生理学	BIOL130014	3	3	0	0	0	4	
	生理学实验	BIOL130187	1.5	3	1.5	0	0	4	
	微生物学	BIOL130010	3	3	0	0	0	5	
	微生物学实验	BIOL130011	1.5	3	1.5	2	0	5	
	遗传学	BIOL130012	3	3	0	0	0	5	
	遗传学实验	BIOL130013	1.5	3	1.5	2	0	5	
	分子生物学	BIOL130065	2	2	0	0	0	5	
	毕业论文（上）	BIOL130138	2	0	2	4	0	7	
	毕业论文（下）	BIOL130139390	4	0	4	8	0	8	须先通过毕业论文（上）

（三）多元发展课程

1. 专业进阶路径

选择专业进阶路径的学生应修专业进阶Ⅰ17学分和专业进阶Ⅱ16学分，任意选修4学分。完成的学生，可以申请推免直研资格，毕业时获得生物科学专业毕业证书及学士学位证书。

（1）专业进阶Ⅰ（17学分，含安全教育4学时）

应包括至少4门＊标课程，二选一课程必选1门且限选1门，2门均选则其中1门计为任意选修课程。具体课程设置如下：

课程模块	课程名称	课程代码	学分	周学时	含实践学分	含劳动教育总学时	含美育学分	开课学期	备注
必选4门	生物统计学*	BIOL130024	3	3	0.5	0	0	秋	
	基因组学*	BIOL130037	2	2	0	0	0	秋	
	生物信息学*	BIOL130046	3	3	0	0	0	春	
	进化生物学*	BIOL130074	2	2	0	0	0	春	
	发育生物学*	BIOL130168	3	3	0	0	0	秋	
	免疫学*	BIOL130026	2	2	0	0	0	秋	
	科学研究方法与论文写作*	BIOL130051	2	2	0	0	0	春	全英语授课二选一
	生命科学科研伦理和规范*	BIOL130067	2	2	0	0	0	春、秋	
细胞发育	植物细胞与发育生物学	BIOL130111	2	2	0	0	0	秋	
	干细胞与细胞命运决定	BIOL130169	2	2	0	0	0	春	
神经生理	神经生物学概论	BIOL130039	2	2	0	0	0	秋	
	功能解剖学和组织学	BIOL130191	3	3	0.5	0	0	秋	
	代谢生物学	BIOL130193	3	3	0	0	0	秋	
生物化学	蛋白质与蛋白质工程	BIOL130033	2	2	0	0	0	春	
	结构生物学	BIOL130172	2	2	0	0	0	春	
	核酸的化学与生物学	BIOL130035	2	2	0	0	0	春	
遗传和人类学	遗传分析原理	BIOL130057	2	2	0	0	0	秋	
	表观遗传学	BIOL130080	2	2	0	0	0	秋	
微生物和免疫	病原生物学基础	BIOL130177	2	2	0	0	0	春	
生物计算	生命科学中的机器学习	BIOL130173	2	2	0.5	0	0	秋	
生态	生物多样性科学导论	BIOL130122	2	2	0	0	0	秋	
实践	生物学野外实习	BIOL130047	2	0	2	0	0	暑期	

（2）专业进阶 II（16 学分，含安全教育 2 学时）

任选 16 学分，其中"科学素养"模块最多选 1 门，超过则计入"任意选修"；二选一课程必选 1 门且限选 1 门，2 门均选则其中 1 门计为任意选修课程。具体课程设置如下：

课程模块	课程名称	课程代码	学分	周学时	含实践学分	含劳动教育总学时	含美育学分	开课学期	备注
科学素养	艺术、科学研究与创新思维	BIOL130110	2	2	0	0	2	春	
	定量生物物理学前沿导论	BIOL130167	2	2	0	0	0	秋	
	生命科学交叉前沿专题	BIOL130083	2	2	0	0	0	春	
	生命科学创新实践（上）	BIOL130157	1	2	0.5	0	0	暑	此组计为1门
	生命科学创新实践（下）	BIOL130158	1	2	0.5	0	0	秋	
细胞发育	植物生理学	BIOL130087	2	2	0	0	0	秋	
	现代显微成像技术在细胞生物学研究中的应用	BIOL130154	3	0	1	0	0	暑	
	细胞器生物学	BIOL130170	2	2	0	0	0	秋	
	癌生物学	BIOL130171	2	2	0	0	0	春	
	发育与代谢	BIOL130148	2	2	0	0	0	秋	
生物计算	统计学导论	BIOL130113	2	2	0	0	0	秋	
	微阵列芯片和高通量测序数据分析与应用	BIOL130115	2	2	0.5	0	0	秋	
	线性统计分析	BIOL130116	2	2	0	0	0	春	
	R语言与统计计算	BIOL130174	2	2	0.5	0	0	春	
	大数据与精准医学	BIOL130194	2	2	0	0	0	秋	
微生物免疫	微生物分子生态学	BIOL130176	2	2	0	0	0	春	
	病毒学	BIOL130031	2	2	0	0	0	秋	
	微生物分子遗传与代谢	BIOL130175	2	2	0	0	0	秋	
遗传和人类学	精神卫生学概论	BIOL130091	2	2	0.5	0	0	春	
	基因检测技术	BIOL130179	2	2	0	0	0	秋	
	人类表型组学	BIOL130180	3	3	0	0	0	秋	
	医学分子遗传学	BIOL130029	2	2	0	0	0	秋	
	遗传操作原理与应用	BIOL130178	3	3	0.5	0	0	秋	
	人类进化遗传学	BIOL130073	2	2	0	0	0	春	全英语授课
神经生理	生物物理学	BIOL130038	2	2	0	0	0	秋	
	脑认知与信息处理	BIOL130182	2	2	0	0	0	秋	

续表

课程模块	课程名称	课程代码	学分	周学时	含实践学分	含劳动教育总学时	含美育学分	开课学期	备注
生化和分子生物学	蛋白质组学	BIOL130055	2	2	0	0	0	春	
	计算结构生物学	BIOL130056	2	2	0	0	0	秋	
	生物热力学	BIOL130093	2	2	0	0	0	春	全英语授课
	RNA 生物学	BIOL130190	2	2	0	0	0	春	
实验	基因工程实验	BIOL130017	1.5	3	1.5	0	0	秋	二选一
	高级生化技术	BIOL130016	1.5	3	1.5	0	0	暑期	

注：进阶课程开课学期仅供参考，可能因客观原因调整。

（3）任意选修（4 学分）

可在全校所有本科生课程中任意选修 4 学分。

2. 荣誉项目路径

荣誉项目课程设置和修读要求请见复旦大学生命科学学院本科"荣誉项目"实施方案。

3. 跨学科发展路径

要求修读专业进阶Ⅰ和非本专业独立开设的学程，或 2 个非本专业独立开设的学程，不足 37 学分部分可在全部本科生课程中任意选修。完成跨学科发展路径的学生，毕业时将获得生物科学（跨学科）毕业证书及学士学位证书。完成学程修读要求的学生可获得相应的学程证书。

4. 辅修学士学位（双学位）路径

要求至少修读专业进阶Ⅰ和 1 个非生命科学学院独立开设的辅修学士学位项目。

辅修学士学位项目课程设置详见复旦大学教务处辅修学士学位项目网页，完成辅修学士学位修读要求，且达到学校毕业和学位授予要求的学生可获得学位证书。完成辅修学士学位路径的学生，毕业时将获得生物科学（跨学科）毕业证书、学士学位证书。

5. 创新创业路径

要求修读 1 个创新创业学院开设的创新创业学程，以及 1 个非生命科学学院独立开设的学程，不足 37 学分部分可在全部本科生课程中任意选修。完成创新创业路径的学生，毕业时将获得生物科学（应用）毕业证书及学士学位证推免直研资格，生命科学学院也不为其提供专业排名。创新创业学程课程详见复旦大学教务处学程项目网页。

13. 同济大学

生物科学专业人才培养方案（2024 级）

一、专业介绍

2009 年，教育部启动了"基础学科拔尖学生培养试验计划"。同济大学为构建基础学科拔尖人才培养体系，探索基础学科创新教育教学模式，促进教学方式、教学内容、课程体系、实践环节的改革，培养相关基础学科的拔尖创新人才，2011 年 9 月，由裴钢院士领衔，成立"同济大学基础学科拔尖学生培养试验基地"，在生命科学、海洋科学与物理科学 3 个基础学科进行拔尖创新人才培养试点工作。经过十余年在拔尖创新人才培养上的一系列探索与实践，2020 年学院生物科学拔尖学生培养基地成功入选教育部基础学科拔尖学生培养计划 2.0 基地，2021 年入选教育部生物学一流学科建设名单，2022 年入选国家级一流本科专业建设点名单。

同济大学生物科学拔尖学生培养基地面向国家战略需求，依托教育部"细胞干性与命运编辑"前沿科学中心、国家干细胞转化资源库等优质科研平台，以干细胞和再生医学、生物信息学、重大疾病的基础与转化医学研究为特色，通过强化基础、大师引领、科教融合、交叉培养、注重实践、国际合作等方式，致力于培养具有优秀道德素质修养、原创性思维和科研创新能力并服务于国家战略的生物科学领域领军人才。

二、学制与授予学位

四年制本科。

本专业所授学位为理学学士。

三、基本学分要求

生命科学拔尖人才培养基本学分要求：

课程性质		学分	占比 /%
通识教育课程	通识必修课	24	14.24
	通识选修课	8	4.75
公共基础课程		33	19.58
专业教育课程	专业基础课	23	13.65
	专业必修课	20	11.87
	专业选修课	18	10.68
实践环节课程		42.5	25.22
合计毕业学分		168.5	100.00

四、培养目标

在"同济天下、崇尚科学、创新引领、追求卓越"的人才培养理念和"引领未来的社会栋梁与专业精英"的人才培养目标指导下,本专业把培养践行社会主义核心价值观,德智体美劳全面发展的社会主义事业接班人和建设者作为首要目标,把培养拔尖创新人才作为崇高使命和责任。按照教育部"基础学科拔尖学生培养试验计划"的标准,秉承"个性发展,性格塑造,独立思考,探索实践"的理念,本专业拔尖班旨在培养 21 世纪生命科学发展急需的,具有"通专基础、学术素养、创新思维、实践能力、全球视野、社会责任"综合特质的,热爱生命科学并能致力于生物科学基础研究的、具有原创性科学思想且具有良好道德素质修养和科研创新能力的、能够引领国际生命科学创新研究的大师级后备人才。

五、毕业要求

1. 思想政治和德育方面按照教育部统一要求执行。

2. 业务方面:

① 掌握生物技术基础知识和基本理论。能够熟练将自然科学、生命科学技术的基础知识和基本理论用于解决复杂生命科学问题。熟悉生物技术及其产业的相关方针、政策和法规。

② 具有优秀的问题分析能力。掌握本专业所需的数学、物理学、化学、生物学等学科的基础知识,掌握生物技术研究的方法和手段,并通过文献研究,具备发现、提出、分析和解决生物技术相关问题的能力。

③ 具备优秀的科学研究能力和创新意识。在研究复杂生命现象过程中能用周到、缜密的思维发现问题,提出疑问,能够基于科学原理,用发展的眼光制定解决问题的措施,并采用科学方法对复杂生命科学问题进行研究,包括实验设计、分析与解释数据、并通过信息综合得到合理有效的结论。

④ 合理使用现代工具。能够针对复杂生命科学问题,选择与使用合适的技术、资源、现

代生物工程工具和信息技术工具,对复杂生命问题进行预测与模拟,并能够理解其局限性。

⑤ 具有良好的职业素养。具有人文社会科学素养、社会责任感,能够在生命科学实践中理解并遵守职业道德和规范,履行责任。

⑥ 具有良好的个人素质和团队合作能力。在多学科背景的团队中能够担任个体、团队成员及负责人的角色。

⑦ 具备良好的沟通能力。能够针对复杂生命科学问题与业界同行及社会公众进行有效沟通和交流,包括撰写报告和设计文稿、陈述发言、清晰表达。具备一定的国际视野,能够在跨文化背景下进行沟通和交流。

⑧ 具有终身学习和可持续发展能力。具有自主学习和终身学习的意识,有不断学习和适应发展的能力。

⑨ 身心健康。具有健康的个性品质和体魄,能够适应职业发展和应对挑战。

3. 体育方面:掌握体育运动的一般知识和基本方法,形成良好的体育锻炼和卫生习惯,达到国家规定的大学生体育锻炼合格标准。

4. 美育方面:了解音乐、美术、舞蹈等艺术类相关知识,培养学生的审美感觉和审美欣赏能力,发掘社会生活中的美来启迪心灵,通过健康的艺术欣赏,提高审美能力,培养高品位生活情趣,激发自觉追求美的人生境界。

5. 劳育方面:具有正确的劳动观和劳动态度,能以客观公正、平等尊重的态度对待一切劳动,并尊重每一位普通劳动者,热爱劳动和劳动人民。具有从事生物技术相关产业所具备的知识、技术、技巧及综合运用这些知识、技术、技巧的能力。

六、主干学科

生物科学。

七、课程体系知识结构图／矩阵图

课程	第一学期	第二学期	第三学期	第四学期	第五学期	第六学期	第七学期	第八学期
思政类	中国近现代史纲要	思想道德与法治	马克思主义基本原理	毛泽东思想和中国特色社会主义理论体系概论	习近平新时代中国特色社会主义思想概论			
	社会实践							
		形势与政策						
军体类	军训（暑假）	军事理论						
	军事理论							
			体育					
英语课		大学英语						
计算机及人工智能课	大学计算机A	Python程序设计 /C/C++程序设计						
	人工智能科学与技术							
基础课程		高等数学						
	医用物理学	有机化学（医）						
	基础化学	有机化学						
	基础化学实验	有机化学实验						

续表

课程	第一学期	第二学期	第三学期	第四学期	第五学期	第六学期	第七学期	第八学期
	基础学科导论	基础学科前沿		生物科学与转化医学实验			毕业论文Ⅰ(6周)	毕业论文Ⅱ(10周)
	生命科学导论							
专业课程			生物化学	细胞生物学	生物统计学	细胞工程		
			生物化学实验	细胞生物学实验	生理学	表观遗传学		
			生物学概论	分子生物学	生理学实验	干细胞转化		
			生物学概论实验	分子生物学实验	发育生物学	干细胞新技术		
				生物信息学导论实验	基因工程	科研实践		
				微生物学	基因工程学实验			
				微生物学实验	遗传学			
				生物学野外综合实习(暑期)	遗传学实验			
				生命科学前沿与实践	干细胞生物学			
				现代生物学综合实验(暑期)	干细胞基础实验			
				核酸生物学实验(暑期)	免疫学			
					免疫学实验			
通识选修				修满 8 学分				

八、核心课程

生物学概论、生物化学、分子生物学、基因工程学、细胞生物学、生理学、发育生物学、干细胞生物学、遗传学、表观遗传学、微生物学、蛋白质化学、生物信息学导论、基础学科前沿、生命科学导论等。

九、教学安排一览表

课程编号	课程名称	考试/查	学分	学时/周数	上机时数	实验时数	一	二	三	四	五	六	七	八	九	十
							各学期周学时分配/周数分配									
一、通识教育课程（必修 32 学分）																
通识必修课（必修 24 学分）																
540112	思想道德与法治	试	3	51				3								
540039	中国近现代史纲要	试	3	51			3									
540111	马克思主义基本原理	试	3	51					3							
50002950029	毛泽东思想和中国特色社会主义理论体系概论	试	3	51						3						
50002950030	习近平新时代中国特色社会主义思想概论	查	3	51							3					
540099	形势与政策	查	0.5	17			1									
540100	形势与政策	查	0.5	17				1								
540101	形势与政策	查	0.5	17					1							
540102	形势与政策	查	0.5	17						1						
320001-4	体育	查	4	136			2	2	2	2						
320005-6	体育	查	1	68							2	2				
320007-8	体育	查	0										2	2		
360029	军事理论	查	2	34				2								
002137	社会实践	查	0	32			1									

续表

课程编号	课程名称	考试/查	学分	学时/周数	上机时数	实验时数	各学期周学时分配/周数分配									
							一	二	三	四	五	六	七	八	九	十

通识选修课（必修8学分）

每个学生必须修读2学分创新创业的通识选修课程。学生除在创新创业通识选修课程库中选修外，还可通过学校层面创新学习记录过程认定"创新创业能力"课程和学院层面"创新创业能力拓展项目"课程申请取得学分。每位学生必须修读美育类线上课程"大学美育"（课号50002850001，0.5学分，17学时）及1门美育类线下实践课程（美育类实践通识课程可通过选读、认定多种途径完成）。

二、公共基础课程（必修33学分）

课程编号	课程名称	考试/查	学分	学时/周数	上机时数	实验时数	一	二	三	四	五	六	七	八	九	十
	英语	试	6	102				2	2	2						
50006370016	人工智能科学与技术（生命与医学类）	查	1.5	34					2							
122137-8	高等数学A	试	12	204				6	6							
50002440012	大学计算机A	查	1	17				1								
124078	医用物理学	试	4	68				4								
123196	基础化学	试	3	51				3								
123209	有机化学（医）	试	3	51					3							
100373	C/C++程序设计	二选一 查	2.5	51					2.5							
100531	Python程序设计	查	2.5	51					2.5							

三、专业教育课程

专业基础课（必修23学分）

课程编号	课程名称	考试/查	学分	学时/周数	上机时数	实验时数	一	二	三	四	五	六	七	八	九	十
170316-7	基础学科前沿	查	4	68				2	2							
170255	生理学	试	3	51								3				
170322	生命科学导论	查	2	34				2								
170349	生物学概论	试	4	68						4						
170010	生物化学	试	4	68						4						
170015	细胞生物学	试	3	51							3					
170017	分子生物学	试	3	51							3					

专业必修课（必修20学分）

课程编号	课程名称	考试/查	学分	学时/周数	上机时数	实验时数	一	二	三	四	五	六	七	八	九	十
170156	细胞工程	试	2	34	20								2			
170227	发育生物学	试	2	34								2				
170274	基因工程学	试	2	34								2				
170014	遗传学	试	2	34								2				

续表

课程编号	课程名称	考试/查	学分	学时/周数	上机时数	实验时数	一	二	三	四	五	六	七	八	九	十
							各学期周学时分配/周数分配									
170019	生物统计学	查	2	34							2					
170167	免疫学	试	2	34							2					
170148	微生物学	试	2	34						2						
170310	表观遗传学	查	2	34								2				
170331	干细胞生物学	查	2	34								2				
170333	干细胞转化(#)	查	1	17								1				
170332	干细胞新技术(#)	查	1	17								1				

专业选修课(选修 18 学分)

课程编号	课程名称	考试/查	学分	学时/周数	上机时数	实验时数	一	二	三	四	五	六	七	八	九	十
170234	生物制药工程	查	2	34		12						2				
50002680137	全球胜任力	查	2	34						2						
50002880001	生物信息学导论	查	2	34						2						
170224	进化生物学	查	2	34								2				
50002880019	模式生物与动物疾病模型	查	1	17									1			
50002880020	器官发生与类器官	查	2	34									2			
170144	酶工程与发酵工程	试	2	34								2				
170241	发酵工程实验	查	1	34		34						暑期				
170065	蛋白质化学	查	2	34								2				
170021	资源植物学	查	2	34		8					2					
170305	现代生态学	查	2	34		8						2				
170040	显微及亚显微技术	查	2	34		20						2				
170116	药学基础	查	2	34						2						
170236	纳米生物学	查	2	34								2				
170169	计算机辅助医学	查	2	34								2				
100746	数据库与数据仓库技术	试	2	34								2				
170277	生物信息学算法与实践	查	2	34	8							2				
170307	计算基因组学	试	2	34								2				
122010	线性代数 B	试	3	51					3							

续表

课程编号	课程名称	考试/查	学分	学时/周数	上机时数	实验时数	各学期周学时分配/周数分配									
							一	二	三	四	五	六	七	八	九	十
122015	数值方法与计算机算法	试	2	34									2			
122011	概率论与数理统计	试	3	51							3					
170285	文献检索与利用	查	1	17	12								1			
170229	机器学习理论与方法	查	2	34								2				
170347	神经生物学(荣)	查	2	34								2				
50002880005	高通量生物学	查	2	34	10								2			
50002880003	生物信息学编程基础	试	2	34									2			
50002880014	生物信息学编程基础实验	查	1	34	34								2			
50002880004	分子动力学模拟原理	查	2	34											2	
170247	计算基因组学实验	查	1	34	34										2	
170248	机器学习理论与方法实验	查	1	34	34							2				
50002880006	计算机辅助药物设计	查	2	34	12								2			
50002880007	计算系统生物学导论	查	2	34									2			
50002880009	计算蛋白质组学 *	查	2	34									2			
50002880010	合成生物学导论 *	查	2	34									2			
50002880011	统计遗传学 *	查	2	34									2			
50002880008	计算宏基因组学	查	2	34									2			
实践环节(必修42.5学分)																
123216	基础化学实验	查	1	34					2							
123124	有机化学实验	查	1	34						2						
170264	生物学概论实验	查	1	34	34					2						
360002	军训	查	2	2周			暑期									

续表

课程编号	课程名称	考试/查	学分	学时/周数	上机时数	实验时数	各学期周学时分配/周数分配									
							一	二	三	四	五	六	七	八	九	十
170213	生物学野外综合实习	查	2	2周						暑期						
170256	生理学实验	查	1	34		34					2					
170319	生命科学前沿与实践(#)	查	2	34		17				2						
170046	生物化学实验	查	1	34		34			2							
170050	细胞生物学实验	查	1	34		34				2						
50002880022	核酸生物学实验	查	2	2周						暑期						
170054	分子生物学实验	查	1	34		34				2						
170208	基因工程学实验	查	1	34		34					2					
170119	微生物学实验	查	0.5	17		17				1						
170160	遗传学实验	查	0.5	17		17					1					
170304	干细胞基础实验	查	1	34		34					2					
170259-62	生物科学与转化医学实验(#)	查	4	136		136			2	2	2	2				
170286	现代生物学综合实验(#)	查	2	2周		68				暑期						
50002880002	生物信息学导论实验	查	1	34		34				2						
170327	免疫学实验	查	0.5	17		17					1					
170325	毕业论文1	查	6	6周									6周			
170326	毕业论文2	查	10	10周										10周		
170348	科研实践	查	1	17									1			

备注: 标注 # 为平台课程。

生物科学专业培养计划(2023级)

致远荣誉计划

一、通识教育课程(要求最低 40 学分)

1. 公共课程类(要求最低 32 学分)

(1) 必修

要求最低 26 学分,须修满以下全部。

课程代码	课程名称	学分	总学时	理论学时	实践学时	年级	推荐学期	课程性质
MARX1 208	思想道德与法治	3.0	48	48	0	一	1	必修
KE1201	体育(1)	1.0	32	0	32	一	1	必修
MARX1 205	形势与政策	0.5	8	8	0	一	1	必修
PSY120 1	大学生心理健康	1.0	16	16	0	一	1	必修
MARX1 206	新时代社会认知实践	2.0	32	4	28	一	2	必修
MIL120 1	军事理论	2.0	32	32	0	一	2	必修
MARX1 202	中国近现代史纲要	3.0	48	48	0	一	2	必修
KE1202	体育(2)	1.0	32	0	32	一	2	必修
KE2201	体育(3)	1.0	32	0	32	二	1	必修
MARX1 219	习近平新时代中国特色社会主义思想概论	3.0	48	40	8	二	1	必修
MARX1 203	毛泽东思想和中国特色社会主义理论体系概论	3.0	48	48	0	二	2	必修
KE2202	体育(4)	1.0	32	0	32	二	2	必修
MARX1 204	马克思主义基本原理	3.0	48	48	0	三	1	必修
	总计	24.5	456	292	164			

(2) 英语选修

全部修业期间须修满 6 学分,且需达到学校英语培养目标基本要求,多修读学分计入个性化学分。

课程代码	课程名称	学分	总学时	理论学时	实践学时	年级	推荐学期	课程性质
FL2201	大学英语（2）	3.0	48	48	0	一	1	限选
FL1201	大学英语（1）	3.0	48	48	0	一	1	限选
FL4201	大学英语（4）	3.0	48	48	0	一	1	限选
FL3201	大学英语（3）	3.0	48	48	0	一	1	限选
FL5201	大学英语（5）	3.0	48	48	0	一	2	限选
总计		15.0	240	240	0			

2. 通识教育核心课程

最低须修满 8 学分。院系通识核心课程为必修；另外，须在人文科学、社会科学、自然科学 3 个模块中至少选 2 个模块且各至少 2 学分；艺术修养模块至少选修 2 学分。

（1）院系通识核心课程

必修，最低 2 学分。

课程代码	课程名称	学分	总学时	理论学时	实践学时	年级	推荐学期	课程性质
CHN13 50	学术写作与规范	2.0	48	48	0	二	1	通识核心课程
总计		2.0	48	48	0			

（2）人文科学

在人文科学、社会科学、自然科学 3 个模块中至少选 2 个模块。

（3）社会科学

在人文科学、社会科学、自然科学 3 个模块中至少选 2 个模块。

（4）自然科学

在人文科学、社会科学、自然科学 3 个模块中至少选 2 个模块。

（5）艺术修养

要求最低修 2 学分。

二、专业教育课程（要求最低 84 学分）

1. 基础类（要求最低 43 学分）

（1）必修

要求最低 37 学分，须修满以下全部。

课程代码	课程名称	学分	总学时	理论学时	实践学时	年级	推荐学期	课程性质
MATH1 205H	线性代数(荣誉)	5.0	80	80	0	一	1	必修
MATH1 607H	数学分析(荣誉)Ⅰ	6.0	96	96	0	一	1	必修
BIO126 0	生物学导论(微观生物学)(A类)	4.0	64	64	0	一	1	必修
CHEM1 208	无机与分析化学	4.0	64	64	0	一	1	必修
CHEM2 203	有机化学	4.0	64	64	0	一	2	必修
PHY120 1H	物理学引论(荣誉)Ⅰ	5.0	80	80	0	一	2	必修
MATH1 608H	数学分析(荣誉)Ⅱ	4.0	64	64	0	一	2	必修
PHY120 2H	物理学引论(荣誉)Ⅱ	5.0	80	80	0	二	1	必修
	总计	37.0	592	592	0			

(2) 基础选修课(要求最低 6 学分)

全部修业期间至少选修下列概率统计类课程(MATH1207、MATH1206H、MATH2701、MATH2703、MATH2750、MATH2751、MATH3701)和程序类课程(CS1955、CHEM1220、CS1501、CS170)各 1 门,优先选修致远学院开设的概率类和程序类课程。

课程代码	课程名称	学分	总学时	理论学时	实践学时	年级	推荐学期	课程性质
MATH2 750	概率论	3.0	48	48	0	二	1	限选
MATH1 206H	数理方法(荣誉)	3.0	48	48	0	二	1	限选
MATH2 751	统计数据分析	3.0	48	48	0	二	1	限选
MATH2 701	概率论	4.0	64	64	0	二	1	限选
MATH2 703	概率论与测度论	4.0	64	64	0	二	1	限选
MATH3 701	数理统计	4.0	64	64	0	二	1	限选
MATH1 207	概率统计	3.0	48	48	0	二	1	限选
CS1955	计算机科学导论	3.0	48	48	0	二	2	限选
CHEM1 220	Python 编程及数据科学基础	3.0	48	48	0	三	1	限选
CS170	程序设计思想与方法(C)	3.0	48	48	0	三	1	限选
CS1501	程序设计思想与方法(C++)	4.0	80	48	32	三	1	限选
	总计	37.0	608	576	32			

2. 专业类(要求最低 41 学分)

(1) 必修

要求最低 29 学分,须修满以下全部。

课程代码	课程名称	学分	总学时	理论学时	实践学时	年级	推荐学期	课程性质
BIO125 6	生物学导论讨论课(1)	2.0	64	64	0	一	1	必修
BIO125 8	生物学导论讨论课(2)	2.0	32	32	0	一	2	必修
BIO125 7	生物学导论(宏观生物学)	4.0	64	64	0	一	2	必修
CHEM2 251	物理化学	3.0	48	48	0	二	1	必修
BIO235 5	生物化学	4.0	64	64	0	二	1	必修
BIO235 6	生物化学讨论课	2.0	32	32	0	二	1	必修
BIO235 1	遗传学	4.0	64	64	0	二	2	必修
BIO235 2	遗传学讨论课	2.0	32	32	0	二	2	必修
BIO335 1	细胞生物学讨论课	2.0	32	32	0	三	1	必修
BIO335 0	细胞生物学	4.0	64	64	0	三	1	必修
总计		29.0	496	496	0			

(2) 专业选修课

全部修业期间须修满 12 学分。除致远学院开设的专业选修课外,其他专业选修课必须是其他院系高年级的相关专业课程(农业与生物学院、生命科学技术学院、生物医学工程学院、医学院等)。

课程代码	课程名称	学分	总学时	理论学时	实践学时	年级	推荐学期	课程性质
BIO135 0	计算生物学	2.0	32	32	0	一	3	限选
BIO235 4	发育与再生生物学讨论课	2.0	32	32	0	二	2	限选
BIO235 3	发育与再生生物学	4.0	64	64	0	二	2	限选
BIO221 0	微生物学(D 类)	3.0	48	48	0	二	2	限选
BIO235 7	数据科学应用	2.0	32	32	0	二	2	限选
AI3608	生物信息学	2.0	32	32	0	二	3	限选
BIO335 2	免疫学	4.0	64	64	0	三	1	限选
BIO335 3	免疫学讨论课	2.0	32	32	0	三	1	限选
BIO335 4	神经生物学	4.0	64	64	0	三	2	限选
BIO335 5	神经生物学讨论课	2.0	32	32	0	三	2	限选
总计		27.0	432	432	0			

三、专业实践类课程（要求最低 30.5 学分）

1. 实验课程（要求最低 22.5 学分）

必修，要求最低 22.5 学分，须修满以下全部。

课程代码	课程名称	学分	总学时	理论学时	实践学时	年级	推荐学期	课程性质
CHEM1 350	无机与分析化学实验	1.5	48	48	0	一	1	必修
PHY122 5	物理学实验(1)	1.5	26	0	26	一	2	必修
BIO275 1	生物学实验(1)	4.0	64	0	64	二	1	必修
PHY122 6	物理学实验(2)	1.5	24	0	24	二	1	必修
CHEM2 302	有机化学实验	4.0	64	0	64	二	1	必修
BIO275 2	生物学实验(2)	4.0	64	0	64	二	2	必修
CHEM3 309	物理化学实验	2.0	32	0	32	二	2	必修
BIO375 2	生物学实验(3)	4.0	64	0	64	三	1	必修
	总计	22.5	386	48	338			

2. 军事技能训练

必修，要求最低 2 学分，须修满以下全部。

课程代码	课程名称	学分	总学时	理论学时	实践学时	年级	推荐学期	课程性质
MIL120 2	军训	2.0	112	0	112	一	1	必修
	总计	2.0	112	0	112			

3. 专业综合训练

必修，要求最低 6 学分，须修满以下全部。

课程代码	课程名称	学分	总学时	理论学时	实践学时	年级	推荐学期	课程性质
BIO475 0	毕业设计(论文)(生物科学)(A 类)	6.0	192	0	192	四	2	必修
	总计	6.0	192	0	192			

四、个性化教育课程

全部修业期间须修满 3 学分。除本专业培养方案中通识教育课程、专业教育课程、实践教育课程 3 个模块要求学分之外的所有学分均可计入。

课程代码	课程名称	学分	总学时	理论学时	实践学时	年级	推荐学期	课程性质
ZYH130 1	前沿探索实验课程	1.0	16	0	16	一	1	限选
CHN13 52	英文写作(进阶班)	2.0	32	32	0	一	3	限选
CHN13 51	传统文化学习与体验	1.0	16	16	0	一	3	限选
ZYH400 1	致远学术报告	1.0	16	16	0	四	2	必修
	总计	5.0	80	64	16			

强 基 计 划

一、通识教育课程(要求最低 42 学分)

1. 公共课程类(要求最低 32 学分)
(1) 必修
要求最低 26 学分,须修满以下全部。

课程代码	课程名称	学分	总学时	理论学时	实践学时	年级	推荐学期	课程性质
PSY120 1	大学生心理健康	1.0	16	16	0	一	1	必修
MARX1 202	中国近现代史纲要	3.0	48	48	0	一	1	必修
KE1201	体育(1)	1.0	32	0	32	一	1	必修
MARX1 205	形势与政策	0.5	8	8	0	一	1	必修
MARX1 206	新时代社会认知实践	2.0	32	4	28	二	2	必修
MIL120 1	军事理论	2.0	32	32	0	二	2	必修
KE1202	体育(2)	1.0	32	0	32	一	2	必修
MARX1 219	习近平新时代中国特色社会主义思想概论	3.0	48	40	8	一	2	必修
MARX1 208	思想道德与法治	3.0	48	48	0	二	1	必修
KE2201	体育(3)	1.0	32	0	32	二	1	必修
KE2202	体育(4)	1.0	32	0	32	二	2	必修
MARX1 203	毛泽东思想和中国特色社会主义理论体系概论	3.0	48	48	0	二	2	必修
MARX1 204	马克思主义基本原理	3.0	48	48	0	三	1	必修
	总计	24.5	456	292	164			

(2) 英语选修

全部修业期间需修满 6 学分,且需达到学校英语培养目标基本要求,多修读学分计入个性化学分。

课程代码	课程名称	学分	总学时	理论学时	实践学时	年级	推荐学期	课程性质
FL1201	大学英语(1)	3.0	48	48	0	一	1	限选
FL2201	大学英语(2)	3.0	48	48	0	一	1	限选
FL3201	大学英语(3)	3.0	48	48	0	一	1	限选
FL4201	大学英语(4)	3.0	48	48	0	一	1	限选
FL5201	大学英语(5)	3.0	48	48	0	一	2	限选
总计		15.0	240	240	0			

2. 通识教育核心课程

最低须修满 10 学分。须在人文科学、社会科学、自然科学、工程科学与技术、艺术修养模块课程中各至少选修 2 学分。

二、专业教育课程(要求最低 69 学分)

1. 基础类

要求最低 39 学分,须修满以下全部。

课程代码	课程名称	学分	总学时	理论学时	实践学时	年级	推荐学期	课程性质
MATH1 205H	线性代数(荣誉)	5.0	80	80	0	一	1	必修
MATH1 607H	数学分析(荣誉)Ⅰ	6.0	96	96	0	一	1	必修
CHEM1 208	无机与分析化学	4.0	64	64	0	一	1	必修
MATH1 608H	数学分析(荣誉)Ⅱ	4.0	64	64	0	一	2	必修
CHEM2 203	有机化学	4.0	64	64	0	一	2	必修
PHY120 1H	物理学引论(荣誉)Ⅰ	5.0	80	80	0	一	2	必修
PHY120 2H	物理学引论(荣誉)Ⅱ	5.0	80	80	0	二	1	必修
MATH1 207	概率统计	3.0	48	48	0	二	1	必修
CS1955	计算机科学导论	3.0	48	48	0	二	2	必修
总计		39.0	624	624	0			

2. 专业类

要求最低 30 学分,须修满以下全部。

课程代码	课程名称	学分	总学时	理论学时	实践学时	年级	推荐学期	课程性质
BIO125 6	生物学导论讨论课(1)	2.0	32	32	0	一	1	必修
BIO126 0	生物学导论(微观生物学)(A 类)	4.0	64	64	0	一	1	必修
BIO125 8	生物学导论讨论课(2)	2.0	32	32	0	一	2	必修
BIO125 7	生物学导论(宏观生物学)	4.0	64	64	0	一	2	必修
BIO223 0	微生物学	3.0	48	48	0	二	1	必修
BIO224 0	微生物学讨论课	1.0	16	16	0	二	1	必修
BIO223 1	生物化学	4.0	64	64	0	二	1	必修
BIO224 1	生物化学讨论课	2.0	32	32	0	二	1	必修
BIO224 2	细胞生物学讨论课	1.0	16	16	0	二	2	必修
BIO233 0	分子生物学	3.0	48	48	0	二	2	必修
BIO234 0	分子生物学讨论课	1.0	16	16	0	二	2	必修
BIO223 2	细胞生物学	3.0	48	48	0	二	2	必修
总计		30.0	480	480	0			

三、专业实践类课程(要求最低 37.5 学分)

1. 实验课程

必修,要求最低 16.5 学分,须修满以下全部。

课程代码	课程名称	学分	总学时	理论学时	实践学时	年级	推荐学期	课程性质
CHEM1 350	无机与分析化学实验	1.5	48	0	48	一	1	必修
PHY122 5	物理学实验(1)	1.5	26	0	26	一	2	必修
BIO273 1	生物学实验 1	2.0	64	0	64	一	3	必修
PHY122 6	物理学实验(2)	1.5	24	0	24	二	1	必修
BIO273 2	生物学实验 2	3.0	96	0	96	二	1	必修
CHEM2 302	有机化学实验	4.0	64	0	64	二	1	必修
BIO273 3	生物学实验 3	3.0	96	0	96	二	2	必修
总计		16.5	418	0	418			

2. 各类实习、实践(要求最低9学分)

课程代码	课程名称	学分	总学时	理论学时	实践学时	年级	推荐学期	课程性质
MIL120 2	军训	2.0	112	0	112	一	1	限选
BIO373 1	科技实习与创新—生物科学(1)	1.0	32	0	32	二	3	限选
BIO373 2	科技实习与创新—生物科学(2)	2.0	64	0	64	三	1	限选
BIO373 3	科技实习与创新—生物科学(3)	2.0	64	0	64	三	2	限选
BIO373 4	专业实习(生物科学)	2.0	64	0	64	三	3	限选
	总计	9.0	336	0	336			

3. 专业综合训练

必修,要求最低12学分。

课程代码	课程名称	学分	总学时	理论学时	实践学时	年级	推荐学期	课程性质
BIO473 2	毕业设计(论文)(生物科学专业)	12.0	384	0	384	四	2	必修
	总计	12.0	384	0	384			

四、交叉特色课程(要求最低12学分)

按模块修读,须修满所选模块的全部课程。

1. 生物科学模块(要求最低12学分)

课程代码	课程名称	学分	总学时	理论学时	实践学时	年级	推荐学期	课程性质
BIO330 1	遗传学(A类)	2.0	32	32	0	二	2	限选
BIO230 1	解剖与生理	2.0	32	32	0	三	1	限选
BIO330 5	免疫学	2.0	32	32	0	三	1	限选
BIO350 3	功能基因组学	2.0	32	32	0	三	1	限选
BIO330 4	发育生物学	2.0	32	32	0	三	2	限选
BIO220 6	生物伦理学	2.0	32	32	0	三	2	限选
	总计	12.0	192	192	0			

2. 生物制药模块(要求最低 11 学分)

课程代码	课程名称	学分	总学时	理论学时	实践学时	年级	推荐学期	课程性质
BIO340 5	基因工程	2.0	32	32	0	三	1	限选
PHAR3 201	药理学	3.0	48	48	0	三	1	限选
BIO340 2	细胞工程	2.0	32	32	0	三	2	限选
BIO341 2	生物制药	2.0	32	32	0	三	2	限选
PHAR3 213	药物设计与开发Ⅱ(生物药)	2.0	32	32	0	三	2	限选
总计		11.0	176	176	0			

3. 新材料模块(要求最低 12 学分)

课程代码	课程名称	学分	总学时	理论学时	实践学时	年级	推荐学期	课程性质
MSE230 4	材料科学基础(1)	3.0	48	48	0	三	1	限选
MSE330 8	材料性能(1– 力学性能)	2.0	32	32	0	三	1	限选
MSE230 5	材料科学基础(2)	3.0	48	48	0	三	2	限选
BME34 05	生物材料	2.0	32	32	0	三	2	限选
MSE330 9	材料性能(2– 物理性能)	2.0	32	32	0	三	2	限选
总计		12.0	192	192	0			

4. 大数据模块(要求最低 12 学分)

课程代码	课程名称	学分	总学时	理论学时	实践学时	年级	推荐学期	课程性质
BIO250 2	生物计算编程语言	2.0	32	16	16	二	2	限选
BIO350 5	生物信息学(C 类)	3.0	48	32	16	三	1	限选
BIO350 2	生物统计方法	3.0	48	32	16	三	1	限选
BIO351 0	生物大数据分析	2.0	32	32	0	三	2	限选
BIO350 9	生物统计学模型	2.0	32	32	0	三	2	限选
总计		12.0	192	144	48			

5. 智能医疗模块(要求最低 12 学分)

课程代码	课程名称	学分	总学时	理论学时	实践学时	年级	推荐学期	课程性质
EST250 1	数字电子技术	2.0	32	32	0	二	2	限选
EE0501	电路理论	4.0	64	64	0	二	2	限选

续表

课程代码	课程名称	学分	总学时	理论学时	实践学时	年级	推荐学期	课程性质
BME33 03	生物医学传感器	2.0	32	24	8	三	1	限选
BME23 01	生物医学信号与系统	2.0	32	32	0	三	2	限选
BME33 04	生物医学图像处理	2.0	32	24	8	四	1	限选
总计		12.0	192	176	16			

五、个性化教育课程（要求最低 6 学分）

除本专业培养方案中通识教育课程、专业教育课程、实践教育课程、交叉特色模块 4 个模块要求学分之外的所有学分均可计入。

以下为推荐选修（非必修），计入个性化学分。

课程代码	课程名称	学分	总学时	理论学时	实践学时	年级	推荐学期	课程性质
BIO260 9	生物学野外实习（B 类）	1.0	32	0	32	二	2	限选
总计		1.0	32	0	32			

生物科学专业人才培养方案（2023 级）

一、指导思想

以习近平新时代中国特色社会主义思想和党的二十大精神为指导，全面贯彻落实全国教育大会、《关于加强基础学科人才培养的意见》《华东师范大学卓越学院建设方案》等文件精神，落实《关于制订全育人理念下专业培养方案的指导意见》文件要求，以"育人、文明、发展"三大使命为指引，全面贯彻立德树人根本任务，培养人文素养全面、综合能力强，具有较强创新精神和实践能力的生物学科研后备人才。

二、培养目标

本专业拔尖班依托我校生物学学科的优势，面向生命科学基础学科前沿及国家和社会战略需求，培养具有社会主义核心价值观和高度的社会责任感，具备系统扎实的生物学及交叉学科专业知识，具备国际化视野，富有创新思想和实践能力，德智体美劳全面发展，能够在生物科学和相关领域从事科学研究的未来科学家。

学生毕业后 5 年预期实现以下目标：

1. 具有正确的价值观、道德观和生命伦理观，具有高度的社会责任感和丰富的人文科学知识；具有良好的职业道德，爱岗敬业。

2. 具有宽厚扎实的生物学及数理化等理学学科基本理论和实验操作技能，能够运用生物学专业知识分析和解决本专业实际问题。

3. 具有国际化视野和团队合作意识，拥有较强的创新精神和科研能力。

4. 具有自主学习能力和终身学习意识，能追踪生物学科的发展趋势和前沿动态，不断更新知识内容、提高理论和实践水平。

三、毕业要求

根据本专业的培养目标，本专业学生应达到的毕业要求如下。

1. 思想素质：树立正确的世界观、人生观和价值观，具有坚定的政治信念和家国情怀。

2. 学科素养：系统掌握生物科学的基础理论和实验技能；具有交叉学科的基本素养；具有一定的生命伦理观；了解和遵守学术规范。

3. 反思探究：具有卓越的科学思辨精神和生物学探究能力。

4. 国际视野：具备国际化视野，熟练掌握一门外语，能够参与国际交流。

5. 团队合作：具备沟通交流的能力和团队合作精神。

6. 持续发展：具有终身发展的自主意识，不断革新知识和提升能力；具有一定的职业规划能力。

毕业要求	毕业要求指标点
1. 思想素质	1.1　政治理念：拥护中国共产党的领导，践行社会主义核心价值观，树立全心全意为人民服务的思想
	1.2　家国情怀：树立正确的国家观、民族观、历史观、文化观；具有民族自豪感和社会责任感，能将自身价值的实现与国家发展需求紧密结合起来
2. 学科素养	2.1　专业知识：系统掌握生物科学的基础理论和生物学相关实验技术，并能将专业知识和实验技能运用到科研实践中
	2.2　学科融合：具有扎实的数理化基础，具有一定的计算机、信息科学和人文社科等方面的基本素养，了解这些相关学科与生物学的关系及其作用
	2.3　生命伦理：具有尊重生命的伦理道德观，遵守生命伦理法规
	2.4　学术规范：了解学术诚信的内容和重要性，严格恪守学术伦理与学术规范
3. 反思探究	3.1　科学思辩：具有较强的归纳总结能力，具有批判性思维和创新性思维
	3.2　创新能力：具备自主发现问题、提出观点、设计问题解决策略并解答问题的探究能力
4. 国际视野	4.1　学科前沿：能够全面了解国内外生物学研究的进展；可以客观评价国内外生物学研究领域的特色及差异
	4.2　外语能力：熟练掌握一门外语，能够参与国际交流；可以运用专业外语阅读及撰写论文
5. 团队合作	5.1　沟通交流：具备沟通交流的知识与技能，具有很强的沟通与交流的能力
	5.2　合作精神：了解团队合作的重要性和必要性，具有团队合作精神
6. 持续发展	6.1　终身学习：具有追踪生物科学前沿领域及相关理论和技术方法的自我意识和能力，并有不断学习和适应发展的能力
	6.2　职业规划：具有了解和规划职业生涯的能力

四、毕业要求与培养目标关系矩阵

毕业要求	培养目标			
	目标1	目标2	目标3	目标4
思想素质	√			
学科素养	√	√		
反思探究		√	√	
国际视野			√	√
团队合作			√	
持续发展				√

五、课程结构及学分要求

（一）课程体系及学分

1. 总学分：141 ~ 145 学分。

2. 公共必修课 36 ~ 40 学分，占 25.53% ~ 27.59%，其中英语类学分 6 ~ 10 学分。根据学生英语入学分级测试情况，实施分级教学。

3. 通识教育课程 8 学分，占 5.52% ~ 5.67%。

4. 学科基础课程 50.5 学分，占 34.83% ~ 35.82%。

5. 专业教育课程 46.5 学分，占 32.07% ~ 32.98%。

其中实践（实验）教学共 40.5 学分 /1458 学时，占总学分的 27.9% ~ 28.7%。具体包括：实验 33.5 学分 /1296 学时；实习 4 学分 /144 学时；上机 3 学分。

（二）课程修读的要求

1. 学生完成培养计划表规定的学分课程要求及养成教育方案达标要求，方能毕业。

2. 建议学生选课：一、二年级每学期最多不超过 27 学分，最低不低于 20 学分；三、四年级每学期最高不超过 24 学分，最低不低于 14 学分。

3. 学制为四年。达到学士学位授予条件者，可以获得理学学士学位。最长修读年限为 6 年（含休学）。

4. 个性化发展课程：鼓励学生自由探索兴趣，满足多元发展需求，学生可以自主选修跨专业课程、本研贯通课程、跨校课程等，修读课程经学院评估可认定为专业选修学分。

5. 科研训练：实行贯穿式科研训练计划。大一下学期完成学科组轮转，大二学期进入实验室参加课题研究，大三上学期申报科创项目并参加学科竞赛，大三下学期完成科研训练总结，大四完成本科毕业论文。

6. 要求完成 4 学分的师生共研课程和 2 学分劳动与创造课程，修读途径为：修读专业课程科研训练（4 学分）替代。

7. 为了提升本专业学生的文化素养和思辨能力，建议在通识课程中，学生修读文化、审美与诠释及思辨、推理与判断等模块中的课程。

8. 学生毕业时的体质健康测试成绩和等级，按毕业学年体质健康测试总分的 50% 与其他学年总分平均得分的 50% 之和进行评定，评定成绩达不到 50 分者按结业或肄业处理。

六、专业核心课程

课程代码	课程名称	学分
BIOL0031121025	植物生物学	3
BIOL0031121026	动物生物学	3
BIOL0031121800	微生物学及实验	3
BIOL0031121017	生物化学 A（一）	4
BIOL0031131055	生物化学 A（二）	2
BIOL0031131060	解剖生理学	3
BIOL0031131050	免疫学原理与技术	3
BIOL0031131061	遗传学 A（一）	2
BIOL0031171000	遗传学 A（二）	3
BIOL0031131051	发育生物学 A	3

七、培养计划表

分类	课程代码	课程名称	学分	开课学期 1	2	3	4	5	6	7	8	暑期短学期 1	2	3	理论	实验	实习	上机	合计
公共必修		思政类	17																
		英语类	6																
		计算机类	5																
		体育类	4																
		军事理论	2																
		心理健康	2	√															
		学分要求	36																
通识教育课程		人类思维与学科史论	1																
	经典阅读	伟大的智慧	1																
		学分要求	1																
	模块课程	理性,科学与发展	0																
		实践,技术与创新	0																
		思辨,推理与判断	2																
		文化,审美与诠释	2																
		价值,社会与进步	0																
		伦理,教育与沟通	0																
		选修学分	4																
	分布式课程	科学技术系列	0																
		社会人文系列	0																
		文艺体育系列	0																
		教育心理系列	0																
		学分要求	0																
		学分要求	8																

续表

分类	课程代码	课程名称	学分	开课学期 1	2	3	4	5	6	7	8	暑期短学期 1	2	3	总学时 理论	实验	实习	上机	合计
公共基础课	MATH0031121021	高等数学A（一）（拔尖班）	5	√											72	36			108
	MATH0031121020	高等数学A（二）（拔尖班）	5		√										72	36			108
	PHYS0031121002	大学物理B（一）	3			√									54				54
	PHYS0031121800	大学物理实验（一）	1			√										36			36
	PHYS0031121000	大学物理B（二）	3				√								54				54
	PHYS0031131815	大学物理实验二	1				√									36			36
		学分要求	18												252	144			396
学科基础课	BIOL0031121009	无机及分析化学	5	√											72	36			108
	BIOL0031121025	植物生物学	3	√											36	36			72
	BIOL0031121026	动物生物学	3		√										36	36			72
	BIOL0031121030	有机化学	3		√										54				54
	BIOL0031121031	有机化学实验	1		√											36			36
	BIOL0031121012	文献导读	2			√									36				36
	BIOL0031121017	生物化学A（一）	4			√									72				72
	BIOL0031121029	生物化学实验A	1.5			√										54			54
	BIOL0031131053	细胞分子生物学	4			√									72				72
	BIOL0031131067	细胞分子生物学实验	1			√										36			36
	BIOL0031131055	生物化学A（二）	2				√								36				36

学科基础课程

续表

分类	课程代码	课程名称	学分	开课学期 1	2	3	4	5	6	7	8	暑期短学期 1	2	3	总学时 理论	实验	实习	上机	合计
	BIOL0031132104	生物统计学	3				√								36	36			72
		学分要求	32.5												450	270			720
		学分要求	50.5													414			1116
专业教育课程	BIOL0031131065	科研训练	4		√											144			144
	BIOL0031121800	微生物学及实验	3			√									36	36			72
	BIOL0031131060	解剖生理学	3				√								36	36			72
	BIOL0031131061	遗传学A（一）	2				√								18	36			54
专业必修	BIOL0031131050	免疫学原理及技术	3					√							54				54
	BIOL0031131051	发育生物学A	3					√							54				54
	BIOL0031171000	遗传学A（二）	3					√							54				54
	BIOL0031131049	生物医学导论	2						√						36				36
	BIOL0031131066	现代生物学综合实验	3						√							108			108
	BIOL0031131825	毕业论文（一）	4							√						144			144
	BIOL0031131824	毕业论文（二）	4								√					144			144
		学分要求	34												288	648			936
专业任意选修 动物学模块	BIOL0031131045	动物学研究方法	2												36				36
	BIOL0031132062	水生动物营养生理学（双语）	3												36				36
	BIOL0031132097	水生生物学	2												36				36
	BIOL0031132099	普通昆虫学	2												30	6			36

续表

分类		课程代码	课程名称	学分	开课学期 1	2	3	4	5	6	7	8	暑期短学期 1	2	3	总学时 理论	实验	实习	上机	合计
专业教育课程	专业任意选修 · 动物学模块	BIOL0031132127	水生动物免疫学	1												18				18
		BIOL0031132129	野生动物疫源疫病与人类健康	1												18				18
		BIOL0031132131	水生生物技术	2												36				36
		BIOL0031132145	演化发育生物学	2												36				36
		BIOL0031182001	原生生物学	1												18	2			20
			选修学分													264	8			272
	植物学模块	BIOL0031132034	分子植物病理学及研究法	3												36	36			72
		BIOL0031132117	植物成分分类与功能	2												36				36
		BIOL0031132138	植物分类学	1												18				18
		BIOL0031182003	前沿植物生物学	1												18				18
		BIOL0031182004	植物生物学野外实习	1													36			36
		BIOL0031182005	高阶植物生物学	2												30	6			36
			选修学分													138	78			216
	生态学模块	BIOL0031132018	植物生态学	2												36				36
		BIOL0031132060	保护生物学	2												36				36
		BIOL0031132075	行为生态学	2												36				36
			选修学分													108				108

续表

分类			课程代码	课程名称	学分	开课学期								暑期短学期			总学时				
						1	2	3	4	5	6	7	8	1	2	3	理论	实验	实习	上机	合计
专业教育课程	专业任意选修	神经生物学模块	BIOL0031132025	神经生物学(双语)	3												36				36
			BIOL0031132103	学习与记忆	2												36				36
			BIOL0031132109	神经病理学	2												36				36
			BIOL0031132122	脑科学研究进展	2												36				36
			BIOL0031132126	系统与认知神经科学	2												36				36
			BIOL0031132137	记忆心理学	1												18				18
			BIOL0031132140	解码大脑	2												36				36
			BIOL0031132996	认知与可塑性	1												18				18
			BIOL0031132143	发育神经生物学	2												36				36
			BIOL0031132990	抗体分子与应用	1												18				18
			BIOL0031182000	感觉与行为	1												18				18
			选修学分														324				324
		生物医学模块	BIOL0031132096	人体组织解剖学	2												36				36
			BIOL0031132114	微生物与生活	2												36				36
			BIOL0031132120	微生物与人类健康	1												18				18
			BIOL0031132124	现代药学概论	2												36				36
			BIOL0031132134	蛋白质组学	1												18				18
			BIOL0031132135	固有免疫与皮肤健康	2												36				36
			BIOL0031132136	分子药理学概论	2												36				36
			BIOL0031132141	药理学	2												36				36

续表

分类	课程代码	课程名称	学分	开课学期 1	2	3	4	5	6	7	8	暑期短学期 1	2	3	总学时 理论	实验	实习	上机	合计
生物医学模块	BIOL0031132144	药物研发基本原理	1												18				18
	BIOL0031132990	抗体分子与应用	1												18				18
	BIOL0031132992	简明药理学	1												18				18
	BIOL0031132995	心血管发育与疾病	1												18				18
	BIOL0131132990	癌症治疗概论	1												18				18
		选修学分													342				342
其他	BIOL0031131035	现代食品工程	2												36				36
	BIOL0031132077	生物学摄影	2												36				36
	BIOL0031132107	生物材料学	3												54				54
	BIOL0031132128	科研论文写作和发表	2												36				36
	BIOL0031132132	生命科学领域创新创业基础及实践	2												36				36
	BIOL0031132133	生物复杂系统的合成方法	1												18				18
	BIOL0031132804	生物显微镜技术	2												26	10			36
	BIOL0231132001	生命科学仪器原理与应用	2												36				36
专业任意选修课程		选修学分	12.5												278	10			288
		学分要求	46.5												278	10			288
专业教育课程		学分要求													2 444	744			2 480
全程总计			141												2 444	1 158			3 602

八、养成教育方案

(一) 养成教育培养方式

1. 以生命科学学院专业课程教育为基础,围绕培养方案中人才培养的目标与规格,对标课程体系建设中对养成教育的支撑目标和达成度的需求,书院和学院协同围绕专业特色进行建设。

2. 预留第二课堂中学生自主性空间,减少第二课堂本身的规定动作,而以设定目标、提供保障、搭建平台为主,鼓励学生根据自身需求和兴趣自由选择,激发学生的自我管理和创新能力。

3. 养成教育培养包括 3 种形式:书院为实施主体、学院为实施主体,以及学院、书院共同为实施主体,学院设计与专业相关的活动,书院设计与通识性、学科交叉性相关的活动。培养内容坚持"德智体美劳"五育并举:德育以涵养学生家国情怀、激发学生树立"科研报国"信念为目标,以"书院与学院携手共育"的方式开展;智育以促进学科认知、提升专业素养为目标,以"书院搭台、学院协同"为主的方式开展;体育、美育、劳育以强健体魄、陶冶审美情趣、增强文化自信及养成热爱劳动的习惯为目标,以"书院引导、学院参与、学生自主"的方式开展。

(二) 第二课堂修读指导

活动系列设有必选与任选内容,原则上必选系列在无课的情况下均须参加并达标,任选系列根据自身兴趣与需要进行自主选择,但须达到书院学分设置要求。每个模块的修读方式、学分设置与获取等具体要求见养成教育实施方案。

活动模块	活动系列	参与要求	达标要求
思想素质	走好第一步入学教育	必选	参加
	毕业生离校教育	必选	参加
	班团成长计划	必选	参加,每学年至少参加 8 次
	团校 / 党校 / 卓越领袖训练营	任选	参加并结业
志愿服务	"啄木鸟"安全小卫士	必选	累计参加 3 次安全检查、1 次研讨
	公益活动志愿者	任选	参加,须满足累计时长
	学术活动志愿者	任选	
心理健康	心理健康测试	必选	参加
	心理健康月	必选	大学期间至少参加 1 次

续表

活动模块	活动系列	参与要求	达标要求
体育运动	体育俱乐部活动(含校公体俱乐部)	必选	参加
	运动会等各类体育活动	任选	大学期间至少参加1次
	定向越野、迷你马拉松等	任选	
美育实践	校史剧观演	任选	参加。大学期间至少4次，修读艺术系列通识课后可不作要求
	传统文化、民俗文化赏析	任选	
	艺术鉴赏与体验课程	任选	
	"寻美"系列活动	任选	
	校、院级学生艺术团	任选	
全球胜任力	生命科学大讲坛	必选	每学年参加学院组织的学术报告不少于2次
	光华讲堂、学者沙龙	任选	大学期间至少参加2次
	境外交流分享会	任选	
	各类境外交流项目	任选	
	中外学子交流活动	任选	
生涯发展	师生交流活动	必选	每学年至少参加2次
	考研经验分享会	任选	大学期间至少参加3次，修读相关通识课程后可不作要求
	生涯规划指导：出国、考研、就业交流会	任选	
	通识能力加油站(演讲、英语、计算机)	任选	
人文科学素养	"与书的约会"阅读活动	必选	参加8次活动，提交1份报告，阅读40本经典书目
	科普创作与科学传播	任选	大学期间至少参加1次
	志远TED	任选	
创新创业	走进生物学科组	必选	组间及组内轮转，具体按学科组要求
	双创(学科)竞赛	必选	大学期间至少参加1项
	科研工作坊	任选	大学期间至少参加1次
	双创交流分享活动	任选	
	创新创业训练计划	任选	

九、课程设置、养成教育与毕业要求的关系矩阵

根据各课程、养成教育活动的目标与学生能力达成的相关度生成如下关系矩阵。用符号表示相关度：H 为高度相关；M 为中等相关；L 为弱相关。

课程 ＼ 毕业要求	政治思想	家国情怀	专业知识	学科融合	生命伦理	学术规范	科学思辨	创新能力	学科前沿	外语能力	沟通交流	合作精神	终身学习	职业规划
思政	H	H												
英语				M					H	H				
计算机				M										
高等数 A				M										
无机及分析化学				M							H	H		
有机化学及实验				M							H	H		
大学物理 B				M							H	H		
生物统计学				M										
植物生物学	M	M	H			M		M					H	
动物生物学	M	M	H		M	M		M					H	
文献导读						H	H		H	H	M			
生物化学 A	M	M	H										H	
生物化学实验 A			H			M					H	H		
微生物学及实验	M	M			H						H	H	M	
免疫学原理与技术	M	M			H								H	
细胞分子生物学	M	M	H			M					H	H	H	
生物医学导论			H						H					
解剖生理学			H		M	M								
发育生物学			H										H	
遗传学 A			H								H	H	H	
现代生物学综合实验					H	M					H	H		
科研训练						H	H		H	H	H			
毕业论文			H			H			H	H	H			
思想素质	H	H											M	M
志愿服务		H	M					M			H	H		M
心理健康											M			M
体育运动											M	M	M	

续表

课程＼毕业要求	政治思想	家国情怀	专业知识	学科融合	生命伦理	学术规范	科学思辨	创新能力	学科前沿	外语能力	沟通交流	合作精神	终身学习	职业规划
美育实践											M		M	
全球胜任力			M					M	H	H	M			M
生涯发展	H	H						M			M			H
人文科学素养											M			H
创新创业	M	M	M				H	H	H		M	M	M	M

生物科学专业(拔尖、强基计划)培养方案

一、专业简介

南京大学生命科学学院起源于 1914 年成立的金陵大学农科和 1921 年成立的南京高等师范学校(国立东南大学生物系),1990 年成院,是我国第一个生物系,也是国内历史最悠久的生命科学研究与教学机构之一。百年来,学院秉承实事求是的科学精神、严谨求实的学术作风、勤奋进取的治学传统,为国家培养了大批杰出人才,60 多位两院院士曾在此学习工作。

南京大学生命科学学院下设生物系、生化系、生态系、生理学系、生物技术与药学系 5 个系,拥有生物学国家理科基础科学研究和教学人才培养基地、国家生命科学与技术人才培养基地和国家级生命科学实验教学示范中心 3 个国家级人才培养平台,2009 年和 2021 年分别入选国家基础学科拔尖学生培养试验计划和国家基础学科拔尖学生培养计划 2.0,2020 年首批加入强基计划。

学院拥有医药生物技术国家重点实验室和国家遗传工程小鼠资源库两个国家级科研平台,以及模式动物与疾病研究教育部重点实验室、蛋白质与多肽新药教育部工程研究中心、江苏省小核糖核酸工程技术研究中心以及教育部批复成立的南京大学生物技术研究所以及江苏省产业技术研究院医药生物技术研究所、南京大学人工智能生物医药技术研究院、南京大学 – 乐透思环境生物技术联合研究中心、南京大学常熟生态研究院、南京大学脑科学研究院等国际化产学研用一体转化和协同创新平台 8 个。

学院拥有一支高素质的师资队伍,现有教授(研究员)53 人,副教授 47 人,拥有国家级优秀师资。学院现拥有生物学、生态学和药学 3 个国家一级学科,其中生物学是国家七个生物学一级学科重点学科之一(生物化学与分子生物学、植物学、生理学 3 个二级学科为国家重点学科),生态学、药学为江苏省重点学科。生物学还是教育部首批"双一流"建设学科和国家级一流本科专业建设点,入选教育部 I 类特色专业、江苏省特色专业和南京大学一流专业建设项目。在学科建设方面,学院覆盖生物学、生态学、药学 3 个一级学科,并且生态学入选江苏省第三批优势学科。目前在分子生物学和遗传学、免疫学、农业科学、神经科学与行为学、生物学和生物化学、药理学与毒理学、植物与动物科学、环境与生态学等 7.5 个学科全球排名前 1%("基本科学指标数据库(ESI)学科排名)。在第四轮全国学科评估中,生物学获评 A,生态学获评 A⁻。

二、学制、总学分与学位授予

专业总学分要求均为 150 学分,专业学制 4 年,其中完成 63～64 学分的通识通修课(学校通识教育课程要求不少于 14 学分,其中悦读经典 1 学分,科学之光课程 1 学分);14 学分的学科平台课;40 学分的专业核心课;26～27 学分的专业学术类、交叉复合类或创新创业类课程;6 学分的毕业论文。学生在学校规定的学习年限内,修完本专业教育教学计划规定的课程,获得规定的学分,达到教育部规定的《大学生体质健康标准》综合考评等级,准予毕业,符合学士学位授予要求者,授予理学学士学位。

三、培养目标

生物科学(拔尖、强基计划)致力于培养面向世界科技前沿、面向经济主战场、面向国家重大需求、面向人民生命健康,具有生命科学领域全局观,学术功底深厚,国际视野宽广,富有开拓精神,勇于创新实践,潜心重大原创,勇攀科学高峰,堪当民族复兴大任,引领未来生命科学及相关交叉学科和行业发展的高层次、高质量、有理想、有胸怀的新生代领军科学家、教育家和企业家。

基于该目标定位,重点培养学生以下六大突出特质:① 强烈的国家使命感和痴迷科学研究的志趣;② 对生命科学的全域性视野和对学科前沿和学科交叉的敏锐洞察力;③ 优秀的学习力、批判性思维与创新性思维;④ 对现代生命科学先进研究方法的深入把握和对新兴技术的关注探索;⑤ 严谨的科学态度、求实的科学作风、正确的伦理观念与深切的人文关怀;⑥ 极强的独立科研能力与团队协作精神。

四、毕业要求

生物科学(拔尖、强基计划)专业要求学生在德、知、行方面全面发展,有健全的心理素质成为肩负时代使命、具备全球视野、推动科技创新、引领社会发展的未来各行各业拔尖领军人才和优秀创新创业人才。具体如下:

(1) 品德素质:树立正确的世界观、人生观、价值观和生命观,具有良好的道德价值取向,遵纪守法,具有契约精神,深厚人文社会科学素养和强烈的家国情怀。完成培养方案中规定的思想政治课程,并取得相应学分,在所有课程中表现出良好的品德素质;

(2) 科学素养:具有痴迷科学研究的志趣、勇攀科学高峰的精神,具备批判性思维、富有创新意识,尊重科学伦理、遵守职业道德;

(3) 基础知识:牢固掌握数学、化学、物理学及信息科学基础知识,熟练运用英语进行听说读写。取得培养方案中规定的数学、化学、物理学及信息科学课程的学分;

(4) 专业知识:系统整合地掌握生物学核心课程专业知识,构建完整、科学的专业知识结构。具有对生命科学的全域性视野和对学科前沿的敏锐洞察力,掌握我国及世界的生命科学领域发展现状和关键问题。取得培养方案中规定的专业核心课各门课程的学分,完成

选修课部分规定的选课并取得相应学分;

(5) 技术运用: 掌握生命科学研究中的方法论和常用技术,具备对先进研究方法的深入把握和对新兴技术的关注探索。取得项目制课程学分,将所学实验技术和方法应用到项目制课程中;

(6) 科学研究: 具备出色的发现科学问题的能力,能综合应用生命科学基本原理、专业知识和技术方法来创造性地分析和解决复杂的科学问题。完成毕业论文,取得学分;

(7) 实验实践: 聚焦重大生命科学问题、依托国家重大科研项目和创新创业竞赛,综合性地运用所学知识和技能自主完成具体的、完整的科学实验研究和实践项目。积极参加各类科研实践活动;

(8) 沟通交流: 具备良好沟通交流能力,能够与学界同行及社会公众进行有效沟通和交流,能用规范的文字表述、撰写专业论文;

(9) 国际视野: 具备广阔的国际视野,能够在国际、国内大视野下对具体科研问题进行思考和分析;

(10) 领导力和学习力: 能够在多学科背景下的团队中胜任个体、团队成员以及逐渐成为领导者的角色。具有自主学习和终身学习的意识,有不断学习和适应发展的能力。

五、课程体系

1. 通识通修课程

课程类别	课程名称	学分	学期	性质	理论/实践	备注	说明
通识课程	至少 14 个通识学分。其中,"悦读经典计划""科学之光"育人项目至少各选修 1 个学分,美育应选修 2 个学分,劳育应选修 2 个学分(含 1 个劳动教育课程学分、1 个劳动教育实践学分)。其他通识必修学分要求按照国家相关规定执行。						
通修课程/思政课	形势与政策		1-1	通修	理论		
	思想道德与法治	3	1-1	通修	理论		
	形势与政策		1-2	通修	理论		
	马克思主义基本原理	3	1-2	通修	理论		
	中国近现代史纲要	3	2-1	通修	理论		
	形势与政策		2-1	通修	理论		
	毛泽东思想和中国特色社会主义理论体系概论(理论部分)	3	2-2	通修	理论		
	形势与政策		2-2	通修	理论		
	毛泽东思想和中国特色社会主义理论体系概论(实践部分)	2	2-2	通修	实践		
	形势与政策		3-1	通修	理论		

续表

课程类别	课程名称	学分	学期	性质	理论／实践	备注	说明
通修课程／思政课	习近平新时代中国特色社会主义思想概论	2	3-1	通修	理论		
	形势与政策		3-2	通修	理论		
	形势与政策		4-1	通修	理论		
	形势与政策		4-2	通修	理论		
通修课程／军事课	军事技能训练	2	1-1	通修	实践		
	军事理论	2	1-2	通修	理论		
通修课程／数学课	微积分Ⅰ（第一层次）	5	1-1	通修	理论		
	线性代数（第一层次）	3	1-1	通修	理论		
	微积分Ⅱ（第一层次）	5	1-2	通修	理论		
通修课程／英语课	大学英语（一）	4	1-1	通修	理论		
	大学英语（二）	4	1-2	通修	理论		
通修课程／体育课	体育（一）	1	1-1	通修	实践		
	体育（二）	1	1-2	通修	实践		
	体育（三）	1	2-1	通修	实践		
	体育（四）	1	2-2	通修	实践		
通修课程／计算机	C程序设计	3	1-2	通修	理论＋实践		最少修读门数:1
	Python程序设计	3	1-2	通修	理论＋实践		

2. 学科专业课程

课程类别	课程名称	学分	学期	性质	理论／实践	备注	说明
学科基础课程	大学化学Ⅱ	3	1-1	平台	理论	准出	
	化学实验基础	2	1-1	平台	实验	准出	
	大学物理实验（一）	2	1-2	平台	实验	准出	
	大学物理（上）	4	1-2	平台	理论	准出	
	有机化学基础	3	1-2	平台	理论	准出	
专业核心课程／统计学＆概率论	生物统计学	3	2-1	核心	理论＋实践	准出	最少修读门数:1
	概率论与数理统计	3	2-1	核心	理论＋实践	准出	
专业核心课程／其他核心课	普通生物学（上）	2	1-1	核心	理论	准出	
	普通生物学（下）	2	1-2	核心	理论	准出	
	生态学	2	1-2	核心	理论	准出	
	野外实习1	1	1-暑	核心	理论＋实践	准出	
	基础生物学技术	2	2-1	核心	实验	准出	

续表

课程类别	课程名称	学分	学期	性质	理论/实践	备注	说明
专业核心课程/其他核心课	生物化学	4	2-1	核心	理论	准出	
	细胞生物学	2	2-1	核心	理论	准出	
	生物化学实验	1	2-1	核心	实验	准出	
	细胞生物学实验	1	2-1	核心	实验	准出	
	生理学	3	2-2	核心	理论	准出	
	生理学实验	1	2-2	核心	实验	准出	
	分子生物学	3	2-2	核心	理论	准出	
	分子生物学实验	1	2-2	核心	实验	准出	
	遗传学	2	2-2	核心	理论	准出	
	遗传学实验	1	2-2	核心	实验	准出	
	微生物学	2	3-1	核心	理论	准出	
	微生物学实验	1	3-1	核心	实验	准出	
	进化生物学	2	3-1	核心	理论	准出	
	进化生物学实验	1	3-1	核心	实验	准出	
	发育生物学	2	3-2	核心	理论	准出	
	发育生物学实验	1	3-2	核心	实验	准出	

3. 多元发展课程

课程类别	课程名称	学分	学期	性质	理论/实践	备注	说明
专业选修课程	生命科学研究基础与实践	2	1-2	选修	理论+实践	本研贯通	最少修读学分：14
	数据库原理与应用	3	2-1	选修	理论+实践		
	生命科学实验伦理、安全和仪器实训	2	2-1	选修	理论+实践	本研贯通	
	数据库与信息系统	3	2-1	选修	理论+实践		
	组织学	3	2-2	选修	理论		
	组织学实验	1	2-2	选修	实验		
	科研思维训练	2	2-2	选修	理论	本研贯通	
	生化分析	2	2-2	选修	理论		
	生化分析实验	2	2-2	选修	实验		
	野外实习2	2	2-暑	选修	实践	项目制课程	
	生物信息学	2	3-1	选修	理论	本研贯通	
	生理与个体生态学	3	3-2	选修	理论		
	动物行为学	2	3-1	选修	理论		

续表

课程类别	课程名称	学分	学期	性质	理论/实践	备注	说明
专业选修课程	新药研发策略	2	3-1	选修	理论		
	高阶生物化学	2	3-1	选修	理论	本研贯通	
	高阶生物信息学	2	3-1	选修	理论	本研贯通	
	植物分子生物学	2	3-1	选修	理论		
	藻类生物学	2	3-1	选修	理论		
	药物化学	3	3-1	选修	理论		
	药物化学实验	1	3-1	选修	实验		
	生态学研究方法	2	2-2	选修	实验		
	群体生态学	2	3-1	选修	理论		
	生态规划与设计	2	3-1	选修	理论		
	药理学前沿	2	3-1	选修	理论	本研贯通	
	化学生物学	2	3-1	选修	理论	本研贯通	
	免疫学	2	3-2	选修	理论		
	免疫学实验	1	3-2	选修	实验		
	结构生物学	2	3-2	选修	理论	本研贯通	
	病理学概论	2	3-2	选修	理论		
	病理生理学	2	3-2	选修	理论		
	药学概论	2	3-2	选修	理论		
	癌症生物学	2	3-2	选修	理论	本研贯通	
	核酸生物学	2	3-2	选修	理论		
	景观生态学	2	3-2	选修	理论		
	分子生态学	2	3-2	选修	理论		
	进化生态学	2	3-2	选修	理论		
	神经生物学实验	1	3-2	选修	实验		
	神经生物学	2	3-2	选修	理论		
	植物生理学	2	3-2	选修	理论		
	药剂学	3	3-2	选修	理论		
	药剂学实验	2	3-2	选修	实验		
	药理学	3	3-2	选修	理论		
	药理学实验	2	3-2	选修	实验		
	生物地理学	2	3-2	选修	理论		
	全球变化生态学	2	3-1	选修	理论		

续表

课程类别	课程名称	学分	学期	性质	理论 / 实践	备注	说明
专业选修课程	野外实习 3	2	3– 暑	选修	实践	项目制课程	
	分子遗传与进化	2	4–1	选修	理论	本研贯通	
	表观遗传学	2	4–1	选修	理论	本研贯通	
	蛋白质组学	2	4–1	选修	理论		
	分子病毒学概论	2	4–1	选修	理论		
	生命科学中的新技术	2	4–1	选修	理论	本研贯通	
	细胞因子——应激和免疫	2	4–1	选修	理论	本研贯通	
	生理心理学	2	4–1	选修	理论	本研贯通	
	基因工程	2	4–1	选修	理论	本研贯通	
	分子免疫学	2	4–1	选修	理论	本研贯通	
	药事法规	2	4–1	选修	理论		
	系统生态学	2	4–1	选修	理论	本研贯通	
	植物分子发育	2	4–1	选修	理论		
	iGEM 设计与实践	2	2–1	选修	理论 + 实践		
	创新创业训练与实践	2	4–2	选修	理论 + 实践		
跨专业选修课程	网络应用开发技术	2	2–2	选修	理论		
	数据挖掘	2	2–1	选修	理论		
	计算机系统与系统软件	2	2–2	选修	理论		
	人工智能程序设计	4	3–2	选修	理论		
	人工智能导论	2	3–2	选修	理论		
	生物数据建模	2	4–1	选修	理论		
	机器学习导论	2	4–1	选修	理论		
公共选修课程	可选修全校公共选修课程						

4. 毕业论文 / 设计

课程类别	课程名称	学分	学期	性质	理论 / 实践	备注	说明
毕业论文 / 设计	毕业论文	6	4–2	核心	实践	准出	

六、动态进出、专业准出方案

1. "拔尖计划"和"强基计划"动态进出方案

南京大学生命科学学院"拔尖计划"和"强基计划"实行动态进出管理机制。

"拔尖计划"执行一次动态进出：在第三学期结束时开启"拔尖计划"的动态进出工作，计划在第四学期开始2周内完成动态进出调整工作。

"强基计划"执行两次动态进出：在第三学期结束时和第六学期结束前各进行一次"强基计划"的动态进出工作。

"动态进出"的要求：热爱祖国，拥护中国共产党的领导，自觉践行社会主义核心价值观，理想信念坚定，社会责任感和历史使命感强。身心健康，品行端正，积极向上，遵纪守法，诚实守信，在校期间无任何考试作弊和剽窃他人学术成果记录，无任何受处分记录。勤奋学习，成绩优良，思想政治理论及实践课程学习情况良好。若在所在"拔尖计划"或"强基计划"的学分绩排名位于后15%，则该学生与申请加入"拔尖计划"或"强基计划"的学生一同进入动态进出考核名单中，由学院组织召开动态进出考核面试确定是否保留该生继续留在拔尖计划或强基计划中，并进行公示，公示后报本科生院批准。

由学院组织召开动态进出考核面试，学生进行汇报，阐明情况，由考核委员会确定是否同意该生进入"拔尖计划"或"强基计划"培养，在该动态进出考核会议时，委员会需要综合考虑学生的道德品质（优、良、合格和不合格）以及在面试时表现的综合素质和科研发展潜力确定入选名单，宁缺毋滥，并进行公示，公示结束后报本科生院批准。动态进出比例方面，原则上动态进出比例15%，通修、平台、核心课程不及格的学生必须要参与面试考核。"拔尖计划"和"强基计划"阶段性综合考核不通过者须退出"拔尖计划"或"强基计划"。"拔尖计划"和"强基计划"进入申请者通过考核，成绩优秀，准予进入"拔尖计划"和"强基计划"。

2. "强基计划"转段培养方案

转段对象及条件：

（1）通过"强基计划"招生录取以及通过动态进出机制进入"强基计划"的应届全日制本科毕业生，热爱祖国，拥护中国共产党的领导，自觉践行社会主义核心价值观，理想信念坚定，社会责任感和历史使命感强。

（2）身心健康，品行端正，积极向上，遵纪守法，诚实守信，在校期间无任何考试作弊和剽窃他人学术成果记录，无任何受处分记录。

（3）勤奋学习，成绩优良，思想政治理论及实践课程学习情况良好。按照教学计划进度，无专业准入、专业准出课或通修课成绩不及格情况（已补考、缓考或重修及格的成绩有效）。除总学分及毕业论文要求外，已具备学士学位授予条件。

（4）强基生须同时满足上述1–3条要求，否则不能获得转段申请资格，视为退出"强基计划"。

符合转段条件自愿申请转段的强基生应于规定时间内（具体时间每年度专门文件通知）提交《南京大学生命科学学院"强基计划"学生转段资格申请表》，每位强基生仅限填报一个专业志愿。我院接收转段的专业和类型为：硕士研究生包括生物学、生态学、药学3个学术型硕士专业和生物与医药1个专业型硕士专业，直博生包括生物学、生态学和药学3个学术型博士专业，申请直博生者需要提前与博士生导师完成双向确认。待学校推免预报名系统开放后，在规定时间内完成信息填报。学生提出申请后，学院按照要求围绕思想品德、学业和学术表现等方面对申请转段强基生进行审核认定。

考核具体办法：考核总分 100 分，60 分及以上为合格（笔试总分 30 分，18 分及以上为合格；面试总分 70 分，42 分及以上为合格）。考核不合格者不予接收。对获得转段申请资格的强基生名单予以公示，并上报本科生院。

笔试内容：专业综合能力，面试内容：英语能力、专业知识、实验技能等。

跨专业强基生接受考核：由院系转段工作小组对学生的本科专业进行学科认定，经我院招生工作领导小组审核后报研究生院备案。对于认定为跨专业的学生，在考核时须加试生物化学或普通生物学（任选一门，笔试，考试时间 2 小时，满分 100 分，60 分及以上为合格），考试合格才能接收。

转段信息确认：经研究生院审定公示无异议的拟录取强基生，登录"全国推荐免试信息公开暨管理服务系统"中的"强基计划转段信息确认"模块查询并确认本人转段信息（含转段后攻读的学位类别、转段后学习方式、转段后录取类别等）。确认后的信息将作为强基生进入研究生阶段的录取信息，后续一律不得修改。

注意事项：

（1）转段考核工作中杜绝抄袭、造假、冒名、挂名等学术不端行为或不诚信问题的发生。如有违规行为，一经查实，学校将立即取消其转段申请资格或转段拟录取资格，已入学的，将取消学籍，并按规定记入《国家教育考试考生诚信档案》，对有关责任人实行问责，依规依纪严肃处理。

（2）实施回避制度。转段相关工作人员有直系亲属或利益相关人员申请转段的应主动申请回避，有非直系亲属等申请转段的要主动报备。相关学生申请转段时也应主动向所在院系报备声明。对未按规定报备声明或回避的转段相关工作人员，学校将依规依纪严肃处理；对未按规定报备声明回避关系且影响转段过程和结果公平公正的学生，将取消其转段资格。

（3）强基生获得转段拟录取资格后，如因学业或受处分等原因无法按期毕业或无法取得学士学位者，其转段录取资格将自动失效。

（4）强基生在报名申请转段并最终获得转段拟录取资格后，学校将不再提供办理成绩单等出国申请材料证明以及本科毕业就业推荐和签约等相关服务，不受理延长学习年限的申请。对于私自放弃转段资格者，学校将在相关学生个人档案中注明其不诚信记录，并函告其被录用的国内外院校或用人单位。

（5）未申请转段或未参加转段接收考核或转段接收考核未通过的强基生，视为退出"强基计划"，进入基地班生物科学专业学习，不再具有申请免试攻读研究生资格。

（6）强基生转段工作按照教育部和学校文件规定执行，如与教育部和学校最新文件不一致，以教育部和学校文件规定为准。

（7）本细则未列事项，参照教育部和学校相关规定执行，具体由南京大学生命科学学院转段工作小组解释。

3. 拔尖专业准入、准出实施方案

专业准入实施方案

专业准入时间：入学后按学校拔尖计划相关文件的规定，在全校一年级新生中进行统一选拔。

大类/院系内专业准入标准：化学与生命科学类学生申请本院各专业准入，须修完"大学化学A"、"化学实验基础"、"普通生物学（上）"，取得相应学分。

跨大类/院系专业准入标准：其他大类（院系）学生申请准入本院各专业，须修完"大学化学A"（或者"大学化学B"或者"化学原理A"）、"普通生物学（上）"（或"大学生物学"）课程，取得相应学分。

专业准入审核依据：所有申请者的准入课程修读情况；其他大类（院系）申请准入者的面试表现及综合素质评定。化学与生命科学类学生准入生命科学学院后，按志愿专业准入；其他大类（院系）申请者，根据面试表现及综合素质评定，确定准入名单。

专业准入具体实施办法：遵循公平、公开、公正的原则，按学校规定的专业准入工作程序进行。

专业准出实施方案

专业准出时间：满足毕业修课要求。

专业准出课程：包括所有学科专业课程，即学科平台课程+专业核心课程。

专业准出标准：

(1) 完成通识通修类课程63～64个学分。

(2) 完成学科专业课程的学习，取得相应的54个学分。

(3) 在多元发展阶段，选修课程修满26～27学分。

(4) 完成毕业论文/设计6学分

强基计划学生要求在完成150学分的基础上，还需满足以下毕业条件：

(5) 参加20场学术报告。

(6) 主持或参加1项科研创新训练项目或国际国内大赛。

(7) 参加1次国际科考，或参加1次国际学术会议或到国际实验室访学。

七、课程结构拓扑图

1

微积分Ⅰ
（第一层次）

线性代数

科学之光

新生研讨

大学化学
Ⅱ

化学实验
基础

普通生物学
（上）

2

微积分Ⅱ
（第一层次）

大学物理
（上）

大学物理
实验

有机化学
基础

普通生物学
（下）

生态学

生命科学
研究基础
与实践

C语言程序
设计（二）
或
Pathon程
序设计

数据库结构
设计

3

生物统计学
或
概率论

生物化学
及实验

细胞生物学
及实验

基础生物学
技术

野外实习Ⅰ

生命科学
实验伦理、
安全和仪
器实训

数据挖掘
导论

R语言

网络应用
技术开发

iGEM设计
与实践

4

分子生物学
及实验

遗传学
及实验

生理学
及实验

生化分析

组织学

科研思维
训练与论
文写作

计算机系统
与系统软件

随机算法

数据结构与
算法分析

5

进化生物学
及实验

微生物学
及实验

野外实习Ⅱ

高级生物
化学研讨

化学生物学

植物
信号分子
植物
分子生物学

生物信息学

高阶
生物信息学

药物化学

药理学前沿

药物设计

新药研发
策略

全球变化
生态学

生态规划
与设计

生物多样性
漫谈

动物行为学

生态学研究
方法

6

发育生物学
及实验

野外实习Ⅲ

免疫学

结构生物学

核酸生物学

神经生物学

病理学概论

癌症生物学

植物生理学

植物学
前沿进展

人工智能
导论

人工智能
程序设计

药学概论

药理学

药剂学

病理生理学

进化生态学

分子生态学

植物学与
环境适应

群体生态学

生态工程学

景观生态学

生物地理学

7

分子遗传
与进化

分子病毒学
概论

分子免疫学

细胞因子—
应激与免疫

生理心理学

计算生物学
导论

表观遗传学

基因工程

藻类生物学

植物
分子发育

机器学习
导论

生物数据
建模

发酵工程

药事法规

糖基化工程
概论

有机化合物
波谱分析

生态系统
生态学

生理与个体
生态学

生命科学中
的新技术

生物医药
创新创业
……

8

毕业论文

创新创业
训练与实践

439

17. 南京农业大学

生物科学专业人才培养方案（2023级）

一、专业介绍

生物科学是观察和揭示生命现象、探讨生命本质和发现生命活动内在规律的科学，涉及生物学、农学、医学等众多领域，是实验性、基础性很强的学科，具有学科跨度大、知识面宽和知识更新快等特点。生物科学专业培养的本科生是受到全面系统科学研究训练的创新创业人才，具备深厚人文精神底蕴和扎实自然科学基础，接受交叉学科培养，不仅掌握生物学基础理论和基本技能，而且具备敏锐观察和批判性思维的能力，了解生物科学的发展趋势，未来能够从事生物科学相关领域的基础科研、应用开发、中高级管理等工作。

二、培养目标

本专业培养目标坚持以马克思主义为指导，践行社会主义核心价值观，按照"宽口径、厚基础"的原则，面向国家重大战略需求和现代农业发展需求，培养德智体美劳全面发展、具有深厚人文社会科学知识底蕴和自然科学基础理论、系统掌握生物科学基础理论知识和基本技能、具备国际化视野、富有创新创业精神和能力，能在生物、农业、环境和医药等相关领域开展研究的创新型人才。

三、毕业要求及实现矩阵

毕业要求如下。

1. 理想信念：具有坚定正确的政治觉悟、良好的思想品德和健全的人格，热爱祖国，热爱人民，拥护中国共产党的领导；有正确的世界观、人生观、价值观，诚实守信、崇尚劳动，自觉践行社会主义核心价值观。

2. 三农情怀：具有懂农业、爱农村、爱农民的"三农"情怀和"爱农知农为农"素养，树立和践行"绿水青山就是金山银山"的生态文明与可持续发展理念，立志为农业科技发展和乡村振兴作出贡献。

3. 人文素养：掌握一定的政治、经济、哲学、艺术等人文社科知识和生命科学领域相关历史和传统，继承和发扬中华民族优秀文化，具有深厚的人文底蕴，发扬顶天立地和求真务实的科学精神。

4. 理学素养：具备扎实的理学基础理论知识和科学思维能力，运用数学、化学、生物学和信息科学等自然科学领域的理论知识,发现、辨析、质疑、评价生物科学与生物技术专业及相关领域的现象和问题,并对有关问题进行分析判断。

5. 专业综合:掌握和了解生命科学前沿及基本问题的基础理论、专业核心知识和实验实践相关技能,了解行业发展状况和趋势,能够运用所学专业理论和方法对生命科学专业及相关领域的复杂问题进行系统分析和研究,提出相应的对策和建议,或形成解决方案;

6. 审辨思维:具有审辨思维能力,能够从多视角发现、辨析、质疑、评价生命科学专业及相关领域的现象和问题,提出独立性的见解或应对措施。

7. 创新创业:具有创新创业意识,能够将创新思维、创新能力和创业精神在生命科学创新创业活动中付诸实践。

8. 交流协作:具有较强的沟通表达能力,能够通过口头和书面表达、现代化媒体技术等表达方式与同行及社会公众进行有效沟通。具有团队协作精神,并作为主要成员或领导者在团队活动中发挥积极作用。

9. 全球视野:具有较强的英语写作能力和进行国际学术交流的能力,掌握并熟练运用英语阅读专业文献;具有全球视野,关注粮食安全、人类健康与营养、环境健康与生态文明、可持续发展等重大国际发展问题,具备跨文化背景的交流与合作能力。

10. 学习发展:具有终身学习意识和自我管理、自主学习能力,能够通过不断学习适应社会需要,实现个人可持续发展。

具体实现矩阵如下。

课程 类别	课程名称	1	2	3	4	5	6	7	8	9	10
通识 课程	思想政治理论类	●		●							
	英语类			●						●	
	信息技术基础				●						
	Python 程序设计				●						
	高等数学				●						
	无机及分析化学				●						
	物理学 B				●						
	物理学实验 B				●						
	概率论				●						
	线性代数 B				●						
	有机化学				●						
	实验化学Ⅲ				●						
	军事技能训练	●									
	军事理论	●									
	体育Ⅱ～Ⅳ			●							●
	大学生创新创业基础 *#							●	●	●	●

续表

课程类别	课程名称	1	2	3	4	5	6	7	8	9	10
专业课程	学科导论					●	●	●	●	●	
	生物化学Ⅲ				●						
	生物化学实验Ⅲ				●						
	生物统计学				●						
	植物学Ⅲ				●						
	动物学				●						
	动物学实验				●						
	微生物学				●						
	微生物学实验				●						
	遗传学				●						
	遗传学实验				●						
	生物学创新创业课程		●			●	●	●	●	●	●
	细胞生物学（双语）				●						
	细胞生物学实验				●						
	植物生理学				●						
	植物生理学实验				●						
	分子生物学				●						
	分子生物学实验				●						
	科研基础训练		●			●	●	●	●	●	●
	生物学野外实习		●	●	●	●			●		
	生产实习					●					●
	专业综合能力训练										●
	植物学综合实践							●	●		
	动物学综合实践							●	●		
	微生物学综合实践							●	●		
	生物化学与分子生物学综合实践							●	●		
	生命科学大型仪器实训				●					●	●
	毕业实习及毕业论文/设计		●			●	●	●	●	●	●

● 表示课程与毕业要求之间有一定的关联度。

四、培养特色

本专业培养以学生的创新和实践能力等综合素质能力达成为导向，与国内外高校、科研院所等研究机构密切合作，按照"宽口径、厚基础"的原则，培养坚实掌握生物科学基础理论知识，灵活应用学科知识技能，能在生物科学及农林生产、医药、环境等相关领域从事研究、开发和管理工作的高素质科研创新型人才。

五、主干学科与交叉学科

1. 主干学科
生物学。
2. 交叉学科
作物学、园艺学、植物保护、农业资源与环境、畜牧学、生态学等。

六、主要课程

生物化学、植物学、微生物学、动物学、细胞生物学、遗传学、分子生物学、生物统计学等。

七、集中实践环节

科研基础训练、生物学野外实习、生产实习、专业综合能力训练、植物学综合实践、动物学综合实践、微生物学综合实践、生物化学与分子生物学综合实践、生命科学大型仪器实训、毕业实习及毕业论文 / 设计。

八、学制

四年。

九、授予学位

理学学士。

十、课程框架与学分要求

课程体系	课程类别		课程性质	学分			
通识课程	公共必修课		必修	56+(6)		66+(6)	
	通识教育核心课		选修	10			
专业课程	专业必修课	学科基础课	必修	9.5	25	36	76
		专业基础课	必修	15.5			
		专业核心课	必修	11			
	专业选修课		选修	20			
素质拓展课程	集中实践环节		必修	20			
	素质拓展必修课		必修	(8)		8+(8)	
	素质拓展选修课	其他专业推荐选修课	选修	4			
		文化素质选修课	选修	2			
		教授开放研究课程	选修	2			
合计学分				150+(14)			

十一、课程设置与修读要求

*标注的为创新创业类课程,#标注的为劳动教育依托课程,△标注的为交叉复合课程。

(一)通识课程 66+(6)学分

1. 公共必修课 56+(6)学分

(1)思想政治理论类 16+(2)学分

课程编码	课程名称	学分	学期
MARX1022	思想道德与法治	3	1
MARX1010	中国近现代史纲要	3	2
MARX1024	毛泽东思想和中国特色社会主义理论体系概论	3	3
MARX1023	习近平新时代中国特色社会主义思想概论	3	4
MARX1021	马克思主义基本原理 #	3	3
MARX1012	形势与政策 #	(2)	1-8

续表

课程编码	课程名称	学分	学期
TSJY1005	中国共产党历史专题	1	每学期开设必须选修 1 门
ELC1055	新中国史	1	
ELC1056	改革开放史	1	
ELC1057	社会主义发展史	1	

（2）英语类 8 学分

实施《2023 版本科专业人才培养方案公共外语类课程体系》,针对不同语种、不同层次外语水平的学生分为"英语平行班""英语基础班"和"小语种班"(俄语、德语、日语)进行分级教学、分类培养,不同班级的修读要求参见大一第一学期外语分班通知。公共外语类课程共 8 个必修学分,大一学年至大四学年根据学生出国、考研、论文写作、专业学习、就业等需求开设公共外语选修课,以此保证"四年全覆盖"。

① 英语平行班

"英语平行班"方案为:所有必修大学英语课程分为 4 个课程群,即综合英语、英语技能、文学文化和专门用途英语(ESP)课程群。其中,大一学年两个学期开设综合英语类课程,大二学年第一学期(即第三学期)开设英语技能类和文学文化类课程,大二学年第二学期(即第四学期)开设 ESP 类课程。ESP 类课程(专门用途英语)具有较为明显的学科特征,旨在培养学习者在某特定学科中运用英语的能力。每学期 2 学分,理论学时为 32 学时。具体安排见下表:

学期	课程类别	课程号	课程名称	学分
第一学期	综合英语类	FOLL1141	进阶英语听说Ⅰ	2
		FOLL1143	进阶英语读写Ⅰ	2
第二学期	综合英语类	FOLL1142	进阶英语听说Ⅱ	2
		FOLL1144	进阶英语读写Ⅱ	2
第三学期	英语技能类	FOLL1145	英语演讲艺术	2
		FOLL1146	实用笔译实践	2
	文学文化类	FOLL1147	英语文学赏析	2
		FOLL1148	传媒英语阅读	2
		FOLL1131	跨文化交际	2
第四学期	专门用途英语类	FOLL1149	农业学术文献英语	2
		FOLL1151	商务英语听说	2
		FOLL1163	农科英语	2

② 英语基础班

"英语基础班"课程分布在大一、大二学年（4个学期），每学期2学分，理论学时为32学时。具体安排见下表：

学期	课程类别	课程号	课程名称	学分
第一学期		FOLL1157	综合英语Ⅰ	2
第二学期	综合英语类	EOLL1158	综合英语Ⅱ	2
第三学期		FOLL1139	综合英语Ⅲ	2
第四学期		FOLL1140	综合英语Ⅳ	2

③ 免修政策

英语平行班或基础班学生参加相关的英语水平测试，成绩达到托福100分、雅思7分、CET6考试615分，可申请英语类课程免修。每达到其中一项，可任选一学期申请免修英语类必修课程2学分，成绩记载为95分。

(3) 计算机类4学分

课程编码	课程名称	学分	学期
COST1132	信息技术基础		1
COST1133	Python 程序设计	3	2

(4) 数学、物理、化学22学分

课程编码	课程名称	学分	学期
MATH2112	高等数学	4	1
CHEM2118	无机及分析化学	5	1
PHYS2101	物理学 B	2	1
PHYS2109	物理学实验 E	0.5	1
MATH2114	概率论	2	2
MATH2116	线性代数 B	2	2
CHEM2119	有机化学	4	2
CHEM2110	实验化学Ⅰ	1.5	2
CHEM2111	实验化学Ⅱ		3

(5) 军事体育类4+(4)学分

课程编码	课程名称	学分	学期
PE1001	体育Ⅰ	1	1
PE1002	体育Ⅱ	1	2
PE1003	体育Ⅲ	1	3
PE1004	体育Ⅳ	1	4

续表

课程编码	课程名称	学分	学期
GC1220	军事技能训练	(2)	1
GC1227	军事理论	(2)	2

（6）创新创业基础 2 学分

课程编码	课程名称	学分	学期
GC1228	大学生创新创业基础 *#	2	2

2. 通识核心课 10 学分

分为六大类：文学艺术、历史研究、社会分析、哲学方法、科学探索、外国文化（详见《南京农业大学通识核心课程一览》）。学生按类选修，每类修 1~2 学分，须修满 10 学分。不得修读与主修专业内容和性质相同或相近的课程。

本专业的学生不得修读生命科学概论。

（二）专业课程 76 学分

各专业须开设：1 门学科 / 专业导论课；不少于 1 学分的专业英语课；不少于 1 学分的基于重大科研项目或企业工程项目的"项目引导式课程"；至少 1 门创新创业专业基础课、2~3 门专业教育与创新创业教育共通课；10~20 学分的前沿、交叉、国际课程。

1. 专业必修课 36 学分

（1）学科基础课 9.5 学分

课程编码	课程名称	学分	学期
BIOL2001	学科导论	1	2
BIOL2409	生物化学Ⅰ	3	3
BIOL2413	生物化学实验Ⅰ	1	3
BIOL2410	生物化学Ⅱ	2	4
BIOL2414	生物化学实验Ⅱ	0.5	4
CROP3203	生物统计学	2	4

（2）专业基础课 15.5 学分

课程编码	课程名称	学分	学期
BIOL310	植物学Ⅰ	2	1
BIOL3102	植物学Ⅱ	2	2
BIOL3202	动物学	2	2
BIOL321C	动物学实验	1	2
BIOL3303	微生物学	3	4

续表

课程编码	课程名称	学分	学期
BIOL3309	微生物学实验 *	1	4
CROP3206	遗传学	3	4
CROP321	遗传学实验	0.5	4
BIOL2002	生物学创新创业课程 *	1	5

（3）专业核心课 11 学分

课程编码	课程名称	学分	学期
BIOL4101B	细胞生物学（双语）	3	3
BIOL4130	细胞生物学实验	1	3
BIOL4103	植物生理学	3	4
BIOL4119	植物生理学实验	1	4
BIOL4401	分子生物学	2	6
BIOL4413	分子生物学实验 *	1	6

2. 专业选修课 20 学分

（1）学术研究类课程组 7 学分

凡申请参加研究生免试推荐的学生,须在本课程组内修满全部学分。

课程编码	课程名称	学分	学期
GC4001	大学生创新训练计划（SRT）*	1	6
BIOL4302	微生物生理学	2	5
BIOL4110	文献检索与科技论文写作	2	5
BIOL4411	生物信息学	2	6

（2）生物前沿交叉模块至少修读 4 学分

课程编码	课程名称	学分	学期
BIOL4108	免疫学	2	5
BIOL4109	免疫学实验	1	5
BIOL4205	基础药理学	1	5
BIOL4320	病毒学	1	5
BIOL4325	微生物生态学	1	5
BIOL4326	微生物遗传与育种	1	5
BIOL4330	普通真菌学	1	5
BIOL4336	合成生物学	1	5
VET4114	动物生理学	2	5

续表

课程编码	课程名称	学分	学期
COST4250	大数据分析与可视化△	2	5
BIOL4126	发育生物学	1	6
BIOL4419	生物大分子的结构与功能	1	6
BIOL4328	微生物资源与分类学	1	6
BIOL4332	基因组学	1	6
BIOL4415	蛋白质化学	1	6
BIOL4125	细胞信号转导	1	6
BIOL4128	细胞工程 *	1	6
BIOL4421E	表观遗传学（全英文）	1	6
BIOL4131	生物安全	1	6

（3）生物学研究技术与方法模块至少修读 4 学分

课程编码	课程名称	学分	学期
BIOL4322	微生物发酵工程 *	1	5
BIOL4329	食用菌生产技术 *	1	5
BIOL4121	植物化学调控探究性实验设计与实践 *	1	5
BIOL4122	植物逆境生理	1	5
BIOL4132	生物显微制片技术	1	5
BIOL4333	微生物生理学实验	0.5	5
STAT3102	数理统计△	3	5
BIOL4423	植物天然产物化学	1	6
BIOL4417	生物化学研究技术与方法	1	6
BIOL4418	基因工程原理	1	6
BIOL4331	现代微生物研究技术与方法	1	6
VET4259	生物技术制药 *	1	6

3. 集中实践环节 20 学分

各专业须在集中实践环节设置不少于 2 周(学分)的劳动教育环节,用 # 标出。

课程编码	课程名称	学分	学期
BIOL4019	科研基础训练	1	2
BIOL4005	生物学野外实习 #	3	2
BIOL4007	生产实习 #	1	4
BIOL4020	专业综合能力训练	1	7

课程编码	课程名称	学分	学期
BIOL4120	植物学综合实践	1	7
BIOL4204	动物学综合实践	1	7
BIOL4319	微生物学综合实践	1	7
BIOL4414	生物化学与分子生物学综合实践	1	7
BIOL4013	生命科学大型仪器实训	2	7
BIOL4012	毕业实习及毕业论文/设计	8	8

（三）素质拓展课程（8）+8 学分

1. 素质拓展必修课（8）学分

课程编码	课程名称	学分	学期
GC1105	大学生心理健康教育	(2)	1
GC1104	大学生安全教育	(1)	1
GC1101	生涯规划与职业发展Ⅰ*#	(0.5)	2
GC1102	生涯规划与职业发展Ⅱ*#	(0.5)	5
GC1201	大学生社会实践	(1)	7
RRC1004	美学与大学生艺术素养（ACCS）	(1)	0
GC1222	大学生美育实践	(1)	7
RRC1003	耕读教育理论	(1)	0

注：RRC1003、RRC1004 为必读课，每学期开设，可选择在大学四年内任意一学期完成。

2. 素质拓展选修课 8 学分

（1）文化素质选修课

每位学生须修读 2 学分，详见《南京农业大学文化素质教育课程一览》。

（2）教授开放研究课程

每位学生须修读 2 学分。

（3）其他专业推荐选修课 4 学分

学生根据学习兴趣和需要选修。不得修读与主修专业内容和性质相同或相近的课程。该组课程不单独开班，学生跟班选修。该组课程如符合《南京农业大学本科生辅修学士学位实施办法》相关规定，可抵充相应辅修双学位课程的成绩。

（4）基础选修课

面向大三第二学期学生开设数学、英语、生物、化学、政治等进阶类课程供学生选修。此类课程免费修读，学分不计入总学分和学习档案。

（四）创新创业课程 8 学分

此类课程在方案中已用 * 标出,要求学生在培养期内所获总学分中须包含创新创业教育 8 学分(除必修课之外,还需选修 2 学分的相关课程),方可毕业。具体方案如下:

课程性质		课程名称	学分
必修 6 学分		生涯规划与职业发展	（1）
		大学生创新创业基础	2
		专业基础课中的创新创业类课程	1
		专业课中的创新创业类课程（方案中已用 * 标出）	≥2
选修 ≥2 学分	项目 / 课程	大学生创新训练计划（SRT）	1 学分 / 项目
		校创新性实验实践教学项目	
		专业课中的创新创业类课程（方案中已用 * 标出）	
		被认定的创新创业性质的教授开放研究课程	
		行业企业专家开放课程	
		被认定的创新创业性质的文化素质教育选修课	
	奖励学分	参加由学校选定并组织的学科、科技竞赛等活动获奖、发表科研论文获得的创新拓展学分	

18. 南京师范大学

生物科学专业人才培养方案（2024 版）

一、专业简介

南京师范大学生物科学专业源自三江师范学堂的"农学博物分类科"（1906 年招生）以及其后的南京高等师范学校生物科、金陵女子大学生物系和东吴大学生物系。1952 年建立南京师范学院生物系并开始招收生物教育专业本科生。生物科学专业是生物学国家理科基础科学研究和教学人才培养基地（1996 年），第三批教育部基础学科拔尖学生培养计划 2.0 基地（2021 年）的主体支撑专业。是国家特色专业（2008 年），"十二五"省重点专业（生物科学类，2011 年；教师教育专业类，2012 年），江苏省品牌专业（2015 年），首批国家一流本科专业建设点（2019 年）。专业拥有高水平师资队伍、先进的科研平台、生命科学国家级实验教学示范中心、江苏省生物技术与工程综合训练中心等实验实践教学平台。

生物科学专业分"拔尖学生培养基地""国家理科基地"和"师范"三个方向招生。"拔尖学生培养基地"和"国家理科基地"两个方向培养拔尖创新人才。"师范"方向培养卓越中学生物教师。

二、培养目标

本专业面向生命科学创新发展需求，致力于培养和造就具有家国情怀、厚生品格、创新素养、国际视野、德智体美劳全面发展的未来创新型生命科学拔尖人才。

毕业生具有家国情怀和厚生精神，具有深厚的人文底蕴，宽厚的自然科学基础，热爱生命科学基础研究，系统掌握生命科学基础理论知识、实验技术和现代研究方法，受到系统的科学研究训练，具备科学精神、发展潜力和创新能力，熟悉生命科学新进展，具备国际视野，不断追求卓越。毕业生继续深造后能够在高等院校、科研院所从事生命科学相关的教学科研工作。本专业毕业生毕业 5～10 年预期达到以下目标：

培养目标	目标 1：思想品德和职业道德	拥护党的路线和方针；践行社会主义核心价值观；具有家国情怀和高度社会责任感；具有良好的公民道德、思想素质、法治意识、学术规范意识、伦理品德和正确的价值观；具有厚生精神；对科技强国有强烈的使命感
	目标 2：知识体系和实践能力	对自然科学知识有全面的了解，对生物科学与生命科学其他学科之间的关系有明晰的认识；掌握扎实的生物学专业基础知识、了解基本原理和方法，掌握娴熟的生物学实验技能和技术并有良好的实践，对生物学主要科研前沿及其最新进展有持续跟踪与了解。具备运用自然科学、技术和专业知识解决生物领域复杂问题的能力

续表

培养目标	目标3：科学素养和自我发展	具有强烈的创新意识，科学的思维方法和科学家精神，具备创新实践所需的思维能力和学术研究能力；具有追求卓越的品格，具有自我学习和终身学习的能力
	目标4：国际视野和开放交流	具有全球意识和开放心态；能熟练运用至少一种外国语进行跨文化交流、信息收集和成果呈现，具备国际视野；对国际生物科学发展方向有持续跟踪与判断，主动融入国家战略和人类未来发展需求
	目标5：全面发展和沟通协作	德智体美劳全面发展；具有良健康的体魄，良好的心理素质和健全的人格；能够积极参与和组织团队参与科学研究，进行创新创业项目训练，对个人在团队和组织中的角色、地位、作用等有清晰的认识，具有较强的团队意识

三、毕业要求及对培养目标的支撑

1. 毕业要求

毕业要求	分解指标项
毕业要求1【价值塑造】：能够践行社会主义核心价值观，具有家国情怀，坚定四个自信	1-1【价值认同】掌握社会主义核心价值观、中国特色社会主义理论；在言行上践行社会主义核心价值观，在思想、政治、理论和情感上认同中国特色社会主义理论和道路；知晓生物科学领域富有中国特色的创新研究与典型事例并能运用
	1-2【家国情怀】了解中华民族的悠久历史与灿烂文化，对身为中华民族的一分子而深感自豪；具有强烈的爱国主义精神，坚定道路自信、理论自信、制度自信、文化自信；遵守普遍的中华礼仪、道德和观念
毕业要求2【职业规范】：能够遵守伦理道德规范和科研诚信	2-1【规范伦理】了解和遵守生物学研究、教学和技术开发相关领域的法律法规、标准等；遵循生物学伦理学的基本原则与规范
	2-2【职业道德】理解并熟悉生物学研究、教学和技术开发相关职业的道德与基本规范；注重生物伦理和科研诚信教育；对所从事的职业有较强的认同与热爱，并准备在实践工作中自觉遵守相关职业道德与规范
毕业要求3【科学认知】：掌握基本的现代科学知识体系，具有科学求真精神	3-1【科学体系】对人类科学知识体系有全面的了解；对与生物学相关的理工科知识有较深入的掌握；了解人文哲学社会科学相关知识
	3-2【科学精神】认同科学求真、探索创新的科学精神，对历史上的重大科学进展及其社会需求背景等有全面的认识；充分认识科学技术革新改变社会的巨大力量
毕业要求4：【知识整合】：能够整合数理化、工程技术和信息技术解释和研究生命现象，具有较系统的生物学基础知识。	4-1【学科认知】对生物学与其他学科之间的关系有明晰的认识，能有机结合化学、物理、数学、工程技术、信息技术等多学科、交叉学科知识来解释生命现象
	4-2【学科基础】全面理解、深入掌握生物科学基本知识、基本原理和技能以及经典事例；能够整合生物学各分支学科知识并理解它们之间的内在联系；能够根据实际情景，整合相关学科知识，采用合适的技术与方法有效展示和介绍生物学知识

续表

毕业要求	分解指标项
毕业要求5【研究创新】：能够运用生物学研究方法进行创新研究和问题分析	5-1【问题分析】掌握并有所实践生物学科研选题和问题发现的方法与流程；有所实践并熟练掌握生物科学问题凝练与课题选择的方法与途径；实践并提出具体的生物科学问题，并对这些问题进行过理论与技术分析
	5-2【研究探索】了解并有所实践生物学理论创新、方法创新和工艺改进的方法与流程；有所实践并熟练掌握生物科学科研创新的方法与技术；实践过对具体的生物科学问题进行实际创新和改良并有收获
毕业要求6【技术融合】：掌握和熟练运用生物学基本实验技术，能整合信息、工程等多学科技术应用于生物学的研究	6-1【工具技术】熟练掌握生物学基本实验技术，并在科学实践和创新中有所运用；了解并有所实践现代信息、物理、化学等技术，了解并有所实践它们对生物学、生物技术学的渗透与整合
	6-2【技术合成】掌握运用现代信息技术来呈现和传播科研成果与创新结果；知晓并有所实践运用现代信息技术和控制系统来整合与融合多种技术与工具；知晓并有所实践使用和整合多种技术方法和工具来改进和研究生物学问题
毕业要求7【职业提升】：能够制订自我学习和职业发展规划，具有终身学习的能力	7-1【职业规划】掌握生物科学专业发展的核心内容、不同发展阶段以及可能的发展路径；结合未来成为一流生物科学研究人员所需要的基本素养与技能制订自我学习和发展规划，并在实践中不断巩固与完善
	7-2【终身学习】理解终身学习的作用与意义；有终身学习的追求，身心健康，志趣远大，能够根据时代要求和社会发展不断进步与提高
毕业要求8【交流合作】：能够进行有效的交流沟通和团队协作	8-1【交流沟通】知晓并理解社会人际交往的方式与方法，并能运用这些方法积极主动地与他人开展交流；具有良好的语言表达能力和展示能力；能够就复杂生物学问题与业界同行及社会公众进行有效沟通和交流，包括撰写报告和设计文稿、陈述发言、清晰表达或回应指令
	8-2【团队管理】知晓并理解团队合作技巧，能够主动开展小组互助和合作学习；知晓并理解学习共同体的作用以及团队建设的重要性，愿意为团队付出，能够与团队成员进行协调和沟通，使自己有效融入团队，并能够领导团队持续提高
毕业要求9【科学人文】：具有较好和科学人文素养，了解生物学对经济和社会发展的影响，形成相应的责任意识	9-1【社会影响】了解生物科学及其发展对社会、健康、安全、法律以及文化的影响；对生物学影响社会的历史及其主要事证有深入了解；对未来生物学可能产生的社会经济影响有一定的认识，对生物学中实际与潜在的伦理学、社会学问题有清醒的认识与防范，并具备承担相应责任的意识
	9-2【以人为本】能够在社会发展的宏观背景与网络中来看待与处理生物学问题和方向，拥有科学人文理念；能够有意识地运用生物学方法和原理来解释社会现象并能够在实践中不断学习提高；理解生物学与社会之间的相互影响并能够以共同发展的角度来看待和处理自身的科研实践
毕业要求10【环境保护】：能够运用生物科学方法解决环境和生态问题，具有可持续发展理念	10-1【环境影响】掌握生态学、环境科学与生物科学的异同、交叉性与结合性，掌握它们的基本理论与方法；能够基于生物科学相关背景知识进行合理分析、评价专业实践和学科发展对环境的影响；掌握运用生物科学方法解决环境问题、生态问题的基本理论与方法

续表

毕业要求	分解指标项
	10-2【和谐发展】掌握生物资源利用的原理与方法；掌握生物与环境和谐发展、可持续发展的基本理论与方法；掌握预测与评价生物科学及其发展对环境可能影响的理论与方法；掌握在生物科学课题规划与问题解决过程中的环境评价与生态评估、环境改善的方法与技术
毕业要求 11【全球意识】：具有国际视野，能进行国际交流	11-1【国际意识】了解当今世界全球一体化的程度与趋势，能够从全球角度、跨文化视角来看待中国的生物科学及其发展，知晓并有所实践跟踪掌握国内外生物科学重大理论与技术创新的趋势和前沿动态
	11-2【国际交流】熟练掌握至少一种国际通用外国语，参与过国际科研与教育交流并从中有所收获与提高；能够直接运用外语了解和掌握国际生物科学最新进展以及进行跨文化交流，有积极参与国际交流的愿望与开放心态

2. 毕业要求对培养目标的支撑

培养目标 毕业要求	目标 1 正德爱国	目标 2 博学精业	目标 3 创新进取	目标 4 国际视野	目标 5 全面发展
毕业要求 1	√				√
毕业要求 2		√			√
毕业要求 3	√	√	√		
毕业要求 4		√	√		√
毕业要求 5		√	√		√
毕业要求 6		√	√		
毕业要求 7	√		√		√
毕业要求 8		√		√	√
毕业要求 9	√			√	√
毕业要求 10	√			√	√
毕业要求 11				√	√

四、主干学科和相近专业

1. 主干学科：生物学
2. 相近专业：生物技术

五、学制、学分要求及授予学位

1. 学制

标准学制:4 年;学生可在 3 ~ 7 年内修完本专业规定学分。

2. 学分要求

学生须按照规定修满方案要求的 155 学分方能毕业。

3. 授予学位

学生修完本专业培养方案规定的课程,取得规定的学分,符合《中华人民共和国学位法》和《南京师范大学学士学位授予管理办法》规定者,授予理学学士学位。

六、课程学分比例

课程类别		学分	必修学分	选修学分	理论学分	实践学分	比例
通识教育模块	通识必修课程	45	45		37.5	7.5	35%
	通识选修课程	10		10	10		
专业教育模块	学科基础课程	23.5	23.5		20	3.5	51%
	专业主干课程	55	55		32	23	
自主发展模块	专业方向课程	19.5	5	14.5	10	9.5	14%
	拓展教育课程	2		2	2		
总学分		155	128.5	26.5	111.5	43.5	
比例		100%	83%	17%	72%	28%	

七、指导性修读计划

课程模块	课程代码	课程名称	学分			开课学期及周学时								总学时	备注
			理论	实践	合计	一	二	三	四	五	六	七	八		
通识教育课程 通识必修课程	1025009020 1025009021 1025009022	形势与政策	2		2					√				36	含 2 学分实践，详见厚生成长方案
	1025009013	思想道德与法治	3		3	3								54	
	1025009009	中国近现代史纲要	3		3		3							54	
	1025009014	马克思主义基本原理	3		3		3							54	
	1025009015	毛泽东思想和中国特色社会主义理论体系概论	3		3			3						54	
	1025009016	习近平新时代中国特色社会主义思想概论	3		3				3					54	
		四史类类课程	1		1	/				√				18	学生需选择至少一门史类课程修读
	1099009006	军事理论	2		2	3								36	
	1099009007	军事技能训练		2	2	84								168	
		大学外语	10		10	3	3	2	2					180	
		大学体育		4	4	2	2	2	2					144	
	1099009008	心理健康与安全教育	2		2		2							36	
	1019009010	计算机人工智能基础	3	1	4	5								90	
	1099009009	大学生职业生涯规划与发展	1		1		2							18	

续表

课程模块		课程代码	课程名称	学分			开课学期及周学时								总学时	备注
				理论	实践	合计	一	二	三	四	五	六	七	八		
通识教育课程	通识必修课程	1000000500	劳动教育	0.5	0.5	1	/				√				≥32	
		1000000501														
		1001009001	文学之美	1		1	/				√				≥18	
	通识选修课程		国际视野与文明互鉴				/				√					学生至少选择五个课组，每个课组不少于2学分，总学分不低于10学分。其中艺术鉴赏与审美体验，创新与创业为必修课组。
			身心健康与生命关怀				/				√					
			数理基础与科学技术				/				√					
			人文经典与社会研究				/				√					
			艺术鉴赏与审美体验	2		2	/				√				36	
			创新与创业	2		2	/				√				36	
专业教育课程	学科基础课程	1006009003	高等数学Ⅱ（上）	4		4	4								72	核
		1006009004	高等数学Ⅱ（下）	4		4		4							72	核
		1007009011	大学物理（上）	3		3		3							54	核
		1007009012	大学物理（下）	2		2			2						36	核
		1008009003	无机及分析化学	4		4	5								72	核
		1008009005	无机及分析化学实验C		1	1	3								36	核
		1008009006	有机化学C	3		3		3							54	核
		1008009007	有机化学实验C		1	1		3							36	核
		1009000193	生物统计学		1.5	1.5					3				54	核
	专业主干课程	1009000001	生命科学导论	2		2	3								36	核
		1009000002	植物学	3		3		3							54	核
		1009000003	植物学实验		1	1		3							36	核

续表

课程模块	课程代码	课程名称	理论	实践	合计	一	二	三	四	五	六	七	八	总学时	备注
专业教育课程 / 专业主干课程	1009000004	动物学	3		3			3						54	核
	1009000005	动物学实验		1	1			3						36	核
	1009000179	植物生理学B	3		3					3				54	核
	1009000180	植物生理学实验B		1	1					3				36	核
	1009000011	动物生理学	3		3					3				54	核
	1009000012	动物生理学实验		1	1					3				36	核
	1009000013	生物化学	4		4			4						72	核
	1009000014	生物化学实验		1.5	1.5			3						54	核
	1009000015	微生物学	3		3				3					54	核
	1009000170	微生物学实验		1.5	1.5				3					54	核
	1009000017	遗传学	3		3				3					54	核
	1009000018	遗传学实验		1	1				3					36	核
	1009000021	细胞生物学	3		3					3				54	核
	1009000022	细胞生物学实验		1	1					3				36	核
	1009000019	分子生物学	3		3				3					54	核
	1009000020	分子生物学实验		1	1				3					36	核
	1009000026	进化生物学	2		2				2					36	英融
	1009000190	生物信息学B		1	1				2					36	融
	1009000171	生物学野外实习		3	3					√				2周	核
	1009000192	毕业设计（论文）		8	8								√	16周	核
	1009000185	生物科学（拔尖学生培养基地）专业创新创业实践		1	1	参加全国大学生生命科学竞赛或其他国家级的生物类学科竞赛									内容和评价详见厚生成长方案

459

续表

课程模块	课程代码	课程名称	学分			开课学期及周学时								总学时	备注
			理论	实践	合计	一	二	三	四	五	六	七	八		
选修	1019009004	Python 语言程序设计	3	1	4		5							90	
必修	1009000101–1009000105	科研训练与实践(3-7)		5	5	参与导师课题组的科研训练								5学期	由指导教师在每学期末给予成绩评定
自主发展课程　植物学方向	1009000106	植物发育生物学	2		2							2		36	
	1009000107	植物逆境生物学	2		2					2				36	
	1009000108	植物系统学 B	2		2					2				36	
	1009000109	植物进化基因组学	2		2						2			36	
	1009000110	植物营养学	2		2					2				36	
	1009000111	植物光生物学研究进展	0.5		0.5							3		9	
	1009000112	植物激素研究进展	0.5		0.5						3			9	英
	1009000113	植物光合作用研究进展	0.5		0.5						3			9	
	1009000114	药用植物资源与产业化研究进展	0.5		0.5						3			9	融
	1009000115	转基因与植物生物技术研究进展	0.5		0.5							3		9	
	1009000116	植物资源野外调查		1	1					18				36	
	1009000117	植物分子生物学常规技术		1.5	1.5					18				54	
	1009000118	植物组织培养 B		1	1					9				36	
	1009000119	植物功能基因研究方法实践		1	1					18				36	
	1009000120	植物进化生物学研究方法实践		1.5	1.5					18				54	

续表

课程模块		课程代码	课程名称	学分			开课学期及周学时								总学时	备注
				理论	实践	合计	一	二	三	四	五	六	七	八		
自主发展课程	动物学方向	1009000121	珍稀濒危植物的生态保护		0.5	0.5							18		18	
		1009000122	植物–微生物相互作用	1		1							6		18	融
		1009000123	野生动物疫病与生物安全	1		1							2		18	
		1009000124	动物遗传资源保护和管理	1		1					2				18	
		1009000125	动物基因组学	1		1						2			18	
		1009000126	动物学研究前沿与进展	0.5		0.5						2			8	
		1009000127	保护遗传学	1		1						2			18	
		1009000128	分子生态学B	1		1							2		18	
		1009000129	动物资源多样性调查		0.5	0.5					18				18	
		1009000130	长江生物多样性(江豚)调查		0.5	0.5					18				18	融
		1009000131	动物高通量测序及数据处理		0.5	0.5						18			18	融
		1009000132	动物进化基因组学分析实践训练		0.5	0.5						18			18	
		1009000133	斑马鱼基因编辑实践训练		0.5	0.5					18				18	
	微生物学方向	1009000134	分子植物病毒学原理及实践训练		1	1							2		36	
		1009000135	分子进化学	2		2						2			36	
		1009000136	野外大型真菌子实体内生菌功能分析		0.5	0.5					18				18	融

续表

课程模块	课程代码	课程名称	学分			开课学期及周学时								总学时	备注
			理论	实践	合计	一	二	三	四	五	六	七	八		
微生物学方向	1009000137	植物内生菌的分离鉴定与功能研究训练		1.5	1.5					18				54	
	1009000138	人类病原真菌学与实践训练		0.5	0.5						18			18	
	1009000139	线粒体研究方法学	1		1							2		18	
	1009000140	微生物学研究进展	0.5		0.5							3		9	
	1009000141	微生物基因编辑技术原理及实践训练		0.5	0.5						9			18	
	1009000142	动物肠道微生物多样性分析实践训练		0.5	0.5						18			18	
自主发展课程	1009000143	癌症多组学数据分析和药物发现	2		2							2		36	
	1009000144	分子生物学实践		1	1						9			36	
	1009000145	肿瘤免疫治疗	2		2							2		36	
细胞生物学方向	1009000146	疾病的生物疗法	0.5		0.5					3				9	
	1009000147	感知生命：生命分析前沿技术专题	0.5		0.5						3			9	
	1009000148	细胞生命活动实践		1	1						9			36	
	1009000149	DNA损伤的研究进展	0.5		0.5						3			9	
	1009000150	从基因到蛋白质		1	1					3				36	
	1009000151	生物新药的诞生：从实验室到临床	1		1						9			18	

续表

课程模块	课程代码	课程名称	学分 理论	学分 实践	学分 合计	一	二	三	四	五	六	七	八	总学时	备注
细胞生物学方向	1009000152	干细胞与组织工程研究进展	0.5		0.5						3			9	
	1009000153	神经退行性疾病认知与发展	0.5		0.5							3		9	
	1009000154	生化药理与新药研发	2		2					2				36	
	1009000155	生化代谢组学与疾病研究	0.5		0.5						3			9	
	1009000183	合成生物学概论	2		2							2		36	融
	1009000156	材料科学与生命科学应用	0.5		0.5							3		9	融
生物化学方向	1009000157	一种酶的基因工程制备与活性鉴定		1	1					9				36	
	1009000158	肿瘤生化研究与实践		0.5	0.5							9		18	
	1009000159	噬菌体展示抗体库技术		1	1					9				36	
	1009000160	大型科学仪器设备在生命科学中的应用		1	1					9				36	融
	1009000161	人体构造的系统进化研究	1		1						3			18	
	1009000162	人工智能与新药研发	0.5		0.5						3			9	融
	1009000163	表观遗传学与人类疾病	0.5		0.5							3		9	

自主发展课程：自主发展课程选修模块中五个方向的课程都可以选，鼓励学生按照自己的科研兴趣进行选择

拓展教育课程：建议学生选修生物科学（国家理科基地）专业的《生物学专业英语》课程（全英文授课，1个实践学分），生物技术专业的《生物天然产物波谱分析》课程（1个实践学分）；需在三、四学期修完。 备注：2学分

八、课程结构拓扑图

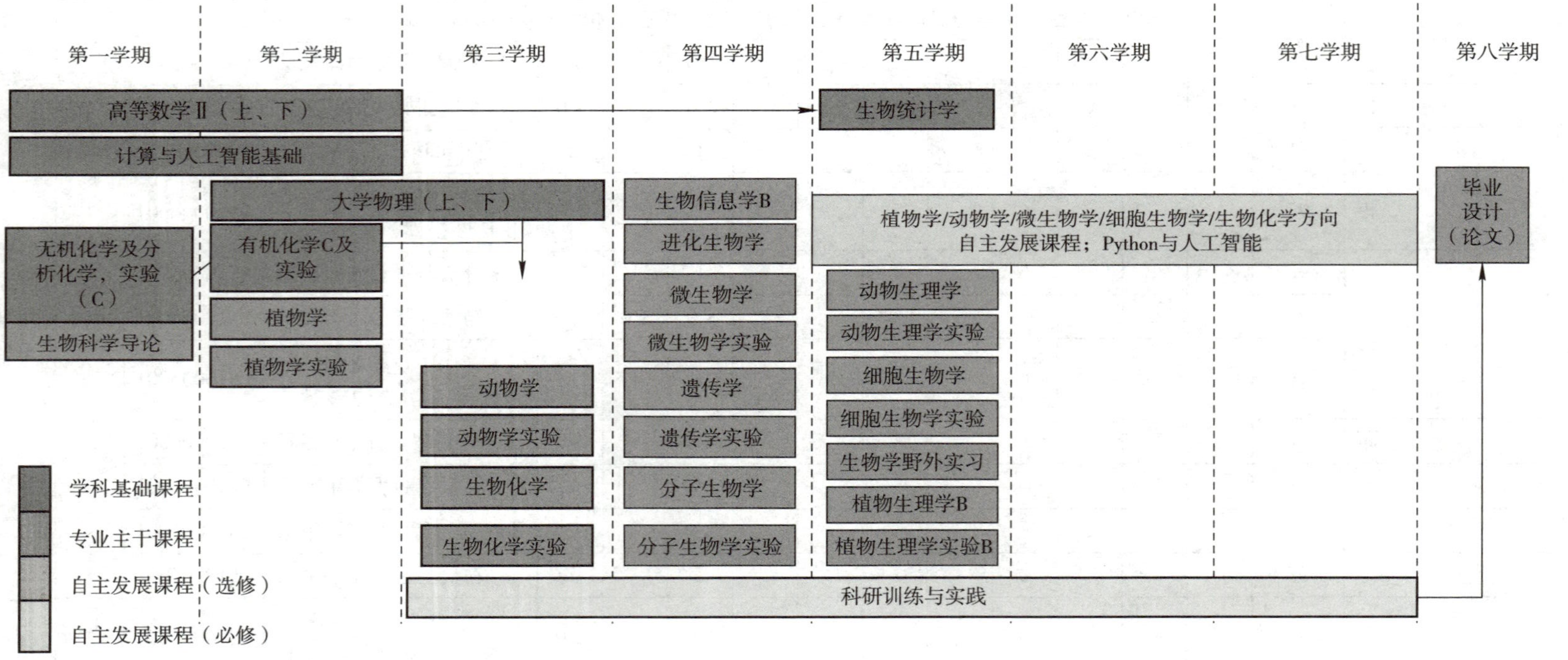

第一学期　第二学期　第三学期　第四学期　第五学期　第六学期　第七学期　第八学期

高等数学Ⅱ（上、下）

计算与人工智能基础

大学物理（上、下）

无机化学及分析化学，实验（C）

有机化学C及实验

生物科学导论

植物学

植物学实验

动物学

动物学实验

生物化学

生物化学实验

生物信息学B

进化生物学

微生物学

微生物学实验

遗传学

遗传学实验

分子生物学

分子生物学实验

生物统计学

植物学/动物学/微生物学/细胞生物学/生物化学/生物化学方向
自主发展课程；Python与人工智能

动物生理学

动物生理学实验

细胞生物学

细胞生物学实验

生物学野外实习

植物生理学B

植物生理学实验B

科研训练与实践

毕业设计（论文）

学科基础课程
专业主干课程
自主发展课程（选修）
自主发展课程（必修）

九、课程设置与毕业要求的对应关系矩阵

毕业要求 课程名称	毕业要求1	毕业要求2	毕业要求3	毕业要求4	毕业要求5	毕业要求6	毕业要求7	毕业要求8	毕业要求9	毕业要求10	毕业要求11
高等数学Ⅱ（上）			H								
高等数学Ⅱ（下）			H								
Python与人工智能				H			M				
大学物理（上）					H						
大学物理（下）					H						
无机及分析化学			H								
无机及分析化学实验C			H					H			
有机化学C			H								
有机化学实验C			H					H			
生物统计学		H		H							
生命科学导论	H		H	H						H	
植物学	H	H	H		H					H	
植物学实验			H					H			
动物学	H	H	H		H					H	
动物学实验			H					H			
植物生理学B	H	H	H					H			H
植物生理学实验B			H			H					
动物生理学	M	H	H		H						
动物生理学实验			H					H			
生物化学	H	H	H	H	H						
生物化学实验			H			H		H			
微生物学		H	H		H					M	
微生物学实验			H			H		H	M	H	
遗传学	H	H	H	M	H						
遗传学实验			H			H		H			
细胞生物学	M	H	H	H	H						
细胞生物学实验			H			H		H			
分子生物学	M	H	H	H	H						

续表

毕业要求 课程名称	毕业要求1	毕业要求2	毕业要求3	毕业要求4	毕业要求5	毕业要求6	毕业要求7	毕业要求8	毕业要求9	毕业要求10	毕业要求11
分子生物学实验			H			H		H			H
进化生物学	H	M	H	H	H	M		M		H	H
生物信息学B	M	H	H	H	H	H	M				
生物学野外实习	M	H	H	H	M	H	M	H	H	H	M
毕业设计（论文）	H	H		H	M			H	H		
生物科学（拔尖学生培养基地）专业创新创业实践	H	H	H	H	H	H	H	H			
科研训练与实践（Ⅲ-Ⅶ）	H	H	H	H	H	H	H				
植物发育生物学			H								
植物逆境生物学			H								
植物系统学B				H							
植物进化基因组学				H							
植物营养学			H								
植物光生物学研究进展			H								M
植物激素研究进展			H								M
植物光合作用研究进展			H								M
药用植物资源与产业化研究进展			H				H				
转基因与植物生物技术研究进展	H		H					M	M		
植物资源野外调查		H	H	H						H	
植物分子生物学常规技术		H	H	H			H				
植物组织培养B		H	H	H			H				
植物功能基因研究方法实践		H	H	H							
植物进化生物学研究方法实践		H	H	H							
珍稀濒危植物的生态保护		H	H	H					M	H	

续表

毕业要求 课程名称	毕业要求 1	毕业要求 2	毕业要求 3	毕业要求 4	毕业要求 5	毕业要求 6	毕业要求 7	毕业要求 8	毕业要求 9	毕业要求 10	毕业要求 11
植物 – 微生物相互作用			H								
野生动物疫病与生物安全			H					H		H	H
动物遗传资源保护和管理			H			H		H		H	H
动物基因组学			H							H	H
动物学研究前沿与进展			H								H
保护遗传学			H							H	
分子生态学 B			H							H	M
动物资源多样性调查		H	H					H		H	H
长江生物多样性(江豚)调查		H	H					H		H	M
动物高通量测序及数据处理		H	H			H	H	H			
动物进化基因组学分析实践训练		H	H			H	H	H			
斑马鱼基因编辑实践训练		H	H			H	H		H		
分子植物病毒学原理及实践训练		H	H					H			
分子进化学			H		H						
野外大型真菌子实体的内生菌种群及其功能分析训练		H	H			H		H		H	
植物内生菌的分离鉴定与功能研究训练		H	H			H		H			
人类病原真菌学与实践训练		H	H			H		H			M
线粒体研究方法学			H								
微生物学研究进展			H								

续表

毕业要求 课程名称	毕业 要求 1	毕业 要求 2	毕业 要求 3	毕业 要求 4	毕业 要求 5	毕业 要求 6	毕业 要求 7	毕业 要求 8	毕业 要求 9	毕业 要求 10	毕业 要求 11
微生物基因编辑技术原理及实践训练		H	H			H		H			
动物肠道微生物多样性分析实践训练		H	H			H		H			
癌症多组学数据分析和药物发现		H	H			H		H			
分子生物学实践	H	H				H		H			
肿瘤免疫治疗			H								H
疾病的生物疗法			H								H
感知生命：生命分析前沿技术专题			H		H						H
细胞生命活动实践			H		H						
DNA 损伤的研究进展			H		H						
从基因到蛋白质			H								
生物新药的诞生：从实验室到临床			H		H		H				
干细胞与组织工程研究进展			H								
神经退行性疾病认知与发展			H								
生化药理与新药研发			H								
生化代谢组学与疾病研究			H		H						
材料科学与生命科学应用			H	H	H						
一种酶的基因工程制备与活性鉴定	H	H	H	H	H			H			
肿瘤生化研究与实践			H								
抗体的噬菌体抗体库筛选与制备	H	H	H	H	H			H			

续表

毕业要求 课程名称	毕业要求1	毕业要求2	毕业要求3	毕业要求4	毕业要求5	毕业要求6	毕业要求7	毕业要求8	毕业要求9	毕业要求10	毕业要求11
大型科学仪器设备在生命科学中的应用		H	H	H	H	H		H			M
人体构造的系统进化研究			H								
人工智能与新药研发			H	H							H
表观遗传学与人类疾病			H								

备注：H 表示高度支撑，M 表示中度支撑。

十、厚生成长方案

活动模块	活动内容	参加形式	评价方法	备注
德润人生	参与思政主题暑期社会实践	必修	参与并提交实践报告	包含 2 学分思政实践学分
	参观珍稀动植物博物馆（陈邦杰等科学家的厚生创新）	任选	心得体会报告	
	大学、中学优秀教师典型育人事例报告	任选	感想报告	
	参观生命科技创新园区或企业		听取优秀企业家的创业报告	
	优秀朋辈交流	任选	感想报告	
智育增慧	经典阅读	必修	导读视频观看进度达 100%并提交 2 份读书报告	
	邦杰讲坛活动（知名学者学术讲座）	任选	心得报告	
	邦杰书院活动（Journal club 等活动）	任选	PPT 交流	
	参加导师课题组学术活动	任选	PPT 交流	
体健身躯	参加校运动会	任选	完成实践	
	参加冬季跑活动	任选	完成实践	
	参加校园马拉松	任选	完成实践	
	参加学院组织的体育活动	任选	完成实践	

续表

活动模块	活动内容	参加形式	评价方法	备注
美塑心灵	论文墙报等设计与美化	任选	作品评分	
	各级摄影和设计活动	任选	作品评分	
	博物馆、美术馆参观学习	任选	心得体会报告	
	美术中心讲座	任选	心得体会报告	
劳励志气	博物馆志愿者活动	任选	实践报告	包含 0.5 学分
	导师实验室维护	任选	实践报告	
	教学实验室清理	任选	实践报告	
	植物园实践助手	任选	实践报告	
创启未来	参加大学生创新创业项目训练	任选	项目书和完成报告	包含创新创业 1 学分
	参加全国大学生生命科学竞赛	任选	项目书和完成报告	
	参加挑战杯竞赛	任选	项目书和完成报告	
	参加、中国国际大学生创新创业大赛等	任选	项目书和完成报告	

十一、课程关系替代表

原方案课程		2024 版培养方案替代课程	
课程代码	课程名称	课程代码	课程名称
1009000009	植物生理学	1009000179	植物生理学 B
1009000010	植物生理学实验	1009000180	植物生理学实验 B
1009000016	微生物学实验	1009000170	微生物学实验
1009000028	生物学野外实习	1009000171	生物学野外实习
1009000071	生物信息学 B	1009000190	生物信息学 B
1009000007	生物统计学	1009000193	生物统计学
1009000040	毕业设计（论文）	1009000192	毕业设计（论文）

注：公共课替代关系以开课院系为准。

生物科学（求是科学班）专业培养方案（2024级）

一、培养目标

生物学是一门以实验为基础,研究生命活动规律的科学,是一门关系到推动社会发展、应对人类未来重大挑战的重要基础学科。求是科学班(生物科学)专业的培养目标为:以世界一流生物学学科为标杆,培养具有深厚的人文底蕴、宽厚的自然科学基础、扎实的生物科学功底、并具有强烈的创新意识、广阔的国际视野、肩负使命、追求卓越的拔尖创新人才,有志于进入世界一流和顶尖生物学领域继续深造,进而有潜力成为生物科学未来的领军人物和世界一流生物学家。

二、毕业要求

1. 掌握扎实的生物学基础理论、专业知识和实验技能;2. 掌握必要的数学、物理、化学、计算机等学科的基础知识;3. 具备较强的提出、分析科学问题和独立开展科学研究的能力;4. 具备良好的国际交流能力;5. 具有创新精神和敢于质疑和分析批判的精神;6. 具有成为国际一流科学家的远大志向和优秀素质;7. 毕业生要求进入世界一流与顶尖大学继续深造。

三、专业核心课程

发育生物学　分子生物学　进化生物学　神经生物学　生命科学概论Ⅱ　生态学　生物化学　生物化学实验　生物化学实验Ⅱ　细胞生物学　遗传学

四、专业核心实践

科研训练

五、全英文课程

微生物学及实验(甲)

六、推荐学制

4 年　　最低毕业学分　　159.5+8　　授予学位　理学学士

七、课程设置与学分分布

1. 通识课程　　　　　　　91.5 学分
(1) 思政类　　　　　　　18.5 学分
1) 必修课程　　　　　　17 学分

课程号	课程名称	学分	周学时	总学时	建议学年学期
ADMN1002G	形势与政策 Ⅰ	1.0	0.0–2.0	32	一(秋冬)+一(春夏)
MARX1001G	思想道德与法治	3.0	2.0–2.0	64	一(秋冬)
MARX1002GH	中国近现代史纲要(H)	3.0	3.0–0.0	48	一(春夏)
MARX2001G	马克思主义基本原理	3.0	3.0–0.0	48	二(秋冬)/二(春夏)
MARX3001G	毛泽东思想和中国特色社会主义理论体系概论	3.0	3.0–0.0	48	三(秋冬)/三(春夏)
MARX3002G	习近平新时代中国特色社会主义思想概论	3.0	2.0–2.0	64	三(秋冬)/三(春夏)
ADMN2001G	形势与政策 Ⅱ	1.0	0.0–2.0	32	四(春夏)

2) 选修课程　　　　　　1.5 学分
在以下课程中选择一门修读

课程号	课程名称	学分	周学时	总学时	建议学年学期
ECON2001G	中国改革开放史	1.5	1.5–0.0	24	二(秋)/二(冬)/二(春)/二(夏)
HIST2001G	新中国史	1.5	1.5–0.0	24	二(秋)/二(冬)/二(春)/二(夏)
MARX2002G	中国共产党历史	1.5	1.5–0.0	24	二(秋)/二(冬)/二(春)/二(夏)
MARX2003G	社会主义发展史	1.5	1.5–0.0	24	二(秋)/二(冬)/二(春)/二(夏)

(2) 军体类　　　　　　　10.5 学分
1) 必修课程　　　　　　4.5 学分

课程号	课程名称	学分	周学时	总学时	建议学年学期
ADMN1001G	军训	2.0	+3	168	一(秋)
EDU2001G	军事理论	2.0	2.0–0.0	32	二(秋冬)/二(春夏)
PPAE4001G	体测与锻炼 Ⅰ	0.5	0.0–1.0	16	四(秋冬)/四(春夏)

2）选修课程　　　　　6学分

学生应于前三年在体育课中选修6学分。详见《浙江大学本科生体育课程修读办法》。学院单独开设游泳课程,作为学生大一学年体育必修课程,学生可选择一秋冬或一春夏学期修读,也可通过考核申请免修(如申请考核免修游泳的同学则需修读其他体育专项课程)。同时,学院单独开设水上运动(PPAE1001GZ、PPAE1002GZ、PPAE2001GZ、PPAE2002GZ)、形体舞蹈(PPAE1005GZ、PPAE1006GZ、PPAE2005GZ、PPAE2006GZ)、素质拓展(PPAE1003GZ、PPAE1004GZ、PPAE2003GZ、PPAE2004GZ)三个系列课程供学生选修;连续修读完任一课程的Ⅰ、Ⅱ,可获得浙江大学体育技能中级证书,连续修读完任一课程的Ⅰ、Ⅱ、Ⅲ、Ⅳ,可获得浙江大学体育技能高级证书。

（3）外语类　　　　　7学分

外语类课程最低修读要求为7学分,其中6学分为外语类课程选修学分,1学分为"英语水平测试"或"小语种水平测试"必修学分。学校建议一年级学生的课程修读计划是"大学英语Ⅲ"和"大学英语Ⅳ",并根据新生入学分级考试或高考英语成绩预置相应级别的"大学英语"课程,学生也可根据自己的兴趣爱好修读其他外语类课程。详见《浙江大学本科生"外语类"课程修读管理办法》。

1）必修课程　　　　　1.0学分

课程号	课程名称	学分	周学时	总学时	建议学年学期
SIS1099G	英语水平测试	1.0	+1	32	

2）选修课程　　　　　6.0学分

在外语类课程中选择修读。外语类课程详见本科生院公布的清单。

课程号	课程名称	学分	周学时	总学时	建议学年学期
SIS1001G	大学英语Ⅲ	3.0	2.0-2.0	64	一(秋冬)
SIS1002G	大学英语Ⅳ	3.0	2.0-2.0	64	一(秋冬)/一(春夏)

（4）计算机类　　　　　4学分

学校对计算机类通识课程实施分层教学。本专业根据培养目标,要求学生修读如下计算机类通识课程:

课程号	课程名称	学分	周学时	总学时	建议学年学期
CS1015GZ	程序设计基础与实验	4.0	3.0-2.0	80	一(秋冬)

（5）自然科学通识类　　　　　41学分

本专业根据培养目标,要求学生修读如下自然科学类通识课程:

课程号	课程名称	学分	周学时	总学时	建议学年学期
CHEM1101MZ	无机化学	3.0	3.0-0.0	48	一(秋冬)
CHEM2101MZ	分析化学Ⅰ	2.0	2.0-0.0	32	一(秋冬)
MATH1161GH	微积分Ⅰ(H)	5.0	4.0-2.0	96	一(秋冬)

续表

课程号	课程名称	学分	周学时	总学时	建议学年学期
MATH1261GH	线性代数Ⅰ（H）	3.5	3.0-1.0	64	一（秋冬）
CHEM1001MZ	无机及分析化学实验	2.5	0.0-5.0	80	一（春夏）
CHEM1004F	有机化学	4.0	4.0-0.0	64	一（春夏）
MATH1162GH	微积分Ⅱ（H）	5.0	4.0-2.0	96	一（春夏）
PHY1001GH	普通物理学Ⅰ（H）	4.0	4.0-0.0	64	一（春夏）
PHY1005GH	普通物理学实验Ⅰ	1.5	0.0-3.0	48	一（春夏）
CHEM2001MZ	有机化学实验	2.5	0.0-5.0	80	二（秋冬）
MATH2461FZ	概率论和数理统计	2.5	2.0-1.0	48	二（秋冬）
PHY2001GH	普通物理学Ⅱ（H）	4.0	4.0-0.0	64	二（秋冬）
PHY2005GH	普通物理学实验Ⅱ	1.5	0.0-3.0	48	二（秋冬）

（6）通识选修课程　　　　10.5学分

通识选修课程下设"中华传统""世界文明""当代社会""文艺审美""科技创新""生命探索"及"博雅技艺"等6+1类。每一类均包含通识核心课程和普通通识选修课程。满足以下三点修读要求后，在通识选修课程中自行选择修读其余学分，若1)项所修课程同时也属于第2)或3)项，则该课程也可同时满足第2)或3)项要求。

通识选修课程修读要求为：

1）至少修读1门通识核心课程　　　　1门

2）至少修读1门"博雅技艺"类课程　　　　1门

3）理工农医学生在"中华传统""世界文明""当代社会""文艺审美"四类中至少修读2门　　　　2门

2. 专业基础课程　　　　10学分

课程号	课程名称	学分	周学时	总学时	建议学年学期
BIO2033MZ	生物化学	4.0	4.0-0.0	64	二（秋冬）
BIO2043MZ	生命科学概论Ⅱ	3.0	2.0-2.0	64	二（春夏）
BIO3040MZ	分子生物学	3.0	3.0-0.0	48	二（春夏）

3. 专业课程　　　　43学分

（1）专业必修课程　　　　21学分

课程号	课程名称	学分	周学时	总学时	建议学年学期
BIO2042MZ	生物化学实验	2.0	0.0-4.0	64	二（冬）
BIO2034MZ	生物化学实验Ⅱ	1.0	0.0-2.0	32	二（春）
BIO3036MZ	细胞生物学	4.0	3.0-2.0	80	三（秋冬）
BIO3041MZ	生态学	3.0	2.0-2.0	64	三（秋冬）

续表

课程号	课程名称	学分	周学时	总学时	建议学年学期
BIO3088M	进化生物学	2.0	2.0-0.0	32	三(冬)
BIO3037MZ	遗传学	4.0	3.0-2.0	80	三(春夏)
BIO3039MZ	神经生物学	3.0	2.0-2.0	64	三(春夏)
BIO3109M	生物物理学	3.0	3.0-0.0	48	三(春夏)
BIO3038MZ	发育生物学	2.0	2.0-0.0	32	三(夏)

(2) 专业选修课程　　　8学分

课程号	课程名称	学分	周学时	总学时	建议学年学期
BIO2019F	植物学及实验(甲)	4.0	3.0-2.0	80	二(秋冬)
BIO2005F	动物学及实验(甲)	4.0	3.0-2.0	80	二(春夏)
BIO2009F	微生物学及实验(甲)	4.0	3.0-2.0	80	二(春夏)

(3) 实践教学环节　　　6学分
1) 必修课程　　　3学分

课程号	课程名称	学分	周学时	总学时	建议学年学期
BIO4044MZ	科研训练	3.0	2.0-2.0	64	四(秋冬)

2) 选修课程　　　3学分

课程号	课程名称	学分	周学时	总学时	建议学年学期
BIO2078M	动物学野外实习	1.0	+1	32	一(短)
BIO2079M	植物学野外实习	1.0	+1	32	一(短)
BIO2048M	生物信息与数据处理	3.0	+3	96	二(短)
BIO2085M	生物学综合野外实习	3.0	+3	96	二(短)
BIO3081M	基因工程技能训练	3.0	+3	96	二(短)
BIO2080M	发酵工程技能训练	3.0	+3	96	三(短)
BIO3082M	细胞工程技能训练	3.0	+3	96	三(短)

(4) 毕业论文(设计)　　　8学分

课程号	课程名称	学分	周学时	总学时	建议学年学期
BIO4087M	毕业论文(设计)	8.0	+10	320	四(春夏)

4. 个性修读课程　　　15学分
学生可按照自身未来发展方向,自主选择以下3种模块中的一种进行修读。
1) 本专业进阶模块　　　15学分

课程号	课程名称	学分	周学时	总学时	建议学年学期
BIO2017F	植物生理学及实验(甲)	4.0	3.0–2.0	80	三(秋冬)
BIO3025M	生物信息学	3.0	2.0–2.0	64	三(秋冬)
BIO3045M	动物生理学及实验(甲)	4.0	3.0–2.0	80	三(秋冬)
BIO3061M	高级生物化学	3.0	2.0–2.0	64	三(秋冬)
BIO3070M	保护生物学(甲)	4.0	3.0–2.0	80	三(秋冬)
BIO4032M	发育生物学实验	1.0	0.0–2.0	32	三(短)
BIO3047M	基因工程	1.5	1.5–0.0	24	三(春)
BIO3057M	细胞工程	1.5	1.5–0.0	24	三(春)
BIO3090M	免疫学	2.0	2.0–0.0	32	三(春)
CAB2001F	生物统计学与试验设计(甲)	3.0	3.0–0.0	48	三(春夏)
MED2308M	人工智能与机器学习	3.0	2.0–2.0	64	三(春夏)

2) 跨专业学习模块　　　　　15 学分

学生可修读其他院系开设的微辅修项目,修读完成后,可获得微辅修证书。若修读的微辅修项目要求学分不足 15 学分,不足部分可用本专业"专业基础课程""专业课程"或"本专业进阶模块"中的课程补足。

3) 学生自主修读模块　　　　　15 学分

学生根据自身学业规划、职业规划等制定相应课程修读计划。自主选择修读感兴趣的本科课程、研究生课程或经认定的境内、外交流的课程。其中,通识选修课程不得多于 2 学分,并需至少修读 1 门由其他学院开设的课程类别为"专业基础课程"或"专业课程"且不在本专业培养方案内的课程。

A. 跨专业课程至少 1 门　　　　1 门

5. 其他必修环节(认定型学分)

(1) 美育类

要求学生修读 2 学分美育类课程。可修读通识选修课程中的"文艺审美"类课程、"博雅技艺"类中艺术类课程、艺术类专业课程,详见本科生院公布的美育类课程清单。

(2) 劳育类

要求学生修读 32 学时劳动教育类课程。可修读学校设置的公共劳动平台课程或院系开设的专业实践劳动课程,详见本科生院公布的劳动教育类课程清单。

(3) 创新创业类

要求学生修读 2 学分创新创业类课程,详见本科生院公布的创新创业类课程清单。

(4) 心理健康类

要求学生修读 2 学分心理健康类课程,详见本科生院公布的心理健康类课程清单。

6. 第二课堂　　　　　　　+4 学分

学生在校内参加的各类实践项目,包括参与理想信念教育、文化艺术活动、学科竞赛、创新创业和科研实践训练、科学研究、学术报告、学生工作等。

具体办法：参加二课堂项目累计记点≥4，且该记点中参加基础必修类项目累计记点≥2.5者，可获得二课堂4学分。累计记点<4者，二课堂等级为"不合格"；4≤累计记点<5者，二课堂等级为"合格"；5≤累计记点<6者，二课堂等级为"良好"；累计记点≥6者，二课堂等级为"优秀"。

基础必修类项目：包括理想信念教育(如新生导论课0.5记点，形势与政策Ⅱ课程1记点)和文化艺术活动类(记点≥1)。

专业特色类项目：包括学术报告、跨学科类竞赛、科研实践训练、学科竞赛、科学研究、创新实验。鼓励参加各类学术报告、科研实践训练等。

个性通选类项目：包括素质提升类项目、活动以及学生工作经历等。

7. 第三课堂　　　　　　+2学分

学生在校外、境内参加的各类社会实践、就业创业实践实训等项目，以及校内外志愿服务活动。

具体办法：参加三课堂项目累计记点≥2，且该记点中参加基础必修类项目累计记点≥0.5者，可获得三课堂2学分。累计记点<2者，三课堂等级为"不合格"；2≤累计记点<3者，三课堂等级为"合格"；3≤累计记点<4者，三课堂等级为"良好"；累计记点≥4者，三课堂等级为"优秀"。

基础必修类项目：参与社会实践活动，且实践时间累计一周以上并通过考核可获1记点，考核结果为校级优秀及以上的可获1.5记点。

专业特色类项目：包括就业实习实践、创业实践实训等。

个性通选类项目：包括学生在校内外参加的各类青年志愿者项目。

8. 第四课堂　　　　　　+2学分

学生参加国(境)外高校等开展的各类国际化学习交流活动。学生可通过以下任一修读方式获得"第四课堂"学分：

(1) 赴国(境)外高校等参加并完成与我校共建的2+2、3+X等联合培养项目；

(2) 赴国(境)外高校等参加交流项目并获得有效课程学分；

(3) 赴国(境)外高校等参加4周及以上的各类交流项目并提供修读证明等相关材料；

(4) 赴国(境)外高校等参加少于4周的交流项目且没有获得有效课程学分的，需再修读1门经学校认定的国际化课程且考核通过；

(5) 参加线上境外交流项目并达到《浙江大学本科生线上境外交流与合作项目管理办法(试行)》(浙大本发〔2022〕4号)中关于"国际化模块"的要求；

(6) 参加线上境外交流项目，但未达到《浙江大学本科生线上境外交流与合作项目管理办法(试行)》(浙大本发〔2022〕4号)中关于"国际化模块"要求的，需再修读1门经学校认定的国际化课程且考核通过；

(7) 已获得第三课堂2学分并认定等级者，使用其多余记点中的2记点替换"第四课堂"学分的，需再修读1门经学校认定的国际化课程且考核通过。

生物科学专业人才培养方案

一、专业培养目标

生物科学专业培养德智体美劳全面发展,具有较强的数理基础和宽厚扎实的生物学基础理论知识,掌握良好的科学实验技能,了解生物科学的发展前沿和总体趋势,具有科学创新的思维,有一定的基础研究和应用研究的综合能力,能在生物科学及其相关领域从事科研、教学及其他工作的高级专门人才,或毕业后继续攻读研究生学位。

二、学制、授予学位及毕业要求

学制:标准学制 4 年,弹性学习年限 3～6 年。
授予学位:学士学位。
毕业要求:总学分修满至少 166 学分,并通过毕业论文答辩。
课程设置分类及学分比例表:

分类	学分	比例 /%
校定通修课程	79.5	48
专业基础课程	37	22
专业核心课程	14	8
专业选修课程	11.5	7
自由选修课程	16	10
毕业论文	8	5
合　计	166	100

三、修读课程要求

1. 校定通修课程设置

学科分类	课程名称	学时	学分	开课学期	建议年级
国防教育	军事理论	40	2	秋	1
	军事技能	10/60	2	秋	1

续表

学科分类	课程名称	学时	学分	开课学期	建议年级
通识类	核心通识课程 *		7	春、夏、秋	1、2、3
	"科学与社会"研讨课	20	1	秋→春	1
英语类	学生根据自己英语水平选班上课		8	春、秋	1、2
数学类 （理工）	数学分析（B1）	120	6	秋	1
	数学分析（B2）	120	6	春	1
	线性代数（B1）	80	4	春	1
物理类 （理工）	力学 B	50	2.5	春	1
	热学 B	30	1.5	春	1
	电磁学 B	80	4	秋	2
	光学 B	40	2	春	2
	原子物理 B	40	2	春	2
	大学物理—基础实验 B	0/40	1	春	1
	大学物理—综合实验 B	0/20	0.5	秋	2
政治类	思想道德与法制	50	2.5	秋	1
	习近平新时代中国特色社会主义思想概论	54	3	秋	1
	中国近现代史纲要	50	2.5	春	1
	马克思主义基本原理	50	2.5	秋	2
	毛泽东思想和中国特色社会主义理论体系概论	50	2.5	春	2
	形势与政策（讲座）	40	2	秋	3
	思想政治理论课实践	0/80	2	秋	3
	"四史"选择性必修课	20	1	春、秋	1、2、3
体育类	基础体育	40	1	秋	1
	基础体育选项	40	1	春	1
	体育选项（1）	40	1	春、秋	1
	体育选项（2）	40	1	春、秋	2
计算机类	计算机程序设计 A 或计算机程序设计 B	60/40 60/60	4	秋	1
劳动教育	劳动教育	32	1	秋	4
心理健康	大学生心理学	40	2	春、秋	1
艺术实践			1		
学分小计			79.5		

* 核心通识课程按学校相关要求修读。建议选修"生命科学与医学导论"。

2. 专业基础课程设置

学科分类	课程名称	学时	学分	开课学期	建议年级
数学	概率论与数理统计	60	3	秋	2
化学	化学原理 B	80	4	秋	1
	分析化学 I	40	2	春	1
	无机与分析化学实验	80	2	春	1
	有机化学 B	80	4	秋	2
	有机化学基础实验(上)	80	2	秋	2
	物理化学 B	80	4	春	2
	物理化学实验	60	1.5	秋	3
生物学	普通生物学	40	2	春	1
	普通生物学实验	40	1	秋	2
	遗传学	40	2	秋	1
	遗传学实验	40	1	春	2
	微生物学	40	2	秋	2
	微生物学实验	40	1	春	2
	生理学	60	3	春	2
	生理学实验	60	1.5	秋	3
	生物实验安全与防护	10/20	1	秋	1
学分小计			37		

3. 专业核心课程设置

课程名称	学时	学分	开课学期	建议年级
生物化学 A1	40	2	秋	2
生物化学 A2	40	2	春	2
生物化学研讨	20	1	秋	3
分子生物学 I	40	2	春	2
分子生物学研讨	20	1	春	3
生物化学与分子生物学基础实验	0/80	2	春	2
细胞生物学 I	40	2	秋	3
细胞生物学研讨	20	1	春	3
细胞生物学基础实验	40	1	春	3
学分小计		14		

4. 专业选修课程设置：选 11.5 学分

专业方向	课程名称	学时	学分	开课学期	建议年级
生物科学系统生物学	复变函数 B	40	2	秋	2
	数理方程 B	40	2	春	2
	计算方法	60	3	秋	3
	数据结构与数据库	60/30	3.5	秋	3
	数据科学导论	40	2	秋	4
	人工智能导论	60	3	秋	4
	生物学野外实习	40	1	夏	1
	分子生物学 II	40	2	春	3
	生物化学与分子生物学综合实验	0/60	1.5	夏	2
	细胞生物学 II	40	2	春	3
	细胞生物学综合实验	40	1	秋	4
	生物系统数学建模	40	2	秋	3
	免疫生物学 I	40	2	秋	3
	免疫生物学实验	40	1	春	3
	基础神经科学	60	3	秋	3
	生理学与神经生物学综合实验	0/60	1.5	春	3
	基础生态学	40	2	春	2
	生态学野外实习	0/40	1	夏	2
	发育生物学	40	2	春	3
	免疫生物学 II	40	2	春	3
	植物生理学	40	2	春	2
	认知神经科学（心理学）	40	2	春	3
	结构生物学导论	60	3	秋	3
	生物光谱学	40	2	秋	4
	系统与控制导论	40	2	秋	3
	生物信息学	40	2	秋	3
	合成生物学导论	40	2	秋	3
	系统生物学	60	3	春	3
	系统生物学实验	0/40	1	春	3
	生物统计学	40	2	春	3
	基因组学	40	2	秋	4

5. 自由选修课程: ≥16 学分

以上模块内超出要求学分的选修课程学分均可算入自由选修学分,也可选修其他本科课程或者本研贯通课程以获得自由选修学分。

6. 毕业论文: ≥8 学分

生物科学专业人才培养方案(2023 级)

一、培养目标

秉承"爱国、革命、自强、科学"的厦大四种精神[1]和"传承创新,求实至善"的生科精神,本专业依托国家一流本科专业和一流学科,面向世界科技前沿、面向经济主战场、面向国家重大需求、面向人民生命健康,发挥学院在生命健康领域强大的科研和育人优势,致力于培养符合国家战略和社会可持续发展要求,系统掌握生物学基础知识、基本理论和基本技能,具备良好的科学素质、文化素养和高度社会责任感,具有国际化视野,富有创新意识和实践能力,在生物学及相关领域主要从事科学研究或技术开发、教育、管理等工作,并能通过终身学习进行开拓创新的基础研究型一流专业人才。

二、毕业要求

通过四年的学习,本科生应达到以下要求:

1. 思想道德素质:坚定正确的政治方向,遵纪守法、诚信为人,有较强的团队意识和社会责任感。

2. 文化素质:掌握一定的人文社科基础知识,具有较好的人文修养。具有国际化视野和现代化意识以及健康的人际交往意识。

3. 专业素质:具有严谨的科学思维和求真务实的科研精神。

4. 身心素质:形成锻炼意识,具备健康的体魄、良好的心理素质和生活习惯。

5. 工具性知识:能较熟练地运用外语进行文献检索、阅读专业期刊,有初步的外语交流和科技写作能力。

6. 人文社会科学知识:具有文学、历史、哲学、社会学、管理学、艺术、法学、心理学等方面的通识性知识。

7. 自然科学知识:掌握比较扎实的数学、物理、化学基础知识和实验技能,能应用于生物学及相关领域的科学研究。

8. 专业知识:受到系统的专业理论和专业技能训练,掌握比较扎实的生物科学基础知识、基本理论、基本技能和研究方法,具备开展科学研究的能力。

---

1 厦门大学四种精神,即陈嘉庚先生的爱国精神、罗扬才烈士的革命精神、以萨本栋校长为代表的艰苦办学的自强精神和以王亚南校长、陈景润教授为代表的科学精神。

9. 获取知识能力：有一定的计算机及信息技术应用能力，能开展基本生物学信息分析。

10. 应用知识能力：具有综合运用所掌握的理论知识和技能、从事生物科学及其相关领域科学研究的能力。

11. 创新能力：具备敏锐观察和批判性思维能力，富有创新精神、创业意识和创新创业能力。

12. 个人和团队：能够在多学科合作背景下的团队中承担个体、团队成员以及负责人的角色，有较好的表达交流能力。

13. 拓展学习：具备自学意识，具有良好的自学习惯和能力，有从实践中不断学习和适应发展的能力。

三、学制

四年。

四、授予学位类型

理学学士。

五、毕业学分和修读要求

（一）毕业学分

课程模块		必修		选修	合计学分	占总学分比例	备注
		门数	学分	学分			
公共基本课程		25	42	2	44	28.4%	Python 和 C 语言需二选一
学科通修课程	学科大类课程	9	28	0	28	48.4%	招生模式为生物科学类学生修读《普通生物学》，理科试验班学生修读《现代生命科学导论》。
	专业大类课程	13	34	0	34		
专业课程	专业必修课程	2	5	4	9		必选专业课程 6 学分 + 必修专业实习 3 学分 + 毕业论文 4 学分
	其他（毕业论文等）	1	4	0	4		

续表

课程模块	必修		选修	合计学分	占总学分比例	备注
	门数	学分	学分			
通识教育课程	2	2	10	12	23.2%	美育与通识教育课程要求选修不低于10学分,其中,美育课程需修满2学分。建议选修以下4个模块: 1 写作与沟通 2 自我与社会 3 艺术与审美 4 科学与创新
任选课程	/	/	24	24		任选课程包括专业方向课程、荣誉课程、跨专业选修课程3个模块;其中,专业方向课程模块最低选修4学分;跨专业选修课建议从以下4个模块课程清单选修8学分: 1 创新创业 2 计算机类 3 生命医药 4 环境生态 不足学分可任选
总学分	/	115	40	155	/	

其中:

类别	学分数	比例
选修学分（≥25%）	40	25.8%
实践教学学分(学时)(人文社科类专业≥15%,理工医类专业≥25%)	42	27.1%
以下工科专业填写		
数学与自然科学类课程学分（≥15%）		
工程基础类课程、专业基础类课程与专业类课程学分（≥30%）		
工程实践与毕业设计(论文)学分（≥20%）		
人文社会科学类通识教育课程学分（≥15%）		

（二）修读要求

　　培养方案按"强化基础、注重能力、面向前沿、提高素质、因材施教、分流培养"原则设计。

　　生命科学学院本科生在学期间应修满教学计划规定的155学分方能达到毕业要求。其中公共基本课程44学分,学科通修课程62学分,专业课程13学分,通识教育课程12学分,任选课程至少 24 学分。2021 级起,每位本科生至少修读 10 学分美育与通识教育课程,其中美育课程须修满 2 学分。学生需按照《国家学生体质健康标准(2014 年修订)》进行体质测试。根据《标准》规定,学生毕业时测试成绩达不到 50 分者按结业或肄业处理。

一、二年级按专业大类培养,不分专业,必须学习相同的公共基本课程、通识教育课程和学科通修课程。学生二年级短学期根据学生个人意愿和成绩要求分专业,除修读必修课程外,可根据学科特点及职业规划选择修读课程。

各类课程具体要求如下:

1. 公共基本课程:44 学分。

大学英语分为四级,实施目标管理、分级教学。新生入学后参加学校组织的大学英语水平测试,根据测试成绩编入相应级别的班级。即:达到英语四级水平的同学以四级为起始级,免修基础英语(一、二、三级);达到三级水平的同学以三级为起始级,免修二级和一级;达到二级水平的同学以二级为起始级,免修一级。其他同学须从一级开始逐渐修读。

体育要求学生毕业前必须修满 4 学分体育课程,包含 1 学分游泳为必修项目,其余 3 学分通过选修其他体育项目、参加特色项目或体育俱乐部获得。体育特色学分无论何种项目每个学生只限获得 1 次。

程序设计基础可在 Python、C 语言 2 门课中任选其一修读。

《创新实践通识课》要求不低于 2 学分,若创新学分累计超过 2 学分,超过部分可冲抵全校性选修课学分,累计冲抵不超过 4 学分。详见《学生手册》厦门大学本科生创新学分认定办法。

2. 学科通修课程:62 学分。包括数学、物理、化学、生物专业必修课。招生模式为生物科学类学生修读《普通生物学》,理科试验班学生修读《现代生命科学导论》。

3. 专业课程:13 学分。包括必修课和必选课两部分。

必选课:根据专业要求,必选不低于 6 学分的选择性必修课程,多选可以算入任选课程。

必修课:参加生物学野外实习以及毕业论文。

4. 通识教育课程:不低于 12 学分。包括必修课和选修课两部分。

必修课:包括院系通识课(新生研讨课、自然 – 科学 – 成长),共计 2 学分。

选修课:学生可根据兴趣和职业规划方向选修不低于 10 学分的校公选课。建议从"写作与沟通、自我与社会、艺术与审美、科学与创新"4 个模块各选修 2 学分,推荐课程列表详见后文。

5. 任选课程:不低于 24 学分。包括荣誉课程、跨专业选修课程模块。

专业方向课程:在专业方向课程中最低选修 4 学分。

荣誉课程:拔尖班要求选修不低于 4 门,强基学生要求选修不低于 3 门,申请普通推免学生要求选修不低于 3 门,申请支教推免学生要求选修不低于 2 门。申请推免学生、强基学生和拔尖班学生均必须选修《科研训练》课程。

跨专业选修课程:建议学生从创新创业、计算机与人工智能、医药卫生、环境生态 4 个模块的课程清单中选修,推荐选修课程列表详见后文。

大一学年第三学期根据个人兴趣,建议选修至少 1 门专业方向课程。

（三）其他说明

1. 凡正式录取到我校全日制本科学习的国际学生、港澳台侨学生的学籍与教学管理，原则上与境内录取的学生相同，除《厦门大学本科国际学生、港澳台侨学生学籍与教学管理规定》另有要求外，依照《厦门大学本科生学籍管理规定》和学校相关管理规定执行。

（1）国际学生

国际学生入学后须参加学校组织的英语水平测试，并根据分级考试结果确定英语学习班级。

应当修读汉语（相应免修《大学语文》）和中国概况课程；为适应国际学生不同程度的汉语学习需求，设置《汉语Ⅰ》《汉语Ⅱ》两门公共课程，并根据国际学生汉语水平，分初级、中级和高级三个级别进行教学。选课前务必完成汉语水平自测并根据自测结果进入选课系统选修相应等级的课程。

可免修思想政治理论课程（哲学、政治学专业除外）、军事理论、军事技能。经批准免修的课程，成绩一律登录为"免修"。

（2）港澳台侨学生修读课程：

军事理论、军事技能以国情类课程代替；修习思想政治理论课程或以国情类课程代替。

2. 研究生课程：推免学生可在大四提前修读，升学后免修相应的研究生课程。研究生课程列表详见后文。

六、课程设置

（一）公共基本课程

最低必修学分数：42　　　最低选修学分数：2

课程号	课程名称	修读形式	学分	总学时	理论教学学时	实验教学学时	实践教学学时	开课学年	开课学期	备注
U10300100394	大学语文	必修	1	16	16			一	1	
U10303500002	大学生心理健康	必修	1	16		16		一	1	
190200000015	军事技能	必修	2	112			112	一	1	
190340000006	形势与政策（1）	必修	0.25	8	8			一	1	
210340000001	思想道德与法治	必修	3	48	48			一	1	

续表

课程号	课程名称	修读形式	学分	总学时	理论教学学时	实验教学学时	实践教学学时	开课学年	开课学期	备注
以实际选修情况为准	体育	必修	4	128						①大一上必修1学分;②游泳必修;③生物科学专业必修《野外生存》(基础班1)
130130060002	计算机应用基础	必修	1	32			16	一	2	
180340000002	中国近现代史纲要	必修	3	48	48			一	2	
190340000007	形势与政策(2)	必修	0.25	8	8			一	2	
130130060003	C程序设计基础	选修	2	48			16	二	1	2选1
180130060001	Python程序设计	选修	2	48			16	二	1	
190340000008	形势与政策(3)	必修	0.25	8	8			二	1	
U10301600004	"四史"专题研究	必修	2	32	32			二		
130200000010	军事理论	必修	2	32	32			二	2	
U10301600006	毛泽东思想和中国特色社会主义理论体系概论	必修	3	64	64			二	2	
190340000009	形势与政策(4)	必修	0.25	8	8			二	2	
190340000010	形势与政策(5)	必修	0.25	8	8			三	1	
210340000002	马克思主义基本原理	必修	3	48	48			三	1	
190340000011	形势与政策(6)	必修	0.25	8	8			三	2	
190340000012	形势与政策(7)	必修	0.25	8	8			四	1	
190340000013	形势与政策(8)	必修	0.25	8	8			四	2	
130020040007	大学英语(一)	必修	2	64						根据分级考试成绩顺序修读
130020040008	大学英语(二)	必修	2	64						
130020040004	大学英语(三)	必修	2	64						
以实际选修情况为准	大学英语(四)	必修	2	64						
U10301600005	新时代中国特色社会主义劳动教育	必修	2	48	16		32			
U10101400001	创新实践	必修	2	80			80			

续表

课程号	课程名称	修读形式	学分	总学时	理论教学学时	实验教学学时	实践教学学时	开课学年	开课学期	备注
U10301600007	习近平新时代中国特色社会主义思想概论	必修	3	64						
	小计									

（二）学科通修课程

最低必修学分数：62

课程号	课程名称	修读形式	学分	总学时	理论教学学时	实验教学学时	实践教学学时	开课学年	开课学期	备注
140080030010	微积分Ⅱ-1	必修	3	64	64			一	1	学科大类课程
130100010084	无机化学 B	必修	3	48	48			一	1	学科大类课程
130100010078	分析化学（含仪器分析）B	必修	3	48	48			一	1	学科大类课程
130100010043	无机及分析化学实验 B	必修	2	60		60		一	1	学科大类课程
130110010057/ U10302300110	普通生物学（上）/现代生命科学导论（上）	必修	2	32	32			一	1	专业大类课程
140080030004	微积分Ⅱ-2	必修	5	80	80			一	2	学科大类课程
130090010014	大学物理 C	必修	5	80	80			一	2	学科大类课程
130090010085	大学物理实验	必修	2	64		64		一	2	学科大类课程
130100010044	有机化学实验 B	必修	2	60		60		一	2	学科大类课程
130100010085	有机化学 B	必修	3	48	48			一	2	学科大类课程
130110010026	细胞生物学 A	必修	3	48	48			一	2	专业大类课程
130110010027	细胞与显微技术实验 A	必修	3	96		96		一	2	专业大类课程
170110010001/ U10302300112	普通生物学（中）/现代生命科学导论（中）	必修	2	32	32			一	2	专业大类课程

续表

课程号	课程名称	修读形式	学分	总学时	理论教学学时	实验教学学时	实践教学学时	开课学年	开课学期	备注
130110010077/ U10302300113	普通生物学(下)/现代生命科学导论(下)	必修	1	20	20			一	3	专业大类课程
130110010077/ U10302300113	普通生物学实验/现代生命科学导论实验	必修	2	60		60		一	3	专业大类课程
130110010031	生物化学(上)	必修	3	48	48			二	1	专业大类课程
130110010001	生物化学实验A	必修	3	96		96		二	1	专业大类课程
130110010032	生物化学与分子生物学(下)	必修	3	48	48			二	2	专业大类课程
130110010033	微生物学A	必修	3	48	48			二	1	专业大类课程
130110010023	微生物学与免疫学实验A	必修	3	96		96		二	2	专业大类课程
130110010028	现代遗传学A	必修	3	48	48			三	1	专业大类课程
130110010029	遗传与分子生物学实验	必修	3	96		96		三	1	专业大类课程
	小计									

(三) 专业课程

最低必修学分数:9   最低选修学分数:4

课程号	课程名称	修读形式	学分	总学时	理论教学学时	实验教学学时	实践教学学时	开课学年	开课学期	备注
U10302300109	基础生态学	必修	2	32	32			二	2	
130110010061	分子生物学	选修	2	32	32			三	1	4选2
130110010046	进化生物学	选修	2	32	32			三	2	4选2
130110010055	神经生物学A	选修	2	32	32			三	2	4选2
160110010012	模式生物学	选修	2	32	32			三	2	4选2
130110010018	生物学野外实习	必修	3	260			260	二	3	
130110010004	毕业论文	必修	4					四	2	
	小计						260			

（四）通识教育课程

最低必修学分数：2　　　最低选修学分数：10

课程号	课程名称	修读形式	学分	总学时	理论教学学时	实验教学学时	实践教学学时	开课学年	开课学期	备注
130010010143	新生研讨课	必修	1	16			16	一	1	
200110010003	自然－科学－成长	必修	1	40			40	二	2	
以实际选修情况为准	校公选课	选修	10							毕业前完成
	小计									

（五）任选课程

最低选修学分数：24

课程号	课程名称	修读形式	学分	总学时	理论教学学时	实验教学学时	实践教学学时	开课学年	开课学期	备注
150110010001	海洋植物学	选修	2	30	30			一	3	生物科学类课程
130150040034	医学伦理学	选修	1	20	20			一	3	医学人文课程
130360010047	公共卫生人文案例	选修	1	20	20			一	3	公共卫生课程
130110010042	癌症生物学	选修	2	32	32			三	1	荣誉课程模块
130110010044	发育生物学	选修	2	32	32			三	1	荣誉课程模块
130110010010	免疫学基础	选修	2	32	32			三	2	荣誉课程模块
130110010049	细胞信号转导基础	选修	2	32	32			三	2	荣誉课程模块
160110010005	免疫学前沿	选修	4	64	64			三	2	荣誉课程模块
160110010006	细胞信号传导与疾病	选修	4	64	64			三	2	荣誉课程模块
160110010007	高级遗传学	选修	4	64	64			三	2	荣誉课程模块
160110010008	英文科学写作与报告	选修	4	64	64			三	2	荣誉课程模块
150100010009	科研训练	选修	4	128	128			三	3	荣誉课程模块
130110010060	植物分类学	选修	2	32	32			二	1	专业方向课程
U10302300114	明星药物的开发及其药理学	选修	2	32	32			二	1	专业方向课程
U10302300111	模式生物秀丽线虫：入门与实践	选修	3	50	50			二	2	专业方向课程

续表

课程号	课程名称	修读形式	学分	总学时	理论教学学时	实验教学学时	实践教学学时	开课学年	开课学期	备注
130110010045	水生生物学	选修	2	32	32			二	2	专业方向课程
130110100019	海洋生态学	选修	2	32	32			二	2	专业方向课程
150110010002	生物技术应用	选修	3	50	50			二	2	专业方向课程
130110010016	分子生物学常用软件的应用	选修	2	32	32			二	3	专业方向课程
170110010002	基因组学	选修	1	16	16			二	3	专业方向课程
130110010014	食品成分分析与质检	选修	2	32	32			三	1	专业方向课程
130110010015	干细胞生物学	选修	2	32	32			三	1	专业方向课程
150110010012	动物生理学及实验	选修	3	64	64			三	1	专业方向课程
150110010013	植物生理学及实验	选修	3	64	64			三	1	专业方向课程
160110010004	生物学仪器分析B	选修	2	32	32			三	1	专业方向课程
130110010006	生物制药	选修	2	32	32			三	2	专业方向课程
130110010008	蛋白质组学	选修	2	32	32			三	2	专业方向课程
130110010030	生物技术实验	选修	2	70	70			三	2	专业方向课程
130110010034	微生物生理学	选修	2	32	32			三	2	专业方向课程
130110010039	酶学	选修	2	32	32			三	2	专业方向课程
130110010066	寄生虫病原学	选修	2	32	32			三	2	专业方向课程
160110010009	高级免疫学	选修	2	32	32			三	2	专业方向课程
130110010041	基础病毒学	选修	2	32	32			四	1	专业方向课程
130110010067	生物学仪器分析A	选修	2	32	32			四	1	专业方向课程
200110010002	生物学实践	选修	3	172	172				1	创新创业课程模块
160110010003	生物医药行业现状与发展前景分析	选修	2	32	32			一	3	创新创业课程模块
130150040034	医学伦理学	选修	1	20	20					医药卫生课程模块
130150110011	生理学	选修	4	64	64					医药卫生课程模块
130150110030	生物医学工程学	选修	1	15	15					医药卫生课程模块
130150110044	器官组织生物化学	选修	1	24	24					医药卫生课程模块

续表

课程号	课程名称	修读形式	学分	总学时	理论教学学时	实验教学学时	实践教学学时	开课学年	开课学期	备注
130350010015	药物毒理学	选修	1	15	15					医药卫生课程模块
130350010016	药事管理与法规	选修	2	32	32					医药卫生课程模块
130350010020	药物化学	选修	3	48	48					医药卫生课程模块
130350010036	药用植物学	选修	2	32	32					医药卫生课程模块
130350010049	药学导论（B）	选修	1	16	16					医药卫生课程模块
130350010068	计算机辅助药物设计	选修	2	32	32					医药卫生课程模块
130350010073	临床医学概论	选修	1	16	16					医药卫生课程模块
130360010075	实验动物学	选修	2	30	30					医药卫生课程模块
160360020001	分子影像检测技术	选修	2	32	32					医药卫生课程模块
200360010007	健康教育学	选修	2	32	32					医药卫生课程模块
200360020008	临床医学概要	选修	3	48	48					医药卫生课程模块
130110010022	生物学文献检索与论文写作	选修	2	32	32			三	1	计算机与人工智能课程模块
130110010035	生物统计学	选修	2	32	32			二	2	计算机与人工智能课程模块
130110010043	生物信息学导论	选修	2	32	32			三	2	计算机与人工智能课程模块
U10302300002	生物信息学应用	选修	2	32	32			三	2	计算机与人工智能课程模块
130120010153	数理统计	选修	2	32	32					计算机与人工智能课程模块
130360010030	医学统计学	选修	2	45	45					计算机与人工智能课程模块

续表

课程号	课程名称	修读形式	学分	总学时	理论教学学时	实验教学学时	实践教学学时	开课学年	开课学期	备注
200360010013	卫生统计学	选修	4	64	64					计算机与人工智能课程模块
12380	生命科学研究前沿	选修	4	64	64			一	1	研究生课程
12413	分子细胞生物学	选修	2	32	32			一	1	研究生课程
12414	癌症生物学	选修	2	32	32			一	1	研究生课程
12420	藻类学	选修	2	32	32			一	1	研究生课程
12422	分子细胞生物学技术	选修	2	32	32			一	1	研究生课程
12472	动物生理与病理学	选修	2	32	32			一	1	研究生课程
12591	代谢生物学	选修	2	32	32			一	1	研究生课程
12716	微生物与病原生物学	选修	2	32	32			一	1	研究生课程
12415	免疫生物学	选修	2	32	32			一	2	研究生课程
12416	结构生物学	选修	2	32	32			一	2	研究生课程
12417	植物生物学	选修	2	32	32			一	2	研究生课程
12419	分子病毒和诊断学	选修	2	32	32			一	2	研究生课程
12421	生物信息学	选修	2	32	32			一	2	研究生课程
12423	遗传与发育生物学	选修	2	32	32			一	2	研究生课程
17188	论文写作指导	选修	1	16	16			一	3	研究生课程
	小计									

七、课程与毕业要求对应关系表

课程号	课程名称	毕业要求												
		1	2	3	4	5	6	7	8	9	10	11	12	13
130010010054	大学语文		M				M				M			
130190030046	大学生心理健康	H	M										M	
190200000015	军事技能													
130200000010	军事理论	M	M				M							
190340000006	形势与政策（1）	H	M				L							
190340000007	形势与政策（2）	H	M				L							
190340000008	形势与政策（3）	H	M				L							
190340000009	形势与政策（4）	H	M				L							

续表

课程号	课程名称	毕业要求											
		1	2	3	4	5	6	7	8	9	10	11	12	13
190340000010	形势与政策(5)	H	M				L							
190340000011	形势与政策(6)	H	M				L							
190340000012	形势与政策(7)	H	M				L							
190340000013	形势与政策(8)	H	M				L							
210340000001	思想道德修与法治	H	M				L							
以实际选修情况为准	大学体育				H								M	L
130220000115	野外生存(基础1班)			L	M						M			L
130130060002	计算机应用基础							L		M	M			M
180130060001	Python 程序设计							L		M	M			L
130130060003	C 程序设计基础							L		M	M			L
180340000002	中国近现代史纲要		M				M							
U10301600004	"四史"专题研究		M				M							
180340000001	毛泽东思想和中国特色社会主义理论体系概论	H	M											
130340000007	马克思主义基本原理概论	H					M							
U10301600007	习近平新时代中国特色社会主义思想概论	H	M											
U1030160005	新时代中国特色社会主义劳动教育	M									L		M	M
U10101400001	创新实践			M					M		M	L	L	
130020040007	大学英语(一)					M	L				M			L
130020040008	大学英语(二)					M	L				M			L
130020040004	大学英语(三)					M	L				M			L
以实际选修情况为准	大学英语(四)					M	L				M			L
140080030010	微积分Ⅱ-1							M						L
140080030004	微积分Ⅱ-2							M						L
130100010084	无机化学 B							M					L	L
130100010078	分析化学(含仪器分析)B							M					L	L

续表

课程号	课程名称	毕业要求												
		1	2	3	4	5	6	7	8	9	10	11	12	13
130100010043	无机及分析化学实验B							M					L	L
130100010085	有机化学B							M					L	M
130100010044	有机化学实验B							M					L	L
130090010014	大学物理C							M					L	L
130090010085	大学物理实验							M					L	L
130110010026	细胞生物学A			M					H		M	L		
130110010027	细胞与显微技术实验A			M					H		M	L		
130110010057	普通生物学（上）			M					H		L			M
130110010085	普通生物学（中）			M					H		L			M
170110010001	普通生物学（下）			M					H		L			M
U10302300110	现代生命科学导论（上）			M					H		L			M
U10302300112	现代生命科学导论（中）			M					H		L			M
U10302300113	现代生命科学导论（下）			M					H		L			M
130120010185	普通生物学实验			M					H		L			M
U10302300113	现代生命科学导论实验			M					H		L			M
130110010031	生物化学（上）			M					H		M	L		
130110010032	生物化学（下）			M					H		M	L		
130110010001	生物化学实验A			M					H		M	L		
130110010033	微生物学A			M					H		M	L		
130110010023	微生物与免疫学实验A			M					H		M	L		
130110010028	现代遗传学A			M					H		M			L
130110010029	遗传与分子生物学实验			M					H		M			L
U10302300109	基础生态学			M					M					
130110010061	分子生物学								H		M	L		L
130110010046	进化生物学			L					M		L			
130110010055	神经生物学A			M	L				M		M			
160110010012	模式生物学			M					M		M			L

续表

课程号	课程名称	毕业要求												
		1	2	3	4	5	6	7	8	9	10	11	12	13
130110010018	生物学野外实习			L				L	M		M			
130010010027	毕业论文			M					M		H		L	
130010010143	新生研讨课					L				M			M	
200110010003	自然－科学－成长	H			M		L							
130110010045	水生生物学			M					M		M			
150110010001	海洋植物学			M					M		M			
190110010001	主题生物学			M					M			M		
130150040034	医学伦理学	M			M		M		L					
130360010047	公共卫生人文案例							M					M	
130110010042	癌症生物学								M		M	L		L
130110010044	发育生物学			M					M		M			
130110010010	免疫学基础								M		M			L
130110010049	细胞信号转导基础								M		M	L		
160110010005	免疫学前沿								M		M		L	L
160110010006	细胞信号传导与疾病								M		M	L		L
160110010007	高级遗传学								M		M	M		
160110010008	英文科学写作与报告					M	L	L	M					
150100010009	科研训练			M					H		M	L		
130110010060	植物分类学			M				M	M					
U10302300114	明星药物的开发及其药理学								M	M	L			
130110010012	微生物工程			M					M		M			
130110010014	食品成分分析与质检			M				L			M			
130110010015	干细胞生物学								M		M			L
130110010050	蛋白质结构与工程			M					M		M			
150110010012	动物生理学及实验			M					M		M			L
150110010013	植物生理学及实验			M					M		M			L
160110010004	生物学仪器分析B			M					M					
130110010017	抗体工程			M					M					
130110010041	基础病毒学			M					M		M			
130110010067	生物学仪器分析A			L				M			H			

续表

课程号	课程名称	毕业要求												
		1	2	3	4	5	6	7	8	9	10	11	12	13
130110100019	海洋生态学		M						M		M			
150110010002	生物技术应用													
U10302300111	模式生物秀丽线虫：入门与实践			M					M		M			
130110010006	生物制药			L					M		L	L		
130110010008	蛋白质组学								M		M			L
130110010030	生物技术实验			M					M		M			
130110010034	微生物生理学			M					M		M			
130110010038	生物工程下游技术			M					M		M			
130110010039	酶学			M					M		M			
130110010066	寄生虫病原学			M	M				M		L			
130110010086	基因工程			M					H		M	L		
160110010009	高级免疫学			M					M		M	L		L
拟新开课	细胞工程			M					H		M	L		
130110010016	分子生物学常用软件的应用							L	L	M	H			
170110010002	基因组学			M					H		M	L		
200110010002	生物学实践		L	M			L		M				M	
160110010003	生物医药行业现状与发展前景分析			M					M		M			
130150040034	医学伦理学													
130150110011	生理学			M					M		M			
130150110030	生物医学工程学			M					M		M			
130150110044	器官组织生物化学			M					M		M			
130350010015	药物毒理学			M	L				M		M			
130350010016	药事管理与法规	M	L				L		L					
130350010020	药物化学			L					M			L		
130350010036	药用植物学			L					M		L			L
130350010049	药学导论(B)			L	L				L	L	L			
130350010068	计算机辅助药物设计			L				L	L		M			L
130350010073	临床医学概论			L	L				L	L	L			
130360010075	实验动物学								M		M			L

续表

课程号	课程名称	毕业要求												
		1	2	3	4	5	6	7	8	9	10	11	12	13
160360020001	分子影像检测技术			L				L	L		M			
200360010007	健康教育学	M			H				L		L			
200360020008	临床医学概要			L	L				M		L			L
130110010022	生物学文献检索与论文写作					M					M			M
130110010035	生物统计学							L	M	M	H			
130110010043	生物信息学导论			L		M			L					
U10302300002	生物信息学应用								M		H		M	L
130120010153	数理统计							L	L	M	M			
130360010030	医学统计学							L	L	M	M			
200360010013	卫生统计学							L	L	M	M			
12380	生命科学研究前沿			M								H		M
12413	分子细胞生物学			M					H					
12414	癌症生物学													
12420	藻类学			M					M		L			L
12422	分子细胞生物学技术			M					H		M			M
12472	动物生理与病理学			M					M		M			L
12591	代谢生物学			M					H		M			M
12716	微生物与病原生物学			M					H		M			M
12415	免疫生物学			M					M					
12416	结构生物学			M					M					
12417	植物生物学			M					M		M			L
12419	分子病毒和诊断学			M					M		M			M
12421	生物信息学			M					M	M	H			M
12423	遗传与发育生物学			M					H		M			M
17188	论文写作指导		M	M			M		M					

生物科学专业人才培养方案(2023 级)

生物基地班

一、专业简介

生物科学(生物基地)专业于 2008 年由教育部批准建立,以山东大学生命科学学院植物科学、动物科学、微生物学、生态学等优势学科与特色专业为依托,承担为国家培养中国一流生命科学基础研究与教学人才的任务。

基地师资雄厚,99.3% 有博士学位,70% 以上有一年以上海外经历。教师包括省级、校级教学名师、教学能手、各类拔尖人才,长期任课外教,年龄结构合理,学术思想活跃,在国内外学术界有较大影响。植物学与动物学、生物与生物化学、环境与生态学、分子生物学与遗传学等学科 ESI 排名进入前 1%。承担大量国家和省部级科研项目、各类本科教学项目、实验教学软件建设项目的同时,还指导国家级、校级大学生创新创业训练计划及学院本科生科研训练项目。

基地实行大类招生,二年级开始单独编班小班化授课,学生根据高考成绩和一年级成绩择优从本院(80%)和相关学院(20%)选拔。实行导师制,二年级起学生通过双向选择进入本院课题组学习和科研实习。学生实行滚动分流管理制度。

学生毕业后主要通过推荐免试(60% 左右)或考试继续攻读本学科及相关学科的硕士或博士学位,亦可直接从事生命科学各领域的基础科学研究、技术开发和教学工作。

二、培养目标

生物学科学研究与教学人才基地培养具有深厚的人文底蕴、宽厚的自然科学基础、扎实的生命科学专业知识和技能、强烈的创新意识、宽广的国际视野,融知识、能力、素质全面协调发展的有理想、有抱负、复合型、创新型人才,使其具备进一步攻读硕士研究生和博士研究生的良好潜质,同时具备运用所掌握的理论知识和技能,从事生物科学基础理论及相关领域的科学研究、技术开发、教学及管理等方面工作的能力。希望经过 5 ~ 15 年的继续深造和实践锻炼,成为研究或教学团队的负责人或核心成员,未来成为社会的精英和民族的中坚。

三、毕业要求

生物学科学研究与教学人才基地毕业生应达到以下要求：

1. 知识结构要求

A. 能较熟练地运用外语阅读专业期刊和进行文献检索,有较好的外语交流和写作能力;B. 广泛了解人文社会科学知识;C. 掌握比较扎实的数学和物理、化学方面的基础理论知识,具有计算机及信息科学等方面的基础知识;D. 掌握扎实的生物科学基础理论、基本知识和基本技能,通过必修和选修课受到较系统的专业理论和专业技能训练,了解生物科学及其发展规划的相关方针、政策和法规。

2. 能力结构要求

A. 具有主动获取知识的能力;B. 具有综合运用所掌握的理论知识和技能,从事生物科学、生物技术及其相关领域科学研究的能力;C. 具有浓厚的科学兴趣及批判性思维能力;D. 具有良好的表达能力。

3. 素质结构要求

A. 有正确的政治方向,具备较高的思想道德素质和文化素质;B. 具有强烈的社会责任感、家国情怀、健全的人格和较强的团队意识;C. 具备良好的专业素质,受到严格的科学思维训练,掌握扎实的生物科学基础理论和研究方法,有求实创新的意识和精神;D. 具有健康的体魄和良好的心理素质。

四、核心课程设置

动物生物学、植物生物学、微生物生物学、生态学、生物化学、细胞生物学、遗传学、分子生物学,部分课程进行双语教学。

五、主要实践性教学环节(含主要专业实验)

植物生物学实验、动物生物学实验、微生物学实验、生物化学实验、细胞生物学实验、遗传学实验、分子生物学实验、生态学实验、专业综合研究技术、专业实习和毕业论文。

六、毕业学分

专业培养计划150学分,重点提升计划8学分,创新实践计划4学分,拓展培养计划8学分,共计170学分。

七、标准学制

4年。

允许最长修业年限:6年。

八、授予学位

理学学士。

九、专业培养计划各类课程学时学分

课程性质	课程类别			学分		学时	
必修课	通识教育必修课程	理论教学		24	31	384	688
		实验教学	课内实验课程	0		0	
			独立设置实验课程	0		0	
		实践教学	课内实践课程	2		176	
			独立设置实践课程	4		128	
	学科平台基础课程	理论教学		21	26	336	496
		实验教学	课内实验课程	0		0	
			独立设置实验课程	5		160	
		实践教学	课内实践课程	0		0	
			独立设置实践课程	0		0	
	专业必修课程	理论教学		35	64	560	
		实验教学	课内实验课程	0		0	
			独立设置实验课程	18		576	
		实践教学	课内实践课程	0		0	
			独立设置实践课程	14		448	
选修课	专业选修课程	理论教学		14/12	17	224/192	
		实验教学	课内实验课程	0		0	
			独立设置实验课程	5		160	
		实践教学	课内实践课程	0		0	
			独立设置实践课程	0		0	
	通识教育	理论教学		10	10	160	
		实验	课内实验课程				
	核心课程	教学	独立设置实验课程				
		实践教学	课内实践课程				
			独立设置实践课程				
	通识教育选修课程			2	2	32	32
	毕业要求总合计				150		

十、生物科学(生物基地)专业课程设置及学时分配表

课程类别	课程号 /课程组	课程名称	学分数	总学时	总学时分配				考核方式	开设学期	备注
					理论教学	实验教学	实践教学	实践周数			
通识教育必修课程	sd02810450	毛泽东思想和中国特色社会主义理论体系概论	5	96	64		32			1–6	
	sd02810380	思想道德修养与法律基础	3	48	48					1–6	
	sd02810350	马克思主义基本原理概论	3	48	48					1–6	
	sd02810460	中国近现代史纲要	3	64	32		32			1–6	
	sd02810390	当代世界经济与政治	2	32	32					1–4	不修读
	00070	大学英语课程组	8	240	128		112			1–2	课外 112 学时
	sd02910630	体育(1)	1	32			32			1	
	sd02910640	体育(2)	1	32			32			2	
	sd02910650	体育(3)	1	32			32			3	
	sd02910660	体育(4)	1	32			32			4	
	sd01310930	计算思维	3	64	32	32				1–2	
	sd06910010	军事理论	2	32	32					1–2	
		小计	31	720	384	32	304				
通识教育核心课程	00051	国学修养课程模块	2	32	32					1–6	任选 2 学分
	00052	创新创业课程模块	2	32	32					1–6	任选 2 学分
	00053	艺术审美课程模块	2	32	32					1–6	任选 2 学分
	00054(00056)	人文学科(或科学技术)课程模块	2	32	32					1–6	任选 2 学分
	00055(00057)	社会科学(或信息社会)课程模块	2	32	32					1–6	任选 2 学分
		小计	10	160	160						
通识教育选修课程	00090	通识教育选修课程组	2	32	32					1–8	任选 2 学分
		小计	2	32	32						

续表

课程类别			课程号/课程组	课程名称	学分数	总学时	总学时分配				考核方式	开设学期	备注
							理论教学	实验教学	实践教学	实践周数			
学科平台基础课程			sd30210020	高等数学（1）	4	64	64	0	0	0	考试		
			sd30220020	高等数学（2）	4	64	64	0	0	0	考试		
			sd99320030	大学物理	4	64	64	0	0	0	考试		
			sd99320000	大学物理实验Ⅰ	1	32	0	32	0	0	考查		
			sd01120110	无机及分析化学	4	64	64	0	0	0	考试		
			sd02133020	无机及分析化学实验	2	64	0	64	0	0	考查		
			sd01120150	有机化学	3	48	48	0	0	0	考试		
			sd01120160	有机化学实验	1	32	0	32	0	0	考查		
			sd99320050	物理化学	2	32	32	0	0	0	考试		
			sd94320020	物理化学实验	1	32	0	32	0	0	考查		
				小计	26	496	336	160					
专业教育课程	专业必修课程	专业基础课程	sd01433010	新生研讨课	2	32	32	0	0	0	考查		
			sd01432370	植物生物学	3	48	48	0	0	0	考试		
			sd01432390	植物生物学实验	2	64	0	64	0	0	考查		
			sd01430210	动物生物学	3	48	48	0	0	0	考试		
			sd01422650	动物生物学实验	2	64	0	64	0	0	考查		
			sd01431840	微生物生物学	3	48	48	0	0	0	考试		
			sd01431870	微生物学实验	2	64	0	64	0	0	考查		
			sd01431520	生物化学（1）	3	48	48	0	0	0	考试		
			sd01431530	生物化学（2）	3	48	48	0	0	0	考试		
			sd01431540	生物化学实验	2	64	0	64	0	0	考查		
			sd01432010	细胞生物学	3	48	48	0	0	0	考试		
			sd01432050	细胞生物学实验	2	64	0	64	0	0	考查		
			sd01422190	遗传学	3	48	48	0	0	0	考试		
			sd01432210	遗传学实验	2	64	0	64	0	0	考查		
			sd01430350	分子生物学	3	48	48	0	0	0	考试		
			sd01430370	分子生物学实验	2	64	0	64	0	0	考查		
			sd01431320	生态学	3	48	48	0	0	0	考试		
			sd01431360	生态学实验	1	32	0	32	0	0	考查		
				小计	44	944	464	480					

续表

课程类别		课程号/课程组	课程名称	学分数	总学时	总学时分配				考核方式	开设学期	备注
						理论教学	实验教学	实践教学	实践周数			
专业必修课程	专业基础课程	sd01433140	发育生物学	2	32	32	0	0	0	考试		
		sd01433120	免疫生物学	2	32	32	0	0	0	考试		
		sd01431640	生物信息学	2	32	32	0	0	0	考试		
		sd01433150	发育生物学	2	32	32	0	0	0	考试		
		sd01432480	专业实习	2	64	0	0	64	2	考查		
		sd01430040	毕业论文(设计)	12	384	0	0	384		考查		
			小计	20	544	96		448	14			
专业教育课程	专业限选课程		A方向限选模块									
			B方向限选模块									
			C方向限选模块									
			……									
			小计									
	专业选修课程	专业任选课程	sd01430840	科技文献写作	2	32	32	0			考查		
			sd01430392	高级遗传学	2	32	32	0			考试		
			sd01432890	试验数据分析和软件操作	2	32	32	0			考查		
			sd01431660	生物信息研究技术	3	96	0	96			考试		
			sd01432430	植物学研究技术	3	96	0	96			考查		
			sd01431380	生态学研究技术	3	96	0	96			考查		
			sd01430970	免疫学研究技术	3	96	0	96			考查		
			sd01431600	生物伦理学	2	32	32	0			考试		
			sd01433100	结构生物学	2	32	32	0			考查		
			sd01431550	生物化学研究技术	3	96	0	96			考查		
			sd01432530	资源微生物学	2	32	32	0			考查		
			sd01432180	仪器分析	2	32	32	0			考试		
			sd01432120	现代药理学	2	32	32	0			考查		
			sd01431920	微生物遗传学	2	32	32	0			考查		
			sd01430170	动物分类学	2	32	32	0			考查		

续表

课程类别			课程号/课程组	课程名称	学分数	总学时	总学时分配				考核方式	开设学期	备注
							理论教学	实验教学	实践教学	实践周数			
专业教育课程	专业选修课程	专业任选课程	sd01431410	生物安全	2	32	32	0			考查		
			sd01430900	昆虫学	2	32	32	0			考查		
			sd01430720	基因组与蛋白组学	2	32	32	0			考查		
			sd01430490	海洋生物学	2	32	32	0			考试		
			sd01432420	植物细胞信号转导	2	32	32	0			考查		
			sd01431620	生物统计学	2	32	32	0			考试		
			sd01430810	进化生物学	2	32	32	0			考查		
			sd01431070	普通生物学	2	32	32	0			考查		
			sd01432990	细胞生物学专题	1	16	32	0			考试		
			sd01432980	生物化学专题	1	16	32	0			考查		
			sd01431890	微生物学研究技术	3	96	0	96			考查		
			sd01431100	群体生态学	3	48	48	0			考查		
			sd01433090	医学免疫学	2	32	32	0			考查		
			sd01431830	微生物生态学	2	32	32	0			考查		
			sd01430700	基因工程原理	2	32	32	0			考查		
			sd01432490	专业英语	2	32	32	0			考试		
			sd01430270	动物学研究技术	3	96	0	96			考试		
			sd01430050	病毒生物学	2	32	32	0			考查		
			sd01431150	神经生物学	2	32	32	0			考查		
			sd01431230	生命科学进展	2	32	32	0			考查		
			sd01432970	进化与保护生物学	2	32	32	0			考试		
			sd01432460	肿瘤生物学	2	32	32	0			考查		
			sd01432090	细胞遗传学	2	32	32	0			考试		
				小计	17	320/352	320/288	160					
合计					150								
重点提升计划				习近平新时代中国特色社会主义思想概论	2	32	32					6	
			sd02810590	"四史"教育系列专题(2021年5月新增)	1	16	16						纳入学生毕业学分要求,不纳入绩点

续表

课程类别	课程号/课程组	课程名称	学分数	总学时	总学时分配				考核方式	开设学期	备注
					理论教学	实验教学	实践教学	实践周数			
重点提升计划	sd09010070	形势与政策(1)	0	16	16				1		
	sd09010080	形势与政策(2)	0.5	16	16				2		
	sd09010090	形势与政策(3)	0	16	16				3		
	sd09010100	形势与政策(4)	0.5	16	16				4		
	sd09010110	形势与政策(5)	0	16	16				5		
	sd09010120	形势与政策(6)	1	24	8	16			6		
	sd06910020	军事技能	2	96		96		3	1		
	sd07810230	大学生心理健康教育(青岛)	2	32	32						
		小计	9	280	168		112	3			
创新实践计划		稷下创新讲堂									合计修满4学分即可
		齐鲁创业讲堂									
		创新实践项目(成果)									
		小计	4								
拓展培养计划		主题教育	1	32				2			
		学术活动	2	64				2			
		身心健康									
		文化艺术									
		研究创新	2	64				2			
		就业创业									
		社会实践	2	64				2			
		志愿服务	1	32				2			
		社会工作									
		社团经历									
		小计	8	256				10			
合计											

十一、课程（项目）与毕业要求对应关系表

课程名称	知识				能力				素质			
	A	B	C	D	A	B	C	D	A	B	C	D
毛泽东思想和中国特色社会主义理论体系概论		H			M				H	H		
思想道德修养与法律基础		H			M				H	H		
马克思主义基本原理概论		H			M				H	H		
中国近现代史纲要		H			M				H	H		
大学英语课程组	H				M			H		H		
体育		M								H		H
计算思维			H			H				H		
军事理论		H			M				H	H		
形势与政策		H							H	H		
国学修养课程模块		H			H		M		H	H		
创新创业课程模块		H			H		M			H		
艺术审美课程模块		H			H		M		H	H		
人文学科（或自然科学）课程模块		H			H		M		H	H		
社会科学（或工程技术）课程模块		H			H		M		H	H		
稷下创新讲堂		M								M		
齐鲁创业讲堂		M								M		
通识教育选修课程组		H			H		M	M	H			
学科平台基础课程			H		M	H				H		
新生研讨课					H		H	H	H	H		H
植物生物学				H	H	H	H	M		H		
植物生物学实验				H	H	H	H	M	M	H	M	
动物生物学				H	H	H	H	M		H		
动物生物学实验				H	H	H	H	M	M	H	M	
微生物生物学				H	H	H	H	M		H		
微生物学实验				H	H	H	H	M	M	H	M	
生物化学				H	H	H	H	M		H		
生物化学实验				H	H	H	H	M	M	H	M	
细胞生物学				H	H	H	H	M		H		

续表

课程名称	知识 A	知识 B	知识 C	知识 D	能力 A	能力 B	能力 C	能力 D	素质 A	素质 B	素质 C	素质 D
细胞生物学实验				H	H	H	H	M		M	H	M
遗传学				H	H	H	H	M			H	
遗传学实验				H	H	H	H	M		M	H	M
分子生物学				H	H	H	H	M			H	
分子生物学实验				H	H	H	H	M		M	H	M
生态学				H	H	H	H	M			H	
生态学实验				H	H	H	H	M		M	H	M
专业核心课组				H	H	H	H	M			H	
专业选修课组				H	H	H	H	M		M	M	
军训									H	H		H
实习						H	H	H	M	M	H	H
毕业论文				H	H	H	H	H	M	M	H	H

十二、大学英语课程设置及学时分配表

类别	课组号	课程号	课程名称	学分数	总学时	课内教学	实践教学	开设学期	备注
大学英语课组	00070	sd03110010	大学基础英语(1)	2	88	32	56	1	新生根据入学英语分级考试结果,分别选修相应课程
		sd03110020	大学基础英语(2)	2	88	32	56	2	
		sd03110030	大学综合英语(1)	2	88	32	56	1	
		sd03110040	大学综合英语(2)	2	88	32	56	2	
		sd03110050	通用学术英语(1)	2	88	32	56	1	
		sd03110060	通用学术英语(2)	2	88	32	56	2	
			英语提高课程	4	128	128		3-4	每个学期任选2学分的提高类课程
	应修小计			8	304	192	112		自主学习112学时

泰 山 学 堂

一、专业简介

"泰山学堂"是山东大学为实施教育部"基础学科拔尖学生培养计划"而设立的,目的是培养拔尖创新人才,使之成为相关基础学科领域领军人物,并逐步跻身国际一流科学家队伍。泰山学堂采用"通专结合、文理交融、学研并重、强化创新,多种经历"的培养模式,实行"家文化"、游学制和导师制相结合的管理模式,采用小班制、研究性和研讨式教学模式,使学生在本科期间拥有在国际一流大学学习和研究的经历。

山东大学生命学科有着悠久的历史和辉煌的成就。曾省、童第周、曾呈奎、王祖农等著名学者先后担任过系主任,中国科学院院士张致一教授,中国科学院院士庄孝僡教授都是生物学系的毕业生。泰山学堂生物科学专业是学堂的五大基础专业之一,依托生命科学学院良好的生物学基础,利用学院各学科最优秀的教学力量,结合微生物技术国家重点实验室等国际一流的科研平台,并整合国内外优质教育、科研资源,自主选拔具有培养潜质的优秀学生,为其创造一流的学习、科研条件和学术氛围,培养基础扎实、学风朴实,有德性、富有创新精神和创新能力的未来生命科学的拔尖创新人才。本专业不采用大类招生和培养方式,按照"个性化"方式在三年级为学生量身定制培养方案,指导专业发展方向。

二、培养目标

山东大学泰山学堂生物科学专业以培养下一代的生命科学拔尖人才和领军人物为目标。所培养的学生要具备健全人格,正确的人生观、价值观和高度的社会责任感,优秀的人文社科基础知识和人文素养,具有扎实完善的生命科学基础基本知识、基本理论和基本技能,具备良好的科学逻辑思维能力、批判性思维能力、创新能力和实践能力,富有科学研究方面的国际视野和前瞻性。通过国际化培养和精英教育,学生毕业后,在其具备生物学及相关领域从事教育、科研、技术研发及管理等方面工作能力的基础之上,主要进入国际一流高校和科研院所继续研究深造,并逐步成为生命学科领域的国际一流科学家和领军人物。

三、毕业要求

根据人才培养目标,泰山学堂生物科学专业的毕业生应达到以下要求:

1. 知识结构要求

熟练掌握生物科学科研工作所运用的基本数学、物理、化学、信息学工具,生物学各主要分支(生物化学、细胞生物学、分子生物学、遗传学、微生物学、动物学、植物学、生态学)的重点知识并掌握基本实验技能;深入理解并掌握生物学两到三个主要分支的科学知识、发展现状、主要研究方向与内容、研究工具和研究方法;非常熟练地运用外语进行国际化学习、科研和合作交流。

2. 能力结构要求

具有主动获取并整合生物科学前沿知识的学习能力，能够综合运用所掌握的各基础学科的实验技能、科研思维和创新能力；具有相对独立开展一流生物科学领域前沿科研工作的逻辑思维、管理能力和团队领导能力，并具备在未来成长为一流科学家的潜力。

3. 素质结构要求

毕业生应具有正确的人生观、世界观、价值观，具备一定的人文素养和社会责任感，具有健全的人格和较强的团队协作意识；具备良好的生命专业素养，受到严格的科学思维训练，掌握扎实的生物科学基础理论和研究方法，有求实创新和批判性思维的意识和精神；具有健康的体魄和良好的心理素质。

四、核心课程设置

微积分、大学物理、无机化学、分析化学、物理化学、有机化学、动物生物学、植物学、生物化学、微生物学、细胞生物学、生态学、遗传学、分子生物学。

五、主要实践性教学环节（含主要专业实验）

大学物理实验、无机及分析化学实验、物理化学实验、有机化学实验、动物生物学实验、植物学实验、生物化学实验、微生物学实验、细胞生物学实验、生态学实验、遗传学实验、分子生物学实验、生物学野外实习。

六、毕业学分

171 学分。

七、标准学制

4 年。

允许最长修读年限：5 年。

八、授予学位

理学学士。

九、专业培养计划各类课程学时学分比例

课程性质	课程类别			学分		学时		占总学分百分比	
必修课	通识教育必修课程		理论教学	8	28	128	656	4.68%	16.37%
		实验教学	课内实验课程	0		0		0.00%	
			独立设置实验课程	0		0		0.00%	
		实践教学	课内实践课程	16		400		9.36%	
			独立设置实践课程	4		128		2.34%	
	学科平台基础课程		理论教学	36	52	608	1072	21.05%	30.41%
		实验教学	课内实验课程	0		0		0.00%	
			独立设置实验课程	12		384		7.02%	
		实践教学	课内实践课程	4		80		2.34%	
			独立设置实践课程	0		0		0.00%	
	专业必修课程		理论教学	28	52	448	1216	16.37%	30.41%
		实验教学	课内实验课程	0		0		0.00%	
			独立设置实验课程	16		512		9.37%	
		实践教学	课内实践课程	0		0		0.00%	
			独立设置实践课程	8		256		4.68%	
选修课	专业选修课程		理论教学	–	27	–	–	–%	22.81%
		实验教学	课内实验课程	–		–		–%	
			独立设置实验课程	–		–		–%	
		实践教学	课内实践课程	–		–		–%	
			独立设置实践课程	–		–		–%	
	通识教育核心课程		理论教学	10	10	160	160	5.85%	
		实验教学	课内实验课程	0		0		0.00%	
			独立设置实验课程	0		0		0.00%	
		实践教学	课内实践课程	0		0		0.00%	
			独立设置实践课程	0		0		0.00%	
			通识教育选修课程	2	2	32	32	1.17%	
毕业要求总合计				171				100.00%	

十、泰山学堂生物科学专业课程设置及学时分配表

课程类别	课程号 / 课程组	课程名称	学分数	总学时	总学时分配				考核方式	开设学期	备注
---	---	---	---	---	理论教学	实验教学	实践教学	实践周数	---	---	---
通识教育必修课程	sd02810450	毛泽东思想和中国特色社会主义理论体系概论	5	96	64		32		考试	4	
	sd02810380	思想道德修养与法律基础	3	48	48				考试	2	sd02810610思想道德修养与法治(自 2021级)
	sd02810350	马克思主义基本原理概论	3	48	48				考试	3	
	sd02810460	中国近现代史纲要	3	64	32		32		考试	1	
	sd03110050	通用学术英语(1)	4	120	64		56		考试	1	自主学习56 学时
	sd03110060	通用学术英语(2)	4	120	64		56		考试	2	自主学习56 学时
	sd02910630	体育(1)	1	32			32		考查	1	
	sd02910640	体育(2)	1	32			32		考查	2	
	sd02910650	体育(3)	1	32			32		考查	3	
	sd02910660	体育(4)	1	32			32		考查	4	
	sd06910010	军事理论	2	32	32				考试	2	
	小计		28	656	352		304				
通识教育核心课程		国学修养	2	32	32					1-6	任选 2 学分
		艺术审美	2	32	32					1-6	任选 2 学分
		人文学科	2	32	32					1-6	根据专业所属领域,参照培养方案指导意见说明应修学分数
		社会科学	2	32	32					1-6	
		自然科学	2	32	32					1-6	
		工程技术	2	32	32					1-6	
		信息社会	2	32	32					1-6	
	小计		10	160	160						

续表

课程类别	课程号/课程组	课程名称	学分数	总学时	总学时分配				考核方式	开设学期	备注
					理论教学	实验教学	实践教学	实践周数			
通识教育选修课程		通识教育选修课程组	2	32	32					1-8	任选2学分
		小计	2	32	32						
学科平台基础课程	sd03421480	微积分(1)	6	96	96	0	0	0	考试	1	
	sd03421490	微积分(2)	6	96	96	0	0	0	考试	2	
	sd03420170	大学物理B(1)	4	64	64	0	0	0	考试	2	
	sd03420180	大学物理B(2)	4	64	64	0	0	0	考试	3	
	sd03420150	程序设计基础B	4	80	48	0	32	0	考试	1	
	sd03432820	英语口语(1)	1	32	32	0	0	0	考试	1	
	sd03432830	英语口语(2)	1	32	32	0	0	0	考试	2	
	sd03431560	无机化学	4	64	64	0	0	0	考试	1	
	sd03433120	分析化学	2	32	32	0	0	0	考试	1	
	sd03431890	有机化学	4	64	64	0	0	0	考试	2	
	sd03431620	物理化学(1)	4	64	64	0	0	0	考试	3	
	sd03422130	大学物理实验B(1)	1	32	0	32	0	0	考查	2	
	sd03421590	无机及分析化学实验(1)	3	96	0	96	0	0	考查	1	
	sd03421610	无机及分析化学实验(2)	3	96	0	96	0	0	考查	2	
	sd03431940	有机化学实验	3	96	0	96	0	0	考查	2	
	sd03431660	物理化学实验	2	64	0	64	0	0	考查	3	
		小计	52	1072	656	384	32	0			
专业教育课程 专业必修课程 专业核心课程	sd03432040	植物学	3	48	48	0	0	0	考试	3	
	sd03432050	植物学实验	2	64	0	64	0	0	考查	4	
	sd03430250	动物生物学	3	48	48	0	0	0	考试	3	
	sd03430260	动物生物学实验	2	64	0	64	0	0	考查	3	
	sd03411500	微生物学	4	64	64	0	0	0	考试	4	
	sd03431530	微生物学实验	2	64	0	64	0	0	考查	4	
	sd03421030	生物化学(1)	3	48	48	0	0	0	考试	3	
	sd03421040	生物化学(2)	3	48	48	0	0	0	考试	3	
	sd03431060	生物化学实验	3	96	0	96	0	0	考查	3	

续表

课程类别			课程号 / 课程组	课程名称	学分数	总学时	理论教学	实验教学	实践教学	实践周数	考核方式	开设学期	备注
							总学时分配						
专业教育课程	专业必修课程	专业核心课程	sd03430310	分子生物学	3	48	48	0	0	0	考试	4	
			sd03430320	分子生物学实验	2	64	0	64	0	0	考查	4	
			sd03421750	遗传学	3	48	48	0	0	0	考试	4	
			sd03421770	遗传学实验	2	64	0	64	0	0	考查	4	
			sd03411690	细胞生物学	3	48	48	0	0	0	考试	4	
			sd03411700	细胞生物学实验	2	64	0	64	0	0	考查	4	
			sd03431000	生态学	3	48	48	0	0	0	考试	3	
			sd03432320	生态学实验	1	32	0	32	0	0	考查	4	
			sd03421110	生物学野外实习	2	64	0	0	64	0	考查	4	
			sd03420030	毕业论文	6	192	0	0	192	0	考查	8	
				小计	52	1216	448	512	256	0			
		专业任选课程	sd03431070	生物统计学	2	32	32	0	0	0	考试	5	
			sd01433100	结构生物学	2	32	32	0	0	0	考试	6	
			sd03433110	数学实验与数学建模	2	32	32	0	0	0	考试	5	
			sd03420840	酶与生物催化	2	32	32	0	0	0	考试	6	
			sd03433230	结构生物信息学	1	16	16	0	0	0	考试	6	
			sd03430850	免疫学	2	32	32	0	0	0	考试	5	
			sd01331730	线性代数	3.5	56	56	0	0	0	考试	5	
			sd03433210	英文科技论文阅读与写作	2	32	32	0	0	0	考试	6	
			sd03420910	普通生物学 A	3	48	48	0	0	0	考试	5	
			sd03433320	合成生物学	2	32	32	0	0	0	考试	5	
			sd03433040	发酵工程原理	2	32	32	0	0	0	考试	5	
			sd03433080	植物生理学	2	32	32	0	0	0	考试	5	
			sd03433060	动物生理学	3	48	48	0	0	0	考试	5	
			sd03430270	发育与进化	3	48	48	0	0	0	考试	5	
			sd03430430	化学生物学	1	16	16	0	0	0	考试	6	
			sd03433200	医学微生物学	2	32	32	0	0	0	考试	6	
			sd03433240	生物大数据挖掘	1	16	16	0	0	0	考查	6	

续表

课程类别			课程号/课程组	课程名称	学分数	总学时	总学时分配				考核方式	开设学期	备注
							理论教学	实验教学	实践教学	实践周数			
专业教育课程	专业必修课程	专业任选课程	sd03433290	结构化学与生物物理化学（含实验）	4	96	40	56	0	0	考试	6	
			sd03433160	组学及数据分析	2	48	16	32	0	0	考试	6	
			sd03433090	生物信息学基础理论及实践	4	96	32	64	0	0	考查	5	
			sd03430890	模式动物发育生物学实验	2	64	0	64	0	0	考查	5	
			sd01433090	医学免疫学	2	32	32	0	0	0	考试	6	
			sd01430050	病毒生物学	2	32	32	0	0	0	考试	6	
			sd01432970	进化与保护生物学	2	32	32	0	0	0	考试	6	
			sd01431150	神经生物学	2	32	32	0	0	0	考试	6	
			小计		55.5	1 000	720	216	0	0			任选27学分
		合计			171								
重点提升计划			sd02810580	习近平新时代中国特色社会主义思想概论	2	32	32	0	0	0	0	6	
			sd02810590	"四史"教育系列专题（2021年5月新增）	1	16	16	0	0	0	0		纳入学生毕业学分要求，不纳入绩点
			sd09010070	形势与政策（1）	0	16	16	0	0	0	0	1	
			sd09010080	形势与政策（2）	0.5	16	16	0	0	0	0	2	
			sd09010090	形势与政策（3）	0	16	16	0	0	0	0	3	
			sd09010100	形势与政策（4）	0.5	16	16	0	0	0	0	4	
			sd09010110	形势与政策（5）	0	16	16	0	0	0	0	5	
			sd09010120	形势与政策（6）	1	24	8	0	16	0	0	6	
				军事技能	2	96	0	0	96	3	0	1	
				大学生心理健康教育	2	32	32	0	0	0	0		
			小计		9	280	168	0	112	3			

续表

课程类别	课程号/课程组	课程名称	学分数	总学时	总学时分配				考核方式	开设学期	备注
					理论教学	实验教学	实践教学	实践周数			
创新实践计划		创新实践课程									合计修满4学分即可
		创业实践课程									
		创新创业实践成果									
		小计	4								
拓展培养计划		主题教育	1								
		学术活动	2								专业自定
		身心健康	0								专业自定
		文化艺术	0								专业自定
		研究创新	2								专业自定
		就业创业	0								专业自定
		社会实践	2								
		志愿服务	1								
		社会工作	0								专业自定
		社团经历	0								专业自定
		小计	8								
合计			192								

十一、课程（项目）与毕业要求对应关系表

课程（项目）名称	知识结构要求	能力结构要求	素质结构要求
微积分（1）	H	H	M
微积分（2）	H	H	M
大学物理 B（1）	H	H	M
大学物理 B（2）	H	H	M
程序设计基础 B	H	H	M
英语口语（1）	H	M	L
英语口语（2）	H	M	L
无机化学	H	H	M
分析化学	H	H	M

续表

课程(项目)名称	知识结构要求	能力结构要求	素质结构要求
有机化学	H	H	M
物理化学(1)	H	H	M
大学物理实验 B(1)	H	H	M
无机及分析化学实验(1)	H	H	M
无机及分析化学实验(2)	H	H	M
有机化学实验	H	H	M
物理化学实验	H	H	M
植物学	H	H	H
植物学实验	H	H	H
动物生物学	H	H	H
动物生物学实验	H	H	H
微生物学	H	H	H
微生物学实验	H	H	H
生物化学(1)	H	H	H
生物化学(2)	H	H	H
生物化学实验	H	H	H
分子生物学	H	H	H
分子生物学实验	H	H	H
遗传学	H	H	H
遗传学实验	H	H	H
细胞生物学	H	H	H
细胞生物学实验	H	H	H
生态学	H	H	H
生态学实验	H	H	H
生物学野外实习	H	H	H
毕业论文	H	H	H
生物统计学	H	H	H
结构生物学	H	H	H
数学实验与数学建模	H	H	M
酶与生物催化	H	H	H
结构生物信息学	H	H	H
免疫学	H	H	H
线性代数	H	H	M

续表

课程（项目）名称	知识结构要求	能力结构要求	素质结构要求
英文科技论文阅读与写作	H	H	H
普通生物学 A	H	H	H
合成生物学	H	H	H
发酵工程原理	H	H	H
植物生理学	H	H	H
动物生理学	H	H	H
发育与进化	H	H	H
化学生物学	H	H	H
医学微生物学	H	H	H
生物大数据挖掘	H	H	H
结构化学与生物物理化学（含实验）	H	H	H
组学及数据分析	H	H	H
生物信息学基础理论及实践	H	H	H
模式动物发育生物学实验	H	H	H
医学免疫学	H	H	H
病毒生物学	H	H	H
进化与保护生物学	H	H	H
神经生物学	H	H	H
毛泽东思想和中国特色社会主义理论体系概论	L	L	H
思想道德修养与法律基础	L	L	H
马克思主义基本原理概论	L	L	H
中国近现代史纲要	L	L	H
通用学术英语（1）	H	'M	L
通用学术英语（2）	H	'M	L
体育（1）	L	L	H
体育（2）	L	L	H
体育（3）	L	L	H
体育（4）	L	L	H
军事理论	L	L	H
国学修养	L	L	H
艺术审美	L	L	H
人文学科	L	M	H

续表

课程(项目)名称	知识结构要求	能力结构要求	素质结构要求
社会科学	L	M	H
创新创业	L	M	H
通识教育选修课程组	L	M	H
习近平新时代中国特色社会主义思想概论	L	L	H
"四史"教育系列专题 (2021年5月新增)	L	L	H
形势与政策(1)	L	L	H
形势与政策(2)	L	L	H
形势与政策(3)	L	L	H
形势与政策(4)	L	L	H
形势与政策(5)	L	L	H
形势与政策(6)	L	L	H
军事技能	L	L	H
大学生心理健康教育	L	M	H
创新实践课程	L	M	H
创业实践课程	L	M	H
创新创业实践成果	L	M	H
主题教育	L	M	H
学术活动	H	H	H
研究创新	H	H	H
社会实践	L	M	H
志愿服务	L	M	H

23. 中国海洋大学

生物科学专业人才培养方案

一、培养目标

坚持立德树人，面向生命科学国际前沿领域，围绕我国生命科学领域中基础与应用研究以及医药、农业、健康、环境科学中的重大战略需求，依托学校生命科学、海洋科学、水产科学、海洋药物与食品等一流建设学科集群优势，培养具有"家国情怀、国际视野、基础厚实、勇于创新"的生命科学学术领军人才。

二、毕业生能力要求

按照知识、能力、素质全面协调发展的总体要求，本专业学生主要学习数理化基础、生物学基本理论和基本知识以及人文社科知识，受到现代生物学专业技能和科学研究方面的基本训练，具备创新性科学思维和国际化视野，掌握从事生物学及相关领域基础科学研究的能力。毕业生应具备以下几个方面的知识和能力：

1. 具备良好的政治思想、道德品质和爱国情怀，具有良好的职业道德、高度社会责任感和丰富的人文科学素养。

2. 具有扎实数、理、化基础和系统的生命科学理论知识以及相关学科基本知识，对生命科学体系有全局性的认知和理解；能够认知生命科学发展趋势和学科前沿，能够运用生命科学的基本理论分析、核心实验技术和数据统计分析等综合手段解决科学问题。

3. 具备批判性思维和逻辑性思维能力，具有打破常规和挑战权威的创新精神，具有正确的价值观和良好的人文素养、浓厚的学术兴趣、坚定的学术志向和解决生命科学重大问题的强烈使命感。

4. 具有宽广的国际化视野和参与国际学术交流、竞争与合作的能力。

三、支撑学科

本专业依托的一级学科：生物科学，生态学，海洋科学。

四、育人模式

1. 建立全面的拔尖学生选拔与管理制度

(1) 建立科学的选才、鉴才体系。成立专门的拔尖学生培养委员会,在一年级秋季学期从全校选拔拔尖学生。笔试英语和数学,同时面试注重考查评价学生的价值观、人文素养、批判性思维、逻辑性思维、学术兴趣和学术志向。

(2) 入选学生进入第周学堂实施统一管理,实现拔尖学生的熏陶、养成和培育。第周学堂是海洋生命学院为实施拔尖人才培养计划建立的机构,负责拔尖学生管理、培养计划制定、前沿讲座安排、导师制组织安排等培养内容。

2. 重构课程体系

(1) 重构理论课程体系,注重学科交叉、突出海洋特色

在通识课程方面,建设世界文明史、国学、逻辑学、科学哲学、科学素养进程与实践等课程,从国内外选聘知名专家授课,并利用"线上书院"资源公开课和讲座资源,从不同角度培养学生健全的人格,激发内心动力和学习兴趣。

在基础课方面,重视基础教育的"厚度",要求所有学生修高等数学、大学物理。在专业核心课方面,选用一流教材,并提高课程的前沿性和挑战度。在选修课方面,鼓励学生在科研导师的指导下,自主选修专业课,注重学科交叉和学生的个性化发展。在特色课程方面,面向国家对海洋生物资源利用和海洋生态环境保护的需求,开设海洋生物学、海洋微生物学、生物海洋学、海洋生命科学前沿与交叉、海洋生物功能材料等海洋生物特色课程供学生选择。

(2) 重构实践课程体系,注重创新能力培养

推进"分层递进式"实验教学模式,通过开展学科研素质培养与训练,在科研导师的指导下强化对学生综合实验技能的训练和科研素养的培养;通过自主创新实验,培养学生的科研创新素质和能力;同时,加强专业实践教学和海上实习,突出服务海洋领域,紧密结合国家对海洋生态环境和海洋生物多样性保护、开发的需要。

(3) 强化数据挖掘与分析方面的科研训练,迎接未来挑战

开设合成生物学、系统生物学、生物信息学、Python 程序设计、数学建模、人工智能与大数据分析等课程,加强生命科学与信息科学的交叉融合,迎接生命科学未来的发展对学生知识结构所造成的挑战。

(4) 注重国际化教育,培养学生国际化视野

依托中国海洋大学已有的与国际一流大学的交流项目以及我院与国外著名高校及研究机构建立的长期稳定的交流关系,充分重视国外一流高校或著名科研机构的资源,把优秀拔尖学生以联合培养、暑期学校、短期实习等方式和渠道分批、分期送到国外一流大学进行学习和交流。同时开设国际化课程,聘请国际专家到校授课,拓宽学生的国际化视野。

四、毕业学分要求

课程体系			学分要求		
			必修	选修	合计
公共基础及通识教育层面	公共基础必修	思想政治类	17		64.5
		军事、体育类	8		
		大学外语类	6		
		大学计算机类	4		
		大学数学类	11		
		大学物理类	7.5		
		大学化学类	11		
	通识教育选修课程			9	9
专业教育层面	学科基础课程		26.5		87.5
	专业知识课程		27.5	14.5	
	国际化课程			1	
	科研技能课程		18		
总计			136.5	24.5	161

五、专业核心课程

1. 植物生物学(48 课时,3 学分)
2. 动物生物学(48 课时,3 学分)
3. 微生物学(48 课时,3 学分)
4. 生物化学(64 课时,4 学分)
5. 分子生物学(48 课时,3 学分)
6. 遗传学(48 课时,3 学分)
7. 细胞生物学(48 课时,3 学分)
8. 发育生物学(48 课时,3 学分)
9. 生物统计学(48 课时,3 学分)
10. 生态学(48 课时,3 学分)

六、专业特色课程

1. 海洋生物学(64 课时,4 学分)
2. 海洋生物学及海洋学实习(32 课时,1 学分)
3. 海洋微生物学(32 课时,2 学分)
4. 生物海洋学(32 课时,2 学分)
5. 生物信息学(48 课时,2.5 学分)
6. 表观遗传学(32 课时,2 学分)

7. 系统生物学(32 课时,2 学分)

8. 免疫与病毒(32 课时,2 学分)

9. 结构生物学(32 课时,2 学分)

10. 海洋生物功能材料(32 课时,2 学分)

11. 生命科学前沿与交叉(32 课时,2 学分)

12. 潜水与海底生物调查(32 课时,2 学分)

13. 进化生物学(32 课时,2 学分)

14. 神经生物学(32 课时,2 学分)

15. 生物物理学(32 课时,2 学分)

七、实践环节

(一) 必修实践环节

1. 大学体育Ⅰ–Ⅳ(128 课时 /4 学分)

2. 军事训练(2 周 /1 学分)

3. 无机及分析化学实验(48 课时 /1.5 学分)

4. 有机化学实验(48 课时 /1.5 学分)

5. 大学物理实验 1(48 课时 /1.5 学分)

6. 计算机程序设计(实践部分)(32 课时 /1 学分)

7. 大学英语(实践部分)(96 课时 /3 学分)

8. 中国近现代史纲要(实践部分)(32 课时 /1 学分)

9. 毛泽东思想和中国特色社会主义理论体系概论(实践部分)、习近平新时代中国特色社会主义思想概论(实践部分)(64 课时 /2 学分)

10. 实验室安全(9 课时,0.5 学分)

11. 海洋生物学实验(64 课时 /2 学分)

12. 普通生物学实验(96 课时 /3 学分)

13. 生化与分子生物学实验(96 课时 /3 学分)

14. 生物统计学(实践部分)(16 课时 /0.5 学分)

15. 细胞与遗传实验(96 课时 /3 学分)

16. 科研素质培养与训练(64 课时 /2 学分)

17. 创新创业教育(128 课时 /4 学分)

18. 发育生物学实验(32 课时 /1 学分)

19. 毕业论文(14 周 /10 学分)

21. 动物生物学实习(1 周 /1 学分)

22. 植物生物学实习(1 周 /1 学分)

八、课程设置及修读计划

（一）公共基础及通识教育层面

1. 公共基础必修课程（最低要求必修 64.5 学分）

修课要求	课程代码	课程名称	学分	课时		先修课程	推荐学期
				讲授	实践		
必修	008101101031	思想道德与法治	3	48			一（秋）
	008101101029	中国近现代史纲要	3	32	32		一（春）
	008101101033	马克思主义基本原理	3	48		思想道德与法治、中国近现代史纲要	二（秋）
	008101101035	毛泽东思想和中国特色社会主义理论体系概论	3	40	16	思想道德与法治、中国近现代史纲要	二（春）
	008101101037	习近平新时代中国特色社会主义思想概论	3	40	16	思想道德与法治、中国近现代史纲要	二（春）
	008101202 系列	形势与政策系列课程	2	64			本科四年获得
	008201101025	军事训练	2		64		一（夏）
	008201101027	军事科学概论	2	32			一（秋）
	008201103019	体育Ⅰ（系列课程）	1	4	28		四年开课不断线，修满 4 学分即可
	008201103021	体育Ⅱ（系列课程）	1	4	28		
	008201103023	体育Ⅲ（系列课程）	1	4	28		
	008201103025	体育Ⅳ（系列课程）	1	4	28		
	008301101037	大学英语Ⅲ	2	32	32		四年开课不断线，修满 6 学分即可
	008301101039	大学英语Ⅳ	2	32	32		
	008301101135	大学英语拓展类课程	2/门次	32	32	大学英语Ⅲ	
	008401101055	高等数学Ⅱ1	6	96			一（秋）
	008401101057	高等数学Ⅱ2	5	80		高等数学Ⅱ1	一（春）
	008601101113	大学物理Ⅲ1	3	48		高等数学Ⅱ1	一（春）
	008601101117	大学物理Ⅲ2	3	48		大学物理Ⅲ1	二（秋）
	008601102095	大学物理实验1	1.5		48		一（春）
	008701101147	无机及分析化学	4	64			一（秋）
	008701102149	无机及分析化学实验	1.5		48	无机及分析化学	一（秋）

续表

修课要求	课程代码	课程名称	学分	课时 讲授	课时 实践	先修课程	推荐学期
必修	008701101151	有机化学	4	64		无机及分析化学	一(春)
	008701102153	有机化学实验	1.5		48	无机及分析化学实验	一(春)
	008501101119	Python 程序设计(二选一)	4	48	32		一(春)
	008501101055	C 语言程序设计(二选一)	4	48	32		一(春)

注:"推荐学期" 中一、二、三、四指大学本科学年数(以四年学制计),下同。

2. 通识教育选修课程(最低要求选修 9 学分)

通识教育课按照科学与创新、文学与艺术、哲学与人生、社会与文化、历史与文明五个模块进行设置。本科四年应修读至少两个知识模块共计不少于 9 学分的课程,且不能修读与所在专业课程内容相近的通识课程。

(二)专业教育层面

1. 学科基础课程(最低要求必修 25.5 学分)

修课要求	课程代码	课程名称	学分	课时 讲授	课时 实践	先修课程	推荐学期
必修	073302101223	生命科学导航	1	16			一(秋)
	073302101333	实验室安全	0.5	9			一(秋)
	073102101209	植物生物学	3	48			一(秋)
	073302102231	普通生物学实验Ⅰ	1		32		一(秋)
	073102101213	动物生物学	3	48			一(春)
	073302102233	普通生物学实验Ⅱ	1		32		一(春)
	073102103201	植物生物学实习	1		1周	植物生物学	二(夏)
	073102103203	动物生物学实习	1		1周	动物生物学	二(夏)
	073102101221	微生物学	3	48			二(秋)
	073302102235	普通生物学实验Ⅲ	1		32		二(秋)
	073102101223	生物化学	4	64			二(秋)
	073102102301	生化与分子生物学实验Ⅰ	1		32		二(秋)
	073702201239	分子生物学	3	48		生物化学	二(春)
	073102102303	生化与分子生物学实验Ⅱ	1		32	生化与分子生物学实验Ⅰ	二(春)
	073102102305	生化与分子生物学实验Ⅲ	1		32	生化与分子生物学实验Ⅱ	三(夏)

2. 专业知识课程（最低要求必修27.5学分,选修13.5学分）

修课要求	课程代码	课程名称	学分	课时 讲授	课时 实践	先修课程	推荐学期
必修	073102101225	细胞生物学	3	48		生物化学	二(春)
	073103102301	细胞与遗传实验Ⅰ	2		64	生化与分子生物学实验Ⅰ	二(春)
	073103101259	生物统计学	3.5	48	16	高等数学Ⅱ2	二(春)
	073123201229	生态学	3	48		植物生物学、动物生物学	二(春)
	073102101227	遗传学	3	48		分子生物学	三(秋)
	073103102303	细胞与遗传实验Ⅱ	1		32	细胞与遗传实验Ⅰ	三(秋)
	073103101247	海洋生物学	4	64		植物生物学、动物生物学	三(秋)
	073103102307	海洋生物学实验	2		64	植物生物学、动物生物学	三(秋)
	073703203201	海洋生物学及海洋学实习	1		32	海洋生物学	三(春)
	073103101253	发育生物学	2	32		动物生物学	三(春)
	073103102253	发育生物学实验	1		32	发育生物学	四(夏)
	073302112215	生命科学前沿讲座	1		32		本科四年获得
	073103101317	英语学术论文写作	2	32			三(秋)
选修	073103201311	组织胚胎学	2	32		动物生物学	二(秋)
	073103102255	组织胚胎学实验	1		32	动物生物学	二(秋)
	073113201219	海洋微生物学	2	32		微生物学	二(春)
	073113202219	海洋微生物学实验	1		32	微生物学实验	二(春)
	073113201229	人工智能与大数据分析	2	32			三(秋)
	073703201309	生物海洋学	2	32			三(秋)
	073103201301	结构生物学	2	32		生物化学	三(秋)
	073103201201	合成生物学导论	2	32		生物化学	三(秋)
	073113201231	免疫与病毒	2	32			三(春)
	073103201305	衰老生物学	2	32			二(春)
	073113201207	生物信息学	2.5	32	16	高等数学Ⅱ2、分子生物学	三(春)
	073103201205	系统生物学	2	32			三(春)
	073303201301	表观遗传学	2	32		遗传学	三(春)

续表

修课要求	课程代码	课程名称	学分	讲授	实践	先修课程	推荐学期
选修	073113201209	进化生物学	2	32		植物生物学、动物生物学	三(春)
	073113201205	基因组学	2	32			三(春)
	073113201233	神经生物学	2	32			三(春)
	073103201203	生物物理学	2	32		大学物理Ⅲ 2	三(秋)
	073504201207	海洋生物功能材料	2	32		生物化学	三(春)
	073504102305	海洋生物功能材料综合大实验	1		32	生物化学	三(春)
	073103201313	生命科学前沿与交叉	1.5	24			三(夏)
	073104201303	潜水与海底生物调查	2	16	16	游泳	四(夏)
	073503101323	蛋白质化学与蛋白质组学	2	32		生物化学	四(秋)
	073104201305	海洋生物先天免疫前沿进展	2	32			四(秋)

3. 国际化课程(最低要求 1 学分)

本科四年应修读与生命科学相关的至少 1 门共计不少于 1 学分的国际化课程。

4. 科研技能课程(最低要求 18 学分)

修课要求	课程代码	课程名称	学分	讲授	实践	先修课程	推荐学期
必修	008904103999	创新创业教育	4		128		本科四年获得
	073104101345	科研方法论	2	16	32		三(春)
	073104103301	科研素质培养与训练	2		64		三(两学期)
	4073704103999	毕业论文	10		14 周		四(春)

九、有关说明

1. 创新创业教育学分为非课程学分,其申请和认定按照《中国海洋大学大学生创新创业教育学分认定办法》(海大教字〔2013〕132 号)执行。

2. 本专业劳动教育主要依托思想道德与法治、普通生物学实验Ⅰ、普通生物学实验Ⅱ、普通生物学实验Ⅲ、生化与分子生物学实验Ⅰ、生化与分子生物学实验Ⅱ、生化与分子生物学实验Ⅲ、细胞与遗传实验Ⅰ、细胞与遗传实验Ⅱ、海洋生物学实验、发育生物学实验、毕业论文开展。其中 2 课时来自思想道德与法治,旨在树立学生正确的劳动观念,强化马克思主义劳动价值观、择业观和创业观,培育学生的就业权益和劳动法律意识;2课时来自普通生物学实验Ⅰ、2课时来自普通生物学实验Ⅱ、2课时来自普通生物学实验Ⅲ、2课时来自生化与分子生物学实验Ⅰ、2课时来自生化与分子生物学实验Ⅱ、2课时来自生化与分子生物学实验Ⅲ、2课时来自细胞与遗传实验Ⅰ、2课时来自细胞与遗传实验Ⅱ、2课时来自海洋生物学实验、2课时来自发育生物学实验、10课时来自毕业论文,旨在培养学生创造性解决实际问题的能力,增强诚实劳动意识,提升就业创业能力,树立正确择业观和吃苦耐劳的奋斗精神。

3. 科研素质培养与训练要求学生大三学年跟随感兴趣方向的科研导师,进入实验室,进行科学问题发掘、文献查阅整理、实验技能培训和论文撰写等系统的科研训练,成绩包括科研导师的平常分打分和最终的汇报答辩分。

弘毅学堂人才培养方案

"弘毅"是武汉大学校训,出自《论语》"士不可以不弘毅,任重而道远"一语,意谓抱负远大、坚强刚毅。

弘毅学堂是武汉大学的荣誉学院,是武汉大学参与国家教育体制改革的试点学院、国家"基础学科拔尖学生培养计划""新文科"和"新医科"人才培养计划,实施精英教育、个性化培养、国际化办学的重要基地,是武汉大学培养国家脊梁和领袖人才的教育品牌,也是武汉大学实行跨学院大类招生培养和跨学科融合培养的试验区,亦是学校创建书院式学术生活社区的前哨站。

一、培养目标

致力使学生逐步成长为人文和科学素养深厚、学术思想活跃、国际视野开阔、求是与开拓精神兼备,在中国乃至世界相关领域起引领作用的学者、科学家、思想家、医学家、创新工程师以及经济、政治、法律工作者。

二、人才培养特色

弘毅学堂借鉴世界一流大学拔尖人才培养博雅型教育和研究型学习的理念,依托我校强大的学科优势和高水平的师资队伍,贯彻宽口径、厚基础、强能力的方针,大胆探索,逐步形成了具有显著特色的培养模式,即跨学院大类招生培养以及跨学科融合培养的两个基本范式、博雅与前瞻性的课程体系、"一型二制二化"(研究型、导师制、书院制、个性化、国际化)的系列措施,具体体现在:

跨学院大类招生培养的范式: 根据各学科大类人才培养规律,进校先按文科、理科大类进行培养,一年后学生再根据自己的兴趣和特长,在大类所含专业中进行自由选择,如人文科学中的文学、历史、哲学、国学,理科中的数学、物理、化学、生物、地理科学。

跨学科融合培养的范式: 在一些新兴交叉发展领域,实行跨学科的综合性培养范式,如数理经济与数理金融、政治 – 经济 – 哲学(PPE)、哲学 – 法学 – 经济(PLE)、数字经济、临床医学(八年制)。

博雅与前瞻性的课程体系: 秉承"人文化成"的理念,按照中国的文明与发展、世界的文明与发展两条主线设计开设通识课程,使学生具有较深厚的人文素养和高尚的道德情操。与此同时,根据世界最新科学发展态势设计开设科学前沿、跨学科交叉、创新性实验课程等,使学生始终保持对相关学科的好奇心和探索其规律的使命感。课程体系设置为:博雅通识课程、大类平台课程、专业课程和科研训练课程。

研究型：按照国际一流研究型大学重构本科教育行动纲领，倡导研究型学习模式，一方面在课程教学中通过问题引导、文献阅读、分析讨论，使知识的学习过程成为"是基于导师指导下的主动发现，而不是信息的被动传递"，另一方面在培养方案中设置单独的科研训练学分，设立学生专项科研基金和配套的奖励政策。在学业与学术导师的指导下，鼓励学生一、二年级自主进行力所能及的基础科研实践，三年级后进入导师课题组，参与前沿科研项目。

导师制：以学术交流和人格养成为主线，构建全方位导师体系。一是聘请学术造诣深厚、教学经验丰富、具有国际视野的专家学者担任学科责任教授，负责制定培养方案并对培养过程进行指导；二是聘请责任感强、专业素养高的优秀教师担任学业导师，具体负责学生的课程学习和职业生涯指导；三是聘请高水平专家、教授担任学术导师，为学生提供科学研究、学术规划等方面的指导。另聘请博雅导师，全面负责书院的学术、艺术、体育、劳动等活动开展。

书院制：以学校"梅园"宿舍区为依托，贯彻学术生活社区理念，建立责任教授、学业导师每周"Open Hours"制度，定期开展"师生午餐会""学术下午茶""博雅论坛""周末艺术沙龙"等活动，促进师生间、学生间广泛与深度的交流，营造出良好而和谐的课外学习与生活环境。

个性化：根据学生个人兴趣和特长定制个性化的培养方案，提高学分制的灵活性，允许改变学科（专业）方向，允许课程免修，广泛开展教师与学生一对一的个性化学习指导。

国际化：一方面聘请国际知名大学教师来校讲课、担任学术导师；另一方面通过联合培养、暑期学校、短期考察、游学、科研实习等方式，分期、分批将学生送到国外一流大学学习和交流。积极为学生到国外优秀实验室和科研组学习创造条件，提供其融入国际一流研究群体的机会。

三、培养方案主要内容

培养方案总的精神是与世界一流大学本科教育接轨，以"博雅教育（liberal-art education）"为总原则，具体包括：

（1）真正贯彻"宽口径、厚基础"的方针，探索按学科大类设置课程体系。

（2）切实贯彻博雅教育中通识教育（general education）的理念，对文科学生一定要有自然科学基础知识的学习，对理工科学生一定要有人文社会科学知识的学习。

（3）培养方案在保持学科知识科学规范学习的同时，尊重学生的个性发展，在学分结构和课程设置上力求为学生自主选择课程与专业提供可能，特别为各学科设置了基本准出课程。

（4）考虑到博雅教育和学科大类培养的试验探索性，对培养方案的开放性和可行性予以足够的注意，为课程体系的进一步完善更新留出空间。

1. 人文科学试验班（含文学、历史、哲学、国学）

培养模式：文学、历史、哲学、国学为"1+3"模式，学生进校后按大类培养一年，统一学习通识博雅课程及文、史、哲等大类基础课程,一年后,学生可从文学、历史、哲学、国学方向选择具体专业学习。

2. 理科试验班(含数学、物理、化学、生物、地理)

培养模式:"1+3"模式,第一年不分专业,按大类培养,统一学习通识博雅课程及高等数学、大学物理、化学原理、大学生物学等大类基础课程。一年后,学生可从数学、物理、化学、生物、地理科学方向任意选择具体专业学习。

3. 哲学、法学与经济学试验班(Philosophy–Law–Economics,PLE)

培养模式:"1+3"模式,第一年不分专业,按大类培养,统一学习通识博雅课程和相关大类基础课程。一年后,学生可从哲学、法学、经济学方向选择具体专业学习,分别授予哲学、法学、经济学学士学位。

4. 政治学、经济学与哲学试验班(Philosophy–Politics–Economics,PPE)

培养模式:四年一贯制培养,学生学习完规定的通识博雅课程,哲学、政治学、经济学的核心基础课程,跨学科贯通课程及相应的专业选修课程后,完成学年论文与毕业论文,可获得法学学士学位。

5. 数理经济与数理金融试验班

培养模式:四年一贯制培养,二年级结束后分流为数理经济或数理金融方向,学生修满第一学位规定的学分并符合所有毕业要求,授予经济学学士学位。修满第二学位规定的学分并符合相关毕业要求,可获得理学学士学位。

6. 数字经济试验班

培养模式:四年一贯制培养,学习通识博雅课程和经济学、数据科学等基础课程,学生修满学位规定的学分并符合毕业要求,授予经济学学士学位。

注:高考招生专业名称为数字贸易与金融试验班。

7. 临床医学(八年制)试验班

培养模式:"2.5+5.5,本博贯通和理科与医科融通"模式,前两年半在弘毅学堂进行通识博雅教育,学习人文社会科学和数学、物理、化学、生物基础知识,三年级下学期开始到医学部学习临床医学相关知识,开展临床实践,8年后,达到相关毕业要求,可获医学博士研究生毕业证书、博士学位证书,获国家执业医师资格证。

弘毅学堂 2023 级理科试验班生物方向培养方案（试行）

课程类别		课程名称	学分数			学时数				修读学期	备注	开课学院
			总学分	理论课学分	实践课学分	总学时	理论课学时	实践课学时				
通识教育课程	通识必修课程（必修 6 学分）	人文社科经典导引	2							2	1. 所有学生必须研读人文社科经典导引、自然科学经典导引、中国精神导引。 2. 所有学生必须选修"中华文化与世界文明"和"艺术体验与审美鉴赏"模块课程，其中"艺术体验与审美鉴赏"模块课程至少选修 2 学分。 3. 所有学生必须至少修满 12 学分通识教育课程。	通
		自然科学经典导引	2							1		通
		中国精神导引	2							1/2		通
	通识选修课程（至少选修 6 学分）	中华文化与世界文明模块										通
		科学精神与生命关怀模块										通
		社会科学与现代社会模块										通
		艺术体验与审美鉴赏模块										通
公共基础课程	公共基础必修课程（必修 39 学分）	马克思主义基本原理	3	2.5	0.5	52	40	12	2		公政
		毛泽东思想和中国特色社会主义理论体系概论	3	2.5	0.5	52	40	12	3		公政
		中国近现代史纲要	3	2.5	0.5	52	40	12	2		公政
		思想道德与法治	3	2.5	0.5	52	40	12	1		公政
		习近平新时代中国特色社会主义思想概论	3	3	0	48	48	0	4		公政
		形势与政策	2	2	0	32	32	0	1-4		形
		体育	4	0	4	128	16	112	1-4		体

续表

课程类别		课程名称	学分数			学时数			修读学期	备注	开课学院
			总学分	理论课学分	实践课学分	总学时	理论课学时	实践课学时			
公共基础必修课程（必修39学分）	必修	高级交际英语1/高级交际英语2/西方文化经典选读/英语文本中的中国	8						1—4		大英
		军事理论与技能	4	2	2	200	32	168	1—2		军
		新时代中国特色社会主义劳动教育	2	0.5	1.5	44	8	36	3—4		
		大学生心理健康	2	2	0	32	32	0	1—2（三）	线上课程	
		国家安全教育	1	1	0	16	16	0	1	线上课程	
		"四史"教育模块	1	1	0	16	16	0	1—2	块包括党史、新中国史、改革开放史和社会主义发展史，要求至少选修1门课程	
公共基础课程	必修/选修（数学方向必修10学分，物理方向必修15学分，化生方向必修25学分，地理方向必修28学分）	必修/选修（备注标明必修方向，其他方向选修）									
		高等数学A1	6	6		96	96		1	物化生地方向必修	公数
		高等数学A2	6	6		96	96		2	物化生地方向必修	公数
		线性代数A	3	3		48	48		1	物化生地方向必修	公数
		大学物理A（上）	4	4		64	64		2	数化生地方向必修	公物
		大学物理A（下）	4	4		64	64		3	数化生地方向必修	公物
		大学物理实验	2		2	48		48	3	数化生地方向必修	公物
		概率论与数理统计A	3	3		48	48		3	地理方向必修	公数

续表

课程类别		课程名称	学分数			学时数			修读学期	备注	开课学院
			总学分	理论课学分	实践课学分	总学时	理论课学时	实践课学时			
公共基础课程	公共基础选修课程(任选) 选修	高级英语视听说	2	2		32	32		三1	三1表示第1个三学期	大英
		国际传播高阶英语	2	2		32	32		三1		大英
		英语短篇小说阅读与创意写作	2	2		32	32		三2	三2表示第2个三学期	大英
		英语电影视听说	2	2		32	32		三2		大英
	跨学院公共基础课程(必修5学分) 必修	有机化学A	4	4		64	64		2		化
		物理化学B	3	3		48	48		3		化
		程序设计(B)	3			56	32	24	三1		计中
		大数据分析与处理	2			44	26	18	三1		计中
专业教育课程	专业准出课程 大类平台课程(数学方向必修32学分,物理方向必修25学分,分化生方向必修16学分,地理方向必修12学分) 必修/选修(备注注明必修/选修方向,其他方向选修)	高等代数与解析几何(1)	5	5		96	64	32	1	数学方向必修	数
		数学分析(1)	5	5		96	64	32	1	数学方向必修	数
		高等代数与解析几何(2)	6	6		112	80	32	2	数学方向必修	数
		数学分析(2)	6	6		112	80	32	2	数学方向必修	数
		数学分析(3)	6	6		112	80	32	3	数学方向必修	数
		常微分方程	4	3	1	72	48	24	3	数学方向必修	数
		化学原理(上)	4	4		64	64		1	物化生地方向必修	化
		化学原理实验(上)	2		2	48		48	1	物化生地方向必修	化
		大学生物学	2	2		32	32		1	物化生地方向必修	生
		常微分方程	3	3		48	48		2	物理方向必修	公数
		力学	3	3		48			2	物理方向必修	物

续表

课程类别	课程名称	学分数			学时数			修读学期	备注	开课学院
		总学分	理论课学分	实践课学分	总学时	理论课学时	实践课学时			
大类平台课程(数学32学分,必修/选修(备注标明必修方向,物理方向必修25学分,化生方向必修16学分,地理方向必修12学分)	热学	2	2		32			2	物理方向必修	物
	电磁学	3	3		48			2	物理方向必修	物
	光学	3	3		48			3	物理方向必修	物
	原子物理和原子核物理	3	3		48			3	物理方向必修	物
	化学原理(下)	4	4		64	64		2	化生方向必修	化
	化学原理实验下(1)	2		2	48		48	2	化生方向必修	化
	化学原理实验下(2)	2		2	48		48	2	化生方向必修	化
	地球科学概论	2	1.5	0.5	36	24	12	1	地理方向必修	资
	遥感科学概论	2	1.5	0.5	36	24	12	2	地理方向必修	资
专业教育课程 专业推出课程 专业核心课程(必修20学分,必修/指定选修(指定选修等同必修,为必须修读的课程) 必修(指定选修17学分)	生物化学(上)	2	2		32	32		3		生
	微生物学	3	3		48	48		3		生
	细胞生物学	3	3		48	48		3		生
	生物化学(下)	3	3		48	48		4		生
	遗传学	3	3		48	48		4		生
	分子生物学	3	3		48	48		4		生
	微生物学实验	1.5		1.5	48		48	3		生
	细胞生物学实验	1.5		1.5	48		48	3		生
	生物化学实验	2		2	48		48	4		生
	遗传学实验	1.5		1.5	48		48	4		生

续表

课程类别			课程名称	学分数			学时数			修读学期	备注	开课学院
				总学分	理论课学分	实践课学分	总学时	理论课学时	实践课学时			
专业教育课程	专业核心课程（必修 20 学分，必修／指定选修 17 学分）	必修	分子生物学实验	1.5		1.5	48		48	5		生
			生物学野外综合实习	2	2		48		48	三1	鄱阳湖观鸟＋神农架科学考察	生
			科学研究训练	3	1	2		16	48	6	创新创业训练课程	生
			毕业论文	7		7	168		168	8		生
	专业选修课程（至少选修16学分，可以在弘毅学堂、物理、化学、生物学方向或生物理科学与技术学院、化学与分子科学学院、生命科学院所开设的专业选修课中选择） 学院内选修课程	选修	弘毅研讨课(1/2)	2	2		32	32		1-2	创新创业训练课程	弘
			弘毅研讨课(3/4/5)	3		3	72		72	3-5	创新创业训练课程	弘
			基础生物学实验	2		2	48		48	三1		生
			机器学习及应用	2	2		44	26	18	三2		计中
			专业文献研读	2	2		32	32		三3	三3表示第3个三学期	生
			人类遗传学	2	2		32	32		三3		生
			生命科学与技术新进展	2	2		32	32		3		生
			生理学	3	3		48	48		5		生
			生理学实验	1.5		1.5	48		48	5		生
			动物及人类发育生物学	3	3		48	48		5		生
			免疫学	3	3		48	48		5		生
			植物生理学	2	2		32	32		5		生
			植物生理学实验	1.5		1.5	48		48	5		生
			植物发育生物学	3	3		48	48		5		生

续表

课程类别			课程名称	学分数			学时数			修读学期	备注	开课学院
				总学分	理论课学分	实践课学分	总学时	理论课学时	实践课学时			
专业教育课程	专业选修课程(至少选修16学分,可以在弘毅学堂物理、化学、生物科学、生命科学与分子学院、生物方向或生命科学学院所开设的专业选修课中选择)	学院内选修课程 选修	细胞工程	2	2		32	32		5		生
			生态学	3	3		48	48		5		生
			病毒学	3	3		48	48		5		生
			免疫学实验	1.5		1.5	48		48	6		生
			植物发育生物学实验	2		2	48		48	6		生
			进化生物学	3	3		48	48		6		生
			基因工程	3	3		48	48		6		生
			蛋白质组学	2	2		32	32		6		生
			基因组学	2	2		32	32		6		生
			生物信息学	3	3		48	48		6		生
			动物发育生物学实验	2		2	48		48	6		生
			肿瘤生物学	2	2		32	32		7		生
			神经生物学	2	2		32	32		7		生
	跨学院课程	选修	至少选修6学分									
											通识教育课程:12学分(必修6学分,选修至少6学分);公共基础课程学分:必修69学分(39学分+25学分+跨学院必修5学分);专业教育课程学分:大类平台课程必修16学分、专业核心课程37学分(必修20学分,必修/指定选修17学分),专业选修课程至少选修16学分(含跨学院课程)。指定选修等同必修,为必须修读的课程。实践教学学分:35,占总学分的23.3%(实践教学学时:1262,占总学时的52.6%);选修课程学分:39,占总学分的26%(选修课程学时:624,占总学时的26%)	

毕业要求:1.应取得总学分:150;总学时:2 400。2.按照培养方案修读完各类课程。3.至少修读一次三学期课程。4.修读创新创业教育课程或至少参加一次三学期教学活动。4.修读创新创业教育课程(理论)不低于2学分,创新创业实践学分不低于2学分。

25. 华中科技大学

生物科学专业（贝时璋菁英班）人才培养计划

一、培养目标

培养具有远大志向和宽广的国际视野，优秀的科学素质和良好的沟通表达能力，扎实的理论基础和突出的科研实践能力，坚韧的探索毅力、高尚的道德品质和强烈的社会责任感，有望在将来成为世界生物科学领域领军人物的拔尖人才。

二、基本规格要求

1. 具有热忱的爱国敬业精神、高度的社会责任感和良好的职业道德；
2. 具有宽厚的自然科学基础和理工医交叉的宽广知识背景；
3. 具有深厚的人文素养、健全的心理和强健的体魄，具有国际视野和宏观思维能力；
4. 熟悉生物学科领域前沿动态，具备不断储备专业领域新知的自学能力；
5. 系统掌握生物学科专业核心课程的基本理论、知识和技能；
6. 具有出色的专业英语表达沟通能力和计算机及网络应用能力；
7. 具备优秀的科学精神、科研素质、创新思维、实践能力、持之以恒的学习和探索精神。

三、培养特色

培养具有生物化学、分子生物学、细胞生物学、遗传学等生物学科前沿的厚实基础，理工医交叉的宽广知识背景，敏锐的思维和实践创新能力的拔尖人才。实行华中科技大学生命科学与技术学院与中国科学院生物物理研究所科教协同培养模式，并与本硕博8年贯通培养模式相衔接。

四、主干学科

生物科学。

五、学制与学位

学制：四年。

授予学位：理学学士。

六、学时与学分

完成学业最低课内学分（含课程体系与集中性实践环节）要求：158 学分。其中，学科基础课程、专业核心课程学分不允许用其他课程学分进行学分冲抵和替代。

完成学业最低课外学分要求：5 学分。

1. 课程体系学时与学分

课程类别		课程性质	学时/学分	占课程体系学时比例/%
素质教育通识课程		必修	660/35	21.4
		选修	160/10	5.2
学科基础课程		必修	1064/57.9	34.5
专业课程	专业核心课程	必修	336/17.3	10.9
	专业选修课程	选修	312/22.8	10.1
集中性实践教学环节		必修	30 周/15	17.9
合计			2608+30 周/158	100
其中，总实验（实践）学时			424+30 周	29.4

2. 集中性实践教学环节周数与学分

实践教学环节名称	课程性质	周数/学分	占实践教学环节学时比例/%
军事训练	必修	2/1	6.7
认知实习	必修	2/1	6.7
工程训练（三）（金工实习）	必修	2/1	6.7
工程训练（八）（电工实习）	必修	1/0.5	3.3
专业科技创新训练	必修	4/2	13.3
生物学野外实习	必修	3/1.5	10.0
毕业设计（论文）	必修	16/8	53.3
合计		30/15	100

3. 课外学分

序号	课外活动名称	课外活动和社会实践的要求	课外学分
1	社会实践活动（必选）	思政课社会实践（必修）	2
		安全教育	0.5
		生涯教育（必修，16 学时/1 学分）	1
2	劳动教育（必修）	劳动教育（必修，32 学时/2 学分）	2

续表

序号	课外活动名称	课外活动和社会实践的要求		课外学分
3	英语及计算机考试	全国大学英语六级考试	获六级证书者	2
		托福考试	达 90 分以上者	3
		雅思考试	达 6.5 分以上者	3
		GRE 考试	达 300 分以上者	3
		全国计算机等级考试	获二级以上证书者	2
		全国计算机软件资格、水平考试	获程序员证书者	2
			获高级程序员证书者	3
			获系统分析员证书者	4
4	竞赛	校级	获一等奖者	3
			获二等奖者	2
			获三等奖者	1
		省级	获一等奖者	4
			获二等奖者	3
			获三等奖者	2
	竞赛	国家级	获一等奖者	5
			获二等奖者	4
			获三等奖者	3
		国际级	获一等奖者	6
			获二等奖者	5
			获三等奖者	4
5	论文	具体得分情况由生物科学专业教学指导小组进行评判	在全国性刊物发表论文	每篇论文	2~3
6	参与教师科研课题		视参与科研项目时间与科研能力	提交有关个人参与情况的课题研究报告(指导教师签名)	1~3
7	大学生创新科研课题		视创新情况、成果和参与度	每项	1~3

　　注：参加校体育运动会获第一名、第二名者与校级一等奖等同，获第三名至第五名者与校级二等奖等同，获第六至第八名者与校级三等奖等同。

七、主要课程及创新(创业)课程

1. 主要课程

微积分、线性代数、概率论与数理统计、数据库技术及应用、大学物理、无机及分析化学、有机化学、普通生物学、微生物学、生物化学、遗传学、分子生物学、细胞生物学、神经生物学、解剖与生理学、免疫学、生物统计学、感染与免疫前沿进展、生物信息学、生物化学与生物物理学前沿进展等。

2. 创新(创业)课程

主要有生命科学与技术导论、生命科学与技术实验和认知实习作为创新意识启迪类课程开设,生物物理学概论和生物物理学实验作为创新能力培养类课程开设,专业科技创新训练作为创新实践训练类课程开设。

八、主要实践教学环节(含专业实验)

物理实验、无机及分析化学实验、有机化学实验,普通生物学实验、生物化学实验、分子与细胞生物学实验、发育生物学实验、遗传学实验、微生物学实验、免疫学实验、生物物理技术及实验、神经生物学及实验、生物科学大实验、军事训练、认知实习、生物学野外实习、工程训练(三)、专业科技创新训练、毕业设计(论文)等。

除基本思政课程外,所有专业课程也均将思想政治教育元素贯穿其中,注重科学思维方法的训练和科学伦理的教育,培养学生探索未知、追求真理、勇攀科学高峰的责任感和使命感;寓价值观引导于知识传授和能力培养之中,帮助学生塑造正确的世界观、人生观、价值观。

九、教学进程计划表

课程类别	课程性质	课程代码	课程名称	学时	学分	其中		设置学期
						实验	上机	
素质教育通识课程	必修	MAX0022	思想道德与法治	40	2.5	8(课外)		1
	必修	MAX0072	习近平新时代中国特色社会主义思想概论	48	3			3
	必修	MAX0042	中国近现代史纲要	40	2.5			2
	必修	MAX0013	马克思主义基本原理	40	2.5			3
	必修	MAX0063	毛泽东思想和中国特色社会主义理论体系概论	48	3			4
	必修	MAX0032	形势与政策	48	1.5			2–4

续表

课程类别	课程性质	课程代码	课程名称	学时	学分	其中 实验	其中 上机	设置学期
素质教育通识课程	必修	PHE0002	大学体育（一）	60	1.5			1–2
	必修	PHE0012	大学体育（二）	60	1.5			3–4
	必修	PHE0022	大学体育（三）	24	1			5–6
	必修	NCC0001	计算机与程序设计基础（C++）	48	3		8	1
	必修	SFL0001	综合英语（一）	56	3.5			1
	必修	SFL0011	综合英语（二）	56	3.5			2
	必修	RMWZ0002	军事理论	36	2			1
	必修	CHI0001	中国语文	32	2			2
	必修	NCC0021	数据库技术及应用	32	2		8	4
	选修		从不同的课程模块中修读若干课程，美育类、大学生心理健康课程均不低于2学分，总学分不低于10学分	160	10			2–4
学科基础课程	必修	MAT0001	高等数学（A）（上）	88	5.5			1
	必修	MAT0011	高等数学（A）（下）	88	5.5			2
	必修	MAT0721	线性代数	40	2.5			1
	必修	MAT0591	概率论与数理统计	40	2.5			2
	必修	PHY0511	大学物理（一）	64	4			2
	必修	PHY0521	大学物理（二）	64	4			3
	必修	PHY0551	物理实验（一）	32	1	32		2
	必修	PHY0561	物理实验（二）	24	0.8	24		3
	必修	CHE0741	无机及分析化学	64	4			1
	必修	CHE0751	无机及分析化学实验	32	1	32		1
	必修	CHE0801	有机化学	64	4			2
	必修	CHE0831	有机化学实验	32	1	32		2
	必修	CHE0761	物理化学	32	2			3
	必修	CHE0781	物理化学实验	32	1	32		3
	必修	BIO0621	生命科学与技术导论	24	1.5			1
	必修	BIO0631	生命科学与技术实验	16	0.5	16		1
	必修	BIO0561	普通生物学（上）	40	2.5			3

续表

课程类别	课程性质	课程代码	课程名称	学时	学分	实验	上机	设置学期
学科基础课程	必修	BIO0571	普通生物学（下）	32	2	2（课外）		4
	必修	BIO0601	普通生物学实验（上）	16	0.5	16		3
	必修	BIO0611	普通生物学实验（下）	16	0.5	16		4
	必修	BIO0651	生物化学（一）	48	3			3
	必修	BIO0671	生物化学实验（一）	24	0.8	24		3
	必修	BIO0641	生物化学（二）	40	2.5			4
	必修	BIO0661	生物化学实验（二）	24	0.8	24		4
专业核心课程	必修	BIO0782	细胞生物学	56	3.5			3
	必修	BIO0791	细胞生物学实验	32	1	32		3
	必修	BIO2331	微生物学	48	3			4
	必修	BIO2341	微生物学实验	32	1	32		4
	必修	BIO0521	分子生物学	56	3.5			5
	必修	BIO0531	分子生物学实验	24	0.8	24		5
	必修	BIO0891	遗传学	48	3			5
	必修	BIO0901	遗传学实验	32	1	32		5
	必修	BIO2081	解剖与生理学	64	4			5
	必修	BIO2091	解剖与生理学实验	32	1	32		5
专业选修课程	须从以下课程，或华中科技大学生命科学与技术学院和中国科学院生物物理研究所（自第6学期起，在中国科学院生物物理研究所学习）开设的其他课程中（选择其他课程前须征得教务员的同意）选修不少于22.8学分							
	选修	BIO5231	免疫学（理论课与相应实验课须打包共选）	32	2			4
	选修	BIO5241	免疫学实验	24	0.8	24		4
	选修	BIO0721	生物统计学	32	2			5
	选修	BIO2231	生物信息学	56	3.5		16	4
	选修	BIO5531	文献阅读与论文写作	32	2			5
	选修	BIO5861	生物化学与生物物理学前沿进展	32	2			6
	选修	BIO5871	生物成像与原理技术	32	2			6
	选修	BIO5881	膜生物学	32	2			7
	选修	BIO5201	结构生物学	32	2			7
	选修	BIO5831	表观遗传学	32	2			6

续表

课程类别	课程性质	课程代码	课程名称	学时	学分	其中		设置学期
						实验	上机	
专业选修课程	选修	BIO5891	感染与免疫前沿进展	32	2			6
	选修	BIO5901	模式动物学	32	2			6
	选修	BIO5911	神经生物学及实验	32	2			6
实践环节	必修	RMWZ3511	军事训练	2周	1			1
	必修	BIO3551	认知实习	2周	1			1
	必修	ENG3541	工程训练(三)	2周	1			3
	必修	ENG3571	工程训练(八)	1周	0.5			4
	必修	BIO3611	专业科技创新训练	4周	2			4
	必修	BIO3571	生物学野外实习	3周	1.5			4
	必修	BIO3511	毕业设计(论文)	16周	8			7—8

生物科学专业人才培养方案（2023 级）

国家生物学理科基地班

一、培养目标

本专业旨在培养具有爱国主义精神、高度的社会责任感、知农爱农情怀，德智体美劳全面发展，具备良好的人文和科学素养，系统掌握生物科学基础知识、基本理论和基本技能，了解现代生物学发展前沿和多学科交叉融合趋势，富有创新精神、实践能力和全球胜任力，能在生物科学及相关领域从事科学研究、技术研发、教学及管理工作的创新型人才。具体目标：

目标 1：受到社会主义核心价值体系熏陶，具有正确的世界观，人生观和价值观，爱党爱国，有知农爱农情怀，秉承"勤读力耕，立己达人"校训精神，德智体美劳全面发展。

目标 2：具备良好的人文和科学素养，掌握较为扎实的数学、物理、化学、计算机和信息科学基础。

目标 3：掌握扎实的生物科学的基础知识、基本理论和基本技能，专业知识面宽，受到严格系统的科学研究训练，具备敏锐的观察和批判性思维能力，实践创新能力强，了解现代生物学发展前沿和多学科交叉融合趋势，具有全球胜任力和良好的团队合作精神。

目标 4：面向新时代国家战略需求，具备在生命科学领域从事科学研究、技术研发、教学、管理和指导生产实践等工作的能力。

二、毕业要求

本专业主要学习生物科学领域的基础理论与专业基础知识，注重学生科学素养、创新思维和创新能力的培养，达到下列培养要求：

毕业要求 1：掌握较为丰富的文、史、哲、艺术、管理方面的基础知识，能熟练地运用英语阅读专业期刊和进行文献检索。

毕业要求 2：掌握比较扎实的数学、物理、化学方面的基础理论知识，具有计算机及信息科学方面的基础知识。

毕业要求 3：掌握扎实的生物学基础知识、基本理论，了解现代生物学发展前沿和多学科交叉融合趋势。

毕业要求 4：掌握科学的学习方法，具有主动获取知识的能力，发现、分析和解决问题的能力,以及终身学习的能力。

毕业要求 5 : 具有较强的实验设计、实验结果整理分析、撰写论文和参与学术交流的能力。

毕业要求 6 : 具有综合运用所掌握的理论知识和技能从事生物科学及其相关领域科学研究的能力,具有较强的农业实践和研发能力。

毕业要求 7 : 具有正确的政治方向、较高的思想道德素质和科学文化素质;拥有良好的体魄、心理素质和健全的人格;具有强烈的社会责任感和知农爱农情怀,实践"勤读力耕,立己达人"校训。

毕业要求 8 : 具备良好的专业素质,受到严格系统的专业技能训练,具有在生物科学相关领域从事科学研究、技术研发、教学、管理和指导生产实践等工作的能力。

毕业要求 9 : 具有批判性思维和创新意识,拥有较强的团队协作意识并具备一定的全球胜任力、领导力和引领未来发展的能力。

三、毕业要求与培养目标的对应关系矩阵

	培养目标 1	培养目标 2	培养目标 3	培养目标 4
毕业要求 1	√	√		
毕业要求 2		√		
毕业要求 3			√	
毕业要求 4		√		√
毕业要求 5		√	√	
毕业要求 6			√	√
毕业要求 7	√			
毕业要求 8			√	√
毕业要求 9	√			√

四、学制与授予学位

学制:四年。
授予学位:理学学士。

五、毕业学分要求

151 学分,其中实践教学学分为 38。

六、核心课程

遗传学、生物化学、分子生物学、细胞生物学、生理学。

七、主要实践教学

细胞培养与遗传转化技术、分子克隆技术、科研训练、生物学野外实习、毕业论文设计。

八、课程设置与修读要求

1. 思想政治理论课程≥16 学分

课程代码	课程名称	学分	总学时	讲课学时	实践学时	开课学期	开课单位
314300001006	思想道德与法治	3	48	42	6	2	马院
3143009003	中国近现代史纲要	3	48	42	6	1	6
314300001007	马克思主义基本原理	3	48	42	6	4	马院
314300001008	毛泽东思想和中国特色社会主义理论体系概论	3	48	40	8	3	马院
314300001009	习近平新时代中国特色社会主义思想概论	3	48	40	8	3	马院
3143009104	形势与政策（一）	1	16	16		1—2	马院

2. 公共基础课程≥44 学分

（1）外语类课程 8 学分

1—4 学期修读完成,详见《华中农业大学公共外语教学改革实施方案》。

（2）数理化类课程 31 学分

课程代码	课程名称	学分	总学时	讲课学时	实验学时	开课学期	开课单位
310300001018	微积分 B（1）	4	64	64		1	理学
310300001033	微积分 B（2）	4	64	64		2	理学
310300001024	线性代数 A	3	48	48		2	理学
310300001022	概率论与数理统计 B	3	48	48		3	理学
310300001028	大学物理学 B	4	64	64		3	理学
310300001031	大学物理学实验	1	30		30	3	理学
310300001007	无机及分析化学 A	5	80	80		1	理学
310300001010	无机及分析化学实验 A	2	60		60	1	理学
310300001001	有机化学 A	4	64	64		2	理学
310300001004	有机化学实验 A	1	30		30	2	理学

(3) 信息科技类课程≥2 学分

课程代码	课程名称	学分	总学时	讲课学时	实验学时	开课学期	开课单位
3173009119	Python 语言程序设计	2	40	24	16	1	信息

(4) 工程科技类课程≥1 学分

课程代码	课程名称	学分	总学时	讲课学时	实验学时	开课学期	开课单位
307300007045	工程基础	1	16	16		1	工学

(5) 军事理论 2 学分

课程代码	课程名称	学分	总学时	讲课学时	实验学时	开课学期	开课单位
9093009904	军事理论	2	32	32		1	本科生院

3. 体美劳育课程≥6 学分

(1) 体育类课程≥4 学分

体育类课程实行选修制，一、二年级要求每学期修满 1 个学分，三年级及以上自由选修。

课程结构	选修对象	开课单位
专项 A	一年级学生	体育部
专项 B	一年级学生	体育部
专项 C	二年级学生（普通班）	体育部
专项 D	二年级学生（技能提高班）	体育部
专项 E	三年级及以上学生	体育部

针对病残学生开设运动康复课（Ⅰ、Ⅱ、Ⅲ、Ⅳ），针对高水平运动队员和部分校体育代表队队员开设运动训练课（Ⅰ、Ⅱ、Ⅲ、Ⅳ）。

所有学生每年要求参加《国家学生体质健康标准》测试并达标。

游泳学习包含在体育专项 A 中，体育部定期组织游泳技能考核，所有学生要求在毕业学期之前通过考核。

体育类课程教学详见《华中农业大学体育教学改革实施方案》。

(2) 美育类课程 ≥2 学分

美育类课程由学生自主选择学期修读，要求在毕业前修读完毕。

(3) 劳育类课程（不单独计算学分，≥32 学时）

课程代码	主要依托课程名称	学分	总学时	讲课学时	劳动学时	开课学期	开课学院
304300009017	植物学实验	2	60		4	2	生科
304300009002	微生物学实验	2	60		4	4	生科
3043009203	细胞生物学实验	1	30		4	4	生科
304300009001	生物化学实验	2	60		4	3	生科
304300009016	遗传学实验	1	30		4	3	生科
3043009414	分子克隆技术	2	60		4	6	生科
3043009901	生物学野外综合实习	2	60		8	4	生科

说明：植物学实验、遗传学实验包含劳动理论学时 4 个学时，劳动实践学时 4 个学时，微生物学实验、细胞生物学实验、生物化学实验、分子克隆技术及生物学野外综合实习包含劳动实践学时 24 个学时。

4. 通识课程 ≥8 学分

课程代码	课程名称	学分	总学时	讲课学时	劳动学时	开课学期	开课学院
3113009824	写作与沟通	1	16	16		1/2	文法
202300006005	大学生心理发展与指导	1	16	16		2	本科生院
9093009774	大学生创新创业基础	1	16	16		1	本科生院

"写作与沟通"由学生自主选择学期修读，"大学生心理发展与指导""大学生创新创业基础"在指定学期修读，上述 3 门课均要在大一学年修读完毕。

其他课程由学生自主选择并在毕业前修读完毕。

5. 学科专业类课程≥57 学分

（1）学科专业平台课程≥13 学分

课程代码	课程名称	学分	总学时	讲课学时	实验学时	开课学期	开课学院
3043009801	生命科学导论	1	16	16		1	生科
3043009101	植物学	2	32	32		2	生科
304300009017	植物学实验	2	60		60	2	生科
308300007016	动物学	2	32	32		2	水产
3083009102	动物学实验	1	30		30	2	水产
3043009521	微生物学	3	48	48		4	水产
304300009002	微生物学实验	2	60		60	4	生科

（2）专业核心课程 20～21 学分

课程代码	课程名称	学分	总学时	讲课学时	实验学时	开课学期	开课学院
3043009201	细胞生物学 A	3	48	48		4	生科
3043009203	细胞生物学实验	1	30		30	4	生科
304300007001	生物化学	4	64	64		3	生科
304300009001	生物化学实验	2	60		60	3	生科
3043009227	遗传学 A	4	64	64		3	生科
304300009016	遗传学实验	1	30		30	3	生科
3043009401	分子生物学	3	48	48		4	生科

以下课程二选一

课程代码	课程名称	学分	总学时	讲课学时	实验学时	开课学期	开课学院
304300007025	植物生理学	2	32	32		5	生科
3083009110	动物生理学	3	48	48		5	水产

（3）专业选修课程 ≥22 学分

A 组以下课程选修学分≥7 分

课程代码	课程名称	学分	总学时	讲课学时	实验学时	开课学期	开课学院
3043009404	分子细胞生物学	3	48	48		5	生科
3043009219	发育生物学	3	48	48		6	生科
3043009212	生物统计学	2	32	32		4	生科
3033009339	生态学	2	32	32		4	资环

B 组以下课程自由选修≥15 学分

课程代码	课程名称	学分	总学时	讲课学时	实验学时	开课学期	开课学院
304300009014	生物学基础实验技术	1	30	0	30	1	生科
3043009234	演化生物学	2	32	32		4	生科
3023009305	病毒学	2	32	32		5	动科
302300009029	病毒学实验	1	30		30	5	动科
3043009511	生物物理学	2	32	32		5	生科
304300007004	生物信息学	2	32	32		6	生科
3043009621	免疫学	2	32	32		5	生科
304300009010	免疫学实验	1	30		30	5	生科

续表

课程代码	课程名称	学分	总学时	讲课学时	实验学时	开课学期	开课学院
3043009512	化学生物学	2	32	32		6	生科
3043009207	数量遗传学	2	32	32		5	生科
3043009301	生物药物学	2	32	32		6	生科
3043009407	基因组学	2	32	32		6	生科
3043009218	结构生物学	2	32	32		5	生科
3043009224	群体遗传学导论	2	32	32		5	生科
304300007026	表观遗传学	1	16	16		6	生科
304300007008	神经生物学	2	32	32		5	生科
304300007007	合成生物学	2	32	32		6	生科
304300009018	植物显微技术	2	60		60	4	生科
3043009230	基因工程	2	32	32		5	生科
3043009402	基因操作原理	3	48	48		6	生科
304300007003	蛋白质与酶工程	2	32	32		5	生科
304300009015	蛋白质与酶工程实验	1	30		30	5	生科
304300007027	现代农业概论	1	16	16		6	生科
3043009231	细胞工程 A	2	32	32		5	生科

说明: 全校范围内自主选择修读专业外课程不少于 4 学分。

（4）国际课程（项目）≥2 学分

课程代码	课程（项目）名称	学分	总学时	讲课学时	实验学时	开课学期	开课学院
3043009425	生态学专题（全英文）	1	16	16		5	生科
304300007023	人类疾病的动物模型	1	16	16		6	生科
3043009919	微生物学中的生物技术的应用	2	32	32		6	本科生院

说明: 可通过修读学院开设的国际课程、学校开设的暑期课程获取学分，也可通过国外游学实践、参加国际竞赛、国际组织实习等多种形式予以认定获取学分。

6. 实践教学环节 ≥20 学分

体系	课程代码	课程名称/实践内容	学分	学时	周数	开课学期	开课单位	备注
公共实践	9093009905	军事技能	2		2	1	本科生院	
	9093009906	创新创业实践	1			1—7	本科生院	

续表

体系	课程代码	课程名称 / 实践内容	学分	学时	周数	开课学期	开课单位	备注
公共实践	202300008001	大学生心理素质拓展	1	30		2	本科生院	
	3143009105	形势与政策（二）	1	30		3—8	马院	
	9093009903	社会实践	1		2	4	团委	
	110300008001	志愿服务	1	30		1—7	团委	
	110300008002	美育实践	1			1—7	团委	
专业实践	3043009910	毕业论文	6		12	6—8	生科	必修
	3043009213	细胞培养与遗传转化技术	1		30H	7	生科	必修
	3043009414	分子克隆技术	2		48H	6	生科	必修
	3043009901	生物学野外综合实习	2		4	4		必修，暑假
	3043009223	科技论文写作	1		16H	7	生科	必修
	3043009906	学术报告	1			4		选修，须参加 8 次以上学术报告
	3043009905	现代生物学技术	1			6		选修
	3043009908	科研训练	2		3 ~ 6			选修

注：1. 创新创业实践包括：参与创新创业赛事、创新创业项目等，取得学术研究或实践创新成果；修读"双百案例"课程、创新性实验教学项目、虚拟仿真实验教学项目等。

2. 美育实践学分计算方法按照每 16 小时记 1 学分的总体标准进行记录，不设上限，不能冲抵其他学分，由团委负责学分认定。具体认定办法详见《华中农业大学本科生美育实践学分认定办法》（本科生院〔2021〕6 号）。

九、课程设置与毕业要求的对应关系矩阵

序号	课程名称	毕业要求								
		1	2	3	4	5	6	7	8	9
1	生命科学导论			H			L	L	M	M
2	微积分 B（1）		H		L		M			
3	微积分 B（2）		H		L		M			
4	无机及分析化学 A		H		L					
5	无机及分析化学实验 A		H		L	M	M			
6	思想道德与法治							H		M
7	中国近现代史纲要							H		M
8	Python 语言程序设计		H		M	M	L		M	

续表

序号	课程名称	毕业要求								
		1	2	3	4	5	6	7	8	9
9	军事理论							H		M
10	形势与政策（一）							H		M
11	劳育课程							H		M
12	植物学			H	L	M	M		H	L
13	植物学实验			H	L	H	M		H	L
14	动物学			H	L	M	M		H	L
15	动物学实验			H	L	H	M		H	L
16	线性代数 A		H		L		M			
17	有机化学 A		H		L		M			
18	有机化学实验 A		H		L	M	M			
19	遗传学 A			H		L		M		
20	遗传学实验			H	L	M	M		H	L
21	体育专项			H	L	H	M		H	L
22	细胞生物学 A			H	L	M	M		H	L
23	细胞生物学实验			H	L	H	M		H	L
24	生物化学			H	L	M	M		H	L
25	生物化学实验			H	L	H	M		H	L
26	概率论与数理统计 B			H		L		M		
27	大学物理学 B		H		L		M			
28	大学物理学实验		H		L	M	M			
29	分子生物学			H	L	M	M		H	L
30	微生物学			H	L	M	M		H	L
31	微生物学实验			H	L	H	M		H	L
32	马克思主义基本原理							H		M
33	植物生理学			H	L	M	M		H	L
34	动物生理学			H	L	M	M		H	L
35	生物统计			H	L	H	M		H	L
36	演化生物学			H	L	M	M		H	L
37	社会实践	M						M		L
38	细胞工程 A									

续表

序号	课程名称	毕业要求								
		1	2	3	4	5	6	7	8	9
39	细胞培养与遗传转化技术			H	L	H	M		H	L
40	免疫学			H	L	M	M		H	L
41	免疫学实验			H	L	H	M		H	L
42	分子细胞生物学			H	L	M	M		H	M
43	群体遗传学			H	L	M	M		H	M
44	神经生物学			H	L	M	M		H	M
45	毛泽东思想和中国特色社会主义理论体系概论							H		M
46	习近平新时代中国特色社会主义思想概论							H		M
47	基因操作原理			H	L	M	M		H	L
48	分子克隆技术			H	L	M	H		H	L
49	基因工程			H	L	M	M		H	L
50	发育生物学			H	L	M	M		H	L
51	生物信息学		M	H	L	M	H		H	L
52	毕业论文	M	M	H	H	H	H		H	H
53	科技论文写作与规范	H		L	M	H	L			M
54	病毒学			H	L	H	M		H	L
55	病毒学实验			H	L	H	M		H	L
56	生物药物学			H	L	M	M		H	L
57	基因组学			H	L	H	M		H	L
58	结构生物学			H	L	H	M		H	L
59	表观遗传学			H	L	H	M		H	L
60	生物物理学			H	L	H	M		H	L
61	蛋白质与酶工程			H	L	H	M		H	L
62	蛋白质与酶工程实验			H	L	H	M		H	L
63	植物显微镜技术			H	L	H	M		H	L
64	作物栽培学 B			H	L	H	M	L	H	L
65	现代农业生物概论			L			M	H		

备注:H 表示支撑程度高,M 表示支撑程度中,L 表示支撑程度低,空白表示无支撑

说明:"学术道德规范教育"(8 学时)安排在"科技论文写作与规范"中。

狮山英才班

一、培养目标

面向世界生命科学前沿、面向生物种业国家重大需求、面向人民生命健康,培养具有强烈的家国情怀、深厚的人文底蕴、扎实的自然科学基础、理农医多学科交叉融合的拔尖创新人才,培养成为未来生命科学领域的顶尖科学家和领军人才。

二、毕业要求

1. 具有正确的世界观、人生观、价值观,爱党、爱国、爱社会主义,积极践行 "勤读力耕、立己达人" 的校训精神。

2. 拥有健康的体魄、健全的人格和良好的心理素质。

3. 掌握丰富的文学、历史、哲学、艺术等方面的基础知识,具有的良好人文素养。

4. 具有良好的英语水平,能够熟练地阅读英语文献、撰写英文论文、进行英文演讲。

5. 掌握扎实的数学、物理、化学、计算机科学、生物学的基础知识和技能。

6. 受到系统的科研训练,全面、熟练地掌握生命科学的研究方法和技术。

7. 具有批判性思维、创新性思维,遵守学术规范和学术伦理。

8. 具有独立开展科学研究的能力,能够提出重要的科学问题,设计和完成实验,撰写科研论文。

9. 具有良好的科研水平,能够发表高水平科研论文或者做出其他创新性成果。

三、学制与学位

修满 140 学分。

实行弹性学制,最短 8 年,最长不超过 10 年;授予理学博士学位。

四、培养模式

依托国家重点实验室、湖北洪山实验室等科研平台和 "狮山书院",实行本博贯通的线性化培养模式。择优录取学生,实行动态管理。实施 "书院制、导师制、学分制" 的管理模式和 "个性化、小班化、国际化" 的教学模式。配备一流师资,提供一流环境,加强科研训练,着力培养学生的科研创新能力和全球胜任力。

五、培养环节

1. 第1—7学期:修读相关课程,至少选择2个实验室进行轮转(每个实验室轮转时间至少3个月),第6学期前确定科研导师,第8学期前完成科研训练项目。
2. 第8学期:进行博士生资格考试。
3. 第9学期:进入博士生培养阶段。
4. 第13学期:进行中期检查。
5. 第16学期:进行毕业答辩。

六、课程设置与修读要求

(一)公共基础课(≥70学分)

课程名称	课程代码	学分	总学时	讲课学时	实践学时	开课学期	开课单位
3143009003	中国近现代史纲要	3	48			1	马院
314300001006	思想道德与法治	3	48			2	马院
314300001008	毛泽东思想和中国特色社会主义理论体系概论	3	80			3	马院
314300001009	习近平新时代中国特色社会主义思想概论	3	48			3	马院
314300001007	马克思主义基本原理	3	48			4	马院
3143009104	形势与政策(一)	1	16			1—2	马院
3143009105	形势与政策(二)	1	30			3—8	马院
314110001001	中国马克思主义与当代	2	32	32		7	马院
9093009904	军事理论	2	32	32		1	本科生院
9093009905	军事技能	2	60		60	1	本科生院
310300007054	高等数学Ⅰ	5	80	80		1	理学
310300007052	高等数学Ⅱ	5	80	80		2	理学
310300007056	数学建模	2	32	32		3	理学
310300007055	大学物理	5	80	80		3	理学
310300001031	大学物理实验	1	30		30	3	理学
310300007053	高等化学Ⅰ	5	80	80		1	理学

续表

课程名称	课程代码	学分	总学时	讲课学时	实践学时	开课学期	开课单位
310300009015	高等化学实验Ⅰ	1	30		30	1	理学
310300007051	高等化学Ⅱ	5	80	80		2	理学
310300009014	高等化学实验Ⅱ	1	30		30	2	理学
3173009119	Python 语言程序设计	2	40	24	16	1	信息
317300007087	计算方法与思维	3	48	48		5	信息
3123009081	高阶英语(一)	4	64	64		1	外语
3123009082	高阶英语(二)	4	64	64		2	外语
	体育专项	4				1—4	体育课部

备注:思想政治课采用理论与实践相结合的授课方式,理论课注重讨论;英语课突出听说读写能力,要求毕业前达到雅思6分以上(已经达到的可以申请免修,但不能免考);数理化信按照课内学时和课外学时1∶2的比例进行;长跑和游泳通过考核即可获得学分;依托"狮山书院"开展美育和劳育,主要以第二课堂形式开展。

(二) 通识课(≥8 学分)

课程代码	课程名称	学分	总学时	讲课学时	实践学时	开课学期	开课单位
311300006004	世界文明史专题	2	32	32		2	文法
311300006003	哲学智慧与科学思维	2	32	32		4	文法
311300006002	文学与文化	2	32	32		1	文法
311300006001	艺术与审美	2	32	32		3	文法

备注:采用理论与实践相结合的授课方式,理论课注重讨论。

(三) 专业必修课(≥37 学分)

课程代码	课程名称	学分	总学时	讲课学时	实践学时	开课学期	开课单位
3043009801	生命科学导论	1	16	16		1	生科
3043009110	基础生物学	5	80	80		2	生科
304300009011	基础生物学实验	2	60		60	2	生科
3043009227	遗传学 A	4	64	64		3	生科
3043009214	生物化学	5	80	80		3	生科
3043009201	细胞生物学 A	3	48	48		4	生科

续表

课程代码	课程名称	学分	总学时	讲课学时	实践学时	开课学期	开课单位
3043009401	分子生物学	3	48	48		4	生科
304300009013	生物学综合实验	4	120		120	1—5	生科
304300007034	生命科学前沿	2	32	32		6	生科
304300007033	科学素养与学术规范	1	16	16		5	生科
304300007032	英文科技论文写作	1	16	16		5	生科
3043009916	文献研读	2	32	32		5	生科
304300008003	科研训练	4	120		120	1—7	生科

(四)专业选修课(≥24学分)

A. 生物前沿交叉方向

课程代码	课程名称	学分	总学时	讲课学时	实践学时	开课学期	开课单位
304300007007	合成生物学	2	32	32		春季	生科
3043009404	分子细胞生物学	3	48	48		秋季	生科
3043009402	基因操作原理	3	48	48		春季	生科
3043009407	基因组学	2	32	32		春季	生科
3173009067	人工智能	2	32	32		秋季	信息

B. 生物医学与健康方向

课程代码	课程名称	学分	总学时	讲课学时	实践学时	开课学期	开课单位
304300007031	生物医学科学导论	2	32	32		春季	生科
304300007020	人体病理生理学	2	32	32		春季	生科
304300007030	医学免疫学	2	32	32		秋季	生科
304300007029	癌症生物学	2	32	32		秋季	生科
304300007028	营养流行病学	2	32	32		春季	生科

C. 生物种业方向

课程代码	课程名称	学分	总学时	讲课学时	实践学时	开课学期	开课单位
304300007025	植物生理学	2	32	32		秋季	生科
3083009110	动物生理学	3	48	48		秋季	生科
3043009224	群体遗传学	2	32	32		秋季	生科

续表

课程代码	课程名称	学分	总学时	讲课学时	实践学时	开课学期	开课单位
304300007016	细胞工程	2	32	32		秋季	生科
3043009230	基因工程	2	32	32		春季	生科

备注:学生在导师的指导下选修学校认定的国内外相关课程。

(五) 必修环节

环节名称	完成学期	基本要求	备注
社会调查与劳动实践	1—6	参与社会实践、企业实践、农业实践,至少2个月	撰写实践报告,并进行口头汇报
国内外访学	毕业前	在国内外著名科研机构和高等学校访学至少3个月	撰写访学报告,并进行口头汇报
科研训练	1—7	以第一责任人申请各类学生科研项目或获得学科竞赛奖励,具体要求参照《狮山英才班科研训练管理办法》	通过考核可获得4学分
博士生资格考试	8	分笔试和口试两部分,笔试撰写开题报告,口试开题报告论证。笔试成绩达60分及以上者方可参加口试	
中期检查	13	报告自开题以来围绕学位论文研究所做的工作、取得的初步成果、下一步的工作安排,并要对课程学习情况及预计毕业时间进行说明	
毕业答辩	16	申请学位论文答辩的成果条件按照生命科学技术学院学位评定分委员会的有关规定执行	

备注:第二课堂将通过狮山书院开展,每人每年须参加不少于8场书院系列活动。

27. 中南大学

生物科学专业人才培养方案（2023级）

一、专业简介

我校2002年获批建立"国家生命科学与技术人才培养基地"，2008年入选"国家人才培养模式创新实验区"，2016年与中国科学院武汉病毒研究所联合创建生物科学"汤飞凡菁英班"，2017年与英国邓迪大学联合开设生物科学（2+2）中英班，2019年入选国家一流本科专业建设点。2020年入选国家首批强基计划招生专业。2021年入选教育部基础学科拔尖学生培养计划2.0基地。

二、培养目标

基地坚持立德树人、大师引领、个性化发展、学科交叉、科教协同、国际化办学的精英教育理念，致力于培养勇于创新报国，医学背景突出，系统掌握生命全周期生物学基础理论与技能以及前沿进展，富有创新意识和实践能力，在生物医学等理医工多学科交叉领域承担基础性、前沿性科学探索与创新实践重任，引领新医科发展的国际化、复合型拔尖人才。

三、毕业要求

1. 知识要求

① 工具性知识：能熟练地运用外语阅读专业期刊和进行文献检索，有良好的外语交流和科技写作能力。

② 人文社会科学知识：具有文学、历史、哲学、社会学、管理学、艺术、法学、心理学等方面的通识性知识。

③ 自然科学知识：掌握比较扎实的数学、物理和化学方面的基础理论及知识，同时具有良好的计算机及信息科学等方面的基础知识。

④ 专业知识：掌握扎实全面的生物科学基础理论、基本知识和基本技能，受到系统的专业理论和专业技能训练以及良好的科研训练。

2. 能力要求

① 获取知识的能力：具有良好的自学习惯和能力、良好的表达交流能力、较好的计算机及信息技术应用能力。

② 应用知识能力：具有综合运用所掌握的理论知识和技能从事生物科学及其相关领域

科学研究的能力。

③ 创新能力:富有创新意识,具有很强的创新思维能力和实践能力。

3. 素质要求

① 具备较高的思想道德素质:包括正确的政治方向,遵纪守法、诚信为人,有较强的团队意识和健全的人格。

② 具备较高的文化素质:掌握一定的人文社科基础知识,具有较好的人文修养;具有国际化视野和现代意识以及健康的人际交往意识。

③ 具备优良的专业素质:受到严格的科学思维训练,掌握扎实的生物科学基础理论和研究方法,富有创新意识和精神,国际视野宽阔。

④ 具备优良的身心素质:包括健康的体魄、良好的心理素质和生活习惯。

四、毕业条件及授予学士学位条件

达到学校对本科毕业生提出的德、智、体、美、劳等方面的要求,完成培养方案课程体系中各教学环节的学习,最低修满 160 学分,毕业设计(论文)答辩合格,方可准予毕业。符合中南大学学士学位授予条件,可授予学士学位。

课程模块类别		必修课		选修课		合计		占总学分比例	占总学时比例
		学分	学时/周	学分	学时/周	学分	学时/周		
理论教学	课堂讲授	74	1 242+0	19.5	304+0	93.5	1 546+0	58.44%	51.43%
	课内实践	8	144+3	0	0+0	8	144+3	5%	6.39%
	合计	82	1 386+3	19.5	304+0	101.5	1 690+3	63.44%	57.82%
实践教学	集中实践环节	28.5	32+30	8	0+8	36.5	32+38	22.81%	21.29%
	单独设课实验课	18	564+0	0	0+0	18	564+0	11.25%	18.76%
	课外研学	1	16+0	3	48+0	4	64+0	2.5%	2.13%
	合计	47.5	612+30	11	48+8	58.5	660+38	36.56%	42.18%
总计		129.5	1 998+33	30.5	352+8	160	2 350+41	100%	100%

五、学制与学位

标准学制:4 年,学习年限 3~6 年。

授予学位:理学学士。

六、专业核心课程

普通生物学、微生物学、生物化学、分子生物学、细胞生物学、细胞遗传学、生态学。

七、课程体系

课程类别		课程编号	课程名称	课程属性	学分	总学时(周)	开课学期	学分要求
通识教育课程	思政类	210103T10	思想道德与法治	必修	3	48	1	专业确定
		210104T10	大学生心理健康教育	必修	2	32	2	
		210202T10	中国近现代史纲要	必修	3	48	2	
		210302T10	马克思主义基本原理	必修	3	48	3	
		210402T10	毛泽东思想和中国特色社会主义理论体系概论	必修	3	48	4	
		210502T10	形势与政策	必修	2	64	1,2,3,4,5,6,7,8	
		210601T10	习近平新时代中国特色社会主义思想概论	必修	3	48	5	
	军体类	410004T11	军事技能	必修	2	3 周	1	必修 8.5 学分
		410005T10	军事理论	必修	2	36	2	
		660003T10	体育(一)	必修	1	36	1	
		660003T20	体育(二)	必修	1	36	2	
		660003T30	体育(三)	必修	1	36	3	
		660003T40	体育(四)	必修	1	36	4	
		660004T11	体育课外测试(一)	必修	0.2	3	5	
		660004T21	体育课外测试(二)	必修	0.2	3	6	
		660004T31	体育课外测试(三)	必修	0.1	2	7	
	外语类	180533T10	高级英语(一)	选修	2	32	2	专业确定
		180537T10	高级英语读写 A	选修	2	32	3	
		180538T10	高级英语听说 A	选修	2	32	3	
		180539T11	高级英语实践	选修	1	32	3	
		180540T10	高级英语口语与写作	选修	2	32	3	
		180545T10	大学英语	必修	4	64	1	
		180546T10	综合英语	选修	2	32	2	
	信息技术类	950612T10	大学计算机基础 B	必修	3	64	2	
	创新创业课	430601G10	创新创业导论	必修	2	32	5	

续表

课程类别		课程编号	课程名称	课程属性	学分	总学时(周)	开课学期	学分要求
公共基础课		130720X10	高等数学 C2	必修	5	80	1	必修 5 学分
集中实践环节		410003T11	毕业教育	必修	0	1 周	8	专业确定
学科教育课程	学科基础课	140203X11	医用物理实验	必修	1.5	40	2	必修 1 学分
		150406X10	基础化学 A	必修	3.5	56	1	
		150407X11	基础化学实验 A	必修	1.5	48	1	
		150606X10	有机化学 C	必修	3.5	56	2	
		150607X11	有机化学实验 C	必修	1.5	48	2	
		280001X10	新生课	必修	1	16	1	
		450309X10	信息检索 C	选修	1	16	3	
	公共基础课	140104X10	医用物理学	必修	4.5	72	1	
专业教育课程	专业核心课	280101Z10	细胞生物学 A	必修	4	64	2	专业确定
		280101Z11	普通生物学实验	必修	2	64	3	
		280123Z10	生态学	必修	2	32	5	
		280135Z10	普通生物学	必修	4	64	3	
		280213Z10	微生物学 A	必修	1.5	24	3	
		280217Z10	生物化学 D1	必修	2.5	40	3	
		280218Z11	生物化学实验 D1	必修	1	32	3	
		280219Z10	生物化学 D2	必修	3.5	56	4	
		280220Z11	生物化学实验 D2	必修	1	32	4	
		280301Z10	分子生物学 A	必修	3	48	4	
		280302Z11	分子生物学实验 A	必修	1.5	48	4	
		280406Z10	细胞遗传学	必修	2	28	4	
	专业课	280112Z10	细胞免疫治疗	选修	1	16	6	
		280114Z10	细胞生物学实验 A	必修	2	64	2	
		280124Z11	生态学实验	必修	1	32	5	
		280125Z10	进化论	选修	1	16	5	
		280132Z10	发育生物学	必修	4	64	6	
		280134Z10	实验动物学	选修	1	16	5	
		280208Z10	生物化学技术原理及应用	选修	1	16	4	
		280210Z10	蛋白质组学	选修	1	16	6	

续表

课程类别		课程编号	课程名称	课程属性	学分	总学时(周)	开课学期	学分要求
专业教育课程	专业课	280214Z11	微生物学实验 A	必修	1	32	3	专业确定
		280307Z10	现代分子生物学专题讲座	选修	1	16	6	
		280405X10	医学遗传学研究进展 B	选修	1	16	6	
		280407Z10	生命科学兴趣培养与未来职业规划	选修	1	16	4	
		280407Z11	细胞遗传学实验	必修	1	28	4	
		280408Z10	人类与医学遗传学	必修	2	32	6	
		280410Z11	人类与医学遗传学实验	必修	3	96	6	
		450320Z10	生物信息学概论 A	选修	3	64	4	
		450345Z10	基因组学	选修	3	48	4	
	专业选修课	230102Z10	系统解剖学 B	选修	3	68	5	
		230302Z10	生理学 B	选修	3.5	56	5	
		230603Z10	医学免疫学 C	选修	2	36	4	
		280133Z11	发育生物学实验	必修	1	32	6	
		280310G10	分子医学创新思维与应用	选修	2	32	5	
		280410X10	遗传学技术原理与应用	选修	1	16	4	
	集中实践环节	280005Z11	专业实习	必修	8	8 周	7	
		280007Z10	毕业论文	必修	12	16 周	8	
		280007Z11	国际交流项目	选修	8	12 周	7	
		280109Z11	细胞生物学综合技能训练	选修	8	8 周	7	
		280126Z11	野外实习	必修	2	2 周	4	
		280209Z11	生物化学综合技能训练	选修	8	8 周	7	
		280313Z11	分子生物学综合技能训练	选修	8	8 周	7	
		280314Z11	科研训练	必修	4	4 周	1,2,3,4	
		280411Z11	遗传学综合技能训练	选修	8	8 周	7	
		450321Z11	生物信息学综合技能实训	选修	8	8 周	7	
	其他	280110Z10	生物医学材料	选修	1	16	6	
通识教育课程	文化素质类学分	通识教育课程体系中文化素质类选修不少于 6 学分,每个学生须修读 4 学分其他学科门类课程和 2 个学分的艺术类课程。						6

续表

课程类别	课程编号	课程名称	课程属性	学分	总学时(周)	开课学期	学分要求
课外研学	课外学分	课外研学模块选修不少于4学分,其中须修读"实验室技术安全与环境保护知识学习培训与考核"课程1学分,创新创业实践2学分(含创新创业项目、科研训练、学科竞赛和创新创业比赛、创新创业实践调研、创新创业国际研习、论文成果、专利和著作权、自主创业等)及其他课外研学内容(开放性实验、社会实践、素质修养、本研衔接等)。					4

(1) 通识教育课程体系中文化素质类选修不少于6学分,每个学生须修读4学分其他学科门类课程和2个学分的艺术类课程。

(2) 课外研学模块选修不少于4学分,其中须修读"实验室技术安全与环境保护知识学习培训与考核"课程1学分,创新创业实践2学分(含创新创业项目、科研训练、学科竞赛和创新创业比赛、创新创业实践调研、创新创业国际研习、论文成果、专利和著作权、自主创业等)及其他课外研学内容(开放性实验、社会实践、素质修养、本研衔接等)。

八、教学进程安排

课程编号	课程名称	课程属性	学分	总学时(周)	学时分配		备注
					讲课(含研讨)	实践	
210103T10	思想道德与法治	必修	3	48		16	
210502T10	形势与政策	必修	0	64	4	4	
410004T11	军事技能	必修	2	3周	0周	3周	
660003T10	体育(一)	必修	1	36		4	
180545T10	大学英语	必修	4	64		0	
150406X10	基础化学A	必修	3.5	56	56	0	
150407X11	基础化学实验A	必修	1.5	48	0	48	
280001X10	新生课	必修	1	16	16		
130720X10	高等数学C2	必修	5	80	80	0	
140104X10	医用物理学	必修	4.5	72	72	0	
280314Z11	科研训练	必修	0	4周	0周	4周	
第1学期建议最低修读25.5学分,必修25.5学分,选修0学分							
210104T10	大学生心理健康教育	必修	2	32		16	
210202T10	中国近现代史纲要	必修	3	48	32	16	
210502T10	形势与政策	必修	0	64	4	4	
410005T10	军事理论	必修	2	36	32	4	
660003T20	体育(二)	必修	1	36		4	

续表

课程编号	课程名称	课程属性	学分	总学时(周)	学时分配 讲课(含研讨)	实践	备注
180533T10	高级英语(一)	选修	2	32	32	0	第一学年通过英语四级的学生, 选修高级英语(一)
180546T10	综合英语	选修	2	32		0	第一学年未通过大学英语四级的学生第三学期限定选修大学英语(三)
950612T10	大学计算机基础 B	必修	3	64	32	32	
140203X11	医用物理实验	必修	1.5	40	0	40	
150606X10	有机化学 C	必修	3.5	56	56	0	
150607X11	有机化学实验 C	必修	1.5	48	0	48	
280101Z10	细胞生物学 A	必修	4	64	64	0	
280114Z10	细胞生物学实验 A	必修	2	64	0	64	
280314Z11	科研训练	必修	0	4 周	0 周	4 周	
第 2 学期建议最低修读 23.5 学分,必修 21.5 学分,选修 2.0 学分							
210302T10	马克思主义基本原理	必修	3	48	32	16	
210502T10	形势与政策	必修	0	64	4	4	
660003T30	体育(三)	必修	1	36		4	
180537T10	高级英语读写 A	选修	2	32	32	0	
180538T10	高级英语听说 A	选修	2	32	32	0	
180539T11	高级英语实践	选修	1	32	0	32	
180540T10	高级英语口语与写作	选修	2	32	32	0	
450309X10	信息检索 C	选修	1	16	16	0	
280101Z11	普通生物学实验	必修	2	64	0	64	
280135Z10	普通生物学	必修	4	64	64	0	
280213Z10	微生物学 A	必修	1.5	24	24	0	
280217Z10	生物化学 D1	必修	2.5	40	40	0	
280218Z11	生物化学实验 D1	必修	1	32	0	32	
280214Z11	微生物学实验 A	必修	1	32	0	32	
280314Z11	科研训练	必修	0	4 周	0 周	4 周	
第 3 学期建议最低修读 18.0 学分,必修 16.0 学分,选修 2.0 学分							

续表

课程编号	课程名称	课程属性	学分	总学时（周）	讲课（含研讨）	实践	备注
210402T10	毛泽东思想和中国特色社会主义理论体系概论	必修	3	48	32	16	
210502T10	形势与政策	必修	0	64	4	4	
660003T40	体育（四）	必修	1	36		4	
280219Z10	生物化学 D2	必修	3.5	56	56	0	
280220Z11	生物化学实验 D2	必修	1	32	0	32	
280301Z10	分子生物学 A	必修	3	48	48	0	
280302Z11	分子生物学实验 A	必修	1.5	48	0	48	
280406Z10	细胞遗传学	必修	2	28	28	0	
280208Z10	生物化学技术原理及应用	选修	1	16	16	0	
280407Z10	生命科学兴趣培养与未来职业规划	选修	1	16	16	0	
280407Z11	细胞遗传学实验	必修	1	28	0	28	
450320Z10	生物信息学概论 A	选修	3	64	32	32	
450345Z10	基因组学	选修	3	48	40	8	
230603Z10	医学免疫学 C	选修	2	36	24	12	
280410X10	遗传学技术原理与应用	选修	1	16	16	0	不出国的学生选
280126Z11	野外实习	必修	2	2 周	0 周	2 周	
280314Z11	科研训练	必修	4	4 周	0 周	4 周	
第 4 学期建议最低修读 23.0 学分，必修 22.0 学分，选修 1.0 学分							
210502T10	形势与政策	必修	0	64	4	4	
210601T10	习近平新时代中国特色社会主义思想概论	必修	3	48	48	0	
660004T11	体育课外测试（一）	必修	0.2	3		3	
430601G10	创新创业导论	必修	2	32	32	0	
280123Z10	生态学	必修	2	32	32	0	
280124Z11	生态学实验	必修	1	32	0	32	
280125Z10	进化论	选修	1	16	16	0	
280134Z10	实验动物学	选修	1	16	16	0	
230102Z10	系统解剖学 B	选修	3	68	36	32	

续表

课程编号	课程名称	课程属性	学分	总学时（周）	学时分配 讲课(含研讨)	学时分配 实践	备注
230302Z10	生理学 B	选修	3.5	56	56	0	
280310G10	分子医学创新思维与应用	选修	2	32	32	0	
第 5 学期建议最低修读 12.2 学分,必修 8.2 学分,选修 4.0 学分							
210502T10	形势与政策	必修	0	64	4	4	
660004T21	体育课外测试(二)	必修	0.2	3		3	
280112Z10	细胞免疫治疗	选修	1	16	16	0	
280132Z10	发育生物学	必修	4	64	64	0	
280210Z10	蛋白质组学	选修	1	16	16	0	
280307Z10	现代分子生物学专题讲座	选修	1	16	16	0	
280405X10	医学遗传学研究进展 B	选修	1	16	16	0	
280408Z10	人类与医学遗传学	必修	2	32	32	0	
280410Z11	人类与医学遗传学实验	必修	3	96	0	96	
280133Z11	发育生物学实验	必修	1	32	0	32	
280110Z10	生物医学材料	选修	1	16	16	0	
第 6 学期建议最低修读 13.7 学分,必修 10.2 学分,选修 3.5 学分							
210502T10	形势与政策	必修	0	64	4	4	
660004T31	体育课外测试(三)	必修	0.1	2	0	2	
280005Z11	专业实习	必修	8	8周	0周	8周	
280007Z11	国际交流项目	选修	8	12周	0周	12周	
280109Z11	细胞生物学综合技能训练	选修	8	8周	0周	8周	不出国的学生选,细胞生物学、分子生物学、生物化学、遗传学、生物信息学综合技能训练必须五选一
280209Z11	生物化学综合技能训练	选修	8	8周	0周	8周	不出国的学生选,细胞生物学、分子生物学、生物化学、遗传学、生物信息学综合技能训练必须五选一

续表

课程编号	课程名称	课程属性	学分	总学时（周）	讲课（含研讨）	实践	备注
280313Z11	分子生物学综合技能训练	选修	8	8周	0周	8周	不出国的学生选，细胞生物学、分子生物学、生物化学、遗传学、生物信息学综合技能训练必须五选一
280411Z11	遗传学综合技能训练	选修	8	8周	8周	0周	不出国的学生选，细胞生物学、分子生物学、生物化学、遗传学、生物信息学综合技能训练必须五选一
450321Z11	生物信息学综合技能实训	选修	8	8周	0周	8周	不出国的学生选，细胞生物学、分子生物学、生物化学、遗传学、生物信息学综合技能训练必须五选一

第 7 学期建议最低修读 16.1 学分，必修 8.1 学分，选修 8.0 学分

课程编号	课程名称	课程属性	学分	总学时（周）	讲课（含研讨）	实践	备注
210502T10	形势与政策	必修	2	64	4	4	
280007Z10	毕业论文	必修	12	16周	0周	16周	
410003T11	毕业教育	必修	0	1周	0周	1周	

第 8 学期建议最低修读 18.0 学分，必修 18.0 学分，选修 0 学分

注：实践包括实验、上机、见习等

九、毕业要求对培养目标的支撑

毕业要求	培养目标					
	1. 优良的科学文化素养	2. 高度的社会责任感	3. 生物学基础知识、基本理论和基本技能	4. 良好的科研训练、富有创新意识和实践能力	5. 国际视野宽阔	6. 自觉践行社会主义核心价值观
知识要求	●	●	●	●	●	
能力要求	●		●	●		●
素质要求	●	●		●	●	●

十、课程体系对毕业要求的支撑

课程	毕业要求						
	知识要求1 ①工具 ②人文	知识要求2 ③自然 ④专业	能力要求1 ①获取	能力要求2 ②应用 ③创新	素质要求1 ②文化	素质要求2 ③专业	素质要求3 ①思想 ④身心
思想道德修养与法律基础	H	M	M	M	H	L	H
中国近现代史纲要	H	M	M	M	H	L	H
马克思主义基本原理概论	H	M	M	M	H	L	H
毛泽东思想与中国特色社会主义理论体系概论	H	M	M	M	H	L	H
大学生心理健康教育	H	M	M	M	H	L	H
形势与政策	H	M	M	M	H	L	H
军训	H	M	M	M	H	L	H
军事理论课	H	M	M	M	H	L	H
体育（一）	H	M	M	M	H	L	H
体育（二）	H	M	M	M	H	L	H
体育（三）	H	M	M	M	H	L	H
体育（四）	H	M	M	M	H	L	H
体育课外测试（一）	H	M	M	M	H	L	H
体育课外测试（二）	H	M	M	M	H	L	H
体育课外测试（三）	H	M	M	M	H	L	H
大学英语（一）	H	M	M	M	H	M	M
大学英语（二）	H	M	M	M	H	M	M
大学英语（三）	H	M	M	M	H	M	M
高级英语（一）	H	M	M	M	H	M	M
大学计算机基础	H	H	H	H	H	M	M

续表

课程	毕业要求						
	知识要求1 ①工具 ②人文	知识要求2 ③自然 ④专业	能力要求1 ①获取	能力要求2 ②应用 ③创新	素质要求1 ②文化	素质要求2 ③专业	素质要求3 ①思想 ④身心
数据库技术与应用(一)	H	H	H	H	H	M	M
数据库技术与应用实践	H	H	H	H	H	M	M
实验技术安全与环境保护知识学习培养与考核	H	H	H	H	H	M	M
文化素质类	H	H	H	H	H	M	H
高等数学C2(一)	H	H	M	M	M	M	M
高等数学C2(二)	H	H	M	M	M	M	M
医用物理学	H	H	M	M	M	M	M
基础化学	H	H	M	M	M	M	M
有机化学C	H	H	M	M	M	M	M
新生课	H	H	H	H	M	H	M
医用物理实验	H	H	H	H	M	M	M
基础化学实验	H	H	H	H	M	M	M
有机化学实验C	H	H	H	H	M	M	M
普通生物学	H	H	H	H	M	H	M
微生物学A	H	H	H	H	M	H	M
生物化学A	H	H	H	H	M	H	M
细胞生物学	H	H	H	H	M	H	M
细胞遗传学	H	H	H	H	M	H	M
分子生物学A	H	H	H	H	M	H	M
生理学	H	H	H	H	M	H	M
发育生物学	H	H	H	H	M	H	M
人类与医学遗传学	H	H	H	H	M	H	M
生态学	H	H	H	H	M	H	M
医学免疫学	H	H	H	H	M	H	M

续表

课程	毕业要求						
	知识要求1 ①工具 ②人文	知识要求2 ③自然 ④专业	能力要求1 ①获取	能力要求2 ②应用 ③创新	素质要求1 ②文化	素质要求2 ③专业	素质要求3 ①思想 ④身心
人体解剖学	H	H	H	H	M	H	M
医学统计学	H	H	H	H	M	H	M
医学遗传学研究进展	H	H	H	H	M	H	M
遗传学技术原理与应用	H	H	H	H	M	H	M
现代分子生物学专题讲座	H	H	H	H	M	H	M
生物学专业英语	H	H	H	H	M	H	M
生物医学材料	H	H	H	H	M	H	M
生物信息学方法与实践	H	H	H	H	M	H	M
生物芯片	H	H	H	H	M	H	M
基因组学	H	H	H	H	M	H	M
生物技术概论	H	H	H	H	M	H	M
蛋白质组学	H	H	H	H	M	H	M
生物化学技术原理及应用	H	H	H	H	M	H	M
神经生物学	H	H	H	H	M	H	M
进化论	H	H	H	H	M	H	M
寄生虫学	H	H	H	H	M	H	M
实验动物学	H	H	H	H	M	H	M
信息检索	H	H	H	H	M	H	M
细胞生物学实验	H	H	H	H	M	H	M
普通生物学实验	H	H	H	H	M	H	M
生物化学实验A	H	H	H	H	M	H	M
微生物学实验A	H	H	H	H	M	H	M
细胞遗传学实验	H	H	H	H	M	H	M
分子生物学实验A	H	H	H	H	M	H	M
发育生物学实验	H	H	H	H	M	H	M

续表

课程	毕业要求						
	知识要求1 ①工具 ②人文	知识要求2 ③自然 ④专业	能力要求1 ①获取	能力要求2 ②应用 ③创新	素质要求1 ②文化	素质要求2 ③专业	素质要求3 ①思想 ④身心
生态学实验	H	H	H	H	M	H	M
科研训练（一）	H	H	H	H	M	H	M
科研训练（二）	H	H	H	H	M	H	M
野外实习	H	H	H	H	M	H	M
细胞生物学综合技能训练	H	H	H	H	M	H	M
生物化学综合技能训练	H	H	H	H	M	H	M
分子生物学综合技能训练	H	H	H	H	M	H	M
遗传学综合技能训练	H	H	H	H	M	H	M
专业实习	H	H	H	H	M	H	M
毕业论文	H	H	H	H	M	H	M
创新创业导论	H	H	H	H	M	H	M
分子医学创新思维与应用	H	H	H	H	M	H	M
课外研学	H	H	H	H	M	H	M

注：用符号 H、M、L 进行标注，H 表示关联度高、M 表示关联度中、L 表示关联度低。

28. 中山大学

生物科学专业人才培养方案(2023 级)

一、培养目标

本专业坚持社会主义办学方向,全面落实立德树人根本任务,聚焦培养能够引领未来的人,坚持以学生成长为中心,坚持通识教育与专业教育相结合,着力提升学生的学习力、思想力、行动力,培养德智体美劳全面发展的社会主义建设者和接班人,同时成为在动物学、植物学、微生物学等领域拥有生物科学基本知识与技能的高素质专门人才。对于拔尖人才,面向基础学科,着重培养具备交叉学科知识结构、有较强的创新精神与创新潜能,未来成为生物学相关领域领军人物的研究型人才;面向应用学科,侧重培养具有鲜明专业特色与国内国际竞争优势,富有领袖气质的行业精英人才。

二、毕业要求

1. 知识层面

毕业要求 1 : 应扎实地学习理科大类知识和专业基础知识;

毕业要求 2 : 熟练掌握现代生物科学的基础理论、基本知识和基本技能;

毕业要求 3 : 在动物学、植物学和微生物学等方面获得良好的专业训练;

毕业要求 4 : 了解本专业相关技术的国内外发展动态。

2. 能力层面

毕业要求 5 : 掌握从事生物学及相关领域基础科学研究的能力;

毕业要求 6 : 具备良好的沟通能力,有较强的独立思考和解决问题的能力;

毕业要求 7 : 具备熟练使用一门外语和较好的计算机信息应用能力;

毕业要求 8 : 通过坚持基础理论学习与实验操作训练并重的原则,要求学生高质量完成产学研实习任务,毕业设计、实验及论文撰写工作,具备创新精神及国际视野。

3. 价值层面

毕业要求 9 : 热爱中国共产党、热爱祖国、热爱社会主义,学习党史与时事,具有较高的政治站位和国家安全观;

毕业要求 10 : 具备健康的体魄和健全的心理素质;

毕业要求 11 : 具有一定的军事理论、艺术与审美水平;

毕业要求 12 : 本专业作为"国家生物科学研究与教学人才培养基地",学习成绩优秀学生有机会免试攻读硕士学位或直接攻读博士学位,为国家发展和"粤港澳大湾区"的区域发展提供人才支撑。

三、授予学位与修业年限

1. 按要求完成学业者授予理学学士学位。
2. 修业年限:4 年。

四、毕业总学分及课内总学时

课程类别		学分要求	所占比例	课程属性
公共必修课 (通识必修课)		39	23.64%	公共必修
公共选修课 (通识选修课)		8	4.85%	公共选修
专业 必修 课	大类基础课	26	53.94%	专业必修
	专业基础课	22		
	专业核心课	25.5		
	专业实践课	15.5		
专业选修课		29	17.58%	专业选修
荣誉课程		不列入毕业总学分要求	0	荣誉课程
总学分		毕业总学分要求:165 学分 其中实践教学学分(含必修类实践课程和选修类实践课程)须达到 46.5 学分		
总学时		3195 学时 +24 周		
备注		为了提高学生的自我学习能力,鼓励学生根据自己的兴趣进行交叉学科的研修,入选拔尖计划的学生可以自行选择 0~6 个学分的目前不在培养方案上的生命科学学院、物理学院、数学学院、化学学院、计算机学院、医学院等理科、工科、医科开设的大类、专业必修课和选修课进行学习,获得学分之后计入本培养方案的选修课部分。对跨院系选课的特殊安排需要学院根据学生选课情况,按学分转换的程序予以认定为专业选修课学分。 实践类学时须达到 999 学时 +22 周,超过教学质量国家标准 25% 的底线要求。 专业提升训练 LS1152 为必选课程。		

续表

课程类别	学分要求	所占比例	课程属性
备注	在培养机制上有以下特点:(1)以理论性教学、实践性教学与学生自主学习相结合的人才培养模式,着力增强学生跨学科获取知识的能力,培养学生的科学思维、创新意识和实践能力。(2)实行"双下标"培养方式,在拔尖班学生完成各自专业必修课的基础上,为每个学生设计个性化的培养方案,实行个性化培养,注重学生主体作用的发挥与学生自我管理,为学生提供更广阔的弹性学习空间,充分发挥学生学习、研究的主动性、积极性和创造性,挖掘学生的学术创新潜能。(3)以"专业必修课 + 交叉学科课程群 + 专业实践 / 讨论选修课(专属课程)"构成培养方案,包括"交叉学科""宏观生物学""微观生物学""生物学前沿"和"科研实践"五大模块。实行全程导学制,为拔尖学生配备高水平的导师,对学生的学习、研究等提供指导,进行个性化专业学习,及早进入实验室接受科研训练。拔尖班的学生需要根据自己的学习兴趣,在整个培养过程中,至少选择 3 门交叉课程或专业讨论课进行学习。(4)落实"给天才留空间"的教育理念,对拔尖班学生的专业选修课学分不设要求,拔尖班学生修满相应专业(或方向)的总学分,并达到相应专业(或方向)的其他课程要求,即达到毕业要求。(5)提高学生知识、能力培养的国际化。创造条件鼓励学生到国内外一流大学、研究机构交流学习或进行科研训练,引导学生形成兼容开放的文化精神,拓宽学生的国际视野,增强学生国际交流与合作的能力。		

五、课程设置及教学计划

课程细类	课程编码	课程名称	学分情况			学时情况			开课学期	对应毕业要求
			总学分	理论学分	实验实践学分	总学时	理论学时	实验实践学时		
公共必修课	FL101 FL102 FL201 FL202	大学外语	8	8	0	144	144	0	1–4	7
	PE101 PE102 PE201 PE202 PE305 PE302	体育	4	0	4	144	0	144	1–6	10
	MAR112	思想道德与法治	3	3	0	54	54	0	2	9
	MAR103	中国近现代史纲要	3	3	0	54	54	0	1	9
	MAR207	毛泽东思想和中国特色社会主义理论体系概论	3	3	0	54	54	0	3	9
	MAR202	马克思主义基本原理	3	3	0	54	54	0	4	9
	MAR115	习近平新时代中国特色社会主义思想概论	3	3	0	54	54	0	1	9
	MAR109	四史(中共党史)	1	1	0	18	18	0	2	9

续表

课程细类		课程编码	课程名称	学分情况			学时情况			开课学期	对应毕业要求
				总学分	理论学分	实验实践学分	总学时	理论学时	实验实践学时		
公共必修课		MAR114	形势与政策	3	1	2	90	18	72	1–8	9
		PUB199	国家安全教育	1	0.5	0.5	27	9	18	1–8	9
		PUB121	军事课	4	2	2	36+2周	36	2周	1	11
		PUB178	劳动教育	1	0.5	0.5	36	9	27	1–8	10
		PSY199	心理健康教育	2	2	0	36	36	0	1–2	10
公共选修课		学生自主选修	(1) 分为人文与社会、科技与未来、生命与健康、艺术与审美四个模块,最低学分要求为8学分,其中须包含2学分"艺术与审美"课程。 (2) 学生自主修读且未列入本方案的跨院系课程可计入公共选修课学分。	8	/	/	≥144	/	/	1–8	11、12
专业必修课	大类基础课	CHM145	大学化学(二)上	3	3	0	54	54	0	1	1
		CHM147	大学化学实验(二)上	1	0	1	36	0	36	1	5
		LS1153	大学生物	3	3	0	54	54	0	1	1
		LS1124	大学生物实验	0.5	0	0.5	18	0	18	1	5
		LS1003	新生研讨课	1	1	0	18	18	0	1	4、6
		MA191	高等数学二(Ⅰ)	4	4	0	72	72	0	1	1
		CHM146	大学化学(二)下	3	3	0	54	54	0	2	1
		CHM148	大学化学实验(二)下	1	0	1	36	0	36	2	5
		MA192	高等数学二(Ⅱ)	4	4	0	72	72	0	2	1
		PHY136	大学物理(医)	4	4	0	72	72	0	4	1
		PHY148	大学物理实验(医)	1.5	0	1.5	54	0	54	4	5
	专业基础课	LS2005	生物化学Ⅰ	3	3	0	54	54	0	3	2
		LS2007	生物化学实验Ⅰ	1	0	1	36	0	36	3	5
		LS1018	基础生态学	3	3	0	54	54	0	2	2
		LS2002	细胞生物学(Ⅰ)	3	3	0	54	54	0	4	2

续表

课程细类		课程编码	课程名称	学分情况			学时情况			开课学期	对应毕业要求
				总学分	理论学分	实验实践学分	总学时	理论学时	实验实践学时		
专业必修课	专业基础课	LS2004	细胞生物学实验	1.5	0	1.5	54	0	54	4	5
		LS2006	分子生物学	2	2	0	36	36	0	4	2
		LS3001	遗传学	3	3	0	54	54	0	5	2
		LS3003	遗传学实验	1.5	0	1.5	54	0	54	5	2
		LS2016	生物化学（Ⅱ）	3	3	0	54	54	0	4	2
	专业核心课	LS2018	生物化学实验（Ⅱ）	1	0	1	36	0	36	4	5
		LS2058	植物学	3	3	0	54	54	0	2	3
		LS2060	植物学实验	1.5	0	1.5	54	0	54	2	5
		LS2062	动物学	3	3	0	54	54	0	2	3
		LS2064	动物学实验	1.5	0	1.5	54	0	54	2	5
		LS2001	微生物学	3	3	0	54	54	0	3	3
		LS2003	微生物学实验	1.5	0	1.5	54	0	54	3	5
		LS3002	植物生理学	3	3	0	54	54	0	5	3
		LS3004	植物生理学实验	1.5	0	1.5	54	0	54	5	5
		LS3005	生理学	3	3	0	54	54	0	5	3
		LS3007	生理学实验	1.5	0	1.5	54	0	54	5	5
		LS3009	生物科学综合实验	3	0	3	108	0	108	5	5
		LS1151	科研训练 1	0.5	0	0.5	18	0	18	1	5
		LS1150	科研训练 2	1	0	1	36	0	36	2	5
	专业实践课	LS1026	生物学野外实习	2	0	2	2 周	0	2 周	3	5
		LS2069	科研训练 3	1	0	1	36	0	36	3	8
		LS2070	科研训练 4	1	0	1	36	0	36	4	8
		LS3137	科研训练 5	1	0	1	36	0	36	5	5
		LS3138	科研训练 6	1	0	1	36	0	36	6	5
		LS4087	产学研实习	2	0	2	2 周	0	2 周	7	8
		LS4098	毕业论文	6	0	6	18 周	0	18 周	7-8	8
模块一：生态学提升课		LS2022	生命起源与进化	2	2	0	36	36	0	4	1
		LS2036	脊椎动物系统分类	2	2	0	36	36	0	4	1
		LS2072	恢复生态学	3	2	1	72	36	36	4	1
		LS2011	生物统计学	2	2	0	36	36	0	5	2

续表

课程细类	课程编码	课程名称	学分情况			学时情况			开课学期	对应毕业要求
			总学分	理论学分	实验实践学分	总学时	理论学时	实验实践学时		
模块一：生态学提升课	LS2019	保护生物学	2	2	0	36	36	0	5	1
	LS3027	进化生物学	2	2	0	36	36	0	5	1
	LS3031	普通昆虫学	2	2	0	36	36	0	5	2
	LS3041	生物防治原理与技术	2	2	0	36	36	0	5	4
	LS3054	环境科学	2	2	0	36	36	0	6	1
	LS3120	无脊椎动物系统学	2	2	0	36	36	0	6	1
	LS3130	环境教育	1.5	1	0.5	36	18	18	6	1
	LS4035	园艺植物栽培学	2	2	0	36	36	0	7	2
	LS3153	植物系统学	3	3	0	54	54	0	7	2
模块二：生物技术提升课	LS3021	发酵工程	2	2	0	36	36	0	5	4
	LS3023	免疫学Ⅰ（基本原理）	3	3	0	54	54	0	5	2
	LS3129	RNA 生物学	2	2	0	36	36	0	5	2
	LS3149	细胞生物学（Ⅱ）	3	3	0	54	54	0	5	2
	LS3155	肿瘤生物学	3	3	0	54	54	0	5	4
	LS2012	生物信息学	3	3	0	54	54	0	6	1、7
	LS3036	生物技术学	2	2	0	36	36	0	6	2、4
	LS3040	酶学与酶工程	2	2	0	36	36	0	6	4
	LS3146	免疫学Ⅱ（细胞和分子免疫学）	3	3	0	54	54	0	6	2
	LS4027	新药研究开发原理与法规概论	2	2	0	36	36	0	7	4
模块三：应用生物学提升课	LS2020	古生物学	3	2	1	36	36	36	4	1
	LS2042	核技术生物学应用	2	2	0	36	36	0	4	4
	LS3016	植物资源与利用	2	2	0	36	36	0	6	2、3、4
	LS3026	动物的生殖与调控	2	2	0	36	36	0	6	2、3、4
	LS3128	现代植物病理学基础与应用	2	2	0	36	36	0	6	2、3、4
	LS3142	动物资源的利用和保护	2	2	0	36	36	0	6	2、3、4
	LS4089	活性天然产物化学	2	2	0	36	36	0	7	1、4

续表

课程细类	课程编码	课程名称	学分情况			学时情况			开课学期	对应毕业要求
			总学分	理论学分	实验实践学分	总学时	理论学时	实验实践学时		
模块四：科学素养提升课	LS2053	生命科学实验仪器与使用	2	2	0	36	36	0	1	1
	LS1012	生物安全	1	1	0	18	18	0	3	1
	LS2023	生物计算机程序设计语言	3	2	1	72	36	36	3	1、7
	LS2055	生命科学方法与生命伦理	2	2	0	36	36	0	3	1
	LS2071	实验动物学	2	0	2	72	0	72	3	5
	MA179	线性代数	3	3	0	54	54	0	3	1
	LS2008	专业科技文献阅读和理解	2	2	0	36	36	0	4	1
	MA184	Scientific 概率统计（Literatures 理工类）	3	3	0	54	54	0	4	1
	LS3011	生物拉丁文	2	2	0	36	36	0	5	1
	LS3110	实验技能系列课：野外实践技能	1	0	1	36	0	36	5	5
	LS3112	实验技能系列课：细胞生物学实验技能	1	0	1	36	0	36	5	5
	LS3114	实验技能系列课：分子生物学实验技能	1	0	1	36	0	36	5	5
	LS3116	实验技能系列课：微生物学实验技能	1	0	1	36	0	36	5	5
	LS4003	Experimental 科技论文写作	2	2	0	36	36	0	7	1、8
	LS4095	现代生命科学进展	2	2	0	36	36	0	7	1、4
模块五：功能生物学提升课	LS2013	组织学与胚胎学	3	3	0	54	54	0	3	1
	LS2010	生物医学基础	2	2	0	36	36	0	4	1
	LS3015	蛋白质与蛋白质组学	2	2	0	36	36	0	5	2、4
	LS3104	DNA 芯片和基因表达	2	2	0	36	36	0	5	2、4
	LS3145	基因组学	2	2	0	36	36	0	5	1
	LS3143	代谢生物学	2	2	0	36	36	0	5	1
	LS3012	神经生物学实验	1	0	1	36	0	36	6	5

续表

课程细类	课程编码	课程名称	学分情况			学时情况			开课学期	对应毕业要求
			总学分	理论学分	实验实践学分	总学时	理论学时	实验实践学时		
模块五：功能生物学提升课	LS3014	网络生物学	2	2	0	36	36	0	6	1
	LS3064	发育生物学实验	1.5	0	1.5	54	0	54	6	5
	LS3102	高通量生物学与数据分析	3	2	1	72	36	36	6	1、7
	LS3106	病毒学	2	2	0	36	36	0	6	1
	LS4005	时间生物学	2	2	0	36	36	0	5	1
	LS3144	发育生物学	3	3	0	54	54	0	6	1
	LS3148	神经生物学	2	2	0	36	36	0	6	1
大类选修课	EC173	生命科学史	2	2	0	36	36	0	1	1
	AG136	智慧农业概论	1.5	1	0.5	36	18	18	2	1
本研贯通课	LS5278	合成生物学	2	2	0	36	36	0	6	4
	LS5272	细胞信号转导	2	2	0	36	36	0	6	4
	LS6232	生物技术营销学	2	2	0	36	36	0	6	4
	LS6234	生物分离工程	2	2	0	36	36	0	6	4
	LS5284	生命科学中的模式生物	2	2	0	36	36	0	7	4
	LS5264	病虫害检测与生物控制	4	4	0	72	72	0	7	4
	LS5277	水生动物营养与饲料科学	2	2	0	36	36	0	7	4
	LS6231	水产养殖学	2	2	0	36	36	0	7	4
	LS5279	衰老生物学	2	2	0	36	36	0	7	4
专属课程——宏观生物学	LS1109	微生物学讨论课	1	1	0	18	18	0	3	4
	LS1098	动植物学讨论课	2	2	0	36	36	0	2	4
	LS1102	恢复生态学讨论课	2	2	0	36	36	0	4	4
	LS1104	生态学前沿讨论课	2	2	0	36	36	0	4	4
专属课程——微观生物学	LS1131	生物化学和分子生物学讨论课	2	2	0	36	36	0	3	4
	LS1116	生物化学和细胞生物学讨论课	2	2	0	36	36	0	4	4
	LS1117	遗传学讨论课	2	2	0	36	36	0	5	4

续表

课程细类	课程编码	课程名称	学分情况			学时情况			开课学期	对应毕业要求
			总学分	理论学分	实验实践学分	总学时	理论学时	实验实践学时		
专属课程——微观生物学	LS1119	生理学和神经生物学讨论课	1	1	0	18	18	0	5	4
	LS3141	现代生物电子显微学	2	1	1	54	18	36	5	4
	LS1108	肿瘤与免疫学讨论课	2	2	0	36	36	0	6	4
	LS1118	生物物理学基本原理及技术	2	2	0	36	36	0	6	4
	LS1113	生物学前沿学术专题导论	2	2	0	36	36	0	3	4
	LS1121	表观遗传学前沿	2	2	0	36	36	0	5	4
	LS1123	前沿生物技术	2	2	0	36	36	0	5	4
专属课程——生物学前沿	LS3147	人工智能与生物学应用导论	2.5	2	0.5	54	36	18	5	
	LS1106	基因组时代的计算与进化生物学	2	2	0	36	36	0	6	
	LS4009	细胞生物学前沿	2	2	0	36	36	0	6	
	LS1133	基因与基因组进化	2	2	0	36	36	0	7	
	LS1152	专业提升训练	2.5	2.5	0	90	90	0	2—6	

六、学分分布情况表

学年	学期	公共必修学分	专业必修学分	专业选修开设学分	专业选修建议修读学分	公共选修学分
大一	大一上	13	13	4	2	学生自主选修
	大一下	9	18	3.5	2	
大二	大二上	5.5	14.5	19	2	
	大二下	5.5	17	25	4	
大三	大三上	0.5	17.5	50.5	4	
	大三下	0.5	1	56.5	8	
大四	大四上	0	2	27	7	
	大四下	5	6	0	0	
合计		39	89	185.5	29	8

强基计划专业培养方案

一、培养目标

　　本专业坚持社会主义办学方向,全面落实立德树人根本任务,聚焦培养能够引领未来的人,坚持以学生成长为中心,坚持通识教育与专业教育相结合,着力提升学生的学习力、思想力、行动力,培养德智体美劳全面发展的社会主义建设者和接班人。面向生物基础学科,具备系统扎实的生物科学基础知识、基本理论和基本技能,掌握生物科学研究的基本方法和手段,受到严谨的科学思维训练,着重培养具备交叉学科知识结构、有较强的创新精神与创新潜能,未来成为生物科学相关领域领军人物的研究型人才。

二、毕业要求

　　1. 知识层面

　　毕业要求 1 : 学习掌握理科大类知识和专业基础知识;

　　毕业要求 2 : 熟练掌握生物科学的基础理论、基本知识和基本技能;

　　毕业要求 3 : 在动物学、植物学、微生物学等方面获得良好的专业训练;

　　毕业要求 4 : 了解本专业相关技术的国内外发展动态。

　　2. 能力层面

　　毕业要求 5 : 在专业课程学习和实践训练过程中培养能够将生物科学研究发现转化为生产力的能力;

　　毕业要求 6 : 具备良好的沟通能力,有较强的独立思考和解决问题的能力;

　　毕业要求 7 : 具备熟练使用一门外语和较好的计算机信息应用能力;

　　毕业要求 8 : 通过坚持基础理论学习与实验操作训练并重的原则,要求学生高质量完成产学研实习任务,毕业设计、实验及论文撰写工作,具备创新精神及国际视野。

　　3. 价值层面

　　毕业要求 9 : 热爱中国共产党、热爱祖国、热爱社会主义,学习党史与时事,具有较高的政治站位和国家安全观;

　　毕业要求 10 : 具备健康的体魄和健全的心理素质;

　　毕业要求 11 : 具有一定的军事理论、艺术与审美水平;

　　毕业要求 12 : "强基计划" 按照本—博一体化的教育模式进行全程个性化培养,为国家发展和"粤港澳大湾区"的区域发展提供人才支撑。

三、授予学位与修业年限

　　1. 按要求完成学业者授予理学学士学位。

2. 修业年限:4 年。

四、毕业总学分及课内总学时

课程类别		学分要求	所占比例	课程属性
公共必修课 (通识必修课)		39	22.67%	公共必修
公共选修课 (通识选修课)		8	4.65%	公共选修
专业 必修 课	大类基础课	26	57.27%	专业必修
	专业基础课	34		
	专业核心课	23		
	专业实践课	15.5		
专业选修课		26.5	15.41%	专业选修
荣誉课程		不列入毕业总学分要求	0	荣誉课程
总学分		毕业总学分要求:172 学分 其中实践教学学分(含必修类实践课程和选修类实践课程)须达到 45.5 学分		
总学时		3492 学时 +24 周		
备注		为了提高学生的自我学习能力,鼓励学生根据自己的兴趣进行交叉学科的研修,入选强基计划的学生可以自行选择 0~6 个学分的目前不在培养方案上的生命科学学院、物理学院、数学学院、化学学院、计算机学院、医学院等理、工、医科开设的大类、专业必修课和选修课进行学习,获得学分之后计入本培养方案的选修课部分。对跨院系选课的特殊安排需要学院根据学生选课情况,按学分转换的程序予以认定为专业选修课学分。 专业提升训练 LS1152 为必选课程。		

五、课程设置及教学计划

课程 细类	课程编码	课程名称	学分情况			学时情况			开课 学期	对应 毕业 要求
			总学 分	理论 学分	实验 实践 学分	总学 时	理论 学时	实验 实践 学时		
公共必 修课	FL101 FL102 FL201 FL202	大学外语	8	8	0	144	144	0	1–4	7

续表

课程细类		课程编码	课程名称	学分情况			学时情况			开课学期	对应毕业要求
				总学分	理论学分	实验实践学分	总学时	理论学时	实验实践学时		
公共必修课		PE101 PE102 PE201 PE202 PE305 PE302	体育	4	0	4	144	0	144	1~6	10
		MAR112	思想道德与法治	3	3	0	54	54	0	2	9
		MAR103	中国近现代史纲要	3	3	0	54	54	0	1	9
		MAR207	毛泽东思想和中国特色社会主义理论体系概论	3	3	0	54	54	0	3	9
		MAR202	马克思主义基本原理	3	3	0	54	54	0	4	9
		MAR115	习近平新时代中国特色社会主义思想概论	3	3	0	54	54	0	1	9
		MAR109	四史（中共党史）	1	1	0	18	18	0	2	9
		MAR114	形势与政策	3	1	2	90	18	72	1~8	9
		PUB199	国家安全教育	1	0.5	0.5	27	9	18	1~8	9
		PUB121	军事课	4	2	2	36+2周	36	2周	1	11
		PUB178	劳动教育	1	0.5	0.5	36	9	27	1~8	10
		PSY199	心理健康教育	2	2	0	36	36	0	1~2	10
公共选修课		学生自主选修	分为人文与社会、科技与未来、生命与健康、艺术与审美四个模块，最低学分要求为8学分，其中须包含2学分"艺术与审美"课程。学生自主修读且未列入本方案的跨院系课程可计入公共选修课学分。	8	/	/	≥144	/	/	1~8	11、12
专业必修课	大类基础课	CHM145	大学化学（二）上	3	3	0	54	54	0	1	1
		CHM147	大学化学实验（二）上	1	0	1	36	0	36	1	5
		LS1153	大学生物	3	3	0	54	54	0	1	1
		LS1124	大学生物实验	0.5	0	0.5	18	0	18	1	5
		LS1003	新生研讨课	1	1	0	18	18	0	1	4、6
		MA191	高等数学二（Ⅰ）	4	4	0	72	72	0	1	1
		CHM146	大学化学（二）下	3	3	0	54	54	0	2	1
		CHM148	大学化学实验（二）下	1	0	1	36	0	36	2	5
		MA192	高等数学二（Ⅱ）	4	4	0	72	72	0	2	1
		PHY136	大学物理（医）	4	4	0	72	72	0	4	1
		PHY148	大学物理实验（医）	1.5	0	1.5	54	0	54	4	5

续表

课程细类	课程编码	课程名称	学分情况			学时情况			开课学期	对应毕业要求
			总学分	理论学分	实验实践学分	总学时	理论学时	实验实践学时		
专业必修课										
	专业基础课	LS2001	微生物学	3	3	0	54	54	0	3	2
		LS2003	微生物学实验	1.5	0	1.5	54	0	54	3	5
		LS2005	生物化学Ⅰ	3	3	0	54	54	0	3	2
		LS2007	生物化学实验Ⅰ	1	0	1	36	0	36	3	5
		LS1018	基础生态学	3	3	0	54	54	0	3	2
		LS2002	细胞生物学（Ⅰ）	3	3	0	54	54	0	4	5
		LS2004	细胞生物学实验	1.5	0	1.5	54	0	54	4	5
		LS2006	分子生物学	2	2	0	36	36	0	4	5
		LS3001	遗传学	3	3	0	54	54	0	5	5
		LS3003	遗传学实验	1.5	0	1.5	54	0	54	5	5
		LS3023	免疫学Ⅰ（基本原理）	3	3	0	54	54	0	5	5
		LS3119	免疫学实验	1.5	0	1.5	54	0	54	5	5
		LS2012	生物信息学	3	3	0	54	54	0	6	1、7
		LS2016	生物化学（Ⅱ）	3	3	0	54	54	0	4	2
		LS2018	生物化学实验（Ⅱ）	1	0	1	36	0	36	4	5
	专业核心课	LS2058	植物学	3	3	0	54	54	0	2	3
		LS2060	植物学实验	1.5	0	1.5	54	0	54	2	5
		LS2062	动物学	3	3	0	54	54	0	2	3
		LS2064	动物学实验	1.5	0	1.5	54	0	54	2	5
		LS3002	植物生理学	3	3	0	54	54	0	5	3
		LS3004	植物生理学实验	1.5	0	1.5	54	0	54	5	5
		LS3005	生理学	3	3	0	54	54	0	5	3
		LS3007	生理学实验	1.5	0	1.5	54	0	54	5	5
		LS3009	生物科学综合实验	3	0	3	108	0	108	5	5
		LS3036	生物技术学	2	2	0	36	36	0	6	2、4
	专业实践课	LS1151	科研训练1	0.5	0	0.5	18	0	18	1	5
		LS1150	科研训练2	1	0	1	36	0	36	2	5
		LS2069	科研训练3	1	0	1	36	0	36	3	5
		LS1026	生物学野外实习	2	0	2	2周	0	2周	3	5
		LS2070	科研训练4	1	0	1	36	0	36	4	5
		LS3137	科研训练5	1	0	1	36	0	36	5	5

续表

课程细类	课程编码	课程名称	学分情况			学时情况			开课学期	对应毕业要求
			总学分	理论学分	实验实践学分	总学时	理论学时	实验实践学时		
专业必修课		LS3138	科研训练6	1	0	1	36	0	36	6	5
	LS4087	产学研实习	2	0	2	2周	0	2周	7	8
	LS4098	毕业论文	6	0	6	18周	0	18周	7–8	8
	EC173	生命科学史	2	2	0	36	36	0	1	1
	AG136	智慧农业概论	1.5	1	0.5	36	18	18	2	1
	LS2053	生命科学实验仪器与使用	2	2	0	36	36	0	1	1
	LS1012	生物安全	1	1	0	18	18	0	3	1
	LS2011	生物统计学	2	2	0	36	36	0	5	2
	LS2023	生物计算机程序设计语言	3	2	1	72	36	36	3	1、7
	LS2055	生命科学方法与生命伦理	2	2	0	36	36	0	3	1
	LS2013	组织学与胚胎学	3	3	0	54	54	0	3	1
	LS2071	实验动物学	2	0	2	72	0	72	3	5
	MA179	线性代数	3	3	0	54	54	0	3	1
	LS2008	专业科技文献阅读和理解	2	2	0	36	36	0	4	1
	LS2010	生物医学基础	2	2	0	36	36	0	4	1
	LS2020	古生物学	3	2	1	72	36	36	4	1
	LS2056	生化分离分析技术与原理	2	2	0	36	36	0	4	2、4
	LS2072	恢复生态学	3	2	1	72	36	36	4	1
	MA184	概率统计（理工类）	3	3	0	54	54	0	4	1
生物科学理论提升模块	LS3011	生物拉丁文	2	2	0	36	36	0	5	1
	LS3015	蛋白质与蛋白质组学	2	2	0	36	36	0	5	2、4
	LS3027	进化生物学	2	2	0	36	36	0	5	1
	LS3041	生物防治原理与技术	2	2	0	36	36	0	5	1
	LS3149	细胞生物学（Ⅱ）	3	3	0	54	54	0	5	1
	LS3145	基因组学	2	2	0	36	36	0	5	1
	LS3155	肿瘤生物学	3	3	0	54	54	0	5	2
	LS3143	代谢生物学	2	2	0	36	36	0	5	2
	LS1118	生物物理学基本原理及技术	2	2	0	36	36	0	6	1
	LS3148	神经生物学	2	2	0	36	36	0	6	1
	LS3012	神经生物学实验	1	0	1	36	0	36	6	5

续表

课程细类	课程编码	课程名称	学分情况			学时情况			开课学期	对应毕业要求
			总学分	理论学分	实验实践学分	总学时	理论学时	实验实践学时		
专业必修课	LS3040	酶学与酶工程	2	2	0	36	36	0	6	4
	LS3056	生物技术综合实验	3	0	3	108	0	108	6	5
	LS3144	发育生物学	3	3	0	54	54	0	6	1
	LS3064	发育生物学实验	1.5	0	1.5	54	0	54	6	5
专业选修课	LS3106	病毒学	2	2	0	36	36	0	6	1
	LS3146	免疫学Ⅱ（细胞和分子免疫学）	3	3	0	54	54	0	6	1
	LS4003	科技论文写作	2	2	0	36	36	0	7	1、8
	LS4095	现代生命科学进展	2	2	0	36	36	0	7	4
	LS3142	动物资源的利用和保护	2	2	0	36	36	0	6	2、3、4
	LS3016	植物资源与利用	2	2	0	36	36	0	6	2、3、4
	LS1109	微生物学讨论课	1	1	0	18	18	0	3	4
	LS1113	生物学前沿学术专题导论	2	2	0	36	36	0	3	4
	LS1131	生物化学和分子生物学讨论课	2	2	0	36	36	0	3	4
	LS1098	动植物学讨论课	2	2	0	36	36	0	2	4
	LS1102	恢复生态学讨论课	2	2	0	36	36	0	4	4
	LS1104	生态学前沿讨论课	2	2	0	36	36	0	4	4
	LS1116	生物化学和细胞生物学讨论课	2	2	0	36	36	0	4	4
	LS1117	遗传学讨论课	2	2	0	36	36	0	5	4
	LS1119	生理学和神经生物学讨论课	1	1	0	18	18	0	5	4
科学前沿知识提升模块	LS1121	表观遗传学前沿	2	2	0	36	36	0	5	4
	LS1123	前沿生物技术	2	2	0	36	36	0	5	4
	LS3141	现代生物电子显微学	2	1	1	54	18	36	5	4
	LS3147	人工智能与生物学应用导论	2.5	2	0.5	54	36	18	5	1、7
	LS1106	基因组时代的计算与进化生物学	2	2	0	36	36	0	6	1、5
	LS1108	肿瘤与免疫学讨论课	2	2	0	36	36	0	6	4
	LS3102	高通量生物学与数据分析	3	2	1	72	36	36	6	1、7
	LS4009	细胞生物学前沿	2	2	0	36	36	0	6	4
	LS1133	基因与基因组进化	2	2	0	36	36	0	7	4
	LS1152	专业提升训练	2.5	2.5	0	90	90	0	2—6	5、6、7

续表

课程细类	课程编码	课程名称	学分情况			学时情况			开课学期	对应毕业要求
			总学分	理论学分	实验实践学分	总学时	理论学时	实验实践学时		
本研贯通课	LS5278	合成生物学	2	2	0	36	36	0	6	4
	LS5272	细胞信号转导	2	2	0	36	36	0	6	4
	LS6232	生物技术营销学	2	2	0	36	36	0	6	4
	LS6234	生物分离工程	2	2	0	36	36	0	6	4
	LS5284	生命科学中的模式生物	2	2	0	36	36	0	7	4
	LS5264	病虫害检测与生物控制	4	4	0	72	72	0	7	4
	LS5277	水生动物营养与饲料科学	2	2	0	36	36	0	7	4
	LS6231	水产养殖学	2	2	0	36	36	0	7	4
	LS5279	衰老生物学	2	2	0	36	36	0	7	4

六、学分分布情况表

学年	学期	公共必修学分	专业必修学分	专业选修开设学分	专业选修建议修读学分	公共选修学分
大一	大一上	13	13	4	2	学生自主选修
	大一下	9	18	3.5	2	
大二	大二上	5.5	14.5	19	2	
	大二下	5.5	17	21	4	
大三	大三上	0.5	22	31.5	4.5	
	大三下	0.5	6	43	6	
大四	大四上	0	2	18	6	
	大四下	5	6	0	0	
合计		39	98.5	140	26.5	8

生物科学专业（拔尖计划）人才培养计划（2024 级）

一、专业培养目标

培养德智体美劳全面发展,具备扎实的生物学基础理论、基本知识和基本技能,具有扎实的数理基础、热爱科学研究,具有强烈的创新意识,具有深厚的人文素养和底蕴,具有宽广的国际视野,关注人类与社会,能够成长为生命科学领域的领军人物,并逐步跻身国际一流科学家队伍的国际一流水平的生命科学领域拔尖人才。

二、专业培养要求

按照知识、能力、素质全面协调发展的总体要求,本专业学生主要学习数理化基础、生物学基本理论和基本知识以及人文社科知识,受到现代生物学专业技能和科学研究方面的基本训练,具备创新性科学思维和国际化视野,掌握从事生物学及相关领域基础科学研究的能力。

毕业生应获得以下几方面的知识、能力和素质:

1. 具备良好的政治思想、道德品质和家国情怀;

2. 具有良好的职业道德、高度社会责任感和丰富的人文科学素养;

3. 掌握生物学的基础理论及基本知识,具有坚实的数理化基础以及信息科学和人文社科等方面的基本素质;

4. 掌握分子、细胞、生物与环境等生物学不同层次上的分析方法与实验技术;

5. 具有从事生物学相关领域研究、研发以及教学与管理的基本能力;

6. 熟悉生物学及其发展规划的相关方针、政策和法规;

7. 深入了解国内外的现代生物学理论、前沿与应用前景;

8. 具有批判性思维和创新能力;

9. 具有很强的科学研究能力;

10. 具有宽广的国际化视野和参与国际学术交流、竞争与合作的能力。

三、专业核心课程

生物化学（全英文）、微生物学（全英文）、基础生态学、细胞生物学（全英文）、遗传学（双语）、分子生物学（全英文）、基因工程。

四、修业年限及学习年限

基本学制四年,修业年限三至六年。

五、毕业最低总学分

155 学分。

六、授予学位

理学学士。

七、教学计划进度表

课程分组	课程类别	课程属性	课程号	课程名	开课单位	学分	总学时	理论学时	实验学时	上机学时	设计学时	自主学习学时(不包含在总学时中)	实践周数	开课学年学期	完成学分
通识教育	公共基础课 思想政治理论课程（拔尖、强基按照章学院要求执行）	必修	107421030	思想道德与法治	马克思主义学院	3	48	40	8				8	1秋	
			107060030	中国近现代史纲要	马克思主义学院	3	48	40	8				8	1春	
			107448030	马克思主义基本原理	马克思主义学院	3	48	40	8				8	2秋	
			107446030	毛泽东思想和中国特色社会主义理论体系概论	马克思主义学院	3	48	40	8				8	2春	
			107447030	习近平新时代中国特色社会主义思想概论	马克思主义学院	3	48	40	8				8	2秋或2春	
			107115000	形势与政策-1	马克思主义学院	0	16	16						1秋	
			107116000	形势与政策-2	马克思主义学院	0	16	16						1春	
			107117000	形势与政策-3	马克思主义学院	0	16	16						2秋	
			107118000	形势与政策-4	马克思主义学院	0	16	16						2春	
			107119000	形势与政策-5	马克思主义学院	0	16	16						3秋	
			107120000	形势与政策-6	马克思主义学院	0	16	16						3春	
			107121000	形势与政策-7	马克思主义学院	0	16	16						4秋	
			107122020	形势与政策-8	马克思主义学院	2	16	16						4春	19（五史教育五选一）
			107418020	中共党史	马克思主义学院	2	32	30	2					1春	
			107419020	社会主义发展史	马克思主义学院	2	32	27	5					1春	
			102620020	改革开放史	经济学院	2	32	32						1春	
			106812020	新中国史	历史文化学院	2	32	32						1春	

续表

课程分组	课程类别	课程属性	课程号	课程名	开课单位	学分	总学时	理论学时	实验学时	上机学时	设计学时	自主学习学时(不包含在总学时中)	实践周数	开课学年学期	完成学分
通识教育 / 公共基础课		必修	106844020	中华民族发展史(中华民族的凝聚与演进)	历史文化学院	2	32	32						1春	19(五史教育五选一)
			107482010	国家安全教育	马克思主义学院	1	16	8	8					1秋	
	军训		900004020	军事理论	武装部	2	32	32						1秋	4
			900005020	军事技能	武装部	2	112						2周	1春S	4
	体育		888004010	体育-1	体育学院	1	32	2	30					1秋	4
			888005010	体育-2	体育学院	1	32	2	30					1春	
			888006010	体育-3	体育学院	1	32	2	30					2秋	
			888007010	体育-4	体育学院	1	32	2	30					2春	
	新生研讨课		204170010	新生研讨课	生命科学学院	1	16	16						1秋	1
	外语(拔尖、强基照章执行，按照吴玉章学院要求执行)		603195020	基础英语写作-1	外国语学院	2	32							1秋	8学分
			603206020	基础英语写作-2	外国语学院	2	32							1春	
			603196020	学术英语写作-1	外国语学院	2	32							2秋	
			603205020	学术英语写作-2	外国语学院	2	32							2春	
	劳动教育														1学分,32学时
	美育														2
	通识先导课		999011020	科学进步与技术革命	数学学院	2	32	32						工2秋,文理医2春	2(两大先导课二选一)

课程分组	课程类别	课程属性	课程号	课程名	开课单位	学分	总学时	理论学时	实验学时	上机学时	设计学时	自主学习学时（不包含在总学时中）	实践周数	开课学年学期	完成学分
通识教育	公共基础课	通识先导课 必修	999006020	中华文化（文学篇）	文学与新闻学院	2	32	32						文理医 2秋，工 2春	2（两大先导课二选一）
			999005020	中华文化（历史篇）	历史文化学院	2	32	32							
			999009020	中华文化（哲学篇）	哲学系	2	32	32							
			999007020	中华文化（艺术篇）	艺术学院	2	32	32							
		心理健康	912002010	大学生心理健康	心理健康中心	1	16	16						1 秋	1
		选修	633508020	跨文化沟通之道	外国语学院	2	32	32						1 春	
			603579020	国际学术交流（英文）	外国语学院	2	32	32						3 秋	
		通识核心课				通识核心课总计不低于 6 分									9（通识核心课总计不低于 6 分，实践及国际课程周课程不低于 1 分，MOOC 最高认定不超过 2 学分）
		实践及国际课程周课程				不低于 1 分									
		MOOC				不超过 2 分									
		信息素养教育	909043020	计算思维与智能方法	计算机基础教学中心	2	36	28		8				1 秋	2
		科技伦理													
		安全教育													

续表

课程分组	课程类别	课程属性	课程号	课程名	开课单位	学分	总学时	理论学时	实验学时	上机学时	设计学时	自主学习学时(不包含在总学时中)	实践周数	开课学年学期	完成学分
学科基础课	基础学科平台课	必修	501416010	化生医学科简史	华西基础医学与法医学院	1	16	16						2秋	1
			203321010	化生医未来技术实践	化学学院	1	16		16					3春	1
			501082050	生物化学I(双语)	华西基础医学与法医学院	5	80	80						2秋	≥4
			204518040	生物化学II(全英文)	生命科学学院	4	64	64						2秋	
			204514040	生物化学III	生命科学学院	4	64	64						3秋	
			204168040	普通生物学	生命科学学院	4	64	64						1秋	8
			204169040	普通生物学实验	生命科学学院	4	96		96					1秋	
	大类平台课(原则上不少于4门/年)	必修	201074030	微积分(II)-1	数学学院	3	64	54	10					1秋	
			203222020	大学化学(I)-1	化学学院	2	32	32						1秋	
			201075030	微积分(II)-2	数学学院	3	64	54	10					1春	20
			203223030	大学化学(I)-2	化学学院	3	48	48						1春	
			203313030	有机化学(III)	化学学院	3	48	48						1春	
			202025030	大学物理(理工)II-1	物理学院	3	48	48						1春	
			201018030	概率统计(理工)	数学学院	3	64	54	10					2秋	
专业教育	专业核心课	必修	204190030	微生物学(全英文)	生命科学学院	3	48	48						2秋	
			204312020	基础生态学	生命科学学院	2	32	32						2秋	17
			204191030	细胞生物学(全英文)	生命科学学院	3	48	48						2春	
			204132030	遗传学(双语)	生命科学学院	3	48	48						2春	
			204166030	分子生物学(全英文)	生命科学学院	3	48	48						3秋	
			204036030	基因工程	生命科学学院	3	48	48						3秋	

续表

课程分组	课程类别	课程属性	课程号	课程名	开课单位	学分	总学时	理论学时	实验学时	上机学时	设计学时	自主学习学时(不包含在总学时中)	实践周数	开课学年学期	完成学分
专业教育	专业选修课	选修	204150020	植物生理学	生命科学学院	2	32	32						2秋	9
			204011020	动物生理学	生命科学学院	2	32	32						2秋	
			204038020	结构生物学	生命科学学院	2	32	32						3秋	
			204478030	内分泌代谢病学	生命科学学院	3	48	48						3秋	
			204251020	专业英语导读与写作	生命科学学院	2	32	32						3秋	
			204130030	发育生物学(双语)	生命科学学院	3	48	48						3秋	
			204474030	合成生物学	生命科学学院	3	48	48						3春	
			204188030	干细胞生物学(全英文)	生命科学学院	3	48	48						3春	
			204489020	细菌耐药性及防控	生命科学学院	2	32	32						2春	
			204196030	生物统计	生命科学学院	3	48	48						3秋	
			204077020	生物信息学	生命科学学院	2	32	32						3春	
			204040020	进化生物学	生命科学学院	2	32	32						3秋	
学生自由修读的跨学科课程	跨学科专业教育	必修	403087010	实验室生物安全	灾后重建与管理学院	1	16	10	6					2秋	1
				其他非本科专业类的专业课程											3

续表

课程分组	课程类别	课程属性	课程号	课程名	开课单位	学分	总学时	理论学时	实验学时	上机学时	设计学时	自主学习学时(不包含在总学时中)	实践周数	开课学年学期	完成学分
	创新创业教育			创新创业教育		4									38
		必修	908054020	大学化学实验（Ⅴ）	化学实验中心	2	48		48					1春	
			908022030	有机化学实验（Ⅲ）	化学实验中心	3	48		48					1春	
			202039020	大学物理实验（理工）Ⅱ-1	物理学院	2	32		32					1春	
实践教育	实践教育		204174020	生物化学实验	生命科学学院	2	48		48					2秋	
			204087020	微生物实验	生命科学学院	2	48		48					2秋	
			204311020	细胞生物学实验	生命科学学院	2	48		48					2春	
			204175020	遗传学实验	生命科学学院	2	48		48					2春	
			204173030	野外综合实习	生命科学学院	3	72		72				2周	2春S	
			204043020	科研训练	生命科学学院	2	32		32					3春	
			204021020	分子生物学实验	生命科学学院	2	48		48					3秋	
			204182060	生物科学综合实验	生命科学学院	6	144		144					3春	
	毕业环节		204519060	毕业论文	生命科学学院	6	144		144				30周	4秋	

课程类别	通识教育	专业教育	实践教育
学分	54	68	52.65
占总学分比例	34.62%	43.59%	33.75%

毕业总学分 156

生物科学专业人才培养方案

一、专业简介

（一）主干学科

生物科学专业（拔尖学生培养基地班）依托于生物学一级重点学科，以及微生物学、植物学、动物学等二级重点学科。

（二）专业代码

071001

（三）专业定位

基础型

（四）学制与学位

基本学制为 4 年，弹性学制为 3～7 年，授予理学学士学位。

二、培养目标

说明：根据学校总的人才培养目标，参照教育部本科专业教学质量国家标准与认证标准，认真研究确定本专业的培养目标，体现专业人才培养的优势特色。

生物科学拔尖学生培养计划旨在为国家培养一批自己的学术大师，致力于培养学生在德、智、体、美、劳等方面得到全面发展的同时，还兼具价值引领、知识探究、能力建设及人格养成"四位一体"的优秀品质。

（一）价值引领

培养学生具备坚定的理想信念，践行社会主义核心价值观；厚植家国情怀，担当中华民族伟大复兴重任；立足行业领域，矢志成为国家栋梁；追求真理，树立创造未来的远大目标；胸怀天下，以增进全人类福祉为己任。

（二）知识探究

培养学生习得深厚的基础理论，获得数学、物理学、化学和信息科学的深厚基础知识理论，并了解其发展的前沿；具备扎实的专业核心，掌握扎实的生命科学核心专业知识；兼具宽广的跨学科知识、领先的专业前沿视野，以及广博的通识教育。利用云南大学通识教育平台，全面增强学生在人文与社会科学方面的基础知识。

（三）能力建设

培养学生的审美与鉴赏能力；沟通协作与管理领导能力；批判性思维、实践与创新能力；跨文化沟通交流与全球胜任力；终身学习和自主学习能力。

（四）人格养成

培养学生刻苦务实、意志坚强；努力拼搏，敢为人先；诚实守信，忠于职守；身心和谐、体魄强健；崇礼明德，仁爱宽容。

三、培养要求

（一）知识要求

1. 掌握数学、物理学、化学和信息科学的基本理论和基本知识；
2. 掌握动物生物学、植物生物学、微生物学、生物化学、细胞生物学、遗传学、分子生物学及生态学等方面的基本理论、基本知识和基本实验技能；
3. 掌握相关专业的一般实验原理和知识；
4. 掌握最重要和最前沿的生命科学知识和最新发展动态；
5. 了解国家科技政策、知识产权等有关政策和法规。

（二）能力要求

生物科学拔尖学生应具备扎实的基础知识和基本理论、娴熟的生物实验操作技能和系统解决生物科学问题的综合能力。首先，依托开设的必修及选修课程，学生应系统、扎实掌握生物科学专业基本理论和基本技能，并拓宽相关领域的课程内容，具有国际视野，构建完整、系统的科学知识结构。其次，拔尖学生应掌握资料查询、文献检索及运用现代信息技术获取相关信息的基本方法，凭此知识积累具有一定的实验设计能力，并通过创造实验条件及合理的实验设计解答一定的科学问题。最后，拔尖学生应该具备归纳、整理、分析实验结果的能力，并能够独立撰写研究性论文，且具备参与学术交流的能力。

（三）素质要求（含专业思政要求）

1. 热爱祖国、热爱人民；遵守国家法律、遵守校纪校规；坚持德、智、体、美、劳全面发展，不断塑造健康体魄、健全心理素质并提升人文素质。

2. 通过专业基础课程的学习，打下坚实的数理化基础，为生物科学及其交叉学科的科学研究奠定良好的知识积淀。

3. 通过专业核心课程的学习，具备扎实的生物科学专业基础知识和基础理论；具备娴熟的生物实验操作技能及解决实际问题的能力；具备提出创新性科学问题并设计实验解答该科学问题的能力；具备较强的分析问题、解决问题的能力，并树立起独立的科研思维。

4. 通过个性化课程的学习，形成较系统的科学世界观和方法论，有正确的人生观和价值观，热爱所学专业，有献身精神和强烈的事业心，具有高度的责任感，立志为我国现代化建设服务。

5. 具备良好的英语听、说、读和写的能力，并具备一定的计算机应用基础。

本培养方案除公共必修课和通识教育课程之外，还根据生物科学的特点设置了一系列大类基础课、专业核心课和专业选修课。专业必修课包含生物科学大类基础及专业核心课：高等数学、概率论与数理统计、线性代数、无机与分析化学、有机化学和大学物理，以及现代生命科学导论、动物学理论及实验、植物学理论及实验、微生物学理论及实验、生物化学与分子生物学理论及实验、细胞生物学理论及实验、遗传学理论及实验、生态学理论及实验和专业英语等课程。

本培养方案特设专业实践类课程，重在培养学生学术研究和创新实践能力。专业实践课包括与课程相关的实验基础课程和拓展课程如野外实习、企业实习、阅读计划、研究计划、生科竞赛、学术交流、毕业论文等。本培养方案还鼓励学生选修学校认可的各种理论教学或实践教学课程，主要包括四大模块：①专业提升课（选修），如发育与再生生物学、进化生物学、神经生物学、结构生物学、免疫学、合成生物学等。②人文素养课程（选修），科学哲学、现代生命科学研究前沿等。③数据信息模块。④材料、工程和生物技术模块。该类课程的设置重在强化知识交叉、融合，为一流科研人才的培养奠定良好的交叉学科知识体系。

四、课程设置

（一）专业核心课程

现代生命科学导论、动物学理论及实验、植物学理论及实验、微生物学理论及实验、生物化学与分子生物学理论及实验、细胞生物学理论及实验、遗传学理论及实验、专业英语。

（二）主要实践性教学环节

主要课程有动物学理论及实验、植物学理论及实验、微生物学理论及实验、生物化学与分子生物学理论及实验、细胞生物学理论及实验、遗传学理论及实验、生态学理论及实验、蛋白质组学及实验、生物大数据分析及实践和生物信息学及实践等，实践教学学分占总学分的 27%。

（三）专业"阅读计划"书目

拔尖班必读书目

1. *Biology*，Campbell，12th Edition（一年级）

2. *Evolution*，Futuyma & Douglas，4th Edition（一年级）

3. *Principles of Biochemistry*，Lehninger，7th Edition（二年级）

4. *Principles of Genetics*，Snustad & Simmons，7th Edition（二年级）

5. *Genetics，from Genes to Genomes*，Hartwell，et al.，6th Edition（二年级）

6. *Molecular Biology of the Cell*，Alberts，et al.，6th Edition（二年级）

7. *Lewin's Gene* XII，Krebs，et al.，（二年级）

8. *Principles of Neurobiology*，Liqun Luo，2nd Edition（三年级）

9. *Cellular and Molecular Immunology*，Abbas，et al.，9th Edition（三年级）

10. *Principles of Virology*，Flint，et al.，4th Edition（三年级）

科学素养提升必读书目

1.《什么是科学》，吴国盛

2.《生命是什么》，薛定谔

3.《遗传学经典文选》，孟德尔等

4.《自私的基因》，道金斯

5.《基因论》，摩尔根

6.《物种起源》，达尔文

7. *The Vital Question：Energy，Evolution，and the Origins of Complex Life*，Nick Lane

8. *The Double Helix*, James Watson

9. *A Century of Nature: Twenty-One Discoveries that Changed Science and the World*, Laura Garwin & Tim Lincoln

科学素养提升选读书目

1.《如何阅读一本书》,艾德勒等

2.《时间简史》,霍金

3.《世界科技史》,惠特菲尔德

4.《科学的历程》,吴国盛

5.《什么是数学》,柯朗、罗宾

6.《双脑记》,扎加尼加

7.《上帝掷骰子吗》,曹天元

8.《遗传的革命》,凯里

9.《垃圾 DNA》,凯里

10.《思考,快与慢》,卡尼曼

11.《科技想要什么》,凯利

12.《不自私的基因》,特尔多夫等

13.《大脑的奥秘》,中国科学院神经科学研究所

14.《生命的跃升》,莱恩

15. *Genentech: the Beginning of Biotech*, Sally Smith Hughes

16. *The Book of Why: The New Science of Cause and Effect*, Judea Pearl & Dana Mackenzie

（四）核心课程与培养要求的对应关系矩阵

培养要求	核心课程名称	核心课程如何有效支撑培养目标、培养要求
子要求 1	现代生命科学导论	为学生提供跨学科的生命科学基础,培养科学思维和综合分析能力
	动物学理论及实验	有助于达到培养要求,通过研究动物生态和行为,培养学生的观察与实验技能
	植物学理论及实验	培养学生对植物多样性和生态系统功能的理解与保护意识
	生态学理论及实验	让学生深入研究生态相互作用,培养可持续生态思维
	微生物学理论及实验	帮助学生理解微生物在生态、医学和工业中的关键作用
子要求 2	生物化学与分子生物学理论及实验	使学生掌握生命分子的结构和功能,为研究和应用提供基础
	细胞生物学理论及实验	帮助学生理解生命的基本单位——细胞的结构和功能
	遗传学理论及实验	让学生掌握遗传信息传递的原理和应用

续表

培养要求	核心课程名称	核心课程如何有效支撑培养目标、培养要求
子要求 3	专业英语	提升学生的跨文化交流和科技文献阅读能力,促进国际化学术交流

五、毕业与授予学位要求

1. 修读学分要求

	课程平台	课程模块	课程类型	学分
第一课堂教育	通识教育	通识必修课程	包括思政、外语、体育、计算机、中文、写作、文科数学、心理健康、创新创业、军事课等	42
		全校通识教育选修课程		6
	大类(学科)教育	大类(学科)教育课程		0
	专业教育	专业课程	专业核心课程	37
			专业选修课程	37
		综合实践	专业实习、社会调查、学年论文、毕业论文(设计)、科研训练类、专业综合技能训练类、阅读计划、研究计划等	20
	拓展教育	跨学科教育	跨学科门类课程	22
		专业深度教育	挑战性课程类、本硕衔接课程类等	
		个性拓展教育	特色拓展课程类、专创融合课程类	
	总学分	164	实践教学环节学分占比	27%
第二课堂教育		劳动教育、科技创新、学术讲座、社团活动、社会实践、技能考证、海外短期交流学习等		6

2. 主修专业毕业和学位修读要求

国内学生在学校规定的学习年限内,按教学计划修满第一课堂 164 学分、第二课堂 6 学分,达到《国家学生体质健康标准》,准以毕业,授予理学学士学位。

3. 辅修专业和辅修学位修读要求

本专业不对辅修学生开放。

六、课程教学计划

课程平台	课程模块	课程代码	课程名称	修读学期	总学分	总学时	周学时	学分类型分配			学时类型分配			辅修专业课程	辅修学位专业课程	学生毕业应修总学分构成
								讲授	实验	实训	讲授	实验	实训			
通识教育	全校通识必修 思政课程系列	YN3021170018	思想道德与法治	1	3	54	3	2.7		0.3	48		6			本模块应修总学分数:42
		YN3021170020	习近平新时代中国特色社会主义思想概论	1	3	54	3	2		1	36		18			
		YN3021170005	形势与政策(1)	1	0.25	8	0.5	0.25			8					
		YN3021170002	中国近现代史纲要	2	3	54	3	2.7		0.3	48		6			
		YN3021170006	形势与政策(2)	2	0.25	8	0.5	0.25			8					
		YN3021170019	马克思主义基本原理	3	3	54	3	2.7		0.3	48		6			
		YN3021170007	形势与政策(3)	3	0.25	8	0.5	0.25			8					
		YN3021170021	毛泽东思想和中国特色社会主义理论体系概论	4	3	54	3	2		1	36		18			
		YN3021170008	形势与政策(4)	4	0.25	8	0.5	0.25			8					
		YN3021170009	形势与政策(5)	5	0.25	8	0.5	0.25			8					
		YN3021170010	形势与政策(6)	6	0.25	8	0.5	0.25			8					
		YN3021170011	形势与政策(7)	7	0.25	8	0.5	0.25			8					
		YN3021170012	形势与政策(8)	8	0.25	8	0.5	0.25			8					

续表

课程平台	课程模块	课程代码	课程名称	修读学期	总学分	总学时	周学时	学分类型分配			学时类型分配			辅修专业课程	辅修学位专业课程	学生毕业应修总学分构成
								讲授	实验	实训	讲授	实验	实训			
通识教育	大学英语板块	YN3004170001	大学英语读写(1)	1	1	36	2	2			36					
		YN3004170004	大学英语听说(1)	1	1	36	2	2			36					
		YN3004170002	大学英语读写(2)	1-2	1	36	2	2			36					
		YN3004170005	大学英语听说(2)	1-2	1	36	2	2			36					
		YN3004170003	大学英语读写(3)	1-3	1	36	2	2			36					
		YN3004170006	大学英语听说(3)	1-3	1	36	2	2			36					
		YN3004170008	大学英语读写(4)	2-4	1	36	2	2			36					
		YN3004170007	大学英语听说(4)	2-4	1	36	2	2			36					
全校通识必修	学术英语	YN3004180003	通用学术英语听说	4-6	1	36	2	2			36					
		YN3004180004	通用学术英语读写	3-5	1	36	2	2			36					
	语言技能与文化修养	YN3004180001	高级英语(口译)	3-6	1	36	2	2			36					
		YN3004180002	高级英语(笔译)	3-6	1	36	2	2			36					
		YN3004180005	旅游文化交流英语	3-6	1	36	2	2			36					
		YN3004170009	英语文学赏析	3-6	1	36	2	2			36					
	计算机应用技能	YN3011170002	数据库技术		2	72	2	1		1	36		36			
		YN3011170001	程序设计		2	72	2	1		1	36		36			

续表

课程平台	课程模块		课程代码	课程名称	修读学期	总学分	总学时	周学时	学分类型分配			学时类型分配			辅修专业课程	辅修学位专业课程	学生毕业应修总学分构成
									讲授	实验	实训	讲授	实验	实习			
通识教育	全校通识必修	大学体育	YN3017170001	体育(1)	1	1	36	2			1			36			
			YN3017170002	体育(2)	2	1	36	2			1			36			
			YN3017170003	体育(3)	3	1	36	2			1			36			
			YN3017170004	体育(4)	4	1	36	2			1			36			
		写作	YN3027170001	中文写作	1	2	36	2	2			36					
		数学	YN3007170001	文科数学	1	2	32	2	2			32					
		心理健康	YN2003170001	大学生心理健康教育	1	2	36	2	2			36					
		创新创业	YN3005170001	大学生创新创业教育	3—6	2	36	2	1		1	18		18			
		军事	YN2003170004	军事理论	1	2	36	2	2			36					
			YN2003170005	军事技能训练	1	2	168	2			2			168			
		四史	YN3021170014	改革开放史	1—6	1	18	2	1			18					
			YN3021170015	新中国史	1—6	1	18	2	1			18					
			YN3021170016	社会主义发展史	1—6	1	18	2	1			18					
			YN3021170017	党史	1—6	1	18	2	1			18					
	全校通识选修			通识教育选修课程	2—8	12											本模块应修总学分数:6

续表

课程平台	课程模块	课程代码	课程名称	修读学期	总学分	总学时	周学时	学分类型分配			学时类型分配			辅修专业课程	辅修学位专业课程	学生毕业应修总学分构成
								讲授	实验	实训	讲授	实验	实训			
专业教育	专业核心课程	YN3010180007	生物统计学	3	2.0	36	2.0	2.0			36					
		YN3010180008	遗传学	3	3.0	54	3.0	3.0			54					
		YN3010180017	基础生态学	5	2.0	36	2.0	2.0			36					
		YN3010180021	微生物学	5	3.0	54	3.0	3.0			54					
		YN3010180028	生物信息学及实践	4	2.0	36	2.0	2.0			36					
		YN3010180029	生物大数据分析及实践	5	2.0	36	2.0	2.0			36					本模块应修总学分数:37
		YN3010180030	高级分子生物学及实验	7	3.0		3.0			3.0						
		YN3010180032	高级细胞生物学及实验	7	3.0		3.0			3.0						
		YN3010180033	高级生物化学及实验	7	3.0		3.0			3.0						
		YN3010180034	高级遗传学及实验	7	3.0		3.0			3.0						
	专业基础课程	YN3010180036	生物化学	3	4.0	72	4.0	4.0			72					
		YN3010180039	细胞生物学	4	4.0	72	4.0	4.0			72					
		YN3010180043	分子生物学	4	3.0	54	3.0	3.0			54					
		YN3007110005	高等数学C(1)	1	3.0	64	4.0	3.0			64					
		YN3007110006	高等数学C(2)	2	3.0	72	4.0	3.0			72					本模块应修总学分数:37
		YN3008110008	大学物理C	2	4.0	72	4.0	4.0			72					
		YN3008110014	大学物理实验C	2	1.0	27	3.0		1.0			27.0				
		YN3009110001	普通化学原理	1	4.0	72	4.0	4.0			72					
		YN3009110002	普通化学实验	1	1.0	27	1.5		1.0			27.0				

续表

课程平台	课程模块		课程代码	课程名称	修读学期	总学分	总学时	周学时	学分类型分配			学时类型分配			辅修专业课程	辅修学位专业课程	学生毕业应修总学分构成
									讲授	实验	实训	讲授	实验	实训			
专业教育	专业基础课程		YN3009110003	分析化学	2	2.0	36	2.0	2.0			36					
			YN3009110004	分析化学实验	2	1.0	27	1.5		1.0			27.0				
			YN3009110005	有机化学	2	4.0	72	4.0	4.0			72					
			YN3009110006	有机化学实验	2	1.0	27	1.5		1.0			27.0				
			YN3010110001	生命化学启航	1	1.0	18	1.0	1.0			18					
			YN3010120001	生命科学导论	1	2.0	36	2.0	2.0			36					
			YN3010180038	植物学	2	2.0	36	2.0	2.0			36					
			YN3010180042	动物学	1	2.0	36	2.0	2.0			36					
			YN3010180046	专业外语(1)	1	3.0	54	3.0	3.0			54					
			YN3010180047	专业外语(2)	2	3.0	54	3.0	3.0			54					
	综合实践环节	阅读计划		阅读计划(1)	3	1	36	1									
				阅读计划(2)	4	1	36	1									
		研究计划		研究计划	3	2											
		集中实践	YN3010170001	毕业论文	8	4.0					4.0						本模块应修总学分数:20
			YN3010170009	专业综合实习	4	2.0					2.0						
			YN3010170020	实验动物解剖学	3	1.0	27	1.5		1.0			27.0				
			YN3010170021	生物化学实验	3	1.0	27	1.5		1.0			27.0				
			YN3010170022	分子生物学实验	4	1.0	27	1.5		1.0			27.0				

续表

课程平台	课程模块	课程代码	课程名称	修读学期	总学分	总学时	周学时	学分类型分配			学时类型分配			辅修专业课程	辅修学位专业课程	学生毕业应修总学分构成
								讲授	实验	实训	讲授	实验	实训			
专业教育	综合实践环节 集中实践环节	YN3010170023	微生物学实验	5	1.0	27	1.5		1.0			27.0				
		YN3010180009	遗传学实验	3	1.0	27	1.5		1.0			27.0				
		YN3010180013	细胞生物学实验	4	1.0	27	1.5		1.0			27.0				
		YN3010180037	植物学实验	2	2.0	54	3.0		2.0			54.0				
		YN3010180044	动物学实验	1	2.0	54	3.0		2.0			54.0				
	跨学科教育	YN3010130001	高级药理与制药工程	6	2.0	36	2.0	2.0			36					
		YN3010130003	生物医学图像处理	6	2.0	36	2.0	2.0			36					
		YN3010130005	蛋白组学及实验	5	2.0	54	3.0		2.0			54.0				
拓展教育		YN3010140034	合成生物学	5	2.0	36	2.0	2.0			36					
		YN3010140039	结构生物学	5	2.0	36	2.0	2.0			36					
		YN3010140006	发育生物学	5	2.0	36	2.0	2.0			36					
	专业深度教育	YN3010140014	病毒学	6	2.0	36	2.0	2.0			36					
		YN3010140018	神经生物学	6	2.0	36	2.0	2.0			36					
		YN3010140028	高级生态学	6	2.0	36	2.0	2.0			36					
		YN3010140029	现代生命科学前沿进展	3	2.0	36	2.0	2.0			36					
		YN3010140030	现代生命科学技术及实验	4	2.0			2.0		2.0						本模块应修总学分数:22
		YN3010140036	肿瘤生物学	6	2.0	36	2.0	2.0			36					
		YN3010140037	干细胞生物学	6	2.0	36	2.0	2.0			36					
		YN3010140043	生理学	4	2.0	36	2.0	2.0			36					

续表

课程平台	课程模块	课程代码	课程名称	修读学期	总学分	总学时	周学时	学分类型分配			学时类型分配			辅修专业课程	辅修学位专业课程	学生毕业应修总学分构成
								讲授	实验	实训	讲授	实验	实训			
拓展教育	专业深度教育	YN3010150001	免疫学	6	2.0	36	2.0	2.0			36					
		YN3010180019	进化生物学	5	2.0	36	2.0	2.0			36					
	个性拓展教育	YN3010150003	暑期研访交流(3)	6	1.0					1.0						
		YN301C150004	生科竞赛、创新创业训练	3	1.0					1.0						
		YN3010150005	暑期研访交流(2)	4	1.0					1.0						
		YN3010150006	暑期研访交流(1)	2	1.0					1.0						
		YN3010150007	科学素养课	3	2.0					2.0						
毕业学分总计							164									

生物科学专业人才培养方案（2021 版）

一、培养目标

生物科学（基础学科拔尖学生培养计划 2.0）以培养德智体美劳全面发展的优秀的社会主义建设者和接班人为根本任务，坚持"厚基础、宽口径、强实践、重创新、高素质、国际化"的育人理念，学生应获得坚实的数学、物理学、化学及信息科学基础，掌握重要及最前沿的生命科学理论知识和技能，具备独立的批判性思维、强烈的探索生命本质欲望，致力于成为具有家国情怀、三农情怀、沟通协作能力、多元文化理解和全球视野的创新型生命科学未来领袖人才。

二、毕业要求

A. 知识

A1. 广博的通识教育。掌握历史、哲学、文学、艺术和社会科学等领域的基础知识。

A2. 掌握自然环境与社会发展、经济管理与社会科学、科技发展与文明传承、文明对话与国际视野等方面的基本知识。

A3. 深厚的基础理论。掌握数学、物理、化学和信息科学的基础知识理论和实验技能。

A4. 扎实的专业基础。掌握生命科学核心基础课程相关的基础理论知识（普通生物学、微生物学、生物化学、分子生物学、遗传学、细胞生物学、发育生物学、生物统计学等生物学基础知识）和实验技能。

A5. 领先的专业前沿。掌握现代生命科学相关的专业理论知识、技能和理论前沿及发展动态（基因工程、细胞工程、酶工程；生物大分子研究；交叉学科）。

B. 能力

B1. 具备审美与鉴赏能力。

B2. 具备沟通协作与管理领导能力，具有良好的逻辑思维与语言表达能力。

B3. 具备批判性思维、实践与创新能力。能够发现、分析和解决问题，进行创造性工作。

B4. 具备自主学习和终身学习的能力。

B5. 具备应用现代信息技术进行资料查询、文献检索和数据分析的能力。

B6. 具备阅读英文专业文献、论文写作以及国际学术交流、竞争与合作的能力。

B7. 具备在生物学相关领域从事基础的科学研究、技术应用与产品开发的能力。

B8. 具备完善的专业知识结构，较高的专业技能，专业思维开阔，具备独立思考和综合分析能力。

C. 素质

C1. 具有坚定的理想信念和社会责任感,意志坚强、求精进取,探求真理,践行社会主义核心价值观。

C2. 厚植家国情怀,心系三农,志存高远、传承文明,能够担当民族复兴的重任。

C3. 立足生物科学领域,勤于思考,善于钻研,勇于开拓创新,立志探索生命科学及从事相关行业,矢志成为国家栋梁。

C4. 具备对多元文化的理解及宽阔的国际化视野,具有追踪世界生物科学研究最前沿、融入国际一流生物科学学术群体的意识。

C5. 诚信务实,忠于职守,具备良好专业合作、学科交叉意识和团队精神。

C6. 身心和谐,体魄强健,具有良好的身体和心理素质。

C7. 崇礼明德,仁爱宽容。

三、培养方式

按照生物科学大类,实行本研贯通培养。

在第1、第2、第3学年末,分别组织资格考核,没有通过资格考核的同学将转出拔尖学生培养计划2.0基地,转入生物类普通专业学习。

四、主干学科与相关学科

主干学科:生物学。

相关学科:生物工程、化学、农学。

五、学制与学位

标准学制:4年,学习年限:4~6年。

授予学位:理学学士学位。

六、学时、学分与毕业要求

1. 课程体系学时与学分

课程分为通识教育课、专业教育课、专业实践课、个性化培养和素质拓展五部分。

专业教育课程分为专业基础课、专业核心课和专业选修课。

专业核心课主要包括:普通生物学、微生物学、生物化学、细胞生物学、遗传学、分子生物学、生物统计学、发育生物学等。

课程设置分类及学分学时分配表

课程类别		课程性质	学时/学分	占课程体系学分比例/%
通识教育课	理论课	必修	548/27	18.49
		选修	224/14	9.59
	实践课	必修	6周/6	4.11
专业教育课	专业基础课	必修	368/23	15.75
	专业核心课	必修	528/33	22.60
	专业选修课	选修	200(368)/12.5	8.56
专业实践课	专业实验课	必修	336/10.5	7.19
	综合实践课	必修	24周/16	10.96
个性化教育课程		选修	64(128)/4	2.74
素质拓展(课外)		选修	8学分	
合计			2 268(2 500)+30周/146+8	100

实践教学体系学分分配表

实践教学体系	实践教学内容	课程门数	必修课学分	选修课		总学分	占实践总学分比/%
				总学分	最低学分要求		
通识教育课	课程实验课	5	1	3	1	8	5.48
	通识实践课	3	6	0	0		
专业实验课	必修实验课	9	10.5	0	0	10.5	7.19
	选修实验课	12	0	10.5	0		
综合实践课	专业综合实践	4	8	0	0	16	10.96
	毕业论文(设计)	1	8	0	0		
小计		34	33.5	13.5	1	34.5	23.63

2. 毕业额定学分:146学分(课内)+8学分(课外)

课内:通识教育课47学分,专业教育基础课23学分,专业教育必修课33学分,专业教育选修课12.5学分,专业实践教学环节26.5学分,个性化教育4学分。

课外:素质拓展8学分。

取得额定学分,准予毕业。

七、课程体系及学分分配

1. 通识教育课(要求最低修满47学分)

1.1 通识必修课(要求修满27学分)

课程 类型	课程编号	课程名称	学分	总学时	学时分配		必修/ 选修	开设 学院	开设 学期
					讲课	实验			
思想政治理论课	1180012	思想道德与法治	2.5	40	40		必修15学分	马克思主义学院	1–2
	1181003	中国近现代史纲要	2.5	40	40				1–1
	2181003	马克思主义基本原理	2.5	40	40				2–2
	3181007	毛泽东思想和中国特色社会主义理论体系概论	2.5	72	72				3–1
	3181008	习近平新时代中国特色社会主义思想概论	3	48	48				3–2
	1181004	形势与政策	2	64	64				1 至 8
体育	1241001	体育Ⅰ	1	30	30		必修4学分	体育部	1–1
	1241002	体育Ⅱ	1	30	30				1–2
	2241001	体育Ⅲ	1	30	30				2–1
	2241002	体育Ⅳ	1	30	30				2–2
国防教育	1301002	军事理论课	2	32	32		必修2学分	素质学院	1–1
计算机	1091005	大学信息技术（甲）	2.5	48	32	16	必修5学分	信息学院	1–1
	1091007	大学程序设计（Python）	2.5	56	32	24			1–2
中文	1140161	大学语文	1	20	20		必修1学分	人文学院	1–2
		小计	27	548	508	40	27		

1.2　英语选修课（9学分，大学英语拓展课为限选，本部分要求最低选修3学分，达到学校英语培养目标要求的，多修学分可计入个性化模块）

课程 类型	课程编号	课程名称	学分	总学时	学时分配		必修/ 选修	开设 学院	开设 学期
					讲课	实验			
英语	1191017/1191019	大学英语 A1/B1	3	64	32	32	最低选修3学分	外语学院	1–1
	1191018/1191020	大学英语 A2/B2	3	64	32	32			1–2
		大学英语（拓展与提高）	3	64	32	32			2–1,2–2
		小计	9	192	96	96			

注：1. 大学英语通过学校组织的"水平考试"或达到社会英语考试相应的分数线的学生，可免修"大学英语 A1/B1 和 A2/B2"，修读过大学英语 A1/B1 和 A2/B2 的学分可以置换到个性化教育课程模块，本环节 3 学分是指修读大学英语拓展课，期中英语口语与演讲和英语应用文写作各 1.5 学分。

2. 体育课按俱乐部选课制进行选课，由体育部公布选课清单，学生根据兴趣自主选择。

3. 体质健康标准测试达标，方可认为体育课总评合格，取得学分成绩。

1.3 通识选修课(需修满 11 学分)

通识选修课按照模块进行选课,学生可选修在线开放课程或线下课程,总学分应不少于11学分。其中,"新生研讨课"和"学术写作与规范"为限选。

课程模块名称	最低学分要求
新生研讨课	1(限选)
学术写作与规范	1(限选)
传统文化与世界文明	1
人文素养与人生价值	1
科技创新与社会发展	1
生态环境与人类命运	1
农业发展与政策法规	1
创新创业教育模块	1
公共艺术课程	2
四史类课程	1
小计	11

1.4 通识实践课(需修满 6 学分)

课程编号	课程名称	学分	总学时	学时分配 讲课	学时分配 实验	必修/选修	开设学院	开设学期
1305103	军事训练	2.0	2 周		2 周	必修6学分	素质学院	1–1
1185008	思想政治理论课实践	2.0	2 周		2 周		马克思主义学院	2–2
1305202	劳动教育	2.0	2 周		2 周		素质学院	1–1 至 4–2
	小计	6.0	6 周		6 周			

2. 专业教育课(要求最低学分 68.5)

2.1 专业基础课(修满全部 23 学分)

课程编号	课程名称	学分	总学时	学时分配 讲课	学时分配 实验	必修/选修	开设学院	开设学期
1151206	高等数学乙 I	5.5	88	88		必修23.0分	理学院	1–1
2151208	线性代数 I	2.5	40	40			理学院	2–1
1151221	概率论 I	2.5	40	40			理学院	2–1
2151103	大学物理(乙)	4.0	64	64			理学院	2–1
1271260	无机及分析化学	4.5	72	72			化药学院	1–1
1271262	有机化学 A	4.0	64	64			化药学院	1–2
	小计	23.0	368	368		23.0		

2.2　专业必修课(修满 33 学分)

课程编号	课程名称		学分	总学时	学时分配		必修/选修	开设学院	开设学期
					讲课	实验			
1122132	普通生物学		5	80	80			生命学院	1-1
1122133	普通生物学讨论课		1.0	16	16			生命学院	1-1
2122311	二选一	微生物学	2.5	40	40			生命学院	1-2
2122310		微生物学(英文)	2.5	40	40			生命学院	1-2
2122309	微生物学讨论课		1.0	16	16			生命学院	1-2
2122210	二选一	生物化学	4.5	72	72		必修/选修 33.0 学分	生命学院	2-1
2122209		生物化学(英文)	4.5	72	72			生命学院	2-1
2122207	生物化学讨论课		1.0	16	16			生命学院	2-1
2122106	二选一	细胞生物学	3.0	48	48			生命学院	2-2
2122107		细胞生物学(英文)	3.0	48	48			生命学院	2-2
2122101	细胞生物学讨论课		1.0	16	16			生命学院	2-2
3123211	二选一	遗传学	3.0	48	48			生命学院	3-1
3123212		遗传学(英文)	3.0	48	48			生命学院	3-1
3123213	遗传学讨论课		1.0	16	16			生命学院	3-1
2122228	二选一	分子生物学	3.0	48	48			生命学院	3-1
3123215		分子生物学(英文)	3.0	48	48			生命学院	3-1
3123209	分子生物学讨论课		1.0	16	16			生命学院	3-1
3123118	发育生物学		3.5	56	56			生命学院	3-2
3153240	生物统计学		2.5	40	40			理学院	3-2
	小计		33.0	528	528		33.0		

2.3　专业选修课(最低选修 12.5 学分)

专业选修课可从以下列表中选修,其中选修植物生理学实验需打包选修植物生理学,选修动物生理学实验需打包选修动物生理学,选修动物解剖与组织胚胎学实验需打包选修动物解剖与组织胚胎学,选修生物信息学实验需打包选修生物信息学(双语),选修生物工程综合实验(1)需打包选修发酵工程原理与技术。

课程编号	课程名称	学分	总学时	学时分配		必修/选修	开设学院	开设学期
				讲课	实验			
2122308	生物伦理学	1.0	16	16		选修 12.5 学分	生命学院	1-3
2124208	进化生物学	2.0	32	32			生命学院	2-2
3013316	农业概论	2.0	32	32			农学院	2-1
3153249	生物物理学	3.0	48	48			理学院	3-1

续表

课程编号	课程名称	学分	总学时	学时分配		必修/选修	开设学院	开设学期
				讲课	实验			
2150206	物理化学	3.0	48	48			化药学院	3-1
3123129	同位素示踪技术	1.5	32	16	16		生命学院	4-1
2123205	生物化学实验技术原理	1.5	24	24			生命学院	2-2
3123210	生物化学与分子生物学前沿	1.0	16	16			生命学院	3-1
3123202	生物信息学（双语）	3.0	48	48			生命学院	3-1
3123214	生物信息学（全英文）	3.0	48	48			生命学院	3-1
3123203	生物信息学实验	1.0	32		32		生命学院	3-1
3124210	文献检索	0.5	8	8			生命学院	3-2
3124212	基因工程	2.0	32	32			生命学院	3-2
4124223	酶工程	2.5	48	32	16		生命学院	2-2
3124332	蛋白质工程	2.5	48	32	16		生命学院	3-2
3124211	功能基因组学	2.0	32	32			生命学院	3-2
3124201	结构生物学	2.0	40	24	16		生命学院	3-1
3164372	神经生物学	2.0	32	32			动医学院	3-2
3163171	免疫学	2.0	32	32			动医学院	3-2
3123207	表观遗传学（英文）	1.5	24	24			生命学院	3-1
3123111	植物生理学	3.0	48	48			生命学院	3-2
3123112	植物生理学（英文）	3.0	48	48			生命学院	3-2
2122104	植物生理学实验	1.0	32		32		生命学院	3-2
3123117	生态学	3.0	48	48			生命学院	3-1
3124121	生物多样性与保护	2.0	32	32			生命学院	3-1
1163384	动物解剖与组织胚胎学	2.5	40	40			动医学院	3-1
1163385	动物解剖与组织胚胎学实验	1.0	32		32		动医学院	3-1
2162303	动物生理学	3.0	48	48			动医学院	2-2
2162304	动物生理学实验	1.0	32		32		动医学院	2-2
3124315	微生物生理学	2.0	32	32			生命学院	3-2
3124303	微生物生态学	2.0	32	32			生命学院	3-2
3124328	工业微生物育种学	3.0	64	32	32		生命学院	3-2
3124333	病毒学（英文）	2.5	40	40			生命学院	3-2
3124338	病毒学	2.5	40	40			生命学院	3-2
2123301	化工原理	4.0	64	64			生命学院	3-1
2123302	化工原理实验	1.0	32		32		生命学院	3-1

续表

课程编号	课程名称	学分	总学时	学时分配		必修/选修	开设学院	开设学期
				讲课	实验			
3124339	发酵工程原理与技术	2.5	40	40			生命学院	3-1
3124311	细胞工程	3.0	48	48			生命学院	3-2
3124312	细胞工程实验	1.5	48		48		生命学院	3-2
3125306	生物工程综合实验(1)	1.0	32		32		生命学院	3-2
3124302	合成生物学	2.0	32	32			生命学院	3-2
3124400	代谢组学	2.0	32	32			生命学院	3-2
3124301	代谢工程	2.0	32	32			生命学院	3-2
3124124	生物安全专题	0.5	8	8			生命学院	3-2
3124125	生物能源专题	0.5	8	8			生命学院	3-2
7122003	★高级生物化学	3.0	48	48			生命学院	4-1
7122004	★高级分子生物学	3.0	48	48			生命学院	4-2
7122005	★高级生物信息学	3.0	48	48			生命学院	4-1
6122005	★分子遗传学	2.0	48	48			生命学院	4-2
7124006	★微生物遗传学	2.0	32	32			生命学院	4-2
7124008	★生物催化工程	2.0	32	32			生命学院	4-2
	小计	106.5	1 856	1 520	336	12.5		

★本硕贯通型课程:选修通过考核后,研究生阶段可免修。

3. 专业实践课程(需修满26.5学分)

3.1 专业实验课(需修满10.5学分)

课程编号	课程名称	学分	总学时	学时分配		必修/选修	开设学院	开设学期
				讲课	实验			
1122135	普通生物学实验	1.5	48		48		生命学院	1-1
2122306	微生物学实验	1.0	32		32		生命学院	1-2
1271261	无机分析化学实验	1.5	48		48		化药学院	1-2
2271263	有机化学实验	1.5	48		48		化药学院	2-1
2151104	大学物理实验(乙)	1.0	32		32	必修 10.5 分	理学院	2-2
2122202	基础生物化学实验	1.0	32		32		生命学院	2-1
2122112	细胞生物学实验	1.0	32		32		生命学院	2-2
3123208	分子生物学实验	1.0	32		32		生命学院	3-1
2122205	遗传学实验	1.0	32		32		生命学院	3-1
	小计	10.5	336		336	10.5		

3.2　综合实践课［修满 16.0 学分，生物化学综合实验(2)需先选修基因工程］

课程编号	课程名称	学分	总学时	学时分配		必修/选修	开设学院	开设学期
				讲课	实验			
1125105	生物学野外综合实习	2.0	2 周		2 周	必修 16 分	生命学院	1–3
3125133	生物显微技术综合实验	2.0	2 周		2 周		生命学院	2–3
2125208	生物化学综合实验(1)	2.0	2 周		2 周		生命学院	2–3
3125216	生物化学综合实验(2)	2.0	2 周		2 周		生命学院	3–3
4125202	毕业论文(设计)	8.0	16 周		16 周		生命学院	4–2
	小计	16.0	24 周		24 周	16.0		

4. 个性化教育课(需修满 4 学分)

学生可以选修下表中的课程以及各类学校认可的生命科学学院以外学院开设的理论课和实践课，包括通识和专业选修课，不做硬性模块要求和规定。鼓励学生跨学院选修数学、物理、化学等专业高年级课程；也鼓励学生选修农学、林学、园林、管理及文学、艺术类课程(学分认证)。

课程编号	课程名称	学分	总学时	学时分配		必修/选修	开设学院	开设学期
				讲课	实验			
3123114	生物科学前沿探索实验	1.0	32		32	选修 4.0 学分	生命学院	3–1,3–2
1125104	传统农业文化实践体验	1.0	32		32		生命学院	1–3
1121226	生命科学学术报告	1.0	16	16			全校	1–2,2–1
	……							
	小计	4.0				4.0		

5. 素质拓展(需修满 8 学分)

课外学分除下表中"生涯规划与职业发展""大学生心理健康与发展"为必修外，其他 6 学分可以从以下课外活动和社会实践中获得。

课外活动名称(课程编号)	课外活动和社会实践要求		课外学分(全学程教育，第 8 学期统一计分)	开设学期
1306001	大学生心理健康与发展	必修	1.0	2–1
1306002	安全教育	选修	1.0	
1306003	社会实践	选修	1.0	1.1 ~ 4.2
1306004	美育实践	选修	2.0	
1306006	创新创业实践	选修	2.0	
1306005	生涯规划与职业发展	必修	1.0	1–2

续表

课外活动名称 (课程编号)	课外活动和社会实践要求		课外学分 (全学程教育,第8学期统一计分)	开设 学期
英语及计算机考试	全国大学英语六级考试	获六级证书者	2.0	
	托福考试	达90分以上者	3.0	
	雅思考试	达6.5分以上者	3.0	
	GRE考试	达300分以上者	3.0	
	全国计算机等级考试	获二级以上证书者	2.0	
	全国计算机软件资格、水平考试	获得高级程序员证书者	3.0	
		获系统分析员证书者	4.0	
竞赛	校级	获一等奖者	2.0	
		获二等奖者	1.0	
		获三等奖者	0.5	
	省级	获一等奖者	3.0	
		获二等奖者	2.0	
		获三等奖者	1.0	
	国家级	获一等奖者	4.0	
		获二等奖者	3.0	
		获三等奖者	2.0	
	国际级	获一等奖者	5.0	
		获二等奖者	4.0	
		获三等奖者	3.0	
论文	具体得分情况由教学指导小组进行评判	在全国性刊物发表论文	每篇	2.0~3.0	
参与教师科研课题		参与时间和能力	提交个人参与课题研究报告(指导教师签名)	1.0~2.0	
大学生创新创业课题		结题、成果和参与度	每项	1.0~2.0	
小计				8.0	

八、教学计划表

第一学年			第二学年		
第一学期			第一学期		
课程编码	课程名称	学分	课程编码	课程名称	学分
1181003	中国近现代史纲要	2.5		大学英语 B3（拓展与提高）	1.5
1191017/（1191019）	大学英语 A1/B1	3.0	2241001	体育Ⅲ	1.0
1241001	体育Ⅰ	1.0	2151208	线性代数Ⅰ	2.5
1301002	军事理论	2.0	1151221	概率论Ⅰ	2.5
1151206	高等数学乙Ⅰ	5.5	2151103	大学物理（乙）	4.0
1271260	无机分析化学	4.5	2271263	有机化学实验	1.5
1091005	大学信息技术（甲）	2.5	2122210/2122209	生物化学（英文）	4.5
1122132	普通生物学	5.0	2122207	生物化学讨论课	1.0
1122133	普通生物学讨论课	1.0	2122202	基础生物化学实验	1.0
1122135	普通生物学实验	1.5	1306001	大学生心理健康与发展	1.0
1305103	军事训练	2.0	1181004	形势与政策	
1305202	劳动教育				
1181004	形势与政策				
合计	必修 30.5 学分		合计	必修 20.5 学分	

* 本学期总学分为 31.5 学分。
* 选修课程 1.0 学分, 限选新生研讨课。

* 本学期总学分为 23.5 学分。
* 选修课程 3.0 学分。

第二学期			第二学期		
课程编码	课程名称	学分	课程编码	课程名称	学分
1180012	思想道德与法制	2.5	2181003	马克思主义基本原理	2.5
1191018/（1191020）	大学英语 A2/B2	3.0	2191016	大学英语（拓展与提高）	1.5
1241002	体育Ⅱ	1.0	2241002	体育Ⅳ	1.0
1271262	有机化学 A	4.0	2151104	大学物理实验（乙）	1.0
1091007	大学程序设计（Python）	2.5	2122106/2122107	细胞生物学/细胞生物学（英文）	3.0
1271261	无机及分析化学实验	1.5	2122101	细胞生物学讨论课	1.0
			2122112	细胞生物学实验	1.0

续表

第二学期			第二学期		
课程编码	课程名称	学分	课程编码	课程名称	学分
2122311/ 2122310	微生物学 / 微生物学(英文)	2.5	1185008	思想政治理论课实践	2.0
2122309	微生物学讨论课	1.0	1181004	形势与政策	2.0
2122306	微生物学实验	1.0	1305202	劳动教育	
1140161	大学语文	2.0			
1306005	生涯规划与职业发展	1.0			
1181004	形势与政策				
1305202	劳动教育				
合计	必修21.0学分		合计	必修13.0学分	

* 本学期总学分为21.0学分。　　* 本学期总学分为19.0学分。
* 选修课程0学分。　　　　　　 * 选修课程6.0学分。

第三学期			第三学期		
课程编码	课程名称	学分	课程编码	课程名称	学分
1125105	生物学野外综合实习	2.0	3125133	生物显微技术综合实验	2.0
			2125212	生物化学综合大实验(1)	2.0
合计	必修2.0学分		合计	必修4.0学分	

* 本学期总学分为3.0学分。　　　　　　　* 本学期总学分为4.0学分。
* 选修课程2.0学分,建议选修生物伦理学。 * 选修课程0学分。

第三学年			第四学年		
第一学期			第一学期		
课程编码	课程名称	学分	课程编码	课程名称	学分
3181005	毛泽东思想和中国特色社会主义理论体系概论	2.5	1181004	形势与政策	
3123211/ 3123212	遗传学 / 遗传学(英文)	3.0	1305202	劳动教育	
3123213	遗传学讨论课	1.0			
2122205	遗传学实验	1.0			
3123214/ 3123215	分子生物学 / 分子生物学(英义)	3.0			
3123209	分子生物学讨论课	1.0			
3123208	分子生物学实验	1.0			
1181004	形势与政策				
1305202	劳动教育				
合计	必修12.5学分		合计	必修0学分	

* 本学期总学分为20.0学分。　* 本学期总学分为0学分。
* 选修课程7.5学分。　　　　　 * 选修课程0学分。

续表

第二学期			第二学期		
课程编码	课程名称	学分	课程编码	课程名称	学分
3123118	发育生物学	3.0	4125202	毕业论文（设计）	8.0
3153240	生物统计学	2.5	1181004	形势与政策	2.0
3181008	习近平新时代中国特色社会主义思想概论	3.0			
1181004	形势与政策		1305202	劳动教育	2.0
1305202	劳动教育				
合计	必修 8.5 学分		合计	必修 12.0 学分	

* 本学期总学分为 17.0 学分。　　　　　　* 本学期总学分为 12.0 学分。
* 选修课程 8.5 学分。　　　　　　　　　　* 选修课程 0 学分。

第三学期		
课程编码	课程名称	学分
3125216	生物化学综合实验(2)	2.0
合计	必修 2.0 学分	

* 本学期总学分为 2.0 学分。
* 选修课程 0 学分。

九、课程体系与培养要求的对应关系矩阵

课程体系中每门课程都应承载知识、能力和素质培养的具体要求。各专业要确定所设课程对能力及素质培养的作用,建立每门课程与学生能力及素质要求的对应关系。

课程体系	培养要求																			
	知识					能力								素质						
	A1	A2	A3	A4	A5	B1	B2	B3	B4	B5	B6	B7	B8	C1	C2	C3	C4	C5	C6	C7
思想道德与法治	H				L		H			L				H			M			
中国近现代史纲要	H			M	L			M			L			H			M			
马克思主义基本原理	H			M	L		M			L					H	M				
毛泽东思想和中国特色社会主义理论体系概论	H			H	L	H				L				H			M			
形势与政策	H				L	H				L			H		H		M			
大学英语 A1			H	M	H				H							H			M	

续表

课程体系	培养要求 知识					培养要求 能力								培养要求 素质						
	A1	A2	A3	A4	A5	B1	B2	B3	B4	B5	B6	B7	B8	C1	C2	C3	C4	C5	C6	C7
大学英语 B1			H	M		H					H				H				M	
大学英语 A2			H	M		H					H				H				M	
大学英语 B2			H	M		H					H				H				M	
大学英语(拓展/提高)			H	M		H					H				H				M	
体育 I	H				L				H					H	H		H			
体育 II	H				L				H					H	H		H			
体育 III	H				L				H					H	H		H			
体育 IV	H				L				H					H	H		H			
军事理论课	H				L					M				H	H		M			
高等数学乙 I		H			M	H				M							L		M	
线性代数 I		H			M	H				M							L		M	
概率论 I		H			M	H				M							L		M	
大学物理(乙)		H			M	H	M					L					M		M	
大学物理实验(乙)		H			M	H	M					L					M		M	
无机分析化学		H			M	H	M					L					M		M	
无机分析化学实验		H			M	H	M					L					M		M	
有机化学 A		H			M	H	M					L					M		M	
有机化学实验		H			M	H	M					L					M		M	
大学信息技术(甲)			H		H			H	H								L		M	
大学程序设计(C)			H		H			H	H								L		M	
新生研讨课																				
学术写作与规范				H	H	H					H					M				H
普通生物学				M	H			M			H			M			H			
普通生物学讨论课				M	H			M			H			M			H			
普通生物学实验				M	H		M				H			M			H			
微生物学				M	H			M			H			M			H			
微生物学(英文)				M	H			M		H	H			M			H			
微生物学讨论课				M	H			M			H			M			H			
微生物学实验				M	H		M				H			M			H			

续表

课程体系	知识					能力								素质						
	A1	A2	A3	A4	A5	B1	B2	B3	B4	B5	B6	B7	B8	C1	C2	C3	C4	C5	C6	C7
生物统计学	H			H		H	M			H							M			M
生物伦理学			H	M				M				M		M				M		
生物化学				H			M	H			H						H	H		
生物化学(英文)		M		H			M	H			H	H					H	H		
生物化学讨论课		M		H			M	H			H	H					H	H		
基础生物化学实验		M		H			M				H						H	H		
生物化学实验技术原理		M		H			M				H	H					H	H		
动物生理学				L	H		H				H						H	H		
动物生理学实验				L	H		M				H						H	H		
植物生理学				L	H			H			H						H	H		
植物生理学(英文)				L	H			H		M	H						H	H		
植物生理学实验				L	H		M				H						H	H		
微生物生理学				L	H			H			H						H	H		
遗传学实验				L	H		M				H						H	H		
细胞生物学实验				L	H		M				H						H	H		
农业概论	H		M						M			M	M		H			M		
分子生物学				L	H		M				H						H	H		
分子生物学(全英文)				L	H		M			H	H						H	H		
分子生物学讨论课				L	H		M				H						H	H		
细胞生物学				L	H		M				H						H	H		
细胞生物学(全英文)				L	H		M			H	H						H	H		
细胞生物学讨论课																				
遗传学				L	H		M				H						H	H		
遗传学(英文)				L	H		M			H	H						H	H		
遗传学讨论课				L	H		M				H						H	H		
生物信息学(双语)		H		H			M			H	H						H	M		
基因工程				L	H		M				M	H			H				H	

续表

课程体系	培养要求																			
	知识					能力								素质						
	A1	A2	A3	A4	A5	B1	B2	B3	B4	B5	B6	B7	B8	C1	C2	C3	C4	C5	C6	C7
酶工程			L		H	M						M	H		H				H	
细胞工程					H							M	H		H				H	
功能基因组学			H		H				H		H	H		M					M	
分子生物学实验				M	H			M				H	H		M			M	H	
生物信息学实验			H	M	H			M			H	H			M			M		
结构生物学				H																
动物解剖与组织胚胎学				M	H			M				M	H							
动物解剖与组织胚胎学实验				M	H			M				M	H					M		
神经生物学				M	H			M				M	H					H	H	
病毒学(双语)				M	H			M			H	H						M	H	
免疫学				M	H			M										M	H	
发育生物学					H			M				H	H					M	H	
文献检索				H	H	H				H						M				H
细胞工程实验			L		H			M				M	H			M			H	
表观遗传学(英文)				M	H			M			H	H					H	H		
进化生物学				M	H				H	H		M				M			M	H
发酵工程原理与技术	L				H			H				M	H					M	H	
蛋白质工程				L	H			H				M	H					M	H	
★高级生物化学		M			H	M						H			H	H				
★高级分子生物学				L	H	M						H			H	H				
★高级生物信息学			M			M					H	H						M		
★分子遗传学				L	H	M						H			H	H				
★微生物遗传学				L	H			M				H			H	H				
★生物催化工程				M	H				M			M	H	M						M
合成生物学				L	H				M			M	H					M	M	
生物科学前沿探索实验																				
传统文化体验														H				H		

续表

课程体系	培养要求																			
	知识					能力								素质						
	A1	A2	A3	A4	A5	B1	B2	B3	B4	B5	B6	B7	B8	C1	C2	C3	C4	C5	C6	C7
**生命科学学术报告						M					H						H			
生物安全专题				H	M			M				H			M				M	
生物能源专题				H	M			M				H			M				M	
微生物生态学				M	H		M					M				L			H	
生态学				M	H		M					M				L			H	
同位素示踪技术	M				H				M											
生物工程综合实验Ⅰ				M	H				H			H			M				M	
代谢工程				M	H							M	H				M		H	
生物物理学																				
物理化学																				
生物化学与分子生物学前沿																				
工业微生物育种学				M	H				M			M	H	M						M
植物检验检疫学				M	H				M			M	H							M
军事技能训练	H				L				M							H		L		
思想政治理论课实践	H				L			H							H			M		
劳动	H				L			H							H			M		
工程训练	H				L			H							H			M		
生物学综合实习				M	H	H	M					H	H				M		H	
生物化学综合实验（1）				M	H	H	M					H	H				M		H	
生物显微技术综合实验				M	H	H	M					H	H				M		H	
生物化学综合实验（2）				M	H	H	M					H	H				M		H	
毕业论文（设计）				M	H	H	M					H	H				M		H	

　　注:1.知识要求、能力要求和素质要求对应"毕业要求"中具体点,按照支撑度的强、中、弱赋一定权重值,分别填写"H""M""L"。

　　2.有认证要求的专业,可按照相应的"毕业要求"进行对应。

生物科学专业（本研贯通一体化）人才培养方案

一、学院及专业简介

兰州大学生命科学学院历史悠久。早在 1946 年，兰州大学建立了植物学系和动物学系，1951 年两系合并成立生物学系。1999 年由原兰州大学生物系、教育部直属细胞学研究室、植物生理学研究室、干旱农业生态国家重点实验室合并成立了兰州大学生命科学学院。经过几代人的艰苦奋斗，学院已经发展成为国内外知名的生命科学研究和人才培养重要基地，为我国经济社会发展作出了巨大贡献。学院设有生物科学、生物技术、生物信息学 3 个本科专业。其中生物科学和生物技术为传统优势专业，是"国家生命基础学科人才培养基地"，拥有生物国家级实验教学示范中心。2009 年、2019 年先后入选"基础学科拔尖学生培养试验计划"以及"拔尖计划 2.0"，2019 年、2020 年生物技术、生物科学两个专业先后入选国家级一流专业建设点，2020 年入选生物科学"强基计划"。生物信息学专业首次于 2019年招生，为新兴学科交叉专业。

兰州大学生物科学"强基计划"班采取本研贯通一体化培养模式。与此同时，生物科学、生物技术、生物信息学 3 个专业的学生在第二学年末经自愿申请并通过选拔考核后入围"本研贯通"计划，在第三学年末择优分流，通过考核者将正式获得免试攻读研究生资格，与强基班学生一同转段进入研究生阶段的学习，最终在本校完成高质量本科和硕士或博士研究生的贯通一体化培养。

（一）"本研贯通"计划选拔办法

生命科学学院非强基班的学生，于本科二年级结束后，可根据《生命科学学院本研贯通人才培养计划实施细则》的条件要求自愿报名加入"本研贯通"计划，学院组织考核小组，选拔思想品德良好、身心健康、具有浓厚学术志趣、创新意识和发展潜质的本科生进入本研贯通计划。考核通过的学生经过教务处认定并备案，入围"本研贯通"计划的学生须在第 5学期结束前确定研究生导师，明确导学关系；在第 6 学期结束时通过资格终审，方可正式转段进入研究生阶段学习。未确认导师或未通过资格终审的学生将退出本计划，返回原专业（班级）继续按照既定培养方案要求修读以达到本科毕业要求。

（二）强基班与普通班对流

根据《生命科学学院强基班与其他班级对流管理办法》的相关规定，对学业成绩未达到要求等相关情形的强基班学生实行退出机制，学院统一调配进入生物科学专业班级学习，完成专业既定培养方案毕业要求者获得本科学位。同时，空缺名额将由生命科学学院生物科学或生物技术专业学生经本人申请及学院考核通过后转入补足。经过对流的相关同学按照调整后对应的专业培养方案或本研贯通培养方案继续完成学业。

（三）本研贯通培养具体衔接办法

1. 以培养学术型研究生为目标，衔接本科教育阶段，衔接学术型硕士生或直博生培养阶段对应的人才培养模式，将学术型高端人才培养阶段前移。

2. 强基班及入围本研贯通计划的学生均须在本科第5学期结束前确定导学关系并明确选择进入本硕贯通或是本博贯通培养体系（进入本硕贯通体系的学生硕士期间仍有机会转博）。在导师指导下，以学术型硕士或学术型博士为培养目标制定"一生一策"的培养计划，在本科三年级做好衔接未来科研方向的专业选修课程的修读计划，同时进入导师课题组开展科研训练。

3. 本科及研究生成绩认定的有关说明。鼓励学生在本科阶段提前选修研究生培养计划规定的部分课程学习，考核合格计入本科课程学分；也可选修研究生院、教务处与相关学院开设的"本研贯通"培养课程，考核合格计入研究生课程学分。本科三年级选课清单须根据学生未来研究需求在导师指导下制定，一生一策，所得学分经学院教学指导委员会认定后可转换为本科专业选修课学分（上限为10学分）。转段进入本研贯通计划研究生阶段的学生在本科阶段已先修的研究生课程可直接计算学分，无须重复修读。

4. 本科毕业设计（论文）的说明

本科毕业设计（论文）为获得本科学位的必修环节，计6学分。进入本研贯通计划的学生须在导师课题组依托其研究课题设立并开展本科毕业设计（论文）工作，原则上在第6学期完成并撰写本科毕业论文（论文相关的评审、修订及答辩等环节与当年本科毕业的其他同学要求一致）。科研训练中取得科研成果的学生（如在SCI、EI及中文核心学术期刊公开发表学术论文或形成较高水平研究报告的）可在导师允许下申请免修本科毕业设计（论文），经学院教学指导委员会认定后直接获得本科生毕业论文学分。

二、培养目标

生命科学学院本研贯通学制，紧扣兰州大学"双一流"建设定位，服务国家和区域经济社会发展需求，对接国际，面向未来，培养知识、能力和素质三方面有机结合的、在生物科学及相关交叉学科领域胜任科学研究的创新引领型人才。

知识结构目标：

目标1：具有较强的自然科学基础、人文社科基础、计算机及信息科学基础；熟练掌握一门外语(英文)并具备良好的文献检索及阅读英文专业文献的能力。

目标2：掌握扎实的生物科学相关专业理论和实验技术知识。

能力结构目标：

目标3：通过系统专业的实验技能培训、灵活多样的科研创新训练，具备综合运用专业理论知识和实验技能来发现并解决生物技术相关领域科技创新和产业发展实际问题的能力。

目标4：具有科学逻辑思维、批判性思维和跨学科交叉创新思维；具备良好的沟通能力、口头交流能力和书面表达能力。

目标5：具备自主获取知识的能力并养成终身学习的好习惯。

素质结构目标：

目标6：树立深厚的家国情怀和远大的理想抱负，自觉践行社会主义核心价值观，主动把个人发展、国家战略和区域经济社会发展有机融合。

目标7：具备康健体魄和良好的心理素质，养成积极乐观地克服困难和面对挫折的能力。

目标8：具备国际化视野、良好的学术诚信和团队协作意识等基本科学素养。

三、毕业要求

强基班学生自动进入本研贯通培养模式，本科四年级转段进入研究生阶段学习。其他通过"本研贯通"计划进入本研贯通培养模式的学生，须通过二年级结束后的入围考核及三年级结束后的资格终审考核，方可获得推免资格并正式转段进入研究生阶段学习。

本科阶段在修满培养方案要求的必需学分及课程的前提下，具备数理化基础、生物学基本理论、基本知识以及人文社科知识，受到专业技能、实验、科学研究方面的规范训练，具备科学思维和自主学习能力，掌握从事生物学及相关领域基础科学研究及应用技术开发的基本能力。

本科毕业生应获得以下几方面的知识和能力：

1. 具备较高的思想道德素质：包括正确的政治方向，遵纪守法、诚信为人和健全的人格；

2. 具备较高的文化素质：掌握数理化等方面的基本理论和知识；熟练掌握一门外语；具有计算机及信息科学和人文社科等方面的基本素质；

3. 具备良好的专业素质：掌握生物学的基础理论及知识；掌握群体、个体、细胞和分子等生物学不同层次上的分析方法与实验技术；

4. 熟悉生物技术、生物信息、生态、医学等相近专业的一般原理和知识；

5. 具有从事生物学相关领域科学研究的初步能力；包括在创新创业、竞赛、毕业设计中，独立检索文献、设计实验、整理并分析实验结果、撰写符合学术规范的报告(论文)，有较强的表达、沟通和团队合作能力；

6. 了解国内外的生物学理论前沿和应用前景，生物学及其发展规划的相关方针、政策和法规；具备国际化视野；

7. 具有一定的批判性思维能力；终身学习，具有适应社会需求、继续深造的潜能。

硕博贯通培养毕业生还应达到以下要求：

（一）基本知识要求

具有良好的生物学基础理论知识，了解有关数学、化学、医学、药学、环境科学以及生态学等方面的知识。博士生具有宽广的知识背景、系统深入的专业知识以及相应的实验技能和方法，能够解决科学研究或实际工作中的具体问题。熟练地掌握一门外语，能够进行外文文献阅读和写作。

（二）学术和学术道德要求

崇尚科学精神，对学术研究，特别是对生物学的理论基础与应用研究有浓厚的兴趣；具备一定的学术潜力，掌握本学科相关的知识产权、研究伦理等方面的知识；在科研创新能力等方面受到系统训练，具有独立从事生物学及相关领域研究的能力；博士生还应具备跨学科创造性进行科学研究工作的能力、科研团队合作的能力以及从事生态学教学的工作能力。恪守学术道德规范，遵纪守法；自觉维护知识产权，充分尊重他人的学术贡献；在科学研究过程中具备严谨的科研作风，自觉抵制弄虚作假、剽窃等学术不端行为和学术腐败行为。

（三）学术能力要求

1. 获取知识的能力

硕士生应对生物学相关领域的学术研究前沿动态把握比较准确，能够通过课程学习、文献阅读和科学研究等途径有效地获取专业知识和先进的研究方法，对获取的知识和研究方法能够理解并正确应用。熟悉本领域的重要学术期刊，并能够跟踪最新进展；对相关的领域有基本了解；掌握数据库检索、数据处理等现代信息处理技能。博士生还应具有较强的学术鉴别能力，能够对科学问题进行准确的价值判断；具有批判性思考问题的能力，能从特定学科领域的文献中或在已有的实验过程中发现有意义的科学问题，提出可验证的科学假说，进行详细分析论证，撰写研究计划，实验方案，并对问题进行验证和解决；尤其能精通统计学、主流统计软件的使用及具备生态数据分析能力；至少掌握一门外语，能熟练地阅读本专业的文献资料，具有进行国际学术交流的能力。

2. 科学研究及合作能力

硕士生应能够正确地评价和利用已有研究成果，在导师的帮助下，较为独立地解决课题中遇到的实际问题。能够发现有价值的科学问题，较为独立地设计并开展研究。能够进行基本的数据处理和分析并形成结论。博士生应具备创新性思考的能力，能够积极发现并提出有价值的科学问题，针对问题独立设计合理的研究方案，对实验数据进行统计、分析并形成结论，将研究成果以论文形式发表。博士生还应具有独立从事本学科相关领域的科学研究、高等学校教学的工作能力,本学科相关领域咨询、管理等方面的工作能力,一定的组织协调能力、良好的团队合作能力和教学能力,自我协调及与他人沟通交流的能力。硕、博研究生都应身心健康,有良好的责任心。

3. 实践能力与学术交流能力

硕士生应掌握与研究课题相关的研究方法与技巧,能够与他人良好地合作,具备一定的开展学术研究或技术开发的能力,较熟练地掌握一门外语,具备一定的写作能力,并具备一定的实验技能及组织协调能力、学术交流能力。博士生应具有良好的科研论文写作能力,以及进行国内外,特别是国际学术交流的能力。博士期间应至少参加一次国际性学术会议,能够以口头或书面的形式展示其学术专长。

四、专业学制、学分及授予学位

(一) 学制

本研贯通培养施行"2+1+G"的"本硕贯通"或"本博贯通"培养模式,其中"2"指本科一、二年级,"1"指用于本研衔接的本科三年级;"G"为硕士或博士研究生习年限,"本硕贯通"G 为 3 年,"本博贯通"G 为 5 年(自本科四年级起享受与研究生同等的学习与研究资源以及助研津贴)。原则上进入"本研贯通"的本科生应于本科学籍前三年完成所有必修课和绝大部分专业选修课、通识课、跨学科课程等的修读任务,本科学籍第四学年开始在导师建议下选修研究生课程。

(二) 学分

本科阶段学分要求为 150,硕士阶段学分要求为 32,博士阶段学分要求为 20,直博生学分要求为 38。

(三) 授予学位

符合本科毕业及学位授予条件者,经学校审核,准予毕业并颁发本科毕业证书及理学学士学位证书。符合硕士毕业和学位授予条件者,经学校审核,准予毕业并颁发硕士毕业证书及理学硕士学位证书。符合博士毕业和学位授予条件者,经学校审核,准予毕业并颁发博士毕业证书及理学博士学位证书。如未达到硕士、博士毕业要求,根据前一阶段学习的满足条件颁发相应的学位证书和毕业证书。

五、课程体系

(一) 本科阶段

生命科学学院本研贯通本科阶段的课程体系主要由公共必修课程、学科专业课程、通识教育类、跨学科类课程组成。

1. 公共必修课程(占总学分 32%)

包括思想政治类、外语类、军体类、心理健康类、职业生涯规划课程、第二课堂等公共必修课程和不计学分的公共必修环节。

(1) 思想政治类课程。包括：思想道德与法治、中国近现代史纲要、马克思主义基本原理、毛泽东思想和中国特色社会主义理论体系概论、习近平新时代中国特色社会主义思想概论、形势与政策;"四史"(中共党史、新中国史、改革开放史、社会主义发展史)选择修读其中 1 门。

共计 19 学分。

(2) 外语类课程。以大学英语为主,通过大学外语六级考试后外语可免修,具体分值转换政策以教务处文件为准。

共计 12 学分。

(3) 军体类课程。包括体育 4 学分、军事训练与军事理论 4 学分。

共计 8 学分。

(4) 心理健康类课程。

共计 2 学分。

(5) 职业生涯规划课程。以提升学生全面发展和养成终身学习意识／发展能力、提升学生学业和职业规划能力、逐步建立起适合自己未来发展的职业生涯规划为目标。生命科学学院将职业生涯规划课程贯穿学生从入学到毕业的整个培养过程,分别在 2、4、6 学期三个阶段授课。

共计 2 学分。

(6) 第二课堂。学生在校期间须获得至少 5 个"第二课堂"学分方可毕业。其中社会实践、生产劳动、思想成长为必修部分,创新创业、志愿公益、文体活动、工作履历、技能特长由学生根据需求进行选修。

共计 5 学分。

(7) 公共必修环节,包括"阅读、写作与沟通"类、前沿与学科交叉讲座、国家安全教育、暑期学校等内容,不计学分。具体要求如下:

"阅读、写作与沟通"类课程,由学院提供推荐阅读的期刊和文献名录。一年级学生自选阅读、分享和交流活动;学年内主动联系至少 2 位科研导师进行学业规划沟通并撰写个人学业规划,一年级阶段性考核由"三走进"导师监督执行,学院汇总考核结果。二、三年级学生结合"科研实训与创新创业"课程的开展,在科研训练导师指导下开展专业阅读、写作和沟通能力的训练。导师推荐学生须阅读的期刊文献,师生共同制定科研训练计划,明确要求学生每学期撰写文献阅读综述、在课题组组会上汇报文献及科研训练进展（原则上纯外文类的书籍和文献、阅读心得、分享交流应不少于 1/3），每学期由指导老师给出评价意见，班主任组织考核。另外，鼓励学生积极参与专业课程课堂上的翻转课堂环节，至少作一次报告，相关工作须经任课老师签字核实，班主任处进行备案，毕业学年学院教学指导委员组成工作小组对学生执行以上训练的情况进行审查，给出考核成绩（合格或不合格）。

前沿与学科交叉讲座面向非毕业年级学生开设，一、二年级每学期不少于 2 个学时，三年级每学期不少于 4 学时（含假期）。以专题讲座形式进行授课，内容包括学科前沿、行业发展方向和学科交叉发展等。学院设计讲座考核表，包含讲座信息、内容、心得体会等项，由学生及时填写。一、二年级每学期至少参加 1 次讲座并提交考核表，三年级学生每学期至少参加 2 次讲座并提交考核表。一年级学生交由"三走进"导师审核签字，二、三年级学生由科研导师审核签字。考核成绩按合格、不合格记录。

国家安全教育（线上课程）由学校引进相关线上课程资源，学生根据要求进行修读。

暑期学校方案由学院根据人才培养需要，结合学校相关安排制定（具体内容与安排见每年春季学期学院发布的通知），学生在校期间应至少参加 1 次暑期学校。

2. 学科专业课程（占总学分 58.67%）

由专业必修课程和专业发展课程组成。

（1）专业必修课程包括专业基础课程和专业核心课程，致力于培养学生扎实的基础知识和专业核心能力，塑造学生终身受益的深度学习能力、研究能力、发现问题和解决问题的能力。

（2）根据人才培养需求，着力提升学生实践动手能力和研究能力，将创新创业教育融入人才培养全过程，学生选修第二课堂中的"创新创业"模块，同时在第 3—6 学期开设实践课程"科研实训与创新创业"，要求学生进入科研实验室开展科研实践，该课程为必修课程。（注：强基班及进入本研贯通培养体系的学生在第 5、6 学期这门课程的学分较其他专业班学生有所增加，为每学期 1 学分。）

（3）专业发展课程由专业选修课和毕业设计（论文）构成，其中专业选修课包括专业进阶类、专业应用类、专业交叉类选修课，学生可从以上三类专业选修课程中根据个人专业兴趣和发展需求选择修读，所需修读总学分需满足毕业要求，注意实践类课程占总学分比例。

专业进阶类课程主要面向继续深造为主的学生开设，旨在强化学生学术研究能力，拓宽学术视野，提升学生知识探究的高度，满足本研贯通一体化长学制培养需求。进阶类课程有一部分"以研代学"类选修课程，此类课程经学校答辩通过后开设，应依托各级各类科研平台等资源开展教学活动，由任课教师设置研究课题，明确学生完成此类课题所需的自学课程，课题应能达到实质性检验和提升学生自主学习能力、实践动手能力、基本科研能力、创新创业能力、解决综合问题和复杂问题能力的目标，完成研究课题后可获得该课程学分。

专业交叉类课程面向专业所有学生开设，旨在进一步打破传统学科专业壁垒，面向未来发展趋势，拓展学生专业发展宽度，同时满足继续深造和就业创业需求。

专业应用类课程旨在让学生深入了解行业产业发展趋势与动态，掌握专业技术的运用与开发，强化学生实践动手能力的训练，拓宽学生视野和未来研究领域。

毕业论文要求本专业学生在第 6 学期期间系统完成 1 篇毕业论文，计 6 个学分（如与修课等时间冲突,经导师允许可延长至第 7 学期结束前完成)。本研贯通学生根据毕业论文指导老师提供的毕业论文题目,进行毕业论文构思,然后进行开题报告撰写与提交,在指导老师指导下开展毕业论文有关的实验、调查、设计等工作。按学校、学院毕业论文有关要求撰写论文,并进行论文答辩、修改及提交等。

(4) 根据人才培养要求,着力提升学生实践动手能力和研究能力,将创新创业教育融入人才培养全过程;在第二学期结束开设了集中实践实习课程。

3. 通识教育类、跨学科类课程(占总学分 9.33%)

(1) 通识教育类课程包括科学精神与生命关怀、社会科学与现代社会(包括通用类在地国际化课程)、艺术体验与审美鉴赏、思维训练与科研方法 4 个模块,每个模块要求学生修读不少于 2 学分的课程,共计修读至少 8 学分,艺术体验与审美鉴赏模块属于美育类课程,为必修。

(2) 跨学科类课程包括全校跨学科贯通课程、专业类在地国际化课程和非学生所在专业开设的专业课程,学生需至少修读 6 学分。

(3) 鼓励结合专业人才培养需要,根据学校已有通识教育类课程、跨学科贯通课程、在地国际化课程开设情况,学院自主确定符合本专业的通识教育、跨学科教育课程推荐选课清单并明确修读要求。

本科阶段课程体系结构与学时学分分配总表,见表一(1)。

(二) 研究生阶段

研究生阶段学分要求见表一(2)。

表一(1)　生物科学专业(含强基班及生物科学专业本研贯通学生)

课程类型			课程说明	学分	占总学分比例	学时
公共必修课程	公共必修课	思想政治类	包括:思想道德与法治、中国近现代史纲要、马克思主义基本原理、毛泽东思想和中国特色社会主义理论体系概论、习近平新时代中国特色社会主义思想概论、形势与政策	17	共 48 学分,占总学分 32.00%,其中包括实践类课程 7 学分(含军事训练 2 学分以及第二课堂 5 学分)	306
		思想政治类(选择性必修课)	包括:中共党史、新中国史、改革开放史、社会主义发展史,至少选 1 门课程	2		36
		外语类	大学英语	12		216
		军体类	包括:体育课程和军事训练#与军事理论课程	8		292
		心理健康类	大学生心理健康	2		36
		职业生涯规划	依据专业特点、各年级学生实际情况和具体需求,贯穿培养全过程,致力于提升学生全面发展和终身发展能力,提升学生学业和职业规划能力,具体要求由学院制定	2		36

续表

课程类型			课程说明	学分	占总学分比例	学时
公共必修课程	公共必修课	第二课堂#	学生在校期间须获得至少5个"第二课堂"学分方可毕业。其中社会实践（思想政治类课程实践教学）、生产劳动（劳育）、思想成长为必修部分；志愿公益、创新创业、文体活动、工作履历、技能特长由学生根据需求进行选修	5		/
	公共必修环节	阅读、写作与沟通	由学院确定每学期学生须阅读的书籍和文献，分学期通过阅读心得、分享会等方式开展阶段考核，在毕业学年由学院进行综合考核（原则上纯外文类的书籍和文献、阅读心得、分享交流应不少于1/3） 学院具体要求见五（一）（7）	0		48
		前沿与学科交叉讲座	面向非毕业年级学生开设，一、二年级每学期不少于2个学时；三年级每学期不少于4学时（含假期）。以专题讲座形式进行授课，内容包括学科前沿、行业发展方向和学科交叉发展等	0		16
		国家安全教育（线上课程）	由学校引进相关线上课程资源，学生根据要求进行修读	0		/
		暑期学校	学生在校期间应至少参加1次暑期学校	0		/
通识教育类、跨学科类课程	通识教育课程		生命科学学院结合专业特点明确学生必修的4个模块为科学精神与生命关怀、社会科学与现代社会（包括通用类在地国际化课程）、艺术体验与审美鉴赏、思维训练与科研方法，每个模块要求学生修读不少于2学分的课程，本模块总计至少修读8学分（其中修读学校引进网络共享课学分总计不得超过3学分）。艺术体验与审美鉴赏模块属于美育类课程，为本专业学生必修	8	共14学分，占总学分	144
	跨学科类课程		包括全校跨学科贯通课程和专业类在地国际化课程，学生须至少修读6学分此类课程。学生如修读非其所在专业开设的专业课程并取得学分，该学分可认定为跨学科类课程	6	9.33%	108
学科专业课程	专业必修课	专业基础课	包括大学物理、普通物理实验、动物生物学、分析化学、高等数学、有机化学、植物生物学、线性代数、概率论与数理统计、分析化学实验#、有机化学实验#、动物生物学实验#、植物生物学实验#	29.5	共65学分，占总学分43.33%，其中实践类课程16学分	630
		专业核心课	包括生物化学、微生物学、细胞生物学、分子生物学、遗传学、植物生理学、动物生理学、生物信息学、生物化学实验#、分子生物学实验#、微生物学实验#、细胞生物学实验#、遗传学实验#	30.5		648
		集中实践环节#	生物学综合野外实习#、科研实训与创新创业##	5		180

续表

课程类型			课程说明	学分	占总学分比例	学时
学科专业课程	专业发展课	专业选修课*	进阶类课程:植物发育生物学、发育生物学、细胞信号转导、普通生态学、基因组学、动物行为学、表观遗传学、免疫学、神经生物学、组织学、进化生物学基础、结构生物学、病毒学等选修理论课程,以及植物生理学实验#、细胞生物学综合实验#、分子生物学综合实验#、动物生理学实验#、遗传学综合实验#、组织学实验#、组学研究方法与数据分析实践&、生物信息学实践#等选修实验实践课程	36.5	至少须修读17学分(其中实践课不少于8.5学分),与毕业论文学分合计占总学分15.33%	882
			交叉类课程:干细胞及癌细胞生物学、合成生物学、合成生物学国际竞赛实训&、R语言实践#、生物统计学实践#	8		216
			应用类课程:生物显微技术实验#、多肽科学与技术、保护生物学专题实践&、蛋白质组学	6		144
		毕业设计(论文)#		6		216

注:#表示实验课程或专业实习课程,&表示"以研代学"类实践课程。*表示专业选修课须修满至少17学分,其中实践类课程不少于8.5学分。##表示科研实训或创新创业实践(如主持团委箐政项目、国创或者校创项目并成功结项者,则自动获得此学分)。

表一(2)　研究生阶段学分要求

学生类别	学制	最长在学年限	课程学分	必修环节	总学分
硕士生	3年	4年	26	6	32
博士生	4年	7年	14	6	20
直博生	5年	8年	32	6	38

六、学时学分分配

本科阶段公共课学时学分分配表,见表二。

本科阶段第二课堂学时学分分配表,见表三。

本科阶段通识教育类、跨学科类课程学时学分分配表,见表四。

本科阶段专业课程学时学分分配表,见表五。

表二　本科阶段公共课学时学分分配表

课程类型	课程号	课程名称	周学时	学分	开课学期
思想政治类	1309194	思想道德与法治	3	3	1
	1309061	中国近现代史纲要	3	3	2
	1309195	马克思主义基本原理	3	3	3
	1309192	毛泽东思想和中国特色社会主义理论体系概论	3	3	4
	1309193	习近平新时代中国特色社会主义思想概论	3	3	5
	1309064 1309065 1309066 1309067 1039198	形势与政策	2	2	1—5
思想政治类(选择性必修课)	1309110	中共党史	3	2	春秋均开设
	1309111	新中国史			
	1309112	改革开放史			
	1309113	社会主义发展史			
外语类	1409004	大学英语	3	12	1—4
军体类	5051001 5051002 5051003 5051004	体育	2	4	1—4
	5605001 5605002	军事训练军事理论	2	4	1—2
心理健康类	1087203	大学生心理健康	2	2	1—2
第二课堂		见表三		5	1—6
职业生涯规划	101407001(1) 101407001(2) 101407001(3)	职业生涯规划	2	2	2,4,6
阅读、写作与沟通	101407002	阅读、写作与沟通		0	3—6
前沿与学科交叉讲座	101407003	前沿与学科交叉讲座		0	1—6
国家安全教育	406107010	以学校引进的线上课程为准		0	
暑期学校	406107009			0	

表三　本科阶段第二课堂学时学分分配表

课程类型	课程号	课程名称	周学时	学分	开课学期
第二课堂	406107001	社会实践（思想政治类课程实践教学）	2	2	5
	406107002	生产劳动（劳育）		2	
	406107003	思想成长		1	
	406107004	创新创业		1	
	406107005	志愿公益		1	
	406107006	文体活动		1	
	406107007	工作履历		0	
	406107008	技能特长		0	

表四　本科阶段通识教育类、跨学科类课程学时学分分配表

课程类型		课程号	课程名称	周学时	学分	开课学期
通识教育类课程	科学精神与生命关怀				8（选择4个模块，每模块2学分）	
	社会科学与现代社会					
	艺术体验与审美鉴赏（美育）					
	思维训练与科研方法					
跨学科类课程	跨学科贯通课程				6	
	专业类在地国际化课程					
	非学生所在专业开设的专业课程					

表五　本科阶段学科专业课程学时学分分配表（生物科学专业）
（含强基班及生物科学专业本研贯通学生）

课程类型		课程号	课程名称	周学时	学分	开课学期
专业必修课	专业基础课	1402001C	大学物理	3	3	1
		2402001F	普通物理实验	2	1	1
		104407001（双语）	动物生物学	3	3	1
		1405003B	分析化学	2	2	1
		1401203	高等数学	3	3	1
		1405002A	有机化学	4	4	2
		104407005（双语）	植物生物学	3	3	2

续表

课程类型			课程号	课程名称	周学时	学分	开课学期
专业必修课	专业基础课		1401221B	线性代数	3	3	2
			1401222	概率论与数理统计	3	3	3
			2405003B	分析化学实验	2	1	1
			2405002B	有机化学实验	3	1.5	2
			204407001（MOOC）	动物生物学实验	2	1	1
			204407002（SPOC）	植物生物学实验	2	1	2
	专业核心课		105407001（双语）	生物化学	5	5	3
			105407002	微生物学	3	3	3
			105407004	细胞生物学	3	3	4
			105407006	分子生物学	3	3	4
			105407007（双语）	遗传学	3	3	5
			105407009（双语）	植物生理学	3	3	5
			105407010（双语）	动物生理学	3	3	6
			105407011	生物信息学	2	2	5
			205407001（SPOC）	生物化学实验	3	1.5	3
			205407003（SPOC）	分子生物学实验	2	1	4
			205407002	微生物学实验	2	1	3
			205407004	细胞生物学实验	2	1	4
			205407005	遗传学实验	2	1	5
	集中实践环节		506407004(1)/506407004(2)	科研实训与创新创业	/	2,3	3—6
			506407001	生物学综合野外实习	36	2	大一暑假
专业发展课	专业选修课	专业进阶类课程	207407001（SPOC）	植物生理学实验	4	2	5
			207407002	细胞生物学综合实验	4	2	5
			107407002	发育生物学	2	2	5
			107407001	植物发育生物学	2	2	5
			107407004	普通生态学	2	2	5
			107407005（双语）	基因组学	2	2	5
			107407011	进化生物学基础	2	2	5
			207407004（SPOC）	动物生理学实验	4	2	6
			207407005	遗传学综合实验	4	2	6
			213407012	组学研究方法与数据分析实践	2	1	6

续表

课程类型			课程号	课程名称	周学时	学分	开课学期
专业发展课	专业选修课	专业进阶类课程	207407006	组织学实验	2	1	6
			107407008（SPOC）	免疫学	2	2	6
			107407007	表观遗传学	2	2	6
			107407012	结构生物学	2	1	6
			107407010	组织学	2	2	6
			107407006	动物行为学	2	1	6
			207407003（SPOC）	分子生物学综合实验	3	1.5	5
			207407011	生物信息学实践	2	1	5
			107407003	细胞信号转导	2	2	5
			107407009	神经生物学	2	2	5
			107407013	病毒学	2	2	5
		专业交叉类课程	213407010	合成生物学国际竞赛实训	4	2	4
			207407009	生物统计学实践	2	1	5
			107407014	干细胞及癌细胞生物学	2	2	6
			107407015	合成生物学	2	2	6
			207407007	R语言实践	2	1	6
			207407009	生物显微技术实验	2	1	3
		专业应用类课程	107407016	多肽科学与技术	2	2	6
			213407007	保护生物学专题实践	2	1	5
			107407018	蛋白质组学	2	2	5
	毕业设计（论文）		407407001	毕业设计（论文）	/	6	6

33. 西湖大学

生物科学专业人才培养方案（2024 级）

一、培养目标

本专业致力于培养有家国情怀和社会责任感，坚持追求真理、勇于突破创新和恪守学术道德，具有宽广的环球视野、良好科学与人文素养、卓越的科技创新能力和严谨的科学态度的生物学综合型拔尖创新人才。本专业采用小而精和多导师的培养模式，培养学生未来能够从事生物学领域的基础研究、技术创新和科学教育，引领生命科学未来发展。

二、培养要求

本专业期待学生毕业时具备以下素质能力：

1. 健全的人格和健康的身心，良好的人文素养、公民意识和全球视野；

2. 优秀的科学素养、严谨的学术态度和卓越的逻辑思维能力，同时兼备批判性和创新性；

3. 坚实的数理化基础和计算机应用能力，丰富的生物学理论知识和扎实的实践应用能力；

4. 熟练掌握现代生物学研究方法和实验技能，包括现代实验仪器和分析工具的使用，并能将其应用于分析和解决实际问题；

5. 密切跟踪生命科学的理论前沿、发展动态和应用前景，适应现代科学技术的飞速发展；

6. 强烈的求知探索欲，充分的自主学习和终身学习能力；

7. 出色的沟通协调能力和中英文表达、演讲和写作能力；

8. 良好的领导力和团队协作精神。

三、学制、学位授予及毕业学分要求

1. 学制：基本学制 4 年，弹性学制 3～6 年。

2. 授予学位：理学学士学位。

3. 毕业学分要求：本专业毕业学分要求为 161.5～169.5 学分，课程结构如下：

课程类别	课程模块	最低学分要求
通识课程（86～94学分）	思想政治类	19
	人文社科艺术类	20～28
	理工基础类	34
	基础素质类	13
专业课程（75.5学分）	专业必修	29
	专业选修	12
	综合实践	28.5
	自主发展	6
合计		161.5～169.5

四、专业名称及专业代码

专业名称：生物科学

专业代码：071001

五、专业主干课程

生物学导论（Ⅰ/Ⅱ）、生物化学（Ⅰ/Ⅱ）、微生物学、细胞生物学、遗传学、生物统计学、生物学实验（Ⅰ/Ⅱ）等。

六、通识课程修读要求 86～94 学分

课程模块	课程类别	课程名称	学分	周学时	开课学期	建议修读学期	备注
（一）思想政治类（19）	必修（18）	思想道德与法治	3	2-0,+1	秋	1-3/ 秋	含实践1学分
		中国近现代史纲要	3	3-0	春	1-3/ 春	
		马克思主义基本原理	3	3-0	秋	1-3/ 秋	
		毛泽东思想和中国特色社会主义理论体系概论	3	2.5-0,+0.5	春	1-3/ 春	含实践0.5学分
		习近平新时代中国特色社会主义思想概论	3	2.5-0,+0.5	春秋	1-3/ 春秋	含实践0.5学分
		形势与政策	2	2-0	春秋	1-2/ 春秋	分4学期开课,每学期修读0.5学分
		国家安全教育	1	1-0	春秋	1-2/ 春秋	

续表

课程模块	课程类别	课程名称	学分	周学时	开课学期	建议修读学期	备注
（一）思想政治类（19）	选修（1）	党史	1	1-0	春秋	1-3/ 春秋	
		新中国史	1	1-0	春秋	1-3/ 春秋	
		改革开放史	1	1-0	春秋	1-3/ 春秋	
		社会主义发展史	1	1-0	春秋	1-3/ 春秋	
（二）人文社科艺术类（20～28）	英语基础课（2～10）	暑期英语强化	2	2-0	秋	暑期始业教育	
		大学学术英语表达Ⅰ	2	2-0	秋	1/ 秋	在分级测试中口语获 C 修读Ⅰ和Ⅱ，获 B 修读Ⅱ，获 A 可均不修读
		大学学术英语表达Ⅱ	2	2-0	春秋	1/ 春	
		英语读写Ⅰ	2	2-0	秋	1/ 秋	在分级测试中写作获 C 修读Ⅰ和Ⅱ，获 B 修读Ⅱ，获 A 可均不修读
		英语读写Ⅱ	2	2-0	春秋	1/ 春	
	英语写作课（3）	理工类专业写作	3	3-0	春秋	1/ 春或 2/ 秋	已修完表达Ⅱ（或分级测试中口语获 A）+ 读写Ⅱ（或分级测试中写作获 A）后方可修读，从 5 门中任选 1 门修读
		跨文化交际：全球语境下的文化话语	3	3-0	春秋	1/ 春或 2/ 秋	
		美国文化与文学	3	3-0	春秋	1/ 春或 2/ 秋	
		全球艺术史	3	3-0	春秋	1/ 春或 2/ 秋	
		语言学：汉语之异	3	3-0	春秋	1/ 春或 2/ 秋	
	中文写作课（3）	写作与沟通	3	3-0	春秋	1/ 春或 2/ 秋	
	通识核心课（6）	全球化和中国发展	3	3-0	春秋	1-3/ 春秋	从 3 门中任选 2 门
		世界文明与文化遗产	3	3-0	春秋	1-3/ 春秋	
		科学文化导论	3	3-0	春秋	1-3/ 春秋	
	通识选修课（6）	艺术类	6	/	春秋	1-3/ 春秋	任选 6 学分
		人文类			春秋	1-3/ 春秋	
		社科类			春秋	1-3/ 春秋	
		科学类			春秋	1-3/ 春秋	
（三）理工基础类（34）	必修（34）	微积分 A（上）	5	5-0	秋	1/ 秋	微积分 A/B（上）二选一
		微积分 B（上）	5	5-0	秋	1/ 秋	
		微积分 A（下）	5	5-0	春	1/ 春	微积分 A/B（下）二选一
		微积分 B（下）	5	5-0	春	1/ 春	

续表

课程模块	课程类别	课程名称	学分	周学时	开课学期	建议修读学期	备注
（三）理工基础类（34）	必修（34）	线性代数 A（上）	2	2-0	秋	1/秋	线性代数 A/B（上）二选一
		线性代数 B（上）	2	2-0	秋	1/秋	
		线性代数 A（下）	2	2-0	春	1/春	线性代数 A/B（下）二选一
		线性代数 B（下）	2	2-0	春	1/春	
		概率论与数理统计 A	3	3-0	秋	2/秋	概率论与数理统计（A/B）二选一
		概率论与数理统计 B	3	3-0	春秋	2/春	
		大学物理（上）	4	4-0	春秋	2/秋	普通物理（Ⅰ/Ⅱ）是物理学专业必修课程，可替代大学物理（上/下）
		大学物理（下）	4	4-0	春秋	2/春	
		普通物理Ⅰ	4	4-0	秋	2/秋	
		普通物理Ⅱ	4	4-0	春	2/春	
		物理学实验Ⅰ	1.5	0-3	春秋	2/秋	必须与大学物理（上）/普通物理Ⅰ同步修读
		物理学实验Ⅱ	1.5	0-3	春秋	2/春	必须与大学物理（下）/普通物理Ⅱ同步修读
		化学原理Ⅰ	4	4-0	秋	1/秋	化学原理Ⅰ/化学概论/化学原理Ⅰ+大学化学实验Ⅰ三选一
		化学概论	3	3-0	秋	1/秋	
		大学化学实验Ⅰ	2	0-4	秋	1/秋	
		计算机和程序设计基础	3	2-2	春秋	1/春	
（四）基础素质类（13）	必修（13）	军事理论	2	2-0	夏	1/夏	
		军事技能	2	+2	夏	1/夏	
		体育课程	4	0-8	春秋	1-3/春秋	选满4学期，至少选2个不同项目，且不得选择同一难度的相同项目
		心理类课程	2	2-0	春秋	1-3/春秋	
		第二课堂	3	+3			含劳动教育1学分，详见具体认定办法

备注：代数与分析基础（上/下）是数学与应用数学专业必修课程，可替代微积分 A/B（上/下）+ 线性代数 A/B（上/下）。

七、专业课程修读要求 75.5 学分

课程类别	课程名称	学分	周学时	开课学期	建议修读学期	先修课程	备注
专业必修 (29)	生物学导论Ⅰ	2	2–0	秋	1/秋		
	生物学实验Ⅰ	2	0–4	秋	1/秋		
	生物学导论Ⅱ	2	2–0	春	1/春		
	生物学实验Ⅱ	2	0–4	春	1/春	生物学实验Ⅰ	
	基础有机化学	4	4–0	春	1/春		
	有机化学实验Ⅰ	2	0–4	秋	2/秋		
	生物化学Ⅰ	2	2–0	秋	2/秋	生物学导论Ⅰ、基础有机化学	
	生物化学Ⅱ	2	2–0	春	2/春	生物化学Ⅰ	
	细胞生物学	3	3–0	春	2/春	生物学导论Ⅰ	
	生物统计学	2	2–0	春	2/春		
	遗传学	3	3–0	春	3/春	生物化学Ⅰ	
	免疫学	3	3–0	春	3/春	生物学导论、细胞生物学、生物化学Ⅰ/Ⅱ	
专业选修 (12)	动植物科学导论	3	3–0	春	2/春		
	生物物理学	3	3–0	春	2/春	生物化学Ⅰ	
	生理学	3	3–0	秋	3/秋	生物化学Ⅰ/Ⅱ	
	发育生物学	3	3–0	秋	3/秋	细胞生物学	
	生命科学逻辑与思维	3	3–0	秋	3/秋	生物化学Ⅰ/Ⅱ、细胞生物学	
	生态学	3	3–0	秋	3/秋	生物学导论	
	神经生物学	3	3–0	春	3/春	细胞生物学、生物化学Ⅰ	
	进化生物学	3	3–0	春	3/春	生物学导论	
	癌症生物学	3	3–0	春	3/春	细胞生物学、生物化学Ⅰ/Ⅱ	
	微生物学	3	3–0	春	3/春	生物学导论Ⅰ、生物化学Ⅰ	
	生物信息学	3	3–0	春	3/春	生物统计学	
	代谢生物学	3	3–0	春	3/春	生物化学Ⅰ/Ⅱ	

续表

课程类别	课程名称	学分	周学时	开课学期	建议修读学期	先修课程	备注
专业选修（12）	干细胞与再生生物学	3	3-0	春	3/春	细胞生物学	
	生物技术与工程	3	3-0	春	3/春	遗传学、微生物学	
	结构生物学	3	3-0	秋	4/秋	生物化学Ⅰ/Ⅱ	
	合成生物学	3	3-0	秋	4/秋	生物化学Ⅰ/Ⅱ	
	病毒学	3	3-0	秋	4/秋	微生物学	
	人工智能在生命科学中的应用	3	3-0	秋	4/秋	生物统计学	
综合实践（28.5）	科研训练Ⅰ	1	+1	冬	1/冬		
	科研训练Ⅱ	1	+1	夏	1/夏		
	科研训练Ⅲ	2	+2	冬	2/冬		
	科研训练Ⅳ	2	+2	夏	2/夏		科研训练Ⅳ由各专业组织
	现代生物技术综合实验	7	+7	春秋	3/春秋	生物学实验Ⅰ/Ⅱ	
	交叉学科前沿专题	1	+1	春秋夏	2-4/春秋夏		
	野外实习	2.5	+2.5	夏	1-3/夏		
	毕业设计（论文）	12	+12	春秋	4/春秋		
自主发展（6）	修读研究生课程、其他专业课程	6					共需修读6学分

八、相关说明

1. 本专业培养方案遵循《普通高等学校本科专业类教学质量国家标准》制订。

2. 一学期 16 周，理论课程 16 学时为 1 学分，周学时记载为 1-0，实验课程 32 学时为 1 学分，周学时记载为 0-2。毕业设计（论文）、课外实习、科研训练等环节按实际所需学时完成，记载为 +X（周）。

3. 专业选修课开课时间以每学期具体教学安排为准。

4. 学生须在学术导师指导下完成相关科研训练。

5. 学生须完成境外交流、社会实践等培养环节。

6. 学生境外交流期间在对方学校获得的学分根据学校相关规定对计划内课程进行替代。

附件 1：西湖大学生物科学专业课程导图

生物科学专业课程导图
理工基础类＋专业必修课程

	通识课程					
1/秋	通识课程	微积分 A/B（上）	化学原理 I/化学原理 II＋大学化学实验 I	生物学导论 I	基础有机化学	
1/春	通识课程	线性代数 A/B（上）		生物学导论 II	有机化学实验 I	自主发展
2/秋	通识课程	微积分 A/B（下） 线性代数 A/B（下）	计算机科程序设计基础	生物实验 I		专业选修课程
2/春	通识课程	概率论与数理统计 A 概率论与数理统计 B（二选一）	普通物理学 大学物理（上） 物理学实验 I	生物实验 II		专业选修课程
3/秋	通识课程		普通物理学 II/大学物理（下） 物理学实验 II	细胞生物学 生物化学 I		专业选修课程
3/春	通识课程			生物统计学 生物化学 II		专业选修课程
4/秋	通识课程			免疫学		专业选修课程
4/春	通识课程			遗传学		专业选修课程

综合实践

毕业设计（论文）

理工基础类课程　专业必修课程　毕业设计（论文）　综合实践　自主发展

通识课程：包括思想政治类、人文社科艺术类、基础素质类课程

综合实践：科研训练、交叉学科、前沿专题等

自主发展：修读研究生课程、其他专业课程

课程关联、参考路径

附件 2：英语课程修读方案

西湖大学 2024 级本科生英语课程修读方案

英语课程为本科生通识必修课程(英语母语学生不做要求),分适应性课程、基础课程、进阶课程和高阶课程四个层级。其中基础和进阶课程分口语和写作两个类别,高阶课程均有较高的写作要求。学生根据分级情况,修读相应的课程。

一、课程分级

层次类别	课程中文名称	学分
适应性课程	暑期英语强化	2
基础口语	大学学术英语表达 I	2
基础写作	英语读写 I	2
进阶口语	大学学术英语表达 II	2
进阶写作	英语读写 II	2
高阶课程	理工类专业写作	3
	跨文化交际:全球语境下的文化话语	3
	美国文化与文学	3
	全球艺术史	3
	语言学:汉语之异	3

更多高阶课程由通识教育中心教师开设后,在教学事务部备案。

二、修读要求

根据学生在暑期分级测试和标准化英语考试中获得的成绩,确定个人修读要求。具体规则如下:

(一) 符合以下其中一项,仅需修读适应性课程和高阶课程:

1. 托福(TOEFL)成绩达到 95 分及以上;

2. 雅思(IELTS)成绩达到 7.0 分及以上;

3. 剑桥英语(CAE)成绩达到 180 分及以上;

4. 欧洲共同语言参考标准水平(CEFR)达到 Level C1 及以上;

5. 在暑期分级测试中,"口语"和"写作"均获得 A。

(二) 符合以下条件,在修读适应性课程和高阶课程基础上,可不修读部分基础和进阶课程：

在暑期分级测试中，"口语"获得 A 的同学可不修读基础口语和进阶口语，获得 B 的同学可不修读基础口语；

在暑期分级测试中，"写作"获得 A 的同学可不修读基础写作和进阶写作，获得 B 的同学可不修读基础写作；

已修完进阶口语(或"口语"获得 A)以及进阶写作(或"写作"获得 A)后方可修读高阶课程。

(三) 其余同学修读全部适应性、基础、进阶和高阶课程。

读者意见反馈

为收集对教材的意见建议，进一步完善教材编写并做好服务工作，读者可将对本教材的意见建议通过如下渠道反馈至我社。

咨询电话　400-810-0598
反馈邮箱　gjdzfwb@pub.hep.cn
通信地址　北京市朝阳区惠新东街4号富盛大厦1座　高等教育出版社总编辑办公室
邮政编码　100029

防伪查询说明

用户购书后刮开封底防伪涂层，使用手机微信等软件扫描二维码，会跳转至防伪查询网页，获得所购图书详细信息。

防伪客服电话　（010）58582300